世界林业发展前沿研究

——沈照仁文集

中国林业科学研究院林业科技信息研究所　编

中国林业出版社

图书在版编目（CIP）数据

世界林业发展前沿研究：沈照仁文集/中国林业科学研究院林业科技信息研究所编.
—北京：中国林业出版社，2015.9
ISBN 978-7-5038-8139-8

Ⅰ.①世… Ⅱ.①中… Ⅲ.①林业－文集 Ⅳ.①S7－53

中国版本图书馆 CIP 数据核字（2015）第 211862 号

出版 中国林业出版社（100009 北京西城区刘海胡同7号）
E-mail forestbook@163.com 电话 010－83143515
网址 lycb.forestry.gov.cn
发行 中国林业出版社
印刷 北京中科印刷有限公司
版次 2015 年 9 月第 1 版
印次 2015 年 9 月第 1 次
开本 787mm×1092mm 1/16
印张 33 彩插 32 面
字数 863 千字
印数 1～1500 册
定价 120.00 元

《世界林业发展前沿研究——沈照仁文集》
编审委员会

顾　问：董智勇　陈致生

主　任：关百钧　陈绍志

副主任：侯元兆　施昆山　李凡林

编　委：(以姓氏笔画为序)

　　　　王忠明　叶　兵　白秀萍　关百钧　李凡林

　　　　宋　奇　吴水荣　陈军华　陈绍志　杨凤芝

　　　　侯元兆　施昆山　徐　斌　徐长波　徐芝生

　　　　徐春富　高发全

编　辑：吴国蓁　沈　江

序　言

　　沈照仁同志，1929 年 5 月出生于浙江省宁波市，1950 年 1 月加入中国共产党，1952 年毕业于北京外国语学院（现北京外国语大学）。1952 年、1954 年先后在华南垦殖局和中央林业部调查设计局航空测量调查大队做苏联专家的翻译工作，并分别担任翻译室副主任和专家工作室副主任、主任。1958 年调到中国林科院技术科学情报室（现林业科技信息研究所）工作，历任研究室主任、副所长、所长，副研究员、研究员。1993 年起享受国务院政府特殊津贴。1989 年在中国林科院离休。

　　沈照仁同志在我国林业科技情报战线工作了 50 多年，是林业系统情报调研的创始人之一。他热爱林业、爱岗敬业、笔耕不辍，具有高度的事业心和责任感，可以使用俄语、英语、德语、日语、西班牙语、法语多种语言，利用一切可利用的时间博览各种外文林业期刊，认真阅读国内外林业科技文献，进行卓有成效的综合分析研究。

　　沈照仁同志的文章主要发表在中国林科院情报室和科信所主办的《林业快报》、《林业科技参考资料》、《世界林业动态》、《世界林业研究》等内部或公开出版的刊物上，他还是原林业部《林业问题》、《林业工作研究》和《中国绿色时报》等报刊的撰稿人。据统计，他在上述媒体发表过的文章约 1600 篇，其中在《世界林业动态》上发表的文章就高达 130 多万字，在《世界林业研究》上发表的有 26 万多字，在《林业工作研究》上发表的文章也有 10 多万字。沈照仁同志发表文章的篇数和撰稿量在我国林业科技情报界是最多的。他视工作如生命，在林业科技情报平台上辛勤耕耘 50 多年，是一个不知疲倦的人。他深爱着自己的工作，无论是在上班时间还是下班业余时间，无论是在岗位上还是离休回到家里，他始终把工作放在第一位，抓住一切时间开展情报研究，可以说他是一位与时间赛跑的人。离休后，他一直坚持为《世界林业动态》供稿，而且是该刊物的主要供稿人之一。每周两次到科信所查阅外文林业报刊，或送稿件，与同事们共同研究，一起讨论问题。甚至在患病期间，在病榻上还翻阅国外林业报刊，直到生命的最后一刻，依然心系林业情报事业，达到生命不息、工作不止的崇高境界。

　　沈照仁同志是一位卓越的林业科技工作者，是一位踏踏实实做事的人。他为人正派，善于独立思考，敢讲真话，并有超前意识，是我们林业系统出类拔萃、不可多得的卓越人才。他熟悉世界各国林业情况及发展动态，把开展深入和准确的国外林业情报调研与对中国林业的思考紧密地结合起来，提供了很多非常有价值的情报调研报告和专著，对我们林业部门的工作很有帮助。有些研究论文在我国林业发展道路和科技发展战略决策方面发挥了重大的作用。在我的记忆里，沈照仁的卓越工作突出地表现在以下方面。

　　1958 年，沈照仁同志从林业部调到中国林科院情报室工作后，在广泛搜集资料的基础上，撰写了详细介绍各国为摆脱困境，采取木材节约代用、合理利用以削减木材消费量的调研报告，及时反映了世界动向，为国务院确定节约木材的决策发挥了重要作用。

　　1963 年 2 月，中国林科院情报室出版了《国外林业和森林工业发展趋势》一书，沈照仁同志是该书的主要撰稿人之一。该书提出了森林工业发展的 4 个阶段、5 种类型国家的新理念，受到时任国务院副总理谭震林的高度重视，谭副总理对这本书非常欣赏，认为此书对我国林业发展有指导意义，要求林业部将此书发给全国林业干部学习。该书于 1986 年荣获国家科委科技情报成果三等奖。

　　1979 年，林业部副部长雍文涛同志分管林业部经济体制改革工作，要求中国林科院情报所配合。沈照仁同志在短短的三四个月时间里，向林业部提交了多项具有重要参考价值的情报调研报告。其中在《发达国家近几十年来林价与木材价格变化》调研报告中指出，美国、瑞典、芬兰、日本等国家在 30~50 年里林价与木材价格比的变化说明，发达国家木材价格构成中的林价、育林费一般均占 50%~60% 以上，提高林价收入、立木价格收入是集约经营森林的经济保证。他还指出，中国森林经营落后，欠账多，关键问题是木材价格体制不合理。在《匈牙利 1956 年以来的木材价格改革》一文中明确指出旧价格制度的缺点及木材价格改革的要点，强调改革的核心是提高木材价格和木材价格构成中的立木价。

　　1980 年 12 月，沈照仁同志撰写的《从世界角度看我国的林业》和《近二十年先集中力量抓好国土 1% 的速生丰产林》调研报告明确提出了"集约经营现有林潜力无穷"观点，作为 1981 年 2 月召开的全国林业工作会议资料散发给与会代表，得到与会代表一致好评。

　　1985 年，雍文涛同志主持"中国林业发展道路研究"课题，沈照仁同志是该课题主要研究人员之一，自始至终参与这项研究工作。该课题在研究过程中编辑出版了内部刊物《林业问题》，雍文涛同志任主编，沈照仁同志担任该杂志主要撰稿人。他的文章大多以综述的形式发表，雍文涛同志非常赞赏，特别对 1988 年第 4 期上刊出的《在加工业带动下的世界林业》一文给予了高度评价，认为该文章数据充分，说服力强，有科学依据，这些经验不仅已为世界林业发展实践所证明，也值得中国林业产业、产品结构调整时有所借鉴。该课题的研究成果于 1993 年获林业部科技进步一等奖。

　　1990 年 6 月，沈照仁同志在《林业工作研究》刊物上发表的《联邦德国年净耗外材 2000 万立方米，但做到贸易基本平衡》一文，是分析了联邦德国木材及其产品进出口的大量数据才得出的结论，为我国木材进口中出现的官僚主义作风敲响了警钟。

　　1997 年，沈照仁同志在他主持翻译的《生态林业理论与实践》一书提出，现代林业应是产业，大部分森林应按照产业方式来经营。天然林任凭自然发展，保护起来，可能朝好的方向发展，也可能朝更坏的方向发展。顺应自然地去经营森林，或按近自然地去经营森林，抱有明确目标，则可能朝好的方向去发展。完全依靠国家财政把森林保护起来，即使在非常富裕的国家也是做不到的。

　　2005 年，沈照仁同志在当年《世界林业动态》第 9 期上发表的《美国心脏地带大草原变迁及其复苏治理》的文章，客观地介绍了防护林工程与沙尘暴的关系，受到有关部门的高度重视。在 2006 年第 5 期上发表的《美国林学会认为纳米技术可能会引发林业革命》一文告诉人们，森林不仅是木材生产的原料基地，而且可能成为可持续的纳米材料的原料基地，文章一经发表即引起了相关部门的极大兴趣。

　　沈照仁同志以他扎实的业务基础和多国语言的功底，加上他敏锐的洞察力，善于独立思考，能把握世界各国林业进展情况，紧紧围绕我国林业改革、林业发展战略大局撰写林业情报调研报告和专著。其文章观点鲜明，重点突出，达到"洋为中用"的目的，为林业主管部门和林业科研提供了很多有重要参考价值的信息。

　　沈照仁同志是一位忠诚的中国共产党党员。入党 60 多年来，他对党的理想信念坚定不移。他热爱祖国、热爱党、忠于党的事业。他在政治上受到不公正对待时从不消沉，经得起各种严峻的考验。他对自己严要求，"一切从我做起"。对工作高标准，倾注全部精力投身到林业科技情报事业中。他积极参加党组织活动，每次活动他都认真准备，带头发言，是一位学习型党员的典型代表。他在学习活动中，思想活跃，善于思考，每次发言都从大处着眼，出于公心，不说假话，坚决拥护和维护党中央的方针政策，同时对党内存在的腐败现象痛心疾首，勇于揭短，对促进党内民主化积极建言献策。他严以律己，宽以待人，知识渊博，做人低调，重视年轻人的培养，亲授开展情报工作的经验，深受大家的爱戴和尊重。离休后，他坚持把党的关系留在科信所，愿意与朝夕相处的同事共同过组织生活。沈照仁同志作为一名老共产党员，处处可以见到他的风采。平时助人为乐，积极主动帮助有需要的人。2008年5月，我国四川汶川发生特大地震灾害，他心系灾区人民安危，通过社区、网站和特殊党费的形式先后捐款三次，充分体现了为国为党分忧的崇高情怀。

　　沈照仁同志从上海最底层的学徒成长为一名优秀的共产党员、我国著名林业科技情报研究专家。中国林科院林业科技信息研究所决定出版《世界林业发展前沿研究——沈照仁文集》是一件非常有意义的事，对当前研究我国林业发展具有很高的参考价值，对启迪后人、激励广大林业科技信息工作者开拓进取具有重要意义。我们要学习沈照仁同志忠于党、忠于人民、热爱林业科学事业、勤奋好学、爱岗敬业和无私奉献的精神，为我国林业科学事业的繁荣和发展做出新的贡献。

中华人民共和国原林业部副部长

李志勇

2015.2.4.

前　言

中国林业科学研究院林业科技信息研究所（简称科信所，原名情报所）编辑出版的《世界林业发展前沿研究——沈照仁文集》即将与读者见面了。适逢科信所建所五十周年之际，沈照仁文集的出版，是传承科信精神、培育科信硕果的重要举措，也是吾辈科信人纪念、学习和弘扬老一代林业情报人崇高精神的历史责任。

沈照仁先生致力于林业情报研究事业几十年如一日，殚精竭虑，笔耕不辍，为国家的林业决策发挥了重要作用，堪称我国林业情报研究领域的典范。在一生的工作经历中，他怀着对中国共产党的无限忠诚和对情报事业的执着追求，以 6 门外语为工具，阅读了上万本书刊，在没有借助现代网络的条件下沙里淘金，撰写了上百万字的译作和几百万字的文稿，对国外林业情报进行了系统、深入和准确的研究与报道。这次编辑出版的文集是从沈先生撰写、编译的几百万字的文稿中选出的具有代表性的部分文章，依照文章刊登的载体划分为六篇，力求使读者能够客观、方便地了解学习。

我第一次了解沈先生是在 1996 年。当时，我在林业部综合计划司工作，看到了中国林科院情报所编辑出版的刊物《世界林业研究》，大量的文稿中，沈照仁署名的《木材的可取代性在下降》、《美国近四分之一的生态系统处于濒危状态》、《中国森林在世界中的地位》等文章格外引起我的关注。拜读他的文章，领略了地球上这一端和那一端的林业特色，这是沈先生留给我的第一印象。时光荏苒，令我自己也没想到的是，2010年年底，我担任了科信所所长，成为和沈先生一个研究所的同事。几年来，听到最多的还是昔日情报所的辉煌，那些曾经的曾经。其中就有，情报所出身的沈照仁放弃推荐作为院士候选人的荣耀。于是更加关注情报所、科信所的历史，那些人们广为津津乐道的故人、故事。沈照仁先生无疑是林业情报学界、中国林科院情报所、科信所一颗最为闪耀的明星。

平日的工作中，大家很少谈理想，但我最钦佩的是沈先生是一个永远装着崇高理想的人，他对党和事业的忠诚即使在政治上受到不公正待遇、下放干校、颠沛流离的 21 年中仍纯洁依然、执著依然。他发表了诸如《斯堪的纳维亚三国的林业》（1962）、《我国森林覆盖率和人均面积分别居世界第 120 和 121 位》（1972）、《发达国家近几十年来林价与木材价格变化》（1979）、《抓好国土 1% 的速生丰产林》（1980）、《美国林学会认为纳米技术可能引发林业革命》（2006）等原创性和编译类文章，研究问题之深入、思考问题之缜密、分析问题之全面、趋势判断之精准令人折服。他一生为探索中国林业发展道路、跟踪世界林业科技前沿和林业经营管理体制而呕心沥血，作为后来人，深感以沈先生为杰出代表的老一代情报人，为我们创造了丰富的思想财富、知识财富和精神财富。

在一代又一代情报人的不懈奋斗下，林业科技情报事业取得了长足发展。目前，科信所拥有了林业经济管理和林业情报学两个学科方向，借助现代科学手段，对世界林业开展了系统的连续的跟踪研究，在国家林业局和中国林科院的大力支持下，成立了林业宏观战略与规划、林业经济理论与政策、林产品市场与贸易、森林资源与环境经济、林业可持续管理与经营、林业史与生态文化、林业科技信息与知识产权管理、国际森林问题与世界林业研究等八个研究室；凝练了"开放、合作、科学、诚信"的办所宗旨。我们提出了新的办所理念和特色定位：即加强基础理论研究，提高学术性；注重与自然科学相融合，增强创新性；跟踪世界林业趋势和热点，体现前瞻性；强化决策咨询和行业服务，增强实用性。展望未来，沈先生所钟爱的林业情报事业一定会获得更好更快的发展。

我们深知，受阅历和资料所限，沈先生文集的编辑出版可能难以做到让每一位深知深爱沈先生的读者满意，诚恳地欢迎和接受您提出的宝贵意见。

谨奉此语，敬飨读者。

中国林业科学研究院
林业科技信息研究所所长

2015 年 4 月

目 录

第一篇 林业情报研究

第二篇 林业工作研究

第三篇　世界林业研究

第四篇　林业问题

第五篇　世界林业动态

第六篇　其他媒体

1949年8月，沈照仁（前排右一）在华北人民革命大学学习期间与部分同学合影

1949年，北上同学留影（坐排左一）

1950年，与入党介绍人许佩熙（左）合影留念

1949年12月，在华北人民革命大学学习期间部分同学合影（后排左一）

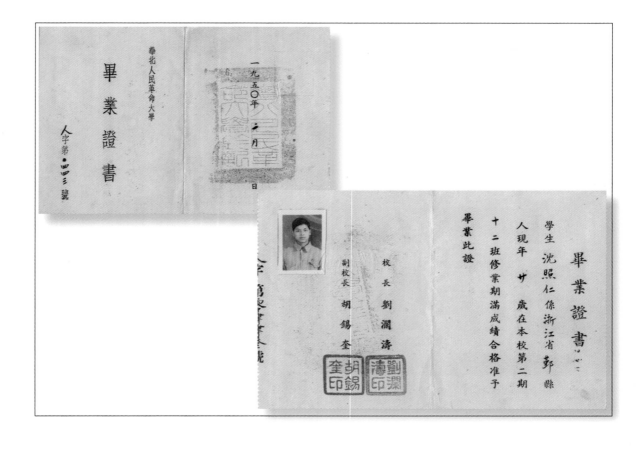

在北京外国语学校学习期间（1950～1952 年）留影（前排左二）

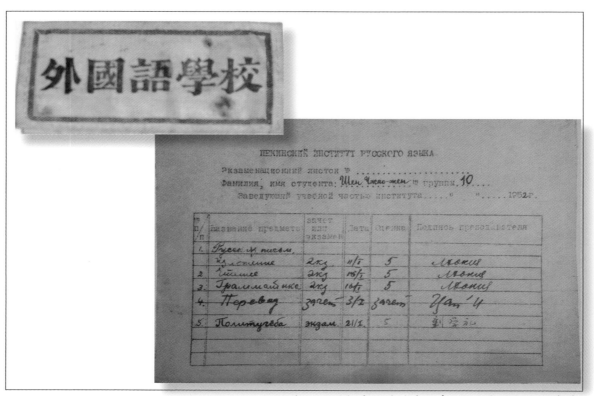

1952 年，沈照仁在北外俄专三部 10 班毕业考试成绩单

1952年12月，在华南垦殖局翻译室任翻译期间与农业机务学校钳工电焊锻工组毕业生合影（二排右四）

1953年，在华南垦殖局湛江京华酒店（宿舍）四楼与部分翻译同志合影

1953年在海南森林调查（左）

1954 年在齐齐哈尔，林业部调查设计局航空测量调查大队专家工作室部分翻译人员搞内业时合影（前排右三）

1954 年在大兴安岭
森林调查

1955 年在齐齐哈尔，林业部调查设计局航空测量调查大队部分专家和翻译人员合影（后排左五）

1955 年 10 月 18 日在云南省昆明，林业部调查设计局航空测量调查大队部分人员合影（前排右一）

1956 年在苏联

1956 年在苏联实习调查（左一）

1956 年在苏联学习野外调查（左二）

1956年在苏联与实习组同志合影（左二）

1957年从苏联回国前留影（左二）

1958年6月，西南高山区森林综合考察队员考察期间留影（站立，右一）

1958年7月，西南高山区森林综合考察队员考察期间欢送苏联科学院院士、土壤专家佐恩和林业专家法里斯回国留影（二排左一）

1966 年 4 月，中国林科院
情报所工作人员留影（后
排左一）

1966 年 4 月，中国林科院
情报所部分同志留影（后
排左二）

与刘东来、练子明同志
20 世纪 60 年代在中国林
科院内合影（左一）

1970 年 12 月，中国林科院广西邕宁砧板"五七"干校留影（上图前排右一，下图左一）

1982 年 3 月，参加中国农业科技情报考察团赴日本访问留影

1983 年 7 月 23 日，参加了由林业部部长杨钟率领的中国林业代表团赴加拿大、美国访问合影（后排中）

LEWISTON MORNING TRIBUNE

Five sections　　　　Lewiston, Idaho Clarkston, Washington　　　　Saturday, July 30, 1983　　　　25¢

Tribune/Barry Kough

Interpreter Zheng Rui of the People's Republic of China's Ministry of Forestry points, with open hand, at a feature of the Port of Lewiston. Beside him, in dark jacket, is Gary Schmadeka. Next to Schmadeka is Yang Zhong, People's Republic of China forestry minister. Yang is leading the 10-member delegation's tour of U.S. forestry and research operations.

美国刘易斯顿论坛晨报 1983 年 7 月 30 日报道：由中华人民共和国林业部杨钟部长率领中国林业代表团考察美国林业（左一）

1983 年 10 月，参加全国林业科技情报工作会议的全体代表合影（二排左七）

中国林科院工作会议全体代表合影 1983.12

1983 年 12 月，参加中国林科院工作会议的全体代表合影（三排左四）

1984 年 4 月，参加中国林科院第二届学术委员会第一次会议代表合影（后排左一）

全国林业出版工作会议　1984.8.4 北京

1984 年 8 月，作为中国林业出版社首届特约编审参加在北京召开的全国林业出版工作会议合影（三排右 13）。会议期间，林业部部长杨钟、副部长董智勇向 67 位特约顾问、特约编审颁发了聘书

1984 年 10 月，参加中国林学会第一次全国林业科技情报学术讨论会暨林业情报专业委员会成立大会合影（前排右九）

1984 年 11 月，参加中国林学会森林经营雷州现场学术研讨会合影（二排左四）

1992 年 12 月，在北京国际饭店召开的"国际竹藤会议"上发言

1994 年 5 月 29 日，参加接见法国热带林业专家活动合影（前排右五）

1999 年 9 月，奥地利探亲时考察森林

1999 年 9 月，奥地利探亲时考察萨市 Hotel Gasrhof 后森林保护区

2000 年 3 月，珠海拱北口界区留影

2000 年 6 月在庐山，参加国家林业局离退休干部局组织离休干部健康休养时合影（左一）

2006年6月在黑龙江省，参加国家林业局离退休干部局组织离休干部健康休养时参观留影

2006年10月，与李尚谦（中，系1949年初上海解放前夕沈照仁加入新民主主义青年团的入团介绍人）等在北京师范大学内合影（右一）

2006 年 10 月，中国林科院情报所（1958 ~ 1968）老同志首次聚会留念

第一篇 林业情报研究

　　本篇选编了沈照仁同志在林业情报研究方面撰写的林业情报工作文章、林业专题调研报告以及在《人民日报》《科技日报》《瞭望》等重要媒体上发表的文章，共23篇。

　　沈照仁同志堪称林业情报研究工作的杰出代表。他从1958年调入中国林业科学研究院技术科学情报室工作，直到2010年10月生命的最后一刻，从未离开过所钟爱的林业情报研究工作。他发表的会议讲话、编译撰写的专题调研报告，始终贯彻"洋为中用"的宗旨，把国外科学技术进展情况与国内林业建设和发展紧密结合起来，为林业主管部门以及领导提供了大量的情报调研资料，对林业主管部门及科研管理部门决策发挥了重要的参考作用。

　　中国林业科学研究院技术科学情报室，成立于1958年10月。1964年3月，中国林业科学研究院在院技术科学情报室的基础上正式建立林业科技情报研究所（简称情报所）；1993年更名为林业科技信息研究所（简称科信所），是专职从事世界林业发展跟踪研究与林业软科学研究以及信息服务的国家级科研事业单位，在支撑政府决策、服务科技创新和行业发展方面发挥着重要作用。

（一）林业情报工作

情报工作应如何配合林业科技规划与中长期规划[①]

一、什么是林业七八十年代的先进技术？

配合科技规划，要求回答什么是林业 20 世纪七八十年代的先进技术？我们情报所已经做了些工作，但究竟怎样才能配合好，还不太清楚。我个人对国外七八十年代先进技术问题有三点看法。

（1）除了个别技术，如遥感、除锈剂的应用等之外，一般林业先进技术：遗传育种、病虫害综合防治、航空摄影与资源调查以及各种人造板生产等技术，我国都是掌握的。我国小面积丰产林的单位面积生长量并不比外国低。林木容器育苗栽培技术，国外于 20 世纪 60 年代末 70 年代初开始推广。但外国人认为，这项技术实际上中国 2000 多年前就采用了。50 年代初，华南大规模发展橡胶林，也已相当普遍地使用这项技术。差别可能在人家花样多，有的实现了工厂化生产。

（2）林木遗传育种、种子园建立等，我国开始不晚，但没有形成体系，没有形成生产力，不像瑞典、芬兰、日本、新西兰等等已经能在造林中采用 20% 和 50% 以上良种。纤维板、刨花板我国在 50 年代都起步了，胶合板更早，饰面技术掌握也不算迟，但在国际市场上几乎没有什么竞争能力。

因此，从单项技术来看，我国可能并不落后，也许只落后二三年或五年。但从技术的实际应用情况来看，我国可能落后 10 年、20 年、30 年。

（3）从林业的综合水平来看，我国落后于先进国家可能是 30 ~ 50 年，甚至上百年或更多。

100 多年前，德国等已经制止了乱砍滥伐，步入科学经营森林的轨道。20 世纪二三十年代，对森林资源的动态变化，已经可以做到基本清楚。许多国家几十年前造林，就没发生过保存率很低的问题。

因此，我认为，林业综合水平高，并不见得一定与什么现代技术、尖端技术联系在一起。

联邦德国早就做到了"青山常在"与"越砍越多"。现在拥有 720 万公顷森林，一半划为保护区、自然公园。全国森林每公顷年利用量在 1862 ~ 1970 年间，从 1.5 立方米提高到了 4.2 立方米，现在又年年保持 2800 万 ~ 3000 万立方米的木材产量。战后森林面积略有增加。1946 ~ 1980 年间林木蓄积量从 6.36 亿立方米增加到了 10.22 亿立方米，每公顷蓄积量从 92 立方米增加到了 142 立方米。木材综合利用的水平也很高，平均每采伐 4 立方米产 1 立方米人造板。

联邦德国林业主要靠的是传统的科学经营，合理充分地使用土地的自然潜力。木材综合

[①]　本文系沈照仁同志在中国科学技术情报研究所召开的部分情报所所长研讨会上的发言摘要，于 1983 年 2 月 7 日刊发在中国林业科学研究院林业科技情报研究所出版的《林业参考消息》。

利用二三十年来则认准了主要发展一种产品刨花板。

根据日本 1976～2026 年五十年林业发展规划，在森林面积基本不变的情况下，蓄积量从 21.86 亿立方米增到 33.08 亿立方米，每公顷蓄积从 89 立方米提高到 138 立方米，年生长量从 4500 万立方米上升到 11300 万立方米。50 年内，蓄积量提高 50% 以上，生长量提高 1.5 倍。与木材产量可能成倍增长的同时，处于最佳"防护效能"状态的森林，将从目前只占森林总面积的 21% 扩大到 63%。

日本林业今后几十年赖之发展的，似乎主要依靠的也仍是一类传统技术：适地适树，合理密度以充分利用土地的自然潜力，适时利用等。

应当承认，传统技术在先进国家里是与现代测试手段、现代机械工具、化肥除莠剂结合在一起的。但也应当承认，对提高我国林业的综合水平可能起决定作用的，是传统林业技术的普及，普通林业知识的法制化和全面的科学经营管理。

二、如何配合中长远规划

根据国家的要求，我部计划部门初步提出到 20 世纪末，林业战略目标是：森林覆盖率达到 20%；国家木材年产量 1 亿立方米；林木年净生长量增加一倍；林业总产值翻两番。

情报工作应如何配合中长远规划？是在综合分析能搜集到的各种信息的基础上，论证上述目标的可行性，还是适应上述目标的要求，介绍国内外做法，提些建议。总之，现在还不太清楚怎样入手好。林业究竟应该走一条什么样的发展道路？讲点个人看法。

扩大森林覆盖率是建设精神文明、物质文明的中国不可缺少的条件。

根据林业区划办公室资料，为改善我国生态环境，减少自然灾害，减轻水土流失等等，全国总计需要森林 47 亿亩，相当于森林覆盖率 32.6%。为保证低水平用材需要，全国需森林 36.84 亿亩，外加木本粮油及其他经济林，按人均 1 亩算，约需 12 亿亩（2000 年时人口计划控制数）。总计需要森林 48.84 亿亩。相当于森林覆盖率 33.9%。

考虑了可能性，2000 年战略目标没有根据需要来定，因此是谨慎的。从 12.7% 提高到 20%，要求净增 10 亿亩森林，相当于现有人口 20 年内每人增加森林 1 亩。

根据初步探索，战后覆盖率增加多的国家有法国、匈牙利，人工造林好的国家有新西兰、智利。

法国 30 余年扩大覆盖率 6%，平均每人增加 1 亩。匈牙利扩大覆盖率 5%，平均每人增加 0.7 亩。据去考察过的外国人讲，到 2000 年时覆盖率从 1946 年的 12% 扩大到 20% 是有把握的。新西兰平均每人增加 1 亩以上。智利 1974～1980 年间人工林面积每人增加了 0.8 亩。

这四个国家有一个共同特点，是农林、林牧不争地，法国、匈牙利人口密度虽与我相似，新增的森林很大一部分是退耕、退牧地造林，而新西兰、智利的人口密度只有我国的七八分之一。

根据林业区划办公室资料，森林生长要求相当数量的 ≥10℃ 积温，全国有 15% 土地，积温不够，不能长森林。森林生长所需的最少降水条件为 400 毫米，根据现有资料估算，我国年降水量低于 400 毫米的约 73 亿亩，占国土总面积 51%。

这样，我国发展森林主要要依靠占国土总面积 49% 的东南半壁。这里集中了我国人口约 95%。

日本每平方公里人口密度是我国的 3 倍，但日本农林人口只占 12%，且其 2/3～3/4 的收入是兼业工资收入，因此直接依靠土地为生的人口实际只占总人口 3% ~ 4%。日本国土资源的农林牧实际利用率为 82%，即使按农业总人口分摊，平均每人还占有 2.17% 公顷土地。"我们是十亿人口，八亿农民的国家。"根据全国农业自然资源和区划资料，国土中农林牧可利用土地资源只占 60.1%，每个农业人口平均可能占有土地面积 0.67 公顷，不足日本的 1/3。

因此，我国林业与农、牧业一样，同样面临着一个如何充分而有效地利用土地资源的问题。我国现有林面积是联邦德国的 16.5 倍，按国家计划内木材产量计算，年产材量只比它多 2000 万立方米。多山的瑞士、奥地利等都达到联邦德国的水平。我国现有林是有潜力的。

30 年造林，如果把保存下来的人工林都算做新增加的森林，10 亿人口分摊，平均每人只增加 0.42 亩。这些新增森林总蓄积量只有 16400 万立方米。人工林面积相当于森林总面积的 25%，而其蓄积量只相当全国森林总蓄积量的 2%。这是不可理解的反常现象。

是粗放经营、广种薄收，还是集约经营、精耕细作，林业现在要作出抉择。

工作总结（摘要）[①]

1959 年 12 月开始做林业科技情报工作，主要是翻译俄文资料，为快报、绿头（一种参考资料）供稿。1960 年底，根据俄文资料，编写了第一篇综述性文章《节约代用是解决木材不足的重要途径》，经陈致生同志改写之后，此文发表在新华社内部参考里。

1961 年底，根据陈云同志指示，各部门要总结经济建设的经验教训，要借鉴国外的经验教训；罗玉川部长在一次会上号召解放思想，如实介绍国外林业的经验教训。在丁方同志主持下于 1961 ~ 1962 年间，参加了《国外林业与森工发展趋势》一书的编写，北欧、苏联和第四类型国家主要由我执笔；书中引用的马克思、恩格斯关于林业的论述，也主要是我找来的。当时，阅读英文资料还要靠辞典，因此使用的参考文献还是俄文居多。

1963 ~ 1966 年主要做以下三方面的工作：门市服务，根据林业部或其他上级机关要求，不时提供些小资料，如林道密度、组织机构、林业托拉斯等等；为中国科技情报所主办的科技参考消息的林业部分编辑供稿，一月两次，主要效果是不少林业科技新闻由新华社"参考消息"转载了；负责编辑几期林业文摘的造林部分，采用了每期重点突出、长中短相结合的办法，目的是争取一期打一个歼灭战。在这个时期，积累了大量资料，可惜，以后都成了废纸。

1972 年，在陈致生同志领导下，为出席第七届世界林业大会代表团翻译编写了大量材料，其中"木片生产是一个新兴的工业部门"一文，经有关同志修改和推荐，受到杨天放副部长重视，并确定为国务院三部一委木片会议的文件。

1973 年应农林部造林处的要求，编写了"大面积营造人工林是解决木材不足的根本措施"，比较系统地介绍了世界各大洲不少国家靠人工林解决木材不足的情况，并提出了人工造林的几个结合。同年 8 ~ 12 月编辑复写出版了十四期国外林业科技参考消息。

1975 年根据周恩来总理在四届人大报告时发出二〇〇〇年实现四化的号召，编写了"林业现代化应当研究的几个问题"。这个材料后来为 1976 年粉碎四人帮后召开的第一个全国林业会议所采用，并由会议印发至地专以上干部参阅。

1977 年为全国人造板会议提供了胶合板、刨花板和纤维板三个单项材料，明确提出了根据资源情况，我国胶合板工业还有很大的发展活力；根据国外指标，指出我国 2000 吨设备是落后的，几套大型设备产量低主要是管理问题。

1978 年 5 月回到林科院情报所，一年多来，除了应林业部的要求，写些零星资料之外，主要是负责编译国外林业动态，每月两期，每期约 5520 字。

---

① 本文系沈照仁同志于 1979 年年末撰写的阶段工作总结摘要。

谈谈我国林业发展道路问题①

编者按：为配合科技长远规划的制订，中国科学技术情报研究所于 1983 年 2 月 3 日至 9 日在北京召开了京区部分情报所所长研讨会。本期刊登的是中国林业科学研究院情报所副所长沈照仁同志的发言摘要。

一、什么是林业 20 世纪七八十年代的先进技术？

个人对国外 20 世纪七八十年代先进技术问题有三点看法：

（1）除了个别技术，如遥感、除莠剂应用等之外，一般林业先进技术我国是掌握的。我国小面积速生丰产林的单位面积生长量并不比外国低。林木容器育苗栽植技术，国外于 20 世纪 60 年代末 70 年代初开始推广。但外国人认为，这项技术中国人 2000 多年前就采用了。20 世纪 50 年代初，华南大搞橡胶林，普遍地使用了这项技术。

（2）林木遗传育种、种子园建立等，我国开始不晚，但没有形成体系，没有形成生产力。纤维板、刨花板我国在 20 世纪 50 年代都起步了，胶合板更早，饰面技术掌握也不算迟，但在国际市场上几乎没有什么竞争力。

总之，从单项技术来看，我国并不很落后。但从技术的实际应用情况来看，我国可能落后 10 年、20 年或 30 年。

（3）从林业的综合水平来看，我国落后于先进国家可能是 30 年、50 年，甚至上百年。

一百多年前，德国等已经制止了森林的乱砍滥伐，步入了科学经营森林的轨道。20 世纪二三十年代，对森林资源的动态变化，已做到基本清楚。许多国家几十年前造林，就没发生过保存率很低的问题。林业综合水平高，不一定与现代技术、尖端技术联系在一起。

联邦德国早就做到了"青山常在"、"越砍越多"。现在拥有 720 万公顷森林，每年保持 2800 万～3000 万立方米的木材产量。第二次世界大战后森林面积略有增加，但 1946～1980 年间的林木蓄积量从 6.36 亿立方米增到 10.22 亿立方米，每公顷蓄积量从 92 立方米增到 142 立方米。木材综合利用水平也很高，平均每采伐 4 立方米产人造板 1 立方米（世界平均每采 30 立方米产 1 立方米，我国是 70 立方米产 1 立方米）。

日本根据 1976～2026 年林业发展规划，在森林面积基本不变的情况下，蓄积量从 21.86 亿立方米增到 33.08 亿立方米。每公顷蓄积量从 89 立方米提高到 138 立方米，年生长量从 4500 万立方米上升到 11300 万立方米。50 年内，蓄积量提高 50% 以上，生长量提高 1.5 倍。日本赖以发展的仍是一些传统技术，如适地适树、合理密度，以充分利用土地的自然潜力及适时利用等。

当然，在先进国家里，传统技术是与现代测试手段、现代机械工具、化肥、除莠剂等结合在一起的。但也应当看到，对提高我国林业综合水平可能起决定作用的，是传统林业技术的普及、普通林业知识的法制化和全面的科学经营管理。

---

① 本文系沈照仁同志于 1983 年 2 月 3 日至 9 日中国科学技术情报研究所在北京召开的京区部分情报所所长研讨会上的发言摘要，刊发在中国科学技术情报研究所编的、1983 年 4 月出版的《国内科学简报》。

二、林业应该走一条什么样的发展道路?

根据国家的要求,有关部门初步提出,到 20 世纪末林业的战略目标是:森林覆盖率达到 20%;国家木材年产量 1 亿立方米;林木年净生长量增加一倍;林业总产值翻两番。

林业究竟应该走一条什么样的发展道路?讲点个人看法。

扩大森林覆盖率是建设精神文明和物质文明不可缺少的条件。根据林业区划办公室资料,为改善我国生态环境,减少自然灾害,减轻水土流失,全国需要森林 47 亿亩(现有 18 亿亩),相当于森林覆盖率 32.6%。为保证低水平的用材需要,全国约需森林 36.84 亿亩,外加木本粮油及其他经济林,按人均 1 亩算约需 12 亿亩。两者相加,共需森林 48.84 亿亩,相当于森林覆盖率 33.9%。

考虑了可能性,2000 年战略目标没有根据需要来定,因此是谨慎的。从 12.7% 提高到 20%,要求净增 10 亿亩森林,相当于现有人口 20 年内每人增加森林 1 亩。

第二次世界大战后森林覆盖率增加多的国家有法国、匈牙利。人工造林好的国家有新西兰、智利等。法国 30 余年扩大覆盖率 6%,平均每人增加 1 亩林。匈牙利扩大覆盖率 5%,平均每人增加 0.7 亩。新西兰近 30 年来平均每人增加 1 亩以上。智利 1974~1980 年的 7 年间,每人增加了 0.8 亩人工林。

这四个国家有一个共同特点:农林、林牧不争地。法国、匈牙利人口密度虽与我国相似,但新增森林大部分是退耕、退牧地造林;新西兰、智利人口密度只有我国的七八分之一。

日本人口密度是我国的 3 倍,但农村人口只占 12%,且其 2/3~3/4 的收入靠兼业工资收入,直接靠土地为生的只占总人口的 3%~4%。日本国土资源的农林牧实际利用率为 82%,即使按农业人口分摊,平均每人还占地 2.17 公顷。我国是 10 亿人口,8 亿农民的国家。国土中农林牧可用地只占 60.1%,每个农业人口平均约占地 0.67 公顷,不足日本的 1/3。

此外,森林生长要求 ≥10℃ 积温,全国有 16% 土地积温不够;森林生长所需的年最少降水量为 400 毫米,我国低于这个标准的面积约 73 亿亩,占国土总面积的 51%。这样,发展森林主要靠占国土总面积 49% 的东南半壁,而这里却集中了我国人口约 95%。

因此,我国林业与农牧业一样,面临着如何充分利用土地资源的问题。我国现有森林面积是联邦德国的 16.5 倍,而年产材量约只多 2000 多万立方米。我国现有森林是有潜力的。

30 年造林,如把保存下来的人工林统算做新增林,10 亿人口分摊,平均每人只增 0.42 亩。这些新增森林的蓄积量只有 16400 万立方米。人工林面积相当于全国森林总面积的 23%,而其蓄积量只相当于全国总蓄积量的 2%,这是非常不可理解的反常现象。

是粗放经营,广种薄收,还是集约经营,精耕细作?林业现在要作出抉择。

林业科技情报工作探讨①

我这个发言，目的是交流看法，搞清楚林业情报中心究竟应是什么样。我认为，情报中心是项大工程，需要尽可能周密地思考设计。它的建设初期，并不需立即投入千百万资金，但一经开始投入，就不能中断，中途修改方案也会非常困难。因此施工前的准备：思想准备、人力准备、知识准备、物质准备，都是很重要的。究竟如何建法，这个情报中心既应符合我国国情，又能符合林业的特点，既要满足领导机关要求，又需为林业科研、生产、教育等服务，因此需要大家讨论后形成比较明确的方案。百花齐放，百家争鸣，我是抛砖引玉，也更乐意成为众矢之的。讨论清楚了，以后的工作就好做。

讲三个问题：一、国内外现有科技情报机构主要是搞书面文献情报；二、林业的特点与国外一些林业情报机构的做法；三、我国林业情报中心应是个什么样子。

一、国内外现有科技情报机构主要是搞书面文献情报

文献情报包括图书、期刊资料、录相带、录音带、幻灯片、电影以及各种数据库。

世界现在大概只对两件事用"爆炸"两字形容增长的迅速，一是人口，二是情报（或称文献爆炸）。这里讲的文献指的是书面文献。根据调查，科技文献每 10 年增长 1 倍。美国化学文摘条数，正好是 10 年翻番。发达国家藏书每 10~13 年增长 1 倍。

据前二三年统计，世界今日有 3000 万种图书，每年新增 60 万种，会议录 10 万篇。各种期刊约有 6 万种，其中科技的 4 万~5 万种，每年发表的科技论文 400 万~500 万篇。按页码算，科技文献年增长率是 6000 万个。现在每年 70 多个国家公布专利文献 100 万件，反映 30 万件新发明，而其中 90% 没有在其他科技刊物发表过。全世界 92 个国家与地区设标准化机构，现有标准 1000 余种，总计 75 万件之多。

据估算，国外林业论文每年约 2.5 万篇，非常分散，刊登在大约近千种期刊里，还有专著、会议论文汇编等。

林科院收藏国外林业期刊比较全，有 1000 多种，一点也不比国外大型林业图书馆少，与日本国立林业试验场（相当于我国林科院）收藏量相似，比英国林业图书馆还要多。1000种期刊，假定每种每年出 4 期，每期 10 万字，每年仅期刊就有 4 亿个印刷字。林业文献量增长速度也是爆炸性的！20 世纪 50 年代苏联林业、森工期刊仅 4~5 种，现在有几十种！

4 亿个字是个什么概念？

法国有位专家讲，一个人的口述速度每小时约 9000 个字，普通人阅读速度是 27000 字，经过训练的情报人员每小时能阅读 162000 字。他用这些数字想说明个人看资料是取得情报的捷径。但一小时读 16 万字，一般人做不到。现在假定经过训练，每小时能读 10 万字，按每天工作 8 小时，一年 250 个工作日，不停地读，一年最多读 2 亿个字，或浏览 2 亿个字。这就是说，一个阅读能力非常强的人，通晓几种语言，又懂林业的各个方面，需要两年时间才能把林科院现在每年订阅的期刊浏览一遍。

---

① 本文系沈照仁同志于 1983 年 10 月 6 日在全国林业科技情报工作会议上的发言稿。

前几年，胡耀邦同志号召中青年干部读书，他说至少要读 2 亿字的书。他讲的是一辈子，一个人至少读 2 亿个字，而现在国外林业科技文献仅期刊一年报道量就达 4 亿个字。

《红楼梦》是 100 多万字，《三国演义》72 万字，4 亿个字就相当于 400 套《红楼梦》或 600 套《三国演义》（外文字号中文字或许不能直接对比，但印出来书的厚度差不多）。文艺书好看，科技书就不那么容易看了。

知识和学问都是继承和发展的，并不需要事事亲身实践。搞科学研究，90% 以上的知识可以靠借鉴前人的成果取得，真正要探明的可能只有 5%。一个日本代表团考察我国一个研究所，告诉我们有 40% 课题是日本已经做过的。因此，查阅资料，可能减少重复。

情报工作的任务：一是要搜集；二是要把茫茫资料海洋变为通途，用林业的习语就是变不可及为可及。森林的可及性决定于道路密度，资料的可及性就取决于检索体系，也是现在世界上广泛讲的数据库，图书资料与数据库结合起来，三是做好专题述评、专题调研，对某些国民经济重大问题，每隔一定时间，系统过滤资料，总结发展情况，这实质上是让专人系统查阅资料，节省实际工作者查阅资料的时间。

我国情报单位可能还要肩负另外一项重要任务，便是轮训科技人员，指导利用查阅资料的各种工具。据上海科技情报所 1980 年统计，上海有科研人员 10 万，其中懂外文的 1 万人，而懂文献查找方法的仅 1000 人。

林业系统基础差，这方面情况比上海、比其他部门更要落后。

二、林业的特点与国外某些林业情报体系

林业情报是现代科学技术情报的组成部分，但它有特殊性。我认为有三个特点。

1. 林业牵涉学科多，文献非常分散

学科交叉是现代科学的普遍现象，但其他专业很少有牵涉那样多的学科。林业跟农业一样是国民经济的一个部门，涉及生物、气象、地质、土壤、肥料、工业和环境，又与社会科学密切联系。在某些方面，林业甚至比农业涉及范围还要广。林业既有农业又有工业，既是原材料的培育生产部门、燃料培育生产部门，又是主要环境因子的保护部门，国外一般认为与林业发生关系的学科不下 40 个。仅就木材研究而言，一位法国木材科学工作者讲，为胜任这项工作，必须经常注意物理、化学、力学、生物学等学科的动向，还要懂得工艺技术，因此，单一学科的文献满足不了需要。林业既与天上技术、地下技术、最新技术、古老技术、宏观研究、微观研究发生关系，又不断地产生新的学科，如都市林学、树木气候学、程序栽培森林学、木材材料工程学、地球林学、社会林业、农业林业等。

2. 生产周期长，要求积累长期历史资料

现代科学技术发展日新月异，电子技术讲三五年更新换代。因此，现代科技文献的使用寿命短，一般经过 5～15 年，大部分资料便没有价值了。根据调查，50% 科技文献的平均寿命只有 5 年。林业就不能是这样，许多工作需要历史资料。

3. 林业地域广，对象杂，而人力、资金少

世界森林面积（包括稀疏林）41 亿公顷，是世界农耕地总面积的三倍。就整体而言，即使在工业发达国家，与农业相比，林业经营也尚处在粗放经营阶段。森林单位面积的产品量、产值都比农业低得多。日本耕地面积占国土 13.5%，森林占近 68%，而林业产值只占农林总值的 8%。我国森林 18 亿亩，农耕地 15 亿～16 亿亩，林业产值只占农林总产值的

3%。产值小一般说总是与投入的资金、人力少相关。实际上,缺乏资金是世界林业普遍面临的问题,技术力量也不足。

是不是有这样三个特点,需要通过讨论弄清楚。但任何事物都有特殊性,这是可以肯定的。我先假定确实存在这三个特点。第一、第三个特点决定了其他很难形成一个能全面独立检索世界林业科技文献的体系,而学科单纯、财力、技术力量充足的部门如钢铁、石油等则比较容易,世界上农业已经有三个比较完整的独立体系,如英国的 CAB、美国的 AGRIGO-LA、联合国粮农组织的 AGRIS,每个每年报道条数都相当于世界每年农业文献总量的一半。至于第二个特点,我们林业工作者又比其他行业更需要一个完整的查找体系。

国外独立的林业文献检索体系有英国林业文摘、林产品文摘、苏联林学文摘、苏联林机制造文摘、美国木材工业文摘等。联合国粮农组织的 AGRIS 农业索引林业专题在筹办之中。但迄今为止,世界还没出现一个能覆盖林业大部分文献的独立完整的体系。我认为,这是不必要的,也不可能做到的,即使我们尽全力去创造一个也会是短命的。因为需要很大投资。

由于林业交叉学科多,大量林业文献却可在许多相关的检索体系里查到。美国林业情报专家 1981 年对世界林业、林产品检索体系进行了一次广泛调查,没有我国的情况,苏联资料也非常不全,根据这样不完全的统计,世界与林业、林产品文献有关的检索体系共有 120 个。所谓有关,是指每个体系总条目至少 10% 与林业相联系。

下面介绍几个国家的林业情报体系:

(一)美　国

美国国家农业图书馆是美国农业情报中心,也是世界三大农业情报中心之一。其全部书目资料存储在它的"农业联机检索"系统(Agricola)。Agricola 由几个数据库组成,涉及农业各有关学科,也包括林业。迄今已储存 150 万个条目,每月增长 1 万个条目,但它并不能满足林业的要求。

根据美国西部林业情报网 1980 年检索检验,这个检索体系加上英国 CAB、联合国粮农组织 AGRIS、美国 PIOSIS 生物学文摘和美国国家技术情报局的体系,也即动用了世界 5 个大型检索体系,共提供了西部 17 州林业科研需要文献量的 54%。其余 46% 是通过 31~144 个交叉学科或专题或其他专业数据库取得的。

美国林务局 1971 年开始筹办地区性林业情报网,为基层林业科技人员服务,先是以 1 个林业试验站和 1 个大国有林区(美国共有 8 个林试站、9 个大林区)为试点,1979 年林业情报网服务范围已扩大到包括阿拉斯加、夏威夷在内的整个西部林区,17 个州,林地总面积 1.44 亿公顷(比我国全部森林面积还大)。林务局分配在这些地区工作的科技人员共 7000 人,全区林业科技人员 16500 人。目的是要使基层科技人员能享受到大学、科研机关里一样的文献服务。

西部情报网下设四个服务点,均与藏书丰富的大学图书馆建立密切关系。情报网的工作方针是以实际工作者为对象,结合他们需要开展服务:

(1)结合本地区课题进行资料搜集,并定期(每月)将新资料目录通报基层读者;

(2)资料随搜集、随加工,建立地区数据库;因资料都是结合本区需要进行的,西部情报网收藏的文献,几乎有一半是全国农业中心图书馆所没有的;

(3)根据委托,代借、代复制各种基层所需资料;有两个大型图书馆(藏书 650 万册)为后盾，分别各有 2 万册藏书的林业专业图书馆；

（4）联机检索，定题服务；数据库计 149 个。

西部林业情报网已为美国建立全国林业情报网打下基础。这个情报网服务对象占林务局雇员总数的 70%，占用林务局预算总款的 84%。

情报网 1978 年开支近 50 万美元，占用林务局拨到服务区（7 个林区、4 个试验站）总预算的 0.04%。4 个点共有 24 名工作人员。

美国林务局建网是从点到面逐渐铺开，西部已形成地区网，此后有可能在美国东南部 13 个州、东北部和中北部再分别建点联网，最后形成全国性林业情报网络。

美国建立林业情报网络有以下几个特点：从工作最迫切、技术力量最雄厚的地方开始；不搞完整的体系，而是补充现有体系的不足，也即搞自己不搞而别人不可能搞的部分，而这部分又是地区科研工作所需要的；利用大学图书馆为基础逐渐铺开；一切从方便读者出发。

此外，美国还设了些专业、专题数据库，如美国化学造纸文摘，以纸浆用材林培育和三板为重点，每年 12000 条，约 5000～6000 条与林业、三板有关。美国木材工业文摘每年 2000 条，以木材加工、采运技术见长。林务局与国会图书馆合作，建立了舞毒蛾专题数据库，舞毒蛾是美国森林主要害虫。与内务部等单位合作，分别建立了水资源数据库、渔业与野生动物数据库、火灾防治数据库等。

（二）苏　联

苏联有林学与林机制造两个文摘单行本，年报道量约 8000 条；全苏情报所出的其他专业文摘和综合性文摘，还能检出相当数量的有关林业文献，工业经济文摘、地理文摘、环保文摘、防火文摘、植物学文摘等均能检到林业文献。

国家林业委员会设中央科技情报局，森工部设全苏经济、企业管理与情报科研设计所以及农业部情报所等，都分别出版许多林业情报资料，如文摘、快报和综述。

苏联是中央集权计划经济国家，是强调统一的，但搞了几十年，也并未形成一个能覆盖大多数林业文献的检索体系。

（三）日　本

日本科技情报中心编辑出版科技文献速报，可以查到林业文献，但没有林业专辑，能查到林业文献量非常少。1982 年曾利用它检索泡桐文献，它只收录了 4 篇。

日本农林水产省经济局设情报部，实际是个统计部门。农林水产省技术会议事务局设科研情报中心，它的任务一是引进国外磁带，二是参加联合国粮农组织 AGRIS 数据库的输入，三是建立日本农学文献记事索引和 RECRAS 两个数据库，前者是包括日本国内林业论文在内的国内农学文献数据库，每年约 1 万篇，收录国内报道量的一半；后者是检索日本农业系统还在进行的研究课题也即是检索农业进展中课题的体系。农林水产省图书馆根据领导意图，一般反映日本农林水产业当前最重大课题，每年出一个专集，是综述、文摘、索引三结合产品。

日本林业试验场每年出 1 本"林业林产品国内文献目录"，5000 条，过滤国内期刊 274 种，占去条目的一半，另一半条目为政府报告等各方面文献。此外，林野厅图书馆每年出几本国外林业文献资料介绍，实际是重要文章的译稿汇编，不印刷，根据委托复制几本分到林业系统图书馆供借阅。

（四）英　国

英国林业文摘是世界办得最早的林业科技文摘，1978 年分为林业与林产品两种，每年有 1 万条，约能覆盖世界林业文献的 40%。

因此，我们说，世界现在还没有独立完整的检索林业文献的体系。

荷兰林业和园林规划研究所开了 7 个题，都是纯林业问题，请荷兰农业文献情报中心为其检索所需资料。情报中心拥有 150 个数据库，为查 7 个题，它调动了 21 个数据库，证实没有一个数据库能满足 50% 以上的文献需要。通过专业文摘英国林业文摘查到所需文献的 37%，其余 20 个数据库提供文献 63%。

但应当承认，每个数据库都有其称得上权威的方面。据说林木育种方面，英国林业文摘有优势。美国化学造纸文摘在刨花板纤维板方面优势较强。1986 年北京地震局领导让找轻型建筑结构材料，我们查水泥刨花板文献，先就查了造纸文摘，一共查到 20 多篇。专业人员嫌少，通过别的途径再找，找了一个星期，也再没找到一篇新资料。

这说明，现有检索体系就整个林业来讲可能是非常不够的，而在某些方面却可能称得上"全"。这要靠情报人员、专家们自己通过实践去鉴别。

三、林业情报中心应是什么样的

前面讲的都是关于书面文献检索系统。中国科技情报所今年 6 月通知各专业部情报所，"全国计算机和集成电路规划会议"将"全国科技情报计算机检索系统"列入国家规划。1978 年全国情报会曾确定医药、建筑、农业、林业要自成体系。这次通知要求农牧渔业部与林业部情报所 1983～1985 年内筹建农林牧渔中文文献检索系统。

全国 1982 年共出版国外文献目录 44 种、文摘 55 种；国内文献目录 20 种，计 122 种，我院占 4 种，即占全国 3%。

1980 年以来，全国已有 13 个情报单位引进国外磁带 27 种，开展定题服务。农科院用文摘换来 CAB 磁带，林科院图书馆现在也利用这个磁带，接受委托 150 多项，开展 CAB 林业定题服务。兵器工业部、城建部、机械工业部、铁道部、冶金部等在北京和香港设立了美国 DIALOG 和 ORBIT 检索终端。

据不完全统计，目前国内情报单位用于检索的中、小型计算机共 8 台，另有 13 台微型机用于少量文献检索和人员培训。

电子计算机文献检索是国外 20 世纪 70 年代末 80 年代初已经广泛使用的技术，无疑我们也需要迎头赶上。

但是，用户对情报中心的要求不单只是回答某方面有些什么文献，而往往要求迅速回答具体数字，或回答事情，例如进口哪一种设备为好，或问我们设计制造的设备世界上是否已有专利；某种产品或行业的国内外水平。

杨钟部长讲："情报中心主要是信息中心。"他说，胡耀邦同志要求上级经济部门主要抓五项工作，信息工作就是其中的一项。农村发展研究中心 1982 年抓了八件事，其中一件是加强情报资料信息的服务工作。国防口各部都在抓信息中心。农牧渔业部抓四个体系，其中有一个情报信息体系。林业系统内部情报不灵，也要求加强这方面的工作。

根据杨钟部长的讲话精神，情报中心要为领导决策服务、也要为领导临时需要服务，同时也要为科技生产教育人员服务。

因此，情报中心需要有文献检索体系之外的数据库或资料库。搞实际工作的，行政管理人员，领导干部往往为决定某件事，很急地要些数字或资料，情报中心应能满足这方面要求。

林科院情报所共 106 人，实际情况业务干部只一半，兼智囊团工作，文献检索体系建立工作于一身，出几个刊物，因此工作很紧张。仍是满足不了要求。因此，要把林业情报工作做好，非动员整个林业系统力量不可。要动员林业系统所有专家共同做好这件事。雍文涛同志早提出过这个意见，杨钟部长又提了。先要解决几个问题：

第一，我想需明确情报中心的工作范围，到什么为止，是科技，是技径，是一切信息都要过问都能回答，这要请领导定，因为范围有大有小，投入多大力量得有个规划。这个问题可暂搁在一边。

第二，从什么入手，即从什么开始情报中心的建设。

抓服务入手，不服务，成不了中心；服务不好，成不了名符其实的中心。

但在文献爆炸的当今，没有一套办法，没有一套能根据需要而即时取得信息的办法，我们就会处于图书馆资料的迷宫中。

办法就是建立数据库。先服务，先建数据库，然后再考虑装备电算机问题。

信息中心、情报中心是以图书馆、资料室、数据库为基础的一个体系，在情报爆炸的当今时代，数据库成了情报中心的灵魂或钥匙，没有它，图书馆、资料室常使人望而却步。

如果领导对情报中心要求掌握重大问题的文献内容，那就得建立重要数据数据库，重要事例数据库。

根据林业的特点参考国外的做法，我想我们不应追求建立一个独立完整、无所不包的林业情报检索系统，即主要靠北京，在北京集中主要力量建立包括各专业，有关学科的独立完整的林业数据库，而是中央与地方、综合部门与专业部门分工合作，各自发挥所长，分散建立多种数据库，而后逐步形成包罗万象的林业情报网络。

美国林务局有 900 名高级科研人员，据 1980 年前调查，大约 117 名专家有个人数据库，经过改进，有可能供相关的人员利用。这是说，一些科学家已经把日常资料积累，贮存进计算机，由卡片贮存过渡到磁带贮存。专家调动工作离开了，但资料仍留存在单位，别人可以继续进行。

所以说，建立数据库并不难，实质上是卡片贮存、笔记本贮存的条理化、科学化。姚雪垠写《李自成》，积累了几柜子卡片，这是数据库。施今墨中医大夫处方，也贮存进电算机，也是数据库。我们林业专家为什么不能建立自己的数据库。

林业各部门、各方面、各地区都建立数据库，就有可能建立较完整的林业情报网络。

建立一个独立完整统一体系要求集中人力、财力，很难做到，而分散的，各专业、产品、地区建立小体系，然后根据可能，某些可以逐渐合并。这样，可以需要什么，就搞什么，大家都搞，也能发挥各专家的积极性。

这样做，在电子计算机的软件程序上，也可能不要求太严，修改也较方便，而这类工作本来都是需要的，不会造成浪费。

从现在起，建议做以下几件事：

（1）各省份根据本区特点、优势和迫切问题，筹建林业地区性数据库。例如森林与水灾专题，四川省、陕西省均积累了不少资料，就可以成为地区性数据库的一个方面贮存。根据科技发展历史，有人认为综合常常可能是科研新发现，而综合需长期、多方面积累素材。

（2）对国民经济或进出口贸易有重大影响的产品，对我国林业发展有重大影响的树种和专题，建立专题数据库，如松香、泡桐、杨树、杉木、松毛虫等数据库。现在科技人员广泛利用定题服务、检索，在此基础上，有可能建立专题数据库。科研工作者总是通过多种渠道寻找搜集所需资料，因此一般来说，专家就某一课题搜集到的资料，往往要比一二个专业检索体系所包括的多。如果，对这个专题感兴趣的人多，需要长期搞，就可以建立专题数据库。

（3）各行政管理部门包括专业公司均应筹备建立数据库。例如管理 3900 个国营林场的部门，就应建立林场数据库，包括林场所处地理位置、经营管理面积、生产情况，且每 3 ~ 6 个月至少输入新资料一次。木材采运企业、三板企业等管理部门也应建立数据库。先可以从卡片开始。

（4）林科院情报所图书馆要建立自己的数据库。文摘、题录常是磁带的书面形式，实际也是某些电子计算机磁带数据库的基础。现在情报所出林业、森工文摘，图书馆出中、外文两种资料目录。在今年全国评比会上，一般都认为根据质量，我们两个文摘如参加评比，可以得二等奖。我国目前林业系统懂外文的少，各地又没有（很少）外文资料，因此，文摘侧重报道性，看了文摘，可以了解一般林业各专业的动向。但全年的报道总条数不到 6000 条，只反映国外林业文献量的 1/4，而且没有年度索引（明年要出主题年度索引），因此还不是真正的检索性刊物。中文资料目录一年 5500 条。外文目录 1983 年可能达到 8800 条，比文摘多，但与文摘很多重复。

因此，应当承认，目前我们尚无一个适合我国国情、林业特点的书面文献检索体系。

要成为一个名符其实的林业情报中心，必须具备以下一些条件：

①调查国外有关林业数据库，控制国外林业文献目录 70% ~ 80%，并能代用户引进国内无收藏的文献。

②建立国内收藏的国外林业文献数据库，以林科院图书馆为基础，把院外国外林业文献目录控制起来，能为用户办理借阅或复制业务。

③建立国内林业文献数据库。

④开展林业文献客询服务。

⑤能定期就重要课题发表阶段性述评。

⑥建立新中国成立以来完成的林业课题数据。每年汇编全国林业进展中科研项目。

⑦能协调并指导各种数据库的建设，并做好国内外文献以及各地区专业数据库的联网工作。

⑧与全国国家级情报中心以及与林业有关系统的情报中心建立密切关系。

怎样建设我国的林业情报体系①

一、林业情报与信息的关系

讲林业情报如何搞法，先要说说与信息的关系。国内、国外现在都信息热，作为开场白，谈一下信息社会的主要标志；情报与信息的关系，什么是情报；科技情报的工作范围。

（一）信息社会有些什么标志

钱学森同志认为信息是新技术革命的核心。他说："新的技术革命的核心内容是什么？是信息。新的技术革命对策的核心是什么？也是信息。这里说的信息是广义的，可以说是信息，也可以说是情报。"他又说："前几年讲了三大战略措施，即抓农业、交通运输和教育。从目前状况来看，我们迎接新技术革命最核心的对策，就是制定我国到 2000 年的信息规划。"

发达国家一些学者认为，现在已进入信息化社会，其标志大约有以下几个。

1. 产业结构明显变化

日本国民经济研究协会主任研究员田中直毅认为，日本已经站在高度信息化社会的门口。1973 年石油危机以后 10 年来，日本产业结构正发生引人注目的急剧变化：电机、电子、管球玻璃、光导纤维、精密陶瓷等投资增加；尖端技术程度高的机械的生产增长率高，在整个机械生产中所占比例正迅速扩大，而传统产业或用于重工业化学工业的机械则在降低。进出口产品结构也在发生明显变化。

2. 就业结构变化

西方一些学者认为，人类经历了六千年农业社会，三百年工业社会，某些国家现正步入信息社会。《大趋势》一书作者奈斯比特认为就业结构变化，是信息社会的一个主要标志。

1956 年，美国历史上第一次出现了从事技术、管理和事务工作的，以脑力劳动为主的"白领工人"数字超过从事体力劳动为主的"蓝领工人"数字。

20 世纪 70 年代美国新增加 2000 万个工作职位中，只有 5% 属于制造业，大约 90% 属于信息、知识和服务性行业。目前美国只有 1.3% 的劳动力从事制造业，3% 的劳动力从事农业。据美国专家预测，到 2000 年时，美国劳动力将只有 5% ~ 8% 在制造业部门工作，从事农业劳动的只有 3%，其余 85% 以上在信息、服务部门工作，也即大多数人从事信息的收集、处理和传播工作。

3. 产品成本构成中信息、知识占的比例大

物质、能量和信息是构成任何一个现实生产不可缺少的三大要素，信息是必须有物质和能量为载体体现出来，可是信息可以提高同样的物质和同量的能源的产值几倍、几十倍、几百倍，甚至更高。

---

① 本文系沈照仁同志于 1984 年 10 月在第一次全国林业科技情报学术讨论会暨中国林学会第一届林业情报专业委员会成立大会上的发言稿。

信息社会中信息成为战略资源。

美国企业家保罗·霍肯认为现在已进入到信息经济社会。他说，从 1880 年起延续至今的物质经济（mass economy）是工业时代的经济主体。这种经济是以恣意挥霍廉价原料和能源，特别是矿物能源为其发展支柱的，它强调大规模生产、大量消费，把提高劳动生产率奉为至高无上的追求目标。1950～1973 年是物质经济的"黄金时代"。此后，石油猛涨，人们发现生态恶化，地球负载能力已限制物质经济的持续发展。

这样，如何依靠更多的知识信息，生产出物质和能源消耗更少、而质量更好、更耐用的产品的经济，即信息经济应运而生。

在物质经济年代，能源和材料价格比较低廉，因此不太注意节约原材料和能源。在信息经济下，要求产品或劳务中包含的信息大，而最大限度降低物质消耗。

在工业化社会中，随着科学技术的发展，各种测试手段如电子显微镜、加速器、遥感技术等的出现和广泛使用，人们对自然界物质世界的认识不断深化，取得信息的速度显著加快，因此积累的知识信息越来越多。据英国科学家詹姆斯·马丁的推测，人类的科学知识在 19 世纪是每 50 年增加一倍，20 世纪中叶每 10 年增加一倍，20 世纪 70 年代每 5 年增加一倍。有的专家估计，目前是每 3 年增加一倍。现代物理学中 90% 的知识是 1950 年以后人类新发展的。现在人类认识的化合物约有 400 多万种，而在 1950 年时还只有 100 万种，一个世纪以前的 1880 年时还只有 1200 种。现在每天有 6000～8000 篇科学论文发表，每隔 20 个月，论文数字就会增加一倍。因而有人说，现在是"信息爆炸"的时代。因而也可以认为，工业化社会之后是信息社会。

信息多，标志着发展，标志着进步。但如果对以爆炸速度增长的信息毫无准备，不能驾驭它，这就可能不是什么利，而是灾难、危机、污染！有个上级机关来要资料，我告诉他，早寄去了，回答是知道库里有，但提不出来，资料太多了！

1984 年 6 月 29 日《参考消息》刊登一条小新闻：日本商人淹没在资料的洪流中。这是东京日本数学设备公司对大约 400 名商人进行调查的结论，53% 的商人对信息没时间停下来思考，67% 的人跟不上资料洪流。因此，70% 的人认为，需要有处理资料的新技术。

钱学森回想半个世纪以前，他当研究生的年代，依靠图书馆管理员，把有关期刊、书籍搞到手，好像不需要情报工作帮忙，因为当时科技文献的数量不算很大。现在，一个人想靠自己力量去找齐有关文献是不大可能了。

随着文献资料增长，占用人力、经费、建筑面积也不断增长，可是文献资料的效果是否也能成比例增长呢？！

现在我国科技文献利用率很低！不仅仅林业系统如此，中国科学院也是如此。这里很重要的一个原因是我们没有一套适应信息爆炸管理信息的办法，图书资料整齐地排放在架子上，却极少有人问津！这与商品堆在仓库里而没有销路，且不是一样。

文献资料少的时候，科技人员很容易找来看了，现在则真是望洋兴叹！很多同志讲，我知道有这方面的资料，甚至知道院里就有，可是找不到！我们确实需要寻找一套办法，摆脱信息灾难！

（二）情报与信息，什么是情报？

信息、知识、情报笼统地可以用信息一个词来概括。信息是情报的基础，情报也是信息，但不能说凡信息就是情报。

资源卫星用各种电磁波谱的信息探测，在上空过一下，就能接受上百上千个信息，一张宇片包含的信息量达 3000 万个。据说新资源卫星一张宇片所含的信息量近 4 亿个！首都钢铁公司现在一天要处理的信息数据是 3000 多万个。

信息是自在的，你要不要，都在不断产生。情报则是有目的的，有对象的，是为了解决某一特定问题所需要的知识。因此情报工作应是目的性很强的，如无针对性、及时性提供的信息，就不能算是情报。如不能与国民经济建设、生产科研需要以及人民生活挂起钩来，提供再多的信息，也不是情报。

因此，对情报的搜集一是要下一番分析鉴别的工夫，要确定搜集路线，不能湮没在过多的无用信息海洋之中，结果是该搜集的而没搜集来。二是要用科学方法整理贮存起来根据需要能迅速提取出来。三是要迅速的传播，把搜集到的信息及时送到用户手中。

（三）科技情报工作的范围是什么？

信息社会的一个标志是从事信息工作的人越来越多。各行各业都有信息工作。日本 1979 年出版一本书，叫做《林政的决策系统》，作者认为情报信息系统是现代林业的决策基础，细想一下，实际上各种决策的基础都是以情报信息为基础的如商业、市场、管理，经济、社会、自然、环境、资源、生态等的决策，统统都要依靠各自的情报信息系统。

《光明日报》发表牛文元文章指出，人类在信息开发上正酝酿着一次新的突破。信息资源已从商业信息、管理信息、经济信息、社会信息的开发，逐步扩展到资源信息、自然信息、环境信息、生态信息等的开发，从"线"的"条"的开发转向"面"的"区域"的开发，从比较单一的开发转向比较综合的开发。

自然信息自动决策系统是指利用目前已有的和继续大量增补的自然环境信息，根据区域开发的战略目标，运用经济分析的理论和手段，在不违背自然规律的前提下，按照实施的最优模式，集中编制软件工程，经由电子计算机处理和运算，并通过网络系统的连接和传送，直接为国民经济服务的一项现代化设施。

科技情报显然与上述信息工作有密切关系，要成为决策体系的重要组成部分，但情报部门不可能包打天下，把一切情报信息工作都揽到手里。现在是大家都要做情报信息工作。我们专业科技情报工作者，我认为，现在分工主要是搞文献情报，这方面国内外都有成熟经验可供借鉴。商品信息、样品实物信息、资源信息、管理信息、环境信息，科技情报部门也做了一些。如最近在中国军事博物馆有个展览，经济参考介绍了，现在许多日用品的开发，实际是情报单位引进样品，在仿制基础上发展起来的。但文献情报目前仍是为主的。可是文献情报的含义也在变化之中，过去讲文献指的是出版、未出版的书面文字材料，现在把电影、录像、数据库都包括进去了，特别是数据库，真是包罗万象，什么样的数据库都有；因此，又很难说，文献情报究竟搞到哪一段为止，因为各种数据库范围太广太广了。我们搞到什么为止，我们要搜集，又搜集到什么为止。

这是以后要逐渐弄清楚的问题。

二、林业情报体系建设

下面分四部分讲：（一）国内情报界动态；（二）国外做法；（三）发展我国林业情报体系

应注意些什么？（四）现在应做些什么？

（一）国内情报界动态

1980 年建研院情报所牵头，11 个部委在我国香港租用美国 DIALOG 和 ORBIT 国际联机检索终端。1983 年 9 月，中国科技情报所在北京建立与欧洲空间组织情报检索中心（ESA – IRS）联机终端。这样，我国实际上已能联机利用世界三个最大的联机情报系统：洛克希德公司的 DIALOG 有 175 个数据库，8000 万篇文献；系统发展公司的 ORBIT 系统，有 80 多个数据库，4000 万篇文献；欧洲 ESA – IRS 系统有 53 个数据库，3000 万篇文献。据报道，除北京外，重庆、长沙、包头、南京等地都可直接与国外联机检索。

全国已引进国外磁带数据库 30 余种。

1984 年年初，在北京召开过一次全国科技情报工作交流会，会上发了几十份资料（如有兴趣，大家可以借着看）。兄弟单位有许多经验是值得借鉴的。我选了十几个单位，给大家作一简单介绍。

1. 机械工业部情报所的体系设想

机械工业部情报所设想在 1990 年前建立 40 个科技文献信息库，约有 820 万条信息，此外还需建立一个专利信息库，约有 400 万条信息。这些库包括：

国外磁带文献库 6 个，约 660 万条信息，现在已引进英国机械制造文摘等 4 种，已订购日本科技文献速报磁带版文摘，正联系订购苏联机械制造文摘磁带。这些文摘是机械工业的主要检索工具，建成后可覆盖 95% 以上国外机械工业 20 世纪 70 ~ 80 年代的文献信息。

中文编写的国外文献库 25 个，约 120 条信息。这是适应国内科技人员外语水平低的需要，每年报道 9 万条文摘。

国内信息库 9 个，约 40 万条。1983 年已确定建立的 5 种信息库是科技成果、技术革新、情报成果、技术转让及产品。今后计划陆续编制的有：科技人才、技术引进、军转民、机械系统书刊目录、书籍出版、国外生产技术经济统计、学会论文、专业会议论文等信息库。为建立国内信息库，需通过行政系统布置，确定哪些单位为信息源，保证稳定不断地提供规定范围的信息。

专业信息库拟先建国际专利组织出版的世界专利文摘的机械部分。1990 年估计国内机械工业专利有 5 万条。

目前机械情报所每年完成 1100 余个咨询课题，主要是靠计算机，55% 是靠外国信息库。目前虽已进口 4 种磁带，而装备的计算机容量太小，不能全部进行追溯检索。因此，设想在"七五"初期，在情报所建设一大型计算机以适应机械工业科技信息与文献检索系统的需要。与此同时，还设想逐步建立有关省市和专业所各具特点的分中心，从而组成机械工业系统的检索系统。

2. 医学国内外文献检索体系

医科院情报所建立了比较完整的文献检索体系，由《外目》（国外医学科技资料目录）、《国外医学》和《中目》（中文医学科技资料目录）、《中国医学文摘》组成。《外目》全年报道题录 72000 余条，收编英、法、德、日、俄 5 种文字的国外现刊 540 余种。《国外医学》采用综述、译文、文摘三合一的形式，全面介绍国外医学最新动态、进展、技术和经验。每年报道 10000 多篇，引用国外期刊 1000 多种。《中目》全年报道题录 35000 条，除国内各重要期刊文献外，还反映全国医学专业学术会议资料。《中国医学文摘》每年报道文摘7000多条。国内、国外、题录共计近11万条，而文摘、综述、译文为17000条，后者报道量占题录条数的15%。

3. 冶金部从建立完整的手工检索体系入手

冶金部按专业建立手工卡片检索系统，列入部科研计划。从1980年开始，按28个专业进行组织，要求1985年完成1975年以来10年间的国内外该专业文献检索卡片共100万张。现已部分地发挥作用。

这个检索系统建立后就会形成既有全国冶金检索中心，又有各专业的检索中心，进而形成全国冶金情报中心和各专业情报分中心，并把它与专业情报网的建设结合起来，真正形成脉络贯通的"网络"。

现在迫切需要从手检过渡到机检。

4. 交通部发展以微型机为主的检索体系设计思想

交通部情报所着手建立检索系统之前，进行了系统合理模式的研究。

要以较少投资、较快速度建成能满足实际需要的情报处理现代化系统，必须进行系统的总体设计，确定系统的合理模式，鉴定其是否合乎实际需要，是否符合用户要求的发展趋势，是否符合这一领域的技术发展趋势。

交通部情报所认为，综合化向专业化发展的趋势正日益扩大。综合性检索系统随着文献量增长，需不断更新设备，扩大系统的容量，而对每一用户的针对性和可用性却不断下降。因此主张按专业细分的"专而全"方向发展，化集中为分散，化大型为小型，可以大大减少系统建设的困难，提高系统对用户的针对性。在通信条件具备时，即可组成收集齐全的分布式联机情报检索网络，还有利检索系统和一次文献的提供相结合。

经过四年研试，交通部确定了"以微型机多机系统与高密度存贮技术相结合，在发展文献检索的基础上，积极发展数据、事实与实况检索"作为情报处理现代化的基本模式，并已制定中长期规划。

高密度是指缩微、录相、光盘等，可以提供包括图象、实况录像等各种形式的情报。根据1988年的资料，1975~1983年间，世界文献库增加了1.3倍，而数据和事实库增加了20倍。数据和事实库在情报检索用库中所占比重，到1983年已达58.7%，超过了文献库。

交通部情报所检索系统第一阶段方案如下。

1980年开始研究和实践：引进了普通S位微型机（64千字节内存，4兆字节外存）；汉字微型机（64千字节内存，2兆字节外存）；16位高档微型机（1兆字节内存，80兆字节外存）；16毫米胶卷缩微检索机。

进行了以下试验：

（1）微型机单机文献检索系统——1981年初建成美国航运研究文摘试验性检索系统，以两年文献开始试验性服务。以后，又试建美国汽车文摘和欧洲船舶文摘。

检索微型机的可行性：

仅使用主题词检索，一万篇文献约需外存1兆字节，加上题内关键词和作者检索，一万篇文献约需外存2~3兆字节，中西文文献所需外存差别不大。

使用80兆字节外存的微型机，即可建立文献量为20万~50万篇的实用专业化文献检索系统。

（2）微型机图书管理系统。1981 年底初步建成西文图书辅助编目子系统，并投入试用。自 1981 年四季度起，新到西文图书均已输入微型机，使用机器编印图书卡片、新书报道和图书总账。现正在积累两年多数据基础上，扩展查重功能，再继续积累 2～3 年后，即可扩展流通管理功能，建成微型机西文图书管理系统。

一万本书目需外存 2.5 兆字节。因此 4 兆字节外存的普通微型机已能基本满足需要。

（3）微型机非文献检索系统——1982 年开始试建交通部科研计划管理和进行中科研项目检索系统、交通部科技成果管理和检索系统、交通部科技外事活动检索系统、有关国际会议检索系统等。第一项在 1983 年初初步建成可投入试用。其余系统正在整理原始资料输入数据。

汉字微型机能满足上述需要。

（4）微型机与缩微检索相结合的检索系统——它以 16 位微型机为核心，汉字微型机、缩微检索机与其联机工作，8 位微型机作为输入设备，试验建立具有中西文兼容检索能力和联机提供部分一次文献的能力的文献检索系统，和具有提供照片、图纸的能力的非文献检索系统。现系统可容纳 25 万篇文献（相当于国内外公路水路运输专业 5 年的文献量），并具有中西文兼容检索和提供一次文献的能力，系统总投资为 6 万～7 万美元。

除文献检索系统之外，交通部科技成果检索系统也正在扩展为与缩微相结合的系统，以使其具有提供包括照片、图纸成果说明书的能力。

5. 邮电部微型机中文文献检索系统

邮电部情报所 1983 年在 2D－2000 微型中文计算机基础上，开始建立馆藏中文文献的题录检索系统，以实现以下功能：

（1）定期输入经过标引的有关期刊文献题录，经过适当编排，打印出中文索引刊物底稿（可用来直接胶印制版），索引刊期由分类索引和主题索引两部分组成。

（2）积累输入的数据，建立文献库，并可按人机对话方式对其进行检索。

微型机处理速度慢，内存、外存容量都比较小，在建库设计时必须充分加以考虑。因此，收入的范围要严格控制。经挑选，确定 400 种中文期刊为输入对象，每季度约 500 条题录。这样可以满足每次追溯 6～7 年的文献。每条题录包含的内容也尽量压缩，以节省贮存空间（例如作者、页码没有表示）。

6. 农科院的设想

农科院情报所从 1980 年起进口英国 CAB 磁带，每年 16.2 万条（包括林业、林产品11000 条，占 6.8%）。联合国粮农组织已答应赠送 AGRTS 农业文献索引，农科院已决定订购美国 AGRICOLA 农业图书馆索引。情报所将把大部分人力（120～130 位科技人员，约 100人做这项工作）投入中文文摘编制和机检准备工作中去，预计到 1987～1989 年报道 15 万条中文文摘，其中约 3 万条为国内文献摘要，12 万条是国外农业文献文摘。如果做到，就基本与国外农业文献的文摘报道量相近或相同。

7. 化工部情报所网络充发发挥信息的积累、传递效能

化工系统共有专业科技情报中心站 30 个，下属情报协作组 164 个。除西藏、台湾以外，28 个省区市化工局均设化工情报站，下属化工情报分站 131 个。化工系统内部已形成以地区和专业情报中心站为骨干，以基层厂矿企业、研究所为基础的纵横结合的情报组织网络。

每个专业情报中心站每年负责编写本专业上一年度国外技术进展；每个地区情报中心站

每年负责编写本地区上一年度的化工技术进展。这样做到年年国内外水平心中有数。

化工部情报所认为,组织网络的建立,只是为信息传递提供了基础和条件,如果组织网络不畅通,信息就难以传递,仍然是没有什么实际意义的。应该用组织网络来保证信息网络的畅通,用信息网络的流通来体现组织网络的作用和促进组织网络的畅通。因此,如果没有信息传递,这样的情报网络实际上是名存实亡。

8. 上海高等院校情报检索网络

上海以交大与复旦为中心,由 10 余所高等院校以及上海情报所、科学院图书馆、上海图书馆共同组成的情报检索网络,正在筹建之中。总的设想是从利用国外文献磁带入手,第一批先进口电工、电子、自控、计算机、机械造船、数学、物理、土木、建筑、化学、医学。与此同时,积极开展中文情报检索的研究,研制中文文献库。凡参加单位都承担一部分建库任务。根据初步总结的经验,认为:

(1)设计确定一种网内统一的 ISO – 2709 – 1973 和 1982 年我国颁布的 CGB – 2901 – 82 "文献目录信息交换用磁带格式",可以作为重要依据。

(2)必须改造国外磁带,理由有三:①输入格式不一,联机不便;②不同磁带间,重复率很大,要减少冗余量;③磁带有版权,处理不当,易引起麻烦。

(3)必须建立比较完整的全国馆藏联合目录,以便为用户提供检索到的资料。

上海情报所开展机检"世界专利索引"定题服务。1981 年 8 月安装 PDP – 11/34A 小型计算机,1982 年正式开始专利索引定题服务,已为 358 个用户检索了 16 万余篇专利文献。为 53 个用户追溯服务 1978 ~ 1980 年约 6 万余篇。比人工检索快、准、省。

北京文献服务处 1975 年引进 GRA(美国政府研究报告通报)磁带,先在北航计算中心 FELI × 50 机上试验成功。1978 年自购美国 UNIVAG1100/10 机和联机检索软件 UNIDAS。1983 年正式建成完整的 GRA 联机检索数据库,包括 97 万篇文献。

但问题很多,主要是磁盘空间远远满足不了需要。为便联机正常运行,一个 GRA 系统就要 2000 ~ 2500MB 磁盘。

9. 天津碱厂与上海自行车情报工作

天津碱厂化工研究所情报室与科技图书馆共 14 人,每年经费 2 万用于购买资料、调研活动、出版刊物与支付稿酬。现在可以基本做到:①对国内外制碱工业的发展现状、水平、趋势、科研课题清楚;②掌握制碱工业国外专利技术和国内同行业重大科技成果和动向;③了解并掌握世界纯碱市场、价格和产品标准化情况及其变化;④全面搜集制碱工业各类文献资料,掌握线索及时,渠道多种多样,可以满足厂内科技人员对不同文献资料的需要。

碱厂多年来坚持扎实的文献基础工作,有一整套"联络图",如:①有一套专业文献检索卡片;②有一套国内外对口产品标准资料汇编;③有一本书目文献志(不分文献新旧,有一本收一本,分三部分:即国内出版、国外出版国内有收藏、国外出版国内无收藏);④有一张对口专业核心期刊的单子;⑤有一本国外工厂志;⑥有一张对口科研机构的名单;⑦有一张对口会议录名单;⑧有一张对口专业设备制造厂商的名单,包括一套厂商文档(要弄清每家厂商的拿手技术)和专用设备文档;⑨有一套自编工具书;⑩有一本数据资料集。

上海自行车情报室 24 个人,依靠情报网,全面掌握了国内外自行车生产、厂商、科技、经济以及市场情况。他们搞了十种汇编,如各项指标、产品类型、科研成果、国外自行车概况、专利、五个生产国 100 多厂家、出国考察、调研报告等等,建立了自行车文献细目分类法，因此能迅速回答咨询，而且一般都敢保证基本答全了。

天津碱厂和自行车所都已为自动化检索做了大量基础性工作。

10. 长春光机所检索系统

中科院长春光机所电子计算机情报检索研究采取以下三步骤：

1980 年与所计算中心协作，用 DJS－130 机自编 SDI 软件，开展试验性专题文献定题检索服务。

1981 年利用引进的文献磁带定期为科研人员提供专题检索结果。

1982 年引进日立 M－160H 型计算机，其存储量为 6MB，运算速度为每秒百万次。1982 年下半年与院属几个所的软件人员协作，研制 INSPEC 格式转换，又订购日本科技文献速报英文磁带，开展 SDI 服务，1984 年上半年可初步使用，并为东北、全国服务。

以后将根据各专业需要，分期分批建立国内光学文献数据库，向国内外有关单位提供标准格式的磁带，进而形成以 M－160H 机为中心的多用户人机对话式情报检索系统。

国家经委组建全国大、中城市经济信息网，也是值得参考的。50 个大、中城市本着自愿、互利原则，开展信息协作，逐步建立全国性纵横交错、四通八达的经济信息网。

这个经济信息网将在成员之间优先交换各种经济技术信息。定期交换、传递的信息包括：经济效益指标分析、产品质量、新产品开发、经济改革动态、市场动态、产销变化、对外开放动态等。

经济信息网在全国设点传递信息中心城市，各成员城市将信息传递给中心城市，由中心城市经过分析、处理后，再返回各成员城市。现在全国已设立六个经济信息中心城市：呼和浩特市为经济效益信息中心，西安为技术进步信息中心，重庆为经济改革信息中心，天津为市场信息中心，丹东为经济开发信息中心，哈尔滨为信息人才培训中心。

（二）国外做法

据估计，1980 年末世界联机服务的数据库总计 650 个。开始时，数据库都是查找文献的，以后逐渐改变了。非文献数据库比例扩大，其中 75% 是查找数字的，1980 年估计这类数据库有 1 万多个，一般只为固定范围内的用户服务。国外数据库究竟有多少，哪些单位有，没有统计数字。数量增长很快是无疑的。

根据通产省统计，日本国内 1983 年使用的数据库计 679 个，比上一年 456 个增加 49%。影响较大的数据库有：

日本专利信息中心，储存 51 个国家专利信息，计 1800 万件；

日本科学技术信息中心，每年机检 47 万件科技信息，可以联机检索全部科技医学文献目录以及国立公立研究机关的研究题目；

帝国数据库，储存 57 万家企业的各种数据，是日本最大规模的企业信息数据库；

日本经济新闻社，是一家综合经济信息数据库机关，从宏观经济，企业数据到各个企业和物价等微观经济信息，拥有 40 种数据库。

数据库这样多，迄今都没有一个包罗万象的学科、产品和专业齐全的林业数据库。我们能找到林业某个方面有权威性的数据库，如在林木遗传育种、人造板工艺方面都有。

赤桤是美国分布很广的次生林，其经济意义在美国林业中显得越来越重要。可是却没有一个数据库能包罗赤桤各方面的文献。

美国林务局太平洋西北林业试验站 1983 年出版一本赤桵文献调研，为文摘、简介、目录三结合，收集了世界各国有关赤桵文献 661 篇，内容包括赤桵的分类、生物、育林、木材和其纤维的化学与物理性质、固氮特性、工业利用以及经济效益等。调研时，充分利用了权威性的检索性刊物与科学期刊，如生物学文摘、生物学索引、化学文摘、林业文摘、植物育种文摘、应用昆虫学评论、植物病理学评论、土壤与肥料、杂草文摘等。出版时，明确说明，收集的文献截至 1978 年 5 月。通过英联邦农业文摘 CAB 查到的占 29%，计 193 篇。可见，一个树种的文献需从不同专业、学科入手查找，动用好几个数据库。即使是专业性的林业文摘，往往也只能查到少部分文献。

下面分国家介绍林业或与林业有关数据库的情况。

1. 美　国

（1）西部情报中心

美国林务局 1971 年筹办地区性林业情报网，目的是要使林业基层科技人员享受到与一般大学和科研机关里一样的文献情报服务，解决林区信息闭塞的困难。美国有 8 个地区林业试验站和 9 个国有林区，情报网先以一个林业试验站和一个国有林区为试点，1979 年情报网服务已扩大到包括阿拉斯加、夏威夷在内的整个西部林区 17 个州，林地总面积 1.44 亿公顷，全区林业科技人员 16500 个。

林务局系统要查找的林业及相关问题资料时，几乎总要动用两个以上信息库。最常用的数据库是 AGRICOIA 美国农业图书馆索引、英国 CAB、粮农组织的 AGRIS、美国 BIOSIS 和美国国家技术情报局五大检索系统，据 1980 年统计，能提供 17 州杯业科研需要文献量的 54%，其余 46% 是通过 31~144 个交叉学科或专题或其他专业数据库取得的。

西部林业情报网 1982 年与 175 个文献、数据库联机，其中 15 个跟林业直接有关，另外有 22 个关系密切，使用频繁。

西部林业情报网下设 4 个服务点，均与藏书丰富的大学图书馆建立密切关系。方针是以实际工作者为对象，结合他们需要开展服务：①结合本地区课题，搜集资料，并定期将新到资料目录通报读者；②建立地区性林业数据库，西部情报网收藏的文献，几乎一半是国家农业图书馆没有收藏的；③根据委托，为基层办理代借、代复制业务，有两个大型图书馆（藏书 650 万册）为后盾，分别各有 2 万册藏书的林业专业图书馆；④联机检索，定题服务。

西部情报网已为美国建立全国林业情报网打下基础。这个情报网服务对象占林务局雇员总数的 70%，占用林务局预算总额的 84%。

情报网 1978 年开支近 50 万美元，占用林务局拨到情报网服务区（七个林区、四个试验站）总预算的 0.04%，几乎全部是支付工资的。4 个点共有 24 名工作人员。

美国林务局建网是从点到面逐渐铺开，西部已形成网，此后可能再建东南部 13 州、东北部和中北部林业情报网，然后建成全国性林业情报网。

美国建网有以下特点：从工作最迫切、技术力量最雄厚地方开始；不搞完整体系，而是补充现有体系的不足，即只搞别人不可能搞的部分，而这部分又是本地区科研工作所需要的；利用大学图书馆为基础；一切从方便读者出发。

（2）工业数据库

美国林产品协会建立 AIDS 数据库，已近 10 年，现改名为 FOREST，与其他数据库相比，是个很小的，累计文摘 16000 条。通过 SDC 系统开发公司出租，包括原文缩微片，根据用户要求，可以直接提供一次文献。美国国内外大学用得较多，世界平均每月约有 60 个组织使用这个数据。产品范围为树皮、家具、制材、刨花板、胶合板、单板、浆与纸、加工木材、热带木材；技术范围包括干燥、贮存、表面处理、胶合、加工技术与机械、污染与管理。

由手工检索发展而来，可以检到 1947 年以来美林产品协会出版的文献、1969 年以来"木材与纤维"的论文，1957 年以来木材机械加工文摘。每年新增 2000 条目。

与造纸化学文摘、林产品文摘在科技文献介绍方面有重复，但本系统文摘内容较详尽。经济、商业性质论文不存在重复的问题。

此系统建立初期，靠志愿力量，一个高级专家大约用了整整三年时间，把协会 1947 年以来全部文献做成文摘。1974 ~ 1978 年每年由南部林业试验站资助，每年 1 万美元，1979 ~ 1982 年资助金额逐年减少。从 1977 年起，查询复制订费收入已超过年支出，现在已是个盈利单位。

（3）林产品研究所

林产品研究所是美国木材工业的研究中心，它与 DIALOG 联机，主要利用 Chem Abstracts 化学文摘、COMPENDEX 电算机工程索引、NTIS 全国技术情报中心、AGRICCLA 国家农业图书馆索引、CAB 英国农业文摘、BIOSIS 生物学文摘、Paperchem 造纸化学文摘、SCISERACH $ ABI/INFORM 科学情报所索引。

林产品研究所也建立自己的数据库。研究报告分出版与不出版两种，数据库每周平均增加 20 条，全年 1000 条。

美国林产品研究所设木材解剖研究中心每年识别鉴定 5000 余个木材试样。中心汇编了大量有关各种木材特性信息，为更有效地进行试样的识别鉴定工作，现正在编制开发电算识别鉴定试样的软件。

这项程序已顺利通过试验，并积累了数据。

目前，这个中心领导着一个由著名木材解剖专家们组成的国际委员会，正从事木材材性标准表的编制。电算识别将为世界木材解剖学提供可以依靠的数据库，加快难识别的试样鉴定过程，并把第二次世界大战前的木材识别技术推向 20 世纪 80 年代。

（4）造纸化学文摘

PAPERCHEM 造纸化学文摘创办于 1930 年，现累计 50 余万条。1969 年开始建立数据库，现可供电子计算机检索的磁带共 15 万条，每月新增 1000 条。约一半条目为林业或人造板技术。系统过滤近 1000 种期刊，占条目总数的 33%；7 个国家专利占条目总数 40%；会议论文占 11%；其他包括政府报告、学位论文、专题研究报告、书籍等，比重小，但很重要。林业文摘侧重于造纸用材林的造林和经营技术，与英国林业文摘重复量不超过五分之一。

（5）火灾数据库

1976 年建立 FIREBASE 火灾数据库，美国林务局是参加单位。林务局建立机检可更新资源信息系统（FRTIS），火灾数据库是它的一个组成部分。火灾数据库建库目的是为国际防火界提供技术信息。头两年试办，免费提供检索旅务。

收集的文献最早的发表于 1903 年，许多文献从未公开发表过。开始服务时，共有 3500 条目，内容有：火灾对土壤、植物、水质、空气和野生动物的影响；灭火技术与设备；灭火训练。摘要很长。现在有五个点可以联机检索这个数据库。文献均以缩微形式贮存，提供一次文献。数据库的主题词表已公开发行。

（6）舞毒蛾专题文摘和题录

舞毒蛾是美国森林的主要害虫。林务局与国会图书馆协作汇编一套舞毒蛾专题文摘和题录 GMIS，包括世界 3000 篇有关论文的题录或文摘，可供电子计算机检索，并能根据需要直接提供全文。

（7）美国农业文献索引

AGRICOLA 数据库由农业部各单位根据书面文献按不同最终产品建立的，输入的方针、程序不划一，没有统一的词表控制，靠主题检索。

这个数据库 1970~1977 年已累计有条目 100 万条，每年新增约 15 万条。主要提供条目的单位有三个：

国家农业图书馆（NAL）每年为大约 6000 种期刊、以及会议录、书籍分析录、农业部出版物、美国各试验站推广站出版物、国外试验站出版物、粮农组织出版物编写索引。

粮食与营养中心（FNIC）从 1973 年以来在规定范围（应用营美学、营养教育、食品服务管理等）内提供条目。

农经文献中心以美、加农业经济研究文献为搜集对象，1977 年已积累 5500 条目，每月新增 200 条。1976 年参加 AGRICOLA。1977 年 2 月使用农业图书馆的统一编码，但主题词表仍沿用自己的。农经专家或本中心职员负责文摘的编写。

AGECON 可独立使用，也可结合在 AGRICOLA 中使用。

2.　日　本

农林水产省技术会议事务局在科学城筑波设科研情报中心，它引进国外磁带，参加联合国粮农组织 AGRIS 农业索引数据库的输入，可以免费利用 AGRIS 磁带；建立日本农学文献记事索引和 RECRAS 两个数据库，前者是包括日本国内林业论文在内的国内农学文献数据库，每年约一万篇，收录国内报道量的一半；后者是检索日本农业系统还在进行的研究课题也即是检索农业进展中的课题体系。全国有七八个点与中心联机成网，接受各方面的委托。

日本林业试验场每年出一本"林业林产品国内文献目录"，5000 条，过滤国内期刊 274 种，占条目的一半，另一半条目为政府报告等各方面文献。

农林水产省图书馆根据领导确定的课题，一般总是农林水产省当前最重大问题，组织编辑出版一个专集，是综述、文摘、题录三结合产品。林野厅图书馆每年出几本国外林业文献资料介绍，是重要文章的译稿汇编，不印刷，根据委托复制几本，分发到林业系统图书馆供阅览。

3.　联邦德国林科院文献服务中心

联邦德国林科院设文献服务中心，包括图书馆，10 几个人，任务两项：加强信息交流，促进科研成果推广。服务对象计 450 人，1981 年受书面委托，共进行了 211 项专题文献的追溯检索。

中心对 33 万种文献建立了手工检索卡。与德国医学文献情报研究所（DIMDI）的大型计算机联网，1981 年可以检索 CAB 磁带，1982 年增加了对美国生物学 BIOSIS 磁带、欧洲共同体农业研究项目（AGREP）磁带以及 MULTISCI 磁带的检索。医学情报所在科伦，与在波恩的农业文献情报中心（ZADI）协作，共同开发利用 AGRIS 和 AGRICOLA。林科院需要利用与专业更接近的数据库，如美国造纸化学文摘（PAPERCHEM）、美国木材工业文摘（AIDS）、斯图加建筑情报中心，医学情报所无能力开发这些数据库。如通过欧洲情报网—信息直接存取网（EURONET/DIANE）或北美联机，目前在财政上也不可能。

林科院服务中心与医情所协作，建德语文献与英语难得文献库，贮存在外围软磁盘里。

图书馆藏书 72000 本（包括保存的副本），共与国内外 361 个单位建立交换关系。1981 年新增 1681 份资料。

4. AGRIS 农业索引与 CAB 文摘

联合国粮农组织 1975 年发行 AGRIS 索引，广泛收集报道农林水产文献，分书本与磁带两种形式出版，1981 年有 108 个国家和 13 个国际组织参加编辑。参加单位按时，根据要求提供条目，现累计约 100 多万条。每年大概新增 13 万条，其中林业、林产品约占 4.2%，一年只有 5400 条。按每年林业论文 2.5 万篇计算，它只能覆盖 20%。

英国 CAB 农业文摘体系一年有 13 万~14 万条，它的林业文摘创刊于 1939 年，是世界最老的林业专业性文摘，1975 年又出林产品文摘。前者一年 7000~8000 条，后者 2000~3000 条，全年 1 万条左右，能查到世界林业文献的 40%。

1946~1947 年林业总条数为 2857 条，1980 年达 10500 条。

5. 苏联等

苏联的情况不太清楚。根据出版物看，国家级有林学与林机制造两个文摘单行本，年报道量约 8000 条。全苏情报所其他专业文摘和综合性文摘还能检出相当数量的有关林业文献，工业经济文摘、地理文摘、环保文摘、防火文摘、植物学文摘等均能检到林业文献。

国家林业委员会设中央科技情报局、森工部设全苏经济、企业管理与情报科研设计所，以及农业部等情报所，都分别出版许多林业情报资料，如文摘、快报和综述。

保加利亚情报所认为，现在用户已不欢迎简介式索引式的信息资料，迫切需要的是信息成品，经过人的智能加工的信息，特别是那些综合性、结论性并能对未来做出预测的信息资料。

保加利亚为加强科技信息的搜集工作，出国考察、赴会和进修的科技人员，在派遣前，均需到中央科技情报所注册，由研究所做进一步的统一安排。

（三）发展我国林业情报体系应注意些什么？

1. 从林业的特点出发

截至 1983 年 6 月，我国科技情报文献检索刊物共有 147 种，年报道量 95 万条，其中检索国外科技文献刊物 90 种（文摘 58 种，题录 32 种），林业占 3 种；检索国内的 32 种（文摘 12 种、题录 20 种），林业 1 种。此外 25 种是检索国外专利的。

可见，从检索刊物数量来说，林业不算落后，但我们标引、索引关都未突破。不少部在建立体系方面已经有较完整的想法，国外经验也可供借鉴。但不论国内经验、国外经验，都不能照搬。林业情报总还有自己的特殊性、特殊条件，我们必须从林业情报的特点出发，设计体系，制定规划。我仍认为有以下三个特点：

（1）林业牵涉学科多，文献非常分散。根据国际林联建部分组体系来看，林业至少与 41 个学科有密切关系。森林是综合性资源，它至少包括林木、动植物、水、药物、基因、旅游等多种资源。按经济活动来看，林业可能与种苗业、木材采运业、制材业、细木工业、家具业、人造板工业、林化工业、制浆造纸业、狩猎业、浆果蘑菇业、旅游业等十几个生产部门直接联系。因此林业的文献非常分散。因此搜集几个单一学科的文献或专业的文献，不可能满足林业的要求。

（2）生产周期长，要求积累长期历史资料。现代科学技术发展日新月异，电子技术讲三五年更新换代。现代科技文献使用寿命短，一般经过 5～15 年，大部分资料便没有价值了。据调查，50% 的科技文献的平均寿命只有五年。林业就不能这样，许多工作需要历史资料论证。

（3）林业地域广、对象杂，而人力资金少。世界森林面积（包括稀、疏林）41 亿公顷，是世界农耕地总面积的 3 倍。就整体而言，即使在工业发达国家，与农业相比，林业经营也尚处在粗放经营阶段。森林单位面积的产品量、产值都比农业低得多。日本耕地面积占国土 13.5%，森林占 68%，而林业产值只占农业总产值的 8%。我国森林面积与耕地面积不相上下，可是林业产值所占比例极小，1952 年只占 0.7%，1983 年有了明显增长，也只占 4.1%。一般来讲，产值小，总与资金、劳力投入少相关。实际上，缺乏资金是世界各国林业普遍面临的难题，技术力量也感不足。

国内、国外，现在探讨森林非木材财富价值的文章很多，日本林野厅认为森林现在发挥公益效能作用的价值是日本农林水产总值的 2.5 倍。但这是理论上的。就单位面积可能产生的物质财富或实现的货币值而言，森林远比任何一种自然资源要小，比石油、煤炭、其他矿藏都要小得多。自不待言，财富小，吸引的投资必然少。这可能是林业作为一个专业部门的最大弱点。

这三个特点是相互矛盾的，学科多、专业多、地域广、周期长，都要求多的投入，而实际上不可能，我们只能从实际出发，考虑对策。

2. 要有系统在胸

1984 年元月全国科技情报会确定建立科技情报计算机检索系统，是近期内各部委情报所的一项主要任务。

专业部情报所对本系统不同生产领域来说，仍是个综合部门。处于信息爆炸的时代，中央各部情报所均感到难以应付。而林业涉及的学科又远比一般专业部门多，如集中建立包罗万象的信息库，是不易做到满足用户要求的。

各省、自治区、直辖市以及不少专业部门现在都有一些从事林业木材业情报工作者，如何组织好这些力量。目前的状况，跟科研相似，不同地方和部门所进行的工作基本相同，也即低水平重复现象相当严重。

网络应由各有侧重的分中心组成。分中心可能是省所，也可能是某个专业中心，其实际工作本来就有特殊性，有优势，情报要明确自己的侧重范围，逐渐形成权威。

只有这样的网络才可能既反映林业的广度，又适应不同专业需要的深度。否则，如果每个情报单位都搞相近、相似的工作，搜集、收藏、编辑报道差不多一样的东西，这样的网络即使拉了起来，也不会有任何生命力。

分中心可分两类，一是地区分中心，二是专业分中心。地区分中心对本地区来说，它是综合性质的，可以通过讨论，定几个方面大家一样都要做的。地区对全国有不同气候、地形、物产的特殊性应侧重适合本地区特性，开展情报搜集、存贮、编辑报道、调研等工作。与国外交流也是如此。

要吸取美国分散搞大型库的教训。有人认为美国的做法不可取。美国的"工程索引"、

"化学文摘"、"医学索引"都是世界著名的检索工具，但由于分散编制，18 种检索刊物的重复率达 50%，35000 种期刊平均重复摘录的达 4 次之多。

但必要的重复还是不可避免的。我们要吸取教训，要有系统在胸，要统一输入格式，国家已制定一些标准，我们都要按标准办事。

3. 信息库、数据库是情报的基础

专业部门或地区建立情报体系的途径基本有三条：①联机，实际是租终端；②租，买数据库；③自己或合作建库。

国外联机终端非常普遍，有点跟我们现在使用电话相近似。随建设发展，经济实力增长，无疑联机在我国也会成为情报查询的一种主要形式。要考虑的是经济效果。林业文献分散，查找一个专题常要动用几个库，这样耗用的机时费就高。但急需查询某些信息时，如行情肯定是要采用联机查询的。国内数据库发展了，也可能补偿国际联机的外汇开支。

文献集中，利用率高，而本部门的经费又充足，租买一、二个数据库就能满足需要，这是可行的，一些部已经这样做了。与林业有关的库很多，文献集中的数据库很少，常是大型库如生物学、农学库，林业文献只占其中总条数的 5%，林业一家租买这样的库就值得考虑。AIDS、AIPIC 是专业性的，但较贵，因此要研究利用率如何，也要算经济效果。

单纯靠人家的库，开支大，在外汇上有出无进，太不合算。因此选择优势，必须建自己的库。

林业以生物学科为主，生产科研的地域特性很强，外国的方法可以参考，而实际数据往往无甚用处。有人分析日本林学会志的论文，认为其中 2/3 的引文是日本国内的，也即主要是借鉴国内的材料。

可见，不论从经济角度，还是从科研生产角度出发，我们都需建立自己的林业有关数据库。我建议专业所和地方所，根据各自优势、特点，应当考虑逐步建立自己的数据库，可以独立建，也可以合作建。

4. 要重视科学的手工检索体系的建立

我国林业文献科学的手工检索体系是否已经建立？国外机检都是在科学的手工体系基础上发展的。并两步于一步，毕其功于一役，是不行的。要建立计算机检索系统数据库，必须首先建立人工系统。

实质上，从信息加工的全过程看，处理和输出是自动化的，而前处理输入环节仍是人工的。数据库的数据搜集、整理和录入是手工的，参考型库的摘要、著录和录入也是靠人工的。

总而言之，方向、目标是自动化、计算机检索，入手则要从繁重而琐碎的手工劳动开始。没有什么捷径可走。

英国 1983 年"信息时代"预测说，美国商业信息市场增长，到 1978 年由企业购买的商业信息营业额将达 195 亿美元，其中数据库产品（数据库产品包括联机和脱机产品）为 69.5 亿，而传统信息产品（指贸易杂志、消息通讯、活页资料、调研咨询、书籍、贸易展览和讨论会、其他商业服务）等为 125.6 亿，占 64%。

可见，数据库也不可能完全代替方便、灵活的和经济的报刊印刷品。

5. 重复是难免的，绝对的全是做不到的

信息贮存要依靠大家搞，不论从哪个角度输入，按学科、产品、专业、树种、期刊分工，都可能出现重复。英国 CAB、美国 AGRICOLA 都有重复。我们要争取的是减少重复。

中国科技情报编委会 1980 年年会明确提出"全、便、快"三项基本指标，衡量检索刊物的质量。搜集报道不全，便没有权威性，但绝对的全是做不到的，也不必要，经济上也非常不合算。国外重视各专业核心期刊文献的研究，认为一个学科的核心期刊，可能只占该学科期刊文献的 20%，而包含的论文量可以达到 80%。

6. 要发展非文献数据库

传统的情报检索是文献检索，这对中、小企业来说，对生产、管理部门来说，往往没有实用意义，因为他们或是没有力量去查阅大量文献，或是时间不允许。

文献中无用信息也太多。情报部门如只搞文献检索，就适应不了形势要求。

因此，情报浓缩化，也即把文献中的有用信息提取出来，建立数据、事实库，要逐渐做到能直接回答问题。1975～1983 年，世界文献库增加了 1.3 倍，而数据和事实库增加了 20 倍。数据和事实库在情报检索用库中 1983 年已占 58.7%，超过了文献库。

7. 共享、保密封锁与有偿、协作交流

信息，有人说可以共享，而无损于其存在，但作为情报来讲，就不是了！过时的信息，不是情报，价值一落千丈。

在竞争的条件下，保密、封锁是难免的。推广传播先进技术、方法、经验，是情报的任务，因此要想些办法，促进交流。

（四）现在可以或应该做些什么？

1. 建立班子，开展林业情报信息网络体系的总体设计

建立脉络贯通的林业情报信息体系是林业部的一项基本建设，也是一个系统工程，它可能并不需要成千上亿的投资，但它是为包括林业部门在内的社会服务的，需要广大林业科技人员共同出力。要组织行动，就必须有统一的设计，使各局部工作能综合得起来，便于以后联机使用。

应当承认，我们现在还没有这样的班子，当然也没有总体设计，而形势不允许等待。我们采取集思广益的办法，大家讨论，统一思想，能做的该做的，不要等待，就干起来。

2. 都要动手建库

1983 年 10 月林业部情报中心成立，现在已有三个省成立了林业情报中心。凡是中心，都应当是一个方面的权威，能回答咨询。没有数据库，不可能成为名符其实的中心。

简单的办法是买库、租库，但行不太通。可不可以从国外现成的大库抽集林业有关部分，然后组建包罗万象的林业大体系。抽集的办法可以有几种，一种是按学科抽集，也可以分任务、产品、树种、专业抽集。这都是非常费时的，要从几十个库不间断地做抽集工作，最困难的可能是组装成统一的。搞大型的林业的体系，从人力、财力看，都不可能做到，似乎也无此必要，但这个结论不能凭想当然做出，需要认真研究调查之后再肯定。比较现实的是从任务、主要产品、重点树种入手，分头进行。实际上，这样的工作年年在做，只是分散的，是没有严格要求的。往往做一阵子，坚持不下来，长期地熊瞎子辩苞米！如建立严格制度，统一要求，课题研究检索到的资料都应立档输入，逐渐就能成为数据库。江西木材所搞剥皮机、单板干燥等研究，就曾检索复制大量专利，记得剥皮机专利有 50～60 份。搞题目时，找资料总是竭尽全力的，江西木材所搞水泥刨花板研究，资料也是搜集很全的。每完

成一项任务，截至一定时间内，资料一般都可能是全的，贮存到数据库里，便于查找。美国林务局有 900 名高级科研人员，1980 年大约 117 名有个人数据库，经改进，可供有关人员利用。这是说，一些科学家已经把日常资料积累、贮存进计算机，由卡片贮存过渡到了磁带、磁盘贮存，专家工作调动，不会影响工作继续进行。这是一种建库方式。

按任务、产品建库，比较容易解决经费，只要选得准，不难找到出钱的赞助单位。

3. 情报所建什么库？

（1）1960 年创办林业文摘，为文摘、简介、题录三结合，1963 年下半年森工出分册，1967 年停刊，8 年共计 18862 条，年平均 2385 条。

1978 年恢复出版，截至 1983 年年末，6 年总计 37385 条，年平均 6231 条。

条目年平均增加了 1.65 倍，质量也有明显提高，从翻译文摘走到基本自编，从题介走到以要点报道为主，大多数文摘一条就是一个新的知识单元。国外林业文摘、森工文摘应发展为数据库，要求能反映国外林业科技动态、趋势，做到 70%～80% 的条目是新的知识单元。

文摘是书本式数据库，数据库实质上是一种百科、一种辞典，供人随时查找的。国外搞文摘的都是有相当水平的专家，要加强这方面工作，这是科技的基本建设。

（2）世界林业信息库。情报所 1963 年编写了《国外林业和森林工业发展趋势》，1974 年又组织编写了《国外林业概况》，都比较受欢迎，隔十几年出一次，时间太长。1984 年 6 月初林业部部长口头指示要搞林业列国志，这件事明年要上马。资料积累是写书的基础，写书有阶段性，而资料积累应是连续进行的。写书如与建库结合起来，以后再写就不困难了，每五年就可以出一个新版。有了库，我们就有了一个随时监测世界林业趋势的小系统，临时需要也容易满足。

（3）林业科技阶段性水平数据库。情报所成立以来每隔几年都要回答什么是现在的水平。世界林业信息库是回答国外林政、森林资源、林产工业趋向为主，这个库则应回答科技水平。情报工作长期处于被动局面，原因是没有长期积累。为逐渐摆脱目前的困境，要准备建立林业科技阶段性水平数据库。

（4）与调研结合，主持一、二个专题数据库的建立。从人力、经费可能和需要出发，情报所每年最好能选定一、二个调研课题，结合进行建库。头几年，不熟识，可能是想搞而搞不成个样子，但慢慢总会成的。我们都要在学中做。

4. 图书馆建什么库？

林科院图书馆现在编辑出版一个中文资料目录和一个国外科技资料目录。图书馆资料馆现在都是全国中心。中文目录一年 6 期，1982 年 5500 条，1983 年 5000 条，今年大约 4300 条。目录明年改为中国林业文摘。国内林业文献只有一个检索渠道，它应该是建立国内林业文献数据库的基础，因此希望它能尽可能全一些，林学会各专业会议重要论文、各兄弟部门有关林业的文章，都应当能反映出来。

外文目录能否发展成馆藏外文目录、国藏外文目录。现在没有，工作非常被动，一是国际交换，重复太多，出国的人盲目要，各单位搞交换的也带盲目性，我们说不出究竟哪些国外重要林业科研单位报告搜集齐了，因此要资料只能笼统的要；二是联机检到的目录不可能都联机或脱机打印，如国内有收藏，也要尽量避免国外复制。国家每个专业部系统都有弄清楚国外文献国内收藏情况的任务。林业的只能由林科院图书馆来做。

图书馆现在还在做关键词库的工作。我院图书馆除了日常图书业务之外，如要同时做好这三个库的建设，这是研究性质的，任务是相当繁重的。

建设体系，要做的事很多。人力、经费，从何而来。

最后，说一点意见。

(1)情报中心要申请建网经费，这是很困难的，但要争取。

(2)争取立科研题目。

(3)开展宣传工作，争取赞助单位。

(4)动员志愿力量。

(5)招研究生。

(6)委托研究。

(7)建库方向选得准，建库到一定规模，做得好，一般5～6年就能有收入。

做情报工作的几点心得体会①

一、坚持不断学习

搞好情报工作，要求知识面广，阅读外文资料快。我的文化底子很差，小学没毕业，上过半年初中，工作了近六年，解放后进了共产党的大学。三十年来，不论条件怎样变化，学习从未间断过。

二、摸社会的脉博，做到知行情，心中有数

广泛大量地迅速浏览外文资料的目的是为社会的需要服务。服务方向明确，才能在大量阅读中如海绵吸水，把有用的东西吸收过来。

三、如实反映，要有点勇气

极左思想对事物看法僵化，不允许人们如实地反映情况。马克思在资本论里曾说过，资本主义"在森林的保存和生产上的贡献是微乎其微的"，因此有人就认为资本主义林业不能有什么成就，谁要介绍它们的先进经验，谁就是大逆不道。情报的任务就是要及时将国外真实的经验介绍过来，有时是要冒点风险的。

四、方法与技巧

我没有完全掌握情报工作的方法。但掌握方法是很重要的，接到委托任务，才能很快滤出一个头绪，并敢说经自己查找之后，问题的轮廓大概就是如此了。

组织材料应尽力重点突出，有立体感。

五、要做宣传工作

搞到情报再好，放在抽屉里也是没有丝毫价值的。把情报送到需要人的手里，让情报更好地发挥作用，是当前我们应该努力做到的。

---

① 本文系沈照仁同志于1979年在阶段工作总结中附的几点心得体会。

林业现代化应当研究的几个问题①

周恩来总理遵照毛主席的指示，在四届人大政府工作报告中指出："在本世纪内，全面实现农业、工业、国防和科学技术的现代化，使我国国民经济走在世界前列。""国务院各部、委，地方各级革命委员会，直到工矿企业和生产队等基层单位，都要发动群众，经过充分讨论，制订自己的计划，争取提前实现我们的宏伟目标。"

林业是国民经济的重要组成部分。世界林业现代水平怎么样？我国林业达到现代化要创造哪些条件，才能走在世界前列？这是制订林业现代化规划时需要了解和注意的问题。根据第二次世界大战以后世界林业发展的情况和国外对我国林业的反映，我们觉得在制定我国林业现代能规划时，以下五个方面值得参考。

一、加速摸清全国森林资源情况

从 1950 年以来，不少国家已进行过三次全国性的森林调查。资源清，不仅积极而科学地经营森林创造了条件，减少盲目性，还为国家制订林业政策、原材料政策等提供了可靠的依据。十几年前，在工业发达的资本主义国家，也包括一些东欧国家，森林资源枯竭危险的呼声，还十分普遍。但是，现在这种说法不多了。重要原因之一是人们在几次森林调查材料对比的基础上，对林业的认识加深了。不论是森林资源比较贫乏的欧洲共同市场九国，还是资源比较丰富的芬兰、瑞典、美国、加拿大等国家，近些年来经常谈的是森林潜力以及如何经营可以增加采伐量等。民主德国 1966 年之前的十几年中，一直采取压缩采伐量的方针，而近十年来，明显地提高采伐量，1973 年木材采伐量比 1966 年增加了 50%。捷克也有类似趋势。总之是资源清，才能稳妥地开展对森林的利用。

由于森林资源情况不明，也由于木材供应一时紧张，国外曾出现过以钢铁、水泥、铝、塑料代替木材的热潮。但近年来有人包括美国的参议院、全国原料政策委员会、环境保护局、林务局以及总统木材与环境问题顾问委员会等，认为这是一个偏向，理由是矿物资源总是越用越少，森林资源还有潜力可挖，森林是可以更新的，木材培育利用的耗能量很小，木材利用对环境的污染比代用物质轻得多。联邦德国的观点也是如此。

但是一个国家要权衡木材在各种原材料中的地位，评定其经济意义，不仅要看国民经济发展对木材的需求情况，还必须把森林资源情况搞得非常清楚，不仅要对森林资源做近期分析，还要做中期、长期的分析。

二、努力提高森林覆被率和按人口平均拥有的森林面积

我国森林总面积占世界第八位，总蓄积量占世界第五位。但是森林覆被率和按人口平均

---

① 本文系沈照仁同志于 1976 年 12 月在第一次全国林业会议上的讲话稿。

拥有的森林面积，在世界约 160 个国家和地区（根据联合国粮农组织 1963 年调查）中，我国分别占第 120 位和 121 位。按人口平均拥有的森林蓄积量，我国也是很少的。

一定的森林覆被率不仅是保证国民经济木材来源所必需的，也是环境保护不可缺少的一个条件。而且木材还是现代战争中应急的"万能"代用材料。

国外一般把我国划做少林缺材的国家，说"除巴基斯坦以外，中国森林面积和木材蓄积量，按人口计算，在亚洲太平洋地区是最少的"。

亚洲是世界森林覆被率最少的一个洲，平均为 19%，工业发达、人口密度最大的欧洲森林覆被率是 29%（苏联未算在内），都比我国森林覆被率 11% 高很多。按人口计算，亚洲、欧洲平均每人拥有森林面积均比我国高一倍半以上。苏联、美国、日本等国的森林覆被率比我国高得更多。世界工业发达国家中只有丹麦、英国、荷兰等极少数国家的森林覆被率小于我国，绝大多数工业发达国家的森林覆被率在 20% 以上。

新西兰、加拿大、苏联等木材出口国声称，在目前资源条件下，中国只有靠进口才能满足国民经济发展对木材的需要。

匈牙利是个森林资源贫乏的国家，1948 年森林覆被率只有 10.8%，1972 年上升到了 16.6%；按规划到 20 世纪末要达到 23% ~ 24%，以根本改变每年进口大量木材的局面。

在第一、第二次世界大战中，英国曾因森林资源少，木材不能自给，带来了不少困难。英国政府不得不在战争期间，做出发展林业的全面规划。

随着环境污染的加剧，近十几年来，人们对森林保护环境的作用更加重视了，并把森林覆被率看做人类环境保护的一项重要指标。例如，森林的环境保护作用国际会议的一个报告指出，城镇居民每人应有 25 平方米的绿化面积，才能保证充分的氧气，并免除噪音、尘埃的危害，而现在许多国家的大城市远远没有达到这个要求，英国伦敦只有 9 平方米，法国巴黎 3 平方米，马赛 1 平方米，日本东京 2 平方米。

森林覆被率对保持水土、保证农业稳产的意义，早已为人们所熟知，不再赘述。

三、充分发挥现有森林的作用，不断提高单位面积的木材产量及其他效益

大面积营造人工林，扩大森林资源，无疑是保证发展国民经济用材来源的一项根本措施。但是，森林覆被率不可能无限制扩大，随着人口增长，按人口计算每人拥有的森林面积在逐年减少。世界森林总面积在 1953 ~ 1973 年间，没有很大变化（大约缩小了 3%），而按人口平均的森林面积却以惊人幅度下降，1953 年每人 1.6 公顷，1963 年每人 1.2 公顷，1973 年每人大约只有 0.94 公顷。与此同时，世界各国按人口计算的平均木材消费水平却在上升。

因此，充分发挥现有林包括现有人工林的作用，便成了现代林业的一个重要课题。在无损于永续经营的前提下，不断提高森林单位面积的林木生长量，已是刻不容缓的事情。因此单位面积林木年生长量的高低，是衡量一个国家林业经营水平的综合指标。

欧洲森林总面积（不包括苏联）比我国大约 32%，其木材年产量 1950 年是 2.7 亿立方米，1973 年是 3.3 亿立方米，平均每公顷森林年产木材 2 ~ 2.4 立方米。

丹麦是欧洲森林单产木材最高的国家，1973 年平均每公顷产木材 5.6 立方米。联邦德国在 1862 ~ 1970 年的 100 多年间，森林每公顷年产木材量从 1.5 立方米，上升到了 4.2 立方米，增加了 1.8 倍。100 多年来，联邦德国森林每年提供国产木材平均每人为 0.5 立方米

（联邦德国现在每人平均拥有森林面积0.1~0.2公顷）。

对现有林进行积极经营，才能不断提高木材单位面积产量。在20世纪60年代中期，保守地经营林业的思想，即采伐量与生长量消极平衡论在国外还占统治地位。而芬兰的现代林业经营思想认为，平衡应以逐渐增加采伐量的明确计划为基础，同时又使森林资源丰富起来。林业经营不仅是要保护现有森林，更重要的是既要扩大资源又增加采伐量。

欧洲共同市场九国的林业部门认为，经营好现有林，充分发挥其生产木材的潜力，既是解决木材不足的近期、中期措施，也是远期措施。成、过熟林的及时采伐利用，幼龄、中龄林的间伐利用，低产林的改造利用，遭灾林木的抢救利用，既能增产木材，减少非生产性损失，又能促进林木生长，扩大木材的供应来源。

森林的环境保护作用现在被摆在非常重要的位置上，因此，增产木材一般总应在不损害这一作用的条件下进行。

四、发展木材加工工业，开展综合利用，使同量的木材原料，生产更多产品

近二三十年来，工业发达国家林业发展的一个重要特点，是木材产量增长幅度较小，而各种木材的主要加工产品产量明显上升。因此国外常以木材采伐量与木材主要加工产品产量的比例变化，来反映一个国家木材的合理利用水平。

罗马尼亚1973年木材采伐量只比1962年多了22万立方米，而同期内锯材产量增加了80万立方米，胶合板、单板增加了13.4万立方米；刨花板增加了44.7立方米，纤维板增加了31.2立方米。除去薪材、造纸材、坑木、电柱以及部分建筑用原木之外，每万立方米原木1962年平均生产了2134立方米锯材，90立方米胶合板单板，48立方米刨花板，12立方米纤维板；而1973年生产了2493立方米锯材，252立方米胶合板、单板，255立方米刨花板，156立方米纤维板。

罗马尼亚1962~1973年木材采伐量与锯材、三板产量的变化

年　份	木材采伐量 （万立方米）	锯材产量 （万立方米）	胶合板、单板产量 （万立方米）	刨花板产量 （万立方米）	纤维板产量 （万立方米）	三板合计产量 （万立方米）
1962年	2131.6	457	19.3	10.3	2.5	32.2
1973年	2153.7	537	32.7	55	33.7	121.4
1973年比1962年增加	22.1	80	13.4	44.7	31.2	89.2
1973年是1962年的%	101	117.5	169.4	534	134.8	377

罗马尼亚1962~1973年每万立方米原木的锯材、三板产量（立方米）

年　份	锯　材	三板合计	胶合板、单板	刨花板	纤维板
1962年	2134	151	90	48	12
1973年	2493	563	152	255	156
1973年比1962年增加	359	412	62	207	144
1973年是1962年的%	117	373	159	531	1300

罗马尼亚每立方米木材原料的产品产值1959年为196列伊，1973年上升到1240列伊（按不变价格计算），增长了四倍多。

联邦德国是木材进口国，因此尽力限制木材消费量增长，使同量木材通过综合利用发挥更大作用。1958 年联邦德国实际木材总消费量（包括薪材，但造纸材除外）为 2819 万立方米，1972 年增为 3225 立方米，只增加了 406 万立方米，14 年增加 14%（平均年增 1%）。但同期内，锯材产量，从 660 万立方米上升到 958 万立方米，增加了 298 万立方米，即 45%；多刨花板从 41 万立方米上升到 478 万立方米，增长了近 11 倍；纤维板从 22 万吨上升到 37 万吨，增长 70%；胶合板从 47 万立方米上升到 54 万立方米，增长 15%。按每万立方米原木来计算主要加工产品产量，1972 年产锯材 2972 立方米，刨花板 1481 立方米，纤维板 115 吨，胶合板 168 立方米。联邦德国木材综合利用水平比罗马尼亚高很多。

根据联合国粮农组织十几年来对我国木材生产的估计，我国木材总产量占世界第三位，仅次于苏联、美国，其中工业用材产量（联合国粮农组织 1973 年报道我国产量是 4696 万立方米，非常接近我农林部统计数字加上台湾的产量数字）占世界第五位，但木材的主要加工产品产量要落后于很多国家，其中，锯材产量（不包括台湾，下同）占世界第八位，胶合板占第十八位，纤维板约占第十三位，刨花板约占第三十七位。

五、加速技术改造，全面实现林业生产机械化，提高劳动生产率

美国在 1950～1970 年的 20 年间，木材生产的劳动生产率提高了 3 倍。20 世纪 50 年代初，木材采运以改良的手锯和马套子或农业拖拉机为主要生产工具，每工日生产 2.5 立方米木材。50 年代后期，油锯和轮式拖拉机发展起来，每工日产量平均达到 5 立方米。60 年代初，集材拖拉机有了改进，并采用液压传动的装车机，每工日产量上升到 7.6 立方米。60 年代末，抓取式集材拖拉机广泛得到采用，每工日产量为 10.2 立方米。近几年，由于发展了全株树削片工艺，有些伐区不是运出原条、原木，而是木片，每个工日产量达到了 51 个立方米。

捷克近十几年来，木材生产的劳动生产率大约提高了 1 倍，1961 年每立方米木材要用几乎 6 个工时，而现在只要 3 个工时就足够了。

胶合板生产是人造板中劳动生产率增长较慢的，但近十几年来也增长了 1 倍左右。例如，1974 年芬兰人在一次国际会议上称，现在每立方米胶合板用工 15～18 个小时，而 10 年前用工 30～40 个小时（我国 1974 年全国平均胶合板生产工人年产约 20 立方米）。联邦德国 1962 年每立方米胶合板用工 50 个小时，1972 年减为 26 个小时。

近几年来我国考察林业的外国人较普遍地认为，我国林业生产技术比较落后，劳动生产率低。瑞典林业代表团 1975 年 9 月访问了我国，在其访华报告中写道：中国"林业没有机械化"，"在人工林靠手工进行锄草、疏伐"，"中国林业机械化是在发展，但目前的速度很慢"，"老式的苏制集材拖拉机还在生产中使用"。代表团参观北京木材厂后认为："全厂 3000 人，按瑞典标准肯定是太多了。"联邦德国木材界人士 1974 年考察我国后说："根据北京木材厂的情况判断，这个厂拥有 3200 名职工，中国木材工业的工艺、设备，特别是厂内运输系统，大约与联邦德国 50 年代中型企业的情况相近似。"联邦德国人还指出，中国"木材工业企业在许多方面还使用手工劳动，新式机械装备很少"。瑞典专家甚至以为，"中国似乎是故意放慢机械化步伐，因为迅速机械化可能会给这个人口众多的国家带来许多人的就业问题。"可见，提高林业机械化水平是林业现代化一个很重要的方面。

发达国家近几十年来林价与木材价格变化[①]

　　发达国家林业都经历过采掘工业阶段，其对象是自然生长的林木，在当时看来是用之不竭的，因此在木材生产成本构成中一般没有森林更新与经营费用。20 世纪初，各国相继认识到破坏森林的严重后果，于是森林永续经营思想传播开来。近二三十年，世界人口激增，自然资源消耗速度惊人。可以姑且不去计较人类面临资源危机的议论，是否危言耸听。但按人口计算，每人自然资源拥有量，大幅度减少，却是事实！根据粮农组织资料，20 世纪 50 年代初，世界平均每人森林拥有面积为 1.6 公顷，70 年代初降至不足 1 公顷。为使单位面积森林发挥更大的社会机能，生产更多的木材，发达国家经营森林的集约程度就越来越高。

　　林业从采掘工业阶段发展到高度集约经营，生产费用必然相应提高。这是国外木材价格近几十年来上涨幅度普遍超过一般商品的平均价格指数的根本原因。林价，或称林木山价、育林费上涨得更快，在美国、瑞典、芬兰、日本等都已占木材价格的 50%～60%。

　　这些年来，森林旅游业、林副产品等生产虽有很大发展，但各国的林业收入实际上仍有 80%～90% 以上靠立木林价收入。因此，也可以说，立木林价收入是集约经营森林的经济保证。

　　下面列举有关美国、瑞典、芬兰、日本和新西兰等的林价、木材价格的一些数字，以说明发达国家林价、木材价格的变化趋势。

一、美　　国

　　据美国商务部统计，木材价格上涨的速度，在 1926～1950 年期间，超过了一切原料。如以 1926 年价格为 100，美国一切原料的总平均价格指数是 108.7%，燃料为 102.9%，农产品为 105.5%，金属为 104.6%，化学产品为 71.4%，而林产品总价格指数上升为 174.4%，其中木材价格指数更高，为 218%。以北美黄杉为例（参见附表），根据美国和联合国粮农组织的统计资料，美国林价、木材价格变化有以下几个特点：①林价上涨速度高于木材，以 1910 年林价和原木价为 100，1976 年林价上涨到 8104，原木上涨到 2477，前者上涨速度比后者快两倍多。②林价在木材价格构成中的比重明显扩大，第二次世界大战之前，林价在木材价格构成中只占 1/5，1950～1976 年总平均已占 50 以上，高的年份甚至达到 60～80 以上。③按名义价格计算，林价和木材价格分别上涨 80 倍和 23 倍半。据人民日报报道，1977 年每美元购买力只相当于 1945 年的 0.297 美元。排除通货膨胀因素之后，1976 年林价仍较 1910 年（1945 与 1910 年价格指数相近）提高 20 几倍，木材价格也还上涨 6 倍多。

　　[①]　本文系沈照仁同志于 1979 年应林业部副部长雍文涛同志要求撰写的调研报告，发表于《国外林业动态》1980 年 5 月增刊。

北美黄杉立木林价、锯材和胶合板原木价 1910～1976 年变化（每立方米美元）

项目 ＼ 年度	1910	1930	1940	1950	1955	1960	1965	1970	1974	1976	1980	1981
立木林价 以1910年为100	0.48 100	0.72 150	0.50 104	3.62 754	6.38 1329	7.06 1470	9.40 2303	9.25 1927	44.70 9312	38.90 8104	95.4	77.30
一级锯材原木价 以1910年为100	2.34 100	4.01 171	4.01 171	11.62 496	13.52 577	15.21 650	15.94 681	23.60 1008	50.13 2142	57.97 2477	109.9	91.21
林价占原木价%	20.5	17.9	12.4	31.1	47.1	46.4	58.9	39.2	89.1	67.1		
林价上涨速度是木材的%（以1910年为100）	100	88	61	152	230	226	338	191	434	327		

资料来源：①美国 1910～1970 年历史资料统计；②联合国粮农组织 1960～1977 年林产品价格汇编；③欧洲木材公报 1950～1976 价格篇

二、瑞典与芬兰

瑞典 1960～1976 年立木林价在原木价格构成中占 50% 以上。

瑞典 1960～1976 年立木林价与木材价格的关系

项目 ＼ 年度	1960～1961	1965～1966	1970～1971	1975～1976
每立方米木材价格（瑞典克朗） 以1960～1961年为100	47 104	49 110	52 238	112
每立方立木林价 以1960～1961年为100	25 100	25 108	27 260	65
每立方米采运费用 以1960～1961年为100	22 109	24 114	26 2590	57
立木林价占木材价格%	53	51	51	58

资料来源：瑞典 1976 年林业年鉴 101 页

芬兰立木林价（每立方米美元），根据联合国粮农组织资料，约是林区路边交货锯材原木价的 80%，造纸材价的 60%：

项目 ＼ 年份	1965 年	1970 年	1972 年	1973 年	1974 年
立木林价（针叶锯材原木）	11.10	9.85	11.80	28.05	30.20
针叶锯材原木价	13.52	11.75	13.69	31.35	34.58
林价是木材的%	82.1	83.8	86.2	89.4	87.3
云杉造纸材林价	5.75	5.30	6.20	8.20	17.40
路边交货原木价	9.94	9.02	9.61	13.06	25.0
林价是原木价的%	57.8	58.7	64.5	62.7	69.6
松树造纸材林价	4.10	4.55	5.40	7.35	16.20
路边交货原木价	8.39	7.96	8.77	11.75	23.41
林价是原木价的%	48.8	57.1	61.5	62.5	69.20

资料来源：①联合国粮农组织 1960～1977 林产品价格汇编；②欧洲木林公报 ××× 卷附件 6

芬兰林业年鉴按 1978 年芬兰马克值，换算了 1949 年以来的主要木材材种价格。根据这样的计算，对比近二三十年来的木材价格变化，可以看出木材价格的真实上涨幅度。例如针叶锯材原木 1949～1950 年时价为每立方米 7.90 芬兰马克，按芬兰马克 1978 年实际值计算，当为 55 芬兰马克，同年锯材原木时价是 97.10 芬兰马克，28 年的真实上涨幅度是 76.5%。在同一时期内，云杉造纸材的真实上涨幅度是 61.4%，松树造纸材是 88.3%；上涨幅度最小的是薪炭材，为 23.6%。

材　　　种	1949～1950 年	1977～1978 年	上涨幅度
针叶锯材原木	55	97.1	76.5
云杉造纸材	29	46.8	61.4
松树造纸材	24	45.2	88.3
薪炭材	22	27.2	23.6

三、日　　本

根据日本 1979 年林业统计要览和欧洲木材公报，日本杉木立木价是原木价的 60%以上：

	1971	1972	19J73	1974	1975	1976	1977	1978
杉立木价								
每立方米日元	12040	11914	16574	19625	19726	19580	19631	18642
每立方米美元	34.50	38.68	60.89	67.30	66.46	65.97		
杉原木（直径 14～22 厘米）每立方米								
日元	17500	19600	28600	33000	31900	32200	31600	30500
美元	50.15	63.64	105.47	113.20	107.48	108.58		
立木价是原木价的%	68.8	60.8	57.9	59.5	61.8	60.8	62.1	61.1

根据日本林业图解一书介绍，日本 1927～1977 年木材及其制品价格指数比一般物价指数高 1.8 倍。在头 25 年里，木材价格指数比一般物价高 13.5%，从 1952 年开始，价格指数差距越来越大，1960 年达到 79.6%，1970 年已比一般物价高 1.76 倍。

日本一般物价指数与木材及其制品价格指数对比

年度	1934～1936 年平均基准（1）		1952 年为 100		1960 年为 100		1965 年为 100		1970 年为 100	
	木材及其制品	一般物价	木材及其制品	一般物价	木材及其制品	一般物价	木材及其制品	一般物价	木材及其制品	一般物价
1927	1.0	1.1								
1930	0.7	0.9								
1933	0.9	1.0								
1936	1.1	1.0								

（续）

年度	1934~1936年平均基准(1)		1952年为100		1960年为100		1965年为100		1970年为100	
	木材及其制品	一般物价	木材及其制品	一般物价	木材及其制品	一般物价	木材及其制品	一般物价	木材及其制品	一般物价
1939	2.1	1.5								
1942	3.1	1.9								
1945	5.1	3.5								
1948	143.9	127.9								
1952	396.5	349.3	100.0	100.0						
1954	565.4	349.2	141.8	99.7						
1957	614.8	368.8	154.2	105.3						
1960	632.3	352.1	161.1	101.3	100.0	100.0				
1963	786.9	356.0	–	–	124.4	101.1				
1965	797.5	359.4			126.1	102.1	100.0	100.0		
1968	1024.0	377.9	–	–	–	–	128.4	105.1	–	–
1970	1104.3	399.9	–	–	–	–	138.5	111.3	100.0	100.0
1973	1684.0	463.3	–	–	–	–	–	–	156.1	115.9
1976	1836.5	658.3	–	–	–	–	–	–	165.0	165.4
1977	1884.2	670.8	–	–	–	–	–	–	172.1	168.6

四、新　西　兰

根据新西兰森林与森林工业1977年年鉴，乡土树种、外来树种立木林价在1951~1977年期间，几乎都占原木价格(全国远近销售点、包括到厂价平均)的1/5或1/4以上。

项　目 \ 年度		1951	1960	1970	1975	1977
乡土树种立木价	每立米新元	0.84	1.80	3.35	2.87	3.66
乡土树种原木价	每立米新元	4.09	6.63	11.11	12.43	13.91
立木价是原木价的%		20.5	27.1	30.1	23	26.3
外来树种立木价	每立米新元	0.75	0.89	1.41	2.29	2.37
外来树种原木价	每立米新元	3.71	3.43	5.85	8.83	10.04
立木价是原木价的%		20.2	25.9	25.1	25.9	23.6

五、木材价格上涨率超过通货膨胀率

1977年美元购买力较1970年大约下降了1/3，而同期内，木材的美元价格一般都上涨了1倍多。

一些国家针叶原木 1970～1977 年的价格变化（每立方米美元）

国　别	1970	1973	1977
奥 地 利	21.26	30.64	49.62
以 1970 年为 100	100	144	233
联邦德国	29.75	42.77	68.35
以 1970 年为 100	100	143	229
日　本	27.36	59	58.21
以 1970 年为 100	100	215	212
挪　威	15.88	21.07	41.02
以 1970 年为 100	100	132	258
瑞　典	17.47	24.66	42.79(1976)
以 1970 年为 100	100	141	245
瑞　士	28.21	40.39	43.78
以 1970 年为 100	100	143	226
英　国	41.44	50.02	66.46(1976)
以 1970 年为 100	100	120	160
美　国	23.60	50.04	57.97(1976)
以 1970 年为 100	100	212	245

六、东南亚国家木材价格中更新费用占 23%

根据东南亚木材生产者协会的估计，每一立方米木材的更新费用是 20 美元。加上森林使用税、其他生产费用，东南亚木材生产者协会确定 1979 年木材销售价为每立方米 85～90 美元。

附录：匈宣布汽油、木材价格上涨

【新华社布达佩斯四月一日电】匈《人民自由报》四月一日刊登匈全国物资和价格局公布的关于提高汽油、木材价格的公报。

从一九八〇年四月一日起……木材的官方消费价格也有变化。松锯木的价格平均上涨百分之十六；木质纤维板和木板的价格上涨百分之十九至三十；剥过皮的松圆木的价格上涨百分之三十三；锯木的价格上涨百分之四十九多山毛举锯木的价格上涨百分之八；白杨锯木的价格平均上涨百分之三十七。

由于木材价格上涨，木制品的价格水平也提高了。木制的框、门、地板的价格没涨。木柴的消费价格也未变。总的来说，具的价格水平没变。

除给予固定的价格补贴外，有几种儿童家具要小幅度地涨价。由于价格补贴有所提高，婴儿扶车和小孩床的价格不涨。

匈牙利 1956 年以来的木材价格改革①

匈牙利是个少林国家，欧洲只有英国等几个国家森林覆盖率比它低。森林的树种组成以橡、山毛榉、刺槐等为主，阔叶占 90% 以上。按蓄积量计算，工业建设大量需要的针叶材只占百分之几，因此年年要进口木材几百万立方米。第二次世界大战以后的几十年来，匈牙利林业主要围绕两个问题进行了大量工作。一是改造战争破坏了的森林，大力开展人工造林，扩大森林覆盖率，逐渐满足现代社会对林业的要求；二是如何利用好已有森林让每公顷森林发挥更大的效益，在解决国民经济用材严重不足中起应有的作用。1956 年匈牙利开始改革了木材的计价办法，专家们认为这对匈林业、木材加工业的推进，都是无容置疑的。

一、旧价格制度的缺点

旧的木材计价办法不是以实际成本为依据，因此木材价格过低。森林更新费用，包括造林和抚育等费用，在木材价格中反映不出来，而是由国家投资开支的。

木材批发价低于代用品，不利于推广木材代用，例如架设一公里电话线路，用木材电杆（6 米高），包括运费和安装费在内，只要 3900 福林，而水泥电杆要 6900 福林。

工业用材和薪材之间的比价不合适，工业用材内部珍贵材与普通材之间的比价也不合适。采伐、集材和运输珍贵材如胶合板材要比生产普通木材、薪材费工，如果比价太小，企业就不太愿意生产珍贵材种。又例如，山毛榉三级锯材原木的批发价每立方米是 140 福林，而薪材每立方米是 144 福林，在这种比价的情况下，不论怎样采取强硬的行政措施，要企业提高工业用材的比重是困难的。

减少木材浪费、节约木材的工艺措施，在木材采运和木材加工的各个环节都有，但推广不了，原因就在于要多花工夫，木材价格低，节约木材的收入抵偿不了工资开支。

匈牙利林业和木材加工业归农业粮食工业部领导，部长在 1972 年的一份报告中指出，林业企业在价格改革之前总是年年亏损。平均每立方米亏 4 个福林。

二、1956 年木材价格改革的要点

匈牙利国家计委的一位局长在 1958 年的一个报告中指出，1956 年木材价格改革坚持了四条原则。

（1）较大幅度地调高批发价，但零售价不变。新的木材价格中包括了木材采运成本、森林更新抚育费用，外加木材采运利润 4%；但不同材种之间的利润率可以差别很大。

（2）新价鼓励多产工业用材，特别是珍贵材种，规定了工业用材与薪材之间、普通木材与珍贵材种之间的正确比价。

（3）新价鼓励木材生产与消费者都严格注意节约。

（4）木材新价一般高于代用品，以促进代用品的生产与使用。

---

① 本文系沈照仁同志于 1979 年应林业部副部长雍文涛同志要求撰写的调研报告，发表于《国外林业管理体制参考资料》1980 年第 2 期。

材　种	每立方米批发价（福林）		新价是旧价的 %
	旧价	新价	
工业用材	226	601	265.9
薪　材	200	263	131.5
价格差	26	338	

工业用材内部不同材种之间的价格差，旧价只差 10～20 福林，新价差 100～200 福林，这就大大促进了合理采伐与加工，鼓励多生产珍贵材种。对不同树种木材也规定了合理比价，一方面考虑匈牙利森林的特点，另一方面又能适应国际市场情况。

木材新价保证平均利润是木材生产成本的 4%，但不同材种的利润率差别显著，某些材种的利润率很高，而有些材种要亏本。下面是匈牙利两个主要材种硬阔叶原木和薪材的价格构成，按每立方米福林计算，前者每立方米盈利 276.4 福林，是实际生产成本的 66%，而薪材生产要亏本。

材　种	林产到用户的运输费用	税　金	采伐费用	育林费	利　润
硬阔叶原木	50	111	172	84.6	276.4
薪　材	35	104	132.9	84.6	

木材价格里包含了木材采运成本和更新抚育费用。更新抚育费用称为育林费，全部纳入森林更新基金，是林业财政拨款的来源，林业企业按立方米交纳育林费。

三、现行木材价格的根本特点

匈牙利林业经济学教授克列斯捷什 1972 年指出，匈牙利现行木材价格的一个根本特点，是国内市场与国际市场密切相关的。进口材的国内价是木材的国际牌价加运费，往往还要加进口税；出口材价格则是国际牌价扣除运费。因此国际市场木材价格变动直接影响国内市场。

对不同材种和加工产品，又按①固定价格或不变价格；②浮动价格（只限定最高价格）；③由价格规定了适当比例。根据 1967 年调查，全匈木材及其加工产品实行不同价格类别的情况见下表：

产品	不同价格类别占的%			
	固定价格	浮动价格	自由价格	总　计
全部木材采运产品	21	52	27	100
锯材原木、其他大径材	29	43	28	100
其他材种	16	59	25	100
全部木材加工产品	18	28	54	100
制材产品	50	29	21	100
胶合板	–	58	42	100
木材制品	17	54	29	100
木材加工其他产品	–	–	100	100

四、提高育林费

价格调整以后，按 1951 年价为 100 福林计算，1968 年各种木材的综合平均价为 419 福林，锯材原木为 641 福林，阔叶坑木为 363 福林，针叶坑木为 456 福林，造纸材为 348 福林，工业用材平均为 497 福林，薪材为 260 福林。

为了防止一些企业在木材提价之后，利润过大，也为了保证全国营林事业有足够的基金，在每立方米本材价格中，国家规定了较高的育林费标准（见下表）。

树　　　种	每立方米育林费总额（福林）
橡	180
山毛榉	190
刺槐	110
奥地利橡	80
千金榆	100
其他硬阔叶树种	110
欧美杂交杨	110
本地杨	80
其他软阔叶树种	110
针叶树种	170

全国林场 1965～1966 年木材生产平均每立方米育林费为 133 福林，较 1956 年（84.6 福林）又提高 57%。为避免只愿采好材的偏向，对除伐、卫生伐等规定了较低的育林费，每立方米不分树种统按 20 福林计算。

农业粮食工业部统一掌握全国育林基金。对更新造林、抚育等主要工作，按作业条件和生产质量规定不同等级和定额费用。每个有造林更新、抚育任务的林场，不论其收入高低，营林经费总是有保证的。

五、木材自由买卖

木材价格调整之后，用户一般都不会过量采购木材。政府决定于 1968 年起允许木材、木制品自由流通。林场、木材加工企业以及生产合作社可以自由销售木材及其制品；用户需要木材及其制品，可以向生产单位直接采购，也可以从商业网点买，对国产木材一般不加限制。

1972 年只对国产针叶成材和山毛榉成材，对进口的针叶原木和杨树原木暂时还有限制。受限制的木材由中央林业局所属的木材公司经营，用户必须到经营木材公司才能买到。

六、对片面追求利润规定罚款办法

为防止企业追求眼前利益，做出损害林业发展的事，又规定了罚款办法。例如对擅自扩大主伐量的企业，每多伐一立方米从利润中扣除 100 福林；对不完成更新任务的企业，每公顷扣款 3000 福林；对不完成幼林疏伐和除伐的企业，每公顷分别扣款 2000 和 3000 福林。

从世界角度看我国的林业[①]

一、我国林业在世界的地位

	我国	世界	我国占世界的%	我国占世界第几位	备 注
土地总面积(万平方公里)	960	13390	7.2	3	1978 年世界人口统计数
人口(万人)	88019	418244	21	1	
森林总面积(万公顷)	12186	406363	3	6	苏联、巴西、加拿大、美国、印度尼西亚、中国
森林覆盖率	12.7%	30%		约 120 位	
人均森林面积(按总面积算:亩)	2	15		约 120 位	苏联、巴西、加拿大、美国、扎伊尔、印度尼西亚、中国
郁闭林面积(万公顷)	8000	280000	2.9	7	
郁闭林覆盖率	8%	22%			
林木蓄积量(亿立方米)	87	3100(郁闭林蓄积)	2.8	7	
人均蓄积量(立方米)	10	75	13		
林木年总生长量(万立方米)	22654	约 1000000	2.3		
人均林木年生长量(立方米)	0.25	约 2.5	10		
国家计划产材量(国外为工业用材产量)(万立方米)	5162(1978)	137347(1978)	3.8	4	苏联、美国、加拿大、中国
联合国统计总产材量(包括薪材)(万立方米)	21251	260177	8.2	3	苏联、美国、中国
人造板产量(万立方米)	60(1978 年不包括台湾)	10243	0.6	25	
每千人平均人造板产量(立方米)	0.7	25	2.8		
联合国统计人造板产量(万立方米)	187(1978 年包括台湾)	10243	1.8	10	
胶合板产量(万立方米)	25(1978 年)	4594(1978 年包括单板)	0.5	16	
联合国统计胶合板产量(万立方米)	153	4594	3.3	6	美国、日本、加拿大、苏联、南朝鲜、中国
联合国统计胶合板出口(万立方米)	124(1978 年主要是台湾出口)	710	17.5	2	南朝鲜、中国
纤维板产量(万立方米)	31	1790	1.7	9	美国、苏联、加拿大、波兰、瑞典、巴西、日本、联邦德国、中国
刨花板产量(万立方米)	4	3859	0.1	39	

[①] 本文系沈照仁同志于 1980 年 12 月 6 日撰写的调研报告,并在 1981 年 2 月召开的全国林业工作会议上作为会议资料交流。

（续）

	我国	世界	我国占世界的%	我国占世界第几位	备　注
松香产量(万吨)	29	约110	约26%	2	美国年产30几万吨主要是浮油松香和木松香、脂松香我国产量最大。
松香出口(万吨)	约10				

说明：

1. 按人均森林面积、林木蓄积量、林木年生长量计算，我国是森林资源非常贫乏的国家。

我国人均森林面积不足世界平均的七分之一，在一百五六十个国家和地区中，大约排在第120位。人均林木蓄积量也只有世界平均的八分之一，林木年生长量则只有世界十分之一。

2. 按覆盖率计算，我国也是世界森林最稀少国家之一。

国外计算森林覆盖率的方法有两种。一种是把生长着林木的林地，不分稀密、质量，统称为森林与其他林地。全世界1978年共有40亿多公顷。按此计算，世界森林覆盖率是30%。另一种计算方法要求乔木密度达到0.2以上，才算为森林，或称郁闭林。密度0.2以下稀疏林、退化林或灌木林在森林覆盖率中都不计数。由于乱砍滥伐，更新跟不上采伐，这类森林面积或称郁闭林在世界范围内趋于缩小。1973年估计为28亿公顷，1978年估计为26.4亿公顷。按此计算世界森林覆盖率，大约是22%和20%。我国现在只有一个笼统的森林面积数字，是12186万公顷，按此计算森林覆盖率为12.7%。世界有一百一十几个国家和地区的森林覆盖率大于我国。联合国粮农组织1971年的一项研究报告估计，中国有郁闭林8000万公顷，如按此计算森林覆盖率，就只有8%。但不知其根据是什么。

3. 按绝对量计算，我国森林资源在亚洲名列前茅，在世界也占有一定地位

在亚洲，我国森林只比印度尼西亚少十几万公顷；在世界范围内，仅次于苏联、巴西、加拿大、美国、印度尼西亚，而名列第六。如按郁闭林计算，根据珀森(原联合国粮农组织森林统计专家)1974年研究报告，我国又稍少于扎伊尔、印度尼西亚，可以排在第七位。按林木蓄积量计算，我国也居第七位。

4. 我国人均木材年消费水平非常低，人造板的消费水平更低。

联合国粮农组织很长时间以来认为中国是生产木材最多的国家之一，仅次于苏、美。估计我1978年产材量21000万立方米(70%为薪材)，占世界木材总产量的8%。这很接近我国森林资源每年实际消耗情况。按这个数字计算人均木材消费水平，我国每人一年也只有0.2立方米，而世界平均是0.6立方米，是我国的三倍。如按国家计划内产量计算，每人一年便只有0.06立方米，世界平均每人一年消费用材(不包括薪材)0.30立方米，是我国的五倍。

我国人造板产量很落后，按总产量计算，居世界第25位。如按人口计算，每千人才有0.7立方米，而世界平均有25立方米，是我国的36倍。

近十几年来，各国都非常重视森林的保持生态平衡、调节气候、涵养水源、美化环境等社会效益。1973年石油危机使一些工业发达国家在原材料政策中又重视了可再生资源的意义。在不断增进完善森林社会效益的前提下，扩大木材和薪柴产量，仍是国外林业的一项中心任务，同样也是我国林业亟待解决的课题。

到 2000 年时，估计我国人口还要增加两亿多。维持现在很低的人均木材消费水平的条件下，每年至少要增加木材产量 5000 万立方米。可是，随着人民生活的提高，维持这样低的消耗水平显然是不可能的。因为，2000 年时，人均的居住面积估计应是 1978 年的二倍（从每人 3.6 平方米扩大到 10 平方米），人均收入应是三倍（从 240 ~ 250 美元提高到 1000 美元左右）。

究竟如何满足木材需要呢？发展代用品，在一个短时期内是可行的。长远来看，用金属和塑料代替木材，都是不理想的。因为金属、塑料均以矿物为原料，是不能再生的，且耗能量很大。木材在培育过程中基本不消耗什么能源，在采伐加工过程中单位产品的能量消耗也比金属、塑料少得多。

依靠进口的道路也是走不通的。1978 年世界原木总出口量约 1.1 亿立方米，扩大出口能力的潜力并不很大，即使能进口 1000 万 ~ 2000 万立方米，也不见得能解决我国的木材缺口。可是，为此每年就得化 10 亿 ~ 20 亿美元。

根本的办法还是集约经营好现有林，确确实实搞好几片人工林基地，并充分合理利用好木材。与国外相比，我国的潜力远没有挖掘出来。除了木材问题之外，当前我国林业另一个迫切要解决的问题是为增加群众收入广开财路。

二、集约经营现有林潜力无穷

我国对现有林缺乏科学的经营管理，质量很差，生长量低。根据对欧洲林业先进国家的考察材料，那里把每公顷蓄积量达不到 300 立方米的森林，均列为低产林进行改造。而我国森林平均每公顷蓄积量只有 70 立方米。联邦德国的自然条件不比我国好，现在每公顷森林年平均生长量在 4 立方米以上，而我国仅有 1.8 立方米。实现科学的经营管理，扩大现有林生产木材的潜力是很大的。

日本现有森林 2526 万公顷，林木总蓄积量 21.86 亿立方米。1967 ~ 1978 年的 12 年间平均年产木材 4400 万立方米。以后计划每年增产木材约 150 万立方米左右，到 2026 年时，使木材产量达到 1.1 亿立方米以上，也即每公顷森林木材产量从 1.8 立方米将增到 4.6 立方米。根据规划，到那时，日本森林面积基本不变（因道路建设，估计将减少 50 万公顷），蓄积量将增加到 33.08 亿立方米，也即扩大 50% 以上。特别值得注意的是与年木材产量成倍增长的同时，日本森林的防护作用与水源涵养质量，还将有明显改善。日本根据森林状况，按森林防护作用与水源涵养质量划分为三级。一级最好，现在森林达到一级的只占 22%，到 2026 年时则要达到三分之二以上。目前以上规划还是纸上的东西，但确是在实现之中。主要途径是木材采伐利用与现有林改造相结合，也即在采伐以后，营造优质的人工林。不断扩大人工林比重，1957 年日本人工林已占森林总面积 20%，1978 年达到了 38%，到 1996 年时计划扩大到一半以上在不宜进行人工重新造林的地方，则采取在保存现有林基础上进行改造的措施。就是这样，到 2026 年时，日本森林三分之二或四分之三不论在木材生产能力、防护作用以及水源涵养三个方面，都将达到一级水平。

我国浙江、江西、福建、湖北、湖南五省森林总面积 2691 万公顷，比日本还多 165 万公顷，但蓄积量只有 71600 万立方米，仅为日本的三分之一。近年五省计划内材产量 1000 万立方米，仅为日本木材年产量的 23%。如果五省森林也能经营得如日本现在的水平，那么年产 5000 万立方米是不成问题的。日本近几年承认其林业水平并不是世界最高的。

	浙江、江西、湖南、湖北、福建	日 本	五省为日本的%
森林面积(万公顷)	2691	2526	106
蓄积量(万立方米)	71592	218600	33
每公顷蓄积量(立方米/年)	26.6	89	30
木材产量(万立方米)	1033 (1978 年)	4400 (1967～1978 年平均)	23.5

联邦德国是集约经营森林的国家。几十年来，年年全国每公顷平均产木材 3～4 立方米，不仅不破坏森林，而且在不断完善林种结构、改进树种搭配。我国吉林省森林面积 756 万公顷，比联邦德国多 36 万公顷，吉林的总蓄积量 70087 万立方米也相当接近，联邦德国的 82600 万立方米。联邦德国森林现在 30% 划为国家公园和自然保护区，近 10 年来，仍每年产木材 2700 万～2800 万立方米。吉林省 1978 年木材产量为 613 万立方米，只有联邦德国的 22%。

我国黑龙江省的森林面积 2520 万公顷，林木蓄积量 21.2 亿立方米，与瑞典接近(森林面积 2350 万公顷，蓄积量 24 亿立方米)。1978 年黑龙江产木材 1950 万立方米，由于连年集中过量采伐，更新跟不上采伐，这里无林化的过程正在蔓延开来。瑞典 1967～1978 年 12 年平均年产木材 5553 万立方米，20 世纪 50 年代采得少一些，但年年也在 4000 万立方米以上。根据几次森林资源调查资料对比，瑞典森林面积丝毫未见减少，而林木蓄积量增加了 7.5 亿立方米(1929 年为 16.5 亿立方米)，年生长量也从 1929 年的 5658 万立方米上升到 1972 年的 7032 万立方米。

匈牙利、丹麦是世界森林稀少的国家。与他们相比，我国少林的省分同样有一个经营好现有森林的问题。山东省现有森林 132 万公顷，匈牙利 1946 年时只有森林 110 万公顷。1950 年前后，匈牙利年产木材 300 万立方米，到 1978 年时森林面积共增加了 50 万公顷，达到 160 万公顷，年木材产量上升到 630 万立方米。每公顷森林木材年产量从 1950 年的 2.7 立方米，上升到 1978 年的 3.9 立方米。山东省 1978 年木材计划内产量只有 4 万立方米，年年要从其他省调进近 150 万立方米。主要原因是山东省的森林状况很糟，没有什么生产能力，林木总蓄积量仅有 2290 万立方米，平均每公顷只有 17 立方米。匈牙利战后初期，已有一半多森林遭到过严重破坏，即使如此，当时 110 万公顷森林尚有蓄积量 1.1 亿～1.2 亿立方米。

丹麦仅有森林 40 几万公顷，1967～1978 年 12 年平均年产木材 2000 万立方米，每公顷平均年产木材近 5 立方米。第二次世界大战以来三十余年，丹麦森林还扩大了四分之一。江苏省现有 34 万公顷森林，不承担计划产材任务，年年从外省调进一百多万立方米木材。

我国人口众多，人均只拥有土地约一公顷，其中一半是难以利用的，实际可资利用的土地每人不到半公顷(农地、森林各约 2 亩，其余为牧地)。因此，现有林经营与农牧业一样也应当为增加群众的经济收入做出贡献，不论欧洲、北美和日本，木材收入现在仍占各国林业总收入的 80～90 以上。

三、搞好占国土 1% 面积人工丰产林，根本改变木材供应紧张局面

我国造林三十年，平均每十年扩大森林覆盖率 1%，这在世界上也是罕见的。但是，由

于造林质量不高，远未能收到应有的效果。1949～1979 年全国累计造林总面积 9971 万公顷，相当于国土的 10%。根据我国新闻报道，联合国 1977 年曾估计我国森林面积已达到 15550 万公顷，也即森林覆盖率达到了 16.2%。可是实际保存下来的还不到三分之一。

即使如此，2800 余万公顷人工林也是一个不小的数字，大约是世界现有人工林总面积的四分之一。不少国家的人工林在经济建设中已发挥巨大作用。

南非经几十年造林，现有人工林 100 多万公顷，相当于国土面积的 1%。它曾主要依靠进口满足工业用材和木制品的需要，20 世纪 70 年代初已能基本自给，并还出口相当数量木材和木浆。1960 年木材产量只有 430 万立方米，1978 年已达到 1670 万立方米。这里可能有统计口径的问题，但增长速度是惊人的。

智利不是森林资源贫乏的国家，森林占国土面积四分之一，但分布不均，集中在交通十分不便的地区。因此早在 19 世纪末就开始在中部、南部进行试验姓造林。1935 年有人工林总面积几千公顷。1944 年人工林面积扩大到 83000 公顷，1952 年和 1970 年又分别增加到 180000 公顷和 301000 公顷。根据统计数字，智利大面积造林不过三四十年，但确实在满足智利工业用材需要和促进国家经济建设中起了重要作用。1970 年工业用材产量达到 400 万立方米，一半以上产于人工林。1978 年工业用材产量增加到了 650 万立方米，主要靠的也是人工林。智利曾是个木材及其制品贸易入超的国家，而近几年已变为木材及其制品的一个重要出口国。1977 年木材及其制品出口值为 18050 万美元，1978 年和 1979 年分别上升为 23690 万美元和 34950 万美元。据称，1980 年可能争取达到 5 亿美元。木材现在已成为智利大宗出口的产品之一。林业经济收入的增加又促进了造林事业的迅速发展，近 8～9 年内智利人工林总面积已扩大到 70 万公顷，比 1970 年翻了一番还多。近二三年来，私人造林，商业银行投资造林在智利占了主导地位。

新西兰天然林一度破坏非常严重，虽仍拥有 600 万公顷左右，但多分布在陡坡山区，很难利用。第一次世界大战以后，当政人士意识到如不未雨绸缪，新西兰就会没有木材来源。到 1921 年时，人工林面积已达到 77000 公顷。在资本兰义经济危机时期，于 1928～1936 年间，以救济失业者的形式，新西兰加速了造林进度，1931 年和 1936 年人工林面积分别达到 247000 公顷和 317000 公顷。此后，直到 1960 年的二十五年内，新西兰造林处于发展停滞阶段，只新增了 35000 公顷。

新西兰 1925～1955 年间，每年要进口原木 20 万～30 万立方米。但从 1956 年起，新西兰开始成为木材出口的国家，1977 年木材及其制品的净出口量已达到 430 多万立方米。从木材进口国一变而为大量出口木材的国家，这个转折的基础是在一次世界大战结束到 1936 年的不到二十年内打下的。

新西兰进入 20 世纪 60 年代以后，又加快了造林的步伐，到 1978 年 3 月末，人工林总面积已达到 741000 公顷，也即在 1961～1978 年的十七年内，翻了一番。这是专为扩大木材出口而进行的造林事业。新西兰大部分生活资料和生产资料不能自给，现在主要依靠畜牧产品（占出口总值 80% 以上）出口换回。实业界人士认为，不扩大出口产品的范围，新西兰就会十分困难。根据预测，在近二三十年内，新西兰木材出口将成倍增长。

我国三十年造林也有一些好的实例，但比重太小。新造林保存面积 2800 多万公顷，总蓄积量只有 16400 万立方米，平均每公顷 5.8 立方米。如按 10 年生来计算每公顷年生长量就只有 0.58 立方米。如果在保存下来的人工林中有三分之一能达到智利、新西兰、南非的水平，平均每公顷年产木材 10 ~ 15 立方米，那么近期内，每年仅人工林就能生产木材一亿立方米。这也就是说，我国只要能扎实搞好国土 1% 的人工丰产林，就有可能根本改变目前木材供应紧张的局面。

四、重视小径木生产与木材的综合利用、合理利用

1. 重视小径木生产：三十年来，我国木材生产的材种结构以直径 20 厘米以上的大径材为主的状况，一直没有变化。根据 1977 年统计资料，国家统一分配木材产量 4293 万立方米，其中直径 20 厘米以上大径材种占 75%。同年世界工业用材产量中大径材种占 62%，欧洲平均只占 56%。1950 年世界工业用材中大径材占 71%，欧洲 66%。前面的材料已经说明，我国的森林状况很不理想。这里显然不能用"我国森林大径材丰富、小径材少"来解释，而主要是由于不重视小径木生产。直径 5 厘米以上（据去罗马尼亚考察团介绍，罗利用到 3 厘米以上），许多国家均已列为商品材种，因此伐区的剩余物越来越少。我们常讲要加强伐区剩余物的综合利用，但没有注意扩大单位伐区面积的商品材产量，在国家的木材标准里也没注意促进小径材的利用。

我们只要重视小径材生产，并使其产量比重达到世界平均水平，那么即使保持大径材绝对产量不变，一年便能增产木材 760 万立方米（按国家统配材计算）；如达到欧洲水平，一年便能增产 1300 万立方米木材。

国外重视小径木经营的另一个趋势，是把相当一部分小径木提高为锯材原木。奥地利现在小径木的高限已从 20 厘米降为 16 厘米，因此每年有近三分之一的小径木升级为锯材原木。小径木生产发展了，人造板工业、制浆工业也就有了较充足的原料基础。伐区剩余物也就自然会明显减少。罗马尼亚 1938 年遗弃在伐区的废材百分比为 22%，1951 年为 11.5%，1970 年已减为 3.3%。

2. 保持采伐量相对稳定，生产更多的木材加工产品：世界木材采伐量在 1960 ~ 1978 年的十八年间，从 19 亿立方米增长为 26 亿立方米，只增加了 37%，而同期内，木材的主要加工产品产量除锯材外，都远远超过了这个发展速度（见下表）。

	1960 年	1978 年	1978 年比 1960 年增长
木材总采伐量（万立方米）	190065	260177	37%
其中：工业用材产量（万立方米）	102824	138379	36%
薪炭材产量（万立方米）	87241	121798	40%
锯材（万立方米）	33733	44349	31%
胶合板产量（万立方米）	1535	4155	1.7 倍
刨花板产量（万立方米）	270	3859	13.3 倍
纤维板产量（万立方米）	825	1790	1.2 倍
木浆总产量（万吨）	5918	11776	1 倍

这是因为近二三十年来，国外非常重视木材的合理利用与综合利用。扩大木材采伐量受森林资源等条件的限制。因此，如何保持采伐量相对稳定，又生产更多的加工产品，满足经济建设和群众生活需要，就成了衡量一个国家林业发展水平的一项重要指标。

罗马尼亚不是世界最先进的林业国家。国土面积与我国广西相似，森林面积 632 万公

顷，比广西大 80 万公顷；林木总蓄积量 11.3 亿立方米，却是广西的六倍。近二十年来木材产量几乎没有变化，但主要加工产品产量除锯材外，都有成倍增长。这说明木材的利用率提高了。1978 年同样 1 万立方米木材采伐量，比 1962 年多生产了人造板 645 立方米，多生产了木浆 297 吨。罗马尼亚每万立方米木材采伐量 1962 年只产三板 151 立方米，产木浆 79 吨，平均每采伐 66 立方米木材产 1 立方米人造板，每采伐 126 立方米产木浆 1 吨。1978 年罗马尼亚每万立方米木材采伐量生产了 796 立方米人造板，产木浆 376 吨，平均每采伐 12.5 立方米就生产了 1 立方米人造板，每采伐 27 立方米就生产了 1 吨木浆。全罗平均每立方米木材原料的产值，按不变价计算，近十五年里提高了 5.3 倍，1959 年为 196 列伊（每列伊合人民币 0.32 元），1974 年上升到了 1240 列伊。

我国计划内木材产量近十年来虽也稳定，但计划外的木材产量却是成倍增长了。按计划内木材产量计算，1978 年我国平均每产 1 万立方米术材只产人造板 115 立方米，木浆约 179 吨，平均每产木材 56 ~ 87 立方米才产木浆一吨和人造板一立方米，而世界平均每采伐 22 ~ 25 立方米（包括薪材），便生产了一立方米人造板和一吨木浆。由此可见，我国发展木材综合利用的潜力还是很大的。

3. 木材干燥、防腐以及木材、木制品标准化，对促进木材合理利用，减少浪费，也都是不容忽视的工作。

五、开展森林的综合经营，增加经济收入

近二十年来，因人口压力，木材供应紧张，发展中国家森林普遍遭到严重破坏。毁林开荒，乱砍滥伐，已引起世界广泛注意，第三世界不少国家也宣布了保护森林的法令，但远没有制止住。菲律宾马科斯总统的法令不可谓不严，林业发展局还建立了森林法执法机构，但盗伐木材的现象仍频繁发生。参与偷伐林木、违法销售木材的有军队、有警察、还有林业官员。在泰国护林人员被盗伐林木者和偷猎者杀害的事也时有发生。因此，单纯依靠法并不能防止对森林的破坏。以森林为基础，开展多种形式的综合经营，增加群众经济收入，看来是为保护林发展森林所必需的。

日本蘑菇生产 1977 年产值占林业生产总值（包括木材）15%。近两年，日本蘑菇栽培业有了更为迅速的发展。

南非是世界优质栲胶主要出口国。1970 ~ 1971 年出口黑荆树皮 12947 吨，每吨约 85 美元，收入 110 万美元；出口栲胶 50836 吨，估计收入外汇 1 千多万美元。南非现有黑荆树人工林约 15 万公顷，十年轮伐，既生产栲胶树皮，又生产坑木用材，每年更新就能解决社会就业 25000 ~ 26000 人。

匈牙利约有 20 万公顷洋槐人工林，已成为匈养蜂业的基础，每年蜂蜜上市量 1 万吨，近三分之二供应出口。每公顷森林一年的蜂蜜收入约 80 美元，相当于木材收入的一半。匈牙利在林区道路建设中注意旅游的要求，有些林业企业每年 20% 的收入靠经营路边的旅馆和餐厅。

我国松香产量占世界总产量的四分之一以上，脂松香产量和出口量均居世界第一位。世界松香总产量近二十年来，没有什么大的增长，保持在 100 万吨左右。如果我们能坚持经营好松香林基地，引种发展产脂量高的湿地松等，长期占领世界松香市场是完全可能做到的。

开展森林综合经营的途径很多，依靠我国充足的人力资源，优越的气候条件，是能在增

加收入方面做出成绩的。

近二十年先集中力量抓好国土 1% 的速生丰产林①

中央 1980 年 3 月关于大力开展植树造林的指示要求"实行大地园林化，把森林覆盖率提高到百分之三十。第一步，到本世纪末，要力争使全国森林覆盖率达到百分之二十"。我国森林少，自然灾害多，木材缺，扩大覆盖率无疑是全国人民要长期努力为之奋斗的。但二十年内要扩大森林面积十亿亩（6667 万公顷），做得到吗？做到了，能做得好吗？

一、扩大造林的四个起码条件

年年造林 5000 万亩，而且保证成活、长得好，起码总得有四个不可缺少的条件：宜林土地，造林育林资金，技术人才与种苗。

宜林地：根据统计资料，全国现有宜林荒山荒地总面积 11.7 亿亩（7793 万公顷）。但实际情况是否如此？因为根据统计资料，全国现有耕地总面积只有 14.9 亿亩，实际据说是 20 亿~22 亿亩。真是这样的话，10 亿亩宜林荒山荒地能落实吗？就必然会发生林农争地、林牧争地的问题。显然，这里不能靠主观裁决去解决问题，而要凭科学论证，经济效益与社会效益对比去说服人。这需要较长的时间，二十年内估计是做不到的。

资金：每年造林 5000 万亩要多少资金？有人说造林一亩有 40 元够了，但也有人说一亩造林成本是 100~200 元。按低标准算，一年要筹资金 20 亿元，按高标准算，就需 50 亿~100 亿元。1952~1980 年国家对林业的基建总投资不到 35 亿元，近几年每年 3 亿多元。即使国家财政宽裕了，每年投资能翻上两番，也还是应付不了这么大规模的造林开支。在资金严重短缺的条件下，如仍坚持大摊子，播了种，栽了树，结果不会如愿。

技术力量：发挥政策威力，造林与群众利益密切结合资金也许不成为大问题。但造林适地适树，经营抚育，都需要有技术指导。根据联邦德国材料，经营好森林，每 3000 公顷（45000 亩）需配备一名大学水平的林学家和五名中等水平的林业技术人员。照此计算，为经营新增的 10 亿亩人工林，就需配备 13 万~14 万名林业工程技术人员。新中国成立以来，我国共总培养了 14 万名大学、中专水平的林业专门人才（包括木材生产、木材加工等等的）。林业技术力量薄弱，也不许可我们步子迈得太大。

种苗：种苗是造林的基础。我国造林目前还谈不上良种壮苗，甚至连种源清楚的起码要求也远远没有达到。例如贵州造林和飞播需要的造林树种，就是从福建到新疆，跑遍大江南北，到处收购来的。截至 1979 年年底，全省飞播造林用种近 300 万公斤，绝大部分是从福建、广东、江西、广西、湖南、云南、陕西、甘肃、四川等省、区买来的。这样造林不仅质量不可能好，而且同时把一些森林病虫害也引到贵州"落户"了。

相信没有一个中国人会反对尽快实现祖国大地园林化。问题是国家的人力、物力、财力有限，要顾扩大造林，还应顾现有森林的恢复。我国对现有森林欠账很多。如果把有限的资金、

---

① 本文系沈照仁同志于 1980 年 12 月 24 日撰写的调研报告，并在 1981 年 2 月召开的全国林业工作会议上作为会议资料交流。

技术力量、主要用到扩大造林，就会顾不了现有林。因此熊瞎子掰苞米的结局是不能不防的。

二、三十年造林的两个严重不足

世界现有人工林总面积约一亿多公顷，我国占四分之一以上。造林三十年，平均每十年扩大森林覆盖率1%，这在世界上也是罕见的成就。但是有两个严重的不足。

一是造林保存率太低。1949～1979年全国累计造林总面积9971万公顷（约15亿亩），相当于国土的10%以上。根据我国的新闻报道，联合国1977年曾估计我国森林面积已达到了15550万公顷，也即森林覆盖率达到了16.2%。可是实际保存面积不到3000万公顷。在国外，干旱困难地区试验性造林，成活、保存率低也是常有的事。因为终究是试验性的，损失并不大。成千上万公顷的大面积造林，不论在世界的哪一个洲，一般只听说在第二年要搞一些补植，大概占造林面积10%，经过抚育管理，也就成功了。迄今为止，还似乎找不到哪一个国家、哪一年的大面积造林保存率象我国这样低的例子。更不用说是漫长三十年造林保存率如此之低的例子！

二是质量很差。当然也有一些好的实例，但比重太小。三十年新造林保存面积2800多万公顷，总蓄积量只有16400万立方米，平均每公顷只有5.8立方米。如果平均按10年生来计算每公顷新林的年生长量，就只有0.58立方米。按干重计算，每亩一年只长木材40斤。

三、智利、南非、新西兰用三几十年时间，变木材进口国为出口国

智利不是森林资源贫乏的国家，森林占国土面积四分之一，但分布不均，集中在交通闭塞地区。因此曾是木材进口国家。19世纪末开始进行试验性造林，1935年有人工林几千公顷。1944年人工林面积扩大到83000公顷，1952年和1970年又分别增加到18万公顷和30万余公顷。到1970年时，人工林在工业用材（不包括薪材）生产中已占一半以上，生产了200多万立方米，1978年生产了400万～500万立方米。近几年智利已成为世界木材及其制品的重要出口国，1977年木材及其制品出口值为1.8亿美元，1978年达到2.37亿美元，1979年又上升到3.5亿美元。从1935年到1970年不过35年，人工林面积占国土总面积不过0.4%，而林业在智利国民经济中的地位却发生了根本变化。林业经济收入的增加又促进造林事业的迅速发展。20世纪70年代里，智利人工林总面积已扩大到70万公顷，比1970年翻了一番多。以国家为主或以国家银行贷款进行造林的情况也在近几年发生了变化，私人投资或商业银行贷款造林现在已在智利占主导地位。

南非在历史上木材及其制品主要依靠进口。经近几十年的造林，现有人工林100多万公顷，相当于国土总面积1%。到20世纪70年代初，木材已能基本自给，并出口相当数量木材及木浆。1960年木材产量只有430万立方米，1978年已达到1670万立方米。这里可能有统计口径的问题，但增长速度是惊人的。南非人工林中有黑荆树15万公顷，是南非成为世界优质栲胶主要出口国的基础，除供应坑木用材之外，20世纪70年代初平均每公顷黑荆林因栲胶出口估计创80～90美元的外汇收入。

新西兰1956年前是个木材进口国，每年进口20万～30万立方米。1956年开始成为木材出口的国家，现在每年出口木材及其制品400万～500万立方米。从进口变为大量出口，这个转折的基础新西兰是在第一次世界大战结束之后到1936年的不到二十年内打下的。在此期间，新西兰虽仍拥有森林600万公顷（占国土20%以上），但多分布在陡坡山区，很难

利用。为未雨绸缪，建立新的木材基地。当时又正值资本主义经济危机，为了救济失业，安排军队生产以及利用犯人劳动，每年进行了1万～3万公顷的造林，共造林30多万公顷。这相当于新西兰土地总面积的1%多一点。

此后，直到1960年的25年内，新西兰各界对人工林的效果尚无足够的信心，对速生木材销路怎样也不清楚，因此造林几乎处于停滞状态，只造林35000公顷。二十年造林的效果逐渐显示出来，它解决了木材来源80%以上，每年又为新西兰提供了7%～8%的外汇收入。这提高了政府、企业家、个人对速生林造林的信心，在最近20年里，使人工林面积翻了一番以上，又增加了40多万公顷，达到80万公顷。据估计，到2000年时，新西兰木材出口将成倍增长，木材及其制品将成为与畜牧产品一样的主要出口商品。

智利、南非、新西兰三国大面积造林成功有几个共同特点，即都经历过一个广泛引种试验造林的漫长阶段，才确定适地的主要造林树种；对每公顷造林从种苗到抚育经营都非常认真；都确实有明显的经济效果。

四、二十年内首先搞好国土1%的速生丰产林

森林的维持积极生态平衡、涵养水源、调节气候以及美化环境等作用，是公认的，谁也不会怀疑。但迄今为止，不论在经济实力多强的国家，造林主要以增强森林社会效益为目的的，并不很多。因为世界任何国家对预期没有什么现实经济收益的长期巨额投资，都还负担不起。投资要有利润这一法则同样适用于造林。在多数情况下是不能怀疑的。意大利波河平原杨树造林能够开展，菲律宾在农村速生南洋楹造林之所以能够逐步推开，都是因为造林的经济效果比农作物大。

不顾效果如何，只要能绿化先绿化起来再说。如果，这样做是不必化钱化力的，例如封山育林行得通，那当然好。但如果要化钱化力，好不容易绿化起来的结果是小老树，然后可能要再化钱化力砍了再去绿化那就不能长此盲目行动下去。

新中国成立三十年，造林保存面积在百万公顷以上的，全国有9个省份，保存面积在50万公顷以上的又有7个省份，在世界上找不到这么多国家能拥有如此大面积的荒地人工林（区别于更新人工林）。这就是说就森林以外的造林规模而言，我国至少有16个省份达到或超过了世界水平。现在是我们狠抓造林质量的时候了。

扩大森林覆盖率是我国长期的任务，对群众的宣传动员，鼓励造林也是经常工作。但近二十年里，还是先集中力量抓国土1%的速生丰产林为好。这里可以包括已有的，经过改造而达到的和新造的，共总1000万公顷，保证其在2000年时或稍晚些，能年产木材1亿立方米以上，为根本扭转我国木材供应紧张局面打下基础。

我们从世界林业中能借鉴到什么[①]

一、扩大森林资源的两个途径

人类文明发展的历史也是一部森林破坏史。直到现在，因工业生产而导致的大气污染每

---

①　本文系沈照仁同志撰写的调研报告，发表于《林业问题》1987年第3期。

年危害成千上万公顷森林。但人类毕竟从惨痛教训中认识了森林的作用，并逐渐学会了经营森林。有一些国家也确实做到了兼顾森林的各种效益，使森林资源越砍越多，越砍越好。19世纪末至20世纪初，这样的国家在全世界如凤毛麟角。但20世纪50～60年代以来，已有20多个国家加入了这一行列。

从世界范围看，扩大森林资源的途径有两个，一个是荒地造林，或新增面积造林；二是科学经营森林，不断促进林木生长量、蓄积量的增长。

某些经济学家根据世界每年产材量（包括薪材）为25亿～30亿立方米的简单计算，主张建立1亿公顷（每公顷年产30立方米以上）的速生丰产林，以取代在40亿公顷森林（包括稀疏林）搞木材的局面。20世纪50年代末60年代初新西兰、南非造林的成功，成为巨大的榜样，推动了世界范围内工业人工造林事业的兴起。智利、巴西等相继又成了举世瞩目的速生造林的典型。在某些幅员辽阔的工业发达国家，工业人工造林也显示出了威力。近年来，欧洲许多国家农产品过剩，有可能腾出更多土地纳入木材培育。但从近30年的发展来看，工业人工林的步伐并不快。在一些发展中国家刚刚兴起便夭折了。

人类千百年来漠视现有森林经营，世界森林（包括林业发达国家）的生产力普遍低下，因此潜力很大。日本林业第二次世界大战后至今并未采用过什么高超技术，1956年森林面积基本恢复到了战前水平，1986年与1966年相比，森林面积保持2500万公顷的水平，而蓄积量则从18.87亿立方米增加到了28.62亿立方米。20年间，林木蓄积量净增近10亿立方米，每公顷森林平均增加了39立方米蓄积量。

欧洲1970年包括稀疏林在内的森林总面积为1.75亿公顷，1985年为1.8亿公顷，增加了500万公顷。但可供采伐利用的森林在同期内却减少了500万公顷，从1.38亿公顷缩小为1.33亿公顷。欧洲绝大多数国家是木材进口国，因此增产木材是欧洲经营森林的一个主要目的。第二次世界大战后每年消耗的资源为总蓄积量的3%。1970年全欧生产木材3.27亿立方米，按产林每立方米消耗1.3立方米资源计算，实际资源消耗4.25亿立方米，相当于同年欧洲可利用森林总蓄积量146.12亿立方米的2.9%。1985年产材量增为3.49亿立方米，实际消耗资源是4.54亿立方米。欧洲1985年可利用林的蓄积量已达160.01亿立方米。现代社会对森林的防护机能、游憩机能等的要求日益高涨，新增森林面积并不能补偿因此而减少的可采伐利用的森林面积。改造经营好现有森林，提高其单位面积的生长量、产材量，增加蓄积量，已成为不少国家几乎是唯一可以尝试的途径。欧洲除英国、匈牙利等少数国家因为森林少而把扩大造林放在重要位置之外，绝大多数国家的林业都是沿着这条道路前进的。

联邦德国1950年林木蓄积量只有6.36亿立方米，1960年为8.5亿立方米，1970年已是10.22亿立方米，1985年，仅可采伐利用森林的蓄积量便达到了10.62亿立方米。1950年每公顷森林蓄积量只有90余立方米，1985年已达到155立方米，35年里增加了近65立方米。

欧洲森林资源1970～1985年的增长与消耗

年度	森林总面积（亿公顷）	可利用森林面积（亿公顷）	可利用总蓄积量（亿立方米）	原木产量（亿立方米）	年消耗资源（亿立方米）	年消耗占资源总量的%
1970	1.75	1.38	146.12	3.27	4.25	2.91
1985	1.80	1.33	160.01	3.49	4.54	2.84

奥地利是个多山国家，大部分森林仍为用材林，平均每公顷年产材 4.5 立方米，与联邦德国水平相近。每公顷可利用蓄积量 1980 年达到 264 立方米，比 1960 年净增加 40 立方米。20 年间，每公顷蓄积量平均每年增加 2 立方米。

民主德国近 15 年里木材蓄积量从 3.5 亿立方米增加到了 4.4 亿立方米，每公顷可利用林蓄积量从 129.6 立方米上升到 169.9 立方米。平均每公顷每年净增 2.69 立方米。保加利亚 1970 年每公顷可利用森林蓄积量为 82.5 立方米，1985 年增为 90.3 立方米；波兰 1970 年 124.9 立方米，1985 年增为 138.2 立方米；罗马尼亚从 214.9 立方米增为 216.4 立方米。

日本、欧洲现在坚持的仍是一条传统林业发展道路。把不断提高木材等林产品产量与充分照顾森林的社会公益机能结合起来，就形成了现代林业。但传统林业仍是基础。

不论沿着什么途径扩大森林资源，都必须尊重林业的特点。作为国民经济的一个商品生产经济部门来说，林业不仅具有生产周期长的弱点，而且占有的土地一般来说比较瘠薄，条件很差。世界各洲凡有人类繁衍生息的地方，都曾是莽莽森林。长期毁林烧垦，人类把平坦、肥沃的林地变成了永久性农田、牧场，把瘠薄的、不宜务农的土地撩荒，重又变成了森林。有人说，欧洲现有森林分布是经千百年火烧垦殖筛选的结果。也有人形象地讲，"土地常常是被榨干了油水之后，再交还给林业。"这样的过程在一些国家和地区早已完成，在某些国家和地区还在继续。其结果是林业占有的土地多为边际性的。

边际土地分经营边际与自然边际两种。前者是指在适宜经营下，其收入刚刚等于或能够刚刚等于生产成本的土地，也就是说，是很难得利的土地。经营边际常与自然边际密切相关，如雨水温度土壤海拔等均处于或近于边际条件，在经营措施上，稍一不慎，就可能导致灾难，形成破坏容易恢复难的局面。因此，现有林经营利用必须充分考虑其生态脆弱性，这必然使森林的经营成本提高。荒地造林，新增面积造林在绝大多数国家几乎也都是跟边际土地打交道，如果造林技术失误或树种选择不当，就很容易失败。成功了，经济上一般也无利可图。加之当今世界对旅游、自然保护事业等非常重视，对森林经营又提出了许多新要求，这些都在加重林业的负担。

林业是以木材为主的商品生产部门，而在森林经营上又必须充分考虑森林的防护等等社会公益机能，因此不能完全采取商品经济的办法，伐期长短、采伐方式、皆伐规模、树种搭配、机械类型选择、机械化程度等等，不能完全以商品经济效益为基础进行决策。因此，林业商品的经营成本越来越高，这就是欧洲、日本林业现在普遍发生经济危困的原因。如何促进林业在新形势下持续发展，是发达国家正在共同探索的课题。

世界有七八十个国家的森林在继续遭到破坏，其后果可能威胁着人类自身的生存。因此，全世界都在探索保护森林、发展森林的办法。

二、综合治理林业，应综合考虑问题

世界上已有众多国家实现了森林资源不断增长，但不论靠的是速生造林，还是集约经营现有森林，都得具备促进林业的综合条件和客观环境。联邦德国森林法第一章明确立法的目的之一是"要促进林业"，第四章又专门阐明，促进林业即是"保证对保持森林和永续经营森林的投资是有利的普遍条件"。日本林业基本法阐明了扶持林业的核心思想："为适应国民经济的日益发展和社会生活的进步提高，弥补林业受自然、经济、社会制约的缺点，在不断增大林业总生产的同时，调整林业与其他部门相比的不利地位，以提高林业生产力，并提高其经济、社会地位"。

林业生产十分复杂,靠一、二项措施,很难奏效。全世界没有一个各国都可以仿效的榜样,也未见称得上是成熟的林业新理论出现,因此,只能从各国零星分散的实践中总结出10条经验、办法、措施,为决策我国林业发展道路参考。

1. 林业必须是独立的国民经济部门

林业是以森林土地为主要资本、以木材为主要产品的国民经济生产部门,曾是德国、瑞典、芬兰、日本、苏联、美国等国家重要的创收系统,现在仍是一些国家如新西兰、芬兰等的重要财源。木材采运工业是林业的一个分支,是以机械设备、简易设施、技术力量等为主要资本,为林业采运成熟了的产品,或为木材用户从林业土地上采运木材。现在,林业资本远大于采运工业的资本,为小资本盈利而牺牲大资本,世界上大概谁也不会干这种蠢事。但在天然林非常丰富的时候,常常是先有采运工业,或只有采运工业。印度独立前后,森林开发利用服从于农业、工业发展要求,迄今某些邦仍把木材采运当做重要财源。

从18世纪后期开始,把森林当做资本的永续经营森林思想逐渐形成,从19世纪末开始,在欧洲、北美洲、日本,这种思想逐渐实现。联邦德国、瑞典、芬兰、日本等国林业均实行独立核算,长期以木材生产为其主要收入,同时又扩大了森林资本。

纵观历史,尊重现实,把一些国家的无林化归咎于木材生产,甚至认为"坚决改革单效林业的经营方式"是扭转森林覆盖率下降趋势的灵丹妙药,是值得商榷的。

2. 林业应具有竞争能力

任何一国经济都是处于世界经济之中,任何一个部门又是处于本国国民经济之中,竞争是不可避免的。林业要发展,超脱不了竞争而必须在竞争中实现。林业某些特点注定其缺乏竞争能力,因此没有扶持,听其自然,在竞争中肯定失败,任何良好愿望都是枉然的。

毁林、无林化的一个主要原因是许多地方森林经济价值不高,至少在一段时间里没有或很少经济收益。亚马孙流域森林对保持地球生态平衡可谓重要了,但对巴西经济来说,保持森林不如辟林放牧有收入。历史上大面积森林遭到蚕食,森林的经济效益不如务农放牧是一个主要原因。任何国家产业结构的形成,主要是通过竞争实现的。林业必须努力提高竞争能力。政府、社会对林业的扶持也应以提高其竞争能力为要旨,保证林业与其他经济部门相比处于平等或稍占优势的起跑线上。

同是林业,在不同国家竞争能力也相差悬殊。这里有天然林林业之间的竞争,天然林与人工林林业之间的竞争,人工林林业之间的竞争。森林资源非常丰富的国家,采伐后几乎完全可以靠天然更新。在市场竞争激烈时,可以把立木山价压得很低,甚至不计。近年美国与加拿大、美国与日本之间木材进出口斗争说明天然林林业或以天然林为主的林业比人工林林业有优势,迫使人工林林业难以发展生存。同是人工林林业,不同国家的条件优劣相差甚远。根据各国造林成本对比,巴西、智利每立方米成本最低。

因此,一国林业要自立于世界,必须发挥自己的优势。我国台湾省战后造林有6万公顷已达采伐期,因树种选择不当,经济价值低,愿意经营利用者却很少,因此年年进口大量木材。这是只注意了易成活速生,忽视了市场竞争。南非因黑荆树造林曾成为世界优质栲胶出口领先的国家。日本战后初期林业经营方针从长轮伐期改为短轮伐期,近些年又从短轮伐期改为长轮伐期。这是根据国内需要、国际竞争做出的抉择。

因此,一国政府如想发展本国林业,就必须保证其在国际竞争中有相当的优势,至少必须保证其在国际竞争压力下能够生存。匈牙利国产材质量次，一半以上用材靠进口。但为保证国产材销路，政府明文禁止国民经济 10 个部门使用针叶材（针叶材几乎全是进口材）。

根据历史统计资料，1865～1928 年，德国每年进口木材相当于需要量的三分之一。德国当时对木材进口采取了又开放又限制的政策，通过关税调节，使进口材售价高于本国包括更新费用在内的木材生产成本，以保证德国林业有利可图。美国某些州决定对进口木材及其制品征收较高税额，并用这笔收入建立州的林业发展基金。法国林业基金的一部分来源于木材及其产品进口税。

各国林业发展的实践表明：没有竞争力的林业不可能有发展活力，即使在各种扶植下发展了起来，也是难以持久的。

3. 林木价格是决定林业生存发展的重要条件

立木采伐收入如足以恢复森林，补偿培育费用，并保证一定的盈利，才会有人愿意经营森林。如果林木价格果真能按我国著名经济学家于光远同志讲的那样按最劣等的土地、最大投入量来制定，那么林业肯定会成为非常有竞争能力的经济部门。

资本主义国家的林业经济学家对林木培育成本进行过许多测算，并提出过不少计算公式。但一般只用于验算林业投资效果，即立木采伐收入能否补偿成本。实际上没有一个林主是根据计算的成本加利润来销售林木的。国外长期沿用两种技术计价法：顺算法和倒算法。前者或称成本法。

社会主义国家曾普遍地采用顺算法确定林木价格。苏联 1949 年恢复对采伐林木计价收费，方法是根据某个年度经营全国森林的开支总额，按林价区对所采伐木材征收林价。由于森林经营强度逐年提高，林业开支逐年增长，分摊到每立方米采伐林木的费用也迅速增长。因此，定价 3～5 年后，林业收入就抵偿不了开支。即使头二年，林业也仅能收支相抵，或少有节余，实质上这种技术计价法只能说是不完全的成本法。

倒算法是目前国际上普遍采用的林木计价法，现在东欧不少国家实际上也遵循此法。所谓倒算法就是根据热门销路的木材终产品价格倒算出原木价，然后再倒算出立木价。例如从纸浆价、成材价倒算出每立方米造纸材价和锯材原木价，这里当然要保证制浆加工、制材加工的成本与利润，从原木价再倒算立木价，又肯定必须保证木材采伐运输成本与利润。但在计算立木价的时候并不保证立木的培育成本加利润。接近销区的森林，行情好的时候，造纸材立木价可占原木价 50%～60%，锯材级立木价可占原木价的 70%～80%，甚至 90% 以上。由此可见，林木定价是处于从属地位的，木材产品市场一旦萧条，受冲击的首先是林业。

近几年美国国会内关于国有林立木售价是否够本的争论，以及最近国会总审计局提出立木定价的方案，都表明美国有人主张严格按成本法制定林木价。但工业发达国家的普通木材价格近 10 年来趋于稳定下降。据分析，与石油等其他原材料一样，木材价格今后不太可能猛涨。世界各国的林木培育成本的确在不断上升，而林业土地生产力、劳动生产率受林业特点的制约，却不可能大幅度提高，以抵消成本增长。这一切说明林业单纯依靠木材收入也很难发展了。

4. 必须与木材利用工业相结合

人们常把森林被破坏归罪于工业，可是现在世界发生森林严重破坏的恰恰是没有什么木材利用工业，或只有非常薄弱的利用工业的地区。

20 世纪 50～60 年代，发展中国家也曾热衷于工业人工造林事业，但没有兴旺发达起来，其中主要原因之一是本国没有利用工业。巴西、智利、阿根廷等拉丁美洲国家造林潜力极大，但其更大发展有待于木材利用工业体系的形成。新西兰在20世纪30年代造林非常成功，可是有十几年几乎完全停止造林，原因是人工林木材销路没有解决。

芬兰、瑞典、日本、美国原木生产成本中，立木价可占50%～60%，很重要的条件是林区附近(100公里以内)有强大的木材利用工业。

联合国粮农组织挽救热带森林行动计划认为，发展木材利用工业是促进森林保护、森林发展的重要因素。工业发展了，森林的价值也随之提高，给当地居民带来收入，人们就会去保护发展森林。在瑞典、芬兰，一个纸浆厂的投资都得几亿美元，为保证巨额投资的稳定收益，必须维持发展原料基地。美国惠好公司在20世纪30年代就认识到森林永续经营是公司的生命线。稳定的原料基地保证了工业巨额投资17%～18%的收益率，因此，只有2%～3%投资收益率的林业对公司的整体效益来说却是必不可少的。

国外许多人工林都是以工业为后盾的，巴基斯坦、印度桑树人工林是木质运动器材业投资营造的。南非黑荆树人工林是与栲胶工业相结合而发展的。菲律宾、巴西等国家的电厂、冶炼厂、铁路等也集中发展能源林。

总之，由于林业资金有限，造林时必须尽力采用各种木材利用业可能投资的方式。没有工业的林业不会有竞争力。

5. 与农牧等结合，产品多样化

欧洲国家和日本的个体林业几乎都是与农牧结合的。在就业门路少、居民集中的林区，如不能充分提供饲料、燃料、木料和一定的现金收入，则很难避免森林的破坏。20世纪70年代，在发展中国家社会林业、乡村林业、混农林业受到普遍重视，50～60年代发展起来的工业人工林业受到冷落，其根本原因就在这里。保护森林、发展森林，如不能同时考虑人的出路，是很难实现的。

(1)组织游移垦荒者从事造林、营林，变毁林者为建设者。泰国发展造林村落、菲律宾纸厂组织农户在迹地造林务农、智利吸引无地农民到采伐迹地种田造林等，目前规模虽都不很大，但对解决游移垦荒人口已起了作用。

(2)组织乡村改变只利用不经营森林的习惯。南朝鲜1951年颁布"保护森林紧急法令"，开始在乡村建立林协，现在全国80%农户参加了林协。林协为独立法人，由林主和无林户合伙组成，共同负责经营周围森林并分享各种利益。没有林协时，居民只利用而不经营森林。据报道，南朝鲜已解决了烧柴问题，林协对森林资源的恢复起了关键作用。尼泊尔1978年颁布村评议会林法。根据1980～1985年执行情况，尼泊尔政府认为，发展社会林业是扩大森林资源所必须采取的政策。印度个别地方采用以乡村为单位组织管理森林，也很有效果。

(3)开展有节制的森林放牧业。日本已放牧利用的山村约10万公顷。根据长达10年的试验研究，适度有调节地放牧对林木生长有利。地中海地区冬季低温，夏季水分不足，枯枝落叶分解缓慢，地面积累过多有机物，易于起火，而放牧能减少这些物质。

(4)生产多种产品，提高林业竞争能力。从总体看，各国林业收入确实有80%～90%以上是木材。但如从小林户的经营收入结构看，情况就大不一样。蘑菇收入可占日本小林户林业收入的50%～60%。不同国家应发挥各自优势，有组织有指导地发展林副产业。匈牙利的养蜂业，平均每公顷洋槐林因蜂蜜出口年创汇31美元。美国的圣诞树培植业，一年批发销售额为 3 亿美元，而拥有 7630 万公顷的国有林，1982 年立木采伐总收入也不过 5.3 亿美元。欧洲各国的森林狩猎业的收入是非常可观的。至于森林药用植物的价值更是无法估量。

6. 对林业实行补贴与纳税优惠

税收是资本主义国家财政预算收入的主要来源，并总是通过"寓禁于征"、"寓奖于免"的税收政策，指导发展方向。许多国家林业享受免税优惠或低税率优惠。对林业财政补贴是国家每年从预算收入中拨款给林业，纳税优惠则是在预算收入中少从林业要钱。两者都是政府干预，鼓励向林业投资，诱导林业的发展方向。

英国第一次世界大战时森林覆盖率只有 5%，1958 年为 7%，现在已达到 9%。国家在 50 年内建立 200 万公顷战略后备森林的目标已经达到。现正酝酿一个再建立 200 万公顷森林的计划。英国对造林补贴已几十年，并认为补贴办法要改善，保证转向造林的农民当年就有足够收入，因为农民是赖以为生的。

联邦德国森林法有专门条文说明联邦财政扶持林业的途径，各州森林法对经济上需要扶持的项目、对象均做了说明。联邦德国现在把扶持重点放在森林结构的改善，扩大阔叶林，针阔混交林比重，以及提高林区道路密度上。

1960 年日本全国林业收入相当于国民生产总值的 2.7%，1983 年降到只占 0.2%，但 20 年来，林业预算几乎一直占中央财政预算的 0.8% 左右。林业预算每年总有 60% 用于各种补助金，诱导林主按国家指定方向经营森林。20 余年来，日本森林蓄积量大幅度上升，政府的林业补助金制度起了非常明显的作用。战后日本林业发展是宏观指导与微观具体措施促其实现相结合的结果，而补助金制度是重要的一环。

瑞典政府在补贴私有林主同时，也征收一定的林业税，但林业税额远低于国家补贴额。例如 1979～1980 年林业税额仅相当于同期补贴额的 15.7%。

7. 五花八门的集资方式

现在极少有人怀疑发展林业的意义，但愿意投资林业的却仍是很少很少。1977 年联合国在内罗毕召开防止沙漠化会议之后，几乎年年有国际会议呼吁向绿化造林投资，1985 年联合国粮农组织又搞了个"热带森林行动计划"，但从世界范围看，对造林的投资只是点缀性质的。世界银行等金融组织对林业投资同样要追求高的收益率。某些地方造林投资收益率可以高达 18%～20%，但一般能达到 3%～4% 就不错了。这说明林业集资应探索更多的途径。

日本通过不同的方式为林业集资：①全国三分之二以上府县建立了造林公社，以低息向中央农林金库贷款，完成深山内地造林，这里条件艰难，个体林户无能为力。现在地方造林资金的贷款部分已超过政府预算拨款，1983 年民有造林的财政补助为 358.1 亿日元，而金库的贷款额高达 570 亿，是前者的 1.59 倍。造林公社为法人团体，一般由县主事或副主事任主任。②河流上下游联合建立水源林基金，1975 年以来，全国已建立 10 来个水源林基金，其实质是下游受益部门集资补贴上游水源林经营。受益经济部门电厂、水厂等以及市町村对上游林业提出要求，如延长伐期，及时抚育，并与上游签订协议。1977 年建立的群马县森林造林基金总计 1.7 亿日元，群马县政府、企业局、东京电力局分别提供 0.7 亿、0.5 亿和 0.5 亿，基金主要用于补贴上游森林的抚育。③公益造林、育林，吸收社会资金为造林育林认股。现在日本人工林 1022 万公顷，85% 以上在 35 年生以下，迫切需要抚育。林主无力全面展开。民有林 1976 年开始招股育林，到 1985 年为止，共对近 3000 公顷中幼林签订了育林契约，吸收资金75亿日元。国有林1984年也开始招股育林，每股50万日元，计划招股808个，应募的达2812个。④募集绿化资金，1950年以来，每年3～5月，中小学生及妇女、宗教等群众团体上街募集绿化资金。1985年一年募集的资金7.75亿日元，相当于4.7万立方米的立木收入。⑤酝酿建立水源税，为林业开辟新的稳定资金渠道。森林水源税制度在全国热烈讨论已二三年，虽尚未通过，但日本各界确已认识到，林业资金的传统渠道已远不足以维持当前林业的经营与发展。

英国、巴西等政府规定了让税造林的办法。英国允许造林投资从个人所得税中扣除，纳税人投资造林100英镑，即可少纳60英镑所得税。一些高收入的人很愿意通过这种办法投资，实际用40英镑，就可以取得100英镑的产业。20世纪50年代英国出现了承包荒地造林的新行业，每年营业额3000万英镑，1983年为私人造林1.5万公顷。英国享受让税造林者还同样享受各种造林补贴。巴西1967年颁布法令，允许纳税企业把税额的四分之一用于造林或更新。巴西1966年只有人工林55万公顷，1989年增加到了550万公顷。显然，让税造林起了重要的推动作用。法国1946年国会立法通过设立国民林业基金会，对法国战后30年森林面积增加340万公顷起了关键性作用。1981年英国颁布林业法令，为进一步扩大造林集资，允许私人投标购买国家森林。

8. 森林的防护、游憩效益的受益者应分担经营森林所需的开支

森林的效益大体可分四类：生产、防护、游憩和物种保存。随着森林减少，世界关于森林的价值意义作用的争论十分激烈。人口增长，经济发展，森林的生产机能是不容削弱丝毫的。同样，森林的防护机能、提供游憩机能、保存物种基因的机能，也不能容忍忽视。

世界绝大多数国家不同机能的森林税归林业部门管，各种机能的森林所占比重越来越大，但实际上绝大部分森林又都是开展木材生产的。联邦德国森林至少有三分之一已划为自然公园，此外，各州还把一半以上森林划为各种防护林，可是联邦德国近95%森林却又在以很大的强度进行采伐利用。这甚至是保证森林各种机能所绝对必需的。瑞士全境为山地和高原，根据法令规定几乎全部森林是防护林，几十年来每年每公顷森林产4立方米木材。日本1985年已有793万公顷森林划为各种防护林，占森林的三分之一，每年仍以4万～5万公顷的速度增划为防护林，但禁伐林面积是非常小的。还有一些国家有大面积森林不采伐利用，主要原因是没有生产价值。

既生产木材，又要兼顾森林的各种效益，因此林业物质产品生产的成本会日趋高涨，欧洲各国及日本林业都发生了经济危困！

日本国有林特别会计制度曾为各国承认是先进的林业财政制度，但近十几年实践证明，已不能维持林业发展了。我国台湾林学家也认为"以林养林"的方针行不通了。

如果把林业因兼顾各种效益的额外负担都分摊到产品成本，木材价格就会惊人的高。各国现在都在寻求摆脱困境的途径。公害产生者必须承担消除公害的费用，这已是国际公认的道理。同样理由，公益享受者为什么不能分担创造公益条件的费用？很多国家计算国民经济产值时，包括产品与服务，服务也是有产值的。日本等关于森林社会公共效益的调查研究，其实质就是要说明这一点。

联邦德国经济学家认为，利用现有森林发展自然公园以满足纳税人对野外游憩的需求，对政府来说是投资最少的办法。无疑林业因此增加的负担应由政府解决。这意味着林业传统的财政制度将发生重大改革，不进行这样的改革，林业便无法维持。

9. 普及林业科技知识

林业先进国家的森林法几乎都有专章规定林业的技术普及。森林是多资源综合体，实现多目标经营要求广博的自然科学与社会科学知识。

日本 1949 年在全国建立林业科技普及系统，有人总结日本战后林业成功的一条主要经验，是长期坚持科技普及。奥地利森林法关于森林管理一章，明确要求由专家系统管理森林。私有林主也必须具备林业知识，否则就得聘用专门人才。

林业是活劳动时间短、对自然力依赖大的产业。苏联林业经济学家认为林业生产 99% 靠自然力，只有 1% 靠劳动与资本投入。为实现林业百分之百的生产力，1% 却是关键，因此林业工作者必须懂得生物学、生态学、经济学等多门科学，否则引发不了 99% 的自然力。

10. 长远规划，统筹安排，计划经营

林业最基本的特点是生产周期长，作业条件严酷，又企求获得各种效益，如不进行长期规划，统筹安排，计划经营，就不可能适应社会的需求。

日本林业计划制度可以说是森林法的核心，为期 50 年的长远规划，15 年、10 年、5 年、1 年的长中短期计划，形成了一套宏观目标决策与微观实施的体系。战后 40 年，日本林业从未脱离过宏观规划所确定的发展方向。一些具体目标受市场干扰，实现时日可能提前（如蓄积量增长）或拖后（如木材产量指标），但整个计划体系是有效的。

联邦德国森林法明确立法的目的有 3 个：阐明森林具有生产、生态及提供游憩等多种效益，必须实现永续经营；要促进林业；协调公众与林主的利益。森林法第二章要求为实现三个目的要制定对州和地方林业起指导作用的总规划。森林的生产、防护及提供游憩的机能，在实践过程中必然发生矛盾。联邦德国林学家认为，协调不同效益关系，这正是林业领导所需要的管理艺术。总体规划就是要协调关系，把矛盾减到最低程度。20 世纪 70 年代以来，各州都采用绘制森林效益图的方法，来具体标明不同地方森林的效益重点，为森林总体规划提供了基础资料。总规划是各种规划的核心，是政府干预林业，促进协调林业发展的依据。

芬兰已编制过几个促进林业的总体规划，1983 年在国务委员会设立了《2000 年森林》专题委员会，由 105 位专家参加，中心目标与以往规划一样，仍是提高森林生长量及蓄积量。

美国 1974 年开始编制为期 50 年的森林长远规划，每 10 年评价一次。林务局设专门班子从事此项工作。

联合国粮农组织、人口活动基金会和国际应用系统分析研究所合作于 1982 年完成了一项大型研究"发展中世界土地的潜在人口支持能力"，其结论是土地潜力仍很大。但是由于人口激增，长期缓慢形成的各种平衡都遭到了破坏。传统的农田耕作，传统的只利用不经营的林业均已不能满足增长的需要。

总体来说，世界森林资源的潜力远未充分发挥。在大多数国家中森林破坏不是不可避免的。例如有人认为放牧是现在破坏森林的主要原因之一，可是根据分析，发展森林放牧还有潜力。通过调查研究来制定总体规划以避免盲目性，应是解决问题的起点。现在迫切需要认真地分析各种需求，认真地剖析各种潜力，从而认真地选择能满足需求的最佳途径。

走哪条路，能加速恢复发展我国的森林资源[①]

人类文明史实际也是一部森林破坏史。现在世界仍有 50～60 个国家森林继续以高速度消失，但确实也已约有 30 个国家、地区均森林处于恢复、增长之中。欧洲绝大多数国家的森林尽管遭受着大气污染灾害，近 20～30 年里蓄积量却明显提高，面积也稍有扩大。苏联、美国和加拿大，新西兰和澳大利亚，日本和南非的森林资源都在增长。朝鲜、南朝鲜以及我国的台湾省、非洲的斯威士兰的森林资源也是增长的。

这些国家、地区主要靠什么实现了森林资源的增长？现分 4 类介绍如下。

一、依靠雄厚的资源实力

森林是可再生资源，只要利用不超过极限，迹地靠自然力能逐渐恢复植被，如再补充些措施，即进行非常粗放的经营，资源仍有可能增长，苏联、美国、加拿大三国 1985 年木材产量近 10 亿立方米，占世界的 31%，而三国森林面积和蓄积量分别占世界的 37% 和 39%。

苏联 1983 年林木总蓄积量比 1961 年多了 109 亿立方米，即使在采伐强度很大的欧洲乌拉尔地区，同期内林木蓄积量也增加了 19 亿立方米。

美国 1950～1972 年间林木蓄积量提高了 11%。1976 年总蓄积量 202 亿立方米，1985 年已是 234 亿立方米，1985 年又比 1976 年增加了 11%。

加拿大可利用郁闭林蓄积量 1973 年为 221.7 亿立方米，1985 年增为 229.58 亿立方米。

苏联、美国、加拿大三国森林的每年总采伐量、消耗量都不超过各自的年总生长量，但局部地区消耗量超过生长量的现象，却相当普遍。

苏联乌拉尔欧洲地区森林过伐几十年了，但由于苏联的一贯做法是森工局砍光了可伐资源就搬家，靠着自然力，即使是集中过伐林区的森林资源也还是在增长。

美国太平洋沿岸林区的采伐量长期超过生长量，1976 年已超过了 4100 万立方米。私有林近 10 年里的采伐量超过了生长量 1 倍。据调查，太平洋沿岸地区森林采伐后，人工造林、天然更新失败的很多，大约 330 万公顷变成了灌木林、杂草地。

美国南部天然林资源曾在 1880～1920 年采伐过一遍。无林可采了，制材业主、采运业主涌向了西部。以后南部天然更新起来的次生林，又称为第二森林，成了蓬勃发展起来的制浆造纸业的主要原料基地。经济危机的 20 世纪 30 年代，这里进行了人工造林，形成了称之为第三森林的南方松林，约占南部用材林总面积的 12%。

南部资源枯竭了，砍西部的。西部森林的大径资源也趋于枯竭。但总起来看，森林资源仍是增长。这说明在森林资源丰富的国家，主要依靠可更新能力，即使采取"砍了就走"的掠夺方式，森林仍可能恢复，也不会失掉欣欣向荣的基础。

下面是美国几大林区预期允许采伐量增长表，老的过伐林区南部、北部的木材生产能力，不论是针叶、阔叶的都将成倍增长（单位：万立方米）。

[①]　本文系沈照仁同志于 1988 年 12 月撰写的调研报告。

林　区	1976 年	2010 年	2030 年
针叶林年采伐量			
太平洋沿岸	10780	1064	10670
落矶山	2150	3310	3850
北部	1300	3110	3680
南方	11830	19160	20860
全国	26060	36220	39060
阔叶林年采伐量			
太平洋沿岸　落矶山	250	280	280
北部	3590	7830	10130
南方	4190	11970	15280
全国	8030	20080	25690

　　加拿大 1975～1979 年平均年产木材 14300 万立方米；1977～1979 年森林火灾年平均损失 8100 万立方米；1977～1981 年病虫害每年平均损失 7200 万立方米。三项加在一起仍低于加拿大森林的年总生长量。加拿大林业比美国更粗放，平均每 100 公顷采伐迹地、遭灾迹地，大约只有 8 公顷可能得到人工更新，72 公顷天然更新，其余 20 公顷可能长满杂草灌木而得不到更新。可是加拿大的可伐资源蓄积量还是稍有增长。

二、依靠扩大荒地造林，实现森林资源增长

　　增加森林资源的途径实际上只有两条。一条是经营好现有林，不扩大面积，达到了蓄积量增长。美国、苏联、加拿大虽经营粗放，资源也增长了。如对大部分森林开展集约经营，或全面开展集约经营，增长的潜力就更大了。另一条是扩大荒地造林，即林外造林，新增土地面积的造林，这是毁林开荒、无林化的相反过程。

　　世界荒地造林成绩卓著的国家有新西兰、南非、巴西、智利等。但巴西、智利的天然林消失、毁坏速度远高于人工林发展。两国人工林的经济意义，如满足国内用材需要和木材产品出口创汇中的作用，已超过广袤的原始林。随着人工林发展，天然林是否能像新西兰那样停止遭到破坏，是人们期待着的。

　　新西兰 1956 年之前还是木材进口国。20 世纪二三十年代进行了 30 余万公顷荒地造林，只相当于国土面积 1% 多一点，根本扭转了林业被动局面，不仅满足了国内全部用材需要，建立了新西兰出口创汇的第二源泉，还完全保护住了残留的天然林。早期造林的明显经济效果，推动了新西兰 1961 年以后的造林高潮。1985 年新西兰森林总面积 729.1 万公顷，其中人工林 104.5 万公顷。2000 年时，新西兰人工林能产木材 2500 万～3000 万立方米。

　　南非 1883 年颁布森林法，终止了天然林破坏，但那时森林已所剩无几，只相当于国土的 0.12%。40～50 年前，南非所需木材几乎全部依赖进口。19 世纪后期开始人工造林，但第二次世界大战前人工林面积很小。吸取两次战争时期、木材靠进口困难的教训，第二次世界大战后，南非大力开展人工造林。20 世纪 70 年代初，人工林面积达到了国土总面积的 1%，1984 年有人工林 111 万公顷。1960 年自产木材仅 430 万立方米，现在每年产 2000 万

立方米。70 年代南非实现了木材自给。多年来，木材吸其产品的进出口保持平衡。

斯威士兰跟南非一样，没有什么天然林。1948 年开始大面积造林。1984 年拥有用材林 103900 公顷，占国土 6%，主要是速生林。最大一片工业人工林是闻名世界的乌苏图人工林，52000 公顷，原是高原牧场。80 年代中期已进入第三次轮伐。林业和木材利用业在斯威士兰经济中地位显著增长，木材产品出口值每年达 8300 多万美元。

英国主要也是靠荒地造林，扩大了森林资源，森林覆盖率从 5% 上升到 9%。

匈牙利 1946～1950 年森林覆盖率不足 12%，1984 年上升到 17.6%，增长了近 50%。匈牙利对荒地造林是很重视的。但蓄积量增长比面积扩大要快得多，1985 年是 1950 年的 2.31 倍。从这样简单的对比来看，匈牙利也许更重视现有林的经营。

三、全面集约经营现有森林

森林资源得以增长的大多数国家，主要靠对现有林集约经营。根据联合国粮农组织 1985 年统计，欧洲拥有森林 1.8 亿公顷，包括稀疏林在内的森林总面积，比 1976 年的统计扩大了 500 万公顷。但可供采伐利用的森林从 1.38 亿公顷降为 1.33 亿公顷，减少了 500 万公顷。同期内，欧洲可供采伐利用的林木蓄积量从 146.12 亿立方米，增加了 160.01 亿立方米。这表明欧洲现有林的蓄积量明显上升，大约在 10 年时间里，每公顷可供采伐利用森林的平均蓄积量增加了 10 立方米。木材的生产潜力在不断增长。

欧洲是世界上木材贸易的入超地区，各国林业都重视木材生产。1970 年全欧产木材 3.27 亿立方米，折合成资源的实际消耗约为 4.25 亿立方米，相当于消耗资源的 2.91%。1985 年产材量为 3.49 亿立方米，实际消耗资源约为 4.54 亿立方米，相当于消耗资源的 2.84%。长期以来，欧洲每年森林资源消耗率接近 3%。上述数字表明，欧洲是在资源利用率较高的情况下，实现了森林资源的持续增长。

民主德国森林总面积 295 万公顷，覆盖率为 27.2%。木材不能自给，每年需进口 400 万～500 万立方米。政府林业长远发展战略要求，森林应不断提高生产力，满足国民经济对木材日益增长的需求，并加强森林在环境保护方面的机能。

根据联合国粮农组织资料，民主德国用材林蓄积量 20 世纪 70 年代初为 3.5 亿立方米，80 年代初上升到 4.4 亿立方米。10 年里增加了 9000 万立方米，相当于每公顷森林年增 3 立方米蓄积量。1970 年民主德国木材产量为 740 万立方米，1980 年上升到了 1028 万立方米。民主德国是在提高木材产量的条件下，实现了森林资源的增长。

第二次世界大战时，民主德国森林遭到了严重破坏，1948 年森林的平均每公顷蓄积量只有 87 立方米。农林和粮食部副部长、森林总监吕特尼克说（1987 年 12 月），最近 9 年里，民主德国森林每公顷蓄积量已从 160 立方米增加到了 188 立方米。近期目标 1990 年应达到 195 立方米。

现在民主德国森林每公顷平均蓄积量已是 1948 年的 2.16 倍。战后 40 年，在采伐利用等消耗资源之外，民主德国森林每公顷年净增了 2.5 立方米蓄积量。

联邦德国 20 世纪 50 年代初的蓄积量为 6.36 亿立方米，每公顷蓄积量只有 90 多立方米。1960 年蓄积量上升到 8.5 亿立方米，1970 年已是 10.22 亿立方米。在近 20 年时间里，一个只有 700 万公顷森林的国家，蓄积量增加了 3.86 亿立方米。联邦德国森林资源的年利用率很高，每年差不多消耗资源的三十分之一，每公顷年产木材 4 立方米以上。在这样的条件下，全国森林平均每公顷每年净增了 2.5 立方米蓄积量。

联邦德国正在进行新的资源调查，根据零星资料估计，其森林的增长幅度还略高于民主德国。

瑞士多山，风景秀丽，为世界旅游胜地，但那里的森林并不如想像那样禁止采伐利用。全国拥有森林 118.5 万公顷，森林覆盖率为 28.7%，郁闭林 105.9 万公顷，其中用材林 103.8 万公顷，即 98% 的郁闭林允许采伐木材。1946 年以来，每年采伐量均在 300 万立方米以上。1970~1985 年平均采伐量为 400 万立方米。以 1985 年为例，全国用材林平均每公顷产材量 4 立方米，其中年产材 7 立方米的占用材林总面积的 22.4%，年产材 5 立方米以上的占 17.3%，年产 4 立方米的占 17.6%，年产 3 立方米的占 20%，年产 1 立方米左右的占 22.6%。阿尔卑斯山区森林古全国用材林 60%，平均每公顷年实际产材量在 2.5 立方米以上。

长期对山地森林进行如此高强度利用，瑞士森林并未减少、消失，蓄积量还明显增长了。根据 1963 年统计，瑞士可利用林木蓄积量为 2.3 亿立方米，1985 年已上升到 3.65 亿立方米。1987 年公布的全国森林每公顷平均蓄积量为 333 立方米，居欧洲首位。

近年来，瑞士的林学家、经济学家等热烈讨论森林的经营方向，大多数学者认为：瑞士森林应进一步开发利用，把年产材量提高到 500 万立方米以上；单纯地保护森林，对森林的生态效益的维持和提高是不利的。

奥地利山地占 70%，森林多分布群山之上。每公顷森林年产材量 4 立方米以上。奥地利森林每 10 年调查一次，1980 年可采伐利用林的每公顷蓄积量达 264 立方米，与 1960 年相比，全国平均每公顷净增蓄积量 40 立方米。20 年间，除禁伐林之外，全国森林每公顷蓄积量平均年增 2 立方米。

德国、瑞士、奥地利是世界公认的森林集约经营水平高的国家，是森林永续利用理论与实践的发祥地，现在又是能把各种效益与木材生产有机结合起来的典范。

瑞典、芬兰的经济都是靠林业起飞的，两国森林的生长条件并不优越，生长季节短，生长量低。南部森林的轮伐期最短的也要 60~70 年，北部森林则长达 140~200 年。两国森林总面积和蓄积不足世界的 2%，1986 年两国木材及其产品出口值 112.88 亿美元，占世界木材及其产品出口总值的 19.7%。从 20 世纪 20~30 年代以来，瑞典、芬兰年采伐量约相当于蓄积量的三十五分之一，也即每年消耗资源的 3%，而两国森林的生长量、蓄积量都在稳步增长。

19 世纪后期至 20 世纪初，两国森林状况都很糟。19 世纪 80 年代，因森林濒于枯竭，瑞典大批以林为生的人失掉依托流往国外，计达 40 万。根据 1923~1929 年调查，瑞典森林每公顷蓄积量只有 59 立方米，现在已达 109 立方米。

日本学习西欧，科学经营森林，至今不过百年。战时战后，日本森林严重过伐，林地荒芜衰退，也曾触目惊心。20 世纪 50 年代后期，日本森林恢复了，此后森林生产力逐年上升。1986 年与 1966 年相比，森林面积无甚变化，为 2500 万公顷，但蓄积量从 18.87 亿立方米上升到了 28.62 亿立方米。20 年净增了近 10 亿立方米，平均每公顷年增 2 立方米。

保加利亚近几十年才开始合理经营森林，1944 年全国森林每公顷平均蓄积量只有 69 立方米，年均生长量为 1.94 立方米。1985 年蓄积量上升到了 105 立方米，生长量达到 2.81 立方米。

捷克斯洛伐克、波兰、罗马尼亚等很早就对森林全面集约经营，在木材生产扩大的情况下，林木蓄积量也在逐年增长。

四、以外养内，封山育林和恢复造林

美国世界观察研究所《世界状况 1984 年》一书指出："在大多数第三世界国家里，滥伐森林是一个极为严重的问题，是同个具有长期经济影响和生态影响的问题。值得注意的一个例外是南朝鲜，它已经成功地在荒山上重新造林，植树面积相当于他们种植粮食的稻地总面积的 2/3。"根据美国的评语，似应把南朝鲜归到"靠扩大荒地造林……"一类，加以介绍。国内不少同志考察日本、联邦德国等国林业之后，认为这些国家是以外养内，大量进口木材，保护本国资源。日本过去曾这样，现在资源增长，情况变了。说南朝鲜、我国台湾省采取以外养内促进自己资源恢复发展的政策，可能更具典型性。

据官方统计，南朝鲜森林覆盖率曾降为 32%，毁林开荒是森林急剧减少的一个主要原因。1924 年朝鲜有 115 万人依赖毁林垦荒谋生。第二次世界大战后，人口剧增，垦荒的人更多。1961 年通过新森林法，1966 年又颁布根治毁林垦荒的法律，具体规定了坡度 20° 以上的地方恢复森林。1973 年南朝鲜林地面积恢复到了 666.7 万公顷，占国土 67.7%。

南朝鲜于 1973 年开始了第一期造林计划，到 1978 年完成了 108 万公顷造林。实施前，每公顷林地只有 10.8 立方米蓄积量，1978 年提高到了 17 立方米。1979 年又开始第二个 10 年造林计划。根据 1984 年公布的数字，每公顷林地的平均蓄积量已是 24 立方米。

20 世纪 80 年代中期与 50 年代末相比，南朝鲜森林覆盖率和蓄积量均增长一倍以上。

制止毁林，封山育林与恢复造林对南朝鲜森林资源的增长无疑起着不可抹煞的作用。但如何满足国内对用材的需求，目前用材自给率只达到 17%，每年要进口 600 万立方米左右木材。一套以外材满足国内需要又赚取外汇的完整做法形成了。1978 年前，南朝鲜胶合板在国际市场占有非常重要地位。1975 年进口原木 518 万立方米，花外汇 26981.7 万美元；同年出口胶合板 125.8 万立方米，收汇 22875.4 万美元，抵销了原木进口支汇的 85%。除胶合板之外，南朝鲜还出口木器家具。因此，在国际市场上，南朝鲜木材贸易平衡中一直保持出超的地位。因印度尼西亚胶合板的激烈竞争，南朝鲜在木材贸易中曾处于困境，但很快就适应了。根据美国 1988 年 4 月的一份报告，南朝鲜已形成了年销售值达 11 亿美元的乐器、家具工业。

我国台湾省商界人士说，台湾木材业对台湾经济有三大贡献：①每年净创外汇 4 亿美元；②进出口调补余缺过程中，不花一点外汇，满足了省内用材需要；③解决了 30 万人就业。

据联邦德国 1988 年 6 月报道，我国台湾 1987 进口木材花外汇 4.88 亿美元，而同年木材产品，家具与胶合板出口收汇 21 亿美元。这是名符其实的以外养内，满足了用材需要，又保护了资源。

我国台湾光复初期，森林面积 179 万公顷，蓄积量 2.04 亿立方米；现在分别是 186.4 万公顷和 3.3 亿立方米。森林面积扩大了 7 万余公顷，每公顷蓄积量从 114 立方米上升到了 177 立方米。

我国台湾 1946 年木材产量 31.5 万立方米，1952 年 44.9 万立方米，进入 20 世纪 60 年代后每年超过 100 万立方米；1971 年创了纪录，达到 175.8 万立方米。但木材产量从未超过蓄积量的百分之一。

1975 年我国台湾通过根本改变林业经营方针的决议，要求"林业之管理经营，应以国土保安之长远利益为目标，不宜以开发森林为财源"，并规定年采伐量、采伐面积的最大限额。此后，采伐量再没有超过 100 万立方米。20 世纪 80 年代以来，每年平均产材为 72.5 万立方米。1987 年省政府又通过决议，今后 4 年内全省伐木量削减为每年 50 万立方米。伐木的目的仅为更新林相，维护森林资源。

台湾现每年进口 300 万～400 万立方米木材，以阔叶为主。加工后出口换回的外汇完全足以扩大原木进口。

把约 30 个国家、地区分 4 类介绍，难免有点牵强。人口只有 55 万、面积 1.7 余万平方公里的小国斯威士兰，可以依靠外资、集中连片造林一条途径而根本改变了林业面貌。绝大多数国家、地区都不是只靠一种途径，才达到了恢复发展森林资源的彼岸。借鉴外国经验，探索如何加速恢复发展中国的森林资源，自然不能只遵循一种模式。

走哪条路，能加速恢复发展我国的森林资源(续)①

摘要：世界约有 30 个国家和地区的森林资源在增长，不能机械地去模仿。作者认为以下 4 点是重要的：①需要一个真正能诱导群众保护发展森林的国家政策；②要清醒地认识森林的支持能力；③扩大荒地和农田造林要经得起经济对比分析；④莫让现有森林和林地生产力浪费荒芜！

主题词：森林资源—发展战略—中国

旧中国时期国民党政府农林部在 1948 年 1 月推算全中国森林面积为 828 万公顷，森林覆盖率为 8.6%。如果以此不完全的推算数为基础，在 10 年前可以说，新中国林业建设成绩显著，森林覆盖率增长到了 12.7%。

新中国连续几十年的造林规模确实惊人，某些成就也确实举世瞩目。动员的人力，投入的物力、财力，可能也是世界无比的，但结果不堪羡慕。20 世纪 60 年代初期，新西兰林学家李嘉逊考察我国的林业后，写了一本介绍大陆中国林业的书。在扉页上他写了这样一句话："谨以此书纪念克努特国王(1016 年登英格兰王位——译者注)，因为他也是试图做不可能实现的事。"李嘉逊暗示我国当时的林业是不切实际的。美国《林业杂志》1987 年第 1 期介绍中国林业发展的宏伟设想，有位读者在第 5 期对此发表了坦率的看法：希望我们中国朋友在其林业规划中取得最大成就，但我相信李嘉逊的预言。

林业是个非常复杂的问题。印度尼赫鲁在 1952 年就确定全印度林业政策，要求把森林覆盖率从 23% 扩大到 33.3%。甘地夫人在 1981 年承认，政府公布的森林覆盖率太乐观了，而实际数字只有其一半。1985 年新年伊始，拉·甘地总理对全国发表广播讲话，号召每年造林 500 万公顷。可是，最新遥感资料表明，印度森林还在继续减少。美国世界观察研究所的资料认为，印度森林消失速度是联合国粮农组织估算值的 9 倍，每年实际减少近 130 万

---

①　本文系沈照仁同志 1988 年 12 月撰写的调研报告，发表于《世界林业研究》1989 年第 3 期。

公顷。

我国林业面临困境，并已经认识到对林业必须进行综合治理。作者在本刊上一期发表了《世界约有 30 个国家、地区森林资源是增长的》，并把它们分成了 4 个类型。实际上，绝大多数国家、地区不是只靠一种途径，才达到了恢复发展森林资源的彼岸。借鉴外国经验，探索如何加速恢复发展中国的森林资源，自然不能只遵循一种模式。

19 世纪西欧的经典林业迄今仍被许多国家视为楷模，但不少德国林学家认为，当时扩大发展高产、高收益的针叶林，却是现在无穷灾祸的根源。新西兰工业人工林在 20 世纪 50 年代后期就饮誉世界，现在已是 80 年代后期，学而有效者，为何寥寥可数？回顾历史，总结过去时，新西兰国内也确有人斥之为投资方向不当。"砍了就走"的森林资源利用方式，堪称是臭名昭著了，为什么在工业高度发达国家却仍不失为一种有效可行的呢？！为什么曾非常热衷于人工因素的日本、西欧林业，现在又非常强调自然、天然因素呢？

讨论刚刚开始，过早断言某种模式最适合中国国情，不利于深入。过去因迷恋于一种模式，吃了亏，从而视"大木头挂帅"为洪水猛兽，同样不利于深入总结教训。

我国林业迫切需要寻求转折，迫切需要恢复发展森林资源的实际行动，不容旷日持久的讨论。积几十年的惨痛教训又证明，没有科学理论指导，不可能扭转中国林业局面。否则中国的林业实践会长期地"事倍功半"下去，中国的林业领导机关、管理部门会永远陷在事务堆中不得自拔，天天去应付无穷无尽的火灾、病虫灾害、盗伐和偷猎！

借鉴外国，旨在探索成功的实质，而不是机械地模仿。国外和台湾省林业成功的实例，能告诉我们什么？

一、多数国家、地区是在经济极端困难时期，中止森林破坏，走上恢复发展道路的

有人以为，森林恢复发展必须以经济繁荣为前提。凡现在森林资源处于上升趋势的国家、地区，一定也是经济繁荣兴旺发达的国家、地区。这有一定道理。但殊不知多数国家在扭转林业困境的时候，也正是整个经济处于危困之时。

第二次世界大战后，民主德国和联邦德国的森林、日本的森林，都呈现一付败相，平均每公顷森林蓄积量只有 70～90 立方米。三国经济当时都极端困难，有大批人失业，可是没有为谋生而发生盗伐木材或毁林开荒。战后，都积极开展迹地造林。日本于 1949 年开始实施造林补助金制度，把失业救济与恢复森林结合了起来。瑞典森林每公顷蓄积量曾降到平均只有 59 立方米，保加利亚降到了只有 69 立方米，南朝鲜只有 10.8 立方米。这表明森林都曾遭到过度利用，资源濒于枯竭。南朝鲜 20 世纪 50 年代初期的经济状况很糟，人口压力极大，但因把破坏森林的消极因素政策调整为恢复发展森林的积极因素政策，效果显著。

资本主义世界于 20 年代末 30 年代初爆发了严重的经济危机。新西兰第一个造林高潮正是在这时兴起，美国南方的第三森林也正是在那时奠定基础。为什么庞大的失业大军没有去盗伐木材，没有去毁林开荒，而是形成一支流芳百世的造林大军。国家的政策显然起着重要作用：是把群众引向破坏森林的道路，还是诱导到恢复、发展森林的道路。实践是检验政策正确与否的唯一标准。

二、要科学地计算森林的支持能力

世界森林面积（包括稀疏林）是可耕地和种植多年生作物土地面积的 3 倍多。尽管科学

家们说，森林是地球陆地生物质的最大生产者，但森林在绝大多数国家国民经济的地位是很低的，是与其所占面积不相称的，不仅不能与农业比，也不能与牧业比。对森林支持人口的能力，必须有一个科学认识，千万不要盲目宣传森林创造财富的能力，从而去扩大林业和森林对社会的贡献。

世界森林资源丰富的国家很多，诸如巴西、菲律宾、印度尼西亚、泰国、马来西亚等。为什么苏联、美国、加拿大的森林资源能增长，而第三世界众多森林资源富饶的国家却濒于资源枯竭的危机？

砍了就走，掠夺式利用森林是落后的。美国直到 20 世纪 20 年代，对森林采用的就是这种方式，现在还有许多地方沿用这种方式。苏联、加拿大比美国要更落后些。3 国木材业的共同特点是，砍完了可采资源就搬家，随后人也从森林撤走了。

现在发展中国家森林连续遭到破坏而又制止不住的根本原因之一，是向林区移民越来越多。菲律宾拥有林地 1615 万公顷，相当于国土面积的 54%。1988 年只剩下了 640 万公顷森林，其中一半以上还是经过掠夺利用的次生林。林区里现在居住着 500 万～700 万人口，森林要供应国家木材，又得养活这么多人口，对林业又不投入或极少投入，平均 1 公顷森林就得养活 1 个人，结果只能是把残留的森林蚕食一空！

为消除破坏森林的根源，泰国、印度、尼泊尔、菲律宾都在寻求解决林区人口问题的出路。

我国原始林区跟第三世界国家一样，过去吸引了不少自发而来的移民。但我国向林区大量移民，主要是 20 世纪 50 年代借鉴苏联经验的结果。50 年代初，苏联通过了关于消除林业、森林工业落后的决议，其中心精神是要求建立固定的职工队伍，消除职工的流动性。我国正是从那时开始了有组织地向林区移民。

美国、加拿大、苏联也向林区有组织地移民，建立了一定的木材采运、林区开发队伍，但这种队伍并不长期固定在一个地方，而是游移的，采伐完了就搬迁。因此，对森林不造成反复破坏。

美国、加拿大、苏联对林区有组织地移民，一般都与木材利用工业的发展相结合，林区人口的生存主要不是依靠原料木材，而是把原料木材加工成产品的工业。这里林业与木材利用工业是互为基础的，定居林区的人口自然也关心工业赖以发展的资源，不会任凭其消失。集约林业也随之发展起来。

如果有组织地向林区移民，只靠采伐木材或简单加工谋生，随着林区人口的增长，其结果必然是资源越砍越少。单位面积森林支持人口的能力，比农田显然要低得多。

我国向林区有组织地移民的错误已经铸成，要摆脱目前困境，显然不能再走美国、加拿大、苏联粗放经营森林的道路。如何消化林区人口，使其与培育资源结合起来，无疑，应把开展集约林业放在首位。立体林业、多种经营以及木材利用业的发展既应立足于解决林区人口的谋生问题，又应促进森林资源增长。

联合国粮农组织与人口活动基金和国际应用系统分析研究所合作，于 1982 年共同完成了一项大型研究"发展中世界土地的潜在人口支持能力"，其结论是："整个发展中世界的土地，即使是在低水平投入条件下，也能生产足够的粮食来满足两倍于 1975 年的人口和一倍半于 2000 年的入口的粮食需要。"但发展中世界确实有广大的"危急地区"，如继续按低水平投入，已经不能为 1975 年人口生产足够的粮食。根据这项研究，某些国家即使施用高水平投入，也不能依靠本国的土地资源生产出自己所需的粮食。

我国对森林的支持能力必须有清醒的认识，或者是转移人口，或者是增加投入、集约经营，或者是既转移人口，又增加投入。要在早已超载的森林中再搞发家致富，后果是可以想象的。

三、扩大荒地造林受到种种条件制约

荒地造林也即在森林以外的地方发展森林，是扩大森林资源的理想途径。世界可供造林的荒地很多。非洲拥有 13 亿公顷草原地，大部分适于造林。巴西有 1 亿公顷撂荒地，印度有 4360 万公顷荒地，印度尼西亚有 4300 万公顷荒地，都适于造林。1988 年的调查表明，菲律宾国土面积不到 3000 万公顷，竟有 500 万~600 万公顷荒芜着的林地。欧洲是世界土地利用最集约的地区，因农业生产过剩等，也有大面积荒地存在。

现在世界人工林总面积约 1 亿~1.5 亿公顷，占森林总面积（包括稀疏林）的 2%~3%，但绝大部分是采伐后更新造林形成的，极少是荒地造林的结果。联合国粮农组织 1985 年调查了近 100 个国家的造林情况。1980 年世界造林总面积为 1451.1 万公顷（见附表）。扣除我国数字之后，现在世界年造林面积近 1000 万公顷，苏联、美国、加拿大、日本、瑞典、芬兰等国进行的主要是更新造林。由此可见，世界每年实际进行的荒地造林面积很少，与各国实有荒地面积相比，可以说是微乎其微。

1967 年召开的国际人工林会议和 1977 年联合国主持召开的国际沙漠化防治会议，都一再呼吁世界重视荒地造林。国际金融机构、发达国家的援外机构现在都把扩大荒地造林列为重要工作内容。促进造林的办法、方式愈来愈多，从单纯的工业人工造林发展到了与乡村发展结合、与农业要求结合、与解决社会问题结合等等的人工造林，但进展缓慢。荒地造林受着种种条件的制约。

（1）资金来源是普遍遇到的难题。巴西、智利、阿根廷等国造林土地多，条件优越，每公顷造林投资低，森林生长量高，培育每立方米木材的费用少，因此收益率大，能吸引投资。许多国家愿在拉丁美洲投资造林，连造林成绩卓著的新西兰也向智利投资造林。非洲可供造林土地虽多，却吸引不了大量投资。

（2）造林一般只能占用最差的土地，见效慢。英国与新西兰、南非、斯威士兰进行的都是荒地造林，但英国造林一直是在与农牧业争地中发展的，占用的几乎都是农牧业不屑利用的土地。从 1919 年起年年坚持扩大造林，经 60 年的努力，英国目前已拥有 220 万公顷森林，森林覆盖率从 5% 上升到 9%。论造林起始时间，造林规模和质量，英国并不落后于新西兰、南非、斯威士兰。4 国都曾是英联邦成员，后者 10~30 年前就扭转了木材供应局面，而英国至今木材自给率仅百分之十几。据最近报道，因农业生产过剩，英国有一部分好地可以腾出来造林。欧洲共同体国家现在在广泛进行农田变为森林及其他利用方式的经济效益对比研究。

（3）造林的经济效益一般很难竞争得过其他土地利用方式。在榨干了油的土地上造林，成本高，生长慢，经济效益差。为改变局面，林业工作者总希望占用些好地造林。意大利波河平原杨树造林常被视为榜样。美国南方松造林，即所谓第三森林，有些也是占用农田进行造林。从荒地晋级到好地造林，无疑是林业所追求的。但意大利杨树造林这个榜样树了几十年，美国的第三森林也饮誉全球，而在意大利、美国却推广不了。意大利照旧是世界一个主要木材进口国，杨树人工林面积几十年徘徊不前，而美国南部第三森林的许多土地又变成了农田。

1980 年世界实际造林面积（万公顷）

非　洲		亚　洲		欧　洲		南美洲		北美洲		大洋洲	
国名	造林面积	国名	造林面积	国名	造林面积	国名	造林面积	国名	造林面积	国名	造林面积
摩洛哥	2.0	中国	467.0	苏联	454.0	巴西	34.6	美国	177.5	澳大利亚	6.2
尼日利亚	1.4	日本	24.0	瑞典	20.7	智利	5.0	加拿大	72.0	新西兰	4.3
马达加斯加	1.2	南朝鲜	20.0	芬兰	15.8	阿根廷	3.8	其他 5 国	3.3	其他 5 国	0.9
其他 20 国	0.3	印度尼西亚	18.7	波兰	10.6	其他 6 国	3.6				
		朝鲜	15.2	西班牙	9.2						
		印度	12.0	挪威	7.9						
		菲律宾	4.2	联邦德国	6.2						
		其他 13 国	16.3	其他 12 国	27.4						
合计	10.9	合计	577.4	合计	551.8	合计	47.0	合计	252.8	合计	11.4

说明：表内数字与各国实际报道的出入极大。如：苏联官方的统计数字为 1980 年森林更新 162.66 万公顷，人工造林 120.07 万公顷。

如何利用土地经济效益高，是各国各地区，甚至土地所有者个人（包括土地使用权拥有者）都必须周密对比考虑的。意大利在发展杨树造林时，就对比每公顷土地种植不同作物与杨树的纯地租，即总收入扣除各种开支、复利后的土地纯收入。

荒地造林生长量低，地租也低；农田造林生长量高，地租也高。日本 1987 年用材林地每公顷价格为 82 万日元，而农作旱地为 682 万日元，水田为 1171 万日元，后两者的价格分别是用材林地的 8.3 倍和 14.3 倍。同年水田地租为 23.8 万日元/公顷，旱地为 11.3 万日元/公顷。用好地造林增加的林木生长量，能否抵偿荒地与农田的级差地租之差，是必须考虑的。现往日本柳杉立木价为 13623 日元/立方米。如用旱作农地造林，仅地租一项就注定造林要亏本了。

在商品经济条件下，谁能逾越这种对比！

四、扩大荒地造林应与加强现有林经营互相补充

智利被赞誉为拉丁美洲林业的典范，因近 20 年造林成功，成了每年出口 3 亿～4 亿美元林产品的国家。但荒地造林成功并不能改变智利森林资源下降的局面，1986 年与 1965 年相比，人工林从 25 万公顷扩大到了 115 万公顷，天然林面积却从 1720 万公顷减为 1065 万公顷；巴西的情况也类似。我国也存在同样问题。据人民日报 1988 年 11 月 24 日报道，三北防护林建设 10 年增加了森林植被 4 亿多亩。12 月 3 日又报道，山东省以每年植树造林 300 万亩的速度，使全省森林覆盖率由 1978 年的 8.8% 上升到了 16.2%。可是，全中国的森林覆盖率近十几年里却由 12.7% 降到了 11% 多一些。

那种以为只要速生人工林发展了，对天然林的压力会自然而然地解除，这在新西兰似乎做到了，但在印度等人口众多的大国，可能只是幻想。不花大力气认真经营管理好现有林，而想改变林业局面，扭转颓势，是不可能的。

目前，通过现有林集约经营实现资源增长的国家都是经济发达的国家。有人以为全面集约经营现有林，必定得是财力雄厚，能对林业进行全面投资的国家。

所谓"全面集约经营"，是我们对一些国家林业的评语，例如我们认为日本、民主德国、联邦德国、北欧国家的林业是全面集约经营。但如果认为对现有林进行全面经营，就等于要筹集巨额资金，然后平均分摊使用，全面铺开经营范围，这只能说是一种误解。因为各集约经营林业的国家没有一个是搞"齐头并进"的。

根据国外的实践，所谓全面集约经营大概包括如下内容。

1. 坚持调查研究，了解森林和社会需要的全局

由于长期的破坏，世界几乎没有一个地方的森林生长状况与立地生产潜力是一致的。林业最先进国家的森林与立地的自然生长能力相比，仍有很大潜力。据测算，以气候等立地条件为基础，欧洲森林年潜在生长量每公顷平均应为 5.4 立方米。20 世纪 50 年代欧洲生长量为 2.6 立方米，1970 年已达到 3.4 立方米。

民主德国 1951 年开始森林立地调查，1971 年完成了全国调查。科学家在此基础上计算确定了民主德国森林能年产干物质 10 吨/公顷。现在林学家正在为一个轮伐期内森林产木材 600 ~ 650 立方米/公顷而努力。

日本战后对森林资源进行了 40 ~ 50 年的长期计划和对木材产品的需求的长期预测。在把握住资源增长潜力的基础上，年复一年地促使局部潜力变为实际生产能力，以适应社会需求的增长。

2. 坚持效益分析，按效益大小部署潜力转化的次序

所谓全面经营就是有轻重缓急地调动林地的自然生产潜力。林地生产潜力普遍存在，实现潜力转化的要素多种多样，因此，采取措施的次序和措施的对象，均应科学合理安排。日本森林资源长期计划曾把现有人工林列为扩大森林资源的中心内容，现在人工林面积已达 1000 余万公顷，占现有林总面积的 40%。人工林经营要求投入比天然林经营高，如前者生长量不明显高于后者，或现在投入不能从未来的收入得到充分补偿，日本大概是不会去追求这样的"人工林化"的。因此天然林经营改为人工林经营得有先决条件，其每公顷生长量必须达到 7 ~ 8 立方米以上。近年因国际国内木材供应形势变化，国家的经济条件和社会对森林的要求变化，日本林业从注重数量转向注重质量，突出了天然林的育成经营，即从高投入人工林向低投入天然林经营转变。可见，全面经营讲究的是宏观权衡，确定发展方向，微观上则是按效益确定实施的先后次序。

3. 及时优质更新，有效充分利用地力、保持地力

战后各国恢复森林的第一步，都是还清欠账，恢复各种迹地上的森林植被。各国森林法都把保证更新放在首位。迹地要改做他用的，必须保证在别处营造相同面积的森林。欧洲许多国家的林业年鉴都有醒目的一栏：当年批准改变森林用途的面积和新增的荒地造林面积。后者面积一般都稍大于前者。这样做已坚持几十年、上百年了，因此在森林面积上绝对不会出现赤字。

民主德国法令要求 18 个月内完成迹地更新。奥地利（1975 年）森林法要求在 3 年内完成更新。奥地利 1980 年森林每公顷蓄积量达到 264 立方米，而且还在增长。全国 385 万公顷森林保持如此高蓄积量的一个主要原因，是充分利用林地生产力，其绝大部分森林的郁闭度在 0.8 ~ 0.9，只有 4% 的森林郁闭度较差。

森林生产力高，收入必然也高，对林业可能的投入必然大。林业的一项主要任务应是保持森林具有旺盛的生产力，与立地条件相适应的生产力。芬兰林业征税办法就贯彻了这样的原则：按森林的自然生产力划分征税等级，林主对荒芜的生产力或浪费了的、未充分利用的生产力要照章纳税，而经营费用却可从应纳税额中扣除。

4. 改造低产林

德国大概用了 100~150 年时间，把以萌芽林、矮林、低产林为主的森林，改造成了乔林，现在联邦德国和民主德国的乔林均占森林总面积的 95% 以上。日本战后大面积天然林改变成人工林，其实质也是低产林改造。保加利亚改造低产林 30 年，已形成了 160 万公顷人工林。1961 年开始对 80 万公顷萌芽林改造，改造时平均蓄积量只有 40 立方米/公顷。

如何加速我国森林资源的恢复、发展问题，应该是个系统工程。各种方式、道路不应是互相排斥的，片面强调某一种而无视另外的，不利扭转中国的林业局面。我国人多而土地资源并不丰富，荒地造林是急需大力开展的；和平建设时期，充分利用海外资源，弥补我国不足，非常有利于建设我国立木蓄积储备，无疑是必须坚持贯彻的战略决策。我国广大林区人口众多，未来经济发展在很大程度上依赖于林地生产力的提高，这方面的潜力很大、很大！

参考文献（略）

探索林业发展道路，从国外可以借鉴什么[1]

林业作为一个经济部门，主要任务是培育、生产木材。近一二十年来，林业遭到了愈来愈多的非议。在一些国家，木材生产与自然保护之间甚至发展成了激烈的政治斗争。

为抢救幸存的森林资源，印度北方邦下喜马拉雅—乌塔莱克汉德地区妇女 1973 年发起了"奇普科"（Chipko）运动。"奇普科"就是"依恋"的意思。妇女守护在那些被划定要采伐的树木旁，用这种办法，保护了周围的大片森林。

澳大利亚是木片主要输出国，60% 木片来源于塔斯马尼亚州。该州自 20 世纪 70 年代初开始，每年出口木片 260 万吨，出口额达 1.2 亿澳元，是该州经济的重要支柱。

被采伐的森林起源于 100 万年前的冈底瓦纳越大陆植被，因而被认为是现存的最古老的澳洲原始林。自然保护者致力于停止木片出口。10 多年来，进行了数十次游行示威以及现场斗争活动。1988 年 5 月，来自全澳各地的自然保护者聚集在塔斯马尼亚州的采伐工地，试图制止采伐，挽救现存的森林。

德国很早就实现了森林永续经营利用，现在也还是不断受到自然保护方面的批评攻击。

工业发达国家 20 世纪 50~60 年代曾是东南亚森林、非洲森林、亚马孙流域森林开发破坏的先锋。在 80 年代，这些国家又都成了自然保护的旗手。

美国《Boston Globe》1990 年发表 Wasserman 的一组漫画，揭露了发达国家大老板对发展中国家农民在森林保护上的自私心理。第一幅是命令：你们穷国必须停止采伐雨林！第二幅是训斥穷国不懂事：我们富国需要你们的森林吸收我们的污染；第三幅则是埋怨穷国负债累累，缺乏资金，经济又不发达（因此，还是要破坏森林）；第四幅大老板摆出规劝的样子：你们穷国该想一想，森林成为世界空气过滤器，多好！

漫画家的意图非常清楚，开发森林是穷国生存、发展的需要，发达国家用空话解决不了

---

[1]　本文系沈照仁同志撰写，发表于《林业问题》1991 年增刊。

毁林问题。

近二三十年来，许多发展中国家为制止森林破坏，划了大面积自然保护区。根据美国国会技术评价局 1984 年的一个报告，世界现有自然保护区面积 1.6 亿公顷，近一半分布在热带。中美洲地区 1969 年还只有 24 个自然保护区，170 万公顷，1981 年增为 124 个，达到 480 万公顷。可惜，这是纸上的东西。迄今为止，全世界很难找到一个发展中国家依靠法令保护住了森林。泰国对盗伐林木者有死罪条文，菲律宾 20 世纪 70 年代后期对乱伐偷运者也曾规定了严厉的惩罚。

赞比亚林业政策要求把全国森林面积的 15% 划为保护林。在一次国际会议上，赞比亚的代表说易行难，随着新的保护林建立，一些旧的保护林又被迫允许进行开垦或发展其他事业。结果是多年来，保护林面积扩大不了，仍只占全国森林面积的 8%。

如何正确认识、处理木材生产、林业与自然保护之间的关系，在经济发达国家也是尚未做到的。欧共体森林司原司长胡迈尔 1980 年退休前夕，总结了西欧林业发展的经验教训，他特别指出："随着对森林需求的日益扩大，外界对林业经营管理的压力也越来越大，如环境保护者想控制与环保有关的森林管理权，社会福利部门又想控制森林旅游管理权。"胡迈尔主张林业决策时多与各方协商，但任何林业决策都应旨在加强森林所有者的责任，否则森林将受到破坏。在"林业政策"一书的前言里，他又明确指出，必须以林业政策为核心，平衡对森林的包括产品与效益的各种需求，不能让工业、旅游业、环境保护业朝着不同方向拉扯。

我国台湾在讨论森林多种效益的关系时，有些林学家指出："这并不等于木材生产因此而不受重视，恰恰相反，由于对森林的需求增多，只有提高森林生产力，才能腾出土地，去满足其他需要。"

下面分别介绍美国、苏联、日本、德国情况，以证明问题的复杂性。

（一）美国林业与自然保护之间论争的实质

第二次世界大战以后，在美国，木材生产与自然保护之间的争论从未间断过。美国拥有近 3 亿公顷森林。由于资源比较丰富，直到 20 世纪 80 年代，她似乎既是以保证经济发展的用材需要，又能满足社会对自然保护、游憩环境等的要求。仰仗于天赐的恩惠，美国做到了左右逢源，现在既是世界木材生产最多的国家，又是世界森林旅游业最发达的国家。

1. 机械划分森林多目标用途行不通了

美国森林分用材林（Commercial）和非用材林或自然保护林。后者包括国家公园、自然保护区等，以及年生长量每公顷在 1.4 立方米以下的森林。

国会 1960 年通过《森林的多种利用及永续生产利用条例》，要求经营森林兼顾游憩、放牧、木材生产、保护集水区、栖息和保护野生动物五大目标用途。1987 年与 1962 年相比，用材林面积缩小了 6.6%，从 20845.8 万公顷减为 19549 万公顷。非用材林面积超过了森林总面积的三分之一。

非用材林中 90% 以上每公顷年生长量在 1.4 立方米以下。1.4 立方米是美国林业认为森林开展木材生产能否有利的界线，低于此水平，经营木材生产缺乏前景。绝大部分划为自然保护区、国家公园等的森林，既然生长量水平很低，本来就不大可能成为木材生产基地。

1990 年第 19 届国际林联会议美国代表 Roger N. Clark 的报告指出，20 世纪 50 年代以来，即使是公有林林业也以一业为主。所谓多目标经营，只是一个口号、标语，在美国、加拿大都是如此。一业主要是木材生产，只有极少几个地方是以旅游、放牧为主。木材生产愈多，受雇的人愈多，为木材生产着想的人也必然愈多，这并无奇怪可言。随着经济发展，社会对森林的需求增多，因此批评以木材生产一业为主利用森林的人愈来愈多。在资源还是非常丰富的时候，可以给不同利益的代表部门，都切一块林子去实现其所要求的为主目标，矛盾似乎就解决了。北美现在实际推行的多目标林业，就是把一个大林区分割成不同主业或不同目标用途的小林区。但分割到一定时候，森林都已分别处于一业的势力范围，而新的要求继续出现，于是要求重新分割的斗争就随着发生了。

2. 湿地和猫头鹰保护要求更加约束木材生产

据美国林务局 1980 年出版的材料报道，1972 年各类以木材为基础的经济活动所创造的附加产值约为 485 亿美元，占国民生产总值的 4.1%，这就是说，在 24 美元的国民生产总值中，就有 1 美元来自与木材有关的行业。就业人数约 326.5 万人，占全部城市劳力的 40%。

采运、制材、胶合板、木质家具、制浆造纸、纸板工业 1982 年的总销售值达 1340 亿美元，木材生产兴衰迄今仍对美国经济有着不容忽视的影响。

低温地改造曾被认为是美国南方发展工业人工林理想途径，但近几年兴起的湿地保护运动，断绝了林业开拓的一条道路。在太平洋西北部沿岸地区，老百姓控告政府开发国有林的案子，逐年增多，1983～1987 年间平均每年 60 起，而 1988 年一年就超过了 400 起。

20 世纪 80 年代接近尾声时，一个关于斑块猫头鹰栖息地的保护问题，轰动了全国。一时间，林务局陷入了四面交叉火力夹击之下。《美国森林》杂志 1990 年九十月号社论有一段文字这样说："国会里对峙的双方发出了尖刻的批评，都把矛头指向林务局。代表林产品工业的律师在国会的意见听证会上，要求通过一项法规以约束林务局，使其不得任意改变决定和削减木材采运计划。代表环境保护的律师则指责木材采运计划和木材销售，认定林务局不遵守法令。"

林业协会常务副主席 Neil Sampson 指出，成过熟天然林（Old-growth forests）的面积在不断缩小，现在大约只剩下十分之一了。虽已有几百万英亩成过熟天然林划为国家公园、原野保留地以及其他保护地，但未纳入保留地、保护地的森林仍在遭到强度采伐。斑块猫头鹰是栖息于成过熟林的动物，栖息地减少，威胁着猫头鹰的生存。1990 年美国已确认斑块猫头鹰为濒危动物。根据《濒危物种法》（Endangered Speciel Act），政府必须采取措施恢复斑块猫头鹰，自然也就必须采取措施终止威胁其生存的活动，也即停止采伐过熟天然林。

把原来的用材林划为保留林，这显然会改变地区的经济格局，也意味着成千上万人失业，减少财政收入来源，同时又必然加重非保留林区的木材生产压力。

3. 林学家主张保护森林要以人类需要为出发点

英国林学家协会 1988 年年会自始至终讨论了如何开展森林的保护问题。看法很不一致，有的突出现在森林利用的弊病，对森林经营潜力抱悲观态度，要求首先禁止或限制森林利用，即牺牲当前利益，保证未来。另一些人强调森林的其他利用。他们对问题理解不同，因此侧重各异。协会主席斯托尔坦勃格主张，保护森林的讨论要以人类需要为出发点，考虑到地球人口日趋拥挤的条件。因此他认为这个问题应至少包含 3 个要点：①对当前人类可以满足的需要要清楚，不能熟视无睹；②预见到未来人们的迫切需要，力求明确如何经营森林能适应未来；③在资源管理的决策与行动中，尽可能运用知识以有效满足人们当前和未来的需要。

因此，斯托尔坦勃格认为，解决这个问题要求助于科学，要开展积极研究，既重视资源破坏的严重性，又不能无视人类的需求。

根据林学的观点。为提高森林生产力，采伐利用老林是理所当然的。美林务局在编制新的（1990 年）林业中期计划时，提供了林学家 Davis 如下的一段论述：森林如保持原始状态，林木年死亡率与年生长量持平，或者前者可能还大于后者，因此纯生长量等于 0。1800 年时，美国森林就没有纯生长量，1920 年美国森林纯生长量达到 1.41 亿立方米，1976 年又上升为 6.23 亿立方米。

林务局暗示，森林是可更新资源，是可以做到愈砍愈多的。现在大面积次生林尚未成熟要求近期内停止采伐成过熟天然林，是难以接受的。

Roger N. Clark 认为，自然资源的各种生态价值、社会价值，是互相联系着的，通过计划和经营管理应使不同价值获得协调发挥，但人类这方面的知识还是非常不够的。从森林景观的总体出发，考虑森林多种产出、效益之间的相互关系，制定这样一个协调的林业政策，现在显得非常迫切了。

4.《新林业》与《新远景》计划

华盛顿大学教授 Franklin1985 年创立了《新林业》理论，企图把用材林与自然保护林两种极端不同的经营思想协调起来。前者以木材生产为中心，以获得最大经济效益为目标，采取高度集约化的经营管理方式，而很少考虑森林的生态效益和社会效益。后者则纯粹以保护基因、物种和生态系统的多样性为目的，绝对排斥进行其生产活动。Frankein《新林业》最显著的特点，是把所有森林资源视为一个不可分割的整体，不但强调木材生产，而且极为重视森林的生态和社会效益。因此，在林业生产实践中主张把生产和保护融为一体，以真正满足社会对木材等林产品的需要，而且满足其对改善生态环境和保护生物多样性的要求。

有人评论说，这是木材生产与自然保护之间的折中立场。由于《新林业》理论原则是突出森林潜在的生态价值。要求森林经营尽力模拟自然过程，保持成过熟天然林的生物遗产与结构特性。因此操作起来颇为复杂。现在也未见到有关其经济可行性的论述文章发表。此外，Franklin《新林业》只是针对太平洋西北沿岸华盛顿、俄勒冈两州为主的天然林提出来的，并不能成为处理全美国林业的理论基础。

国会 1974 年通过的《森林与牧地可更新资源规划法》要求农业部定期制定长远的林业规划，每 10 年制定一次，每 5 年更新一次。1990 年新制定的计划纲要，正在审议之中。为配合此项工作，林务局一年多以前成立了一个《新远景》计划小组（"New perrcechues" programm）其负责人 Hal Salwasser 在美国林学家协会 1990 年年会上做了长篇报告，介绍美国林业《新远景》构思。

Salwasser 分析了世界森林利用的三个发展阶段：任意利用和调节利用阶段、单一和多资源的永续利用阶段和森林生态系统的永续经营阶段。

他认为第一阶段包括任意利用时期、按地方习惯调节利用时期和高层次调节利用时期。第二阶段永续利用，先是要求单一资源如林木、动物、饲料和水等的永续利用，现在已转变为要求对同一林地上多资源的永续利用。永续利用的理论概念也多种多样，有累进的永续利用和恢复性的永续利用之别。

Salwasser 认为，现阶段森林经营的方向是实现森林生态系统的永续经营。但直到目前为止，人们还没有把握说清楚究竟什么是森林生态系统永续经营？她与旧的永续经营有何区别？可是，生态系统永续经营这一概念确实已提上日程，近一二十年必将进行试验并得到发展，先进国家林业政策一般都已实现或在遵循永续利用原则，发展中国家林业也都希望能走上这一发展道路。世界只有极少数国家开始，森林生态系统的永续经营阶段。

美国林务局《新远景》计划小组具体地提出三种模式的林业发展道路：

树木作物林业 Tree-crop forestry 是一种模式，突出各种用途木材的培育和生产，是一种农业的经营模式。这种模式林业的木材生产力高，适应社会现在仍需大量木材的要求，又可缓和对其余森林的压力，从而实施其他模式林业。树木作物林业要求土壤肥沃，接近市场，其经营实践与投资都追求期望的产量，又必须维持土地树木作物的长期生产能力和更新能力。

多效益林业 Muliple-benefit forestry 是第二个模式，追求各种效益和森林利用永续生产的长期平衡。对各种资源的期望产量和期待的森林价值，确定投资与土地的未来状况。在富裕国家，多效益林业已风行多年，甚至一些私有工业林也在实施多效益林业。多效益林业不仅关心土地的持续生产力，例如土壤、水分状况，还重视保持经营目的所要求的生物多样性主要因子。

保留林林业是第三种模式，突出保留森林的天然状态，保证受人的影响最小，保持森林永恒，不追求资源的期望产量和土地的期待状况，一切听凭自然发展。

《新远景》计划小组认为，每种模式对未来的林业，对世界任何地方都是重要的，因为对自然资源保护战略的整体而言，每种模式各有其重要的目的。没有一种模式可以凌驾于其他两个模式之上。

据林务局解释，《新远景》计划最初的构思，只是为与 Franklin 博士的《新林业》的原则相呼应。可是现在正式向公众介绍的《新远景》计划，其指导思想是"分而治之"与 Franklin《新林业》主张把生产和保护"融为一体"的思想完全相悖的。

5. 为实现对林业的科学决策，还有大量工作要做

根据现有资料，美国为实现林业的科学决策，并按科学办法经营森林，至少还应解决 3 个问题：

（1）深入研究森林生态系统：美国国家科学院（Natisral Acadamy of Sciences）最近关于林业研究的报告指出，许多事例表明，自然生态系统机能的基础科学知识现在还过于贫乏，不足以支持决策。因此建议，从根本上改变林业研究的动机，即从以改善商品生产的动机的农业模式，转变为探索如何保持一个生产商品的健全运行的生态系统。

（2）区别真科学与伪科学：美国现任林务局局长 Roberston 说，美国人民现在 80% 以上认为，要不惜成本，继续改善环境；在 80% 以上的人中大多数还认为采伐砍树对环境是不利的。可惜，他们不懂林业！林业工作者现在必须与 80% 以上人们的想法一致，也就必须正确对待自然保护主义。

（3）不能无视经济因素：美国自然保护基金会高级研究员 V. Aeark Sample 审议林务局新远景规划时指出，以往林务局每次规划，总是企图争取对非商品资源进行投资，但终因没有这方面的补充投资拨款，规划未能付诸实践。

林务局长说，执行新制定的计划，林业经费要增加。与 1989 年相比，1995 年林业要增加 7 亿美元开支。

美国森林资源联盟经济师 Con Schallan 和森林协会副主席 John Heimenbuttel 说：根据预测，美国今后 50 年需材量要上升 50%。新计划纲要无视这一点。企图把增加木材生产的压力重担转嫁出去，是不可行的。

参议员 Elmon Gray 认为，由于大部分美国人居住在城市里，不懂得土地经营，可是却通过选出来的听命于他们的官员在发号施令。照此下去，对国家，对经济都不利。

密执安大学森林生态学家 Pregitzer K. S. 也指出："美国四分之三的人口居住于都市。都市文明对森林产生了新的且难于应付的需求，对林地和森林经营构成了种种约束。越来越多的城里人把森林当做郊游、观赏及摄影的好去处。这种个人参与逐渐形成为要求保存森林的巨大势力，其结果是约束森林经营的法规越来越多。"

Rolertfon 局长在南部林主会议（1990 年）上阐述，美国林业工作者的苦衷。林务局现在整天忙于应付法律事务，1990 年林务局受控诉案达 1200 多起，在进行的诉讼案约 1800 起。林务局现在每做一件事，每作出一个决策，都得解释清楚，工作人员把大量宝贵的时间消耗到了空谈，与律师、上诉人、法院以及幕后支付法律程序费用的人打交道。

许多林主觉得难以适从，因此，有人担心南方林主在过多的干预下，从而放弃林业，也可能成为"濒危物种"！

（二）苏联森林分类与利用

苏联森林覆盖率为 36.6%，81430 万公顷森林按其社会、经济意义划分为三大类。一类林以防护林、环境保持林为主，比例不断扩大（见下表）。人口密集、交通网发达而资源有限地区的森林划为二类林。资源丰富、覆盖率很高地区的森林划为第三类。

1961～1988 年三类森林比例变化（按有林地面积计算）

分　类	1961 年	1978 年	1983 年	1988 年
一类林	12.8	15.9	17.7	19.5
二类林	8.1	8.5	8.2	7.7
三类林	79.1	75.6	74.1	72.8

一类林中 28% 为水文防护林，包括河流、湖泊、水库等的防护林和鱼类排卵场防护林等，17% 为特种防护林，包括土壤受严重侵蚀地区的防护林、废弃矿垦复林、滑坡防止林、铁路和公路防护林、20 世纪 50 年代营造的防风林带、林缘防护林、草原荒漠半荒漠以及山地防护林等。7% 为疗养保健林，主要是城市周围的绿色林带。一类林中近三分之一是冻原保护林，此外还有自然保护区、国家公园以及珍贵多目标用途的森林，例如 1200 万公顷已开展工业化坚果生产的红松、榛子、核桃等坚果林。

近 10 年来，苏联平均每年增辟 3 个自然保护区，自然国家公园的数量也在增长（见下表）：

	1980 年	1985 年	1988 年
自然保护区与自然保护狩猎区（个）	135	150	164
面积（万公顷）	1106.0	1754.9	2159.7
自然国家公园（个）	7	13	19
面积（万公顷）	41.1	78.8	177.9

说明：①自然保护区：仅存的地块，或对地理带最具代表性的地块，为保护研究自然综合体和恢复珍贵的动植物而禁止进行经济利用。②自然保护狩猎区是为保护恢复野生动物而设的地块，在个别情况下，允许进行有限的狩猎，或进行严格控制的狩猎。③自然国家公园，为保护具有特别生态、历史和美学价值的自然综合体而设，这类地块因自然与文化景观的结合悦目宜人，应用于旅游、文教和科研目的。

自然公园、自然保护区的总面积已占全苏面积的1%以上，其中84%的面积为森林和林地。

著名林学家波别金斯基说，木材生产不是一类林的主要经营目的，但及时采伐老熟林木，以及为改善森林机能进行的采伐，却是完全必要的。苏联只有16%的一类林不允许进行更新伐，而只准进行抚育伐、卫生伐。根据1979年颁布的主伐与更新伐规程，在其余一类森林里允许采用皆伐方式，橡林和软阔叶林的允许皆伐面积分别为5公顷和25公顷。波别金斯基又指出，西欧没有将森林划分为三类，但皆伐面积限制比苏联严。不论山地平原，奥地利允许皆伐面积为2公顷，捷克斯洛伐克、民主德国为3~5公顷，波兰为5~10公顷。因生产成本的关系，苏联一类林的主要采伐方式仍是皆伐，渐伐、择伐比重不超过5%。西欧国家森林的路网发达，择伐、渐伐方式采用得比较广泛。

苏联20世纪80年代年采伐量中，一类林约占7%。负责的环境保护主义，反对不负责的环境保护主义，这就要开展对森林的平衡的多目标经营，培育森林。谨慎地采伐木材，又考虑森林的其他价值。

（三）日本林业从自然保护的代表"沦为"批判对象

1. 林业曾长期是自然保护的代表

自古以来，日本就重视森林的水源涵养、国土保全与环境养护机能。1897年颁布的森林法是治水三法之一。藩政时代就设置了禁伐林。第二次世界大战前，设立了12种防护林。

因战争破坏，森林乱伐，土地荒废，1945年以后台风频袭，自然灾害连续不断。为整治灾害，林业采取了一系列对策。1948年通过防护林整顿强化法案；1951年修订森林法，把防护林扩大为16种，现在为17种。1954年应急通过了《防护林整顿临时措置法》，有效期10年。以后，因此法的重要又连续3次延长，第4次计划截止有效期到1993年。

防护林面积不断扩大，1953年末为292万公顷，1965年、1975年分别调整为408万公顷和702万公顷，1984年为788万公顷，1988年末又上升到了858万公顷。1988年是1953年的3.5倍。

因不同类别防护林有重复计算，扣除重复部分，日本各种防护林的实际总面积为807.6万公顷，是森林总面积的32%，是国土的21%。

日本林业又是治山治水的积极参加者。1957年森林法规定了保安设施事业。1960年以来，林业已完成了1960~1964年、1965~1967年、1968~1971年、1972~1976年、1977~1981年和1982~1989年6期治山计划。现正在执行第7期治山计划。根据科学调查测定，森林明显减少暴雨崩塌面积和崩坏个数，有林地每平方公里崩坏面积和个数为1.23公顷和8.11处，而无林地是2.38公顷和18.14处。

1987~1991年第7期治山计划正在执行之中，治山事业包含三个内容：①防患于未然：日本因地形、地质、气象等条件，山地容易发生山崩、滑坡、泥石流等灾害。荒废地和荒废

危险地恢复整治，保持森林、造林以防灾，保全国土、保护生命财产。②整治水源林，高度
发挥涵养水源机能，确保水源，以适应经济社会发展对水需要量不断扩大的要求。③充分满
足国民对绿色、对自然的渴求，以森林为基础创造良好的生活环境。

日本防护林面积一览表（万公顷）

防护林列　　按所有制分	国有林	民有林	总　数	占防护林总面积的%
水源涵养防护林	310.4	281.0	591.4	(73.2)
防止土砂流出防护林	73.4	109.7	183.1	(22.7)
滑坡防止防护林	1.3	3.2	4.5	(0.6)
1～3 种防护林	385.1	393.9	779.0	(96.5)
飞沙防止防护林	0.4	1.2	1.6	
防风、水害防止、潮害防止、干害防止、防雪、防雾　6 种防护林	5.3	10.6	15.9	
雪崩落石防止防护林（2 种）	0.5	1.5	2.0	
防火防护林	0	0	0	
鱼类繁殖防护林	0.7	2.1	2.8	
舰行目标防护林	0.1	0	0.1	
保健防护林	26.4	27.2	53.6	(6.6)
风景保护林	1.2	1.6	2.8	
4 种以下防护林	34.6	44.2	78.8	(9.8)
总　数	419.7	438.1	857.8	(106.2)
（实际面积）	(395.6)	(412.0)	(807.6)	(100)

　　为推进实现在 21 世纪建成安全富饶的国土基础总目标，对 2000 年治山事业长期构想做
了规定：①遵照保安林整备计划的规定，全国 218 个流域根据森林面积，保安林即（防护
林）面积、荒废地面积等因子的计算，区分为 87 个重要流域，131 个一般流域。②对荒废
地、荒废危险地和滑坡地区、重要流域要按 100 年概率日雨量为依据，一般流域要按 50 年
概率日雨量为依据、进行整治；特别是山地灾害危险区，要考虑对战后最大雨量的适应配
置。全国 5 地区（仙台、金沪、东京、高知、熊本）的战后最大日雨量、100 年概率日雨量
50 年概率日雨量平均值分别为 400 毫米、350 毫米、280 毫米。③为扩大、加强国土保安、
水源涵养机能、凡需整治的森林、应 100% 达到整治要求。

　　第 7 个治山五年计划的要点：①创造安全富饶的国土基础：山地灾害危险区的早期整
治，如复旧治山、预防治山、综合治山以及防止滑坡等的积极措施，山地治山设施建设与配
套，防止雪崩林的营造、雪崩危险点的早期整治。②扩大、加强森林的水源涵养机能：以水
库等上游水源地区的荒废森林为对象，恢复荒芜地、整顿森林、充分发挥森林的水源涵养机
能；以水资源涵养机能差的保安林为对象，通过改造林相等措施，恢复、提高其机能。③保
全、形成良好的森林生活环境：以都市近郊尚存贵重森林为对象，促进治山效果与保健效果
的高度发挥；防海啸、潮风、飞沙保安林的营造。

　　从防护林、治山事业的发展，可以看到，日本林业曾长期是自然保护、环境保安的积极
代表，可是，近年来，常处于毁坏自然的被告地位。

2. 近年发生的与自然保护的对抗和妥协

　　1986 年 10 月，自然保护协会要求农林大臣制止采伐北海道的知床原始林。林野厅认为

适度采伐既有利于森林健康生长，又带来经济效益，因此坚持依法进行采伐。于是，一场争论1987年4月就发展演变为对抗示威，林野厅组织下的队伍在自然保护群众的抗议声中砍倒了530棵树木。

1987年林业白皮书指出："林业和自然保护要取得协调，并共同存在，就必须得到国民的理解。"1975年以来，日本林业很不景气。全国公认"治山绿化是大事"，但在不利的形势下，不可能维护保住山林。山村要有人才能开展正常的林业生产，从而保住山林。林业不景气对维持山村，保住森林是极大的打击。

林野厅认为保护珍贵的自然是大家共同的立场。但不能因为是国立公园，就不允许进行任何方式的采伐。国立公园也有需要靠人经营管理而加以保护的地方，把保护与利用结合起来，振兴林业，维护山村山林，以保全自然为主，又促进地方发展，这是应采取的立场。

北海道大学环境科学研究人员认为，必须建立第三者机构，以协调相互对立的观点。如把知床半岛全部划为自然保护区，就有必要研究以木材谋生的人的生活以及其他社会、自然问题。

1969年，林野厅根据新全国开发计划，提出大规模林业圈开发构想，全国设7个林业圈，统一规划道路网。大林业圈计划实施时，道路建设常受到自然保护部门的反对。

通过咨询协商机构，经几年努力，林业与自然保护在以上两个争论中，逐渐意见一致。

林野厅1989年4月宣布建立"森林生态系统保护地域"的新构思。森林生态系统保护地域不同于以往的学术参考林和风景保护林，而是重新审定并扩大了保护林的范围。

这一新构思基本上以联合国教科文组织的人与生物圈计划的"生物圈保护区"为准则，将面积为1000公顷或500公顷以上的原始天然林作为一个整体生态系统加以保护。为严正维持森林生态系统，防止外部环境变化直接影响"保存地区"（相当于人与生物圈计划的核心区），要选设发挥缓冲作用的"保全利用区"（相当于缓冲区）。

林野厅新构想的基本出发点是"把原始天然林作为一个未经人手触动的生态系统留给子孙后代"。

经由专家组成的"设定委员会"讨论协商，已确定在全日本设置12个森林生态系统保护区，其中7个已经落实，包括知床森林生态系统保护区和某些受大林业圈道路网建设影响的森林生态系统保护区。

但利用与保护之间的矛盾并未解决。在讨论设立森林生态系统保护区时，各林业局代表明显倾向于尽量缩小保护区，扩大采伐开发范围，而自然保护一方则针锋相对，要求保护区面积划得大，认为越大，物种、动植物群落多样性、持续性越有保障，价值也越高，才可能保持健全的生态系统。有人表示，"如果受严格限制的保护面积很大，当地居民是不会赞成的"。

对当地居民采摘野菜、蘑菇以及进行狩猎等森林利用，这类传统利用已实现形成生态系统的永续利用，人与生物圈计划也认为是发展方向，因此与会的代表还是达成了一致意见，在保存地区内进行这样的传统方式的森林利用也应允许。

3. 一波刚平，一波又起

日本森林即使划为防护林，大多数仍准许采伐利用。根据规定，防护林经营实行公益机能优先的原则。防护林的采伐、林下杂草枯枝落叶的采集，土石树根的挖掘、开垦或要设置某些设置器械而改变土地形质，以上一切行为都需经都道府县主事批准，并必须按规定方法在防护林迹地上植树。

1963 年防护林中禁伐林只有 8.1 万公顷，1983 年扩大到了 22.6 万公顷；1963 年不准皆伐的只有 81 万公顷，1983 年扩大为 165.4 万公顷。

日本防护林的采伐限制

年　别	所有制	总　数（万公顷）	禁伐（%）	择伐（%）	未作特别规定（%）
1923 年	国有林	197	3	21	76
	民有林	214	2	20	78
	计	405	2	20	78
1983 年	国有林	364	4	33	43
	民有林	368	1	10	89
	计	752	3	22	75

1987 年日本通过了《疗养地法》，为实施其基本构思，需要缓解对防护林的一些规定限制。日本自然保护人士认为，为其顺利实施，国会又通过了违背防护林制度的森林特别措置法。根据其第 8 条之规定，为整备森林保健设施而进行立木采伐，改变土地性质设置设施等开发行为，可免于都道府县主事的许可，甚至可免去采伐后的栽植义务。

自然保护组织认为，这为破坏防护林开了先例，潜伏着促进森林破坏的危险。

20 世纪 70 年代中期以来，木材生产走上了下坡路，日本林业亏损、不景气、山村普遍萧疏。为振兴林业、振兴山区，传统的生产门路之外，另觅蹊径，却又非常必要。1987 年开始的日本第 4 次国土总体开发计划，第一次明确提出了"森林文化社会"新概念，把森林视为国土管理的根本，并认定森林是文化、教育资源，森林成为社会资本的时代到了。

京都大学农学部教授岸根卓郎认为日本前三次国土规划（1962 年、1969 年、1977 年）都没有解决日本城市人口过密、山村人口过疏的现象，希望第 4 次规划能保证实现"同自然交融的社会""城乡融合的社会"。

4. 第 4 次国土规划的森林分类

第 4 次国土总体开发计划是日本 2000 年国土开发方针。在这项计划中，森林的经营管理被摆到了主要位置。计划规定今后森林管理的基本方向是，把森林按地区及功能加以分类，并以不同方式进行经营。具体地说，把森林分为以下 4 种类型：

（1）偏远山区天然林。面积约占森林总面积的 40%（约 900 万公顷）。此类森林对研究自然景观及历史文化具有很高的价值。同时作为自然科学的信息源具有很重要的学术价值，特别是原始林，随着国土的不断开发，其珍贵性愈加明显。对此类森林应特别留意加以保护。所采取的经营方式应是部分实行禁伐，部分以择伐等方式生产木材，并要与发挥生态效益协调起来。

（2）人工林。面积达 1000 多万公顷，绝大部分是战后营造的，而且多半已进入间伐期。为确保优质大径材生产，实施有效的间伐对策是刻不容缓。此类森林的经营方向是：在保障木材供应的同时，注重高效、节省劳力和采取多种伐期，由以往的纯林皆伐作业向复层混交林择伐作业发展，以生产多品种的高质材。推动间伐及适当延长伐期，对于保全国土也是十分重要的。另外，从对劣质造林地的改良和森林集约经营的观点出发，也有必要营造部分新的人工复层林。在部分人工林中，应尽可能充分利用森林的自然生产力，即：人工采伐后不造林，而是促其天然更新。

（3）山村林。约占森林面积的16%，400万公顷左右。山村林与人们关系密切，除了用作少年儿童的教育场所外，还可作为城市居民与村交流，体验生活及参加生产劳动的重要场所。

（4）城市近郊林。不足森林面积的10%，约200万公顷。这类森林对改善都市居民的生活环境非常重要，因此在积极加以保护的同时，应采取多种措施，促进其各项公益机能的发挥，如改善自然环境，提供优美景观及游憩场所等。

5. 关于分类管理的一次讨论

日本林业经济学会1988年大会讨论当前森林管理中的问题。

筑波大学赤羽说，现在日本林业政策在增强木材供给能力和强化森林水土保全机能的条件下，朝分类管理的方向发展。日本年需木材1亿立方米，这样做，国产材能否予以满足。

国立林业试验场的熊崎实认为，现在日本人工林处于成熟生长阶段，每年供应6000万~7000万立方米是做得到的。加上天然林采伐量，做到木材完全自给也是可能的。但即使如此，日本也没有必要去动用全部森林。在人民对自然保护的要求高涨、森林旅游业昌盛的今天，去开发知床那样的原始林是没有必要的。把这类森林从木材生产领域分离出来，不见得会降低国产材的供应能力。

对森林经营有两种主张，一种主张世界森林应全部进行木材生产；另一种以美国经济学家罗嘉·萨乔等为代表，主张集约经营世界森林5%，以满足全部木材需要，而把余下的森林全部纳入环境保护。

熊崎实认为，日本目前极难做到木材完全自给；将来人工林达到了成熟期，因生产成本高，也仍需不断进口木材。分类管理是必要的。从自然保护和环境舒适美化的角度出发，保存一部分森林，从当前的木材供应系统中划分出来。但在必要时，这部分森林又可再纳入木材供应系统。在森林资源长期储备计划中，一定要保持有备不测的灵活性，要有安全保证的观点。

6. 森林经营目标计划修订

为适应社会经济发展的需要，1987年7月日本内阁会议决定对森林机能目标、目标面积以及施业方法进行了修改。

全国2533万公顷森林，分5个目标机能：木材生产、水源涵养、防止山地灾害、保健文化和生活环境保全，加以经营(见下表)。

森林的机能		1980年计划目标面积	1987年7月修订后目标面积
木材(等)生产机能(万公顷)		1757	1580
水源涵养机能		1181	1435
防止山地灾害机能		366	436
保健保全机能	保健文化机能	332	512
	生活环境保健机能	—	355

（1）以木材(等)生产机能为主的目标面积减少，而各种公益机能的目标面积明显扩大。

（2）原来的4个目标机能改变为5个，即把保健保全机能分为保健文化机能和生活环境保全机能。创造舒适的生活环境，充分发挥森林的保健、文化、教育等方面的作用受到特别重视。

为高度发挥森林公益机能，并降低林业生产成本，又满足对不同林种的要求，即生产大径材，也生产小径木，日本人工林施业方式面积趋于减少，原计划 1239 万公顷，修改后降为 1150 万公顷；天然林施业面积相应扩大了。人工林施业中有 10% 要进行复层林施业，朝天然林化发展。

（四）德国林业的兼容性

1. 联邦德国用材林占 90% 以上，民主德国用材林占 76%

经 1987～1990 年调查，联邦德国森林总面积 775 万公顷，其中有林地 755 万公顷，无林地 20 万公顷，森林覆盖率为 31%。

有林地中 738 万公顷为用材林（wirtschaftsfeache），非用材林只占 17.6 万公顷，前者为 97.4%，后者为 2.3%。在用林中虽都进行木材生产，但有相当大的面积要充分考虑保证防护效益、游憩效益的发挥。

民主德国现有森林 296 万公顷，划分为三类：

一类林称保留林占森林总面积的 1.1%（1989 年），又可分为三种：①土壤侵蚀危险区森林，如陡坡、卵石、岩石裸露地以及山崖上的森林；②沿海、河岸森林；③公园和自然保护区森林。

二类林称保护林和特种林，面积在不断扩大，1969 年占 11.2%，1989 年扩大为 22%。可细分为 9 种：①科学实验林、教学林、经营示范林、水利实验林；②珍贵树种采种林和一些要求划定的采种林；③分布山脊、冲刷坡、中山裸露地以及平原裸露沙地的森林；④火烧迹地恢复林；⑤天然疗养林保护区，疗养地周围的生物气候保护区；⑥各种水利保护林，如饮用水设施；拦水坝防护林，洪水水、淹区防护林等；⑦一类林公园和自然保护区的外围自然保护区和自然纪念林；⑧大城市、大工业区的绿化带和游憩区森林；⑨森林偏少地方的景观林。

三类林为用材林，面积趋于缩小，现占森林总面积的 76%。

2. 根据法律规定，联邦德国大部分用材林也是多种公共效益林

联邦德国绝大部分森林平均每公顷年产木材量都在 4～5 立方米，同时又兼着防护机能。根据法律规定，不论公有林、私有林、都准许人们出入享受游憩的权利。

西部德国森林按公益机能分配一览表（1985 年状况）

州　　　别	森林面积（万公顷）	水源林（%）	土壤防护林（%）	环境保护林（%）	游憩林（%）
石勒苏益格－荷尔斯泰国州	14	未分	未分	未分	未分
海　　堡	0.4271	62	15	100	100
下萨克森州	97	20	3	11	19
北莱因－威斯特法伦州	88	20	2	26	13
黑森州	87	33	23	34	35
来因兰－法耳次州	81	32	19	21	22
萨尔州	8	4	7	29	20
巴登·符腾堡州	135	32	26	8	25
巴伐利亚州	247	31	14	11	17
西柏林	0.7890	17	26	16	97
联邦德国总平均	736	20	18	28	23

自然的生存基础，如土壤、水、气候、空气、植物、动物，都有求于森林的防护机能。随着人们业余休憩时间的增多，对森林的游憩机能的要求也在不断提高。德国西部在规划森林、经营林业时，都充分考虑森林各种效益机能的发挥利用。西部每个州几乎都绘制森林效益机能图，以规划实现森林各种效益机能。根据 1985 年的状况，联邦德国分 4 类公益机能林：水源林、游憩林、环境保护林，土壤防护林。可是实践中，联邦德国几乎没有什么森林是完全禁止采伐利用的。

3. 禁伐林实是近于自然经营的样板林

德国最大的林业州之一巴登·符腾堡州森林保护区包括禁伐林 Bknnwaader 和封闭保留林 Schonwalder。

到 1989 年 11 月为止，全州有 50 块禁伐林，计 1779.5 公顷。这里中止一切可以避免的人为营林干预，包括抚育。禁伐林实行全面保留，以科学研究森林生态系统为第一任务，不准进行人为干预。这里是天然实验室，显示自然生态基础，观察树种间的天然竞争，为确定森林经营和景观维护的实践方案，提供依据。禁伐林很大程度上也肩负自然保护区的任务，32 块计 1375 公顷禁伐林也是自然保护区。

根据禁伐林发展规划，禁伐林应尽可能包括巴登·符腾堡州主要森林立地的森林群落，并代表本州的核心部分。因环境政策和景观生态理由，还可能有更多森林划为禁伐林。从自然和物种保护意义而言，禁伐林也是生态保留地，对科研具有很高价值。

封闭保留林根据以下经营目的：①从植被观点出发；②从森林与景观历史观点出发；③从保护物种观点出发；要求贯彻相应措施，也即实施人为干预。从植被观点出发的保留林，特别要保持住标准林分和恢复标准林分，使其达到近乎天然状态，甚至是天然的树种组合。通过封闭保留林，逐渐明显扩大以禁伐林为代表的立地和森林群落种类。

当某些树种有趋于消失危险时，例如现在更新不佳，或必须进行抚育加以恢复，建立封闭保留林就特别重要。莱茵河滩地硬阔叶林栎树现在就存在消失的危险。JaubergeBen 禁伐林部分预示着栎的消失，而封闭保留林部分的目标是通过经营，以保持住这一树种。

根据森林史的观点，为矮林、中林经营划出封闭保留林，为这类经营建立森林结构样板，也是必要的。

巴登·符腾堡州禁伐林，封闭保留林建设，实是为了科学经营森林的目的。

4. 自然公园、自然保护区和国家公园肩负着不同使命

联邦德国 1921 年建立第一个自然公园，此后直到 1958 年没有发展；1976 年有自然公园 53 个，总面积 392 万公顷，其中森林 207 万公顷。自然公园占国土的 15.8%，占森林的 29%。1985 年自然公园增为 63 个，面积扩大为 533.5 万公顷，占国土的 208%。到目前为止，全国至少已有三分之一以上森林划为自然公园。这里的森林把游憩机能放在重要位置，但仍开展木材生产(见下表)。

	自然公园		自然保护区		国家公园	
	1980 年	1985 年	1980 年	1985 年	1980 年	1985 年
个数	62	63	1302	2102	2	2
面积(平方公里)	48190	53349	4229	4879	340	340
占国土的(%)	19.4	20.8	1.7	1.9	0.14	0.14

1985 年联邦德国有自然保护区 2102 个，占国土 1.9%，小的不足 1 公顷，大的在 200 公顷以上(见下表)目的是保护一定的植物和动物世界的生物群落。此外，还有两个国家公园，共 3.4 万公顷，占国土 0.14%，这是大面积的具有特殊意义的自然保护区，一般必须是保持原始状态较好的地方。

联邦德国 1985 年自然保护区状况

面积(公顷)	<1	1~5	5~10	10~20	20~50	50~100	100~200	200 及以上	总计
个数	30	290	347	370	449	258	162	196	2102
%	1.4	13.8	16.5	17.6	21.3	12.3	7.7	9.3	100

5. 波恩、柏林城市森林也生产木材并兼顾多种效益

联邦德国 10 万人口以上城市有 64 个，共拥有森林 173596 公顷，其中 96918 公顷属市政当局。平均每公顷年产木材 3~4 立方米，稍低于全国平均产材水平。

波恩市森林覆盖率为 27%，有森林 2.4 万公顷，每年产木材 7.5 万立方米，平均每公顷 3 立方米以上。立地的生产潜力为 5 立方米，因此还在要求提高产材量。

波恩森林又兼顾以下多种效益：63% 森林供市民游憩；38% 森林调节、纯净空气；9% 森林调节气候；2% 森林涵养水源，保护饮用水；22% 森林保护濒危物种。但全市只有 4 个林群计 62 公顷，停止一切经营活动。

西柏林总面积 47900 公顷，人口 200 多万，有森林 7800 公顷，每年生产木材 1400 立方米。

6. 关于木材生产与自然保护的讨论

德国林业近百年来一直被视为世界林业的一个楷模。但国内对自己林业的发展道路又在进行反思，20 世纪 60 年代以来受到自然保护界的猛烈批判。

(1)森林"是一万堆薪柴，还是给人们以绿色的喜悦？"这是德国诗人，剧作家布莱希特(1898~1956 年，1955 年 5 月获斯大林和平奖金)在其剧本"潘蒂拉老爷和他的男仆马狄"里，老爷对男仆的一句问话。德国很早就展开了有关森林经营目的的讨论。

(2)如仅搞木材生产或仅搞自然保护，这样就不存在政策领导的艺术了！这是哥丁根大学教授聪德尔博士 1983 年 9 月在北京林学院讲学时的一句名言。

德国有名的林业经济学家比得利希(N. Dieferich)说过：林业的政治家和立法必须达到各种效益的协调。要达到不同目标，不可能没有斗争。纠纷不仅存在于林主与森林里游憩者之间，同是游憩者还有骑马、步行、坐车之别，他们之间也有冲突；游憩者与木材生产、狩猎者之间又有矛盾。

聪德尔教授认为，林业政策的目的，就是要把各个方面协调起来，把矛盾减少到最低程度。

(3)林业权威们认为木材生产与自然保护矛盾的实质是经济问题。1988 年 10 月联邦德国召开规模宏大的林业大会，讨论林业明日的发展道路。林协主席 Riederer 说，林业需要帮助，但首先必须自寻出路。应该让公众明白，只有经济上健全的林业才可能从生态、美学角度去关心森林。林业企业持续亏损，必然将导致过伐和抚育上的漏洞，减少投入，荒疏保护工作。

慕尼黑大学林政与森林史教授 Plochmann 认为，森林永续经营与木材生产长期以来是有

利可图的，因此林主过去对森林的综合经营，即兼顾其他效益，从未发生过疑问。近年，林业收入下降，出现了亏损，才爆发了问题。

Plochmann 主张林业将来仍应是综合经营的，既生产木材及其他产品，又为社会服务。关键是要让林业仍有利可图。

巴登·符腾堡州农林部长魏泽尔以联邦德国一些自然保护管理职能与林业的分分合合为例，说明林业与自然保护是一致的。多年来，巴登·符腾堡州的森林采伐，已经是按照当时的立地条件，遵循接近于自然要求的原则，加以确定并实施的。因此是适宜的，如果再提出为生态目的大幅度消减采伐量，就完全没有必要。

（4）对林业历史上所犯错误的纠正。德国森林从 19 世纪初开始恢复，森林科学把当时的经济理论应用到理想森林模式的建立，也即追求最高的现金收入和投资的最大利润率。到 19 世纪末和 20 世纪初，恢复森林的成绩是惊人的，蓄积量、生长量都比原来翻了一、二番。但新起来的森林差不多均是同龄林，阔叶林、天然混交林被改造成了单一树种的针叶林。限于当时的知识水平，树种选择、种源选择也尚未提上日程。其后果是频繁发生各种灾害，风雪、火、病虫灾害交替肆虐。这就是德国林业历史上所犯错误的实质。

Plochmann 教授，现在面临两个抉择，或是采用一切现代技术，实现真正的人工林林业，或是向后退，回到更加符合生态要求的林业。

现代林业的发展前景[①]

十几年前，我们曾热烈探讨过林业现代化问题，并设想了许多标准。

现代林业是客观存在的。当今世界已有 30 多个国家、地区的森林资源处于恢复增长之中，其中不少国家的林业可以称得上是现代林业。但任何现代的都有缺陷。未来的林业是在现代林业的基础上向前发展的。

一、现代林业是资产阶级经济学和林学相结合的产物

现代林业以对森林开展永续经营为标志，永续原则 sustention 1713 年由德国人最早提出，当时只是一种愿望。现代林业的实践，则是从 19 世纪初期开始的，也是在德国。今日发达国家仍普遍承认德国是现代林业之父。

德国林政学教授 Richard Plochmann 认为，亚当·斯密（Adam Smith，1723～1790）和大卫·李嘉图（David Richardo，1772～1823）资产阶级经济思想在德国传播，并为林学家所接受，是形成德国现代林业理论基础的决定性条件。

亚当·斯密是中国人很熟识的经济学家，他的主要著作《国民财富的性质和原因的研究》一书（简称《国富论》）很早就由严复翻译（《原富》），介绍到我国。全书的核心内容是如何能增加国民财富。大卫·李嘉图坚持商品价值决定于生产中耗费的劳动的原理，明确提出了必要劳动的概念。在劳动决定价值的原理基础上，创立了地租论。

---

① 本文系沈照仁同志于 1992 年 10 月为中国林科院退（离）休科技工作者协会举办的林业科学技术新发展讲习班撰写的讲稿。

现代林业是(以资产阶级经济学与林学相结合为指导)把林地、森林当资本,通过对林地、森林的科学经营,增加财富,达到高地租收入目标。简而言之,没有森林的持续生长、蓄积的稳定增长,没有持续稳定增长的木材生产,就不会有财富的积累和高的地租收入,也就根本谈不上现代林业。

二、150～200 年的现代林业史主要是以增产木材为中心的林业史

一百多年前,世界工业发达国家的森林资源状况,几乎都非常凄惨。以德国为例,19世纪初,有位作家对当时的森林状况作了如下描述:"在成千公顷的林子里,竟找不到一棵能经得起人吊着摆动的树。"

资产阶级经济理论和地租理论明确告诉人们,林地荒芜,效益最低。恢复森林,无疑要进行各种对比选择。木材是重要商品,自然要选择生长快、木材销路好、价格俏的树种来恢复森林。根据经济效益评估,德国等中欧国家很容易就认定欧洲松、挪威云杉的地租效益最高。在以盈利为目的思想指导下,1820 年左右开始的森林恢复工作,把大面积阔叶林、次生林、混交林改造成了针叶纯林。

包括德国、奥地利、瑞士的中欧林业和包括瑞典、芬兰等的北欧林业,它们近百年来的显著成绩,客观上就表现为森林生长量、蓄积量和木材产量的成倍增长,森林资源愈砍愈多。

三、崭露头角的新的现代林业

20 世纪 60 年代,新西兰、南非、意大利工业人工林、速生丰产林,在世界崭露头角。70～80 年代,巴西、智利、刚果工业人工林又相继蓬勃兴起。一些专家认为,对现有森林实施永续经营的林业是传统林业,工业人工林林业才是现代林业,为区别两种林业,可把前者称为传统的现代林业,后者称为新的现代林业。

新的现代林业以在荒地、农地或森林的采伐迹地、火烧迹地上营造速生人工林为经营对象,采取各种现代科技手段,培育高产的木材、纤维作物。因此,有人认为,这实际是木材作物业,而不是森林业。巴西某些桉树工业人工林创造了每公顷年生长量记录达 100 立方米。欧洲农业生产过剩,许多国家为休闲农地谋求发展出路,林木纤维作物、林木能源作物可能在近一二十年内获得较大发展。这种短周期、超短周期的林木作物(2～5 年、5～10年)在美国、加拿大也受到重视。但世界工业人工林的发展还是非常缓慢的。

根据新西兰林学会的调查统计,每公顷年生长量平均 14 立方米以上的速生人工林,1990 年全世界共有 1360 万公顷。亚洲造林声势在世界上最大,只有 65 万公顷;拉丁美洲占得最多,为 780 万公顷;大洋洲 220 万公顷;非洲 190 万公顷;欧洲 105 万公顷。

一些专家把解决世界木材供应问题的希望寄托在发展工业人工林、速生丰产林上。有人甚至认为,新的现代林业将完全取代传统林业。例如:育种学家 Libby 教授曾指出:"在不久的将来,传统的实生苗林业将不再存在;希望要了解传统实生苗林业的人们,今后只有依靠照片资料。"

这是过于扩大了新的现代林业的作用。

四、新的现代林业只可能是对现有林经营的重要补充

有人认为，工业人工林发展到占世界现有林总面积（含稀疏林在内约 40 亿公顷）的 5%～10%，就有可能满足全世界的木材需要，因此现有森林全部可以保护起来。

人口增长，经济发展，生活水平提高对森林资源的压力也随着上升。根据一些权威性分析，地球的许多自然资源利用已达到临界，或超出临界，即"不继续恶化资源状况，已不能满足人类社会增长着的需求"。为解决这一严重危机，一些有识之士设想出一种两全其美的方案。他们把国际上现在存在的以下两种极端的观点调和起来：①自然的存在就是供人利用，森林也是如此。人类是地球的主人，依靠科学技术的不断进步，能巧妙地利用自然，既满足对物质产品的需求，又充分发挥自然的其他服务机能。发生问题时，可依靠深入的科学研究，进一步协调需求与自然资源的关系。依靠科学技术，可以创造高度专业化、严格控制的、非常高产的木材、纤维作物系统。②自然是一部有序的机器，如不为人类破坏，始终会有节奏的运转，因此反对人类去经营自然，并认为解决自然环境问题的最好办法，是听其自然。

作为地球重要因素的人类，对科学抱万能的态度和对自然抱无能为力的态度，都是错误的。因为科学技术的发展与应用要受到种种条件制约。

（1）森林资源遭到严重破坏主要发生在热带发展中国家和地区：巴西、智利、刚果的工业人工林为世人瞩目，但工业人工林发展并不能缓解对天然林、现有林的压力；在吃饭、烧柴问题尚未解决的国家和地区，近期内不可能腾出大量的土地发展工业人工林。

（2）发达地区的许多国家农业生产过剩，但并不一定愿意腾出大量土地发展工业人工林，这里有个经济效益对比、能否盈利的问题。例如，西班牙西北部 Cornisa Cantatrica 地区近 20 年来，大量农地用于造林，现在已有一半土地为林木所占，但收入只占农业经济总收入的 5%。欧洲议论农地造林已很久了，但如果经济上不合算，工业人工林不可能迅速发展。名噪一时的意大利波河平原杨树人工林，20 世纪 80 年代的面积比 50～60 年代至少缩小了 20%～30%。

（3）工业人工林并不能满足各种用材的质量要求。1990 年世界已有 1360 万公顷工业人工林，其中三分之二为造纸用材林。优质大径材由工业人工林来保证供应，困难很多。

（4）工业人工林树种单一，采用许多科学技术以保证高产，其存在的自身就产生很多环境生态问题，其功能单一，不可能满足社会对森林提出的多种需求。

工业人工林、速生丰产林以及无性系林业在一些国家的经济建设中确实已发挥很大的作用，但不可能取代传统林业，这是显而易见的。人类依靠科学可以巧妙地利用自然，不断修正协调社会需求与自然的关系；人类对自然又确实不是无能为力的。

五、对现代林业的发展展望

直到 20 世纪 80 年代，欧洲、日本林业都承认是以木材生产为中心，以盈利为目标的。但社会对森林的需求逐年增多，以经济学与林学相结合的现代林业已不能适应时代。有人主张，未来林业发展的指导思想，应是经济学、生物学和社会学的产物。片面强调某一方面，很难行得通。

1. 木材生产在未来林业中仍将占重要地位

德国林主协会工委主席 Franz Ludwig Graf 1992 年发表文章论木材生产在林业目标中的位次，分析了欧洲各国用材林比例：斯堪的纳维亚 3 国占 96%，欧共体 12 国占 72%，其余欧洲国家(不包括原苏联地区)占 89%；这表明木材生产在大部分森林经营中仍占主导地位。

根据联合国粮农组织的统计，1950～1989 年的四十年间，世界木材产量从 15 亿立方米上升到了 35 亿立方米，年增长率 2.3%。工业用木材与烧柴差不多各占一半。

1950 年世界人口 25.3 亿，1989 年 51.8 亿，人口年增长率为 1.8%。这表明世界人均木材消费增长速度高于人口增长率。1950 年世界人均消耗木材 0.6 立方米，1989 年上升为 0.67 立方米。

1991 年联合国粮农组织预测，2010 年世界木材消费量将比 1989 年增加 1.61 亿立方米；人均年需消耗木材 0.7 立方米。如何去满足社会对木材不断增长的需求，也是未来林业不可推卸的责任。

2. 森林是可更新资源，又是陆地生产力最高的生态系统

森林虽已遭严重破坏，但迄今为止仍是地球最丰富的生物资源。据估算，地球全部植物重量为 18000 亿吨，而森林木材部分的重量为 16000 亿吨，占 90%。森林一年生产量达 740 亿吨，其中一半是纤维素。世界现在年产近 2 亿吨纸，而大自然年产纤维素是它的 200 倍。

美国生态学家怀梯克计算出全球积存的生物量总量为 1855×10^9 吨，其中陆地生态系统占 99% 以上，达 1852×10^9 吨；而森林生态系统拥有 1680×10^9 吨生物量，占全球生物量的 90%。

1982 年苏联科学院院士维诺格拉多夫指出，森林地被是地球的主要生产力，是地球生物圈的能基地。世界森林总叶面几乎是地球面积的 3 倍。

众多科学家认为，现有森林的潜力还是很大的。

3. 社会对森林需求所开的单子愈来愈长

人类对木材等物质生产需求增长的同时，对森林的其他要求也愈来愈多，除传统的水源涵养、保持土壤、防风等之外，近一二十年又提出了许多新的要求。这些要求往往与增产木材相矛盾，例如保持物种多样性，必须保护各种动物、植物的生存条件。健康的林业要求及时利用，以保持森林的卫生状况，病腐木、枯立木应随时清理掉。对低洼湿地、沼泽林，为提高生长量，要求进行排水改造。但这对保持物种多样性却是不利的。又例如，人类社会要求保证供应更多的优质用水，在许多国家、地区，森林地下水是主要来源，这就要求森林尽可能的保持天然状态，不准使用肥料、药剂和除莠剂，这对提高木材产量显然不利。要求开辟更多的游乐场地，要求在调节大气候、小气候中发挥作用，要求尊重森林土著人的权利等等，对森林开发利用的限制还会不断增多。

4. 把尽可能多的森林辟为自然保护区、森林公园等

新西兰、南非人工林完全解决了木材供应，天然林完全保护了起来。以此为例，有人认为发展小面积集约经营的人工林，把大面积的天然林保护下来，是可能的。新西兰确实是个突出的例子，前届政府，把 600 多万公顷天然林完全划为自然保护区，归自然保护部门管理。南非则原本没有什么天然林。新西兰现任林业部部长 John Fallon 认为(1991 年 2 月)，前政府对天然林政策简单化了，并说新西兰人民不会同意为不能进行采伐利用的林木，去负担大笔开支。他认为人们应达到共识，即只能保存最需要保存的天然林，对其余的应开展合理的永续经营。

美国是主张对森林进行"分而治之"的人最多的国家，但因此纳税人要增加负担。据调查，为保护猫头鹰栖息地，封禁大面积俄勒冈、华盛顿两州森林，美国每户一年要多支付47～144美元。

联合国粮农组织（1992年6月）的一份报告指出，根据各国提供的资料，现在大约已有5%森林划为国家公园和自然保护区，但种种迹象表明，不仅继续扩大这一面积是非常困难的，保持住这一面积森林不遭破坏，甚至也是很难的。因为，大量以毁林为生的人口依然存在着。

全球至今仍有大面积人迹罕到的森林，或因生产力很低，或因开发非常困难，对这部分森林宣布为自然保护区，显然不会遇到阻力。美国近一二十年里已连续宣布成百万英亩林地为无路荒野保护区，也是一种自然保护区。

但要求发展中国家把具有巨大开发潜力的广袤森林，统统保护起来，是根本不可能实现的。

六、未来林业仍以永续经营为主要标志

1987年联合国的一份报告指出，对"永续性"的解释各有不同。但如果大家都同意"发展"的定义是增长福利，那么永续的发展简单地说就是在长时期内无衰退的福利增长。如果当代人或一二代人的福利增长，牺牲第三代人的利益，这样的发展就不是永续的。由此可见，所谓"永续性"实是对后代的态度问题。

现代林业是有缺陷的。未来的林业也一定会有缺陷，人类要协调各个方面。

木材生产与生态良好[①]

前　言

20世纪60年代初，新中国林业界就木材生产与森林资源衰退、破坏的关系问题，曾展开过一场广泛而深入的讨论。1963年出版的《国外林业和森林工业发展趋势》一书就是这场大讨论的产物。现摘引该书的一段话作为本文的代前言：

"根据1920～1930年前后的调查，芬兰、瑞典、挪威三国森林总蓄积量为31亿～32亿立方米。近几十年来，三国年总采伐量基本上保持在9000万～10000万立方米，平均每年约采伐总蓄积量的1/35。每年采伐这样多木材，又是几十年连续按这样的规模采伐，可是三国的森林面积没有减少。"

一、天然林资源衰退、枯竭不能归咎于木材生产

中国科学院院士吴中伦1963年考察瑞典、芬兰后指出：这两个国家的森林经营方法值得我们学习。谭震林副总理概括北欧森林具有"四高二低"的特点。"四高"，即生产量高、采伐量高、利用率高、间伐量高；"两低"，即自然损耗低、成本低。吴先生说，两国采伐

---

① 本文系沈照仁同志撰写的调研报告，连载发表于《世界林业研究》2001年第6期和2002年第1期。

方法好，就做到了愈砍愈多，愈砍愈好。

瑞典葛特兰的斯摩兰高地和西海岸附近的森林，在连年无节制的采伐下，到 19 世纪 80 年代濒于枯竭，使大批以伐木为生的人陷于失业，流向国外。据统计，这一时期移居北美等地的外流人口达 40 万，约相当于总人口的 6% ~ 7%。乱砍滥伐，无视更新，导致森林资源严重破坏，是引发大量人口外流的一个主要原因。

此后，瑞典颁布有关森林的法令，控制住了采伐利用无序的现象。近百年来，瑞典森林采伐利用量在稳步增长，森林的蓄积量、生长量也在持续稳步增长。

新中国成立 50 年以来，林业为国家累计提供了 21 亿立方米木材。芬兰国土面积约相当于我国黑龙江省的四分之三，1949 ~ 1999 年的 50 年累计产商品材 20 亿立方米。根据 1951 ~ 1953 年调查，芬兰森林总蓄积量为 15.38 亿立方米，这就是说 50 年商品材生产累计已远超过原来的总蓄积量。1986 ~ 1994 年调查显示，芬兰森林蓄积量已达到 18.87 亿立方米。

是采伐方式不好，而不是木材生产导致中国天然林衰退和破坏，这是 40 年前中国林业界已经达到过的共识。

二、采伐利用应是生态系统的组成部分

"生态系统是在一定的时间和空间范围内，各生物成分和非生物成分，通过能量流动和物质循环而相互作用，相互依存所形成的生态学的结构与功能单位。"（摘自安树青主编的《生态学辞典》）

这个"功能单位"可以大到"地球村"，现在常说，人类只有一个地球，就是要告诫人们，人类与地球是一个大的生态系。也可以小到一个"小流域"、一条"小山沟"、一块"坡地"，甚至更小。

大的生态系统，如森林、草原、苔原、湖泊、河流、海洋、农田。凡生态系统，都包含四个基本组成成分，即无机环境、生物的生产者（绿色植物）、消费者（草食动物和肉食动物）、分解者（腐生微生物）（摘自《辞海》）。生态系统在环境与生物之间反复地进行着生物—地球—化学的循环作用。生态系统里既有生产者生产，就必须有消费者、分解者消费、分解，才能完成循环。人类的利用消费难道不应视作地球生态系统不可缺少的组成部分吗?!

我国林业行政领导现在反复强调"森林是陆地生态系统的主体"，但却有意无意地回避国外生态学家 1970 年所下的另一个结论："森林第一净生产力较陆地任何其他生态系统为高。"惠特克估算，"在整个陆地上，森林生态系统所拥有的生物量为 1680 亿吨，占陆地生物总量的 90% 以上。"生态学家还认为，森林生态系统的生产力比地球另一个最大生态系统海洋生态系统的生产力也要大得多。

我不是搞生态的，深感生态学的奥秘。人类既是地球上最大的生物群体，为了生存和发展，必然要从生态环境中获取所需要的物质和能量。生态学重视生态效率的发挥。所谓"生态效率"是指生态系统食物链各个营养级之间，实际利用能量的百分率，一般为 4% ~ 25%，平均为 10% ~ 15%。在认识自然的基础上，人类利用生态效率是否大有潜力可挖?

突尼斯森林总工程师拉赫比是地中海森林协会主席，1999 年 6 月发表文章指出，人们很早就享有森林利用权，过去并不威胁森林存在。现在单纯依靠育林技术措施，难以达到保护、恢复、发展森林的目的，只有对以下两条路作一抉择，才有可能解决问题：一是把入侵森林的居民全部清理出去，才能实施纯净的林业；二是把森林住民整合在森林经济系统里，

视其为森林生态系统的重要组成部分。前一途径是过于乌托邦的设想。

中国的森林生态系统经过长时期的过量、无序利用，现在需要休养生息，以谋求恢复发展。恢复发展森林生态系统的生产力，可能是实现中国"生态良好"的一个关键所在。

三、社会发展必然要求提高森林生产力

在自然经济时期，社会生产力水平低下，社会分工不发达，生产是自给自足性质的，对大自然开展的采集、狩猎活动，主要是为了自己的需要。早在二三千年前，世界的贤人哲士已经认识到，只要适时、适量利用，不要贪婪，环境会是"生态良好"的。

孟轲（公元前 372～289 年）："不违农时，谷不可胜食也。数罟不入洿，鱼鳖不可胜食也。斧斤以时入山林，林木不可胜用也。谷与鱼鳖不可胜食，林木不可胜用，是使民养丧死无憾也。"

荀况（公元前 313～238 年）主张"性恶论"，政治观点上与孟轲的"性善论"相对立，但在森林可持续利用的看法上完全一致。他提出："草木荣华滋硕之时，则斧斤不入山林，不夭其生，不绝其长。"

犹太教《旧约》中可以找到有 3000 年历史的涉及善待环境的伦理准则，要求在利用土地、森林、自然时，重视休养生息。遗憾的是，以色列在大卫王和所罗门王的领导下，为了营造富丽堂皇的宫殿和庙宇，以色列的橡树就像黎巴嫩的著名雪松一样，被砍伐一空。要求保护土地的摩西戒律，很少有人遵守，所罗门死后，以色列开始衰落。

随着资本主义商品经济的出现，工业化生产发展起来，人口增长与生活水平提高，木材成了重要的商品，既是非常重要的燃料、原料、建筑材料，又是早期资本原料积累的一个重要来源。原始的天然林利用方式已不能适应工业化大生产的要求。社会发展中出现新的矛盾，靠贤士哲人的规劝和教诲，已解决不了问题。

17～18 世纪时，欧洲资本主义国家森林资源相继枯竭。18 世纪后半叶，德国已没有像样的森林，剩下的只有矮林、中林。木材饥荒威胁着整个欧洲。

用了约 100 年时间，德国完成了听其自然的天然林林业向人工经营的森林业的转变。近200 年来，德国林业被奉为世界林业的典范。德国森林 200 年前每公顷蓄积量是很低的，第二次世界大战后又曾降到不足 100 立方米/公顷。联邦德国 1950～1989 年的 40 年间，每年平均产木材 2700 万立方米，森林年产木材 4 立方米/公顷左右。同期内蓄积量从 92 立方米/公顷上升到了近 300 立方米/公顷。民主德国第二次世界大战后森林年产材 3～4 立方米/公顷，森林平均蓄积量 1948 年为 87 立方米/公顷，1988 年上升到 188 立方米/公顷。第二次世界大战以后 50 年，德全国 1074 万公顷森林，累计为国民经济已提供了约 15 亿～20 亿立方米木材，单位面积的林木蓄积量还成倍增长了。

在 18～19 世纪，德国原有森林如听其自然恢复，不仅生产力满足不了要求，平均一年只能产 1 立方米/公顷左右木材，而且不能保证供应所需木材的品种和质量。

德国 1978 年再版《造林学》有一节专述矮林改造，指出：矮林 1 公顷，60 年供材量很少能超过 250 层积立方米薪材、造纸材或木片以及大约 50 立方米干材。扣除生产成本，大约还能剩余 1000 马克/公顷。在相同时期内，如为中等立地的落叶松林，包括间伐材，能供应450 立方米/公顷用材；如为云杉林，则可供应 550 立方米/公顷用材。扣除生产成本，可得收入 2 万～3 万马克/公顷。

　　由此可见，德国森林的第一次改造，从低产次生林，从遭人类长期破坏的天然林，改造为高产的人工林，实为发展的必然。但在天然次生林改造为人工林过程中，过分突出经济利益。

　　在自由化资本主义学说的影响下，人们只把森林看做是实物资本，从中追求最大利润，认为"造林的主要目的是：在所给予的土地上，通过木材生产，谋求最大的纯利收入。"他们讽刺挖苦主张橡树造林的人，"喜欢吃橡实甚于面包"，并指出："山毛榉乔林作业很美，吸引人"，但"一件经济艺术品不带来投资的最大利润，又有什么意义？"

　　经人工强度干预，德国森林背离自然状态愈来愈远，其后果愈来愈严重：不稳定性，灾害频起。年年有相当大部分的木材生产属灾害抢救伐。大灾也成了常规，周期性地发生。1990 年大风暴给森林造成的伤痛还未消失，1999 年圣诞风暴又起。阵阵灾害示意着德国森林必须再改造。

四、森林利用与保护的辩证法

（一）阿尔卑斯山南坡意大利人认为积极保护之道是利用

　　阿尔卑斯山脉整个南坡几乎都在意大利境内。恩格斯在《自然辩证法》一文中曾指出，意大利砍光了阿尔卑斯山南坡的松林。

　　没有了森林，阿尔卑斯山脉的大多数地方是无法生存的。现在，意大利全国划分为 20 个行政区，其中 5 个为特别自治行政区，瓦莱达奥斯塔是特别自治行政区之一。

　　瓦莱达奥斯塔山区森林全部为防护林。几百年来，禁伐是奥斯塔山地防护林唯一采取过的保护措施。一百多年前就有学者认识到这样做是不够的，并指出："长远地看，我们无可逃避地要面临森林老化的危险，如果不及时，不时时采取措施加以防范，森林过熟的危险必然发生。"

　　都灵大学农林学院 Renzo Motta 等认为，森林生态系统、山地森林的结构、功能特性都在持续地变化。结构变化有缓慢的，如树木生长；也有剧烈的，如树木遭风暴破坏。为维持有效的防护功能，应避免进行破坏性采伐，但又必须确保不听凭其自然发展，因为放弃经营管理，林分自然发展到一定阶段极易受到破坏性事件的不良影响。具有直接防护功能的森林，应优先给予育林干预。瓦莱达奥斯塔森林仍把木材生产列为 4 大功能之一。

（二）美国西部天然林火灾频发的原因可能是利用不足

　　美国民主、共和两党对西部天然林问题有着深刻的分歧。20 世纪 90 年代西部天然林频繁发生大火，使双方在保护与利用的认识上，达到了共同意见。

　　克林顿时期的林务局长 2001 年 3 月，在离任前指出：国有天然林采伐量将呈减少趋势。但这并不意味着今后几十年里木材生产必须从天然林里消失。谨慎地调节采伐乃是近几十年实施森林多效益经营的重要手段，也是恢复森林健康所必需的。为减轻西部的火灾危险，开拓小径木利用途径，以恢复森林健康实应放在优先地位。

　　布什政府与西部诸州州长 2001 年 8 月 13 日达成一项编制防治荒野火灾的国家长远计划的协议。在讨论过程中，决策者们意识到单纯的保护，可能延误真正保护天然林的时机。南达科他州州长威廉·杨克劳显得特别着急，指出：去年（2000 年）那样的大火，现在又正在西部燃烧。美国为参加第二次世界大战，准备了三年半。"我们不能等那么久了，再等下去，森林全烧光了！"

现任林务局长戴尔·特斯沃思说，关于荒野火灾问题已纠缠几十年了，我们需要一个长远的战略。为有效管理森林，必须清除机构壁垒，以迅速开展机械化疏伐和进行计划烧除。博斯沃思承认自己已被天然林有这么多死树枯木、灌丛以及倒木满地，扰得心神难安。我们多迟延一日，森林里火灾燃料就多储存一些，就给清理带来更多困难。

（三）希腊阿勒颇松林采伐、割脂、旅游与蓄积增长等的关系

希腊于1972年以后减少对阿勒颇松林的采伐利用，其原因是旅游业的要求和薪柴销路不畅。此后，阿勒颇松林平均蓄积量明显增加，从50.5立方米/公顷，提高到1987年的66.3立方米/公顷。

塞萨洛尼基林业研究所的学者潘帕杰诺波罗斯在1988年9月召开的地中海林产品国际研讨会上指出，如果把提高森林蓄积当做一个目标来追求，不见得就是正确无可争辩的，这可能带来许多副作用。

希腊有阿勒颇松林33.6万公顷，其中26.9万公顷达到经营成熟期，其余因树龄小或蓄积量低而未纳入经营。在经营的阿勒颇松林一半树木有割脂沟，每年产脂12500吨。一般认为可采脂树木为130株/公顷，现在只采脂70株，并继续减少。

潘帕杰诺波罗斯认为，在阿勒颇松林采伐是经营所必需的，蓄积量宜保持在50立方米/公顷左右。当采伐在正常进行时，采脂条件也得到改善。采伐减少了，采脂也随之减少，阿勒颇松林的可燃物积累过多，火灾必然增多。

根据统计，阿勒颇松林1971年采伐面积为6289公顷，1987年减少为1137公顷。随着采伐面积逐年减少，松林的火灾面积成正比例逐年增长，1987年上升到14395公顷，为1971年遭灾面积1345公顷的11倍。

采伐面积减少破坏了木材生产永续的原则，每年火灾损失的材积又高于蓄积增加。1965～1971年每年火灾损失材积平均为67.915立方米，1972年以后每年火灾损失量以10%～20%的幅度上升，1987年达到954.264立方米。这就向人们提出了疑问："是有组织地采伐利用好，还是听凭火灾烧掉好？"

希腊养蜂业也积极反对过森林采伐，认为采伐缩小了放蜂面积。采伐面积缩小之后，火灾增多，养蜂受到的影响更大了！

（四）放弃利用，林业必然落伍

著名植物学家Bruenig 1998年发表"可持续林业，环境与社会"一文认为：林业可持续性应回答如下基本问题：有多少林木和哪些林木可以采伐，有多少植物生物量可以经常利用，而并不危害生态系的生命力、功能发挥与本身的自我调节，以及保持住生产能力以适应人类对产品与功能效益经常变化着的需求？他指出：在热带良好条件下的龙脑香混交林平均可年产15吨干重树干材与树皮。潜在可供商业利用的约6～8吨/公顷干重连皮干材，但因经营不当、失误，最终到手能利用的只有1～3吨/公顷。通过精心经营，"从各个损失环节中争取多利用，每公顷产出量是可以翻番增长的。"

现任台湾省林务局长黄裕星认为，台湾木材自给率连年下降，降到一年只产木材5万～6万立方米，是非常令人忧虑的。国产材市场不景气，必然导致本省林业的严重衰退。

台湾光复之初，民间造林盛极一时。政府为引进民间资金与劳力，以加速完成恢复造林。20世纪50～60年代，国产材需求殷切，市场活络，民间造林蔚为风尚。到了70年代，国产材市场萎缩，价格低落，造林回报偏低。相当大部分林农放弃营林，在租地或自有地

上，进行违规与超限利用，种植非林木之经济作物，如槟榔、果树、茶叶、高冷蔬菜等，这已成为当前政府林政管理的棘手问题。

日本木材需求有五分之四依赖进口，长期靠国外，已导致本国林业的严重衰退。2000年日本林业白皮书指出，先人保护培育起来的森林资源，不加利用，就趋于荒芜。为保护培育好21世纪的森林，在持续发挥森林多种效益的同时，必须整备森林，实现森林资源的循环利用，必须促进木材利用，使林业健康地发展起来。

2000年林业白皮书显示，日本多数林主对森林经营失去了兴趣。近5年该进行间伐的平均有62%没有完成，采伐迹地有四分之三更新无保证。

生产与消费，森林资源增长与森林资源利用是一对矛盾。在经济全球化时期，中国难道应该放弃林业这一领域的竞争吗？从美国万里迢迢运来阔叶材，加工成家具返销回去；从日本翻山越海送来间伐小径木，加工成木筷运还客户，未来中国的林业不应是这样的！

（五）利用不足也可能受大自然惩罚

一切生态系统都包含着生与死，生长与衰亡，生产与消费，大自然生长出来的，人类不去利用，火灾、风暴、病虫害等会吞噬其大部分，这是规律。利用不足是否也可能带来大自然的惩罚，目前尚无定论。但欧洲发生的疑惑和欧洲林业现在的追求，很值得我们深思。

1. 50年来，森林灾害多了，为什么？

人们大概都知道，约一二百年前，在欧洲如瑞士、法国等洪水也曾频繁肆虐，无异于现在第三世界。以后经立法护林，大力造林、恢复森林植被，因森林破坏诱发的自然灾害减少了。但近几十年来，欧洲森林蒙受自然灾害的频率和严重程度常又发人提问，这是由于什么？

根据荷兰的资料，1950~1999年间，欧洲年年都发生森林风暴灾；一年内造成2000万立方米以上林木损伤的风暴灾已达10次。1990年和1999~2000年的两次大风暴，1997年大洪水都给欧洲森林造成切肤之痛。

1990年大风暴，德国遭灾林木是正常年份采伐量的2.5倍。1999年风暴灾，法国风倒、风折林木近1.4亿立方米，是法国1998年采伐量的3.25倍；瑞士受灾量1200万立方米，是年采伐量的2.88倍。奥地利维也纳的一个水源林林场，风倒、风折林木30万立方米，相当于年计算采伐量的20倍。1997年大洪水中，波兰有3.4万公顷森林被毁。

德国林业20世纪80年代以来，再未纳入过正常经营的轨道，灾害一个接着一个。林学界认为这是"把近自然的混交林改造为人工的生产林的一个后果"，人工生态系统比天然的稳定性差，易遭各种灾害袭击。

近50年来，风暴灾给欧洲森林造成的损伤记录，已毋庸置疑地告诉人们，必须探索其原因。采伐林木无利可图，或利益很小，欧洲又以私有林为主，许多该进行采伐利用的森林因未受到必要的经营管理，一遇到自然灾害，就酿成惨重损失。

2. 欧洲普遍重视扩大森林利用量

芬兰《国家2010年森林计划》要求强化森林抚育，促进森林利用，保护南部森林，扶植木材能源利用，提高木材精加工程度。年可持续采伐量将提到6300万~6800万立方米，约相当于20世纪后50年平均年采伐量的150%~170%。

瑞典政府的一份林业预测报告，介绍11种方案，阐明不同的育林战略，环境工作与木材产量水平均可达到激励人心的结果。21世纪的一百年内，瑞典森林的年生产能力从现在的 9650 万立方米，将提升到 1.07 亿 ~ 1.16 亿立方米；最高可持续的木材年产量可达到 0.82 亿 ~ 1.04 亿立方米，比现在提高 25% ~ 30%；林木总蓄积量从 28 亿立方米上升到 32 亿 ~ 34 亿立方米；阔叶树种比，从 16% 扩大为 25%；老龄林保留率从现在的 4.5% 提升到 7.5% ~ 10.5%。瑞典林业总局长 Maria Norrfalk 认为，坚持正确合理的林业实践，木材生产与生物多样性两者并行发展是毋庸置疑的。

瑞士是多山的旅游王国，新森林法规定的森林防护功能、游憩功能和木材生产功能并重。瑞士联邦计划实施 2001 ~ 2003 年促进木材利用行动，国产材利用量将从 450 万立方米提高到 600 万立方米。

五、近自然林业可能实现利用与保护的结合

森林虽是地球生产力最高的生态系统，但随着人类社会发展，人口增长，大自然恩赐的生产力远远不能满足需要。二三千年前哲人贤士的教诲并不能抑制人们不断改善生活的普遍欲望，唯一可行的办法是提高生产力。

学习农业，林业搞单一树种栽培，同样可以显著增产。但人类几千年文明，已经把过多的自然环境改造成了人工生态系统。第二次世界大战以后，资本主义国家为恢复、发展经济，大量需要木材，把重型机械应用到了一些热带国家森林开发。只用了短短的二三十年，泰国、菲律宾、墨西哥、尼日利亚等国的森林便得到严重破坏。世界热带森林以 20 ~ 40 公顷/分钟的速度在消失。20 世纪 70 ~ 80 年代，世界敲起了制止森林破坏的响钟。

但社会要发展，没有一个国家可能放弃对自然资源的利用，问题是如何实现自然资源开发利用与保护自然、环境的统一。一百多年前，欧洲对森林开始进行顺乎自然经营、近自然经营以及后来为以生态为导向的经营，为两者结合迈出了可喜的第一步。

（一）德国林业的第二次改造

德国 200 多年前产生的法正林、标准林林业思想和以后的实践，消除了对森林只利用不经营的错误，无疑在世界林业发展史上是一个很大的进步、转折。法正林林业是与工业经济相适应的森林经营方式，热衷于追求高利润、高地租，片面地突出生产合理化。这也是与人们对森林的认识浅薄，对森林的诸多关系无知相联系的。同龄针叶纯林的不稳定性，多灾害，产材结构中次等低质材、小径材比重大，产值低，生产成本高。

适应自然的林业、近自然林业和生态林业实质上是"知识林业"，即充分认识森林及其诸多关系基础上的林业。可是，她与法正林林业一样，也是一种产业，仍是一种以森林、林地为资本的经营。与法正林林业的最大区别在于：接近自然状态地经营造林，而不是违背自然的；要求尽量充分地利用自然力，少人工投入、干预，保持森林环境；达到高产出，多产优质大径材。

全世界要求实践近自然林业的呼声很高，但真正的实践需要一个漫长的过程。现在主导世界的传统林业：多数还是只利用森林不经营森林的林业；少数是虽重视经营，但办法不当。工业发达国家林业一般都已完成第一次改造；德国等少数国家 100 多年前对林业开始第二次改造试点，迫于目前社会的迫切要求，第二次改造的速度可能加快。人类改造自然为人工生态系统是容易做到的，而把已形成的人工生态系统恢复到自然的或近乎自然的，则需要知识。何况要恢复的不单纯是完全的自然状态，而是要求其又适于、便于、利于人类利用的。这就更需要知识。

1. 近自然林业必须有经济效益

德国粮食和农林部长博尔歇特 1998 年 10 月指出，近自然经营森林，可以保持森林的生态功能，保护动植物的生存空间，与农业一起共同保持高度文明景观，保护我们人类生存空间。但对森林投入应有经济回报。单有理想主义是不够的。只有当经营森林能获得经济回报时，林主才可能为养护、塑造森林而努力，从而给社会带来种种效益。德国把开发新的木材产区，促进木材销路，置于优先的地位。

德国总理科尔在 1994 年的一次讲话中，要求"政治家向林学家学习治理国家的艺术，因为林学家始终是在为后代工作"。德国勃伦登堡州的一位林业局局长非常赞赏科尔对林学家的高度评价，1998 年 6 月著文指出："今日社会的最高艺术，是使尽可能接近自然的方式经营森林与市场的要求达到最佳协调。"

2. 在全德建立天然林保留区

德国很早就没有了原始森林，但全国各种立地生长区还残留下一些天然林。为了长期持续地近自然地经营森林，人们必须知道自然残留下来的森林是如何在"运行"的。因此，保护残留的天然林早已为林学界所重视。

1970 年为欧洲自然保护年，对天然林残留地保护工作出现了突破。是年，林学家 H·迪特里希等明确指出，现在的天然林保留地是明日的原始林的思想。到 1997 年 7 月为止，全德已有天然林保留区 601 个，面积 21195 公顷，占森林总面积 1041.6 万公顷的 0.21%。全德天然林保留区的总面积不是很大，每个保留区的平均面积也仅 33.5 公顷，但较均匀地分散在全德森林生长区。每个天然林保留区都代表着各自的森林生长条件类型，因此具有自然的直观价值，对科学研究的意义巨大，也为近自然地经营森林提供了参照。

3. 各州都制定了改造现有林的长远计划

德国零星地开展近自然林业虽有百年历史，但全国各州均制定长远的现有林改造计划，则是近 10 年的事。

下萨克森州以平原为主，历史上是德国景观变化最大的地区。200 多年前，森林只残留下 1%~2% 覆盖着土地。潜在的天然林组成，阔叶林占 80% 以上。第一次改造后，即现有林组成，针叶树占了 90% 以上。下萨克森州现有森林 106.8 万公顷，覆盖率为 23%；平均蓄积量 198 立方米/公顷。

第二次改造于 20 世纪 90 年代全面开始，计划目标将针叶树种减到 50% 以下，有可能的地方发展混交林，并促进大面积天然阔叶混交林回归，但并不设想完全回归到天然林，即未来的森林不会是原始天然林，只是比现有林更接近自然而已。根据下萨克森州"长期的生态森林发展计划"，森林的生产、防护、游憩功能放在同等重要地位。到 1999 年 10 月为止，已有 32% 的州有林(州有林占全州森林的三分之一)划为各类森林保护区和特殊生物群落生境，但完全不进行采伐利用的只占州有林的 7%，其中 2% 为天然林、类似天然林的保留地，另有 5% 属国家公园，只供观察，听凭自然发展。由于三分之一州有林或多或少放弃了木材生产，偏重自然保护，州有林平均年收入约减少 110 马克/公顷。因此，林业必须获得稳定的补偿，以确保经营有利可图。

4. 各州都在进行管理体制改革

萨尔是德国的一个小州。州有林管理最近改制为公司，拥有林地 38330 公顷，其中有林地 37820 公顷。天然林保留地、大面积保护区约占林地的 4.5%。森林平均实有蓄积量 253

立方米/公顷，标定的蓄积量应为 300 立方米/公顷；年采伐约 5 立方米/公顷，年生长量为 8 立方米/公顷。

根据近自然经营原则，尽量少投人力干预，职工总数从 1994 年的 360 人裁减为 256 人。

2001 年的经营计划确定州有林公司的总开支为 2480 万马克，其中人员工薪为 1720 万马克(占 69%)，其余为管理、物料以及杂项开支。

同年经营收入：木材销售 1250 万马克，正好相当于总开支的一半。副业利用、狩猎、渔业、场地出租以及其他经营收入计 280 万马克，可抵消开支的 11%。州有林为全州、社区提供的服务效益可从相关部门获得收入 580 万马克，相当于总开支的 23%。

收支相抵后仍有 370 万马克缺口。继续裁员、提高采伐量、削减道路建设都是探讨解决缺口的途径。

5. 个别示范企业的近自然经营是盈利的

个别实施近自然经营的森林，保持生态系统处于顶极状态，培养采伐大径木，产值高。斯托芬堡林业局是下萨克森州一个经营山地森林的机构，接近自然方式经营州有林已积累 50 年的经验。根据上一个森林经理期(1982~1991 年)的数据，州有林平均年纯利润为 102 马克/公顷。

(二)奥地利森林旅游、防护、木材生产都不误

奥地利 1995 年国际旅游收入人均达 1505 美元，相当于欧洲平均的 4 倍多。不论是独树一帜的高山冰雪滑道运动旅游，还是幽境漫步，或增强体魄的狩猎与修养心性的垂钓，均离不开森林环境的衬托和保护。因此奥地利旅游业的成就，实得益于森林业的兴旺发达。

旅游业一直是奥地利国民经济创汇最多的部门，但 1997 年，林业与木材业曾跃居首位。奥地利非常重视森林的经济开发利用，仍坚持扩大木材生产。战后初期，奥地利森林年允许采伐量为 700 万立方米；80 年代实际年采伐量是 1100 万~1200 万立方米；1996 年的采伐量为 1501 万立方米，1997 年和 1998 年分别为 1470 万立方米和 1400 万立方米。在采伐量稳定增长的条件下，森林经营状况不断改善，生长量也持续上升。1992~1996 年森林年总生长量已达 2730 万立方米(连皮材积)，每年实际只利用了三分之二。

维也纳农业大学教授约瑟夫·斯波克 1999 年 3 月指出，森林仍然是谋生的基础，帮助乡村脱离困境。他列举一户林农 Astner 不同作业每小时劳动收入进行对比，发现从事森林作业的劳动收入最高，每小时可达 250 先令，务农为 39 先令，圣诞树培育为 96 先令，房屋出租为 120 先令(13.76 奥地利先令＝1 欧元)。

斯波克教授认为，我们不要去搞人类与自然的对立，而应去协调，以达到两者正确的平衡。

政府重视天然林的恢复。1992~1997 年对全国森林自然度等级，或称森林受人为干预等级进行了调查，其结果显示：四分之一森林处于天然与近天然状态。已经经历适度变化的森林，但仍保持着潜在天然林植物群落成分的，在奥地利占据着优势地位。已完全人工化的森林约占三分之一。

奥地利多山，森林总面积的 22% 被划为防护林，其中三分之一进行采伐利用，三分之二不进行采伐利用。完全处于天然林状态的一般为不可及，实际上是难以采伐利用的。最近对森林稳定性问题调查显示，不进行采伐利用的防护林近一半为不稳定。维也纳大学造林研究所所长认为(2000 年 2 月)，通过精心组织的采伐利用，可以改善防护林结构，并促进更新。

（三）南非对最后一块天然林实施综合经营

南非天然林很早就基本消失了。1883 年森林法颁布，但森林已所剩无几。根据 1985 年资料，南非尚保留着 30 万公顷天然林，只相当于国土的 0.25%。Knysna 林是南非现保留最后一块天然林。Knysna 是土著人的叫法，意为"森林与海岸交汇的地方"。林区总面积 60500 公顷，属南非水利与林业部经营的有 40000 公顷，其中 35000 公顷为乔林，5000 公顷为高原、山地硬阔叶灌丛。

Knysna 天然林经营体系由德国 F. V. Breitenbach 1966 年创立，把保持、保护天然林面积放在中心地位的同时，又很重视木材生产，以满足本地市场与木材工业的需要。单株择伐为唯一的采伐方式。根据林木的外表特征，依照"衰退标准调节木材采伐量的办法"，调查林木丧失生命活力的程度，如树冠稀疏、枯梢、干腐，确定一个经营期内应该采伐的树木。这是在为期 10 年深入研究林木死亡过程的基础之上，开展单株择伐利用。1994～1995 年度，Knysna 林生产了 1100 立方米本地树种木材和 1500 立方米黑荆树木材，计收入 190 万兰特，相当于 80 万德国马克，足以补偿集约经营的开支与采运费用。

Knysna 天然林经营获得许多林学家好评，认为极具示范作用，把保护自然、发挥森林旅游与文化教育作用、木材生产有机地结合起来了。

（四）在热带试行近自然经营

热带森林经采伐利用之后，一般都发生了衰退。许多国家的政府为增加经济收入，开辟新财源，总是把衰退林、采伐迹地改造为人工林，种植经济作物或发展牧场。这是天然林改变为人工生态系统的过程。因为人们以为人工化一定比自然恢复快得多，经济效益也高。

在印度尼西亚有长期的观测资料表明，人工造林并不见得比天然更新快很多。例如南加里曼丹省巴乌特岛 12 年标准地实测资料显示，采伐后保留林年生长量平均为 19.99 立方米/公顷；改造为人工林，马占相思年生长量为 26.06 立方米/公顷，南洋楹为 21.88 立方米/公顷。

印度尼西亚 Malawarman 大学热带雨林森林更新研究中心 1993 年指出，许多公司认为造林要比天然更新经济上合算得多，这也需要进一步论证。热带天然林采伐迹地改造为合欢人工林，每年可产 20 立方米/公顷木材，价值 600 美元。如果注意保护采伐后的天然林，一年可产 8 立方米/公顷梅兰蒂（龙脑香木材），其价值为 1888 美元。同时还必须考虑的是天然林迹地改造为人工林的费用，它比抚育天然林迹地更新高 10 倍。

（五）英国、日本都在进行人工林改造

英国在一战后开始大规模造林；日本在第二次世界大战后也开展大面积造林，均以德国法正林思想为模式。近 20 年来，英国和日本都在策划、实施人工林改造，虽各有各的具体做法，但趋向天然化是一致的。

日本 2000 年林业白皮书简单介绍了人工林天然化的实施方案，把原先 40～50 年轮伐的针叶纯林，通过择伐、栽植更新培育、引进乡土适地树种，并间伐抚育，形成异龄覆层混交林，变短伐期林业为"长期育成循环施业"型林业。

六、中国森林面临着巨大而繁重的改造任务

中国森林名义上的面积愈来愈大，而森林生产力愈来愈低，这可能是长期重利用，不讲

经营，重造林，不讲管理，追求森林面积名义上的扩大，不讲经济效益的结果。

森林生产力的实际体现的是单位面积平均蓄积量、生长量和利用量。片面追求经济效益，可能危及生态的稳定性，不利于自然和环境保护。但以生态为导向的谋求森林蓄积量、生长量和利用量的提高，可能是增强森林的防护功能、储碳功能、游憩美学功能以及生物多样性保护等的必要前提。

中国现有森林，不论是天然林，还是人工林的生产力都非常低。不根本改变这一局面，不可能实现"生态良好"。

1997年10月在土耳其召开的第十一届世界林业大会发布《安塔利亚宣言》，其中的第7条呼吁各国和国际组织"研究将森林蓄积变化纳入国民经济核算体系的方法和途径"，这是有非常深远意义的。迄今为止，许多国家只利用森林而无视经营培育森林。一些国家常常满足于名义上的森林面积没有减少，而对林木资源持续衰退束手无策。宣言的这一条是企图告诉人们，应该把森林蓄积变化视作国家财富、企业资产的变化，并将其纳入国民经济核算。

中国人多，劳动力充足，而林地资源非常有限。利用劳动力优势，不可能增加一分林地，却有可能迅速提高名义上的森林覆盖率。但森林覆盖率提高必须与蓄积量增长相结合，才意味着国家财富增长。为提高现有森林的生产力，不进行改造，是难以实现的。为开展改造，必须进行必要的采伐利用。组织这样的采伐利用，包含着经营森林，培育蓄积增长，实现国家财富增长和企业的资产增长。将这样的增长，纳入国民经济核算，整个林业及其企业就会有长短结合的经济收入，而不必去追求只见到木材生产的眼前利益。

中国林业必须改造，至于是像德国那样进行两次改造，还是整合两种改造于一次完成，具体情况具体分析，目标是合乎生态、自然环境保护要求的可持续地提高森林生产力。

（一）中国被列为已丧失原始天然林98%的国家

1997年底，世界资源研究所发表了一份题为"前沿森林"的报告。前沿森林是指大面积的、保持原始生态的天然林。8000年前，地球上有原始林6220.3万平方公里，现在尚存森林3336.3万平方公里，属于前沿森林只有1350.1万平方公里，占现有森林的40%。

报告把国家和地区按前沿森林保留比划分为：完全丧失、基本丧失、保留甚少和有较多保留4大类。中国属基本丧失这一类，与8000年前相比，中国丧失了98%。

前沿森林是个新概念，其定义包括3个要素：大面积、原始生态和天然林，还包括7项标准：①原始林；②面积足够大，能够保证原生种群的存在；③面积足够大，能够保证百年一遇的灾害发生时种群仍能存在；④允许极少量的人为活动；⑤异龄林表现出异质性；⑥原生树种是主体；⑦林内是原生的动植物。

世界资源研究所的报告认为：所谓前沿，是指距离人类的前沿，一旦森林走出前沿，就意味着进入人类的开发利用领域。现在要划一条界线，人类不要再跨越前沿森林这条界线。

（二）中国林业最大缺点是不重视经营

奥地利著名林学家迈耶曾几次考察中国林业，他认为中国林业"最大的缺点是极少抚育林分"。"在中国到处可见缺乏抚育的林分，因此林分里形状不佳的树木占着优势，瘦弱的树木占了极大比重。长期对林分内树木株数不进行调节，林木的平均径级比应达到的低许多倍，这同时又威胁着林分的稳定性。林分中因此常发生成批树木死亡，可占总株数20%～30%，从而导致严重的经济损失。"

"开展林分抚育可显著提高森林生产潜力。但中国对林业工人培训很不够。加强人员培训是经营好森林的先决条件。中国林分发展尚处于起始阶段。"

"中国森林的一半是天然林，另一半是次生林，后者在继续扩大。次生林郁闭度极不均衡，天窗很多。一些珍贵阔叶树种的分布减少，需加以调节抚育，进行间伐是提高林分质量所必需的。"

A·皮特勒是迈耶的学生和助手，他与我国西北林学院有过协作关系。《奥地利林业杂志》1991年第10期发表皮特勒与我国西北林学院陈存根共同署名的文章，题为"中国林业的需要与奥地利的可能"，简单介绍奥中协作在秦岭建立示范林场的思路。他们认为大面积造林对中国来说是不够的。减轻现有林利用压力的唯一办法，是在以生态为导向的永续经营原则下大面积地提高森林生产率。皮特勒、陈存根曾建议在秦岭建立1个1.1万公顷示范林场，具体目标：在50年内把现有森林的年供材量，从仅有100立方米/公顷提高到400~500立方米/公顷；年生长量从2立方米/公顷提高到8~10立方米/公顷。皮特勒和陈存根的思路与迈耶教授是一致的，他们认为，只要开展经营，现有林就能提高生产率3~4倍。

（三）提高森林生产力必须重视质量、竞争优势

中国天然林长期只利用不经营，生产力严重衰退，与德国、奥地利、瑞士200多年前的状况很相似。中国人工林的生产力更低。

台湾现有人工林42.26万公顷，占全省森林的20.1%；人工林蓄积4767.6万立方米，占全省森林总蓄积的13.29%。人工林平均蓄积量113立方米/公顷，是大陆平均的3.4倍。

在提高天然林、人工林生产力的同时，我国林业还必须重视增强竞争力，而只有参与全球化实践，才能认识到自己的优势和劣势。

台湾人工林多数已达间伐、主伐期。柳杉林间伐每立方米成本为3475元台币/立方米，而间伐材售价仅为1920元/立方米，成本高出售价1555元/立方米。

二三千年前中国一些圣人的"天人合一"理想，不可能在已经全面遭到严重破坏的森林生态系统条件下实现。听凭衰退的自然环境自然恢复，完全依靠大自然的恩赐，很难设想有朝一日会在中国实现"天人合一"。只有科学地坚持提高森林生产力，即不仅非常重视包括木材在内的物质产量的同时，又非常重视生产的质量；即既不损害森林生态系统自身，保持其健康发展，又较多地产出大径、优质、高价值木材；即既要尽可能利用自然力，少投入人力干预，保持生产的竞争优势。这样才是我们中国林业要努力开创的生产发展、生活富裕和生态良好的文明发展道路。

参考文献（略）

关于非洲绿色坝工程建设点滴[①]

一、非洲1968~1973年发生空前生态灾难

1977年8~9月在肯尼亚的内罗毕，召开联合国防止沙漠化（也译作"荒漠化"）会议，102个国家和30个国际组织的1000多人与会。

召开会议的背景：世界陆地面积三分之一为干旱地区，包括从沙漠到灌溉绿洲的各种生

---

① 本文系沈照仁同志2001年12月撰写的专题调研报告。

态类型地带。根据科学家的研究，世界真正由于气候条件形成的沙漠不到二分之一，其余沙漠都是由于人类经营活动影响，转化而成的。促进这种转化的因素有：乱砍滥伐森林、草原过度放牧、火灾以及农业经营不合理。这个转化过程在强烈地进行着。

根据联合国的统计，沙漠扩展威胁着全球16%人口的生活、生存。撒哈拉沙漠南缘，在50年里已有65万平方公里土地成了荒漠，不再适于农业利用。1968～1973年发生在这里的干旱和荒漠化生态灾难，被认定是"除了20世纪两次世界大战之外，近百年人类历史中最悲惨的灾难"，有几十万人死亡，形成了600万以上的生态难民"洪流"。灾害席卷了塞内加尔、马里、毛里塔尼亚、上沃尔特、尼日尔和乍得6国，给撒哈拉沙漠附近地区带来了非常严重的损失。

联合国秘书长瓦尔德海姆在防止沙漠化宣言中指出："不要五十年，沙漠就能使三四个国家从非洲地图上完全消失。"

二、联合国防止沙漠化会议研讨防止方案

联合国1977年防止沙漠化会议研讨了一些防止方案。方案之一拟在撒哈拉沙漠的北边建立绿化带，包括埃及、利比亚、突尼斯、阿尔及利亚和摩洛哥，各国都同意了。另一个方案拟在撒哈拉沙漠区内建立绿化带，包括苏丹、乍得、尼日尔、上沃尔特、马里、毛里塔尼亚、塞内加尔、冈比亚和佛得角。各国迫切要求实行此方案，可能的话使沙漠化的进程向缩小的方向发展。

绿化带的概念近年来也有所变化，不仅在撒哈拉沙漠的北边和南边建立林带防止沙漠扩展，而且根据农业综合开发布置经营区网，以控制沙漠蔓延。除常规的防风林带和防护林带外，还包括畜牧管理、作物种植、沙丘固定、土壤保持、土地开垦和灌溉工程等各项内容。

三、联合国承认"阻止沙漠扩展的努力已遭挫折"

联合国环境计划特别会议的报告（1984年）指出："阻止世界沙漠化扩展的6年国际努力已告失败"，因为联合国阻止沙漠化的钱往往只花费在取得短期效益的计划上，而长期的问题恶化了，新的干旱又在威胁着非洲数百万人的生活。

内罗毕1977年防止沙漠化的联合国大会原始计划，是要求根绝破坏性农业耕作方式。时间过去6年了，计划几乎没有产生效果。

业已给予资助的一些实际计划弊多利少，重点放在生产的措施上，而不是阻止沙漠化的过程；同时，生产基础本身持续恶化。

令人忧虑的是，商业上颇为吸引人的农业计划（种植经济作物和为牛群打新井）可能会对已经非常瘠薄的土地施加更大压力，引起恶性循环。

一些地方的计划起了作用，其成功的要素似乎是计划的规模要小，要体察社会需要、当地趋势并与社会联系，以及从错误中总结经验。

筹集资金的困难重重。报告认为，在20年内发展中国家需要480亿美元援助，以防止更多的土地损失，即每年需24亿美元。1980年行动计划却只有6亿美元。

从短期的成本—效益来看，防止沙漠化事业也没有竞争优势，受沙漠化侵袭的发展中国家不可能在财政上对此给予优先安排。

1985年7月在墨西哥召开的第九次世界林业大会上，联合国环境规划署的报告承认，

1977 年世界防止沙漠会议要求 2000 年时终止沙漠蔓延的目标是不现实的。做出这个判断的根据是英国地球扫描机构（Earth scan）发表的长达百页的报告。

报告指出，内罗毕会议曾认为灌溉不当是沙漠化的一个主要原因，但 8 年过去了，灌溉状况很少改善。耕地的损失速度比以往 10 年更快了。现在进行的灌溉方法浪费水，强化土壤侵蚀，扩大病害蔓延。其结果是使世界一半土地减产，并已使世界 21500 万公顷水浇地中有 2500 万公顷失去生产能力。

四、非洲为防止沙漠化而努力

为防止沙漠化，非洲一些国家开展了防护林营造事业，有称为"绿化带""绿色林带""绿色坝"的等等。联合国防止沙漠化会议后头 10 年，非洲因此热闹过。以后很少见到有关报道。现在只能根据零星的资料，介绍几个国家的情况。

1. 阿尔及利亚防止沙漠扩展的果断决策

阿尔及利亚现在可算得上是世界上森林最少的国家之一，森林覆盖率大约只有 2%。阿尔及利亚处于撒哈拉沙漠边缘。为阻止沙漠不断入侵，阿尔及利亚 1973 年制定了"绿带"计划，预期在 20 年内营造一条宽 20 ~ 25 公里、长 1500 公里的防护林带（约 340 万公顷），共需要种植 70 亿株树。据 1980 年报道，在姆西拉的阿什—拉尔村附近，造林已大规模展开。在两年里，营造了 600 公顷防沙林，种了 70000 棵树，钻了 25 口井，安装了 15 个自流井，有效地制止了沙漠的蔓延。"绿带"计划的实施已产生了积极的效果。阿什—拉尔村开辟利用了 1 万公顷草地，在草地上种植了树木。

后来，又据 1994 年报道：为抑制沙漠北移，阿尔及利亚制定的第一期目标为 300 万公顷的"绿带"造林计划，远未达到预期目标。到 1988 年末，只完成了造林 16 万公顷。

根据 1985 年的资料，阿尔及利亚在杰勒法与艾格瓦特之间，在营造以土耳其松为主的绿色林带。在布萨阿达附近主要栽植棕榈树。这项为期 10 年的造林制止沙漠蔓延的规划，总的来说是成功的，某些失败主要是树种选择不当造成的。因而此项工程引起许多非洲国家注意。

为尽可能吸引乡村廉价劳动力参加造林，阿尔及利亚政府采取了一些惊人之举，使几千名 19 ~ 21 岁的阿尔及利亚青年参加了大规模植树造林。根据法律，从年满 19 岁起，阿尔及利亚男青年必须服兵役两年。服役分前后两期：前期 6 个月进行基础军训，后期 18 个月从事国家服务活动，造林是其中的一项内容。士兵接受 6 ~ 24 周的造林专门训练后，可以获得结业证书。旅居国外的侨民常愿回国履行兵役义务，参加造林，可以学习阿拉伯语和造林技术。

阿尔及利亚农业部起草了一份为期 4 年的计划（2000 年 11 月），准备把 500 万公顷种植粮食的农田中的 350 万公顷改为林地种树。此举旨在阻止正在威胁着阿尔及利亚北部肥沃地区沙漠的不断推进。

农业部高级官员称，为了种树，阿尔及利亚将取消对农民一些干旱和半干旱地区种植粮食的奖励。第一期改造于 2000 ~ 2001 年开始，将有 75 万公顷农田改造为林地。他还指出，农田变林地不会对阿尔及利亚的粮食产量产生影响，因为所涉及地区所产粮食占全部粮食产量还不及 20%。农业部将在剩下的 150 万公顷雨水充足的土地上集中种植粮食。

2. 突尼斯造林因干旱而困难重重

突尼斯是地中海国家中森林最少的国家之一，森林覆盖率只有 4% ~ 6%，不足以保护水土，迫切需要造林。1956 年独立以后，各类土地造林已超过 2 万公顷。

干旱地区造林确实有惊人的困难，主要是干旱，而树木却要消耗大量水分。造林的可能性非常有限。土壤腐殖质含量小，任意放牧也给造林带来困难。造林费用估计 600 美元/公顷。防止沙漠侵袭是突尼斯南部的一项重要工作。挡住风沙、防止沙丘增加，并通过种树来固定沙丘是这项工作的传统方法。现在挡住风沙工作已见成效，其办法是与风向垂直的一边搞人造沙丘，并在上面插棕榈叶或用石棉板作栏。1962 年受保护的土地面积为 2000 公顷，1972 年增到 1.4 万公顷，1976 年底已达 31800 公顷，大致保护了相当于 50 个绿洲。

突尼斯干旱地带在 20 世纪 70 年代 5 年里种植了 5 万多公顷无刺仙人掌，以后又继续每年种植 1 万多公顷，每年还种植 1000 多公顷耐旱无刺金合欢以及滨藜属植物。在降雨量不足 150 毫米条件下，都成功了。

突尼斯现在约有三分之二土地，1100 余万公顷荒芜着。如何解决突尼斯干旱地区问题，国际社会到 1999 年为此已发表百余篇论文、报告。

干旱地区植被稀疏，如何重建，如何恢复呢？规划时，必须考虑一年生作物（谷物与蔬菜）与多年生作物（果树、油橄榄和天然植被）的平衡；必须考虑牧场的配额及其他饲养方式的关系；必须考虑天然林地（降雨 >400 毫米）与现在没有森林、甚至连树木也没有干旱山地之间的过渡带，应栽植多少林木。

瑞典农大 Steen E. 教授 1998 年 5 月指出，为恢复郁闭的天然植被，必须回顾过去，探索现实途径。但 400 毫米雨水线是难以逾越的，雨水量不足不可能形成郁闭的植被覆盖，更不用说森林植被覆盖。采取灌溉技术，固然可以使小面积植物达到很高密度（高叶面积指数），并实现高产，但其他地方的用水量因此减少，植物覆盖密度必然比以往更为稀疏。不注意水平衡，结果必然是水资源短缺更趋恶化，局部地方的改善导致整体状况更加变坏，更大范围的植物更趋稀疏。

突尼斯气候极度干旱，而人口增长又快，1981 年 666 万，1990 年已上升为 818 万，这导致水土资源利用过度。为摆脱贫困，发展经济，突尼斯必须消除水资源极度匮乏这一因素的制约。根据突尼斯水资源总局 1991 年水资源分布图，只有很小面积可以种植较高产的作物。没有水和水源不足，一切技术都难以发挥作用。

根据 LeHouerou 1984 年的研究报告，土壤有效利用的降水为 1 毫米/公顷，能产植物地面生物量 5 ~ 7 公斤，在一个年雨水量仅 150 毫米/公顷的地区，年产生物量只有 800 公斤左右，这包括了谷物、茎叶、残茬；木本植物的状况也是如此。在如此低的生产水平上，规划发展，其困难是可想而知的。

3. 马里的"绿色坝"

马里 1985 年 10 月制定了一个《防治荒漠化和沙漠推进的国家计划》。建立一条阻止沙漠的屏障，即绿色坝，长 1055 公里，宽 5 公里，面积 5275 平方公里（52.75 万公顷）。一期工程 15 年。

这个计划实际上渊源于德国人斯泰宾的构想。1935 年斯泰宾教授建议在尼日利亚和邻近国家的北部大沙漠边缘，营造一条连续不断的林带，防止沙漠入侵。多数科研人员反对，认为这是乌拉邦想法，但有实权的人想建功立业，却力主这样做。

萨赫勒地区不能用多年降雨平均 400 毫米来规划植树造林，因为每一个具体年份降雨有可能少于平均值的 30%，甚至更少。旱季长达 9 ~ 10 个月，造林异常困难。

　　20 世纪 80 年代中期，德国人在马里的加奥开辟造林地，在一块地下水很浅的洼地上植树。第一年失败后，总结经验再干，连续干了 3 年。后来，德国人悄悄地走了。

　　中国科学院田裕剑教授 1988 年 1～8 月实地考察过马里萨赫勒地区的造林。他指出，德国人在加奥是失败了，但在另一个地方，奥洛又培育出了金合欢、桉树。

　　在马里另外一块人工林地上，栽树坑中大部分树已经枯死；偶尔见到还活着的，长势不旺。当地林业工作者说，德国人种完树相继离去，马里没有钱买汽油运水来浇灌树苗，只得听凭自然摆布。一位先后获得法国和比利时两国博士学位的马里专家迪阿拉指出，造林的"出资者和受援国都不愿从失败中获取教益"。

　　田裕剑教授在马里的贡达姆遇到年轻的黑人工程师，他们先后毕业于彼得格勒森林工程学院。这位本地专家认为，只要适地适树，重视乡土树种，选好宜林地，造林效果一定会好。雨季来临时，到处都会萌发出天然生的幼苗，但到了旱季，尤其是碰上少雨年份，又都变成一片焦土！

　　从规划完成到现在，十五六年过去了，人们虽偶尔能见到零星的有关马里造林的消息，但离计划的实施执行还远得很！田裕剑教授认为，遏制沙尘暴、土地沙漠化治本的办法、做什么和怎么做，不在于治理沙尘暴本身，而在于消除产生土地沙漠化的社会原因，建设一个对抗土地沙漠化的全社会的功能体系。这种理想化的长远目标只能期望在未来的年月中逐步形成。

4. 埃及筹划"绿化"西部计划

　　《新科学家》杂志 1997 年报道：埃及准备耗资 10 亿美元，用 20 年时间"绿化"其西部沙漠。过去，埃及灌溉沙漠的企图失败了。新计划要求分出十分之一尼罗河水，每年约 240 万加仑，通过一条 5 公里长的隧道流入运河。为此必须装备世界最大的水泵站。

　　根据埃及园艺研究所 1981 年报告，埃及 1970 年只有树木 1500 万株，现在增加到 2200 万株左右。在 10 年内树木株数增加了 47%。这是在这一沙漠国家采取措施，保护与发展绿色植物的结果。埃及与美国的合作试验证明，种植防风林带，能使棉花、小麦、大麦等作物以及水果增加产量。

5. 尼日尔沙漠化治理 15 年

　　联合国粮农组织在非洲尼日尔萨赫勒治沙已 15 年了。意大利于 1982 年开始执行对萨赫勒地区特别援助的最新计划，第一期援助于 1987 年完成，拨款总额为 5 亿美元。在粮食计划署的支持下，粮农组织于 1984 年开始实施尼日尔萨赫勒治沙项目。

　　萨赫勒阿拉伯语意为"沙漠之边"，指非洲苏丹草原带北部一条宽 320～480 公里的地带，是由典型的热带草原向撒哈拉沙漠过渡的地带，跨毛里塔尼亚、马里、尼日尔、塞内加尔、冈比亚、乍得、布基纳法索等国家。年降水量自南向北由 700 毫米递减至 200 毫米。植被上，南部是荒漠化热带草原，北部是半荒漠。不适当的砍伐树木和过度放牧导致撒哈拉沙漠南移。20 年前的半个世纪里，被吞没的农田和牧场达 65 万平方公里。1973 年后，有关国家和国际组织先后成立抗旱委员会和"萨赫勒之友"俱乐部，协同努力恢复因旱灾而遭受严重损害的经济，制定牲畜管理和造林计划等。

　　尼日尔位于撒哈拉沙漠南部，沙漠占总面积的 60%，沙漠区年降水量仅 20 毫米。尼日尔萨赫勒沙漠化治理区 Keita 区，属牧区的边际地，分布在北纬 15°以北，面积 4860 平方公里。1991 年 8 月，沙漠化治理项目向北扩展到阿巴拉克(Abalak)，然后又向东南延伸到布札(Bouza)，现正在实施治理的第三阶段。

20世纪50年代，尼日尔塔瓦省Keita区人口稀疏，纳入农业利用的土地还很少。当时的航空照片显示，只有零星撂荒地与农地分布，大部分土地为灌丛、稀树干草原，用于放牧。谷地里可见林带绵延。

地面排水网状系统稳定，无新发展的水道形成迹象。不稳定河床（临时性水道）很狭窄，没有显著的侵蚀现象。老沙丘有草被与灌木覆盖，相当稳定。

20世纪60年代中期，降水结构恶化，触发地区土地严重衰退。1956～1966年年均降水量为517毫米，1967～1987年为317毫米。降水减少导致台地、陡坡地和非沙性缓坡地的原有草被、灌丛消失。植被减少造成破坏性径流增多，使全区侵蚀加速失控。

1984年判读1975年航片的结果表明，土地严重退化，景观大为恶化。沙漠化治理项目的内容为保护土壤，稳定沙丘，防止风与水的侵蚀，改善乡村居民的生活，保证烧柴、饲料来源，为野生动物提供栖息环境。植树发挥着关键性作用，现每年植树100万株。

主持Keita项目13年的技术顾问Carucci认为，沙漠化的趋势是可能遏制的，但要求有统一的政治决策意图，动员居民共同参与，采取适用技术，并拥有解决问题所需的财力。

（三）重要媒体刊文

泰国发展植树护林村[①]

泰国雨量充沛，适于林木生长，因此木材是泰国主要资源之一。第二次世界大战前，泰国森林覆盖面积达 70%。据泰国林业部航空测量表明，1960 年仍有 60% 的土地覆盖着茂密的森林，但由于盲目砍伐，森林遭到严重破坏。

近 15 年内，泰国游移耕作的人口从 30 万增到 70 多万，因此毁林现象非常严重。据估计，1980 年泰国处于游移耕作的土地约 80 万公顷，每年毁林开荒面积在 40 万公顷以上。1980 年末，泰国有天然林 1617 万公顷，覆盖率仅达 31%，而 1961 年的森林覆盖率尚有 57%。

为制止森林破坏，促进荒地更新，政府曾采取措施，鼓励发展混农人工林。1967 年，森林工业组织在北部高地创办植树护林村事业。目的是建立稳定的优质材出口基地，又把游移垦荒者定居下来，从事混农林业，变破坏力为建设者。

这一事业从山地丘陵地区开始发展，现已推广全国。1981 年已有 26 个植树护林村，每年造林 4000 公顷。每个植树护林村的计划规模是 100 户，每户每年拨给造林地 1.6 公顷，全村一年造林 160 公顷。一般在一地连续经营 3 年，一户有造林地 4.8 公顷。1981 年的实际情况是每个植树护林村平均 59 户，每户年经营面积 2.61 公顷，一个植树护林村年经营 153 公顷强。

造林地以遭到破坏的林地为主，造林前要进行除草、清杂、炼山整地。主要造林树种是柚、赤桉和楝。柚 60 年轮伐时，采用 4 米×4 米株行距，现在多采用 2 米×8 米株行距，40 年轮伐。林木中套种早稻、玉蜀黍等等。对农作物进行管理时，对林木也进行了抚育。套种 3 年后，村民转移到新的造林地。

1967 年以前，因没有一套改善人们生活福利的办法，效果不大。之后，泰国政府采取了一系列措施，如，除套种农作物收入之外，造林户还有各种奖金津贴；森林工业组织一般一年能保证每户出工 200～250 个，从事抚育、整枝、疏伐、防火、筑路等劳动；每户有 0.16 公顷菜园地。

每个造林户（人口约为五个半）1981 年平均收入 690 多美元。

此外，每个造林户还享受以下优待：负责供应水电，负责医疗，免费小学教育。植树护林村为造林户保证提供住地与造林地之间的交通便利，保证造林户住房建设用料的运输，保证造林户自产农作物运往销售市场。

---

① 本文系沈照仁同志撰写，发表于 1985 年 3 月 16 日《人民日报》。

保护森林资源，造福人类[①]

联合国粮农组织于 1984 年宣布 1985 年为"国际森林年"，要求各国在这一年里保护和扩大森林资源，把植树列入国家发展计划。这是因为人们毁林开荒种粮和重伐轻造，世界上森林面积正在迅速减少。保护世界森林资源，防止地球生态平衡继续遭到破坏，已经刻不容缓。

联合国估计，目前全世界森林面积每年减少 1130 万公顷。减少得最多的是发展中国家。据联合国粮农组织总干事萨乌马指出，近几年来，发展中国家由于粮食危机，林地变耕地的速度在加快。在拉丁美洲亚马孙河流域的广大地区，从 20 世纪 60 年代开始进行的大规模"垦荒运动"，砍伐大片森林成为牧场，每年至少有 400 平方英里的森林被毁。泰国的森林覆盖面积缩小了大约一半，每年损失的森林面积达 32 万公顷。印度尼西亚热带林原来约占陆地面积的 63%，现在每年要伐掉 55 万公顷左右。

在工业发达国家，由于大气污染和酸雨的侵蚀，森林大面积死亡、致病。联邦德国1982 年受灾森林占全国森林的 8%，1983 年为 34%，1984 年已扩大到 50%。美国世界观察研究所 1984 年的一个报告表明，除日本外，几乎所有工业发达国家都发生这一灾难或感到了它的威胁。

森林可以调节空气，保护水源，是人类赖以生存的基础，保持自然界生态平衡的重要一环。不保护森林，土地沙漠化将继续扩大，农田将进一步减少。据苏联科学院通讯院士巴巴耶夫指出，现今地球表面约 2000 万平方公里是沙漠，其中有些早在出现最初文明之前就形成了，但多数是后来人为的。联合国环境规划署 1984 年公布的材料说明，地球每年有 600万公顷农林地沙漠化。非洲自 20 世纪 60 年代后期以来，几乎连年干旱，成千上万人饿死，上亿人口过着半饥半饱的生活。除了政治社会因素，国际舆论普遍认为，森林减少、沙漠化扩大是导致非洲大旱灾、大饥荒的主要原因。埃塞俄比亚从前四分之三的国土为森林所覆盖，1940 年森林覆盖率在 40% 以上，1960 年据调查还有 16%，1981 年根据卫星照片分析，这个国家森林覆盖率已只占 3.1%。

森林减少使世界性的气候变得反复无常，原先冬冷夏热的地区，一反常态，变为冬暖夏凉，甚至 8 月飞雪。一些地区洪水肆虐。印度公布的森林面积有 7500 万公顷，覆盖率为23%。但国家环境计划委员会认为，森林覆盖率已缩小为 12%；林学家们则说，只残存7%。据报告，30 年前印度受洪水侵袭的地区是 2500 万公顷，现已扩大到 4000 万公顷。去年孟加拉国发生大水灾，3000 万人倾家荡产，700 人丧生。主要原因是植被遭破坏。

面对人类共同面临的这一严重而紧迫的问题，世界许多国家已把植树造林定为国策，不少国家已在森林营造方面取得了许多成功的经验。

[①] 本文系沈照仁同志撰写，发表于 1985 年 4 月 11 日《人民日报》。

橡胶树、椰树、油棕木材潜力不容忽视[①]

南亚有橡胶树 220 万公顷，其中马来西亚 172 万公顷，印度尼西亚 42.7 万公顷，菲律宾 5.3 万公顷。树龄超过 30 年的橡胶树占比重较大，产胶量很低，需要更新。据估计，马来西亚每年更新下来橡胶树可产近 900 万立方米木材。印度尼西亚每年更新 5000 公顷，可年产橡胶树木材 72 万~109.5 万立方米。

橡胶树木材可做细木工板夹芯、地板、家具、成材、胶合层积材及刨花板。

椰树木材早在 20 世纪 70 年代已开始在菲律宾使用。椰树 50 年后不结果，需更新。菲律宾有 316 万公顷椰林，约 41100 万株，其中 8600 万株成为过熟树。印度、印度尼西亚、马来西亚、斯里兰卡、泰国 1985 年估计有 9660 万株成过熟树。椰树木材可用作运动器械用材、家具、拼木地板等。椰树木材价格比一般木材便宜近一半。

马来西亚现有 100 万公顷油棕，其木材的利用也在研究中。

第三世界保护、扩大森林的途径[②]

现在，全世界都在关心如何制止森林破坏，发展林业。据统计，热带森林每年有 1100 多万公顷遭到毁坏，其中近一半是由于毁林种地所致。同时，热带地区森林年产木材 14 亿立方米，可是其中 85% 是薪柴。樵薪与有组织的工业采伐是完全不同性质的森林利用，强度樵薪总是把居民点附近的森林砍伐一空。此外，放牧过度造成的后果要比人为破坏森林严重得多。国际社会普遍认为，为制止森林破坏，加快林业发展，必须综合考虑解决吃饭、扩大就业以及烧柴和饲料来源等问题。

近十多年来，混农林业、乡村林业、社会林业日益受到重视，并在许多发展中国家进行着不同形式的试验。目的是既保护森林、扩大森林，又把群众的切身利益纳入经营林业的轨道。林业生产周期长，再加上破坏森林的因素很难消除，因此，如何结合各种需要，充分有效地利用土地资源，是人口稠密的发展中国家发展林业所必须考虑的问题。

印度很注意发展社会林业，1980 ~1985 年在这方面的投资额近 10 亿美元（包括世界银行等国际金融机构的贷款）。其中古吉拉特邦取得的成就较显著。这个邦的林业局在道路、河流、水渠旁边营造带状林，在村庄放牧地和退化森林地区恢复造林，推动贫穷部落私有农地广为种树，提倡农、林混合发展。1983 年，古吉拉特邦已造林 44 万公顷。

泰国 1975 年开始推行造林村落计划，现已建立 150 个造林村落，以便吸引游移垦荒者定居落户，发展用材林基地。1982 年共有造林户 602.5 个，完成造林 13 万公顷，占全国造林面积的 30%。

菲律宾造纸公司在纸厂周围 100 公里内，组织无地农民在公司土地上造林。1968~1980 年，参加造林的农户逐年增多，现有 3800 户，造林 2.26 万公顷，栽种南洋楹 1.13 亿株，1975

---

① 本文系沈照仁同志撰写，发表于 1987 年 4 月 8 日《人民日报》。
② 本文系沈照仁同志撰写，发表于 1987 年 6 月 2 日《人民日报》。

年开始采伐，至 1980 年该公司共收购木材 66 万立方米。按规划，8 年轮伐，每公顷产造纸材 250 立方米，现有人工林每年可供应造纸木材约 76 万立方米。计划还规定，每个造林户 20% 土地务农（一般为好地），80% 土地造林。幼树期 3 年，在林木株行间间种粮食蔬菜。造林户根据合同可以向银行贷款。这个混农造林计划现在还提供了 11530 人的就业机会。

　　巴西和智利是人工造林比较成功的国家，造林成本是世界上最低的。目前还在不断探索降低造林成本，提高收入的途径。智利的一个人工林场在其 300 公顷辐射松林采伐后，附近农民愿意清理采伐后的林地种粮，并保证按要求造林抚育。农户认为，生长了 20 年的人工林地，等于经过了长期休闲，有利于提高地力。

　　此外，巴西和智利正在广泛进行在林地放牧是否破坏森林的试验，结果证明有控制地放牧是可行的。巴西一家公司在一块 84 公顷 4 年生湿地松人工林放牛 100 余头。两年后，放牧人工林与其他地区比较，树木生长未受到影响，每公顷的收入还明显提高。

　　当今世界人均占有土地越来越少，而人类对森林的需要越来越多，这就需要统筹安排，既要利用，又要保护并扩大森林资源。

世界森林的增长与消耗[①]

　　1970 年欧洲森林总面积为 1.75 亿公顷，1985 年为 1.8 亿公顷，增加了 500 万公顷；但同期内可供采伐利用的森林面积却从 1.38 亿公顷缩小为 1.33 亿公顷，减少了 500 万公顷。

　　欧洲绝大多数国家是木材进口国。改造经营现有森林，提高森林单位面积生长量、产材量、增加蓄积量是大多数国家增产木材的唯一途径。1970 年全欧原木产量为 3.27 亿立方米，实际消耗木材资源是 4.25 亿立方米，相当于当年欧洲可利用森林木材总蓄积量的 2.91%。1985 年产材量为 3.49 亿立方米，实际消耗木材资源 4.54 亿立方米；同年可利用森林木材总蓄积量已达 160 亿立方米，年消耗量为总蓄积量的 2.84%，资源增长超过了消耗。

　　联邦德国 20 世纪 50 年代的林木蓄积量只有 6.36 亿立方米，1970 年已有 10.22 亿立方米，1985 年，可供采伐利用的林木蓄积量已达 10.62 亿立方米。1950 年每公顷平均林木蓄积量只有 90 多立方米，1985 年达 155 立方米。

　　奥地利是个多山之国，1980 年每公顷可采伐利用的林木蓄积量为 246 立方米，比 1960 年净增 40 立方米，平均每公顷蓄积量年增 2 立方米。

　　民主德国近 15 年里木材蓄积量从 3.5 亿立方米增加到 4.4 亿立方米，每公顷可利用林蓄积量从 12.96 立方米上升为 169.9 立方米，平均每公顷每年净增 2.69 立方米。

　　保加利亚 1970 年每公顷可利用林蓄积量为 82.5 立方米，1985 年增为 90.3 立方米。波兰 1970 年为 124.9 立方米，1985 年增为 138.2 立方米。罗马尼亚 1970 年为 214.9 立方米，1985 年增为 216.4 立方米。

　　捷克斯洛伐克和南斯拉夫的可利用林蓄积量 1970 年和 1980 年分别增加了 1.22 亿和 1.71 亿立方米。

　　在欧洲，只有英国、匈牙利等少数国家由于国土森林覆盖率低，至今仍把增加造林面积

---

① 本文系沈照仁同志撰写，发表于 1987 年 8 月 18 日《科技日报》。

作为扩大森林资源的重要途径。

亚洲的日本也在兼顾森林的多种效益的同时，不断提高森林的木材生产能力。1986 年与 1966 年相比，日本森林面积仍保持在 2500 万公顷，但可利用林蓄积量从 18.87 亿立方米上升为 28.62 亿立方米，20 年中净增了近 10 亿立方米。

维也纳森林的作用[①]

维也纳森林是环绕维也纳的大片茂密的森林，其幽深神秘、郁郁葱葱一直令人们神往。约翰·施特劳斯创作的著名圆舞曲"维也纳森林的故事"即诞生在这里。然而，维也纳森林的作用还远远不只是美。

维也纳人 100 多年来享用着世界最优质的用水，其中 92% 是从森林里引来的山泉水。法律规定，保证水的质量是市护林部门和自来水厂共同的头号责任。

全市实有森林约 10 万公顷，每年产木材 40 余万立方米；大部分林业企业为盈利单位。

近 2/3 的市民是森林的常客，本市居民一年到森林游憩的达 2600 万人次。

维也纳森林还为野生动物繁衍生息和狩猎业发展提供了基础。每百公顷森林仅蹄壳类动物就栖息着 12~15 头，每年可猎杀其中的 1/3。维也纳国有林部分 1989 年狩猎收入 760 万奥地利先令，相当于每公顷收入 215 奥地利先令(约 21.5 美元)。

发展林副产品更是前途无量，仅圣诞树一项，维也纳市每年需 22 万~25 万株；是一笔很可观的收入。

森林是城市建设的结构因素。维也纳自 1956 年以来执行着一个"森林与草地环行带的闭合计划"，年年造林植草。用森林间隔和连接城市的不同部分，发挥调节气候、防风、提高空气湿度、减轻大气污染和噪声的功能，并将城市连为一个整体。

中国林业"双增长"背后的隐忧[②]

楔 子

"在我身上仿佛有种'树林渴'，有种'森耕情结'，因为几十万年前人的祖先正是从大森林中直立行走进化而来的。长久远离树林的人是非人。他的心绪少不了烦躁。他的身心是无法健康的……"

"我们必须承认，气候、海洋、河流、湖泊、地貌和森林生态系统……在塑造一个民族的性格及其文化的过程中是一个基本因素。"

"文化创造需要优美、和谐的生态环境。森林是环境中的主角。把树木、森林都砍了，伐了，其实是把艺术、哲学和科学创造灵感赖以生存的生态环境也毁了。"

在喧嚣的都市，读一读上海女作家赵鑫珊这些优美的文字，不知会心生怎样的感觉？

---

① 本文系沈照仁同志撰写，发表于 1992 年 12 月 31 日《科技日报》。

② 本文由浦树柔、沈照仁同志联合撰稿，发表于 1996 年 2 月 12 日出版的《瞭望》新闻周刊 1996 年第 7 期。

　　当然，如果是一位经济学家或环境学者，他可能会从另外的角度论述森林与人类的休戚相依。

　　我国的义务植树造林活动已经持续了 15 年。44 亿人次参加植树，共种了 210 亿株。自 1993 年以来，我国摆脱了森林面积和蓄积量双双下滑的阴影，进入了双增长时代。但是，中国林业发展是否已扫除了一切障碍？是否找到了科学可行的发展道路？能否满足国民经济持续、快速、健康发展的需要？本组专题着重探讨目前存在的问题，读来也许过于沉重。但它却是为求得中国林业健康、持续发展所必须面对的问题。

热忱，还能支撑多久？

一封写给省林业厅领导的信

尊敬的各位领导：

　　我是 1992 年 2 月到泰来县林业局任局长的。过去，我一直在县委机关工作，也一度做过乡长，可从来没有当林业局长这么苦不堪言。

　　地方林业经济确实到了难以为继的局面。到 1992 年末欠拨泰来县林业事业费 115 万元。由于长期拖欠工资、事业费，我局的工作、生产受到很大影响。没钱的家是很难当的。早晨，我还没有起床，有人已经等在门口；晚上，下班路上，有人截着你要钱；上班时更不得安宁，一天总有几位、十几位来找我要求解决问题，有的还坐在地上大哭大闹。有什么办法，谁让我当这个局长呢？单位没有煤烧，我从家里拿；同志们出差没有钱，我从家里"偷"。这日子还能维持多久？

　　到 1993 年 9 月，县林业机关 46 名在职干部和 13 名离退休职工已经整整一年没有开工资了；东方红林场 69 名离退休职工和 9 名在职职工 22 个月没见分文；林业子弟学校的 9 名老师 20 个月没领薪水。

　　曾任过区长、区委书记的刘国福，1973 年到东方红林场任党委书记，1980 年离休。他的大儿子刘学东是林场子弟学校的老师，患肺结核五年，只在林场报销了 300 多元药费，1993 年去世，年仅 37 岁。

　　曾经担任过东方红林场党委书记的何国成，63 岁了，一家五口在林场工作，都开不了工资，全家就靠自己养的 30 多只小鸡和房前屋后一亩多菜园维持生计。儿子结婚拉下 3000 元亏空还没还，1993 年春节到了，老何愁得病倒了：哪家过年还不吃上一顿饺子呢？可细粮无一斤，钱无一文，市局领导送来的几十元慰问款还没到手里热乎热乎，就还债了，这节到底咋过？老何硬着头皮徒步走到县城，求助过去的老部下。见着熟人却不知怎么开口了。最后还是林业局的副局长发现了他兜里的小面袋，"何书记，是不是有困难了？"

　　老何掉下了眼泪。年过花甲的人啦。生活多么不容易呀！两位局长分别从家里拿来 100 元钱和一袋大米塞给老何。

　　林场子弟学校董文华两口子教了大半辈子书，桃李满天下，自己却无力供三个孩子上学。为了保住上大学的孩子，只好让两个在县重点高中读书的孩子辍学了。二女儿因此病倒了。一个女孩子，不读书，将来工作咋办呢？我觉得我欠下了他们一笔债，一笔永远都无法偿清的债。

齐齐哈尔市泰来县林业局　张杰

1993 年 9 月

　　这封信在林业部办公室里躺了两年多。发稿时，记者拨通泰来县林业局的电话，"对不起，该电话欠费，现已停话。"记者打电话给齐齐哈尔市林业局刘局长，他说，张杰已经调走。那里的状况"没什么改变"，林场职工每人分到一小块地种粮食，算作"工资田"，勉强维持生计。

　　请先不要指责林业部门为何不体谅基层。把目光从泰来县这片小天地移开，到全国各地的森林中走一走，就会发现，我们的森林满不是想象中那么郁郁葱葱。她满目疮痍，不堪重负。

　　这几年谈到林业，人们的感觉应该是不错的。不是吗？我们开展了世界最大规模的植树造林活动，1950～1994年间，政府造林总投资88.3亿元，人工林实存面积3929万公顷，成为世界人工林最多的国家。我们的森林面积已经从新中国成立初的0.8亿公顷增加到了1.34亿公顷，森林覆盖率从8.7%提高到13.92%。如今，每年还保持着造林366.7万公顷、义务植树24亿株的辉煌业绩。到1994年，继广东、福建、湖南基本消灭荒山后。又有安徽等省区消灭了宜林荒山。我们已经走出了森林消退的时代，迎来了面积、蓄积双增长的新局面。

　　全国各地有关森林的好消息不断见诸新闻媒体。但是，熟知内情的专家及业内人士的欣喜却是有节制的，更多的是忧心忡忡。

　　这种巨大的反差从何而来？

　　先不说13.92%的森林覆盖率与世界28%的差距，不说还有9个省区覆盖率不足10%（其中6个在5%以下，甘肃、新疆还不足1%），也不说人均占有森林只占世界平均水平的17%。先看一看与我国森林有着密切关系的国营林场、森林工业企业职工和林农的现实状况。这三者是森林的最直接的守护人，他们的状况如何，关系到整个中国林子的状况。

一问：热忱还能支撑多久？

　　30多年来，地处科尔沁沙地南段的辽宁省彰武县章古台等5个林场共营造了31万亩防风固沙林带，林场的覆盖率由1.2%提高到79%。绿色林带锁住了100多公里沙漠的南侵，迁走的农户搬回来了。粮食亩产由过去不足百斤提高到千斤，粮农人均年纯收入达到了千元。然而，完成了造林任务的林场，每年的造林经费却没有了，工资从此没有保障。章古台林场60%的职工被迫停薪留职，自谋职业。

　　调查表明，相当一部分国有林场尤其是生态性林场入不敷出，职工最起码的生活都难以保障。这里的人头事业费是按五六十年代的职工人数和当时的工资标准核定的，近年来不仅没有增加，反而逐年减少。有的地方甚至取消了。相当一部分林场的事业费不够支付离退休人员的工资。安徽省43个国有贫困林场中，有29个林场全年仅离退休费用就超过了当年所得到的事业费。

　　"先生产、后生活"、"先治坡、后治窝"，国有林场从建场初期，一直是集中人力物力造林、治沙、治风、治碱，但职工生产、生活设施极其简陋。林子长大了，他们的"窝"并没有改善。今天，林场工人走的是羊肠小道，住的是茅草土坯干打垒，运输靠的是人抬肩挑。1985年，国家切断了对国有林场的基本建设投资，养林养人的经费断了来源。据统计，到1994年底，全国4200个国有林场中，还有500个不通公路，504个不通电，844个不通电话，800多个没有汽车、拖拉机等运输工具。在营林区，"三不通"的状况更为严重。而那分布在江河源头、水库周围、风沙前线以及黄土沟壑、石质山区的1400多个生态林场的职工，条件更为艰苦。

远离都市、远离现代文明，甚至连最起码的维系生存所需的条件都难以保障……林场职工凭着一片对林子的热忱，几十年朝朝暮暮与林子相濡以沫培养出来的最淳朴的热忱，苦苦支撑着中国林业这片绿色天地。

也就是这份热忱，维系着几代人风餐露宿、挥汗劳作40多年换来的，覆盖了29个省区、占国土面积1/20的8亿亩林场，守护着这些林场上占全国森林总面积1/5的近4亿亩森林。

他们是不应该被忘记的。是他们，亲手栽种了占全国人工造林保存面积1/4的1.2亿亩森林；是他们，用心血和汗水换来占全国森林蓄积量1/5的16亿立方米木材－的生长量；是他们，培育改造了2亿亩天然林；是他们，为全国各地生产输送了1.4亿立方米木材。

但是，这份极可宝贵的热忱，还能支撑多久呢？

二问：1亩林苦心经营30年换得476斤米，林农甘苦谁知？

黔东南林区是我国最大的林区之一。这里的130万农民以经营林子为生。有关方面对这里的木粮价格比进行了深入调查，认为木粮价比在1:300斤左右比较符合客观实际，也就是1立方米杉木原条，能够换回300斤左右大米。因为1亩宜林地，经过30年经营，平均可产材7立方米，可买得2100斤大米。按30年计算，平均每年每亩可得70斤大米。

民以食为天，林农靠经营林子采伐木材换回粮食。木材和粮食之间因此而形成一种比较稳定的、唇齿相依的关系。合理的木粮价格，有利于调动林农的积极性；反之，如果比较效益过低，就会挫伤林农积极性，殃及木材。黔东南林区木粮价格的消涨，可以充分说明这一点。1952～1984年木材统购统销期间，林农用1立方米木材的收购价仅可以买173～249斤大米。这期间加上一些左的林业政策，直接导致黔东南森林蓄积量一降再降，由1949年的1亿立方米下降到1985年的4790万立方米。从1981年起，国家调整了林业政策，黔东南产材县的林农每出售1立方米木材，可以买到371斤大米，长期以来吃粮难的问题得到了解决，林农的造林育林护林积极性空前高涨。1985年后，木材价格全面放开，直到1991年，木粮价比基本稳定在1:400左右。林农的积极性持续高涨。1992年，黔东南苗族侗族自治州的森林覆盖率从1985年的26.8%增长到1992年的37.22%，有林地面积从955万亩上升到1431万亩，森林蓄积量回升到5000万立方米，成为新中国成立以来最好的发展时期。1992年粮食价格放开以后，大米价格猛涨。黔东南林区的木粮价格比发生巨大逆转，由1991年的1比400多降低到1992年的1比230斤，目前已经降到1比153斤，跌入历史以来的最低谷。

当然，木材价格也有所上涨，每立方米平均售价由统配时期的108元涨到现在的600元，但每立方米木材的各种税费竟多达404元，林农最后剩下不足百元。一亩林地，30年产出7立方米木材，林农所得，只能换取476斤粮食。效益是如此低下，林农哪来积极性？

三问：林子没了，他们靠什么活命？

说到森工，林业部门更有一肚子难处。全国138个林业局，大部分是20世纪五六十年代深入到东北、内蒙古、西南、西北等重点林区的大型森工企业，如今已发展成为一个个小社会，它们得养活职工及其家属、子女，多的五六十万人，少的也有几万人。眼看着山上可采伐的树木一年少似一年，森工的出路问题无可奈何地摆在了人们面前。

东北内蒙古国有林区可采成过熟林的面积和蓄积量，已分别从1988年的341万公顷、

5.42 亿立方米下降到 1993 年的 307 万公顷、5.12 亿立方米,分别减少了 10% 和 5.5%。138 个林业局中,60% 的将很快出现后续资源断档。到 2000 年,近 70% 的林业局将不得不中断主伐。

事实上,国有林区森工企业目前已经严重亏损。仅 1995 年上半年亏损面就达到 45%,亏损额 4.2 亿元,分别比 1994 年同期增加 24% 和 46%。

森工企业资源危机、经济危困的"两危"局面 20 世纪 80 年代中期出现以来,引起了党中央、国务院的高度重视,并采取了一系列措施,诸如实行采伐限额制度,调整木材价格,增加育林基金提取比例,增加森工多种经营贴息贷款、减免部分产品税收等等,但未能从根本上扭转"两危"局面。

到 1995 年上半年,森工企业拖欠工资 14.9 亿元,涉及职工 105 万人。部分企业生产、生活难以为继,严重影响了林区社会稳定。

无论是哪一项事业,要使从事这项事业的人们保持旺盛的热忱,为之奋斗,至少要有两个条件:一要让他们得到现实的利益,二要让他们看到美好的前景。如果没有这两个最基本的条件,这项事业决难兴旺。

中国的林农、森工、林场职工都有着崇高的理想。他们为事业的献身精神,天日可表。但若长期不能得到现实的利益,理想之火不会永远燃烧。

中国林业的三重窘境

几十万年前,我们的祖先在浩瀚的森林中学会了直立行走,并以森林为背景开始其繁衍生息。在人类的发展进程中,尤其是资本原始积累阶段,大量木材作为重要的原材料被源源输送到各地,为工业文明做出了巨大贡献。

任何进步都是以代价的付出为前提的。在现代文明高度发达的今天,人类蓦然回首,发现自己已经远离最初的家园。温室效应、物种消失、土地荒漠化、水土流失、水灾、旱灾、风沙危害等等一系列全球性环境问题日益突出,使人们警觉到森林的重要。

森林作为陆地生态系统的主体,是自然界功能最完善、最主要的资源库、生物基因库、水和二氧化碳储存库,对改善生态环境、维护生态平衡起着决定性作用。而当今的一系列环境问题,正是千百年来对森林进行掠夺性经营的结果。

中国不少人的森林意识太淡薄了,以至对迫近身旁的危机麻木不仁。

环顾一下我们的生存空间:

生态环境脆弱。中国是世界自然灾害最频繁、最严重的国家之一。20 世纪 80 年代,年均成灾面积为 70 年代的 1.7 倍,50 年代的 2.1 倍。

中国是北半球生物物种最多的国家,但由于原始森林不断遭到破坏,我国已有 15% ~ 20% 的动植物面临灭绝的威胁,高于世界 10% ~ 15% 的平均水平。在《濒危野生动植物国际贸易公约》所列 640 个濒危物种中,我国有 156 种。

荒漠化所造成的环境退化和经济贫困被列为威胁人类生存的 10 大问题之首。20 世纪 50 年代以来的 25 年中,中国荒漠化土地平均每年以 1560 平方公里的速度扩展,到 80 年代初,提高到每年 2100 平方公里,造成直接经济损失 45 亿元,间接经济损失往往要翻 2 ~ 3 倍,甚至 10 倍以上。

中国是世界贫水大国之一,城市平均日缺水 2000 万吨以上,2000 年,全国所有城市都将进入缺水行列。长期过量开采地下水，北方和沿海许多大城市形成地下水漏斗，引起地面沉降、海水倒灌和土壤盐碱化。

中国也是世界水土流失最为严重的国家之一。目前，全国水土流失面积为 367 万平方公里，危及 1/3 的耕地。近 30 年来水土治理面积累计 5700 万公顷，但点上在治理，面上在扩大，水土流失面积有增无减。黄土高原、长江流域、太行山区、南方红土丘陵区等全国水土主要流失地区每年流失氮、磷、钾数量高达 4000 多万吨，相当于一年全国化肥生产量折合氮、磷、钾数量的两倍。新中国成立以来所修建水利工程 20% 被泥沙淤积报废，价值约 1000 亿元。全国每年因旱涝灾害损失粮食 200 亿斤。长达 18000 公里的海岸线，其中 10000 公里缺乏树木遮挡，备受台风袭击之苦。

这些触目惊心的事实，向我们发出警示，保护森林，就是保护人类自己。

然而，现实的森林状况依然令人焦虑。

潜在危机尚未消除　供给缺口继续扩大

1989～1993 年的森林资源清查结果显示，我国的森林面积和蓄积量虽略有增加，但用材林面积持续减少，特别是可采伐成过熟林面积已由 1981 年的 2188 万公顷减少到现在的 1349 万公顷，减少了 1/3，蓄积量从新中国成立初的 20 亿立方米降低到 6.4 亿立方米。重要的木材基地东北、内蒙古林区的情况更为严重，可采伐成过熟林已经由建国初期的 1200 万公顷减少到目前的 380 万公顷，减少了 68.3%。按每年 1.1 亿立方米的消耗速度，5～10 年后，我国成过熟林资源将消耗殆尽。

随着国民经济的发展，人口不断增长，木材供需矛盾将越来越突出。目前，全国每年木材消耗量已经上升到 1.4 亿立方米，今后，每午还将以 500 多万立方米的速度递增。据测算，仅坑木和造纸两项，2000 年将增加 3500 万立方米左右，加上其他需求，到本世纪末，木材年供给缺口将达 5000 万立方米以上。

这一信息意味着，大量的人工林将在它们的中年提前担负起不断增长的消费需求。

1950～1990 年间，世界人均木材消费量增长了 15%，从 0.6 提高到 0.7 立方米。世界大多数国家的木材消费水平在相当长的时间内将持续上升。我国现在是世界人均年消费木材水平最低的国家之一，只有 0.12 立方米。即使保持如此低下的消费水平，中国每年还要花大量外汇进口木材及木制品。据联合国的统计资料，进入 90 年代以后，中国已经稳定地保持世界林产品 10 大进口国之一的地位。1982～1992 年间，我国林产品，包括原木、成材、胶合板、木浆、纸与纸板等总进口值提高了 1.56 倍。问题还在于，随着经济发展和人民生活水平提高，继续保持年人均消费 0.12 立方米的低水平，几乎是不可能的。

10～20 年内，如果不采取必要对策，中国势必成为世界最大的林产品进口国。我们有这个实力吗？而目前，世界木材总出口量为 1.2 亿立方米左右，日本和西欧每年稳定进口 1.0 亿立方米。显然，中国这样一个大国，木材需求仰仗国际市场是不现实的。

尽管采伐森林经常遭到非议，世界木材生产量仍然持续看涨。1990 年全球木材产量为 35 亿立方米，按每立方厘米 0.6 克计算，则为 21 亿吨。没有哪一种产品的产量能与木材相匹敌。同年，全球水泥、钢材、塑料等的产量分别是 11 亿吨(10 亿立方米)、8 亿吨(1 亿立方米)、0.9 亿吨(0.8 亿立方米)。与各种可更新产品的产量相比，木材更是遥遥领先。1990 年世界小麦、大米、玉米、大麦等总产量不足 9 亿吨。

因木材短缺，世界各国都曾大量以煤、石油、钢材、水泥、塑料等作为替代品，但是自

20 世纪 70 年代以来，发达国家的原材料政策正在发生变化，主要资本主义国家都在研究开发森林资源，认为木材是最利于环境保护的原材料。木材作为原材料的可取代性由此大大降低。

既如此，有必要重新审视我们的家底——

森林资源质量每况愈下，林业生产力继续徘徊不前

根据联合国粮农组织 1995 年公布的世界《森林资源 1990 年评估》（综合报告），世界 179 个国家中，中国森林面积占第 5 位，蓄积量占第 8 位，覆盖率排第 111 位，人均占确森林排 119 位。

30 年前，联合国粮农组织发表的《世界森林资源 1963 年调查》则表明：世界约 160 个国家中，中国森林面积排行第 8，蓄积量排行第 5，覆盖率排行 120，人均占有量排行 121。

由于调查范围、方法不同，这两份统计资料不能进行直接对比，不过它至少说明了一点：中国森林面积扩大了，蓄积量低下的状况却未得到根本扭转。

世界森林平均每公顷蓄积量为 114 立方米，发达国家平均也是 114 立方米，发展中国家为 113 立方米。去年底林业部部长徐有芳说，我国森林平均每公顷蓄积量仅为 83.6 立方米。

1990 年，世界人均拥有森林蓄积量 71.8 立方米。我国仅为 8.6 立方米，是世界人均拥有森林最少的国家之一。

更令人忧虑的，是我国森林资源质量每况愈下，林业生产力呈持续下降的严峻形势。1977～1981 年全国森林资源清查表明，全国森林每公顷蓄积量为 83.44 立方米，用材林蓄积量为 85.35 立方米。1987～1993 年的清查结果显示，全国每公顷森林蓄积量已降至 75.05 立方米，用材林每公顷蓄积量则减少到 71.26 立方米。

全国森林单位面积蓄积量的持续下降，表明中国森林正在经历着不断稀疏化的过程。而资源长期遭到侵蚀，又不加以经营，必将导致森林生产力持续衰退，最终又必将导致森林面积的不断萎缩。这正是当今热带国家森林迅速消失的典型过程。

当森林的生产力一旦降低到连赖其为生的生产者和经营者的基本的生产生活都保证不了时，森林的被蚕食将更为迅速、更为悲惨。

中国林业生产力持续下滑的根本原因何在？

有识之士认为：40 多年来，我国林业遵循的是外延扩大型的生产方式，正是这种不重视提高单位面积的生产力，片面追求扩大森林面积的发展方式导致了今天林业的重重困难。正所谓：

丢了"西瓜"，拣了"芝麻"

经营森林和扩大造林不外乎两个目的，一是提高物质生产能办，目前主要仍是生产木材的能力；另一个是发挥森林的环境社会效益。因此，单位面积木材蓄积量的高低理所当然成为衡量森林生产力高低的主要指标。

要使森林青春常驻，提高蓄积量，必须进行精心、细致的管护、经营和更新，这是实现资源增长的根本保证。我国现有中幼林 9 亿亩，每年仅抚育 400 万亩左右。大面积中幼林成林不成材，人工成林平均每公顷蓄积量只有 70 立方米左右，相当于发达国家的 1/3。更新造林与其他任何一种造林相比，成本最低，也最容易收到效果。但 40 多年来，我国森林的更新从未跟上过采伐。据测算，全国每年每采伐 5 公顷只有 1 公顷得到更新，也就是说，每年有 4/5 被采伐或火灾后的林地更新得不到保障。日积月累，欠下一屁股旧账新账。由此不难理解为什么中幼林占全国森林总面积的 70%，而其蓄积量只占全国森林总蓄积量的 37%。

200 年前，中欧森林的状况也很糟糕。德国每公顷蓄积量曾经降到 70~80 立方米，与我国现在的状况非常相似。第二次世界大战后，两德森林蓄积量又降到 70~80 立方米。奥地利、瑞士森林也有过生产力很低的时期。如今，上述国家每公顷森林蓄积量都在 250 立方米以上，瑞士高达 329。这其中当然有许多原因，但重视经营则是最重要的。

奥地利农业大学的几位学者曾多次考察我国秦岭林区。他们认为，中国林业最大的缺点是经营不足。仅靠大面积造林对中国来说是不够的，减轻现有林业利用压力的唯一途径，是在以生态为导向的持续利用原则下，大面积提高森林生产力。他们还提出，在 50 年内，应当把现有森林的年供材量从每公顷不足 100 立方米提高到每公顷 400~500 立方米，并使每公顷年生长量从 2 立方米提高到 10 立方米。

面对严重的资源危机，有关部门把希望寄托在扩大造林面积，发展工业人工林。

然而，人工林是否达到了预期目标？

"你很难弄到需要的木材。许多地方的人工林，找不出几棵像样的树木。造林的一向不去了解市场上什么木材俏销，也不需要知道所造的林子能干什么。他只关心成活率有多少、覆盖率能不能达标。"

中国林业科学研究院木材研究所几位研究人员的一席话，给记者留下了深刻印象。他们说的虽然仅是工业人工林，却道出了几十年来造林运动所存在的两个致命的误区。

层层下达的造林绿化责任状在对面积进行硬性规定的同时，缺乏对质量的明确要求和与之相适应的约束。

按理说，以提高森林覆盖率、改善生态环境为背景，开始于 20 世纪 50 年代的造林绿化运动，尤其是 80 年代末以来面对沉重的木材消费压力开展的一系列造林活动，包含了对森林的数量、质量和生态价值的多重追求。尽管"责任状"也指出，什么区域应该使用什么树种，可实际并无多大约束力。致使面积几乎成为衡量"责任"是否完成的唯一指标。由此引发一系列问题。

问题首先出在种子上。

"要我说，中国林业与国外林业有什么差距，就差在种子上！"林业部苗圃总站的同志每谈及种子总有些激动。

目前，全国每年所用 1700 万~1800 万公斤种苗，其中良种只有 80 万公斤，占造林面积的 15%~20%，勉强能够保证速生丰产用材林、经济林和世界银行贷款项目。十大工程造林要求种子来源清楚，往往很难做到。

种苗的使用近年来出现了许多混乱情况。全国 700 多个种苗基地和省部级的 200 多个基地在采集种子，农民也在采种、卖种。收购方面，国家在收，个人也在收，很难保证质量。有的农民专门采集那些唾手可得的小老树上的种子。目前，识别种子的手段和技术还不过硬，给假种子浑水摸鱼打开了方便之门。

大的假种子事件已经发生好几起了。湖南从江西购进一批黄山松，其实是黑松；大连把已经过期、没有生命力的种子卖给陕西；黑龙江从吉林购进一批所谓日本长白落叶松，几年以后，发现山上长出来的竟是黑不溜秋的小老树。一查，竟是河北的华北落叶松，直接经济损失 100 多万。这些事件大多不了了之。

都说"十年树木，百年树人"，造的林子到底怎样，一般要一二十年甚至更长的年份才

能看出来。种了假种子，要毁掉重来，又是更艰巨的工程。因此面对占全国人工林 1/5 的 1
亿亩低产林、小老树，有关部门骑虎难下。

　　缺乏技术、资金及至思想的充分准备，造林保存面积低。尤其是工业人工林的发展缺乏
必要的市场预测，经济可行性受挫。

　　人工林的发展一直伴随着争论。但人工林特别是单纯林，缺乏多样性，稳定性差，因轮
伐期短致使地力消耗大等缺点却早已是不争的事实。

　　国际林学界普遍认为，天然林在抵抗病虫害的能力、维持土壤肥力、满足持久的木材收
获以及满足物种保存和环境保护等方面均优于人工林。

　　随着我国人工林面积的增加，病虫害，这种"不冒烟的森林火灾"日益严重。三北防护
林病虫害发生面积已经达 51%，杨树天牛的发生面积由 20 世纪 80 年代初的几十万亩发展
到现在的 468 万亩，增长了近 6 倍。多年的造林绿化成果往往毁于虫害。仅宁夏就因病虫害
砍掉了 9000 万株农田防护林的杨树。长江中上游防护林的病虫害隐患也很严重，主要森林
病虫害多达 15 种。据统计，目前全国每年病虫害发生面积达 1 亿亩以上。国家林业经费本
来就捉襟见肘，还要花巨额资金投入病虫害防治，更显得力不从心。

　　有鉴于此，近年来不断有林业专家指出，过分倚重人工林，把发展人工林作为解决森林
资源危机的主要手段，对人工林的隐患考虑不够，而对天然林特别是原始林的优越性认识不
足，甚至把很多原始林改变为人工林，是不明智的。

　　工业人工林短期速生，出材整齐，曾一度在木材短缺国备受青睐。然而，近年来的实践
却使人们对其是否能够真正解决木材消费危机产生了怀疑。

　　速生林的生长量可能是普通林的 10～20 倍，但大多是小径材，增产不增收，经济价值
不高，市场竞争乏力。而某些非速生林的木材单价可能是速生材的 10～20 倍，甚至更高。
再者，人工林的高生长量并不是代代传承的。第一代人工林的生长量也许很高，但伐期短导
致土壤肥力下降，第二三代的木材产出也会随之下降。在此背景下，大径、无节珍贵木材因
其销路好，经济价值高，重新成为世界林业的发展方向。

　　不管怎么说，有投入才会有产出。林业发达国家几十年实验表明，发展速生人工林必须
具有优越的土地条件和额外的经济投入。如果没有集约的栽培措施就实行短轮伐期的树种栽
培，则将事与愿违。

　　相比之下，我国发展速生人工林显得过于仓促，准备不足。

　　在我国粮食问题还远没有解决的时候，划给造林的只能是贫瘠的边际土地，在适宜的经
营下，其收入或可勉强等于生产成本。外国林学家曾形象地说："土地常常是被榨干油水之
后，交还给林业。"如此贫瘠的土地，当然需要高投入——资金、技术、人力等等。可惜，
我们没有经济力量作这样的投入。在贫瘠的土地上造林，即使成活下来，如无长期的后续经
营，也会失败。

　　根据联合国粮农组织统计，1990 年世界发展中国家人工林总面积为 6844.5 万公顷，中
国 3183.1 万公顷，占 46.5%。中国每年每消失 1 公顷天然林，就有 2～3 公顷人工林替补上
来。只可惜，由于上述种种原因，人工林迄今未能在木材供需平衡中发挥应有的作用。

　　我国人工林林分每公顷蓄积平均只有 33.3 立方米，相当于巴西、新西兰人工林 1～2 年
的生长量，相当于全国现有林分每公顷平均蓄积量的 40%。

　　我国人工林面积现在已经占全国林分面积的近 1/5，今后 15 年，人工林面积可能扩大

到全国林分面积的40%。这意味着，中国林业将肩负起愈来愈沉重的低产林包袱，中国森林生产力将进一步下滑。

不难想见，这样一个贫弱的森林系统，很难满足国家日益增长的需求。很难承担保障国民经济持续.、快速、健康发展的重任。

中国林业该向何处去？

面对沉重的生态、经济双重压力，如何选择林业的发展方向？

近年来国内不少业内人士主张，在生态平衡的基础上实现生态与经济的兼顾。无疑这是一个十分理想的模式。但是，能否实现这一目标呢？

对于林业来说，兼顾生态效益与经济效益是一个在多种条件制约下矛盾运动的过程。社会经济发展水平、林业生产力发展水平、科技水平等等都是制约这一过程的因素。

林业的地位和作用取决于国民经济的发展水平。与较低的经济发展水平相适应的是要求林业发挥其经济功能，与较高经济发展水平相适应的则是要求森林兼顾生态与经济效益。这一点已为发达国家的历史所证明。以我国目前的综合国力，撇开经济效益单纯谈论生态效益，是不现实的。

同时，以目前林业如此低下的生产力，如此沉重的需求和生态压力，兼顾经济效益和生态效益何其艰难！林业部前部长雍文涛曾经十分形象地说过："要满足经济需求，现有的树全部砍光也不够；要满足生态需求，现有的树一棵不砍也不够。"

在这样的矛盾中，寻找出路，当然十分艰难。但从目前这种注重外延扩大再生产的路子转到注重提高单位面积的产出能力，走一条内涵增长型的发展之路，显然是较佳的选择。只有提高林业生产力，才能较好地满足经济建设的需要；也只有提高林业生产力，林业才有可能逐步走上良性循环的发展道路。提高林业生产力，是解决林业问题的核心。

如何提高林业生产力？首先遇到的问题是钱。

资金投入不足一直是困扰我国林业发展的一块心病。林业遭遇的种种困难也因此有了借口。新中国成立以来，国家对林业的投入累计达到229.7亿元，占同期国家预算内总投资的2.23%。其中营林投资70.9亿元，不及1991年我国进口木材和木制品162亿元的45%。全国农业投资中，营林投资平均占7%左右，1981～1991年林业投资只占同期水利投资的。14%弱。建国以来林业投资总额中，森林工业投资158.8亿元，仅占同期全国工业投资的1.7%，列于11个主要工业门类之末。

林业投入不足，集中表现在：

造林投资。1978～1992年，全国累计完成造林面积28亿多亩，而投资只有15亿元。平均每亩不到1块钱。投资少，造林的质量、实际保存面积可想而知。

中幼林抚育。全国现有中幼林9亿亩. 近些年平均投资2000多万元，其中国家投资700万～800万元，每年完成抚育400万亩。大面积中幼林抚育跟不上，严重影响了林木生长。

森林保护。目前全国每年病虫害发生面积达1亿亩以上，最高年份达1.6亿亩。每年因病虫害枯死的树木累计达500万亩，减少木材生长量1500万立方米，经济损失约20亿。虽有大兴安岭火灾的切肤之痛，近年森林火灾危险还是有增无减，综合防救能力仍然严重不足。1994年，全国发生火灾1196次，波及森林31298公顷。

重点防护林工程。"八五"期间，三北、长江中上游、沿海、平原绿化等四大防护林和治沙工程计划造林、治理 2. 18 亿亩，但估计到 1995 年底只能完成 70% 左右。投入不足影响进度，也使工程质量出现许多问题。

国有林区生产、生活设施建设。森工企业在资金不足的情况下，为维持生计，不得不长期超量采伐，牺牲资源。

林业因周期长，收益慢，吸收社会资金能力差。世界许多林业发达的国家通过政策和立法，在财政、税收、金融等方面对林业进行适当倾斜，以保证林业生产建设有必要、稳定的资金来源。

解决林业的资金不足，若有国家大量增加投入，当然最理想不过。然而，以目前我国的国力，期望值不能过高。经常有人批评政府对林业不够重视，投入过低。且不论国家是否真的不重视林业，单就投入所占国民收入的比例来说，目前我国的水平也相当于美国 20 世纪 70 年代。

要求进一步提高林业投入，是有道理的，但要视国力的可能。

没有可靠的经济基础，根本不可能实现森林的持续发展。但这个经济基础的建立不能把眼睛只盯在国家的补贴上。最可靠的经济基础只能是森林自身。它现在是、将来仍是非常重要的可更新的原料来源。

林业要有发展，首先它自身必须有收益。最主要的收益应当来自森林工业。

联合国粮农组织多次强调：一种没有工业的森林对于一个政府来说，基本上没有财政价值，虽然其社会、环境和生态价值可能很大。从森林工业中得到的财政和经济收入，将确保森林得到适当管理，为工业持续不断地提供原料；同时亦增加政府和国民收入，促使社会对环境问题予以应有的重视。出于维持其原料基地的需要，森林工业工必然尽量减少对环境的影响。它还可以通过在贫瘠或被毁林的土地上营造人工林，为资源保护和开发作出贡献。

林业产业包括营林业、木材采运业、林产品加工业、多种经营业和森林旅游业。它是林业可持续发展的前提和保障。

世界范围内，林业产业的迅猛发展令人瞩目。林产品加工业作为林业产业的龙头和支柱，目前其产值占世界林业总产值的 77%，在发达国家已达 91%。

40 多年来，林产品加工业成功地开发利用了木材加工剩余物和废纸资源，缓解了原料短缺危机。传统木材加工工业改变了以原木为主要原料的加工体系，向人造板、纸浆和木材综合利用的方向转化，实现了木质产品多元化与机械改进的配套。这一切，使林产工业得以跻身现代工业行列。

显然，中国林业要有长足发展，必须增强自身的造血功能。林业产业化势在必然。这就是，以市场为导向，以效益为核心，依靠科技把改造传统林业产业、培育新型产业和建设主导产业有机结合起来，逐步建立起较发达的林业产业体系。

去年底，林业部发布消息说，从今年开始，逐步将森林分为公益林和商品林，进行分类经营，以期建立起生态和产业两大林业体系。这无疑是重要的一步。但如何加速产业化进程，则有许多问题亟待解决。

——国有森林工业企业的出路问题，这也许是中国林业产业这盘棋能否走活的关键。

目前，我国森林工业只相当于发达国家 20 世纪六七十年代的水平。产品的精、深加工能力还十分低下。长期以来，林产品供需矛盾一直非常突出，林产工业已经成为制约国民经济发展的短线。近年来，主要林产品进口额已高达 30 亿美元，在全国进口的各种商品中位居第四，仅次于钢材、粮食和化肥。

林产工业现代化程度的低下，又加剧了外汇消耗。1993 年，我国林产品进口值占世界林产品进口总值的 2.7%。虽然美国、德国等国家的林产品进口值都大于我国，但这些国家同时又是林产品的出口大国。1993 年我国林产品出口值不足进口的 10%。美国同年林产品进口值是我国的 5.97 倍，而出口值占进口的 90% 以上，因此林产品进口的实际外汇消耗只相当于我国的 60%。

随着改革的不断深入，制约森工企业发展的深层次矛盾逐步暴露出来：

首先，国有林区森工企业责权不明、政企不分。除大兴安岭林业公司外，都是省（区）属企业，利益在地方，但地方政府仍将其视为中央企业，有困难找中央。有的省将国有林业局层层下放，划归县政府管理；有的省成立木材批发市场，想着法子对企业产品收取更多税费。地方政府对企业的乱摊派现象严重。

其次，由于责权不明，国有资产流失触目惊心。据统计，云南国有森工企业林业用地面积由 1980 年初的 510 万公顷减少到 1994 年的 29 万公顷；四川仅阿坝地区就由 109 万减少到 48 万。国有林区森工企业由中央投资形成的非资源性国有资产，因缺乏有效的监督管理，流失相当惊人。

再次，由于地处偏远，商业、文教、卫生、公检法司、森警部队等等本应当由社会和政府来承担的担子全都压到企业身上。1994 年，全国森工企业社会性支出达 26.4 亿元，占销售利润的 54.4%。政企合一的大兴安岭林业公司和黑龙江省伊春林管局森工企业每年还要承担政府经费 3.2 亿元。

——制定有利于营林业和加工业相结合的政策和措施。

以市场为基础是发展工业人工林必须遵循的原则。国外速生造林一般都与工业结合。为工业建立原料基地，这种造林与环保造林的最大区别，在于追求最大经济效益。而我国在进行速生林规划时，并没有通盘考虑树种、培育目标、集约经营措施与最终木材利用、市场需求等一系列至关重要的环节，没有进行木材的市场需求预测。简单把速生林和其他林种等同起来。结果，工业速生林因其效益低下，无法维持良性运转。

因为无利可图甚至赔本，"速生丰产用材林"很快失去了责任者的认可。一些地方在规划基地里种上了经济林，山东、湖南、内蒙古等省份的大片速生林被早伐，取而代之的是更具有竞争力的粮食、蔬菜、桑果等。福建等省已经建成的达标基地因无人管护沦为不合格基地……

已建成的速生林也不能尽如人意。"丰产林"不丰产已不足为奇，更有丰产变低产。1980 年后所建成林基地现在平均每公顷蓄积量仅有 3.3 立方米。

解决以上问题，必须调整产业布局，走林工结合的路子。

目前我国林产品加工业资源、资金、科技配置很不合理。据了解，全国 1200 个人造板企业，大多分布在城市，饱受远距离运输原材料之苦。

——理顺体制。

健康发达的林业产业必然是注重效益的产业。拿这个尺子衡量一下我国现存的林业体系，就会发现，从采种、育苗到植树造林到森林的经营、管理，到木材的采伐、运输乃至加工环环脱节、缺乏活力，不符合市场经济要求。

良种的遭遇令人深思。

我国的良种 20 世纪 80 年代才起步。现在，全国每年能生产良种 60 万公斤左右。加上根茎、苗木、果实等总共约 80 万公斤。但是，为数有限的良种，并未得到很好地推广。目前的林业体制就不利于发展、推广良种。采种关心的是种子能不能卖出去，至于种子质量好坏，就管不着了。育苗关心的是发芽率如何，苗壮不壮，至于用的是否良种就不管了；植树造林的，关心的是成活率，至于今后林子长成什么样，则是"国家的事"。

林业经费本来就困难，拨给种苗这一块的就更可怜了。1994 年，80% 的国有苗圃亏损。这样的状况，使得良种遗传资源的保存、引种、试验及病虫害的防治、种苗储备设施的更新等等一系列基础性工作难以开展。种子的选育还相当粗放，精选加工程度很低，国外已经按照种子的大、中、小分类，我们还是老一套，按发芽率。

种苗是整个林业大厦的根基。这一点谁都明白，可就是谁都不重视。按目前每年的造林面积，200 万公斤良种足够。而使用普通种子则需要 3000 万公斤。抓 3000 万还是抓 200 万，真应该掂量掂量。

这种各管各的体制一日不作调整，优种优育的观念就一日难以实现，良种就一日难得大发展，良种不能推广，林业的效益便失去了坚实基础。

总之，中国的林业，只有实现增长方式的转变，走一条高效的产业化之路，才能逐渐摆脱困境，求得健康、持续的发展。

第二篇 林业工作研究

本篇选编了沈照仁同志发表在《林业工作研究》上的文章共22篇。

《林业工作研究》创刊于1984年，是国家林业局（原林业部）编辑的不定期出版内部刊物，由政策法规司负责承办。刊物主要供局领导、局机关和事业单位相关处室、相关部委对口部门、研究机构、高校和特约研究员等参考。

《林业工作研究》作为林业工作的窗口和平台，为各界关心林业的工作者提供建言献策的平台，既对重大问题进行理论探讨，也对具体工作方式方法进行交流。刊物分为理论和改革前沿、调查研究、法治论坛、地方经验、国外林业等专题板块。

苏联经济体制改革中关于林业实行经济核算的讨论[①]

前　言

全面经济核算与自筹资金，是按新办法经营的基本原则。凡是把加速国家社会经济发展、经济机制改革视作关键任务、切身事业的人，都关心它。在这方面规定要实现的根本改革已刻不容缓。国民经济目前面临的处境，要求采取集约途径发展经济，这不仅适宜而且是唯一可行的。

展望未来，越来越多的新生事物正在变为日常生活的现实。正如苏共中央政治局委员、部长会议主席雷日科夫在第 11 届最高苏维埃第 7 次会议上的报告所指出的，明年有更多的经济部门将按新办法进行工作，其中包括森林工业企业。显然，与之有直接关系的林业，不可能置身于这种重要变革之外。

但是，必须立即指出，正是林业经济核算制的阵地最薄弱。长期以来，林业主要实行国家财政预算拨款，并已形成习惯，似乎是理应如此。这个部门的许多工作人员已经不把开支与最终结果放在一起比较。其结果是似乎会永不枯竭的我国森林资源在明显地减少，天天在讲的永续经营利用森林资源的任务，在目前条件下，如何予以实现？已成为迫切需要解决的问题。《森林工业报》编辑部召开了讨论会，邀请经济方面的领导干部、专家和科研界代表，发表意见。

一、是富翁，也是穷光蛋！

林业要过渡到自负盈亏，实行经济核算，除了从森林取得必要的收入之外，还有其他途径吗？这样的提问，乍看似乎故弄玄虚。在现实生活中，因森林利用而得到的收入，林业分得的确实太少，就如从丰盛的宴席上只得到一点残羹。讨论会一开始，这一点就非常明朗了。

苏联国家林业委员会计划经济局局长、俄罗斯功勋经济学家托洛康尼科夫说：举成熟林为例，本来应是大多数林场的主要财富，似乎也应是林场收入的最主要来源，但事实却是：木材采伐者几乎是无偿地取得了成熟林。当然，他们也付林价，但并不反映森林的真实价值，而只是象征性的。即使如此，这点钱也不归林业企业支配。根据现行条例，全部林价收入上缴国家预算。由此可见，对林学家来说，森林并非现实的财富，而只是虚幻的财产。采伐以后，现实留给林业的只有伐根和狼藉满地的采伐剩余物。

我认为，初始如此无视森林的价值，就决定了以后采取不经心地利用森林的态度。采伐企业在伐区丢弃了大量完全可以利用的木材，这是众所周知的，何必因如此便宜的东西而去劳累自己呢?!

林业的某些方面，如苗圃，正在试行自负盈亏，但这里开支也得不到完全补偿。苗木的调拨价订得过低，使得种苗事业即使费尽心力也不能自立。

林场现在自身发展一些工业生产，如木材加工、生产日用品，能带来一些收入。但这不

[①]　本文由吴国蓁、沈照仁合译，发表于 1988 年 3 月 15 日出版的《林业工作研究》。

可能根本改变林业面貌。而南部地区的林业企业主要从事防护林营造，又该如何办？

林业的经济关系发育非常细弱。我们对森林贡献的一切，都应做出评价，应该研究林价，建立部门基金等等，林业确有许多问题亟待解决。

全苏造林和林业机械化研究所所长、农科院通讯院士莫伊谢叶夫：对森林资源支付费用，使之成为财政来源，迄今没有成为制度。首先要建立林价，并应以社会必要消耗为根据。例如，荷兰每立方米林价折合苏联货币为 10 卢布，美国某些州为 25 卢布（苏联仅 2.24 卢布——译者注）。

如没有培育每立方米成熟木材的成本指标，根本谈不上健全的林业经济和真正的经济核算。这项指标是绝对必需的，建立的依据同样应是社会必要劳动消耗。

除木材应有收入外，森林的其他效益也应有收入。凡森林拥有的，又有用户的，例如林副产品蘑菇、浆果、坚果等都应有收入。营造农田防护林带、为制浆造纸业营造用材林，固沙造林，提供狩猎场地、割草地，都应获得收入。森林的游憩效益也不能是无偿的。总之，每一部门都应从拥有的一切资财中争取收入。可惜，目前林业尚未形成按经济办法管理的制度，只有个别例外。合作社从森林中完全无偿地获取蘑菇、浆果和坚果。

林业企业拥有巨大财富，但却要几乎完全靠国家过日子，这真是怪现象！今天的林业综合体既是富翁，也是穷光蛋。国家的森林似乎是无主的，结果，既是全民的财产，随便地、无偿地拿吧？！

如果要认真谈谈经济核算，而且是全面的，那么，首先森林必须有真正的主人，拥有真正经济独立自主权的主人，能够按有利可图的办法经营，并有权支配自己经济活动的成果。预算财政在这方面只能束缚积极性的发挥，养成依赖性。

俄罗斯共和国林业部第一副部长拉弗罗夫说：我国企业的工业生产是有经济核算的，在许多林场也试行过，结果也不错。因此，林业实行经济核算不完全是从头开始。10 多年前，我们试图在更广泛范围开展经济核算。大约在 1973～1974 年，弗拉基米尔林业局开始推广经济核算要素，而且在工业生产以外也试行了。但首先是从经济学知识普及入手的，给人们灌输必要的知识，如什么是利润、利润率和成本等等。

随之，我们又把理论与实践结合起来，任务订货单开始下达到林场的采伐作业段，并规定了可以换算的利润、利润率和成本指标。给营林作业段、作业区、作业点下达了任务订货单，根据劳动的最终结果和完成作业减少的劳动量，计算支付奖励工资。缺点是，还没有形成一套检查验收制度。

弗拉基米尔林业局局长霍赫洛夫说：弗拉基米尔林业局管辖 16 个企业，在工作中都已采用经济核算的要素。我们把在基层推行这一先进的经营管理方式作为工作重点，并积极贯彻工队经济核算制和工队承包制。今年 1 月 1 日起，库尔洛夫森工局实行了整个企业的承包制。这是迈出的重要一步。库尔洛夫森工局实行支票付款检查制，全企业实行经济核算并成为一个承包集体。现在跟造林与林业机械化研究所协作，弗拉基米尔林业局又在科夫洛夫林业综合体进行新经营方式的试点。这里有更多的独立性，但主要在生产活动的计划、劳动工资支付以及物质刺激等问题的决定等方面。

与此同时，我们不能掩饰如下事实真相。对林业工业经济核算活动的增加并不能促进、而且常常妨碍基本任务（有效森林更新）决策的实现。利润是通过加工车间取得的。这种经济运行形式，还找不到加以转变的办法。奇怪的是，上级领导居然也把森林更新放在次要位置上。据回忆，近13年来，我没有因为营林问题上挨过训斥，往往因某项森工生产的计划没有完成，经常受到非常严厉的责备。这就必然导致，企业把重心放到了采伐和木材加工上。这是富有讽刺味道的现象。因为对林学家而言，培育优质木材应是其主要生产任务。

莫斯科州克林林业联合企业经理帕姆舍夫说：克林林业联合企业1968年实行自负盈亏。企业的商品产量增长了10倍，产值已近300万卢布。木材年运出量达7万立方米。我们不是亏损单位。森林工业生产的收入中有相当大的一部分已用在森林更新上。但仍应坦率地承认，我们更关心的是如何从森林获取更多些，而不是归还森林更多些。职工对改善森林资源状况，没有必要的经济兴趣。这是因为直接从事营林业的职工，工资收入比从事工业生产的职工低。职工的物质利益受到损害，必然相应地影响劳动积极性。

拉弗罗夫说：这不是局部现象。只要有木材加工生产，大多数企业都存在这样的问题。罗马尼亚林学家也持这样的观点。那里的林业工作者一门心思搞营林业，完全与森林工业分家。立木价格高，收入全部归林业企业。林业职工专门从事木材培育，工资高，有社会地位，技术职工队伍也容易稳定。

帕姆舍夫说：不同意这意见。在林业部门确实也有综合经营取得了效果的例子。问题是要扎扎实实地研究森林更新的经济实质。

霍赫洛夫说：我们企业开展工业生产时间不短了，完全放弃不行，这不是好方案。当然，需要想些纠正偏差的办法。

林场不能只靠工业生产达到自负盈亏。如果不解决森林更新的经济问题，不弄清森林效益的价格，林业改革半途又会发生行政办法取代经济杠杆。不彻底的改革，什么也解决不了。

二、要走上经济轨道

造林研究所所长莫伊谢叶夫指出：林业有许多不协调的现象。因此需要对林业制定一个完整的概念。经济核算制只是经营林业的一种方法，首先必须解决与林木培育有关的问题。如果找不到评价森林真实价值的正确标准，经济核算就会是没有内容的一种形式。简而言之，首先要从整顿价格开始。

说整顿，很容易，但实践起来，又非常复杂。①林业作业条件在不同地区差别极大，因此培育每立方米木材的费用高低迥异。显然，消费者不能对困难地区培育的木材给高价，相反，则给低价。因此，处于不利气候条件的林场，总要亏本，而自然条件优越的林场总能获得高额利润。可见，必须实行级差地租。②森林经理调查工作必须提高到完全崭新的水平。人们养一只种犬尚且要有证照，要说明其"父母"和家谱。森林要活百年以上，我们又为它做了什么呢？永续经营利用的原则应是森林经理设计的基础。采伐方式、更新方法，各种措施系统，以及财力、劳力、技术设备等资源平衡，在设计中都应联系起来加以考虑。

总之，走上经济核算的道路，需要解决许多问题。林业实行经济核算问题，50年前就展开过激烈的辩论。现在是从空议论到实践的时候了。但为此必须开展部门间的经济核算关系的研究。"谁点戏，谁付钱。"

全苏森林调查设计联合公司经理莫洛兹：我承认，森林调查设计工作质量必须提高，并使之成为企业最重要的指导文件。但我认为，现在问题不在设计的质量，而在基层对设计的态度。只要林场多看看设计文件，并进行一番研究，森林经营水平会好得多。常听说森林资源枯竭了，计算采伐量与采伐计划不符。如果照着设计办，本来是不会有任何不符的。

我们习惯的做法，往往是：需要完成计划时，就扩大计算年伐量，需要降低计划时，就调小计算年伐量，而森林经理设计似乎是不必考虑的。因此，企业就不知道森林资源的材种组成，造成每年有几百万立方米该拿的木材都留在森林里了，这是最大的混乱！

国家林委托洛康尼科夫说：林业问题多，但不能说无法解决。木材价格要提高。国家价格委员会已在审议这个问题。关于多目标利用森林的措施正在制定中。林业准备实行按项目定额计划开支的制度。1988 年将有 40 个林业企业实行财务自理。与此同时，不能仓促立即要求林业联合企业完全依靠经济核算的自筹收入。在某些情况下，国家预算仍是必需的。在林业企业尚未建设经济和社会发展基金时，在集中的保险基金尚未建立时，经济核算与国家预算有机的结合，仍是必要的。

拉弗罗夫说：国家企业法要求："每个劳动集体必须按经济核算原则生存下去"，这是丝毫不能含糊的。当然，立刻全面予以实施是做不到的。俄罗斯共和国林业将实行经济核算制，但是是分阶段地加以贯彻。

三、必须建立定额基础

全苏国家林业勘测设计院院长斯捷帕诺夫说：我同意林业实行经济核算有现实基础的说法。这方面已经做了一些工作。但我们不能是理想主义者，必须正视现实。如果不给林业补充资金，而且是为数很大的，如果不给林业企业固定的财源，首先是为森林更新提供稳定的经过切实经济论证的财源，情况不可能好转！俗话说，一切都有报应。现在森林的绝大部分收入落到了国民经济其他部门手里。

还有另一个问题。要实行经济核算，必须有定额基础，否则只是句空话，甚至是冒险行动。林业除劳动定额外，没有其他定额基础。劳动定额也需做大量修正工作才能使用。原材料定额陈旧得不能再用了，经济定额实际上没有。现在谁也不清楚要多少个经济定额，要什么样的经济定额。如果项目太多、又会变成新框框，束缚企业的经济活动。所谓劳动集体的独立自主，也就所剩无几了。为精确知道企业自负盈亏的水平，必须严格计算更新、抚育、采伐各阶段的消耗与开支。因此必须有经过科学论证的衡量尺度。定额不要多，有劳动量、资源消耗和节约三个方面的就够了。

累进定额对企业有鼓励作用，刺激其更好利用人力资源、物质资源，并积极推动科技进步，提高劳动生产率。

重新审定各种规程条例、林价、种子苗木价、劳动工资率以及林业各种定额等，我认为这是实现经济核算制所迫切需要采取的措施之一。苏联国家林业委员会应就这些问题与财政部等有关机构进行共同研究。

莫依谢叶夫说：还有个计算与检查问题。著名林学家、经济学家奥尔洛夫曾说，林业的计算不是财务会计计算。采伐企业还是比较容易检查的，譬如检查伐区，看了就可以明白。检查林学家就不那么简单，需要懂行才行。

要提高林务工程师的地位，让他们成为林业中心人物。保证他们条件，让他们关心营林活动的最终结果。他们应成为森林的主人，资源的保持者，营林产品的验收者。

随着森林多目标利用的加强和发展，林业机关作为森林事业主要协调者、组织者的地位也会日益提高。

《森林工业报》主编阿列克谢也夫等对座谈讨论会的总结：

在林业企业实行经济核算、自筹资金，不仅是可能的，而且是极其必要的，这是座谈会参加者的共同意见。这将提高林业生产的效率，发扬积极主动精神，并保证更充分地满足国民经济和人民对森林多种产品和效益的需求。

按新方式办企业，将提高责任心，去获取最高的最终结果，为订货人、用户去完成自己承担的义务。企业集体的收入水平将与经营活动的结果直接挂钩。企业过渡到经济核算制，将批准获得自主权，同时采用先进的劳动组织形式，首先是整个集体的承包制。一切日常费用，包括劳动工资，都从企业赚得的收入中支付。企业的改造基金、扩大生产资金和社会发展资金，也均从收入中提供。劳动集体的经济独立性受国家企业法调节。

经济核算要素在许多林场和森工局的活动中早已采用。在一些企业进行了自负盈亏的试点。有很好的经验值得总结和推广。1988年开始将有更多企业按新方式开展生产活动。

与此同时，与会者要求人们注意林业特点，因而在推行经济核算时，必须非常谨慎，切勿破坏林分采伐与更新的平衡。

森林更新实行经济核算是十分困难的，必须解决好森林更新的财源、计划程序、检查完成过程等。除了经济鼓励基金外，企业尚需建立能用于自然保护措施、发展机械制造基地、道路建设等的集中基金。同时，必须进行完整的定额体系建设。

从现实的社会需要出发，企业必须根据国家定货，制定自己的营林生产计划。国家定货指标，如确定森林更新、幼林培育与幼林验收、森林抚育与卫生采伐的指标，均已研究制定，并取得了苏联国家计委的赞同。

与会者一致认为，林业实现经济核算制、自筹资金，定会提高林业部门的经济管理水平，能更加充分地保证森林资源的永续经营利用。

《消息报》提出苏联林业的四大问题[①]

苏联《消息报》1987年12月8日发表题为"我国森林的命运"答读者问。该报编者按：

这是本报读者来信最关心的问题之一。编辑部从络绎不绝的来信中，归纳出以下四个问题。现特邀请两位专家给予回答。

（1）苏联按森林资源蓄积量是世界第一大国，但为什么国家仍感木材产品严重不足？为什么按人口计算纸产量，苏联居世界第47位？为什么按每产1立方米木材计算，苏联的纸、胶合板、纸浆、纸板、木质人造板远远落后于瑞典、加拿大、捷克斯洛伐克、联邦德国等等，只相当于这些国家产量的20%~50%。

（2）从乌拉尔以东采伐木材，然后运输到中央地区，有人认为是不合算的，因此主张加强欧洲地区的木材生产。你抱什么观点？

（3）在当今条件下，科学对待林业综合体问题，是什么意思？

（4）你作为一个主人翁对森林持什么态度？把林业与森林工业联合起来，建立一个管理部门，取代森林、制浆造纸、木材加工工业部（简称森林工业部）和国家林委，你的意见

① 本文由吴国蓁、沈照仁合撰，发表于1988年4月15日出版的《林业工作研究》。

如何？

苏联森林、制浆造纸与木材加工工业部林业和资源基地局局长、经济学副博士麦德维杰夫：

(1) 多年来，中央计划机构不重视森林工业综合体，部领导更换频繁，部本身办事软弱，缺乏主动精神，导致了苏联森林工业落后。近 10 年来，苏联森工局基建规模缩减了一半多。木材化学、机械加工能力的增长速度明显放慢，只相当于 15 年前的五分之一。

苏联拥有 860 亿立方米森林蓄积量，而木材纸张产品出口量竟比仅有 15 亿立方米蓄积量的芬兰少得多。在国际市场上，木材产品吨重价格已超过石油。石油、煤、天然气迟早会枯竭，而森林只要经营得当，是可不断更新的。

投资不足，建筑工业基础薄弱，国产高水平生产技术缺乏，是妨碍、延缓木材深加工发展的原因。设备磨损老化，需要根本改造或更替。现有的深加工设备能力只能处理现在木材年产量的 12%。

森林更新状况也很差。每造林 3 公顷，就有 1 公顷因抚育失调而死亡。多林地区每个林场有上百万公顷森林，而工人数量比科技人员还少，因此实际上往往无人造林。

(2) 苏联 80% 以上成过熟林分布在东部，而这里人口只占全国人口的 6.7%，因此现在没有条件迅速开拓新的生产能力。在乌拉尔以东采伐 1 立方米木材，投资要比在欧洲部分高一倍。横贯西伯利亚运输干线能力对付现在的木材产量水平，已感难以胜任了。

总之，东部地区发展森林工业需要几百亿卢布投资，而且要许多年才见效。国家现在就需要木材。合理开发欧洲部分森林，多拿木材是可以的。欧洲部分森林的计算采伐量尚未全部利用，每年有 5000 多万立方米成熟林未开采。此外，通过抚育伐每年还可以拿出 3000 万立方米。

苏联欧洲部分森林的总蓄积量近 25 年来增加了 30%，可是计算采伐量差不多压缩了一半。这里有 30 亿立方米资源完全封存起来了。每年因倒木就损失 3 亿立方米，难道这是对待资源的主人翁态度吗？

结论是：把森林工业重心往东逐渐转移的同时，必须让欧洲部分森林为国民经济供应更多木材。为遵循自然保护的要求，必须采用新技术、新工艺。

(3) 用科学态度对待有关森林的事是非常迫切的需要。这方面会产生许多问题：如怎样提高森林工业基建投资的效益，让现有生产能力如何多做贡献，软阔叶材资源、剩余物等如何实现经济利用，如何扩大森林资源的再生产。

为从林地上实现无损失收获，首先必须放弃"砍完搬家"的传统木材采运作业方式。综合性企业应完成生产的全过程，从林木培育到采伐木材和木材的全部加工，并以完全的经济核算为基础，实现自筹资金、自负盈亏。综合性企业每公顷森林的贡献是普通森工局的 3 ~ 5 倍。这样就有可能建立稳定的劳动集体，劳动者也会知道可以永生永世地干下去。

森林采伐后要在育种基础上加以更新，实现扩大再生产。在林业专家的领导下，采伐者同时应是从事更新的人，才能保证采伐与更新、生态与经济都达到平衡。

(4) 苏联现在林业的物质技术基础非常薄弱，因此不能把林木培育与木材生产分隔开来，让林业自立为一个部门。与此同时，木材加工工业综合体常因木材原料不足在挣扎，而不得不分散建设小厂依附于林场。这样，在同一地块，林场和木材加工厂都各自建设道路、车间和住宅区。在一个林区里，没有必要保持两个系统。每个林区只应有一个主人，也即建立一个综合性企业，统管森林里的全部作业，从保护、采伐、更新、积极的狩猎，直到蘑菇、浆果以及药草采集。自然，这些活动均应置于国家监督检查（可以通过地方苏维埃）之下。

多头管理森林，使生产不能集中。1985 年苏联有 5500 个森工企业、3200 个林业企业，两个部门的行政管理人员达 40 万。

由一个部门完全负责林业、木材采运与木材加工，建立一个苏联国家林业工业委员会 Гослеспром，在经济上是可行的。分析在不同体制下的工业经济状况表明，加工愈深入，综合面愈广，单位产品的劳动、物质消耗愈少，费用愈低。

国外经验和苏联先进企业实践都表明，林业和森林工业统为一体，其优越性非常明显，木材的综合利用率可以高达 96%。有人反对这样做，说 1966 年之前试验过。但其结果不正说明联合有利于林业吗？1959~1965 年期间，更新完成工作量增加了，林业机械化程度提高 8~9 倍。

苏联科学院森林与木材研究所所长、科学院院士、苏联最高苏维埃民族院保护自然与合理利用自然资源委员会秘书伊萨耶夫：

（1）苏联森林工业落后，是因为粗放经营，幻想国家森林资源是用不尽的。迄今为止，尚未进行投资政策的结构改革，借以真正走上瞄准科技进步的发展道路，以达到木材采运工艺和木材原料深加工工艺的世界先进水平。时至今日，苏联仍未摆脱依靠扩大采伐量解决问题的途径，而且总是想采伐好的林子。其结果已使森林的结构恶化。国民经济按材种订货，完不成，就走阻力最小的路，进行超额采伐，实行条件皆伐以及采取其他违背规定的做法。

（2）关于扩大欧洲部分森林采伐利用的争论，已逾 10 年之久。主张强度采伐的人，虚构了一些数字，林业似乎冻结了 30 亿立方米资源。这样对待森林资源评价至少是不负责任的。森林利用条例规定，在达到成熟时采伐，数量以生长量为限。现在乌克兰、白俄罗斯、波罗的海沿岸地区、中央黑土地带的森林中，成熟林只占 5%~7%。这是 20 世纪 30~40 年代强度采伐的结果。以上地区已无扩大工业采伐的后备资源。

按规定采伐量进行采伐，现在苏联欧洲部分多林地区的成熟林资源也维持不久了；科斯特罗马州可采 13 年，基洛夫州和伏洛格达州可采 20 年；科米自治共和国可采 50 年。对森林工业部来说，这里的资源也还是绰绰有余，在拨给的原料基地上，年年有 1000 万~1200 万立方米没采伐掉。

所谓 30 亿立方米"未利用"资源，属禁伐林，是大城市周围的绿带、国家公园和自然公园、水源林、疗养区保健林。苏联 70% 人口集中区的森林，在环境问题逐年尖锐的今天，难道可以交给木材采运部门吗？

森林工业为保证国家需要还是有潜力可挖的。应该减少废材，深度加工木材，并使加工业靠近伐区。如果采用现代化技术和工艺加工木材，苏联有现在木材产量的三分之二，就能完全满足国内需要，并有充裕产品可供出口。

实际上，现在不仅在欧洲部分采伐最珍贵的森林资源，显然在西伯利亚也在采伐。我是最高苏维埃代表，不久前收到我的选区克拉斯诺亚尔斯克森林工业公司一些人的信。来信说，国家计委和森工部下达给公司的 1988 年材种计划，是不可能完成的，因为现有森林中没有要求的材种可采。在这种情况下，企业即使完成全部产量计划，财务上也会处于破产边缘。工人的信中说："这是一种欺骗，其结果必然是国家需要的木材产品赤字愈来愈大。"

（3）在森林问题上，为把科学与实践结合在一起，首先必须用关于森林利用统一的科学概念武装起来，即用反映森林在人们生活中真实意义的认识，用人类多种利用森林的知识武装起来；第二，必须把森林利用建立在真正经济核算的基础上，不仅要为森林资源支付费用，还应对因此而带来的损失给予补偿；第三，实行全面的坚定不移的国家和社会监督。首先是通过地方苏维埃，要求严格遵守有关森林的一切法律条令。迄今为止，国家计委尚未掌握现代化的方法以计划森林资源的合理利用。苏联实际还没有建立关于国家森林资源的数据库，以供行动计划、长远计划编制使用；第四，在林业生产工艺与技术方面必须进行革命，使之符合生态要求。林业部门没有进行择伐、抚育伐、森林更新、护林防火的必要机械设备。因此，苏联木材生产的劳动生产率比发达国家低30%。

（4）森林的生态作用远大于木材采运主管部门所生产木材的作用。这个部门的思想迄今未曾超越如下认识：森林只是国民经济所迫切需要的产品供应者。正因为如此，是不能把全部森林委托这样一个部门管理。说它会保证更新、会保证生态平衡，只能是幻想。

林业综合体管理体制必须改革，但必须是在对森林多种机能（包括国民经济和生物圈的）的科学认识基础上，而不是根据眼前利益为削减一些编制做简单的教学计划。

每个部门都应有自己的职能。现在我们称之为停滞的年份里，苏联国家林委从国家计委那里领了愈来愈多的木材生产任务，如此恰恰违背了林委的职责。在这种情况下，许多林场不再成为国家利益的捍卫者。木材生产企业家追求的便是这样的森林一个主人的模式。

林业与森林工业是不同性质的事物，但我们常常混淆了。现在应明确加以区分，不要重犯错误。

在多林地区，木材生产应集中由森林工业部的企业进行，而国家林委只是把森林作为长期的原料基地租给森林工业部。承租人负责森林更新的一切作业。国家林委管地区的森林经理、划拨采伐资源、护林防灾、防治病虫害、监督森林法的执行情况，在未划拨出去的森林里开展经营活动。

在少林地区，这里没有木材采运部门的事，一切形式的森林利用归国家林委管。

结论是：把森林工业部与国家林委合并为一个机构的想法是站不住脚的，现在的森林工业对合理利用、综合利用森林，在物质上、精神上、生态意义上，都尚未具备必要的素质。不论给统一的林业管理机构多高的级别，注定了它在现在条件下的首要任务是木材利用，而不是精心保护祖国森林的代表。

苏联国家林业政府官员谈苏联林业改革[①]

一、关于林业改革

苏联国家林业委员会主任兹维列夫：

70年来，苏联林业生产规模显著扩大，其组织结构发生了质的变化，物质技术基础雄厚了，林业财务体制，与国民经济其他部门之间的经济关系日臻完善。

根据党与政府加速国家的社会经济发展与国民经济各部门改革的决议，在第12个五年

① 本文由吴国蓁、沈照仁摘译，发表于1988年5月15日出版的《林业工作研究》。

计划期间，林业劳动生产率比第 11 个五年计划提高了一倍。

兹维列夫就林业改革谈了以下 7 点意见：

（1）严格按标准验收造林，并与工资奖励挂钩。当今改革为保证优质完成森林更新与防护林营造创造了有利条件。首先是制定实施了造林标准，改变了劳动工资支付办法。造林计划制度和物质鼓励办法，均以"一般的造林地与珍贵针叶树种造的林地上的幼林验收为有林地"的指标进行了改革。这项指标足以反映林业工作者在相当长的一段时间内，完成一系列造林技术的结果。

与林业管理机关一道，各研究所、全苏林木种子站等，于 1987 年制定了国家验收原则与新的评价更新作业的方法。同年，对莫斯科等州的一些企业已按新法进行验收，1988 年将在更大范围内推行新的验收法。在试点的基础上，将产生定额、评价文件。制定、批准国家验收原则，建立由国家不同机构的代表组成独立委员会，对优质高产林的培育将起到推动作用。

（2）营林与木材采运间的经济合同。木材采运作业与营林作业不一致，林业对采运单位要求不严格，常常造成时间的损失与资金的浪费，不得不多花钱，去实现更新。推行工队劳动组织形式，实行木材采运生产集体承包和经济核算，有可能由林场、林业局等营林部门与采伐单位签订合同，要求木材生产者承包保留采伐迹地的幼树和完成更新。根据验收结果，营林部门按规定单价给木材采运单位支付报酬。营林与木材采运之间这种新的关系是苏联国有企业法所要求的，把不同部门的利益合理结合起来，对部门和整个国民经济均有利。林业工作者必须懂得新的经济关系，并在林业各生产阶段自觉地加以运用。

任何企业生产、财务活动的好坏，均应依据经济合同做出评价。广泛推行经济合同制，是积极促进森林利用部门去完成林业要求的最有效的途径。合同中明确规定不同的营林作业量、完成时间、方法和报酬奖励支付办法，以及违背合同规定时的处罚办法。

（3）扩大森林用户，加速实现有偿服务。森林有效机能很多，目前，对其不同机能的需求正与日俱增。因此，森林的用户不断扩大。社会主义生产企业通过经济合同，可以对享用森林不同效益者征收费用，巩固林业部门的经济，并明显提高经营森林的水平。不仅在森林更新方面要尽力贯彻经济办法，在食用林副产品的采集、割草地与放牧地的拨交利用以及林分抚育等作业中，同样应是如此。林业与其他部门之间，林业内部各个环节之间，均应发展经济关系。在苗圃、经营区要实行新的劳动组织形式，如家庭承包、集体承包，贯彻经济核算制。

（4）要非常重视中、幼林抚育的效益。苏联幼龄林、中龄林、近熟林比重逐年增多，及时抚育调整其组成与密度，对培育形成高产优质材林分，满足国民经济需要，具有决定性意义。我们培育的林分应是经济价值高的。

（5）开展各种订货委托。发展经济关系有可能促使林业工作者创造性地去组织更新、抚育，最大限度地考虑自然条件、林木生长发育的生物规律。完善地方订货和国家定货的计划制度，削减下达计划指标数，树立森林经理材料、技术文件等的信誉，具有重大意义。经验表明，宏观层次对下面管得过分，企图对基层林业生产的各项措施、方法都加以领导，就必然削减各层领导的责任心，降低基层专家的主动精神，不利于培育优质高产林分。

科研、设计机构向全面经济核算制过渡，使部门内合同的经济关系系统获得了新的推动。科研、设计机构完成什么工作，提供什么样的科技服务，均要签订合同，并明确双方承担的责任。企业掌握生产发展与科技基金，支付对科研、设计的订货所需费用，林业科研机构要实现从单位的拨款制度向合同订货完成具体研究发展任务给予经费的制度过渡。

（6）不同地区林业应采取不同的自筹资金、信贷、补偿原则。根据社会主义经营林业经验，在组织林业生产时，必须在很大程度上考虑森林植被条件的特点。在草原、半荒漠和荒漠地带的林业局内，经营工作首先必须考虑到农业的利益。如营造防护林，建立坚果林、森林—草原—放牧及各种专业的经营所。在以成熟用材林为主的多林地区，对采伐企业必须实行国家监督，保证采伐迹地的及时更新，并加强森林防火。在少林的中央地区，必须保证森林多目标的集约利用，如发挥防护、游憩、水源涵养、保健以及其他有益的功能，采集、加工食用林副产品、药材和工业原料。不同地区具有不同的林情，必须结合实际领导企业，形成企业自身的合理结构，利用苏联国家企业法的经济和社会条款，建立与国家机构和林业上级机构的关系。因此，自筹资金的原则，不同营林措施的信贷原则，物资、资金、资源消耗的补偿原则都可能是不同的，例如按完成服务项目得到收入，立木山价的收入，组织采集蘑菇、浆果、药材和工业原料、食用林副产品的收入。

（7）从抓落后企业、培训干部入手。苏联国家林委会领导班子研究了加里宁林业局和拉脱维亚林业森工部在新的经营条件下企业的工作，并总结了经验：效率高的先进集体和有能力的领导，对独立经营积极性最高；中游企业和落后企业则不想改变现状，有的甚至仍热衷于向上级要求财政帮助，不希望用先进的财政和其他的定额体系来代替现行的国家和企业收入分配体系。因此，林委工作必须首先面向落后企业，培训干部，让他们学会在新条件下如何进行管理，如何依靠内部潜力加速生产发展。

二、关于改革面临的困难和具体做法

森林、制浆造纸、木材加工工业部部长布塞金撰文指出：

森林工业与各经济部门一样，现在正处于经济社会发生大变革的前夕。从 1988 年 1 月 1 日起，苏联国家企业法将付诸实施，企业将实行全面经济核算与自筹资金。

1987 年 10 月、11 月间，国家对 1988～1990 年企业的经济定额、限额，在基层进行了预审。1988 年主要产品的国家定货计划已下达到了企业。新年度计划的特点是大大减少了中央规定的计划指标。以 1987 年为例，中央计划包括了 867 种产品，1988 年减少为 209 种。有 252 种产品由企业自己制订计划，并按合同直接供货。国家定货的产品包括了森工部系统供应的产品，如原木、成材、商品浆、纸、纸板、刨花板、硬质纤维板、胶合板、家具等。森工部系统中央计划的产品品种虽然减少了四分之三，但国家定货在总产量中的比重仍高达95% 以上。这是由于木材与纸张供应紧张带来的，政府不得不把生产和分配计划掌握在手中。随着供需矛盾的缓和，中央计划的指标还将不断减少。

实现全面经济核算和自筹资金，可以使企业摆脱许多束缚。企业根据国家批准的定额和限额，自己可以确定计划指标，例如，生产计划、劳动计划、生产费用计划、财务计划。国家定货的内容要通过明细表加以具体化。明细表则要在与用户或物资设备供应机构签订的经济合同中加以确定。产品供应合同现在是最重要的文件，约束企业的活动，因此签约时必须非常认真，要把供需双方的利益明确下来。

企业实行集体承包是改革经济体制基本环节中要首先解决好的一项工作。实践证明，这是效率很高的方法，既能明显提高整个劳动集体(包括领导与专家)对物质利益的兴趣，又可把个人、集体、国家的利益结合到一起。

森工部系统现已有95%以上的企业按集体承包办法进行工作。但检查表明，许多是在搞形式主义，并未真正理解先进的经营方式的意义。一些企业连必要的工作还未做，如与工会组织、劳动集体共同研究解决必要的问题，就仓促命令实现承包。有些车间和伐木场还没有建立劳动工资基金定额，企业领导和工程技术人员的工资未与企业完成计划挂钩，也未对职工组织实行物质节约奖励。

集体承包能明显促进劳动生产率，是提高劳动工资率、职务岗位工资的一个重要手段。

企业自筹资金的含义是靠自己挣得的收入，支付企业的一切费用。要求企业严格地全面计算资源利用、节约燃料及材料消耗，有效利用技术设备等。以设备利用为例，改革之前，都愿多要，不考虑充分利用，有富余，也不想调剂出去。如卡累利阿森工公司有170台伐木集材联合机，多班作业的只有15台；克拉斯诺亚尔斯克森工公司拥有联合机460台，多班作业的只有10台。这对设备是极大的浪费。据统计，全国联合机设备利用率只要达到秋明森工公司的平均水平，1988年木材采运生产就可以实现1990年的目标，可以节省许多机械设备、劳动力和经费。森工采伐企业1986年亏损的达260个，设备利用率低、浪费严重是一个重要原因。

苏联森林、制浆造纸、木材加工工业部副部长古西科夫说：

从1988年元月1日起，苏联森林工业部系统的企业、公司、科研机构、建筑安装单位，统统实行经济核算和自筹资金。执行苏联国家企业法，转入经济核算制，这意味着生产关系发生了质的变化，达到了一个新的水平，这是时代的要求。但困难很多。

(1)党的27大把第十二个五年计划的任务看做是最低限。因此，企业不仅要无条件地遵循五年计划的控制数字，绝对地完成计划，在许多方面从国家需要出发，还应超额完成计划。

(2)各部门企业的经济财务状况很不平衡，有些企业效率高，产品效益高，而同时还有许多企业盈利极少甚至亏损，在利润率水平上有很大的差别，价格机制非常不完善，往往不能体现生产的社会必要劳动消耗。在上述条件下，我们要完成规定的任务，显然难度较大。

(3)任一阶层的领导干部对新条件下如何进行工作，普遍缺乏准备，在经济学基础知识以及信贷、合同关系和法律等知识方面，都有空白。此外，本部门的社会基础设施又发展不足，非常落后。

这些困难和不利因素在1987年的实践中已反映了出来。许多企业的财务状况很不稳定，木材采运企业更是如此。森林工业部所属50个分部门，竟有21个完不成计划，少完成2亿多卢布利润。1987年头9个月，各种罚款支出达2亿卢布以上，其中1.1亿是因供货不足。

在根本改革经济领导方面，制定部门预算分配利润的定额基础，成了中央管理机构的一个职能，如折旧定额、贷款利率、资源费、劳动报酬定额、主要产品的计划价格、合同价格的形成机制、税及其他定额。这是集中计划指令的新形式，远比直接下达生产与分配的数量指标更为有效。此外，中央机构手中还掌握着直接影响生产的计划手段：国家预算拨款的投资部分，国家与部门的储备，国家定货。因此，部机关应集中力量细致地规划战略前景，实施结构变化，选择科技进步主要方向，合理布局生产，建设地区性的生产综合体。

企业实行经济核算，还必须完成以下最重要的改革，即发展集体承包，这是过渡到全面经济核算的决定性条件。这项工作要全力以赴地去做，但决不能急躁，搞形式主义。

集体承包是提高劳动生产率的有效基础，实行新的劳动工资制的条件。根据政府有关部

门的决定，1990 年前各组织与企业都要实行新的劳动报酬制。林业部门这项工作可以而且
也应该在 1988 年上半年完成。

贯彻新的工资制，提高工资率 20%～25% 和劳务工资 30%～35%，其最重要条件是，企
业自己为此挣来了钱。实践表明，第一批实行新工资制的企业，其经济发展加快，生产活动
指标改善。从 1988 年元月起，森林工业部系统 70% 以上企业实行新的工资制。扩大产品产
量，劳动生产率超计划增长，超过工资增长速度，可为平均提高工资率、职务工资 12% 创
造条件，有些企业可达 25%～35%，缩减编制，完善劳动定额，减少产品包含的劳动量，平
均可提高工资 20%～22%。这些便是提高工资、推行新工资制的主要潜力。

在经济核算制条件下，企业经济活动计划按新的原则执行。企业有权根据社会需求，自
己制定、批准生产、销售和投资计划。企业制定五年计划时的原始数据包括：控制数，国家
定货，长期限额和定额，用户直接订货，物资设备供应部门订货。制订计划时，不能降低五
年计划规定的产量。

国家定货旨在满足刻不容缓的社会需求，是一种完全新型的计划指令。它不包括企业的
全部生产。企业按用户直接订货的生产将逐渐扩大。

1988 年森林工业部纳入苏联部长会议国家定货明细表的最主要产品有 52 项。此外，森
林工业部与国家物资局商定的还有约 200 项国家订货产品。与 1987 年计划产品项目相比，
减少了 72%。然而，国家定货在总产量中仍占很大比重。但随着以后用户直接订货合同的
开展，国家定货比重将缩减。

国家定货之外的商品，由生产企业与用户或物资供应部门自主签订合同确定。双方协商
产品品种、技术要求、使用特性，并签订供货合同。企业独立地直接与用户发生关系。执行
定货和合同的情况，应是评定企业经济活动的主要标准，也是确定劳动集体物质奖励的
依据。

1987 年，森林工业部系统有 380 个企业亏损，其中木材采运企业达 300 个。因此，随
着木材采伐和木材加工生产基金的扩大，企业必须及时把多余的生产基金调剂出去。例如，
凡以基建投资建设的林道，如不再用于木材运输，就应及时转为国家公用道路。

企业应尽量实行机械设备的多班利用，减少机械在册数量。根据经济核算制原则，设备
多，企业支付的也多，超额占用的还要付更高的资产占用费。

苏联林业、森林工业建立新的管理体制①

苏共中央和苏联部长会议 1988 年 3 月关于"改善国家林业与森林工业管理"的决定，内
容如下：

一、新的管理体制

世世代代保护并扩大森林资源，在长期永续经营的基础上节约利用森林财富，充满活力
地发展森林工业，满足国民经济和居民对各种林产品的需要，是国家对林业、森林工业提出

―――――――――――

① 本文由吴国蓁、沈照仁合撰，发表于 1988 年 8 月 15 日出版的《林业工作研究》。

的重要任务。木材原料的化学加工与化学机械加工必须超速发展，在最短期内，切实减少采伐、运输、加工等各阶段的木材浪费。显著提高生产技术水平，广泛实现无废料工艺和无害于生态的工艺，应是森林工业发展的准则。应遵循的原则是：

（1）国家森林资源是全民财产，具有全国性生态、经济、社会意义。因此，必须巩固其不可分割性；

（2）国家统一森林资源的管理职能与经济利用职能，必须泾渭分明；

（3）在建立永久性林业综合企业基础上，实现森林资源的永续、合理利用；

（4）保证对林业与森林工业进行部门管理和地区管理的有效结合。加强人民代表苏维埃在保证节约利用森林资源中的作用；

（5）巩固以经济方法管理林业与森林工业的主导地位，广泛推行森林资源租赁制和付费制；

（6）根据森林资源状况、木材采运和加工的规模、森林更新与其他营林作业的规模，各加盟共和国林业与森林工业应采用不同的管理体制。

决定规定，在林业、森林工业企业（林场、森工局、林业联合企业等）基础上，建立永久性林业综合企业（联合公司），并以其作为全国林业和森林工业的基本环节，承担森林的再生产、森林防火和保护、木材采运加工等全部工作。

进行工业性采伐木材地区的企业（联合公司），在其长期租赁的森林资源里，完成全部营林作业、木材采运、木材加工以及采集食用和工艺用原料等，为国民经济和居民利益承担合理利用森林的责任。

不进行工业性采伐木材或采伐量很小地区的综合性林业企业，应主要从事营林作业，森林防火和保护、森林资源的再生产以及其他林业、森林工业活动。

为根本改革林业与森林工业管理，更有效地监督森林资源利用，提高生产效率，并过渡到新的经济办法经营，撤销多余的管理环节。决定在原苏联国家林委和原苏联森林、制浆造纸、木材加工工业部的基础上，分别成立苏联联盟—共和国国家森林委员会和苏联联盟—共和国森林工业部（苏联政府的部，分为两种：全联盟部和联盟—共和国部。全联盟部直接或通过其所设立的机构实行跨部门的管理；联盟—共和国部通过加盟共和国相应的部、国家委员会和其他机构实行跨部门的管理，并直接管理直属联盟的各企业和联合公司——译者注）。

决定规定，苏联国家森林委员会是对苏联国家全部森林资源进行管理的中央机构，贯彻国家林业经营和森林资源利用的科学技术政策，对森林的状况、利用、再生产和森林防火、保护进行监督。

苏联国家森林委员会和苏联森林工业部之间做了明确分工。

苏联国家森林委员会的职能包括：

参与制定长远战略设想；参加制定林业基本方向和林业经济与社会发展五年计划；协同国家计委确定各加盟共和国的采伐资源限额和国家定货，如森林更新、防护林营造、森林抚育、森林防火与保护；

会同苏联国家自然保护委员会、森林工业部和各加盟共和国部长会议，确定州、边疆地区和共和国长远的计划采伐量，并与苏联国家计委协调后批准计划采伐量；

制定全国统一的国家核算森林系统和森林土地清册，并领导其实现；

进行森林经理，不断查清林木及其他森林资源状况；通过一定程序，把森林原料基地固定给单位，并要核查分析基地状况；

组织育种和森林病虫害监视，统计预测病虫害发生地，并制定森林保护措施；

制定林业和森林扩大再生产的长期发展纲要，制定加强森林的水源涵养、农田和土壤防护、保健等机能的措施，更广泛扩大阔叶树种木材的利用；

研究确定采伐年龄，制定森林利用、更新、护林防火、病虫害防治等的基本原则、条例和指示；批准为苏联各部和主管部门、加盟共和国部长会议所必须遵循的其他林业与经济定额；

与各加盟共和国部长会议协商后，批准森林的分类类别和改变森林原定的类别；

领导全苏林业科学研究、设计规划等部门，并通过各加盟共和国林业部门领导科研、设计规划活动；

在林业方面进行国际科技与经济合作。

苏联森林工业部是国家管理森林、制浆造纸、木材加工工业的机构。它必须在新的经营条件下，与进行木材采运和加工的苏联其他各部和主管部门以及各加盟共和国部长会议一道，共同保证满足国民经济对林产品的需求，扩大森林日用品产量，并对居民进行有偿服务；负责租赁林区的森林再生产和保护。

加盟共和国对其境内的森林，除固定租赁给苏联森林工业部者之外，负责集中解决森林防火和保护、森林再生产、林业的发展计划等问题。

根据各加盟共和国的建议，苏联国家森林委员会保留以下机构：

俄罗斯联邦、乌克兰、白俄罗斯、哈萨克、立陶宛共和国林业部；

格鲁吉亚、爱沙尼亚共和国自然保护与林业委员会。

在乌兹别克、阿塞尔拜疆、摩尔达维亚、拉脱维亚、吉尔吉斯、塔吉克、亚美尼亚、土库曼共和国，将成立生产性的林业联合公司以取代现在的林业机构。

苏联森林工业部的结构组成，有：

乌克兰、白俄罗斯和立陶宛共和国森林工业部；

格鲁吉亚、摩尔达维亚、拉脱维亚、爱沙尼亚共和国生产性森林工业联合公司。

考虑到俄罗斯联邦的自然经济条件错综复杂，俄罗斯联邦共和国的林业部为联盟—共和国部，负责少林地区全部营林工作，防护林营造工作、木材采运与加工生产。

俄罗斯联邦共和国多林地区的全部上述工作与生产，由苏联森林工业部企业承担；凡没有苏联森林工业部采伐企业的地方，均由俄罗斯联邦共和国林业部的林场承担。

分布在卡拉斯诺亚尔斯克边疆区等28个州、自治共和国的苏联森林工业部的木材采运企业都变为永久性综合林业企业。俄罗斯联邦共和国林业部通过一定的程序，把所属相应的林业企业，连同林业、工业任务，移交给它们。

苏联国家森林委员会受国家委托，会同俄罗斯联邦共和国部长会议和其他共和国（在其境内有森林工业部下属的森工企业）部长会议，与森林工业部一起，确定长期租赁给企业的森林资源的具体构成和边界。

为了进一步提高生产的集中性，更有效地利用已形成的地区联系，发展生产，解决社会问题，为了把森林工业和林业企业过渡到全面经济核算和自筹资金创造经济、组织条件，根据州、边区、自治共和国的特点，成立地区性林业、森林工业生产联合公司和科学—生产联合公司(森林工业综合体)。在俄罗斯共和国多林的州、边疆区和自治共和国,还成立林业局,从属于俄罗斯联邦共和国林业部,其主要职能是监督。

加盟共和国林业管理机构的基本任务是:

完成营林措施,包括保证合理利用森林的措施,森林更新、培育高产林、木材的采运与加工以及护林防火、病虫害防治等;

在培育良种的基础上,开展种子事业与苗圃事业;发现并保存物种资源和残留林分;

对共和国境内森林进行核查统计,并编制国家森林清册;

为木材采运企业和联合公司提供采伐基地;

采集和生产森林的食用产品、药用原料;为农牧业生产提供森林里的牧场、割草场以及其他利用;

在荒漠、半荒漠区,进行防护林营造和牧场绿化造林;

组织林区狩猎业(俄罗斯、立陶宛、阿塞拜疆、哈萨克共和国除外);

合理利用国家森林资源里的土地,以提高每公顷林地的产值和林业生产的效益。

决定认为,为满足当地需要,保留现行一些做法是适宜的,如立木拨交程序,在限额采伐量范围内,按企业或单位划拨森林采伐资源,抚育伐和卫生伐后木材的分配利用方式等。

二、对森林资源监督组织

森林属国家所有,是全体苏联人民的共同财产,由人民代表苏维埃及其执行机关林业国家机关和其他特别授权的国家机关,实施对森林状况、利用、再生产以及森林防火和保护的国家监督。

苏联国家森林委员会监督森林工业和林业企业执行森林利用与更新条例的情况,不论企业所属和所在地,均须服从监督。

其监督工作如下:

遵守森林原料基地和长期的森林资源采伐利用规则的情况;

遵守苏联森林立木的拨交制度、森林采伐条例情况;采伐企业和单位对划拨的伐区资源和采伐下来的木材,合理利用的情况;

及时采取有效方法,在最短期内保证要求树种的优质更新造林的情况;

营林作业的质量;遵守国家规定程序、条例进行森林统计与森林清册登录编制的情况;

贯彻加强森林的水源涵养、防护、卫生保健等功能的措施情况;

国家森林资源里的土地利用是否符合要求,以及保护情况;

遵守森林防火要求和执行森林卫生条例的情况,以及病虫害防治的情况。

苏联国家森林委员会的上述监督职能,通过各加盟共和国的林业机构实施。

苏联国家自然保护委员会与苏联国家森林委员会密切配合,组织对林业和森林合理利用的监督,并协调对森林保护、更新负有责任的苏联各部和主管部门的行动。

苏联国家森林委员会授权与苏联司法部,苏联国家自然保护委员会一起,结合林业与森林工业改革,在三个月内,编制出苏联国家森林保护法草案,并报请苏联部长会议批准。

人民代表地方苏维埃执委会授权充分利用自己的权力,对森林利用、护林防火进行监督,并广泛动员群众参加国家森林资源的保护。

工会、青年团组织、自然保护协会、科协以及其他社会团体、劳动集体和公民,均应积极支持同家机关，实现森林资源的合理利用、再生产与保护工作。

三、改善经营机制

授权苏联国家森林委员会与苏联森林工业部：

自 1989 年起，永久性林业综合企业，作为林业与森林工业的基本环节，转到全面经济核算和自筹资金上，其工作方式应严格遵循苏联国家企业（联合公司）法的规定，并以苏联森林租赁办法规定为基础；国家森林委员会与苏联森林工业部应为此制订实施方案。租赁是以全部森林资源都要收费为基础，根据自然经济区的条件区别收费档次；长期租赁的森林资源必须保证从计算采伐量出发，实行永续经营；

创造条件，促使林业、森工劳动集体对合理利用森林资源、扩大森林生产力，改善森林组成质量，提高森林工业生产效益和工作质量产生兴趣；

首先为了满足地方需要，大力推广森林工业与林业各种形式的合作与承包的劳动组织形式；合作劳动组织形式应集中采用在合理开发低价林、稀疏林、生产人民需要的林副产品、采集浆果、蘑菇、草药、工艺原料等方面；

会同各共和国部长会议，在 1988～1989 年内制定出经科学论证的、分州、边疆区、共和国的森林利用定额；

在苏联国家计划委员会、国家科学技术委员会参加下，6 个月内编制出 1990～1995 年，1995～2000 年的林业、森林工业、木材加工业的发展纲要；发展纲要应采用经科学论证的森林利用定额，并纳入 15 年苏联社会和经济发展战略草案；

会同苏联国家计划委员会，理顺营林生产、森工生产和木材采伐资源分配的计划系统，着力改善森林资源核算工作，分析森林资源状况和森林利用定额基础。

苏共中央和苏联部长会议确信，林业、森林工业、制浆造纸与木材加工工业企业的职工定将采取一切措施，提高生产效率，完成国家委托的任务，改善森林现状与森林资源的再生产，保证满足国民经济对林产品的需求。

苏联森林租赁条例（草案）[①]

编者按： 根据苏联共产党和苏维埃政府关于加速国家的社会经济发展与国民经济各部门改革的决议，苏联林业也在进行多方面的改革。对森林资源实行租赁，保证合理利用森林资源，完善国家对森林资源的管理，就是一项重要的改革内容。现将《苏联森林租赁条例（草案）》刊登于后，供广大林业工作者在研究我国林业改革时参考。

第一章　总　则

第一条　根据 1988 年 3 月 10 日苏联共产党中央委员会和苏联部长会议第 342 号"关于完善国家林业和森林工业管理"决议制定本条例。本条例为租赁国有森林资源中的森林和土

---

①　本文由吴国蓁、沈照仁合译，发表于 1988 年 11 月 15 日出版的《林业工作研究》。

地规定了法律和经济条件。全苏和各加盟共和国法律中关于国家对森林所有权和国家，森林资源不可分割性的要求，本条例已予考虑。

第二条　森林资源租赁给森林用户的目的，是为了保证合理利用森林资源，完善国家森林利用的管理。为实现此目的，要加强经济方式方法的森林利用；最充分地综合地合理和节约利用森林；保护森林和保证更新；不断稳定地满足国民经济和人民对木材、木制品、药材和工业原料、森林食品、放牧、割草、狩猎和其他林业用地的需要；改善环境和森林其他有益的自然功能。

第三条　森林资源租赁以支付费用方式实现。费用高低因国家的自然经济区而异，并应符合苏联国家企业(联合公司)法规定，有利于调动劳动集体合理利用自然资源的积极性。

第二章　森林资源的租赁程序

第一条　森林资源因自然特点、生态和经济作用不同，租赁给用户时，可分为：

长期租赁(20 年)，目的是实现长期综合利用木材和各种非木材的森林资源；

短期租赁(10 年)，为了采伐利用森林资源的一种或数种产品，目的是为了促进森林发展和资源的培育等。

合同期满后，在遵守森林永续利用等条件下，租赁期可以延长。

第二条　森林资源可以长期租赁给国有企业(联合公司)和组织。对永续经营的综合性企业，无论是苏联森林工业部或其他部门所属的，是原有的或新建的，长期租赁的森林，不受森林类别和防护机能类别限制。其他非永续经营的国营采伐企业(联合公司)和组织，只能长期租赁二、三类森林资源中的采伐基地。

第三条　为了实现有关森林法律条例中所规定的，按不同类别森林进行森林利用的要求。森林资源中的地块，除禁伐林外，不受资源类别限制，可以短期租赁给国营的、国营——合作社的以及其他的社会企业(联合公司)、机关和组织，甚至公民。合作社企业(联合公司)、组织和公民的活动，首先必须集中在合理利用价值不高，资源分散，但必须进行采伐的地块，以生产人民需要的木材和商品为主，并且要注意果实、浆果、蘑菇、药材以及其他森林中尚未充分利用的各种原料的采集和加工。

第四条　租赁后的林区，仍沿用以下现行制度和办法：立木拨交制度；按企业和组织，在规定的计算采伐量范围内，划拨采伐资源制度；抚育伐和卫生伐木材，实行满足地方需要的分配和利用办法。

第五条　租赁后的林区仍执行为苏联森林所规定的条例和标准——技术文件，因此森林利用程序，森林防火和森林保护、森林更新及其他营林工作，仍应按现行条例、标准办理。

第六条　在租赁的林区内，禁止采取损害森林和其他天然资源的利用方法，禁止采集全苏红皮书①和加盟共和国红皮书规定的植物。只有得到特许时，方能采集。特许按 1983 年 4 月 12 日苏联部长会议第 313 号决议及各加盟共和国所规定的法律程序颁发。

第七条　长期租赁森林资源工作，由加盟共和国部长会议办理。长期租赁森林资源的申请，由申请租赁的企业，通过主管上级(全苏和加盟共和国的各部，国家委员会和主管部门)，经与加盟共和国国家林业机构协商后，提交给加盟共和国部长会议。申请必须附有简

---

①　凡列入红皮书的动植物属禁伐(采集)禁猎的濒危动植物。

要的技术经济论证、简图、森林资源报告以及州、边疆区人民代表会议执行委员会或自治共和国部长会议的结论。申请自收到之日起，一个月内审查完毕。

州、边疆区、自治州的国家林业机关，根据加盟共和国部长会议关于拨交长期租赁森林资源的决定，在一个月内，把资源按合同拨交给承租者。在不设州的加盟共和国内，拨交工作由加盟共和国林业机构完成。

合同双方将一份合同呈送自己的上级机关，一份送交州、边疆区、自治共和国的财务机关；不设州的加盟共和国，送共和国财务机关。

本条例附有森林资源长期租赁标准合同格式（原文发表时未附表——译者注）。技术经济论证提纲由苏联国家森林委员会在苏联财政部和苏联森林工业部的参与下拟定，苏联森林委员会批准。

第八条　短期租赁森林资源工作，由区（市）人民代表会议执行委员会办理，并由资源所属企业（联合公司）按合同进行拨交。

第九条　租赁期满之前，承租者因以下情况：森林利用法规、条例进行了修订，租地所属类别发生了变更，防护机能类别变化以及森林状况明显恶化，短期承租者因其租赁的地块上要采集的植物拥有量、状况和更新条件明显恶化，要求改变租地的利用条件和利用方式时，可由出租资源的国家机关斟酌具体情况办理。必要时，合同的某些条款，签约双方同意后，可以进一步加以说明。

租赁期满前，出租森林资源的国家机关，由于下列情况可做出部分或全部收回出租资源的决定：承租资源的企业（联合公司）、机关已经撤销；承租企业不再需要利用所租赁的资源；森林法律和利用条例变化；森林类别和森林防护机能类别变化，使现在承租者的利用方式已不能符合新要求。

第三章　承租者的权利和义务

第一条　长期租赁森林资源的承租者，按法律和条例规定，有权：

进行森林的各种利用（进行木材的主伐和间伐利用，以及其他采伐利用和木材加工，采集加工药材、工业原料、森林食品，利用割草地、放牧地、狩猎地和其他林业用地）；

进行道路、贮木场、苗圃、化学灭火站、住房和生产用房建设，以及在租赁地块上进行与开发森林资源、森林防火、保护和更新有关的各种项目的建设；

广泛采用各种合作的和承包的劳动组织形式。

承租者有义务：

保证在已经科学论证的森林利用定额范围内，永续合理地利用森林资源。采用的方法必须是对森林无害，保持森林的环境形成机能和环境保护机能，为及时优质的更新森林、药材、食品和工业原料保证更好的条件；

保证森林的优质更新和扩大再生产，改善树种组成，提高生产力；

防止森林火灾，建设防火设施和采取其他预防措施，采用各种办法，以及时发现火灾和有效地消灭森林火灾；

保证各种开发方案与森林中各种资源的利用、保护和更新的长期预测相适应；

保证编制森林采伐、采脂、森林防火方案。保证编制吸引居民和地方企业、机关和组织的工人、职员、技术人员扑灭森林火灾的有效方案。这些方案应按规定程序及时呈送相应机关批准。

填写国家森林资源统计报表，国家森林地籍报表；保证根据已批准的采伐方案划拨伐区，并对采伐资源进行物质货币评价；

严格遵守现行的立木拨交制度，以及木材采伐条例、有关非木材林产品采集、森林更新和保护的规定；

承租者必须遵守森林经理所制定的施业案，进行森林利用、森林更新、森林防火及其他营林工作。

承租者在租赁的森林资源地块上，在规定的永续利用定额范围内，未能充分利用药材、食品和工业原料时，承租者可允许其他企业、组织和公民们进行采集（在规定定额内）。

第二条　森林资源地块的短期承租者，有权根据法律条例的规定，在租赁的地块上进行：

在租赁森林资源地块合同中规定的森林利用；

在与管辖森林的企业（联合公司）协商同意的地点，建设和安装为采集下来的原料和产品储藏和初加工用的临时设施（工棚，干燥装置，存放工具、设备、养蜂箱、蜂蜜、蘑菇、浆果、药材和工业原料的仓库）。

承租者必须：

保证采集原料的数量和方法与合同要求的采伐证中规定的相一致，不能有损森林资源和天然资源，保证合理地使用和更新资源；

保证更新和采取提高被开发的土地和被采集的原料资源生产力的措施；

严格遵守防火条例和在林区进行工作的其他条例。

第四章　租赁费用

第一条　承租者租赁利用的森林资源，按每公顷交纳租金。租金根据森林资源地籍评价确定。在未进行地籍资源评价的地区，根据有林地每公顷的平均生长量和耕地、割草地、放牧地、狩猎地和其他土地的生产力，以及食物、药物和其他工业资源的实有量来确定。

长期租赁林地的租金，由加盟共和国部长会议，根据地区自然经济条件来确定，但不得低于租赁林地林分平均总生长量价值的40%。林价根据该地区现行调拨木材的林价计算。

第二条　短期租赁林地的租金，由州、边疆区人民代表会议执行委员会、自治共和国部长会议确定，不设州的共和国，由加盟共和国部长会议确定。根据地方条件区别对待，但不得低于租赁林地林分平均总生长量价值20%，林价根据该地区现行调拨木材的林价计算。

第三条　长期租赁的森林资源中农业用地（耕地、割草地、放牧地）的租金，根据相应地区农业所确定的金额收取。其他非林业用地的租金，由州、边疆区人民代表会议执行委员会、自治共和国部长会议确定，不设州的共和国，由加盟共和国部长会议根据当地药材、食物、工业和其他原料资源评价来确定。

租金数额要在租赁合同中写明。租金由财政机关按苏联财政部规定的时间，每年向承租者收取。

第四条　在租赁的森林资源中，承租者和其他森林利用者仍需按现行的付费制度，交纳立木拨交费、松脂采集费和森林次要产品采集费。

主要树种的木材，按苏联国家价格委员会批准的定价付费；

其他树种的木材和松脂，按加盟共和国部长会议批准的定价付费；

森林次要产品的费用，按州、自治共和国和边疆区人民代表会议执行委员会，不设州的加盟共和国部长会议批准的定价交纳。

第五条　租金的收入，拨交立木价的收入，采脂以及采集次要木材产品的收入，按规定的定额交给林业企业和国家林业机构、苏联森林工业部和其他部门所属的综合性林业企业，作为林木再生产、森林保护以及进行其他林业工作之用，同时也为州、边疆区、自治州、加盟共和国及全苏林业机关建立集中的储备基金之用。各方面提取定额和使用这些基金的程序，由苏联财政部、苏联国家森林委员会和加盟共和国部长会议决定。

第五章　出租者的监督和责任

第一条　对租赁的国家森林资源地块上进行森林状况、森林利用、再生产和森林保护的国家监督工作，由人民代表会议及其执行和主管机构、国家环境保护机构、国家林业机关和苏联法律授权的其他国家机关执行。

第二条　出租森林资源的林业企业（联合公司）和国家机关，以及相应的国家林业检查机关，有权系统检查承租者遵守森林利用（采伐木材，非木材产品或为其他目的而进行的森林利用）的规定，以及遵守合同其他条款和要求的情况。根据定期检查结果，采取法律和条例规定的措施，以消除错误和违纪行为。

第三条　租赁期满三个月之前，出租者应组织出租地块的详细调查，并吸收承租者参加。调查内容包括：对森林资源状况的评价，对承租者遵守森林法、森林利用条例和合同条款的评价，确定森林资源地块继续租赁的可能性。

第四条　承租者对破坏森林法，违背森林利用和森林防火规定，以及不遵守合同规定条款的，负有刑事、行政以及全苏和加盟共和国法律所规定的其他责任。

第五条　出租者发现承租者对森林法规和森林利用条款有多方面的、令人不可容忍的破坏情况时，有权建议终止执行租赁合同，收回承租者所租赁的地块。

苏联林业 2005 年改革纲要[①]

一、完善经济机制

必须消除本部门的停滞现象，首先要求改革经济关系，坚决放弃采用传统的消耗性机制，实行部门经济核算制，贯彻按最终结果评价经营的方法。为正确调节森林中的经营活动，必须征收全部森林资源的利用费，而不只是资源的单项利用费。现在实质上仅对木材一项收费，扭曲了森林利用的经济实质。

林业传统的资金来源包括：资源利用费、服务费、罚款，以及国家预算对自然保护和其他措施的拨款。

立木价是补偿林业开支最重要的资金来源。但现行经济机制要求把全部立木价收入纳入国家预算，而采伐资源统一分配给用户，使得森林利用得到的收益与企业劳动集体的收入相

---

① 本文由吴国蓁、沈照仁合撰，发表于 1989 年 6 月 15 日出版的《林业工作研究》。

互脱节。现在必须建立新的经济机制，以使劳动者关心自己培育林木的劳动成果。因此必须留一部分采伐量（至少占总采伐量的 15%～20%）给职工支配，允许他们招标出售或用来加工商品。

自 1990 年起立木价将上调，以保证林业收入有显著的增长，成为本部门自负盈亏的源泉。

服务收费是林业经济发展的第二个来源。广泛开展租赁活动，把林地租赁给国民经济其他部门、合作社组织以及公民，应是收取服务费的最重要方式。

为了完成部门间大型的生态工程项目，例如防止哈萨克和中亚共和国的沙漠化，建立森林牧场；固定咸海水底沉积等，国家预算必须拨出专款。

学习国外经验，建立森林保险基金和林业奖励基金、罚金、经济制裁收入、赔偿费等也作为基金来源。

必须建立企业的经济核算机制。计划价、最终产品质量级差价，应成为经济核算的基础。

集体承包应成为实现这种经济机制的主导形式。

在国民经济各部门中，林业的基建装备率最低，基建投资额过少，不能满足发展的需要。目前苏联的林业机械厂实际只是装备很差的机修厂。加速发展林业机械制造基地，已刻不容缓。为了增加基建投资额，林业部门每年固定更新基金部分不得少于 10%～12%。

二、森林更新

苏联每年进行森林更新面积达 200 多万公顷。在很大面积上发生了非理想的树种更替。

在遗传育种基础上开展森林种子事业，应成为改变森林更新的决定性因素。目前这方面工作刚起步。必须建立育种中心和温室苗圃综合体，保证以优质的栽植材料供应林业企业。

完善森林更新的第二个环节应是显著地提高苗木的质量。全国现在每年培育苗木 55 亿~60 亿株，不能满足林业部门和一些相关企业造林的需要。必须建立综合机械化的森林苗圃，推广容器育苗机械化流水生产线，2005 年时使产量达到 800 万~900 万株。

在经济核算的基础上，要使工人、技术人员的工资与造林的最终结果挂钩。明确规定不同区域的更新方法，重视保护野生幼树，对完成这种措施的采伐工人，付给相当于播种、栽植造林费用的报酬。

制浆造纸企业应广泛发展人工林基地。

全国有 3.15 亿公顷农田需要森林加以保护。现已建成的防护林体系很少，只能满足其四分之一的需要。2005 年前，必须营造 390 万公顷防护林，其中 66 万公顷为农田防护林带。此项工作必须以国家定货的形式计划安排好，并及时划拨造林土地。

现有防护林需进行抚育和改造工作；沙漠地带要扩大森林牧场面积。

森林更新必须与水利工程和土壤改良工作相结合，以提高森林生产力。这里第一位的工作是维护现有排水系统。为此，必须建立科研基地，并研制新的机械体系。2005 年林地排水面积必须达到 20 万公顷。

三、森林经理

森林经理应保证制定出本部门长期发展纲要，制定国家五年计划的基本方向和草案，确定经科学论证的森林利用定额、迹地更新和林分抚育面积，确立森林病虫害和火灾的防治体系。

森林经理的职能包括：现场划定今后 10 年主伐利用伐区，根据采伐计划，计算伐区采伐量，进行物质货币评价。

在森林资源清查时将对地籍内的森林资源进行评价，分小班建立综合数据库，如采伐量、伐区资源、人工林、天然林、林内食用资源等，并制定出合理利用和扩大再生产的长远计划。

森林经理方案应成为具有法律效力的技术文件，确定出长远发展战略和目标，科技、经济定额以及林业企业复查期的经营活动计划等最新的五年计划。后者必须与各州、边区、自治共和国、加盟共和国需要完成的任务相衔接。

为了加强森林状况的监督，在森林经理部门的参与下，广泛使用宇航照片、地面观察资料和小班综合资料，以及图像资料的数据库。

四、森林利用的综合性

森林利用应包括森林的各种资源。必须保证采伐下来的木材生产出尽可能多的有效最终产品。现在卡姆森工局已经做到了。对那些不合理利用森林，导致森林资源破坏的采伐企业，决不能让步和放任自流。

在现有技术的基础上，经适当改造，建立适合林业企业加工木材的自动和半自动化生产线。要掌握生产新型材料（如华福板）的生产工艺。

必须尽一切可能扩大森林食用和饲料资源的利用。

综合经营狩猎业的意义重大。现在苏联每 1000 公顷狩猎区产品的商品仅值 70 卢布，只相当于大多数欧洲国家的几十分之一。狩猎业应开展综合经营和集中管理，使 1995 年前有可能提高野味肉产量 15% ~ 20%，2000 年前提高 30% ~ 40%。与此同时，保证维护并改善野生动物的栖息环境。

旅游业也将成为综合利用森林的重要项目。

加强森林利用的科学性。国家公园、禁伐区的状况必须符合其担负的职能。管理要集中，保证在此基础上实行统一的科技政策，对特别受保护的地域贯彻林业经营原则。

五、森林保护

当前森林保护工作的水平不符合未来发展的要求。此外，保护工作中还暴露出危机迹象，例如因施用化学剂，对森林生态的危害已相当严重。切尔诺贝利原子能电站事故，造成了辐射污染区。必须制定并贯彻一整套措施，以保证森林效益的稳定发挥，污染区的林产品得到利用。

为了显著地提高森林保护工作水平，必须扩大定期观察森林状况和积极进行病虫害防治的国有林区。尽快提高预测森林病虫害的能力，减少森林的危害，使之不超过生态极限，使森林病虫害蔓延损害率降低一半。

建立管理森林火灾的专门系统，必须对全国各类森林做好防火工作。为此，2005 年前，必须使国家森林资源保护面积达到 11.57 亿公顷。首先要防止人为的森林火灾次数增长，其次，从 2000 ~ 2005 年，逐渐减少火灾次数 5% ~ 10%。2005 年前，使每年森林大火灾给国民经济造成的平均损失减少60%～70%。

六、加速科学技术进步

苏联国家森林委员会的科学技术潜力很大，但科研效益低。应建立部门新的科研机构，保证在完善林业生产工艺、生产组织以及森林利用方面取得实质性的突破。解决这一任务的第一步是制定"森林"计划，把林业机构和高等院校的科研潜力、财力和物质技术能力统一调动起来。分清轻重缓急，依次解决。科研根本性的改革方向是让部门研究所实行经济核算、自负盈亏，并在竞争基础上签订合同，以提高科研成果的效益。部门科研所将尽力开展与国外的直接联系。

为了提高科研效率，应更加密切与生产的联系，林业系统将组建科研生产联合公司。山区森林（占全国森林面积40%）的组织经营问题研究，将集中由在山地林学研究所基础上新建的全苏山地森林科研所进行；在里海沿岸、贝加尔阿穆尔铁路干线沿线、西伯利亚西部等地区，将建立林业试验站。

林业试验站将进一步明确为专业性科研生产分支机构。在育种基础上进行包括红松在内的苗木培育，并推广新的生产技术。

科研所的工作将根据最终成果给予评价。

在机械化领域加速改革科研所和试验设计工作尤为重要。机械化方面科研的主要缺点是研制机械的时间太长，劳动生产率增长缓慢，机械设计构思水平低。因此，必须把部门所有机械化研究所都纳入自负盈亏、经济核算的轨道，使劳动报酬与缩短设计研制机械的时间挂钩，鼓励科技人员设计研制出不亚于国外的同类机械来。招标签订合同，研制新机械设备，其功能必须使本系统劳动生产率2005年前比现在提高2.5～3倍。具有较高的经济和社会效益，并符合严格工程学、生态学要求的科研项目，设计室才能接受试制检验。重要的是必须生产出在国际市场，首先是在经互会国家中具有竞争能力的机械。必须用经济核算基金建立奖金，奖励新技术的创造者在提高机械可靠性、节省原材料和能源等方面的成就。

为了尽快提高试验效率，必须把试验工作纳入经济核算。加速设计并将符合生产要求的技术成果投入批量生产。绝不允许把质量差效率低的技术成果投入生产。

给予机械试验站以常年展出林业新样机、新设备的职能，并把新机具的参数、生产指标公之于众。

林业机械制造厂应生产适应不同使用条件的成套系列机具。

实现林业系统的电子计算机化。

大力开展对外科技与经济联系，保证与社会主义国家从以贸易为主的联系转为广泛的生产合作。企业与科研所之间将形成直接联系，建立共同的企业。

在国际市场上销售木材加工产品和森林的非木质产品，以改善林业出口结构。

七、优先发展社会设施

林业的社会设施水平相当低。林业职工生活需要的许多指标都低于全苏水平，只达到1/7～1/3，因此许多人离开了林业系统。

应优先发展林业社会领域，使林业职工的生活水平达到苏联国家计划的社会平均指标。2005年时，林业职工每月工资应增至370～380卢布（现在为144卢布——译者注）。

必须改变林业干部的来源，到 2005 年时，至少一半以上工人、干部由职业技术学校和教学中心培养输送。

在经济核算制条件下，用按照"指示和遵照执行"的办法机械地管理生产，是不可行的。必须重新教育 13000 ~ 14000 名林务员，引导他们从事创造性劳动，以保证林业部门迅速地发展经济，完善生产工艺。

需要依照专业科学部门解决干部问题。在高等院校分布地区，组织建立教学—科研—生产综合体。林业职业教育的整个系统需要改组。1991 年前，要建立全苏就业指导系统，对林业就业者进行劳动培训。

在劳动保护方面，应减少工伤，1995 年前工伤率应比现在降低 20% ~ 25%，2000 年前降低 30% ~ 40%，2005 年前降低 40% ~ 50%。最大限度地减少重体力劳动者，完全杜绝妇女承担重体力劳动的现象。

八、检查系统

现有林业检查系统的工作效率低，基本上只是进行表面性的，完成作业数量的检查，不符合未来发展的要求。森林的最重要的自然保护作用，不断增长的社会需要，要求对森林的质量、状况以及人类等对森林的影响程度进行检查。

必须建立有效的国家监督系统，包括采用宇航和地面方法的森林监视手段；建立分项目或按问题的、有明确目标的专题监测；建立定期综合性的森林经理监测；建立地区性监测。为此，必须制定分析、评价森林的状况和监测效果的方法。建立法律系统和定额条例，规定国家监督机构开展工作的程序。必须使各部、委、政府、合作社以及各社会组织、个人都能遵守规定的森林利用程序，遵守经营森林的再生产、保护和火灾防治的条例。一切检查监督方式都应建立在经济管理方法的基础上。

联邦德国年净耗外材 2000 万立方米，但做到贸易基本平衡[①]

联邦德国 1988 年消耗木材 6650 万立方米（原木当量），同年自产木材 2950 万立方米。近 30~40 年里，联邦德国木材采伐量没有大起大落的变化，每年保持在 2500 万 ~ 3000 万立方米之间。但每年木材实际消费量却增长了一倍多，1950 年仅 2880 万立方米。

1. 1988 年联邦德国解决 3700 万立方米木材缺口的方法

采用回收废纸替代了 1510 万立方米造纸材。这样使国产材自给率达到了 66.5%。

进口 5860 万立方米（原木当量），出口 3930 万立方米，实际使用了 2030 万立方米进口材。

进口材平均每立方米当量为 434 马克，出口材每立方米为 647 马克。因此消耗外汇仅 4.07 亿马克，平均每立方米进口材只花了 20 马克。

---

① 本文系沈照仁同志撰写，发表于《林业工作研究》1990 年 6 月资料专辑。

2. 历史上的解决方法

1950 年实际消耗 2880 万立方米(原木当量),其中自产木材 2550 万立方米,回收废纸代替了 120 万立方米,其余靠进口解决。

1965 年实际消耗 5350 万立方米,其中自产木材 2570 万立方米,回收废纸代替了 460 万立方米,其余靠进口解决。

1985 年实际消耗量达到 6180 万立方米,其中自产木材 3070 万立方米,回收废纸代替了 1270 万立方米,其余仍靠进口解决。

1965 年以后,联邦德国不再采取为弥补不足单纯扩大木材进口的政策,而改为既大幅度增加进口,再大量加工出口。这样做的结果,明显节约了木材贸易中的外汇支出。

1950 ~ 1965 年联邦德国进口原木当量从 370 万立方米猛增到 2770 万立方米,同期出口原木当量从 160 万上升到 450 万立方米。1965 年以后,进口原木当量继续大幅度上升,1985 年达到 5160 万立方米,但加工出口的原木当量以更大幅度激增,1985 年达到 3220 万立方米。

长期以来,联邦德国进出口的原木当量比发生了巨大变化。1965 年出口进口比为 1:6.2,1985 年出口进口比缩小为 1:1.6。

联邦德国利用自己的加工与科技优势,更进一步缩小了木材及其产品的出口进口值比,从而显著减少了木材贸易中逆差。1965 年木材及其产品的出口进口值比为 1:3.3,1985 年已缩小为 1:1.2。

1988 年联邦德国木材及其产品的总出口值为 254.42 亿马克,进口值为 258.49 亿马克。出口进口值比进一步缩小为 1:1.02。这就是说每年净耗外材 2000 万立方米,而在贸易中已做到基本平衡。

日本的林业治山防灾[①]

一、治山主要内容与第七个治山五年计划

日本山高坡陡,河道比降大,流短而湍急;山脉基岩松脆;多暴雨暴雪台风,又加上火山爆发与地震频繁,因此历史上从来是个多灾的国家。人口稠密,而且只有 24% 的国土面积能供人居住;工业发展,城市、居住区延伸;不合理采伐森林,这些人为因素又加重了灾害的发生。

几百年前,日本便形成了治山防灾理论,熊泽蕃山(1619 ~ 1691 年)和河村瑞轩(1618 ~ 1700 年)提出了"治水在于治山"的主张。很早以来,举国上下就认为"不能治山就不能治国"。

日本内阁 1953 年成立"治山治水对策协议会";1960 年国会通过"治山治水紧急措置法",要求制定以防治灾害为中心的治山事业五年计划。1960 ~ 1986 年已先后完成六个治山五年计划,总投资达 42549 亿日元,相当于同期治水总投资 264300 亿日元的 16.1%。1987 ~ 1991 年第七个治山五年计划的总投资为 19700 亿日元,相当于治水总投资的 15.8%。

---

① 　本文系沈照仁同志撰写,发表于《林业工作研究》1991 年第 12 期。

治山是日本林业的一项主要任务。建设省负责治水，主要内容是治理山坡、筑堤坝和栅栏，以及导流工程等。林野厅有完整的治山系统，基层设治山事务所。林业治山以生物措施为主，但也采取许多工程措施，而其主要目的就是为了稳定坡面、拦留土沙，促进植被生长。

治山的内容在不断丰富，传统的治山主要是恢复荒废地、遭灾地，以防洪防灾为中心。随着经济飞速发展，生产生活缺水成了严重问题，1964 年以来，东京都、长崎、北九州等许多城市相继发生水荒。于是，在 20 世纪 60 ~ 70 年代，水资源开发、水源涵养成了林业治山事业的一个主要内容。

根据 1979 年资料，日本已建 28 万个人工蓄水池，坝高 15 米以上的水库 2350 座。水的供需预测表明，尚需再建 500 座大水库。而要在狭窄的国土上，再建这么多水库已很困难。何况，旧水库泥沙淤积，效能正逐年减退。这是日本必须加倍重视森林的水源涵养作用的理由。

1979 年日本开始了 760 处重要水源山地的治山建设。对重要水源山地，土壤冲刷严重，植被、林相不符合要求的，均在治理之列。

综上所述，日本现代治山事业包含三个内容：①防患于未然。日本山地容易发生山崩、滑坡、泥石流等灾害。通过保护森林、大力造林，恢复整治荒废地和荒废危险地，以保障国土和人民生命财产的安全。②整治水源林，高度发挥其涵养水源功能，以适应经济社会发展对水需要量不断扩大的要求。③充分满足国民对绿色、对自然的渴求，以森林为基础创造良好的生活环境。

第七个治山五年计划的主要依据有：

实现在 21 世纪建成安全富饶的国土基础是制订计划的总目标。

（1）根据保安林整治计划的规定，全国 218 个流域按照森林面积、保安林面积、荒废地面积等因子，划分为 87 个重要流域和 131 个一般流域。

（2）对荒废地、荒废危险地和滑坡地区等重要流域按百年一遇的日降雨量，一般流域按 50 年一遇的日降雨量为依据，进行整治。

（3）为扩大、加强国土保安、水源涵养功能，凡需整治的森林，应 100% 达到整治要求。

（4）总投资额需 137500 亿日元，其中荒废地恢复整治 112800 亿日元，森林整治 23300 亿日元，其他 1300 亿日元。

二、治山效果显著，但不容松懈

1946 ~ 1950 年，因洪水、泥石流、崩塌等自然灾害，每年死亡 2067 人，毁坏房屋 19400 栋，蒙受经济损失达 2500 亿日元。经战后连续治山，到 80 年代末，日本自然灾害酿成的损失呈明显下降趋势。1976 ~ 1980 年每年因自然灾害死亡人数已减少到 191 人，毁坏房屋降为 1360 栋。

科学调查测定，森林明显减少暴雨崩塌面积和数量。有林地每平方公里崩塌面积 1.23 公顷，数量 8.11 处；而无林地分别是 2.38 公顷和 18.14 处。熊本县天草地区 1972 年和 1982 年两次暴雨对比清楚表明治山的效果：

时　　间	1972 年灾害		1982 年灾害	
	7 月 3 日～6 日		7 月 23 日～25 日	
降雨量（mm）	总雨量	最大日雨量	总雨量	最大日雨量
	526	284	597	298
林地崩坏（公顷/个数）	393 公顷/4027 处		34 公顷/291 处	
死亡人数	112 人		2 人	
毁坏房屋	全毁 482 栋	半毁 269 栋	全毁 27 栋	半毁 31 栋
到灾害发生时完成治山工程	21 个拦土坝	1 处栅栏	336 个拦土坝	129 处栅栏

治山是需要持续不懈进行的事业，稍有放松，山地自然灾害就会出现回升趋势。1983 年全日本自然灾害死亡 301 人，毁坏房屋 3000 栋。1985 年山地灾害造成的经济损失达 903 亿日元，远远超过 1984 年的 536 亿日元。这与山区开发失策和治山事业经费不足有密切关系。

20 世纪 80 年代以来，日本林业经济长期地不景气，为谋求木材以外的收入，热衷于发展旅游区、疗养地，导致了一些地方森林破坏。治山经费不足，使第六个五年计划未能全面完成。1985 年林业白皮书认为，林业经济危困导致天然林经营荒废，林分密度小，根系不够发达，防护效能低。人工林经营也没有达到要求，间伐面积每年只完成 60%，森林的公益效能难以充分发挥。因抚育跟不上，12% 的现有防护林不能起到应有的作用。全国 1985 年共有山地灾害危险区 13.1 万个，这是 80 年代自然灾害回升和年年要发生几千公顷崩坏的根本原因。

三、建立防护林是林业治山的主要手段

自古以来，日本就重视森林的水源涵养、国土保安与环境保护功能。1897 年制定颁布的森林法就有针对性地设定了 12 种防护林。

因战争破坏，1945 年以后台风频袭，自然灾害连续不断。1948 年通过防护林整治强化法案；1951 年修订森林法，防护林扩大为 16 种，现又增加到 17 种。为整治频频发生的自然灾害，1954 年日本应急通过《防护林整顿临时措置法》，有效期 10 年。此法因为重要，已连续延长 3 次，第 4 次截至有效期是 1993 年。此法每期延长都显著扩大了防护林面积；1953 年末防护林面积为 252 万公顷，约占森林总面积的十分之一；1988 年末已扩大为 858 万公顷，约占森林总面积的三分之一。防护林以水源涵养和防止冲刷为主，分别占 74% 与 22%，合占 96%。

1988 年林业白皮书利用森林综合研究所的调查研究资料，对森林防止塌方、涵养水源、调节洪、枯水能力进行了具体说明。资料表明，不同树种、不同直径的根系在抗拔力方面都具有明显差别。根直径为 10 厘米的柳杉，抗拔力 1.2 吨；黑松 0.8 吨；阔叶树 1.4 吨，山毛榉 1.7 吨。森林土壤的水浸透力每小时为 258 毫米，草地 128 毫米，裸露地只有 79 毫米。森林土壤的水浸透力分别是草地的 2 倍，是裸露地的 3 倍。

林业和水利研究部门在长期观测研究的基础上，确信森林起着天然水库的作用。群马县民有林 23 万公顷的蓄水能力经计算测定为 6.3 亿立方米，相当于 570 万人口半年所需的生活用水。今治市的苍社川、顿田川上游一带，曾是光山秃岭，洪涝旱灾交替肆虐。近百年

来，造林 1700 公顷，并配置治山治水设施，灾害明显减少。

为防治洪水，确保生活用水，东京都山梨县对 2.2 万公顷东京都自来水水源林进行了恢复改造。将荒废的林地，经过抚育恢复改造形成多层复合结构的森林。

森林涵养水源、调节洪枯水、提高水源质量以及减轻水害的功能，已普遍为人们所认识，因此，在日本上下游，居民合作治水的实例日益增多。

四、解决治山资金的不足

林业预算是中央财政组成部分，国家林业预算对战后林业恢复、治山事业发展起了重大作用。虽然日本林业收入在国民经济中地位不断下降，从 1960 年占国内生产总值的 2.7%，下降到 1983 年的 0.2%，但林业预算却一直占中央财政预算的 0.8% 左右。林业预算分公共事业与非公共事业费两大部分，前者一般占 85%～90%。林业治山事业每年占公共事业费的一半以上，其余部分分摊给造林、林道建设与救灾等。

林业预算 1980 年达到 3502 亿日元，是 1955 年 107 亿的 33 倍，此后，预算基本保持在这一水平上。同样，林业治山事业也感到资金严重不足。这是因为，20 世纪 70 年代中期之前，日本国有林是盈利部门，政府利用特别会计法的有利条件，把国有林的盈余资金补贴治山事业，但现在国有林已是连续十几年的亏损部门，继续补贴已无可能。

林野厅认为，森林如果疏于经营，一旦荒芜，丧失水源涵养能力，再恢复就非常困难了。可是，治山治水是一项耗资巨大的事业，现行林业财政制度根本保证不了资金需要。1985 年正式提出建立水源税作为特别财源措施，以保证实施以下事业：

(1)整治山林对水源林以及重要水坝上游水源林区投资，确保恢复荒芜林地，改造已有森林。

(2)促成多层次结构的林分，维持水源林效能；进行路网建设和促进水源浸透设施建设。

(3)深山区水源林整治。

(4)促进水源林区的抚育间伐，建设此项作业所必须的路网。

根据匡算，林野厅每年可征水源税 550 亿日元。除农业用水外，要求对河道取水、工业用水、自来水、发电用水均征税，税率按每立方米水征 1 日元计。所收税款由国家控制 410 亿日元，另 140 亿日元由地方掌握。这一税法虽然还没有出台，但是，从 20 世纪 60 年代开始，上、下游结合协力营造、经营水源林的各种基金制度，已建立了十几个。这种集资方式估计今后会以更快速度发展起来。

日本竹业的兴衰[①]

日本竹业近一二十年来明显衰退。因建筑西欧化，竹材失去了在建材市场原先的重要地位。竹制品大量为塑料等产品代替。笋的廉价进口已占去日本市场的三分之二。市场不景气，又加劳力不足，更使得农民、林主失去对竹林的经营兴趣。

---

① 本文系沈照仁同志撰写，发表于《林业工作研究》1993 年第 3 期。

1. 竹林面积几起几落

竹林面积 1915~1956 年的变迁（1000 町步）

年度	1915	1921	1927	1933	1939	1947	1956
面积	122	121	133	150	162	114	168

说明：1 町步 = 0.992 公顷。

　　1915~1956 年的 41 年间，日本竹林面积出现两次增长势头。第二次世界大战前，国家采取补助金制度，鼓励种植竹林。战后，为适应经济恢复，发展的需要。竹林面积又进一步扩大。最高时，日本竹林曾达 17.6 万公顷。

　　20 世纪 60 年代后期，竹材消耗量逐年减少。1960~1990 年的 30 年间，竹材消费量从 38.92 万吨下降到 22.52 万吨、减少 42%。竹材产量 1960 年为 1347 万捆相当于 40.40 万吨；1990 年仅为 682 万捆，相当于 20.47 万吨；减少了一半。随着消费减少、生产萎缩，1989 年日本竹林面积已缩小到 8.8 万公顷，只相当于高峰期竹林面积的一半。

　　1965 年之前，日本还是一个竹材出口国。1960 年出口量达 14800 吨（进口量为 0），1990 年仅出口 100 吨（进口量达 20600 吨）。1957~1961 年竹材出口值每年达 6 亿~7 亿日元，包括竹制品的竹产业年出口值达 30 亿日元。因此，竹产业曾是日本很受重视的一项产业。

2. 竹产业的水平与转移方向

　　日本竹林面积缩小，竹材产量下降，但单位面积每公顷竹林的平均年产竹材量 70~80 捆，却无甚变化。几十年来，每公顷年产量保持在 2250 公斤左右。

　　鹿儿岛是日本竹林面积最大和产竹材量最多的县，1990 年拥有 15692.1 公顷，产 221.5 万捆，即 66450 吨。每公顷平均产 141 捆，相当于 4.2 吨。

　　根据林野厅调查，鹿儿岛 1990 年竹产业（不包括笋）的总销售额为 37.28 亿日元，折合到每公顷竹林的销售额为 23.76 万日元，约相当于 2000 美元。

　　1965 年以前，竹材在日本主要用做建筑、农林水产、日用杂货以及各种民间工艺品的原材料。现在竹材的利用转向文化、环境方面，如用于花器、茶器、造园、特殊建筑、美术工艺、民间工艺。

鹿儿岛各行竹业 1990 年销售额（亿日元）

原竹销售	竹材经销	竹建筑材制造业	花器、茶器制造业	竹筷制造业	竹钓竿制造业	扇骨及其他	总计
5.62	3.86	7.07	14.85	3.03	2.40	0.42	37.28

　　竹林原是日本乡村分布很广的资源，每公顷竹林生产力可达 10 吨以上。竹林具有其他林木所没有的生理、生态特性，应加以开发利用。

　　新的需求开发可分为两个方面：一是开发竹材为大宗产品的可能性，如饲料、竹炭、活性炭、纸浆、有机肥料、特殊燃料等；二是竹材作为原材料，对其优良性能进行开发，开拓新制品，例如通过行业间交流探索新的利用途径。

3. 笋用竹林的发展

　　笋在日本被推崇为保健营养天然食品，消费量逐年增长。1988 年消费量达到 36.2 万吨，是 1951 年的 6.7 倍。因此笋用竹林不断扩大。1980 年约有笋用竹林 4 万~5 万公顷，

1985 年扩大为 51102.8 公顷，1990 年又扩大为 53128.3 公顷。

但受中国、泰国出口（见表）的冲击，日本笋产量近 10 年里大幅度下降。1970~1980 年间，日本国产笋的销售额从 45 亿日元激增到 195 亿日元，可是 1990 年跌落到只有 127 亿日元。1980 年笋产量 17.3 万吨，1990 年跌落到只有 13.8 万吨。1991 年又减少为 11.3 万吨。

1980 年日本笋的自给率为 70% 以上，1990 年三分之二来源于进口。在廉价进口笋的冲击下，日本农民失去对竹林的经营积极性。笋的单位面积产量一再下降。1988 年每 10 公亩（=1.5 亩）产笋 992 公斤，1990 年降为 851 公斤。

1980~1990 年日本罐头笋进口来源（吨）

年份	中国台湾	中国大陆	泰国	合计
1980	24180	1258	894	26420
1985	23162	8148	7179	38503
1990	14709	42355	11744	68936

福冈是日本产笋最多的县。县林业试验场野中重之认为，福冈必须根据立地条件（地形、气候、土壤等的差别），发展三类具有竞争力的笋用竹林：①以每公顷产 15~20 吨为目标的高产量型，条件是内陆气候发笋晚，雨量充足，距离销区远；②以优质笋为主的产区，条件是土壤适于培育优质笋；③提前出笋的产区，在同一地区因坡向、位置不同，确实存在发笋早晚的差别，因此必须开发地形有利条件，提前出笋。在水源有保证的地方，也可人工发展提前产笋区。

鹿儿岛产笋居日本第二位。在全国竹林趋于减少的条件下鹿儿岛竹林却在扩大。1981~1990 年间，竹林从 14084 公顷扩大为 15692 公顷。这表明在具有竞争优势的地方，日本的竹业仍是发展的。全国笋产量下降的条件下，鹿儿岛的产量却在增长，1980 年产 18455 吨，1990 年产 21000 吨。

鹿儿岛笋的培植又不单纯追求高产，在保持产量稳定中，重视早出笋。鹿儿岛已做到 10 月上旬开始产笋，并即空运东京、大阪、名古屋等大城市。每公斤售价达 2000~3000 日元。当竹笋大量上市时，每公斤只能卖 800 日元。因此提前产笋是提高竹林经济效益的重要途径。根据统计资料，1989 年鹿儿岛产笋量与 1984 年基本一致，收入却提高 90%。

印度尼西亚集水区治理的发展[①]

印度尼西亚林业、农业、工业、公共事业以及移民事务等各部部长于 1989 年达成协议，要在治理集水区事业中合作一致，共同努力。以后，在各集水区治理与发展规划中，各部之间要继续协商，并最终实现"一条河流一个计划"。

印度尼西亚陆地总面积 1.91 亿公顷，其中，1.43 亿公顷在林业部管辖范围之内。森林面积划为 5 类：保存林 1900 万公顷，占 13%；防护林 3000 万公顷，占 21%；生产用材林 3400 万公顷，占 24%；永久性森林产业 3000 万公顷，占 21%；可改变利用方向的森林

---

① 本文系沈照仁同志撰写，发表于《林业工作研究》1993 年第 6 期。

3000 万公顷，占 21%。

印度尼西亚有 17500 个大小岛屿，人口 1.8 亿。爪哇岛只占全国总面积的 7%，人口却最密集，达 1 亿多。爪哇有森林 270 万公顷，80 万公顷为防护林，主要起涵养水源的功能，特别是保护上游集水区；许多河流的源头就分布在这里。

1969～1974 年第一个发展计划，在爪哇岛以河流流域或集水区为单位开展造林绿化运动。上游森林破坏已导致严重的洪水灾害，河流淤积量大。若不中止森林破坏，灾难频率及受害程度将更趋严重，对下游的影响是不言而喻的。

两派观点：林学家与土壤保持工作者主张恢复土地，保持土壤，突出上游治理。工程、水利专家主张构筑堤坝、渠道等，突出下游工程治理。

印度尼西亚早在 1961 年就开始上游集水区的造林绿化治理。从那时起，开展过各种绿化治山运动，例如造林，每公顷栽 400 棵苗；构筑梯地，建立自然资源和永久性农业示范区，建设挡水坝、分水渠发展农户林业和普及科技知识。

1983～1988 年第 4 个发展五年计划期间，印度尼西亚林业、公共事业与内政等几个部共同确定优先治理 22 个集水区，大部分优先治理区分配在爪哇岛。

最近，政府又号召群众参加危险地区的绿化造林工程，主要采用合欢树种，合欢树种造林能既保证群众有收入，又发挥保护土地的作用。于是爪哇岛特别重视这项工作。

1989～1994 年第 5 个发展五年计划要求在以往经验的基础上，有林集水区和无林集水区在水文改良方面，达到以下目标：

(1)造林、恢复林地 190 万公顷；

(2)恢复、治理林地以外的危险区 490 万公顷；

(3)在 35 个集水区实施土壤保持工作；对其中已选定为 11 个重点治理对象，要开展集水区综合治理；

(4)对 50 万户毁林开荒人进行严格控制；

(5)经营好已划为防护林的 300 万公顷森林，实现其水文机能。

印度尼西亚在有林集水区和无林集水区的造林与恢复工作，将主要集中在优先治理区。新计划确定全国 26 个省区有 39 个集水区要进行优先治理，此外，208 个小规模次集水区治理工作也预定在此计划期内完成。这表明，印度尼西亚集水区治理范围要扩及爪哇岛以外的边远地方。

第 5 个发展五年计划遵循以下标准，选择优先治理的集水区：

(1)危险面积大，土地植被覆盖率小于 25%，有面蚀或沟蚀存在；

(2)水文山理危险区，雨季和旱季的流量差大，即高流量与低流量、最大径流与最小径流比大。与此相关的必然是淤积量大，洪水频繁，水流不足；

(3)已经进行或计划进行巨额投资兴建庞大工程，如大坝、公路和工厂群体的地方；

(4)毁林开荒严重地区，即对土壤保持，环境保护构成威胁的地方；

(5)对土壤保持缺乏社会觉悟的地区；

(6)人口密集的地方：在爪哇，人口密度达 600 人/平方公里以上，其他岛屿达 150 人/平方公里以上的地区；

(7)人均收入低的地区。

39 个优先治理集水区中有 11 个确定了重点治理，其中爪哇岛 8 个、苏拉威西岛 2 个、苏门答腊岛 1 个。这 11 个优先重点治理集水区要开展综合治理。根据林业部 1989 年所规定的要求，所谓综合治理，即每项重要事业均需在各种不同计划之间协调下进行，各计划、各部门、各组成部门都应是平衡的。集水区的各种水分、山理、土壤保持以及生产机能都要求是在协调中加以发挥。

在干旱地区，或缺水的地方，例如爪哇的一些部分，南苏拉威西、努沙登加拉群岛东部和西部、帝汶岛东部，在进行危险区恢复治理时，还必须考虑保水问题。

集水区治理的效果如何，印度尼西亚林业部等曾对土壤保持、土地恢复进行评估。评估采取以下标准：

（1）最大与最小流量比；

（2）淤积含量与侵蚀；

（3）土地生产力与农民收入；

（4）社会参与。

对造林的成功率采用苗木保有率与每公顷蓄积来评定。

治理效果评估目前只能是趋势性的，这是因为治理面积大，而资金、人力不足，没有监控数据；河流水文测量站太少。数据不完备，难以进行分析。

印度尼西亚近 20 年来集水区治理中已做出很大努力和投资，但为达到多种治理目标，还有许多事情要做。根据林业部 1989 年资料，36 个集水区的危险地域面积就达 930 万公顷，侵蚀率和淤积量都非常大，雨季灾难性洪水经常发生，给下游居民造成巨大损失。

对"永续利用""持续发展"和"持续经营"内涵的研究[①]

"永续"和"持续"都是从一个英文词 sustain 翻译过来的。林业可能是国民经济中最早提出永续、保续、恒续、持续生产作业概念的部门，就其含义与当前流行的"持续发展"、"持续经营"是不是一回事？有认为没有本质差别的，也有认为决然不同的。

1. 关于"持续发展"

近二三十年来，人类生存环境、地球自身的生存受到愈来愈严重的威胁。1972 年罗马俱乐部发表《增长的极限》一书，通过人口增长、农业生产、自然资源消耗、工业生产和环境污染五项互相影响的基本因素编成"全球模型"，得出结论：自然资源在枯竭，而环境污染在不断加剧；除非到 2000 年人口与经济增长停止下来，否则全球就会超过极限而毁灭。这种结论虽然后来被批判为悲观派论调，但经济增长与环境之间的关系却从此受到普遍关注，并促使认识到忽视环境保护的经济发展是不可能持续的。

"持续发展"已成为当前世界各国制定经济政策、环境的一个关键概念。生态学家认为，"持续发展"源出于生态学，它是一个生态学概念。但 1972 年挑起关于"持续发展"全球性讨论的绝大部分科学家并非生态学家。1971 年在瑞典斯德哥尔摩召开的人类生存环境会议，也是联合国第一次环境大会，把环境保护提上了国际议事日程。同年，联合国设立环境规划署。1983 年，联合国大会又决定建立世界环境与发展委员会。经过长时间酝酿讨论，在

---

① 本文系沈照仁同志撰写，发表于《林业工作研究》1994 年第 5 期。

1992 年世界环发大会上，一致认同"持续发展"是唯一可行的。

以挪威首相布伦特兰为主席的联合国环境与发展委员会，1987 年发表《我们共同的未来》报告，即著名的布伦特兰委员会报告。它为 1992 年环发大会定下了基调。报告把"持续发展"归纳为"是既满足当代人的需要，又不对后代的需要构成危害的发展"。报告认为，世界"需要一条新的发展道路，它不是短期的、在少数地方保持人类永续地进步，而是在全球，长期地保持这种进步"。报告指明现在对"持续性"的解释各有不同，但如果大家都同意"发展"的定义是增长福利，那么"持续发展"简单地说就是长时期内无衰退的福利增长。如果为了当代人或一、二代人的福利增长，牺牲第三代人的利益，这样的发展就不是持续的。

为把 1992 年环发大会的文件精神变为实际行动，47 届联大决定成立"持续发展委员会"；它是联合国经社理事会的一个职司委员会。

森林急剧减少，热带森林现在几乎每年以 1% 速度消失，热带林的破坏是导致地球气候恶化、物种多样性消失的一个主要因素，也即威胁地球生存的主要因素。因此，森林"持续经营"也就成了世界经济"持续发展"的一个关键。这是当今世界得来不易的共识。

2. 关于"永续利用"

森林"永续利用"又称"永续经营"，"永续作业"或"永续生产"，其核心思想是通过合理调整和科学经营，发挥森林的再生作用，使森林周而复始地永远得到均衡利用。这种利用面积轮流采伐实现森林永续利用的方法，在欧洲一些国家适用可能已有 200 多年了。德国人卡济维茨 1713 年首先提出了森林永续利用的原则，他实际上并非林学家，而是一位矿业工程师。他提出的是很简单的概念，要求对一定规模的森林确定一个可以永久持续的采伐水平。从天然林"永续利用"发展为人工林"永续利用"。从造林到采伐，长期不断永续利用原则，随后又逐步在理论上形成了在皆伐作业的基础上以法正林模式的完整理论体系。一百多年以来，德国法正林一直成为各国追求森林永续利用的理想模式。

由此可见，传统的森林永续作业只是要求某一二种产品的永续生产，以保证满足一个企业、地区、国家对原料、材料、燃料的稳定需要。这是一个小概念。

3. 关于森林的"持续经营"

森林"持续经营"实际上是近几年才出现的新名词，这是适应世界要求"持续发展"潮流而产生的，其内涵与森林"永续利用"完全不同。因此"永续作业"与"持续经营"是性质各异的两个概念。但是两者又非常容易混淆：

（1）森林"永续利用"、"永续作业"、"永续经营"，在汉语文献里是混用的，在欧美文献里现在也还在进行词义的澄清解释工作。

（2）森林"永续利用"的概念经历漫长的量变之后，发生质变是必然的。但一些林学家至今仍认为现在的"持续经营"只是量的延伸，例如英国牛津大学英联邦林研所 Poore 教授认为，森林传统永续的利用是指某一两种产品的永续供应，以后又提出了乔木树种木材以外的林副产品永续经营利用，如藤、天然橡胶、树脂、乳液、樟脑、野生动物、鱼等等。现在对森林的永续经营还有更高层次的要求：保证森林防护效益的永续发挥，调节气候的功能长存，多样物种的永恒繁衍。

从森林一两个产品的"永续利用"发展到要求对整个森林生态系统的"持续经营"，甚至要求现代林业社区的持续，森林土著居民文化的持续，这显然地表明人类对"持续经营"的认识质的飞跃。

（3）森林"永续利用"思想是人类智慧的结晶。随着社会发展，人类智慧在不断增进科学在不断积累，人们总是在增进与积累的基础上前进。这就是为什么承认"永续利用"与"持续经营"两者有质的差异的同时，又必须沿用以往的运筹思维，面积轮流利用方法等等。混淆是不对的，取消传统的一切也是不对的。不能由于继续采用原先的一些方法而不承认质变。

森林的"持续经营"是个新概念。全世界都在热烈讨论如何正确定义，中国林学家必须尽快说明自己的意见。

克林顿总统处理美国国有林经营问题的前前后后[①]

1. 问题的背景

国有林占美国生产性森林 28%，主要分布在西北部太平洋沿岸。1973 年濒危物种法颁布不久，生物学家调查确认，以俄勒冈州等原始林为栖息地的斑块猫头鹰是濒危物种；以后又认定斑块猫头鹰是国有林野生动物多样性的"指示物种"。因此，为保护斑块猫头鹰，一些科学家建议在每个已知栖息地周围保留 122 公顷原始林。从此关于斑块猫头鹰栖息地的争论从科学殿堂蔓延到社会公众，要求每个栖息地保留原始林面积愈来愈大。

美国林务局因安排国有林的木材生产而频频遭到起诉。1988 年林务局提出斑块猫头鹰栖息地的森林系统经营方案，每个栖息地面积为 1215 公顷，并规定采伐只准在栖息地之外进行。这样，仍不能满足自然保护的要求。

布什总统的内政部长 Manull Lujan 离任前表示，这是一个非常棘手的问题。他说，他决定不批准一个拯救斑块猫头鹰的计划，因为遵循濒危物种法的要求，恢复猫头鹰分布，其代价是太平洋西北部永远丧失 3.1 万个就业机会。美国野生资源保护协会认为，未批准是件好事，因为内政部已制定的计划还没有弄懂生态系统保护这一概念；濒危物种法要求的是一个考虑生态系统各方面的恢复计划。美国工业工人西部协会要求新总统克林顿履行竞选中的诺言，召开国有林经营的高级会议，并把人的利益放在第一位。

2. 总统"森林会议"

1993 年 4 月 2 日，克林顿总统在俄勒冈州波特兰召开"森林会议"。他向与会代表提出一个根本性问题："我们如何能制定一个平衡的全面政策，既承认森林和木材对地区经济和就业的重要意义，又保护珍贵的原始林；这是国家遗产的一部分，一旦破坏，无法恢复。"克林顿说，"我们能做到的最重要一件事是承认这里没有简单或易行的答案。我们不是要在保证就业与保护环境之间作出抉择，而是两者都要兼顾。"

总统授命成立三个特别工作组：①森林生态系统经营评价工作组；②给工人、社区以援助；③建立协调机构。

总统确定以下五项原则作为工作方针：

（1）处理问题必须牢记事情所牵涉到人与经济的数量概念。凡实施能保持林地健康状况的良好经营政策的地方，销售商业活动应继续下去。这一要求得不到满足的地方，就应尽一切可能提供新的就业机会，保证常年就业、高工资和高熟练工种就业。

---

① 本文系沈照仁同志撰写，发表于《林业工作研究》1994 年第 8 期。

（2）起草计划，为的是保持我们的森林，野生动物和水系长期处于良好状态，这是天赐的恩惠，我们是为后代在进行管理。

（3）我们必须竭尽智慧所能，使一切努力做到是合乎科学的、合乎生态的、生态可靠的，并对法律负责。

（4）计划应给出木材与非木材资源的预期产量和持续水平的销售量，保证不会损害、破坏环境。

（5）为达到以上目的，将尽一切可能使联邦政府各部门协力工作，为大家服务。我们可能犯错误，但将尽力在联邦政府内把国有林经营纠纷的死结解开。我们将坚持合作，而不是对抗。

总统"森林会议"建立的执行委员会要求 60 天内拿出解决问题的方案，其主要任务落在森林生态系统经营评价工作组头上，它应制定一种新的森林经营方案，既能达到更高经济、社会效益，又符合美国各项法律条例，如濒危物种法、国有林经营法、联邦土地政策管理法以及国家环境政策法等。

3. 森林生态系统经济评价工作组

森林生态系统经营评价工作组于 1993 年 4 月 5 日成立，由托马斯任组长。他原是国家林务局野生动物主任生物研究员，同年 11 月被任命为林务局局长。美国农业部长称他为白宫解决濒危斑块猫头鹰问题的战略主设计师。工作组吸收 600 余位科学家、技术专家和辅助人员参加工作，分别来自农业部林务局和土地管理局、环境保护署、内政部渔业与野生动物局、国家公园局、国家海洋海业局以及几所大学。创立"新林业"理论的华盛顿大学 Franklin 教授也是工作组成员。

工作组于 1993 年 5 月中旬向白宫先提出 8 个选择方案，因不符合总统五项原则要求而遭否定。工作组又提出第 9、10 个方案。克林顿决定采纳第 9 方案，此即为 1993 年 7 月 1 日总统亲自发布的"太平洋西北地区原始林经营计划"的基础文件。

4. 克林顿总统森林计划要点

总统发布会分两步进行，第一步由总统宣布计划要点，第二步由政府其他官员阐明计划的一些细节。

克林顿指出，僵持、无限期拖延，以及争论不休应该结束了。他的计划包括以下要点：①把年采伐量从 20 世纪 80 年代的 2550 万立方米，削减至 612 万；②为受威胁的北方斑块猫头鹰划出 202.5 万公顷林地，但允许在这里进行间伐与抢救伐；③建立 10 个适应性经营试验区，以吸引更多地方团体参与森林政策制定，鼓励提出生态、经济新思想；④提供为期 5 年一揽子 12 亿美元的经济援助，以创造 8000 个就业机会，并对失业人员进行重新就业培训。

5. 全国对总统森林计划的态度

计划颁布 10 天后的民意调查表明，支持总统的占 45%，明确反对的占 27.5%，含糊不清的也占 27.5%。总统承认，这项计划只使少数人感到高兴。

以森林生态系统经营评价工作组第 9 方案为基础的克林顿计划，提交全国讨论收到 10 万余条意见。政府稍加修改后，1994 年 2 月又公布这份报告。

争执双方都对克林顿计划开展激烈批评，如荒野协会代表认为，原先未受保护的原始林木仅有 37% 划入森林保护区，仍有过多林木处于保护区外，仍允许采伐利用。但总的来看，自然保护团体对克林顿计划还是赞成的多。

加州大学经济学家 William Mckillop 称克林顿计划为十足的灾难，执行此计划的结果是西北部国有林采伐量应降低 76%，减少 7.2 万个就业机会（不包括更新育林的就业人数），给地区经济造成 17 亿美元损失。

木材工业界最近已状告（1994 年 5 月）克林顿西北部森林政策，认为对采伐的限制和原始林保护区至少违反 6 个法律的规定。

美国地区法官 Jackson T. P. 1994 年 3 月 21 日裁定，白宫 1993 年任命建立森林生态系统经营评价工作组，其组建与所进行的工作都违反了联邦咨询委员会法。美国司法部律师虽出面辩护，但地区法官仍认为工作组至少 10 个方面违反联邦咨询委员会法，其中最重要的一点：工作组成员组成不平等，主张生态经济的占了主导地位。

种种迹象表明，美国国有林的经营纠纷短期内是难解决的。

印度造林成就令世人瞩目[①]

印度 1947 年独立以来，一直致力于扩大森林面积。尼赫鲁政府 1952 年制定全国林业政策，要求把全印度森林覆盖率从 23% 提高到 33.3%。甘地夫人曾明确表示，"没有树木，便没有未来"。拉·甘地 1985 年新年发表全印广播讲话，他说："连续的毁灭森林已使我国面临巨大的生态危机和社会经济危机。"拉·甘地从此发起了一场要求每年 500 万公顷的造林运动，希望尽快结束全印一半国土荒芜衰退而一半人口过着薪柴、饲料、小材小料和现金收入严重短缺的贫困生活的局面。

印度三代总理重视造林令世界瞩目。1988 年印度新制定的国家林业政策重申国土三分之一应为森林所覆盖，并要求山地丘陵面积三分之二有植被覆盖，以防止土壤被侵蚀，稳定脆弱的生态系统。

印度现在已是世界热带地区人工造林最多的国家。到 1990 年为止，世界热带累计造林 4378.9 万公顷，印度就造了 1890 万公顷，占 43%。近 10 年，印度人工造林增长更快。1981～1990 年世界热带地区人工造林总计 2607 万公顷，印度造了 1441 万公顷，占 55%。

根据联合国粮农组织 1990 年热带国家森林资源调查，印度现在又是世界热带地区少数几个每年造林超过天然林消失的国家（古巴、佛得角、布隆迪、卢旺达）之一。1981～1990 年世界热带天然林消失面积平均每年 1541.1 万公顷，同期平均每年人工造林只有 260.7 万公顷。世界热带每年天然林消失面积是人工造林面积的 5.9 倍。根据调查估计，人工造林的成活保存率约 70%。因此，1981～1990 年间实际成活保存的人工林每年约为 182.5 万公顷。这样，同期内世界热带每年人工造林成活保存 1 公顷，消失的天然林面积却是 8.5 公顷。

印度 1981～1993 年每年消失天然林 33.9 万公顷，而人工造林 144.1 万公顷，造林是消失面积的 4.25 倍。折算为成活保存面积，印度每年新增人工林面积也达天然林消失面积的 3 倍。这足以表明，热带地区森林更新造林跟不上采伐的普遍性难题，在印度已经解决了。

按人均毁林与人均造林对比来看印度的情况也极为乐观。据粮农组织计算，1981～1990 年间，印度每 1000 人年均毁灭天然林 0.4 公顷，而同期每 1000 人年均造林 1.9 公顷。这表

---

①　本文系沈照仁同志撰写，发表于《林业工作研究》1994 年第 11 期。

明，只要如此扩大造下去，印度终将战胜人口增长压力，尼赫鲁三分之一国土覆盖森林的理想也必定实现有日了！

印度林业政策重点转向现有林[①]

印度 20 世纪 80 年代人口就增长 1 亿多，而造林面积超过了天然林消失面积几倍，堪称创造了世界奇迹。可是令人不解的是印度自己没有报道这个惊人消息。联合国粮农组织 1993 年发布的调查统计资料，悄悄地透露这一喜人的"转折"，又未加丝毫评语，也实在是耐人寻味！

翻开世界历史，现在的发达国家没有一个因人口增长、经济发展而不经历过一段森林面积锐减的时期。近几十年，世界热带国家、地区普遍发生毁林，实是难以避免的历史现象。令人奇怪的倒是印度人口成倍增长，而森林会岿然不动。但根据印度官方数字，森林似乎从未遭到过破坏。印度环境与森林部林业顾问 Sunder S. S. 在 1992 年的一次国际会议上指出："受环境保护主义者的压力，林业工作者匆忙采取防御性响应。现在仍继续坚持森林覆盖率为 22.8% 的官方数字，给人的错觉，似乎印度林业一切都好。但遥感资料揭露了真相，于是林业工作者遭受各方责难。实际上森林长期形成的衰退、消失，绝对不是林业工作者能够控制得了的。印度林业的真实成就因此而得不到外界承认。"

《印度林学家》杂志 1992 年 10 月发表 Sharma 文章，作者不是林业界权威人士，他以非常不显眼的位置，报道印度森林面积增长的喜讯，从 7518 万公顷扩大为 7700.8 万公顷。印度人为什么如此轻描淡写地报道足以令世人咋舌的成就，也确实发人深省。

一、造林成绩是实，但难以持续

粮农组织资料表明，印度 1990 年有人工林面积 1890 万公顷，已占全国国土总面积的 6.4%。世界银行的报告认为，社会林业造林约已完成 500 万～600 万公顷，都是非林区造林。印度林业投资包括国际贷款、资助集中应用在扩大森林覆盖率，主要是农区造林。而现有林恢复、经营的投资很少。兴旺一时的社会林业已趋于萧条。根据瑞典国际发展署（SIOA）1990 年研究报告，"1981～1988 年期间，印度农户造林 250 万公顷，约相当于农作物地总面积的 1.7%；桉树造林占了 2/3 以上。农户因产材量净木材价格都没有达到预期水平而对造林失去了兴趣"。"今日哈里亚纳邦的桉树林实际都已死亡。栽植时，农民充满了爱心，现在则怀着怨恨砍掉桉树。因为桉树危害农业生产，其木材价格又无利可图。"

世界银行关于北方邦 1990 年的审计报告也承认，许多农民现在不愿参加造林计划，因为回报太低，过去对造林的产材量和木材价格都估计过高。

古加拉特邦是印度社会林业成绩卓著地区，1984 年分发桉苗 13400 万株，1988 年虽雨水条件很好，只分发了 1200 万株。根据对北方邦西部 4 个村的实地调查，1987 年之前，年植桉树 6 万株，1988、1989 年分别降到 1000～5000 株。

印度林学家 Saxena N. C 认为农民不再迷恋桉树造林的原因有 3 个：

[①] 本文系沈照仁同志撰写，发表于《林业工作研究》1994 年第 12 期。

1. 生产问题

20 世纪 80 年代初桉苗需要迅速增长，种苗质量没有保障。种子遗传质量差，以及抚育、整地、造林密度等都存在严重不足，导致人工林生产率低。

2. 供求不平衡和市场不健全

国家对工业廉价供应原料，企业不愿买农民提供的造纸材。大量人工林木材上市，价格暴跌。把人工林木材当烧柴销售给当地的砖瓦窑，其价格又竞争不过无偿采集者。

3. 对农业生产的不利影响

在哈里亚纳邦的观测研究表明，桉树造林头一二年，农业生产无损失；第三四年，农业减产 8%；第五六年，减产 14%；第七八年，减产 26%；第九十年，减产达 49%。

根据北方邦西部 4 个村的调查，带状造林距离农作物 10 米以内，给农业造成的损失可达造林直接总投资的 2~8 倍。因此，计算农业减产，造林实是无利可图。

1981~1990 年间，印度的造林成绩是毋庸置疑的。但如政策不改变，如此造林下去不仅难以持久，无助于困难农户脱贫，也不可能减轻现有林压力。

印度最近几年出现了一批林木培育公司；这表明商业性林业开始由私人投资承办。政府林业部门可能把主要精力集中到现有森林的经营、恢复与发展。

二、认真总结经验，决策重点转向现有林经营

印度 1947 年独立，从 20 世纪 50 年代至今，政府正式公布的森林面积一直相当于国土的 22%~23%。46 年里全国人口从 3.7 亿增至 9.1 亿，而森林面积保持不减，这不能说不是奇迹。世界历史上现在还找不到一个国家创造了如此巨大的奇迹。印度环境与森林部林业顾问 Swnder1992 年向世界揭开了这个奥秘！

1860~1940 年间，印度因饥饿死亡人数达 3000 万以上。独立后面临的第一难题是解决众多人口的吃饭问题。全印开展"生产更多粮食"的运动，把大量林地变成了农地。1970~1980 年两次卫星资料表明，印度有 900 万公顷森林消失，平均年消失 150 万公顷。1950 年印度农耕地只有 1.32 亿公顷，现在已达 1.78 亿公顷，其中 0.43 亿公顷来源于乡村毁林开荒。

依照以上规模计算，印度森林应所剩无几了。一位在联合国粮农组织工作 20 余年的英国林学家 Westoby J. 说："印度独立后 30 年里，根据某些估计分析，森林覆盖度是从 40% 缩小到了 20%。"原印度林研所所长 Tiwari 曾指出，印度乡村原来有许多林地，林业部门从来没有管辖过，独立时宣布的森林覆盖率并不包括这部分森林。又据 Khosla P. K. 1986 年的文章，19 世纪后期，印度把村庄附近的森林保留给农民使用，令人遗憾的是大部分这类森林以后都变成了农地。独立时，7300 万~7500 万公顷由国家林业部门管理的森林、林地，确实是保存了下来。1991 年资源调查报告表明，登记在册的森林还扩大了 183 万公顷。只是森林处于严重衰退之中。印度森林总监 Mukerji A. K. 1994 年 4 月指出，其中树冠郁闭度达 10% 以上的林地只有 6390 万公顷，即使把这部分统统算为森林覆盖率，印度现有森林覆盖率只有 19.44%。

独立 46 周年时，印度总理承认现有人口 30% 生活在贫困线以下。大约有 3 亿，无地、少地贫民，或多或少要从国家森林谋求生活来源。其中有 5000 万~6000 万部落人口，主要是森林居民，在很大程度上要以林谋生。森林给予穷人的实际上是国家年年对穷人的物质补

贴，为其计量是很困难的。

由此可见，印度现有森林、林地对保持乡村经济、社会稳定，具有极其重要意义。根据非常保守的估计，占国土 23% 的林地、森林的所得的年物质产品价值约为 3000 亿卢比，折合美元 100 个亿；没有包括环境效益，可是反映在国民生产总值中，林业产值仅占 2%。因此国家对林业投资很少，每年约 80 亿卢比，折合 2.4 亿美元。这表明，国家每年给林业的补偿远远少于获取，结果必然是森林的衰退、消失。

根据联合国的调查，印度天然林平均每公顷生物量只有 93 吨，比孟加拉国、不丹、尼泊尔、巴基斯坦、斯里兰卡都低，只相当于亚洲太平洋热带国家总平均（181 吨）的一半。全国森林蓄积量每公顷最高 277 立方米，低的只有 10 立方米，平均 65 立方米，也只相当于世界森林平均每公顷蓄积量的一半。根据印度农业委员会的计算分析，印度林地生产力只相当于欧洲国家的 1/20。

印度全国一半以上为荒地。全印荒地开发委员会主席 Karnla Chowdhry1986 年说，"印度现有 6000 万~8000 万公顷宜林荒地，有 3 亿贫困无地农民"，一个把荒土地租给乡村穷人的造林计划正在酝酿执行中。根据规划计算，实现国土 1/3 森林覆盖率，印度必须新造林 4600 万公顷。这似乎是比较容易做到的。但现有森林将继续处于衰退。世界银行关于印度的总结报告认为，恢复衰退森林同样需要投资。

种种迹象表明，印度国家林业的重点可能转向现有林经营与恢复发展。

1. 吸收群众直接参与现有林经营

1988 年新林业政策认识到人与森林的密切关系，突出表现在森林保护发展中人的、社会的参与作用。印度政府 1990 年 6 月发表一个通告，明确要求在保护与发展衰退森林事业中，吸收乡村、社区以及志愿机构参加。1993 年 12 月已有 14 个邦发布命令或做出决定，对参与保护、发展衰退森林的乡村、社区给以报酬。现在全印度有 1 万个乡村建立了保护与经营衰退森林委员会，每年承担协助更新或造林 150 万公顷衰退林地。

新林业政策认为贫困与环境恶化紧密相连，无林化又加剧贫困。森林保护、保存问题不可能与森林居民和当地人口的生活、生存分割开来。地方社区与森林有着共生的关系。现存森林最好的保护手段或者谋求扩大森林的最好办法，是提高人们对森林财富的兴趣。印度各地已建立一些居民参与森林经营的典型。为实现这些模式必须承认森林居民是森林生态系统的组成部分，即满足他们的需求是森林的第一责任。因此，保证森林居民就业机会是迫切需要的，这就必须开展有效的森林经营；完全依靠大自然恩赐的时代已经过去。经营既要改善当地的生态环境，又得生产所需产品，既要发挥森林各种效益，还要提供就业机会。

古加拉特邦南部因非法采伐，1986~1987 年间，曾先后逮捕 11000 多人，扣押车辆 130 部，并未能平息盗伐风。林业与森林居民相结合，才开始在这里建立稳定的秩序。

2. 吸引工业投资、经营、恢复衰退林

印度林业政策包括 1988 年新政策在内，对工业资本采取限制的做法。长期以来，森林全部由国家经营，私人资本只参与林产品贸易、加工和农户林业。林业经济学家 Rawat J. K. 最近指出（1994 年 5 月），在严重衰退林地上，没有巨额投资是不可能进行成功的造林的。印度林业政策长期把社会的贫穷阶层视为主要依靠，把荒地给成千上万个无地农户，并无偿发给苗木。分发苗木的机构以每年分发数量评定成绩，因此追求数量而无视质量。林业生产率如持续跟不上需求，林业显然走不上良性循环的发展道路。

为摆脱森林的不断衰退困境，印度现在考虑修改政策，把稀疏林、衰退林、疏林地出租给工业，由工业参与森林经营。

3. 开展经营性恢复衰退林

20世纪80年代，印度林业投资集中在非林区荒地造林和社会林业。世界银行1994年关于印度林业的总结报告认为，现有林经营同样需要资金，但其效果比人工造林为好。在印度和尼泊尔最近进行的试验表明，在衰退森林里，对有充足数量幼树的地方进行保护，或开展增值性补植，这样恢复的森林的林木生长率虽比人工林低，但其非木材林产品的生物量却比人工林高。人工造林成本比经营现有林要高10倍。人工造林头几年保护幼树不受放牧之害极其困难，栽植头几年一点产品收获也没有。

印度尼西亚政府对工业人工造林的扶持[①]

印度尼西亚林业部长贾迈勒丁·苏约哈迪库苏莫在1994年末召开的记者招待会上透露：印度尼西亚在第1个五年发展计划（1969～1974年）开始执行时，拥有森林14400万公顷。第6个五年计划于1994年4月开始实施，印度尼西亚还保持着9200万公顷森林，其中只有2500万～1600万公顷仍可以称得上是天然原始林或热带雨林。

印度尼西亚天然林的绝大部分已经破坏，因此成了世界环境保护所密切注意的对象。同时，现有森林的木材生产能力已不足维持业已形成的木材加工工业的充分开工。为改善环境，又确保不断增长的人口生存就业和经济持续发展，如何加速荒地、衰退林地、低产次生林的恢复，绿化、更新造林，成了印度尼西亚林业当前最大的问题。苏哈托总统已多次发起全国运动，鼓励群众造林。

印度尼西亚造林分两类。一类是国有土地，国有林地上进行的造林，政府主要通过以下渠道部署造林任务：国家林业公司、更新造林绿化管理局和私营租赁国家森林地的一些公司。1981～1990年每年造林474万公顷按造林保存率70%折算，每年为33.18万公顷。另一类造林绿化是在私有土地上进行的，每年约70万公顷，由内务部协调领导，全国1985年有一万名林业技术普及工作者从事协调组织农民的造林绿化；第6个五年计划末（2000年），这支队伍将扩大到16700人。

1. 大力发展工业人工林

工业造林区别于恢复造林，后者主要在自然保护林和灾害防护林区进行。印度尼西亚自然保护林和灾害防护林为禁伐林，不出租，但也有需要进行造林的地方，由政府自己组织造林，这种造林称为恢复造林。

在生产用材林林地进行的造林为工业造林。承租生产林的公司、企业、采伐后都有造林义务。但印度尼西亚天然林普遍实施择伐方式和天然更新，因此人工造林一般只在无林地、草地和每公顷蓄积量不足25立方米的低产林地上进行。

印度尼西亚在东加里曼丹成立国际木材公司，于1989年第一个开展大规模工业造林。政府第5个五年发展计划（1989～1994年）确定要完成150万公顷工业造林。到2010年时，

① 本文系沈照仁同志撰写，发表于《林业工作研究》1995年第3期。

林业部要求实现 620 万公顷工业人工林目标。

2. 政府扶持工业造林的办法

工业造林按目的分为 3 类：以培育造纸原料、木片为目的，以培育制材和胶合板原木为目的，以吸收雇用移民为目的。国家对不同性质的开展工业造林的机构、企业给予程度不同的财政支持。省林业局开展工业造林，由林业部预算拨给 100% 的所需资金，经费来源于造林基金。

造林基金来源于采伐征税，制材、胶合板原木每立方米征 10 美元，造纸林征 1 美元。（据报道，印度尼西亚林业部掌握的造林基金总额已达 13 亿美元，苏哈托总统 1994 年曾批准航空制造业动用其中 1.85 亿美元；成为世界林业的一条重要新闻。）

国家企业进行工业造林，由造林基金拨所需经费 35% 为投资，另外还可从造林基金贷款 32.5%，剩余的 32.5% 所需经费可从政府指定银行贷款，享受优惠。

国家与民间合营企业进行工业造林，可从造林基金获得 14% 的所需资金，从造林基金和指定银行也可分别贷款 32.5%，其余 21% 资金由企业自筹。

造林基金的贷款为无息。银行贷款的利率为 18%，因通货膨胀率高，这样的利率还是较低的。贷款归还的宽限期与造林树种的轮伐期基本一致，如马占相思造纸材工业人工林轮伐期为 7 年，宽限期定为 8 年。这样，归还贷款时，人工林就已经有了木材生产收入。

工业造林贷款归还期

造林树种	宽限期		归还期	
	造纸材	非造纸材	造纸材	非造纸材
马占相思	8 年	13 年	16 年	28 年
桉	10	13	20	28
苏门答腊松	15	15	30	40
橡胶树	—	8	—	33

3. 一项成功的工业造林实例

印度尼西亚政府大力推行合资造林，以加速绿化，恢复衰退林地，并创造更多的就业机会。1994 年 12 月，作者考察印度尼西亚林业时，在南苏门答腊参观了一个国家与私人合资造林基地。

帕里托·派西非克财团为华人资本，与印度尼西亚国家林业公司合资，为 100 万吨的纸浆厂营造 30 万公顷人工林原料基地。所谓合资，是国家林业公司提供造林土地入股，其余一切由私人资本负担，实质上是私人资本租地造林。苏哈托总统为这项造林工程亲临现场栽树剪彩。至今造林 4 年，主要树种为马占相思，已完成 13.7 万公顷。预期到 1998 年完成全部造林。

1995 年将开始建制浆厂，第一期生产能力 45 万吨。根据计划安排，1997~1998 年度，人工林应开始采伐，供应原料；采伐 14700 公顷，产木材 262.5 万立方米。2002~2003 年度，制浆厂将全面投产，采伐面积和木材产量均应相应扩大 1 倍。造林成本每公顷约 1000 美元。

造林地周围已形成 3 个移民村。造林工程现已吸收 4000 人就业，其中 11 名管理人员，37 名职员和 156 名监工；其余绝大部分为造林工人。

马占相思林至今未发生病虫灾害，但几个月前，发生一场大火，约烧毁、烧伤人工林面积的 5%～6%。

4. 白茅草地造林

白茅俗称茅草，禾本科，多年生草本，有地下茎。世界上现有茅草地 1 亿～2 亿公顷，印度尼西亚大约有 2000 多万公顷。白茅在我国也为最常见阳性禾本科草，几乎分布全国各地。1994 年 1 月雅加达召开的"从草到林木"的国际研讨会上有论文指出，白茅草地原是生长着热带湿润林，经反复采伐、垦荒，森林丧失更新能力，才演变成现在这样的经济、社会或生态价格都很低的荒地。因此，茅草地造林是被发展中国家普遍重视的一个问题。

经芬兰等国专家较长时间的造林试验，马占相思等速生树种，在茅草地上造林容易成功。但大量采用非乡土树种造林，对恢复保持热带雨林地区的物种多样性，显然是非常不利的。

有专家指出，目前工业资本比较倾向于速生，要求采用 7～8 年成熟的树种代替 70～80 年才成熟的树种，但经济上究竟哪种合算，还需要进行深入论证。例如把天然林采伐迹地改造为合欢人工林，每年一公顷可产材 20 立方米，其价值为 600 美元，但如果注意保护采伐后的天然林，每公顷一年可产 8 立方米梅兰蒂材（龙脑香科），其价值为 1888 美元。同时，这里还必须考虑的是天然林迹地改造为人工林的费用，它比抚育天然更新高 10 倍。

中国台湾的造林事业及其存在问题[①]

中国台湾近年来每年进口木材平均约 700 万立方米，价值约 10 亿美元，加工后出口林产品值高达约 25 亿美元。

光复后头 20 余年的时间里，台湾资金短缺，指令林业部门加强生产、增加采伐量，收入盈余缴交财政，林业对本省建设也做出过巨大贡献。

林业和木材业在近 50 年里，可以说一直是台湾经济的支柱产业。

据 1956 年台湾首次航测调查，森林资源的面积为 1969500 公顷，占全省土地面积的55.1%。据省林务局 1978 年资料，森林面积略有减少，占全省土地面积 52%。林地减少的原因，一是可能调查误差，二是部分林地转为它用。

台湾全省现有林地总面积 1864700 公顷，其中生产林地 1786500 公顷，大部分为天然林。光复时，日本人留下 25 万公顷采伐迹地，急需造林更新。台湾林业部门依靠自己力量，不到 10 年已将迹地与荒地造上了林。全省现有人工林约 50 万公顷。

日本侵占 52 年，年平均造林 1.5 万公顷；光复后，1953 年开始扩大造林，年平均造林 2.5万～3.0 万公顷。近 5 年来，采伐量锐减，已无采伐迹地可供造林。台湾 1972 年造林最多，达36179 公顷，1989 年造林面积仅 9394 公顷。"国有"造林占 78.7%，私有占 20.1%，公有占1.2%；用材林占 86.8%，防护林占 13.2%。新的育林政策在于加强已造林地的后期抚育，如修枝、疏伐，天然阔叶林的林相改造，以及即将推行的废耕农地及荒山坡地的农地造林。

台湾林务局决定从 1991 年 6 月开始，在 6 年内，计划在台湾全省培育总面积 40 万公顷

---

① 本文系沈照仁同志撰写，发表于《林业工作研究》1995 年第 6 期。

的高生产力人工林。

1975～1986 年的 12 年中，全台共造林 252285 公顷，经费共计 105.3 亿台币。林务局自筹造林资金 97.6 亿，占 92.7%，政府补助 7.7 亿，占 7.3%。12 年平均每年造林 21024 公顷，每年耗资 8.78 亿台币，每公顷平均 97812 元。台湾农委会林享能副主任指出（1991 年 9 月），台湾 1980 年造林经费预算为 1.2 亿元，1987 年增至 8 亿，1991 年预算达到 14 亿元，今后造林预算每年维持在 14 亿多元；此预算尚不包括平地造林。

1. 私人造林无利可图

单按经济效益计算，台湾私人造林普遍感到无利可图，因而没有积极性。如 20 年生Ⅱ地位级的杉木每年每公顷净亏为 3704 元。

2. 对林农的补贴办法

台湾目前对林农经营所提供的补贴措施，主要为免费供应种苗、造林奖励与造林贷款。

（1）免费供应种苗：台湾省奖励私人造林实施要点规定：林业管理经营机关培养种苗，无偿供应给林农。造林人于计划造林年度前一年半，带林地所有权证书或承租地契约书复印本，向造林所在地所属乡（镇、市）公所或林务局林区管理处工作站提出"种苗无偿配拨申请书"，经查核有关证件无误后，送交各该林业管理经营机关审核。经林业管理经营机关核定种苗配拨数量后，乡（镇、市）公所或工作站，立即通知各受配人于一定期限内领取苗木，并迅速施行造林，以便提高造林成活率。自备种苗者，于造林地检查后，依照林务局育苗标准单价核定给予补助。

（2）造林奖励金：每一申请人每年提高面积以 10 公顷为限，最小不得少于 0.1 公顷。符合下列各项规定者，发给造林奖励金：①具有合法土地使用者；②造林树种与株数符合规定标准者；③造林成活率达 70% 以上者。造林奖励金额度每公顷补助造林费用的 30%，依照 1991 年度造林标准单位每公顷 106000 元估算，每公顷奖励金合计 32000 元，分两次发给：造林后第 2 年发给 20000 元，第 4 年抚育后发给 12000 元。私有防护林造林费用全额分年补助：造林第 2 年发给 20000 元，其余于第 3 年至第 6 年每年于检测成活率合格后发给 21500 元。

（3）造林贷款：台湾省政府为发展公私有营林，特设置造林贷款基金。其对象为实际从事造林事业之私人、公司、团体、机关、乡（镇、市）公所及学校，可申请造林贷款金额，一般造林以实际所需投资额为限。其贷款利率按年息计算，私人、公司、团体及一般机关及学校为 3%，乡镇公所为 1%。

3. 现行扶持措施对私人造林的影响

（1）造林奖励金 1993 年以前为每公顷 32000 元，对林农的收益无多大帮助。以 20 年生Ⅱ地位级的杉木林为例，奖励后每年 1 公顷仍亏损 2411 元；奖励 32000 元对林农的经济效果，仅能每年减少 1293 元的亏损。

（2）免费供应种苗仅限于苗木费，由于在造林投资中所占比例不高，对林农的经营损失影响不大。因此即使同时享受奖励金和免费种苗，在绝大多数情况下（不同地位级、龄级），私人造林仍亏损严重。

（3）造林低息贷款的效果较好，有可能使林农在收益上转亏为盈。长期低息贷款，可保证林主在造林初期就得到充足的资金。但现在申请造林贷款者并不踊跃，其主要原因：①造林贷款要求等值的抵押品；②利率 3% 及以上时，多数造林仍发生亏损；即使利率为 0 和 1% 时，Ⅲ地位级的林地造林也还是发生亏损；③木材价格低落，而造林成本在上升，省产材受外材竞争威胁。

台湾省林务局副局长林德胜 1994 年 3 月发表的文章指出，为提高林农造林积极性，除继续办理造林低息贷款外，将造林奖励金由每公顷 32000 元提高为 6 年 15 万元。基于水土保持、国土保安、涵养水源与发挥森林公益功能的需要，对防护林造林、水库和主次要及普通河流周边 150 米范围内保护带、自然保护区、风景区、重要工业区、市镇周边的私人造林地，如为社会公益需要而经政府公告禁伐者，第 7 年开始每年每公顷发给 2 万元补偿费。

4. 稻田转作造林

台湾地区主要粮食稻米产量，自 20 世纪 70 年代以来，自给自足有余。70 年代末，稻米生产过剩。1984 年推行稻田转作计划，为期 6 年；1990 年又继续推动农田转作后续计划，也为期 6 年。1992 年台湾实施奖励农地作造林计划。

根据 1990 年制定的"奖励农地造林要点"，除享受免费供应苗木和每公顷 32000 元奖励金之外，稻田造林人还可领取稻田转作造林补贴。凡符合稻田转作认定标准者，每公顷发给 24750 元；不符合转作认定标准者，发给 16500 元。

中华纸浆公司黄耀熙透露（1991 年 3 月），"农委会"拟将现有休耕稻田，利用 10 万公顷来转作造林。这属于平地造林范畴。

"农委会"黄裕星认为以下 7 类农地宜优先列入造林：①受工业污染而不适合栽植食用性农作物的田区；②山坡地防护区及沿海地区生产力低的边际农田；③水库集水区范围的农田；④无固定灌溉系统，易受旱害的低产田区；⑤长期（三年以上）休耕形同废耕的闲置农田；⑥无足够劳力耕作或无适当作物种类供栽植的农田；⑦城市周边有关环境保护及可发展休闲游憩事业的农田。

5. 林相改良与木麻黄防风林改造

林相改良是人为地伐除过熟、生长不良或低价值的林木，促进树木生长，并在腾出的空隙地栽植经济价值高的耐阴树种，促使成为复层林。根据第二次台湾森林资源调查，"国有"天然林地约 30 万公顷属于蓄积贫乏者。中低海拔地区，坡度 30°以下，林木蓄积每公顷不足 100 立方米，年生长量仅约 2 立方米以下，约有 7.9 万公顷，是目前台湾亟待实施林相改良的对象。经改造，将成为生长旺盛的森林。

台湾林务局实施林相改良已多年，效益已可肯定，实施所需经费仅一般迹地造林的一半。在采伐迹地面积急剧减少的形势下，林相改造可能将成为重要的造林方式。

台湾地区冬季东北季风危害严重，海岸防风林建设十分重要。战后大量营造木麻黄防风林。1971 年以后，木麻黄林开始衰败，而新建防风林仍以先锋树种木麻黄为佳。木麻黄在台湾极难天然下种更新。

木麻黄防风林受环境逆境的影响，落叶量多，枯枝落叶层中菌丝大量繁殖，引发斥水现象。斥水土层形成会抑制水分或养分进入根周围供树林吸收利用，对生长不利。林地斥水层形成会改变林地的水文循环，减缓雨水的渗入与渗漏，增加地表径流及土壤侵蚀，造成集水区水土保持的种种问题。

木麻黄枯枝落叶大量累积加上斥水的结果，旱季增加火灾发生的危险。

因上述种种原因，台湾对木麻黄林的改造提上了日程。台湾林业试验所杨政川所长等 1993 年考察日本琉球防风林。琉球地区以木麻黄作为海岸第一线的先锋树种，待林带建立后，林分逐渐改种其他乡土阔叶树，使海岸林分能自行天然更新永续存在。杨政川认为，台湾有大面积木麻黄防风林，已逐渐老化，有必要加以整理。但不能再继续在原有林分内补植木麻黄，必须以其他具耐阴性且抗风的乡土树种取代木麻黄，以建造具有良好的防风性能并能天然更新的林分。日本琉球经 30 多年努力，目前防风林除海岸最前沿尚有以木麻黄为主的混交林外，其他都已经改换成为能自行天然下种更新的海岸防护林。

6. 造纸原料林建设

为确保造纸原料供应，台湾造纸工业曾于 20 世纪 60 年代初大力发展竹林。那时竹林面积扩大了，但以后并未形成为纸浆原料基地。嘉义农专谢经发先生曾参与决策讨论竹纤维浆造纸问题。据称，终因自动化造纸工业的原料供应、贮存等问题不易解决，竹浆造纸业未能获得发展。

台湾林学家与大陆林学家一样，都认为竹子速生，可是至今，台湾在造纸原料竹林建设方面，并无实际行动。根据台湾林业试验所的一个调查分析，这是因为银合欢造林的年收入高于泡桐、其他硬阔叶树种、竹和草。

台湾中华纸浆公司于 1968 年在台湾东部花莲市建厂，目前每年需要原料材约 120 万吨，85% 依赖进口。1979～1986 年公司已推广银合欢造林 6900 公顷（到 1985 年止，全省银合欢造林面积曾达 12900 公顷）。但 1985 年银合欢突然遭外来的银合欢木虱肆虐为害。因一时未能防治，停止了银合欢造林。1987 年改植桉树，至 1992 年共营造桉树 2350 公顷。

该公司 5 年半的桉树造林，一般来说尚算良好。1992 年 5～6 月间对造林地取 3%～5% 样地进行调查，平均年龄为 4 年，每公顷年生长量为 14.5 立方米，有的达 20 立方米以上，甚至达到 37 立方米。通过一些选种、育种、造林技术等手段，将平均每公顷年生长量提高到 25 立方米是可能争取实现的。与巴西、南非每公顷年生长量 40 立方米或 50 立方米以上相比，仍很低。

7. 造林与环境保护

林务局从 1989 年起在东部地区设置水文观测站，观测 4 年结果表明，在枯水期每公顷林地每年约有 2300 立方米水流出。对每年旱季就有缺水威胁的台湾而言，森林的贡献极大。

但是，并非一切植树造林均产生正面效益。台大李国忠教授研究结果认为，在坡度为 30% 的山地种植茶树，每公顷每年需付出社会成本 16 万元，种植杉木则可提供公益功能 115500 元。

台湾大学森林系防沙研究室陈信雄教授指出：最近更发现山坡地开发上最恶劣的现象：就是在台湾中南部山区大面积的栽植槟榔树，已有取代原有的森林、果树、茶园之势。经调查槟榔园土地的结果，竟意外地发现，也已发生大面积的深层风化，其深度已达到 30 米以上，在其上修建的公路或产业道路、边坡皆有严重的塌陷与断裂的现象，地下水位亦急速下降。硕大的槟榔叶，除了加速降雨的蒸发之外，暴雨时也助长了地表径流的速度。促成了槟榔园地下水位的急速下降，并加速园内地层的风化，水源涵养的功能损失殆尽。

槟榔价高。每公顷一年的纯收益达 200 万元。为谋求暴利，现在槟榔园已非昔日农民点缀式小面积栽植，而是企业家大面积种植经营。栽植 5～6 年生的槟榔树，经营面积小的 2～3 公顷，大的 40～50 公顷，其破坏山地的剧烈程度，实令人触目惊心。

台湾林业试验所认为，凡种过槟榔树的土地，想要再种其他良好的植物，需要多年时间。库区周围种植槟榔的水库，优养化非常严重。所谓优养化，是指过多的氮磷导致藻类大量增生，老死时，促进细菌繁殖，耗尽水中氧气，致使需氧生物无法生存，则水质成了死水。德基水库原计划使用 50 年，如今寿命却不过 20 年，就已成为"酱油湖"。早在 1985 年初就有报道，台湾全省自来水水源水库已有部分水质发生"优养化"现象，200～300 种藻类在水库中大量繁殖，其中 10 余种可能含有毒素。近年在深山水库集水区种植果树，由于滥用农药、肥料也造成水库水质优养化。

从联合国粮农组织评估看中国森林的地位[①]

联合国粮农组织最近(1995 年)公布了世界《森林资源 1990 年评估》(综合报告)，包括 179 个国家，其陆地总面积 129.4 亿公顷，森林为 34.4 亿公顷，森林覆盖率为 27%，林木总蓄积量 3840 亿立方米，总生物量为 4405 亿吨。

1. 中国森林面积居世界第 5 位

根据这个评估报告，中国陆地面积占世界 7.2%；中国森林总面积 1.34 亿公顷，占世界的 3.9%；森林覆盖率为 14%。

森林面积领先于我国的只有原苏联(7.55 亿公顷)、巴西(5.66 亿公顷)、加拿大(2.47 亿公顷)和美国(2.10 亿公顷)。

2. 中国人均森林面积占世界第 119 位

世界人均占有森林 0.64 公顷，发展中国家人均占有 0.50 公顷，发达国家则达到 1.07 公顷；欧洲 0.26 公顷，太平洋发达国家 0.51 公顷，非洲 0.85 公顷。亚洲太平洋地区人均占有森林面积世界最少，也还有 0.17 公顷。世界 179 个国家中，只有 60 个国家人均占有森林面积少于中国。

3. 中国森林总蓄积量居世界第 8 位

中国森林总蓄积量 97.89 亿立方米，占世界森林总蓄积量的 2.55%。森林总蓄积量领先于中国的有：原苏联(842.34 亿立方米)、巴西(650.88 亿立方米)、加拿大(286.71 亿立方米)、美国(247.30 亿立方米)、扎伊尔[②](231.08 亿立方米)、印度尼西亚(196.00 亿立方米)、秘鲁(105.93 亿立方米)。

4. 中国森林每公顷蓄积量低于世界平均水平

根据这个评估报告，中国森林每公顷平均蓄积量为 96 立方米(根据林业部徐有芳部长 1995 年 11 月 2 日讲话，中国森林总蓄积量每公顷平均 83.6 立方米，人工林林分每公顷蓄积只有 33.3 立方米)。世界森林平均每公顷蓄积量 114 立方米，发达国家地区平均也为 114 立方米，发展中国家地区为 113 立方米，都高于我国每公顷森林蓄积量。瑞士森林每公顷蓄积量 329 立方米，德国 266 立方米；文莱达鲁萨兰国和法属圭亚那每公顷蓄积量也分别达到 272 立方米和 274 立方米。

5. 我国人均蓄积量世界最低之一

世界 1990 年人均拥有森林蓄积量 71.8 立方米。拉丁美洲和加勒比地区的人均森林蓄积量最高，达 244 立方米，原苏联 240 立方米，北美洲 193 立方米，非洲 87 立方米，亚洲和

---

① 本文系沈照仁同志撰写，发表于《林业工作研究》1996 年第 2 期。

② 现刚果民主共和国。下同。

大洋洲发达地区 46 立方米，欧洲 34 立方米，亚洲和太平洋地区的人均蓄积量最低，只有 10 立方米。

我国人均森林蓄积量仅为 8.6 立方米，可以认为是世界人均拥有森林蓄积最低国家之一。

6. 中国人工林面积占世界发展中国家人工林总面积近半

世界发展中国家现有人工林总面积 6844.5 万公顷，中国 3183.1 万公顷，占 46.5%。世界发展中国家年增人工林 319.83 万公顷，中国年增 113.98 万公顷，占 35.6%。

世界发展中国家年均消失天然林 1628.2 万公顷，中国年消失 40 万公顷，占 2.45%。世界发展中国家 143 个，只有 12 个国家年造林面积越过天然林消失面积。中国和印度年增人工林与年消失天然林的比分别为 2.85∶1 和 2.98∶1。这表明在印度和我国，每消失天然林 1 公顷，就有 2～3 公顷人工林出现。

7. 中国森林每公顷生物量高于世界平均值

中国森林每公顷生物量平均为 157 吨，而世界平均为 131 吨，发达国家地区仅为 79 吨。发展中国家高，是因为发展中国家的森林密度大，树木的枝丫粗而多。

从数字分析看我国的林业形势[①]

我国森林生产力很低，如何满足 12 亿人口对木材不断增长着的需求，是急需回答的问题。

1. 木材的可取代性下降了

采伐森林现在虽常遭非议，但生产木材实在是忽视不得的。世界现在年产 35 亿立方米木材，按 0.6 克/立方厘米换算为干重，即为 21 亿吨。全世界没有一种建材产品产量能与木材相匹敌（均以 1990 年数字为基础）：

木材总产量	21 亿吨	35 亿立方米
其中：工业用材	10 亿吨	17 亿立方米
水泥	11 亿吨	10 亿立方米
钢	8 亿吨	1 亿立方米
塑料	0.9 亿吨	0.8 亿立方米
铝	0.2 亿吨	0.07 亿立方米

与各种可更新产品产量对比，木材更是遥遥领先。1990 年世界马铃薯、小麦、大米、玉米、大麦、燕麦、黑麦等总产量不足 19 亿吨。

木材因短缺，曾大量为煤、石油、钢铝、塑料所取代。20 世纪 70～80 年代以来，发达国家的原材料政策正在发生变化，主要资本主义国家都在研究开发森林能源，都认为木材是最利于环境的原材料，因此木材作为原材料的可取代性下降了。

2. 人均木材消费水平将继续增长

1950～1990 年期间，世界人均木材消费量提高了 15%，从 0.6 立方米增为 0.7 立方米。

---

① 本文系沈照仁同志撰写，发表于《林业工作研究》1996 年第 4 期。

世界大多数国家的木材消费水平在相当长时期内将继续上升。中国现在是世界人均年消费木材水平最低的国家之一，只有 0.12 立方米。即使保持如此低的消费水平，根据联合国的统计资料，进入 20 世纪 90 年代以后，中国大陆已非常稳定地保持着世界林产品 10 大进口国之一的地位。中国大陆 1982 ~ 1992 年间的林产品（包括原木、成材、胶合板、木浆与废纸、纸与纸板）总进口值从 112156 万美元增加为 287500 万美元，11 年间进口值提高了 1.56 倍。

1993 年中国大陆林产品进口值占世界林产品总进口值的 2.7%。美国、德国、英国、意大利、法国的林产品进口值虽都大于我国，但这些国家同时又是林产品大量出口国。我国 1993 年林产品进口值 288700 美元，而出口值仅 27800 万美元，不足进口值的 1/10。美国同年林产品进口值虽是我国的 5.84 倍，而其同年出口值为进口值的 90% 以上，因此美国林产品进口的实际外汇消耗只相当于我国的 60%。

我国现已需从国外每年进口 2100 万立方米木材，约是国家计划内年产材量的 1/3。今后，全国按年净增人口 1600 万计算，每年就得再增加进口约 200 万立方米。随着经济发展，人民生活水平提高，继续保持人均年 0.12 立方米的消费水平，几乎是不可能的。

10 ~ 20 年内，如不认真对待，我国将成为世界林产品最大进口国，是毋庸置疑的！

3. 我国森林生产力继续下降，形势严峻

根据联合国粮农组织 1995 年公布的《世界森林资源 1990 年评估》（综合报告），在世界 179 个国家中，中国森林面积排第 5 位，蓄积量排第 8 位，森林覆盖率排第 111 位，人均占有森林排 119 位。

30 年前，粮农组织发表过《世界森林资源 1963 年调查》。在世界约 160 个国家中，中国森林面积排第 8 位，蓄积量排第 5 位，森林覆盖率排第 120 位，人均占有森林排第 121 位。由于调查范围、方法不同，这两个世界森林资源调查数字不能进行直接对比，但可供参考，结论是：中国森林面积扩大了，而单位面积的蓄积量未见增长。

世界森林 1990 年平均每公顷蓄积量为 114 立方米，发达国家地区平均也为 114 立方米，发展中国家地区为 113 立方米。徐有芳部长 1995 年 11 月 2 日说，中国森林总蓄积量平均每公顷只有 83.6 立方米。

世界 1990 年人均拥有森林蓄积量 71.8 立方米。拉丁美洲和加勒比地区的人均森林蓄积量最高，达 244 立方米，原苏联 240 立方米，北美洲 193 立方米，非洲 87 立方米，亚洲和大洋洲发达地区 46 立方米，欧洲 34 立方米。亚洲和太平洋地区的人均蓄积最低，只有 19 立方米。我国人均森林蓄积量仅为 8.6 立方米，可以认为是世界人均拥有森林蓄积量最少的国家之一。

根据几次森林资源清查，我国森林的质量在继续恶化。1977 ~ 1981 年全国森林清查结果，全国森林每公顷蓄积量为 83.44 立方米，用材林蓄积量为 85.35 立方米。1987 ~ 1993 年全国森林资源清查结果认为，全国林分每公顷平均蓄积量由上次清查（1984 ~ 1988 年）的 75.84 立方米，减少到 75.05 立方米，用材林每公顷平均蓄积量由 72.59 立方米，减少到 71.26 立方米。

如果上述数据允许进行对比的话，那么 1977 ~ 1993 年间，全国森林每公顷蓄积量减少了 8.39 立方米，用材林每公顷蓄积量减少了 14.09 立方米。全国森林单位面积蓄积量持续下降，这表明中国森林正经历着不断稀疏化过程，而长期被蚕食，不加强经营，必然导致森林生产力衰退，最终必然导致森林消失。这正是当今世界热带国家森林发生迅速消失的典型

过程。因为，森林生产力一旦降到连赖以为生的群体的基本生活条件都保证不了时，森林消失也就难免了。

4. 提高生产力是林业发展的基础

经营森林和扩大造林不外乎两个目的，一个是提高物质生产能力，目前仍主要是生产木材的能力；另一个是发挥防护、自然生态保护、美化环境等社会效益。两者一般是可以兼容的。除个别、少数情况外，同一树种生产力高的林分，环境作用必然也强。近年来，国际学术界广泛认为森林能缓解气候变暖，森林生长量愈高，吸收二氧化碳能力也愈强，抑制气候变暖作用也愈显著。生产力低是热带森林加速消失的一个主要原因。据调查，1961~1965年间，世界热带地区每年采伐森林平均为237.8万公顷，平均每公顷只产17立方米木材。按25年为一个轮伐期计算，年公顷产材量只有0.68立方米。1986~1990年间，热带林年采伐面积扩大到589.1万公顷，30年内年采伐面积增长近1.5倍。每公顷伐区平均只产材19立方米，年公顷产材量也只有0.76立方米。

根据计算分析，印度林地生产力只相当于欧洲国家的1/20，与本国立地条件的潜在生产力比，也只达到其1/10。在很低的生产力条件下，人口增长居高不下，要实现森林资源的永续经营是根本做不到的。

200年前，中欧森林状况也很糟，全德森林每公顷蓄积量曾降到只有70~80立方米。第二次世界大战后，20世纪50年代初，民主德国、联邦德国森林每公顷平均蓄积量又曾降到70~80立方米。奥地利、瑞士森林也都有过生产力很低的时期。现在德国、奥地利、瑞士三国森林每公顷蓄积量平均为266立方米、257立方米和329立方米，而且已有几十年、上百年时间，每公顷森林年均生长量3~4立方米以上。

我国森林分布的自然条件并不差。我国一些专家曾表示，经过科学管理，中国许多地方的森林每公顷平均蓄积量达到200~300立方米，是完全可能做到的。奥地利林学家汉斯·迈尔曾多次考察我国林业，认为中国林业的最大缺点是经营水平低。奥地利农业大学林学家阿尔弗雷德·皮特勒与我西北林学院协作，曾用较多时间，考察中国秦岭的森林。他认为："大面积造林对中国来说是不够的，减轻现有林利用压力的唯一办法，是在以生态为导向的永续经营原则下大面积地提高森林生产率。"奥地利林学教授曾提出设想和具体目标：在50年内，把现有森林的年供材量，从每公顷仅有100立方米，提高到400~500立方米；每公顷年生长量从2立方米提高到8~10立方米。

5. 林业发展战略应做根本性调整

40余年来，我国林业的发展战略一直以扩大外延为主。《中国21世纪议程林业行动计划》也仍坚持这样的发展思路，到2010年时，森林面积增长将继续高于蓄积增长，森林面积的目标增长率为21.7%，而活立木蓄积增长率为18.5%。这表明，中国那时的森林仍将是生产力很低的。

根据粮农组织统计，1990年世界发展中国家人工林总面积6844.5万公顷，中国占3183.1万公顷，为46.5%。世界发展中国家年增人工林319.83万公顷，中国年增113.98万公顷，占35.6%。世界发展中国家年均消失天然林1628.2万公顷，中国年消失40万公顷，占2.45%。世界发展中国家143个，只有12个国家的年造林面积超过天然林消失，中国和印度年增人工林与年消失天然林的比分别为2.85∶1和2.98∶1。这表明在印度和中国，每消失天然林1公顷，就有近3公顷人工林替补上来。可惜，人工林的生产力比已衰退的天然林还要低得多！

中国人工林林分每公顷蓄积平均只有 33.3 立方米，相当于巴西、智利、南非、新西兰等人工林每公顷 1～3 年的生长量，也只相当于全国现有林分每公顷平均蓄积量的 40%。

现在人工林面积已占全国林分面积近 1/5，今后 15 年，人工林面积可能扩大到占全国林分面积的 40%。这预示着中国林业将背起愈来愈沉重的低产林包袱，中国森林生产力将进一步下降。

根据全国几次森林清查，林分的平均郁闭度为 0.6。这表明，由于缺乏经营，中国森林林地生产力长期低下。提高森林生产力，在中国是个有待大力开拓的领地，其内涵潜力之大，是难以估量的。长期地忽视森林生产力的提高，其前景令人十分担忧。

印度探讨如何安置自然保护区的原住民问题[①]

许多国家的自然保护法要求在建立国家公园时，把原住民"驱逐出境"，乌干达、印度尼西亚、斯里兰卡、扎伊尔等都这样做了。土著居民的国际机构人士则认为，把"荒野"（Wilderness）定义为无人的地方是不正确的。

在建立自然保护区时，如何对待原住民，印度也有不同态度。但印度法律条文严格限制保护区内人类活动。这反映一种根深蒂固的认识，即"普通百姓"与"自然保护"是势不两立的。制定自然保护政策的人总以为野生动物保护只是自然科学家、训练有素的生态学家和林学家的事，由他们去贯彻现代生物学知识就万事妥当了。他们把当地群众视为无知，甚至认为当地群众的生活方式与野生动物保护是完全背道的。

印度 1972 年颁布的《野生动物保护法》，国家公园与禁猎区是两类最严格限制人类活动的保护区。在国家公园内，除对野生动物有利的活动之外，完全禁止人类活动；在禁猎区允许进行某些活动，但必须得到市政机关的批准，包括采摘果实、采集饲料、烧柴以及其他副产品和开展某些种植活动。

根据印度环境与森林部 1994 年的一份报告，国家公园与禁猎区已占国土总面积 4.3%。1975 年全国有国家公园、禁猎区 131 个，1993 年已达 496 个。

印度 20 世纪 80 年代中期对全国自然保护区进行调查，结果表明 69% 保护区有人居住，其中 64% 享有传统、世代居住权。放牧是最普遍的利用方式，69% 国家公园和禁猎区有放牧活动；其次是非木材林副产品采集，57% 保护区有群众的采集活动。

根据印度社会研究所 1989 年的调查报告，受调查的有人居住的 104 个保护区，只有 7 个保护区安排了居民搬迁。另外还有 13 个保护区建议居民搬迁，总人口约 1000～2000 人。

妥善安置、处理保护区内、保护区周围的住民是个非常复杂的问题。因处理不当，印度已经发生了一些环境保护与群众利益相冲突的事件。根据 1994 年统计，已有 47 个保护区动过武。

20 世纪 90 年代初，印度西部的古加拉特邦政府解除 Narayan Sarouar 禁猎区，不再保持其为野生动物保留地，为在这里开采石灰石、建立水泥厂铺平了道路。全国性的环境保护团

---

① 本文系沈照仁同志撰写，发表于《林业工作研究》1996 年第 7 期。

体极力反对，而当地群众热烈支持。群众认为，禁猎区设置限制人们进入，获利甚少，而采矿建厂却带来了就业机会。

南部的卡纳塔克邦林务局现正决定在 Nagarahle 建立国家公园，是否迁走 6000 人口的原住民，引起激烈争论。群众反对搬迁，认为有权居住，并强调指出原住民是保护环境所必需的。

以往原住民搬迁常是强迫进行的，而且新移民点的安置很草率，这实际上是剥夺了原住民世代享受大自然恩惠的权利。现在把原住民进入保护区打柴、采果、放牧都视为非法。因此，划与保护区给群众带来众多不便，从而导致紧张气氛。

保护区内野生动物数量的增加，伤人、破坏农作物和乡村财产的事件时有发生。1979～1984 年间，仅 Sunderbans 国家公园和老虎保护区，伤人畜案就达 192 起。野猪等损害农作物的范围更大，迫使某些邦宣布为兽害，明令加以猎杀。

Bharatapar 低湿地聚集着 350 种飞禽，原已划为禁猎区，1980 年升级为国家公园；禁止放牧。群众反对，举行抗议示威，结果有 7 名村民遭枪杀。

为谋求群众支持，印度政府 1982 年成立特别工作组研究措施。工作组认为，乡村贫困群众是野生动物栖息地状况退化的原因，为使保护区保持为无人进入利用，必须在其周围设立多目标利用区，贯彻促进恢复水土的"生态发展"措施。目的是减轻并转移地方社区所承受的压力，从而赢得其对保护野生动物组织的支持。印度政府最近(1995 年 9～10 月)就 7 个保护区开展"生态发展"计划，正与世界银行等机构(IDA、GEF)商谈 5600 万美元馈赠与贷款。

印度一些从事公共行政管理的研究人员认为，森林里的居民实际上常是自然保护者。例如正是拉贾斯坦邦一些地方的乡村起来反对在 Sariska 老虎保护区里及其周围开采矿石。也还是在拉贾斯坦邦，有 5 个村庄的居民最近宣布 1200 公顷森林为 Bhairpdev Dakav 禁猎区。村民们捍卫森林防止外来人口入侵。村委会还推选禁猎区监护人，负责处理违反规定事件。

孟买自然史协会进行的长期研究表明，水牛放牧是生态系统的组成部分，抑制住了低湿地向草原转化。对印度西高止山脉、喜马拉雅山放牧以及亚马孙热带雨林、非洲稀树草原放牧的研究也表明，传统的人类活动，并不一定破坏生态系统和减少生物多样性。

但因人口、牲畜头数增长，因城市发展与市场需求增长，特别是工业对原材料的大量需求，当地群众与周围自然不再存在可持续利用的关系时，人群对资源的破坏，就会显得非常严重。印度至少有 35 个保护区已处于这样的危险之中。由此可见，保护自然也绝非单纯靠解决群众贫困能实现的。官民间冲突的频繁发生，已促使印度政府逐渐认识到，脱离地方群众的保护战略必须加以修正。

林业不在集约经营上下工夫是没有出路的①

——浅谈林业学邯钢与两个转变

党的十四届五中全会要求国民经济实现两个转变，林业是国民经济的一个部门，无疑也

---

① 本文系沈照仁同志撰写，发表于《林业工作研究》1996 年第 9 期。

必须实现两个转变。但林业肩负着防灾、环境保护、美化国土、保护物种多样性等与其他部门有所不同的重要任务，这也是林业要求实施分类经营的根本原因。

国务院 1996 年元月发出全国学习邯钢的指示。林业部 6 月也发出通知，要求各地结合林业行业实际，加大学习邯钢经验的工作力度，彻底改变国有林业企业目前经济形势严峻的局面。

在计划经济体制下，各部门产品由计划定价，一般按"生产成本 + 利润"的公式制定。林业的主产品木材在天然林资源丰富时期，天然林利用不计入成本，在生产成本中天然林只计森林开发利用、采伐运输费用，而且不包含森林采伐后更新培育所需的费用。这种做法对森林资源非常富饶的原苏联来说，木材生产除因生产基地频繁搬迁、距离市场愈来愈远而成本急剧上升之外，仍可以持续下去，对保证满足经济建设、群众生活需要并不构成严重威胁，对生态环境也不会带来严重危害。而中国不具备原苏联的条件，头 30 余年的原木生产实施这样的计划定价，结果导致原有资源濒于枯竭，而对后续资源又无力经营。

在以上背景条件下，20 世纪 70 年代后期到 80 年代初期，中国林业界广泛开展了关于木材价格问题的热烈讨论。于是，另一种木材计划定价制形成了，产生了包括林木培育全过程的生产成本 + 利润的公式。

我国著名经济学家于光远同志 1985 年 10 月就林木价格规律问题做了如下论述："林木的价格规律是按照社会所需要的，在最劣等土地上生产的林木进入交换领域形成的。林木的价格不能按林木的价值来制定。不能用价格要符合价值的观点来指导林木商品生产。最劣等的土地、最大的消耗量，在这样的基础上制定林木价格。在较好的土地、较好的条件下生产的林木就赚钱了，超出部分就是级差地租。"（《林业工作研究》1986 年第 1 期）

显然，于光远同志的林木定价思路对中国林业发展是十分有利的，因为按照最劣等的土地，最大的消耗量，在这样的基础上对林木计划定价，中国林业会是有利可图的，而且争取超额利润的机会也会很多。

在市场经济条件下，价格不是可以任意确定的，随心所欲的。难以想象，一个企业、一个部门或一个行业因处于劣等条件，社会就会给予特别恩准卖高价。因此，企业、行业、国民经济各部门均必须适应市场，去不断完善自身条件，而不是与之相反。

邯钢改革经验生动地证明了马克思经济理论的生命力。邯钢原先奉行厂内核算的"计划价格"，现在不再固守定价模式，而是把市场能够接受的价格作为起点倒算，计算出各个生产环节必须具备的生产成本，价格由"正算"变为"倒推"，把市场要求"换算"成了企业的管理目标，在不断改革中达到企业经济效益的增长。

人类社会现正处于全球化的时代，世界经济发展正处于一体化的时代。基于环境愈来愈恶化的严酷现实，国际间的协调多了起来。但不论是全球化，还是一体化，都是在以市场经济为主导的现实社会中进行的，因此，竞争仍是社会发展、经济发展的基本原则。森林资源管理国际化倾向，林业发展国际化趋势，愈来愈引人注目。中国林业要想在国际竞争中立于不败之地，必须借鉴世界林业发展的先进经验和教训。

1. 正算确定木材价格时期已成过去

正算法、顺算法计算生产成本，确定销售价格，这是原苏联和东欧制定木材价格的基本方式。

原苏联经济学家认为林业长期实行的是开支性经济，其结果是木材生产成本愈来愈高，销售价格也随之愈来愈高。苏联解体后，林学家要求在木材价格构成中必须保证立木价占一半左右的设想，很快成了泡影。俄罗斯科学院院士、经济学家彼得罗夫 1996 年元月指出，政府 1993 年决定提留木材价格 20% 为森林再生产、保护费，已对木材生产产生极不利的影响。1990 年以来，俄罗斯木材产量大幅下降，价格太高，需求减少，是主要原因之一。

木材正算法计划定价，在商品极端缺乏时期，也许是可行的。例如，20 世纪 50 ~ 60 年代，日本与民主德国、联邦德国经济正处于战后恢复时期，需要大量木材，而森林资源遭受战争劫难后也急需复苏，这曾是林业、木材业的黄金时期。日本 1984 年出版的《现代林业经济论》指出，50 年代木材需求急剧上升，而来源局限于对国内资源的开发，木材价格随着伐区不断边远化，向劣等地转移而连续上涨。日本学者称此为木材价格的"单方面上升"，在优越条件下培育、生长的木材就可以获得超额利润。

德国林主协会主席 Freiherr1995 年指出，1955 年之前，德国木材主要靠自给，因此林业占着卖方市场的优势地位，现在这样的林业黄金时期已成过去。

匈牙利林业曾是国家经济效益最佳的一个部门，改革成绩卓著，这首先得益于木材价格体制改革，实现了与国际市场接轨。在林业企业、全林业行业经济核算的体制下，林业不仅确保了营林的资金来源，而且还促进了扩大造林与木材加工业的蓬勃发展。但是好景不长，1985 年以后，匈牙利计划体制的林业就失去了竞争优势。

原民主德国根据林业生产成本核算，曾多次调高木材价格。1990 年民主德国、联邦德国合并前夕，经互惠国家召开的最后一次林业会议指出，民主德国林业成本是世界的 1.5 ~ 2 倍，原因是林业实行垄断经营，价格和商品结构长期都由企业强加给用户、消费者。两德合并后，原民主德国部分的林业即陷入困境。图林根是原民主德国的一个主要林业州，这里经营1000 公顷森林，每年每公顷产 3 ~ 4 立方米木材，雇佣着 5 ~ 8 人；而原联邦德国每 1000 公顷森林只雇佣 2 ~ 3 人。如果市场状况好，原联邦德国可以不亏本，而原民主德国就要大亏本。

在世界经济趋向一体化的条件下，中国林业面临的形势远比农业严峻。世界现在年均每人消耗木材按重量计，远高于粮食。为保证自给，林业面临着更大的挑战！

2. 倒算法是市场竞争的必然结果

原苏联林业界曾多年幻想，把立木价确定在木材价的一半左右，并认为这是林业改革首先要做到的。实际上，不是所有资本主义国家的立木都能卖到原木价一半，同在北美洲，美国达到了，而加拿大森林立木价只占原木价的 5% ~ 20%。

国际市场上，同种同质林产品，不论原料来源，其价格基本上一致。资本主义国家进行立木销售时，木材厂商普遍采用倒算法，按畅销的木材产品市价，以此为基础倒着推算立木价。产品可以是原木、成材、胶合板或纸浆等，从商品售价扣去采伐、运输费、投资风险和利润以及加工费用和利润，剩余的即为立木价。

倒算法是以木材厂商为中心确定立木价的方法，这对林业来说，很不公平。但普通木材现在并非国际市场的紧俏商品。在买方市场条件下，林业不能自持是兼顾防灾、环保等任务的特殊经济部门，而不重视降低成本的工作。

日本林业在 1975 年之前是盈利的经济部门，德国林业直到 1985 年也一直是盈利的经济部门。在商品经济条件下，两国森林资源仍处于越砍越多的状态。虽然森林肩负的公益机能任务日益加重，经营培育成本也在持续上升，而木材的市场竞争并无减弱的趋势，因此为保持原先的优势，两国都在努力谋求扭亏增盈。

日本 1965~1992 年柳杉投资利润率变迁（见下表）表明，唯一出路是降低成本。对影响收入的市场价格，人们是无能为力的。

日本柳杉造林投资利润率变化

	1965	1970	1975	1980	1985	1990	1992
立木销售收入(万日元/公顷)	281	395	592	681	455	438	392
造林累计成本(万日元/公顷)	18	35	100	153	179	219	270
利润率(%)	6.3	5.6	4.1	3.4	2.1	1.6	0.9

说明：柳杉人工林 50 年生，平均每公顷蓄积 300 立方米，乘以立木价，即为公顷立木收入，造林累计成本按每公顷造林、育林平均费用计算而得。

德国近 10 余年来，大力提倡近自然林业，其中一个主要原因也是为了降低林业生产成本。

计划经济讲成本管理、经济核算，允许调高调低。市场经济也讲成本管理，讲的是市场成本。企业，行业在经营中引入市场成本这个概念，就是要立足自身优势，转换经营机制，调动一切因素去达到目标，否则就不会有经济效益。这是学习邯钢的核心所在。

3. 政府保证林业在市场经济条件下享有公平的原则

我国在总体上已进入工业化的中期阶段，具有一定的经济实力，政府开始扶植薄弱部门发展。1986~1995 年对林业发放了贷款 57 亿元，这相当于 1995 年国民生产总值 5.76 万亿的千分之一。显然，今后对林业的贷款规模还会扩大。

林业究竟应是一个什么样的部门，是主要依靠国家资助生存下去，还是主要仍作为一个独立的经济部门生存下去。经过多年讨论，德国、日本的结论很明确：纳税人承担不起林业的开支，林业仍应是盈利的经济部门。

结合《中华人民共和国经济和社会发展"九五"计划和 2010 年远景目标纲要》的学习，我认为林业应：

（1）加速现代企业制度建设，这是关键。原苏联经济学家形象地把林业说成是开支性经济，包含着如下一层意思：企业没有生气，大批人坐在那里吃国家的自然资源。为什么相邻的瑞典、芬兰的森林已养了几代人，资源愈砍愈多，还促进了整个国民经济的增长。差别就在于前苏联没有建立起现代企业制度。

（2）享有市场条件下公平的原则。林业的经济活动的效率原则应由市场来保证，但承认林业的特殊性，政府给予政策、税制、贷款等优惠，以保证林业在市场条件下与其他经济部门处于同等地位。这是德国，日本森林法都明文规定了的，通过扶持措施，给予林业在市场经济下使之与其他部门处于相似的条件。森林在公共效益上发挥了作用，林业因保证防灾、环保等功能而担负了额外经营费用，政府应采取相应措施给予补偿。

但日本国有林经营每年获得预算拨款金额极少。连年亏损已经 20 年，年年靠借债过日子，到 1992 年，累计负债已达 26730 万亿日元；每年要支付利息并归还部分本金。实际上日本国有林债务已转成了国家的资本金，保证国有林各项事业持续进行。长期连年亏损条件下，日本国有林企业愈来愈精打细算，压缩开支，增加收入，森林资源每年净增长 7000 万立方米。

（3）重视林业产品结构优化。这几年我国林业部门进行了产业结构改革，但主要是林产工业，而忽视林业自身的产品结构改革。由于更新起来的，新造的森林质量差，在不远的将来，我国木材总产量可能增长，而薪炭材、次等材、低价值材的比例也会扩大。应该避免总量增长而总价值显著下降的局面出现。优质材种的价值是薪炭材，造纸材，普通材的几倍，甚至几十倍；在国际市场上现在稀缺的是优质材种。

（4）开发单位资金能吸收更多劳力的项目。我国林区人口密度远比日本、芬兰、瑞典大，如无正确引导，可能威胁森林资源，使之遭到更严重破坏。我国现有林的自然生产潜力，普遍没有发挥出来。因此利用有限资金，把林区更多的劳力吸引到优质森林资源的培育中来，实是当务之急。

21 世纪木材将重新成为瑞典的主要能源[①]

第二次世界大战以前，木材还是瑞典的主要燃料。战后，廉价煤炭石油大量进口，1975年木材燃料消费降到最低水平，仅消耗了 50 万立方米。石油危机后，瑞典政府决定能源不过多地依靠进口，木材作为国产能源愈来愈受到重视。

瑞典是个没有石油、煤、天然气的国家。根据 1995 年资料，瑞典年耗电 440×10^{12} 千瓦小时，52% 来源于油、煤、气发的电；以木材为燃料的能源已占 15%；其余 3% 能源为水力与原子能发电。全国现有核电站 12 座；除 4 大河流外，水电站遍布各地。

瑞典现行能源政策决定：①2010 年之前，12 座核电站将全部关闭；②4 大河流今后仍保持不发展水电站；③大气二氧化碳浓度必须低于 1988 年水平；④大气二氧化碳与含氮污染物质的浓度应分别降低到目前水平的 20% 和 70%。

现有人口约 830 万。农业生产效率增长迅速。1950 年全国有农地 400 万公顷，现有农地面积已降到 300 万公顷。根据估计，2000 年时，瑞典有 250 万公顷农地甚至更少些，就足够了。因此，更多土地可以腾出来造林。

如果不用油、煤、天然气，瑞典是否能在腾出来的农地上培育国产能源，既保证乡村的充分就业，又有益于生态环境？瑞典 20 世纪 70 年代初就开始这一问题研究。瑞典农业科大、全国能源管理局、国家电力局、瑞典林业、农业研究协会、国家环境保护局、全国农民联合会现正共同赞助集约短伐期林的研究。农业科大生态环境研究所为开展此项研究，每年拨给科研经费 1500 万克朗（1 美元可换 6.17 克朗——1990 年），集中了中、高级研究人员各8 位和 9 名技术员。

瑞典已培育成功的柳树能源林（灌丛）每公顷年产干物质 10～12 吨，柳树人工林年产6～8 吨。杨树人工林的年公顷期望产量为 10～20 吨。根据生产力开发研究，只要在生长季节保证充分水肥，每公顷干物质年产量可达 20～30 吨。

俄新森林法值得关注的两项内容[②]

俄罗斯联邦杜马 1997 年 1 月 22 日以三分之二的多数通过了《俄罗斯联邦森林法》，并于

---

① 本文系沈照仁同志撰写，发表于《林业工作研究》1996 年第 10 期。
② 本文系沈照仁同志撰写，发表于《林业工作研究》1997 年第 5 期。

1997 年 1 月 29 日经过叶利钦总统批准生效。1993 年颁布的《俄罗斯联邦林业基本法》随着新森林法的执行而废止。这样经过三年多的激烈辩论，俄罗斯林业立法又有了新的起点。比较旧法，新法有两项修改内容值得重视。

第一，新森林法即使冒着与宪法某些内容相冲突的危险，也依然坚持了森林为国家即全联邦所有的原则。森林到底归谁所有，是归国家所有，还是归地方所有的所有权归属问题，是俄罗斯森林立法过程中争论的一个重要焦点。尽管宪法规定了自然资源为地区所有（即组成俄罗斯联邦的各个主体所有），而新森林法第 28 条规定，森林不仅归联邦所有而且还由俄罗斯联邦政府全权负责出租。新森林法虽然在联邦院两次投票中遭到否决，但经过艰苦的说服工作，终于使联邦议会大多数成员充分认识到了森林的特点，从而使新法获得通过。

俄罗斯联邦林业委员会主任舒宾指出，为不让森林资源遭到分割的命运，林业工作者与各级地方主义者展开了坚韧不拔的斗争。国家杜马曾六易森林法讨论稿，联邦院也曾三次审议。林业工作者对参与国家立法的人士，包括总统、总理进行了反复细致的说服，证明俄国现行林业法规不能确保森林资源潜力在市场经济条件下得到充分有效利用，并难以把利用资源产生的收入纳入国家预算。

林业科技界从理论上阐明了森林、森林资源是一个统一的生态系统，任何分割都将导致这个系统遭到破坏。这为继续保持森林是全联邦、全国所有的财产做出了贡献。

第二，新森林法共 20 章 138 条，第一章第三条指出："国际法公认的原则、条例，俄罗斯在森林资源保护、利用、再生产方面已经承诺的国际协议是俄罗斯森林法律体系的组成部分。如果在执行过程中，新森林法规定有违背俄罗斯已经承诺的国际协议之处，以遵守国际协议条文为准。"在国内立法中，写上这样的条文，表明有关森林问题的国际化趋势。

第三篇　世界林业研究

　　本篇选编了沈照仁同志发表在《世界林业研究》上的文章共47篇。

　　《世界林业研究》由国家林业局主管、中国林科院林业科技信息研究所主办，创刊于1988年，为双月刊，国内外公开发行。该刊是综合性学术类期刊，以综述为主，以研究国外林业为主要特点，报道世界各国林业发展战略和方针政策，林业各学科的发展水平和趋势，林业新理论和新技术及其应用。

　　《世界林业研究》从1992年起至今一直被列为我国中文核心期刊，是一个具有较高学术影响力和自身特色的世界林业研究领域的权威刊物。

苏联林业改革的核心问题[①]

摘要： 苏联的林业和森林工业改革集中在两个问题上。①由预算拨款向经济核算转变。这个问题的讨论已逾50年，迄今没有一个企业真正实现了转变。本文讨论了其困难与原因。②体制问题。1929年以来，苏联林业与森林工业分合已三四次。1988年3月苏共决定，林业、森工中央机构仍保持独立，但企业一律改变为永续性的、综合的，即把营林、采运、木材加工等集中在一个企业里。以往实践表明，第二个问题似乎容易解决，但第一个问题更具实质意义。

主题词： 林业—管理体制—苏联　经济体制—体制改革—经济核算

苏联是世界森林资源最丰富的国家，森林面积约占世界的20%，林木蓄积量约占世界的1/4。木材产量也名列世界前茅。由于资源实力雄厚，森林生长量年年有节余。1983年与1961年相比，林木蓄积量增加了109亿立方米，有林地面积扩大了3000多万公顷。

林业在苏联国民经济中一直居重要地位，却长期总是落后部门。森林资源增长的背后是资源质量明显下降。规模巨大的木材生产，满足不了国民经济建设和人民生活的需要，生产成本又愈来愈高，亏损非常普遍。

1987年苏共中央六月全会决定要求对苏联经济管理进行根本改革，国民经济各部门的企业从1988年起都必须依照苏联国有企业（联合公司）法办事。企业法的核心思想是贯彻全面经济核算，自筹资金，自负盈亏。

为在林业系统进行经济体制改革，首先必须回答并解决林业能否和如何实现经济核算的问题。这个问题在苏联已讨论了半个多世纪，迄今没有在任何一个林业企业得到解决。

林业与森林工业的关系是林业管理体制改革中的另一个大问题。苏联林业与森林工业管理机构1929年曾合并到一起，1947年林业又独立自成体系。几年以后，林业与森林工业又重新合并，1965年又再度分家。1988年3月，苏联林业和森林工业过渡到新的管理体制：在中央，林业和森林工业保持独立；在基层普遍建立综合性的永续利用企业。

一、能否和如何实行经济核算

林业长期实行预算经济，养成了依赖性，束缚了职工的主动精神，还造成了对林业的经济实质扭曲的看法。在国民经济中，林业似乎只是一个依靠副产品才能生存的部门。按照现行体制经营下去，苏联林业不会有活力。但一套新体制，绝非是一二年能够建立起来的。

1. 现行的预算体制

立木价是苏联林业的主要收入，但很低，而且收入不归企业，要全部上缴国家财政。国家根据下达的作业量，按预算把经费拨给企业。除了预算统收统支部分外，企业还有自筹资金部分，平均每年约相当于林业总收入的1/3。如果只有立木价收入，苏联林业系统就必定年年亏损。1975～1980年间，把企业的自筹收入加进去，林业系统也仍是亏损。1982年调

────────────

[①]　本文系沈照仁同志撰写，发表于《世界林业研究》1988年第4期。

价后，局面稍有改变。

历史数据说明，林业生产没有可以进行经济核算的基础，因为立木价既不是根据培育木材的社会必要劳动消耗确定的，又不是考虑了森林的使用价值制定的。立木价收入连森林简单再生产都保证不了，如何谈经济核算。

1950～1984 年苏联林业收支对比

年　份	林业收入（万卢布）			林业开支（万卢布）
	林业收入（以立木价为主）	自筹收入	合　计	
1950	21740	7030	28770	27010
1955	19040	5020	24060	21000
1960	23990	7760	31750	26740
1965	24110	6680	30790	49080
1970	55000	21860	76860	60180
1975	48650	23540	70190	76510
1980	44120	25630	89750	91040
1984	78520	30930	109450	98350

2. 预算经济的弊病

苏联 10 月革命以来，林业一直实行预算经济，在林业职工及相关人员中，形成了一种独特的经济思维方式：林业生产具有生物学和工艺学特性，似乎限制甚至消除了社会主义某些法则的作用，因此现代的经营机制对它不可能适用。

森林资源的再生产固然有生物学、工艺学特性，但不能因此说森林再生产过程的经济组织形式与一切其他物质生产部门的经济组织形式不同而采取另外一种特殊的形式。

当林业生产刚刚开始形成独立的物质生产部门时，采用预算的经济组织形式尚能适应。随着生产发展，预算经济很快就证明不能保证自然资源的扩大再生产，并成了林业自身发展的阻力。

在一个企业里如果预算经济与核算经济并存，营林必然受到排斥。工业生产的个人、集体利益与社会、国家利益一致，能鼓励刺激职工发挥积极性；而营林受预算经济制约，职工的收入一般不与最终产品直接挂钩。企业为了提高生产效益，不遵循营林要求，恰恰是个谋利的捷径。

难怪有人反对在林业系统推行经济核算，认为这与林业机构的职能相背，因为其主要职责是保护、繁殖森林和检查森林利用。在没有严格检查办法时，推行经济核算，必定会把企业诱导到把人力投向工业生产以谋利，减少营林作业量，降低作业质量，从而损害森林资源。

3. 如何用货币表现营林各阶段的产品

全苏造林和林业机械化研究所经济学副博士菲多谢也夫指出（1988 年），经济核算主要原则一般包括自负盈亏和利润率、经济自主、物质利益和责任制，用货币统计与监督。自负盈亏与利润率是主导性原则，其余都是起保证作用的。盈亏与利润要通过产品销售、消耗资金的补偿等来体现。

经济核算与商品货币关系发生有机联系，以开支与最终结果对比为基础，这只能用货币进行对比。但营林措施的劳动消耗与资金消耗如何与林木的连年生长量相比？把培育木材的历年各种消耗、开支与达到成熟的木材价值相比，往往要经过 50～80 年，这样的对比从理论上讲就不适宜。可见，经济核算的最重要原则，在木材培育中不大可能实际采用，而放弃这条原则，又根本谈不上经济核算。同样的原因也使物质利益与责任制无法实现。

苏联林学界认为，社会主义国家林业有完全实现了经济核算的。捷克斯洛伐克林业联合公司的一切费用均来源于公司本身的收入，主要是木材销售收入。林业的全部生产活动都用货币表示，营林各项作业、木材采运、木材加工等，全国有统一的计划价目。民主德国林业也是完全按经济核算制经营的。

经济学副博士哈比佐夫认为(1987 年)，林业在预算拨款条件下，同样可以实行经济核算。他说，预算拨款只是财政来源的形式，也可以讲利润。预算拨款实际只是一种付款方式，是买方对产品的付款方式或受益者对服务支付报酬的方式。只是这里的产品，指的是作业。政府对林业各种作业定有价目表。政府和林场是委托与受委托双方，政府对委托一方完成的作业实行拨款；林场接受委托，如低于价目表定价完成作业，就有利润。因此，预算拨款同样可以实行经济核算。

哈比佐夫的说法很可能是苏联林业实行经济核算的一种过渡形式。苏联国家林业委员会副主任奥斯塔弗诺夫 1987 年 11 月就林业实行经济核算的讨论，作了如下回答："林业生产贯彻经济核算制问题，正由国家林委、财政部、国家计委会同各部门有关研究所讨论解决。从 1988 年起，林业生产计划转入国家定货制，减少给林业企业批准的指标项目。业务费用根据与苏联财政部商定的定额下达。"

4. 林业实行经济核算要进行大量研究工作

生物科学博士塔兰和俄罗斯功勋林学家卡巴林(1988 年 4 月)认为，林场实行经济核算很复杂，不同地区的条件迥异。为避免意外，林业向新的经济条件过渡应是渐进的，分阶段的，严格经过科学论证的，并通过了实验模型企业考核的。

塔兰等主张林业部门在相当长的时期内，应保持后备拨款基金。林业企业应视准备程度，成熟一个，转变一个。

管辖 16 个企业的林业局长霍赫洛夫说，林场不能只靠工业生产达到自负盈亏。如不解决森林更新的经济问题，不弄清森林效益的价格，林业改革半途又会发生行政办法重新取代经济杠杆的情况。

全苏造林研究所所长莫伊谢叶夫指出，如果找不到评价森林真实价值的正确标准，经济核算就会是没有内容的一种形式。

全苏国家林业勘测设计院院长斯捷帕诺夫说，要实行经济核算，必须有定额基础，否则只是句空话，甚至是冒险行动。为精确知道林业企业自负盈亏的水平，必须严格计算更新、抚育、采伐各阶段的消耗与开支。因此必须有经过科学论证的衡量尺度。

5. 森林工业实行经济核算困难也很大

根据国家企业法，扩大再生产的一切费用，给国家预算和上级机关的上缴利润、奖励基金的提成，都要从产品的销售收入中解决。产品价格如不能保证一定利润水平，这许多提成扣除就得不到保证。现在木材采运工业全行业利润水平很低，利润率少于 4%。计算表明，为保证各种上缴扣除、提成，森工企业为实行全面经济核算，其利润率不能低于 30%。1985 年全苏只有 9% 森工企业的利润率达到要求，而整整有一半企业是亏损户。

森工企业经济危困的主要原因之一是木材价格过低。但这与林业企业谈的立木价格过低是两个概念。森工企业的木材价格内包括了立木价，立木价低无损于森工企业，相反这曾经是森工企业过去得以为苏联经济创造巨额收入的根本原因。

森工企业的木材价格是计划定价，不是以计划期内客观增长着的开支、消耗为依据来确定，而是根据计划前一个时期的偏低成本确定的。价目表往往 10～15 年不变，可是在此期间内，生产条件都明显变坏了。产品价格背离社会必要劳动消耗愈来愈远，使森工整个部门正常的经济核算遭到破坏，先是利润少，然后就成为完全亏损的部门。

为实行全面经济核算，木材批发价应保证采运企业必要的利润率。苏联中央森工机械化和动力科学研究所经济学副博士斯佳日金认为，如不能保证所有企业都有利可图，森林工业企业就难以实行全面经济核算。

斯佳日金主张在木材价格中引进计算价等办法，平衡企业因条件差异而形成的悬殊利润率，平衡森林工业系统内不同行业间的悬殊利润率。计算价是在广泛调查研究基础上制定的一种系数，对不同条件的企业，对不同行业的企业批准其使用相应系数，这样可以避免一些企业因无法消除的因素而带来的亏损，也能防止某些行业的企业即使浪费木材而仍可轻易得利。

6. 高级官员论实行经济核算的困难

苏共中央和苏联部长会议 1988 年 3 月关于"改善国家林业与森林工业管理"的决定，明确规定了林业与森林工业应建立在经济关系基础之上，林业要从森林的一切资源中得到收入，而用户必须为一切资源支付费用。但如何实现还是问题。

森林委员会主任伊萨耶夫说(1988 年 4 月 6 日)："林业部门对资源及其利用的管理监督不力，没有建立真正的经济核算关系，导致了资源利用的巨大浪费。现在苏联第一次确定了对森林资源征收租金和利用补偿金。"但他承认："在短期内组建林业综合企业，并把森林固定地租赁给企业，这是个研究极少而又非常复杂的问题。需与法学家、经济学家共同研究，因为租赁关系具体地如何建立，还很不清楚。"

俄罗斯联邦共和国林业部部长普利列普洛说(1988 年 3 月)："根据各地总结报告，俄罗斯林业部企业有 1/3 的作业队，1987 年已实行经济核算。"但抽样检查结果表明，竟没有一个是真的实行了经济核算。普利列普洛认为，缺乏懂经济管理的人才，是林业企业过渡到经济核算的步伐慢的原因。此外，不配备起码的计划工具和仪器，也不可能实行经济核算。

森林工业部部长布塞金指出(1988 年 1 月)，根据报告，森工部系统已有 95% 以上的企业按集体承包办法进行工作。检查表明，许多企业在搞形式主义，并未真正理解先进经营方式的意义。副部长古西谢夫说(1988 年 1 月)，各层领导对在新条件下如何进行工作，普遍缺乏准备，在经济学基础知识以及信贷、合同关系和法律等方面，都存在空白。

二、林业与森林工业的管理体制

林业与森林工业是合在一起好，还是各自独立好，在苏联反复讨论了不下 50 年。这个问题试验、实践起来，并不像经济核算那么难。苏联林业史上，管理体制的分分合合至少已有三四次了。1987 年苏共中央六月全会后，合与分的讨论又成为一个中心内容。苏联《消息报》1987 年 12 月 8 日还点题请专家权威回答：如何科学地理解林业综合体？能否建立一个机构代替国家林业委员会和森林、制浆造纸与木材加工工业部。围绕林业与森工的分合，《森林工业报》组织了广泛讨论，时间长达 3 个月。

苏共中央1988年3月10日召开政治局会议，讨论林业与森林工业的管理体制改革，然后由苏共中央和苏联部长会议共同作出了关于"改善国家林业与森林工业管理"的决定。

1. 在中央保持独立机构

苏共中央政治局会议认为(1988年3月)，把国家林业委员会与森林、制浆造纸与木材加工工业部合并为一个机构，等于把管理资源的一方与利用资源的一方合到一起，是不适宜的。

旧林业管理体制有两大缺点，一是多头，二是用行政办法管理。新体制在中央仍保持两个独立部、委：在原国家林业委员会基础上组建国家森林委员会；在原森林、制浆造纸和木材加工工业部基础上组建森林工业部。

国家森林委员会不再直接管林业生产，而是管理苏联全部森林资源的中央机构，贯彻国家林业经营和森林资源利用的科学技术政策，监督森林状况、森林利用和再生产状况、病虫害防治和防火情况。国家森林委员会参加制定国家林业长远战略和五年计划等，直接领导全苏性科研设计规划机构。

国家森林委员会下设6个总局和6个司。总局有：科学技术，经济，森林资源与森林利用，森林防火、保护与国家监督，森林更新与防护林营造，干部、院校与社会发展；司有：林业综合性企业，森林化学与辐射生态，规划与基建，物资与技术条件保证，对外关系，行政事务。

新的体制突出了对资源的管理与监督，森林资源与森林利用总局和森林防火、保护与国家监督总局是直接进行森林资源管理与监督工作的。根据苏联部长会议的决定，国家森林委员会第一副主任即是苏联国家林业总监。各加盟共和国和州、区都设相应级别的森林监督。总监、监督的任务是，对苏联森林基本法和各共和国森林基本法的遵守情况，对用户执行施业案等林业定额技术文件的执行情况，进行严格监督。

党和政府还决定，国家自然保护委员会以及地方人民代表苏维埃也承担森林资源与利用的监督职责。

森林工业部是直接领导全国多林地区森工企业的中央机构，任务是利用森林资源，满足国民经济和公民对80%以上木材产品的需求。森林工业部实行二级管理，通过全国40个地区性联合公司，直接管理企业。森工企业一律改为综合性的，应负责所在林区的全部营林工作。

少林地区的林业企业归各加盟共和国林业部，林业委员会或相应的林业机关领导，以营林为主，但也进行主伐和木材加工。

2. 按综合、永续经营原则组建企业

在同一林区，苏联有归属不同部、委的林场和森工企业。根据"改善林业和森林工业管理"的决定，现在在一个林区内的林场和森工采运企业都合并到综合性企业中去。

森林工业部部长布塞金指出(1988年4月)，给森工企业拨交伐区的方式根本改变了。以往，林业只拨给森工成过熟林，够20~40年采伐的。现在则以永续经营利用原则为依据，把一定范围的森林全部长期固定租赁给企业。租赁者负责森林里的全部作业。林场并入森工企业，绝不能理解为一个吞并了另一个。森工部企业要在租赁来的林区进行更新、抚育、病虫害防治和防火。对森林不能只持利用的态度，而必须考虑生态、自然保护的要求。

森林委员会主任伊萨耶夫说(1988年4月)，多林地区的木材生产、营林作业、林副产品采集以及森林合理利用的全部责任由森工部企业承担。少林地区的资源不足以保证工业生产或开展工业生产不合算。这里建立的综合性企业，偏重于林业，以更新、培育优质林分和发展农田防护林为主业。少林地区的树林有许多已遭到破坏，也必须进行采伐利用。林业企业可以自己进行，也可以与周围集体农庄等签订合同来进行。

3. 委、部独立，旨在保证更高层次的综合

苏联讲综合、综合体，有小概念和大概念之分。不论森工部企业，还是少林地区林业企业都属小概念的综合。这是具体的以一定范围的森林为基础，把营林、木材生产、木材加工、林副产品利用等集中在一个企业里去完成。

苏联部长会议现在有个常设机构：化学—森林综合体委员会，由一位副主席兼任它的主席。《森林工业报》评论中有这样一段话："当前林业综合体管理体制改革的实质，是明确划分职责范围，同时又保证在统一的化学—森林综合体范围内相关部门之间密切协作。"这里的林业综合体就是个大概念。林业和森林工业在中央分别保持独立的部、委，为的是改变苏联林业综合体的落后状况。

苏联不仅森林资源的利用水平低，而且采伐下来的木材利用水平也极低。欧洲部分森林在苏联算是利用水平高的，但与匈牙利、罗马尼亚、民主德国、捷克斯洛伐克、联邦德国、瑞士等相比，其有林地的每公顷年产木材量只相当于它们的1/3或一半。苏联。每采伐1000立方米木材的浆、纸产量只相当于美国、加拿大、芬兰、瑞典的1/4和1/8。

芬兰、瑞典分别只拥有苏联林木蓄积量的2%～3%，可是每年木材产品出口值却分别是苏联的169%和181%。

为改变林业综合体的落后状况，保持了独立的森林资源管理部门，并突出了对资源状况、资源利用的监督。国家森林委员会遵循发展大概念林业综合体的要求，认为任何森林都要进行采伐，包括一类林。不要中止采伐，因为没有采伐，实际上便没有了林业。但采伐方式必须严格遵循森林法与森林经理的规定。

企业的综合性和中央管理分部门的独立性，目的是促进苏联更高层次林业综合体的发展。苏联科学家们预言，近15～20年内，将出现一些以木材原料为基础的新兴工业。

4. 新的管理体制如何才能避免重蹈覆辙

从《森林工业报》3个月的讨论中可以感到，普遍倾向于森林必须受一个主人统一管理，但又都非常怕再犯1959～1960年林业与森工合并时的错误。

国家计委生产力研究委员会森林资源与森林工业研究组组长安东诺夫认为，按林学的观点，采伐与培育总是统一的，应以营林为主体把相互作用的各部门在组织上、工艺上和经济上统一起来，形成林业综合体。把林业与森工人为地分开，定会带来严重后果。

安东诺夫说："统一的林业综合体需要统一的主人。按农工统一体原则搞林业是不行的。因为林地是人类活动非常复杂的场地，要把生物学、林学、工程技术、工艺等科学与知识综合统一起来。现在还没有可能描述清楚统一的森林主人是个什么样子。""可惜，苏联国家林业委员会和森林工业部都不是够格的主人，胜任不了森林再生产和木材原料合理利用的任务。这两个委、部就如何合理、科学地利用森林，没有进行过周密的科学论证。"

远东森林经理公司总工程师涅什塔耶夫说，林业与森工合并有过惨痛的教训，在远东地区是森工吞噬了林业，结果是营林作业数量、质量都明显下降。

如不与实行经济核算制相结合，使林业与森林工业建立在共同的经济基础之上，相互促进，管理体制不论如何改变，都很难扭转苏联林业的落后局面。

参考文献（略）

世界约 30 个国家、地区的森林资源是增长的[①]

　　摘要　把世界约 30 个森林资源增长的国家、地区分成 4 类：①依靠雄厚的森林资源，虽经营粗放，近 40 年来，资源还是增长了，如苏联、美国、加拿大；②荒地造林扩大了森林资源，如新西兰、南非、斯威士兰、英国；③通过集约经营现有林，欧洲大多数国家、日本的森林蓄积量明显增长；④以外养内，巧妙利用外国资源，既满足了本地区木材需要，保护了自己的资源，又谋得了进口木材所需的外汇。中国应走哪条路？

　　主题词　森林—蓄积量　荒山造林　集约经营　森林保护

　　人类文明史实际也是一部森林破坏史。现在世界仍有 50～60 个国家的森林继续以高速度消失，但确实也有约 30 个国家、地区的森林处于恢复、增长之中。欧洲绝大多数国家的森林尽管遭受着大气污染灾害，近 20～30 年里蓄积量却明显提高，面积也稍有扩大。苏联、美国和加拿大，新西兰和澳大利亚，日本和南非的森林资源都在增长。朝鲜、南朝鲜以及我国的台湾省、非洲的斯威士兰的森林资源也是增长的。

　　这些国家、地区主要靠什么实现了森林资源的增长？现分 4 类介绍如下：

一、依靠雄厚的资源实力

　　森林是可再生资源，只要利用不超过极限，迹地靠自然力能逐渐恢复植被，如再补充些措施，即进行非常粗放的经营，资源仍有可能增长。苏联、美国、加拿大 3 国 1985 年木材产量近 10 亿立方米，占世界的 31%，而 3 国森林面积和蓄积量分别占世界的 37% 和 39%。

　　苏联 1983 年林木总蓄积量比 1961 年多了 10.9 亿立方米，即使在采伐强度很大的欧洲乌拉尔地区，同期内林木蓄积量也增加了 19 亿立方米。

　　美国 1950～1972 年间林木蓄积量提高了 11%。1976 年总蓄积量 202 亿立方米，1985 年已是 234 亿立方米，1985 年又比 1976 年增加了 11%。

　　加拿大可利用郁闭林蓄积量 1973 年为 221.7 亿立方米，1985 年增为 229.58 亿立方米。

　　苏联、美国、加拿大 3 国森林的每年总采伐量，消耗量都不超过各自的年总生长量。但局部地区消耗量超过生长量的现象，却相当普遍。

　　苏联乌拉尔欧洲地区森林过伐几十年了，但由于苏联的一贯做法是森工局砍光了可伐资源就搬家，靠着自然力，即使是集中过伐林区的森林资源也还是在增长。

　　美国太平洋沿岸林区的采伐量长期超过生长量，1976 年已超过了 4100 万立方米。私有林近 10 年里的采伐量超过了生长量 1 倍。据调查，太平洋沿岸地区森林采伐后，人工造林、天然更新失败的很多，大约 330 万公顷变成了灌木林、杂草地。

---

　　① 本文系沈照仁同志撰写，发表于《世界林业研究》1989 年第 2 期。

　　美国南部天然林资源曾在 1880~1920 年采伐过一遍。无林可采了，制材业主，采运业主涌向了西部。以后南部天然更新起来的次生林，又称为第二森林，成了蓬勃发展起来的制浆造纸业的主要原料基地。经济危机的 30 年代，这里进行了人工造林，形成了称之为第三森林的南方松林，约占南部用材林总面积的 12%。

　　南部资源枯竭了，砍西部的。西部森林的大径资源也趋于枯竭。但总起来看，森林资源仍是增长的。这说明在森林资源丰富的国家，主要依靠可更新能力，即使采取"砍了就走"的掠夺方式，森林仍可能恢复，也不会失掉欣欣向荣的基础。

　　下面是美国几大林区预期允许采伐量增长表，老的过伐林区南部、北部的木材生产能力，不论是针叶、阔叶的都将成倍增长（单位：万立方米）。

林　　区	1976 年	2010 年	2030 年
针叶林年采伐量			
太平洋沿岸	10780	1064	10670
落基山	2150	3310	3850
北　　部	1300	3110	3680
南　　方	11830	19160	20860
全　　国	26060	36220	39060
阔叶林年采伐量			
太平洋沿岸 落基山	250	280	280
北　　部	3590	7830	10130
南　　方	4190	11970	15280
全　　国	8030	20080	25690

　　加拿大 1975~1979 年平均年产木材 14300 万立方米；1977~1979 年森林火灾年平均损失 8100 万立方米；1979~1981 年病虫害年平均损失 7200 万立方米。3 项加在一起仍低于加拿大森林的年总生长量。加拿大林业比美国更粗放，平均每 100 公顷采伐迹地，遭灾迹地，大约只有 8 公顷可能得到人工更新，72 公顷天然更新，其余 20 公顷可能长满杂草灌木而得不到更新。可是加拿大的可伐资源蓄积量还是稍有增长。

二、依靠扩大荒地造林，实现森林资源增长

　　增加森林资源的途径实际上只有两条。一条是经营好现有林，不扩大面积，达到了蓄积量增长。美国、苏联、加拿大虽经营粗放，资源也增长了。如对大部分森林开展集约经营，或全面开展集约经营，增长的潜力就更大了。另一条是扩大荒地造林，即林外造林，新增土地面积的造林，这是毁林开荒，无林化的相反过程。

　　世界荒地造林成绩卓著的国家有新西兰、南非、巴西、智利等。但巴西、智利的天然林消失、毁坏速度远高于人工林发展。两国人工林的经济意义，如满足国内用材需要和木材产品出口创汇的作用，已超过广袤的原始林。随着人工林发展，天然林是否能像新西兰那样停止遭到破坏，是人们期待着的。

　　新西兰 1956 年之前还是木材进口国。20 世纪二三十年代进行了 30 余万公顷荒地造林，只相当于国土面积 1% 多一点，根本扭转了林业被动局面，不仅满足了国内全部用材需要，

建立了新西兰出口创汇的第二源泉，还完全保护住了残留的天然林。早期造林的明显经济效果，推动了新西兰 1961 年以后的造林高潮。1985 年新西兰森林总面积 729.1 万公顷，其中人工林 104.5 万公顷。2000 年时，新西兰人工林能产木材 2500 万～3000 万立方米。

南非 1883 年颁布森林法，终止了天然林破坏，但那时森林已所剩无几，只相当于国土的 0.12%。40～50 年前，南非所需木材几乎全部依赖进口。19 世纪后期开始人工造林，但第二次世界大战前人工林面积很小。吸取两次战争时期木材靠进口困难的教训，第二次世界大战后，南非大力开展人工造林。20 世纪 70 年代初，人工林面积达到了国土总面积的 1%，1984 年有人工林 111 万公顷。1960 年自产木材仅 430 万立方米，现在每年产 2000 万立方米。70 年代南非实现了木材自给。多年来，木材及其产品的进出口保持平衡。

斯威士兰跟南非一样，没有什么天然林。1948 年开始大面积造林。1984 年拥有用材林 103900 公顷，占国土 6%，主要是速生林。最大一片工业人工林是闻名世界的乌苏图人工林，约 52000 公顷，原是高原牧场。80 年代中期已进入第三次轮伐。林业和木材利用业在斯威士兰经济中地位显著增长，木材产品出口值每年达 8300 多万美元。

英国主要也是靠荒地造林，扩大了森林资源，森林覆盖率从 5% 上升到了 9%。

匈牙利 1946～1950 年森林覆盖率不足 12%，1984 年上升到 17.6%，增长了近 50%。匈牙利对荒地造林是很重视的。但蓄积量增长比面积扩大要快得多，1985 年是 1950 年的 2.31 倍。从这些简单对比来看，匈牙利也许更重视现有林的经营。

三、全面集约经营现有森林

森林资源得以增长的大多数国家，主要靠对现有林集约经营。根据联合国粮农组织 1985 年统计，欧洲拥有森林 1.8 亿公顷，包括稀疏林在内的森林总面积，比 1976 年的统计扩大了 500 万公顷。但可供采伐利用的森林从 1.38 亿公顷降为 1.33 亿公顷，减少了 500 万公顷。同期内，欧洲可供采伐利用的林木蓄积量从 146.12 亿立方米增加到了 160.01 亿立方米。这表明欧洲现有林的蓄积量明显上升，大约在 10 年时间里，每公顷可供采伐利用森林的平均蓄积量增加了 10 立方米。木材的生产潜力在不断增长。

欧洲是世界上木材贸易的入超地区，各国林业都重视木材生产。1970 年全欧产木材 3.27 亿立方米，折合成资源的实际消耗约为 4.25 亿立方米，相当于消耗资源的 2.91%。1985 年产材量为 3.49 亿立方米，实际消耗资源约为 4.54 亿立方米，相当于消耗资源的 2.84%。长期以来，欧洲每年森林资源消耗率接近 3%。上述数字表明，欧洲是在资源利用率较高的情况下，实现了森林资源的持续增长。

民主德国森林总面积为 295 万公顷，覆盖率为 27.2%。木材不能自给，每年需进口 400 万～500 万立方米。政府的林业长远发展战略要求，森林应不断提高生产力，满足国民经济对木材日益增长的需求，并加强森林在环境保护方面的机能。

根据联合国粮农组织资料，民主德国用材林蓄积量 20 世纪 70 年代初为 3.5 亿立方米，80 年代初上升到 4.4 亿立方米。10 年里增加了 9000 万立方米，相当于每公顷森林年增 3 立方米蓄积量。1970 年民主德国木材产量为 740 万立方米，1980 年上升到了 1028 万立方米。民主德国是在提高木材产量的条件下，实现了森林资源的增长。

第二次世界大战时，民主德国森林遭到了严重破坏，1948 年森林每公顷的平均蓄积量只有 87 立方米。农林和粮食部副部长，森林总监吕特尼克说（1987 年 12 月），最近 9 年里，

民主德国森林每公顷蓄积量已从 160 立方米增加到了 188 立方米。近期目标 1990 年将达到
195 立方米。

　　现在民主德国森林每公顷平均蓄积量已是 1948 年的 2.16 倍。战后 40 年，在采伐利用
等消耗资源之外，民主德国森林每公顷年净增了 2.5 立方米蓄积量。

　　联邦德国 20 世纪 50 年代初的蓄积量为 6.36 亿立方米，每公顷蓄积量只有 90 多立方
米。1960 年蓄积量上升到 8.5 亿立方米，1970 年已是 10.22 亿立方米。在近 20 年时间里，
一个只有 700 万公顷森林的国家，蓄积量增加了 3.86 亿立方米。联邦德国森林资源的年利
用率很高，每年差不多消耗资源的 1/30，每公顷年产木材 4 立方米以上。在这样的条件下，
全国森林平均每公顷每年净增了 2.5 立方米。

　　联邦德国正在进行新的资源调查，根据零星资料估计，其森林的增长幅度还略高于民主
德国。

　　瑞士多山，风景秀丽，为世界旅游胜地，但那里的森林并不是想象的那样禁止采伐利
用。全国拥有森林 118.5 万公顷，森林覆盖率为 28.7%，郁闭林 105.9 万公顷，其中用材林
103.8 万公顷，即 98% 的郁闭林允许采伐木材。1946 年以来，每年采伐量均在 300 万立方
米以上。1970～1985 年平均采伐量为 400 万立方米。以 1985 年为例，全国用材林平均每公
顷产材量 4 立方米，其中年产材 7 立方米的占用材林总面积的 22.4%，年产材 5 立方米以上
的占 17.3%，年产 4 立方米的占 17.6%，年产 3 立方米的占 20%，年产 1 立方米左右的占
22.6%。阿尔卑斯山区森林占全国用材林 60%，平均每公顷年实际产材量在 2.5 立方米
以上。

　　长期对山地森林进行如此高强度利用，瑞士森林并未减少、消失，蓄积量还明显增长
了。根据 1963 年统计，瑞士可利用林木蓄积量为 2.3 亿立方米，1985 年已上升到 3.65 亿立
方米，1987 年公布的全国森林每公顷蓄积量为 333 立方米，居欧洲首位。

　　近年来，瑞士的林学家，经济学家等热烈讨论森林的经营方向，大多数学者认为：瑞士
森林应进一步开发利用，把年产材量提高到 500 万立方米以上。单纯地保护森林，对森林的
生态效益的维持和提高是不利的。

　　奥地利山地占 70%，森林多分布群山之上。每公顷森林年产材量 4 立方米以上。奥地
利森林每 10 年调查一次，1980 年可采伐利用林的每公顷蓄积量达 264 立方米，与 1960 年相
比，全国平均每公顷净增蓄积量 40 立方米。20 年间，除禁伐林之外，全国森林每公顷蓄积
量平均年增 2 立方米。

　　德国、瑞士、奥地利是世界公认的森林集约经营水平高的国家，是森林永续利用理论与
实践的发祥地，现在又是把各种效益与木材生产有机结合起来的典范。

　　瑞典、芬兰的经济都是靠林业起飞的，两国森林的生长条件并不优越，生长季节短，生
长量低。南部森林的轮伐期最短的也要 60～70 年，北部森林则长达 140～200 年。两国森林
总面积和蓄积不足世界的 2%，1986 年两国木材及其产品出口值 112.88 亿美元，占世界木
材及其产品出口总值的 19.7%。从 20 世纪 20～30 年代以来，瑞典、芬兰年采伐量约相当于
蓄积量的 1/35，也即每年消耗资源的 3%，而两国森林的生长量、蓄积量都在稳步增长。

　　19 世纪后期至 20 世纪初，两国森林状况都很糟。19 世纪 80 年代，因森林濒于枯竭，
瑞典大批以林为生的人失掉依托流往国外，计达 40 万，根据 1923～1929 年调查，瑞典森林
每公顷蓄积量只有 59 立方米，现在已达 109 立方米。

日本学习西欧，科学经营森林，至今不过百年。战时战后，日本森林严重过伐，林地荒芜衰退，也曾触目惊心。20 世纪 50 年代后期，日本森林恢复了，此后森林生产力逐年上升。1986 年与 1966 年相比，森林面积无甚变化，为 2500 万公顷，但蓄积量从 18.87 亿立方米上升到了 28.62 亿立方米。20 年净增了近 10 亿立方米，平均每公顷年增 2 立方米。

保加利亚近几十年才开始合理经营森林，1944 年全国森林每公顷平均蓄积量只有 69 立方米，年均生长量为 1.94 立方米。1985 年蓄积量上升到了 105 立方米，生长量达到 2.81 立方米。

捷克斯洛伐克、波兰、罗马尼亚等很早就对森林全面集约经营，在木材生产扩大的情况下，林木蓄积量也在逐年增长。

四、以外养内，封山育林和恢复造林

美国世界观察研究所《世界状况 1984 年》一书指出："在大多数第三世界国家里，滥伐森林是一个极为严重的问题，是一个具有长期经济影响和生态影响的问题。值得注意的一个例外是南朝鲜，它已经成功地在荒山上重新造林，植树面积相当于他们种植粮食的稻地总面积的 2/3。"根据美国的评语，似应把南朝鲜归到"靠扩大荒地造林……"一类加以介绍。国内不少同志考察日本、联邦德国等国林业之后，认为这些国家以外养内，大量进口木材，保护本国资源。日本过去曾这样，现在资源增长，情况变了。说南朝鲜，我国台湾省采取以外养内促进自己资源恢复发展的政策，可能更具典型性。

据官方统计，南朝鲜森林覆盖率曾降为 32%，毁林开荒是森林急剧减少的一个主要原因。1924 年朝鲜有 115 万人依赖毁林垦荒谋生。第二次世界大战后，人口剧增，垦荒的人更多。1961 年通过新森林法，1966 年又颁布根治毁林垦荒的法律，具体规定了坡度 20° 以上的地方恢复森林。1973 年南朝鲜林地面积恢复到了 666.7 万公顷，占国土 67.7%。

南朝鲜于 1973 年开始了第一期造林计划，到 1978 年完成了 108 万公顷造林。实施前，每公顷林地只有 10.8 立方米蓄积量，1978 年提高到了 17 立方米。1979 年又开始第二个 10 年造林计划。根据 1984 年公布的数字，每公顷林地的平均蓄积量已达 24 立方米。80 年代中期与 50 年代末相比，南朝鲜森林覆盖率和蓄积量均增长 1 倍以上。

制止毁林，封山育林与恢复造林对南朝鲜森林资源的增长无疑起着不可抹杀的作用。但目前用材自给率只达到 17%，每年要进口 600 万立方米左右木材。一套以外材满足国内需要又赚取外汇的完整做法形成了。1978 年前，南朝鲜胶合板在国际市场占有非常重要地位。1975 年进口原木 518 万立方米，花外汇 26981.7 万美元；同年出口胶合板 125.8 万立方米，收汇 22875.4 万美元，抵消了原木进口支汇的 85%。除胶合板之外，南朝鲜还出口木器家具。因此，在国际市场上，南朝鲜木材贸易平衡中一直保持出超的地位。因印度尼西亚胶合板激烈竞争，南朝鲜在木材贸易中曾处于困境，但很快就适应了，根据美国 1988 年 4 月的一份报告，南朝鲜已形成了销售值达 11 亿美元的乐器、家具工业。

我国台湾省商界人士说，台湾木材业对台湾经济有 3 大贡献：①每年净创外汇 4 亿美元；②进出口调补余缺过程中，不花一点外汇，满足了省内用材需要；③解决了 30 万人就业。

据联邦德国 1988 年 6 月报道，中国台湾 1987 年进口木材花外汇 4.88 亿美元，而同年木材产品、家具与胶合板出口收汇 21 亿美元。这是名副其实的以外养内，满足了用材需要，又保护了资源。

台湾光复初期，森林面积 179 万公顷，蓄积量 2.04 亿立方米；现在分别是 186.4 万公顷和 3.3 亿立方米。森林面积扩大了 7 万余公顷，每公顷蓄积量从 114 立方米上升到了 177 立方米。

台湾 1946 年木材产量 31.5 万立方米，1952 年 44.9 万立方米，进入 20 世纪 60 年代后每年超过 100 万立方米；1971 年创了纪录，达到 175.8 万立方米。但木材产量从未超过蓄积量的 1/100。

1975 年台湾通过根本改变林业经营方针的决议，要求"林业之管理经营，应以国土保安之长远利益为目标，不宜以开发森林为财源"，并规定年采伐量、采伐面积的最大限额。此后，采伐量再没有超过 100 万立方米。20 世纪 80 年代以来，每年平均产材为 72.5 万立方米。1987 年省政府又通过决议，今后 4 年内全省伐木量削减为每年 50 万立方米。伐木的目的仅为更新林相，维护森林资源。

台湾现每年进口 300 万～400 万立方米木材，以阔叶材为主。加工后出口换回的外汇足以扩大原木进口。

把约 30 个国家、地区分 4 类介绍，难免有点牵强。人口只有 55 万，面积 1.7 余万平方公里的小国斯威士兰，可以依靠外资，集中连片造林一条途径而根本改变了林业面貌。绝大多数国家、地区都不是只靠一条途径，才达到了恢复，发展森林资源的彼岸。中国究竟走哪条路，亟须开展广泛、深入的论证。

参考文献(略)

从苏联林业改革中我国可以借鉴什么[①]

摘要：本刊 1988 年第 4 期发表了"苏联林业改革的核心问题"。一年来，苏联围绕经济核算制与林业、森工两张皮的问题仍在热烈争论。新中国林业 20 世纪 50 年代完全以苏联为榜样，因此现在听听他们的代表人物关于林业改革的议论是有益的。作者浏览了 1988～1989 年苏联林业主要报刊关于改革的文章，尽可能结合中国实际摘了 10 个问题。应当承认，苏联林业改革尚无实质性进展。

主题词：林业经济—经济核算—苏联

前　言

中国林业的条件与苏联截然不同，苏联是世界上森林最丰富的国家，森林面积和蓄积均占世界的 1/4 左右，而我国是森林最贫乏的国家之一，面积和蓄积均只占世界的 1/40 左右。我国人口几乎是苏联的 4 倍。

苏联国民经济正在进行全面改革，林业也已摆出很多亟待解决的问题。中国林业 50 年代完全按苏联模式发展。除了苏联林区劳动力严重不足而我国林区人口爆满这一不同点之外，苏联林业改革需要解决的问题，也是中国林业必须解决的。

---

① 本文系沈照仁同志撰写，发表于《世界林业研究》1989 年第 4 期。

作者在《世界林业研究》1988 年第 4 期曾发表《苏联林业改革的核心问题》一文。时隔一年，林业经济核算问题，林业与森工两张皮的问题，依旧是苏联林业改革的热门话题。这两个问题一日得不到实质性的解决，改革就不能算有根本性的进展。细心琢磨苏联有代表性的议论，也许对探讨中国林业改革的路子不无参考价值。

1. 林业与森林工业需要一个统一的发展战略

苏联林业、森林工业具有非常优越的条件，但已明显地落后于其他发达国家。如何消除落后？林业界和森林工业界在讨论中互相埋怨得多。苏联合理利用国家森林资源科技协会理事长洛普霍夫指出（1989 年 5 月 11 日）："到现在为止，森林仍有两个主人，因此各有自己的策略。现在正在分别讨论两个纲要草案，即林业 2005 年改革纲要和森林工业 2005 年发展纲要。不论哪一个都有本位主义，都未提出新的行动计划。"

2. 林业在综合性企业里仍无地位

根据苏共中央和苏联部长会议 1988 年 3 月关于"改善国家林业与森林工业"的决定，多林地区的森林将长期租赁给森工企业。俄罗斯林业部副部长奥特斯塔弗诺夫 1989 年 2 月指出，俄罗斯林业部已有 200 个林业企业划归森工部，与其所属企业合并，组成综合性永续作业企业。俄罗斯林业部对这类企业进行国家监督。他认为，如此改革不仅丝毫没有改变林业"后娘养的"地位，而是再次把林业导入从属于森工的地位。因为林业的费用要由企业的收入支付，企业亏损或盈利少，必然影响营林作业的数量与质量。

3. 地位不平等的原因探讨

彼尔姆州建立综合性林业企业已经两年了，木材采伐与营林之间继续进行着激烈斗争，企业的领导显然不愿意斗争持续下去，可又无法调解。苏联国家森林委员会副主任莱佳金（1988 年 11 月）也抱怨林业受到不平等的待遇。

林业劳动的机械化水平很低，职工的固定资产装备只有森工的一半。平均工资为 144 卢布，比森工少 82 卢布，比农业少 50 卢布。

农学副博士沃龙奇欣等发表题为《亲生儿子和后娘养的》文章（1988 年 12 月 31 日），分析了林业、森工地位不平等的原因。营林与采伐的最终目标一致，都要保证满足对木材的需要，两者一样重要。差别在于前者关心未来，后者追求当前。政府对两个部门不是一视同仁，例如为了采运，每公顷装备动力 440 千瓦，而采伐后的更新，每公顷动力装备仅只有采运的十几分之一。不公平待遇导致营林与采运对立。这表明国家要的是木材，而不是森林。

事实是残酷的，不承认，就不可能寻求到扭转不幸局面的途径。采伐与营林之间的矛盾由来已久。林业管理体制不论如何改革，如果不能形成经济机制，保证经工业开发的森林及时优质更新，就谈不上有真正的改革。沃龙奇欣最后指出，营林工作不能建立在结余原则的基础上，即不能是森工剩下多少钱则给多少，这样就不会有真正的林业。

经济学副博士莫雄金（1989 年 4 月）说，现在森林工业部已建立了 132 个综合性企业，有几十个林业与森工结合得很好。但确实有不少企业只是形式上的合并，彼尔姆州的企业就属于这一类。莫雄金认为，木材生产已向林业支付了立木价，当然应该以立木价收入为基础进行营性生产。立木平均价过低，妨碍了一些林区采取必要的措施，应通过调整立木价来解决。莫雄金主张在立木价构成中级差价应占相当大比重，以反映不同林区和不同条件的经营价值差别。立木价扣除级差价后可全部留给企业，建立造林基金。级差价部分应上缴预算或由上级机关统一掌握，调剂给条件困难的企业使用。

　　林业经济学家洛博维洛夫说，综合性企业中经济核算与预算制并存，工业性生产实行严格的经济核算，盈亏直接影响职工的物质利益；而营林作业基本上仍是预算制，对开支的结果无严格的明确要求。企业领导和职工追求自己的利益，在人力、物力安排上偏向工业，抑制林业，这是非常自然的。

4. 不依附于森工的林业也难独立

　　根据 1988 年 3 月的决定，少林地区的林业和森工组成综合性企业，归各加盟共和国林业部、林业委员会或相应的林业机关领导。这里是林业的一统天下，但日子也不好过。

　　俄罗斯功勋林学家泽连科认为（1989 年 1 月），目前林业改革只是换换招牌。林业在科技进步与社会生活条件方面仍是国民经济中最落后的部门。苏联大部分森林集中在俄罗斯，而对其林业的年投资额仅 6.3 亿卢布，每公顷森林不足 1 个卢布。泽连科说："钱虽然少，可是林业部等又总是用播种植苗的高指标来迷惑人，以掩盖木材采伐与营林之间的巨大缺口，这样，就把大部分资金消耗掉了。基层年年照例报平安，实际上，哪儿有什么人工林。因为没有经营，林木到了 10 年生就大面积死亡。"

　　苏联认为，它是世界上森林更新面积最大的国家，每年 200 万公顷以上。许多人主张天然更新应成为森林更新的基本方法，在经济可行且有必要时，才进行人工更新造林。苏联 1/3 的造林分布在乌拉尔以东地区，没有什么经济效果，大面积遭火灾而死亡。

　　林委主任伊萨耶夫指出（1989 年 3 月），一些地方造林 1 公顷只给 60 卢布，这造不出林子来。"用这点钱只能做个造林的样子，实际上是把钱往水里扔。"许多企业为保证更新造林的数量和质量，不得不另找资金来源，往往危害资源。

　　国家森林委员会系统少林地区的年木材生产量为 8300 万立方米，近一半是抚育伐、卫生伐的产材量（1989 年 4 月）。

　　众所周知，抚育伐对提高林分生产力有着决定性影响，可是在苏联俄罗斯共和国却产生了完全相反的结果，林分生产力下降 20% ~ 40%，主伐时成熟木材蓄积也减少了。原因之一是企业自筹资金的负担太重，二是国家下达的抚育材质量指标过高，结果是抚育伐变成了择优伐。不改变小径抚育材的销售状况，要开展真正的抚育伐是困难的。现在松造纸材出口每立方米为 28 卢布，而内销每立方米只有 11 卢布，还得赔上铁路运费！

　　白俄罗斯共和国 8200 万公顷森林因长期过伐，成熟林资源只剩下了 2.8%。白俄罗斯林业部副部长罗马诺弗斯基认为（1989 年 1 月），林业企业的工业活动应有个限度，现在按劳动消耗计算，工业占用了 60%，专家和领导干部 90% ~ 95% 的工作时间用于工业。林业部长马尔科弗斯基指出，林业企业甚至现在还发展一些有害于生态的化工厂，如建设用硫酸处理木材的饲料酵母厂。马尔科弗斯基主张，没有主伐任务的企业，即没有木材收入的企业，应由国家考虑解决资金来源。一行有一行该做的事，应各发挥自己的优势。

5. 如何计量林业主要活动的最终结果？

　　新近公布的苏联林业 2005 年改革纲要（草案）要求："……实行部门经济核算制，贯彻按最终结果评价经营的方法。"（全文参见 1989 年 6 月 15 日的林业部《林业工作研究》）

　　高等院校《林业杂志》1989 年第 1 期的社论指出："苏联一切物资生产部门 1989 年都将实行经济核算，林业也不例外。但对林业来说，经济核算迄今仍有一个障碍。如何计量林业主要活动的最终结果，虽已经长期探索和讨论，可是仍没有明确的答案。因此，实现真正的、有效的经济核算是不可能的。现在对林业经济核算的其他许多方面看法也混乱，意见严重分歧，这就难以保证经济核算的成功。2005 年改革纲要也未提出关于林业经济核算的明确概念。"林业经济核算问题陷入目前的困境，不仅是对林业经济科学界的严厉批评，也说明生产部门长期来不愿意认真对待这个重大问题。过去，科研部门有过一些建议，而生产部门并不感到需要而拒绝试验。

1988 年 7 月公布的森林租赁条例(草案)经过广泛讨论，意见虽然多，但普遍还是肯定的。苏联科学院国家与法学研究所高级研究员科拉索夫认为，苏联在自然利用和环境保护立法中还未曾有过类似的定量法规。实施租赁条例将标志苏联森林立法发展中在质上进入一个新阶段，意味着从行政办法调节森林利用过渡到经济办法。物质利益、经济利益能够激励森林利用者以主人翁的态度利用森林、管理森林、采取措施保护森林和更新森林。

苏共中央政治局委员尼科诺夫 1989 年 1 月指出，现在已有部分森林拨交给了森工部，但还不是租赁。森林租赁条例应加速付诸实施。为此，必须进行森林的地籍评价，并明确许多其他指标。

6. 采运工业自身难保，无法负担林业经费

1985 年森工企业的一半都是亏损户。国家计委塔塔里诺夫 1988 年 10 月撰文指出，过一二年如再无根本的解决办法，全行业都将亏损。根据科学计算，保证企业正常运营，其生产的利润率不能低于 12% ~ 14%。森工企业近几年的利润率已降到 4.5% ~ 4.8%。1987 年每生产运出 1 立方米木材的成本是 17 卢布，其中林道建设费就占了 12.2%，且在逐年上升。

1989 年 3 月 30 日《森林工业报》发表罗马诺维文章指出，一大批采运企业、制材企业在改革中仍摆脱不了亏损的困境，主要原因是木材价格不合理，反映不了采运企业必要的劳动消耗。木材一经加工，其价格差别就非常明显。造纸业每投入 1 卢布，就可以取得 1.1 卢布的利润；家具业和制板业每 1 卢布投入的利润分别为 1.35 和 1.57 卢布。可是采运企业每投入 1 卢布，连几十戈比都难挣。采运企业往往是干得愈多，赔得愈惨。

国家森林委员会主任伊萨耶夫 1989 年 3 月底指出，森林租赁条例草案经讨论修改后，已于 1988 年 9 月送交部长会议，迄今未获批准。实现租赁是现代森林利用的基石，但遭到了反对，特别是森林工业部的反对。伊萨耶夫认为，采运工业不能再按老路子走下去，要适应资源变化了的形势。

7. 林业究竟能不能靠自己解决经费

森工部副部长马特韦耶夫不同意森林委主任伊萨耶夫(1989 年 4 月 13 日)关于增加国家对林业拨款的要求，主张各部门自寻办法解决资金来源。

伊萨耶夫在苏共中央通过关于"改善国家林业与森林工业"的决定一周年时，谈到林业改革最大的困难是资金来源。他认为，为林业寻求资金，为更新、森林保护、防火寻求资金，应是国家的责任。这个问题可以通过林价解决，林价必须足以补偿更新和营林所消耗的必要劳动。林价最近要提高 80%，仍比发达国家低许多，但够林业开支了。可是财政部要求林价收入仍归国家预算，或用来补贴亏损的森工企业。

管理体制改革要求提高职工收入。伊萨耶夫说，林业极难自筹这笔经费。所谓自筹，一是要扩大经营利润，二是削减人员。广大林业职工从事护林或育林劳动是无利可图的。如紧缩编制，林区现在已是人手不足，再裁减，势必使一些林子处于无人管理的状态。

包括经济学界在内，相当普遍的一种意见认为，林业发展可以靠从木材利用与森林其他效益利用中去挣得利润。伊萨耶夫批评这种想法是错误的，会诱导林业朝谋取眼前利益的方

向倾斜。国家面对日益严重的生态问题，应避免森林资源日渐遭到吞噬。

兴办合作事业有可能解决林业经营中的某些困难。到 1988 年末，仅莫斯科一个州的林业系统就建立了各种合作社 43 个，大部分从事木材加工、木材日用品生产。原料都是非商品材、采伐与加工的下脚料。有一个合作社专门从事木刻工艺品的生产。清林与抚育一直是林业企业的难题。组织合作社有可能逐步加以解决。莫斯科已有 8 个这类合作社。合作社采伐队采取两种方式进行抚育作业：一种是先买下要采伐的立木，另一种是伐后买下木材。此外还有烧炭合作社、向旅游者出租马匹合作社、供应烧柴合作社等。莫斯科州林业系统的一些森林工业性质的企业也于 1988 年 5~6 月转入租赁承包试点。

8. 两种经济核算办法

国民经济各部门都要转入经济核算轨道，林业不能自视特殊，必须跟上改革步伐。经济学博士彼得洛夫认为(1989 年 2 月)，苏联林业经济核算的途径可能有两条。一条途径是，林业费用由木材采运产品销售和木材初加工的收入来支付，森林经营开支与采运作业费用完全纳入原木生产成本。如果原木价值高于森林培育与采运费用，经济核算和自负盈亏就可行。如果收入不够，企业必然得采取种种办法弥补，包括减少营林作业量、降低作业质量等。拉脱维亚共和国林业 20 世纪 50~60 年代就沿着这条途径实行经济核算，但在主伐量削减，木材生产成本上升的条件下就行不通了。

彼得洛夫提出，以下条件是发展这种经济核算途径所必须具备的：

(1)林业，包括森林培育与采伐利用有机地统一在一个企业里；

(2)森林资源的年龄结构均衡，保证森林培育与采伐的永续性；

(3)不搞过伐，工业生产的利润稳定或保持增长；

(4)由高水平工作人员检查营林作业质量。

结论是，只有有限的企业具备以上条件。

第二条途径是，建立全苏林业拨款基金(中央林业基金)。基金来源于各种森林利用者缴纳的费用，如立木价、租金等等。为实现林业全部门的经济核算，这部分预算收入应统归中央林业基金，由国家森林委员会分配。国家森林委员会下达经营森林作业的订货，同时也下达各项作业价格。企业按质按量完成作业，与工业一样，生产的产品一经验收，就可以得到货币收入。银行根据作业完成验收证书，从中央林业基金给予支付。匈牙利林业采用这种经济核算办法已经很多年了，实践证明是可行的(参见《林业问题》1989 年第 1 期)。

彼得洛夫认为，没有自负盈亏经济基础的企业，林龄结构不均衡、经营条件迥异、收入相差悬殊的林区，均宜实施这种经济核算方法。多林地区的森林主要为成过熟林，需加强采伐；少林地区主要是幼龄林和中龄林，需进行抚育。因此，森林利用的收入不可避免地要进行再分配。

9. 保持预算下分性质确定付款方式

森林与土地、矿藏、水资源一样，在苏联只属国家所育，林木培育和森林资源改造的结果也归国家。著名林业经济学家洛博维洛夫因而认为，社会主义林业就要求实行政府预算拨款。预算拨款或从应纳入国家预算的利润中让出一部分，作为营林计划的主要财政来源，以保证计划的实施，这是社会主义林业的一个主要优越性。相反，如果放弃预算拨款制，而让企业承担，把林业开支纳入工业生产成本，营林计划所需的资金就可能没有着落。拉脱维亚共和国 20 世纪 60 年代做过试验，俄罗斯某些林区也做过试验，结果都是不好的。但洛博维洛夫并不主张原封不动地保留现行的预算拨款办法，而是按作业性质采用不同的付费方式。

造林、更新都可以以验收阶段为最终产品，按密度、树种、成活质量，以及其他指标给予支付。种子、苗木则按量，按质论价付款。

抚育伐、卫生伐和林分改造伐产生两种最终产品：一种是育林的，采伐使林子达到要求的状态，符合质量标准，国家因此要给予支付；另一种是工业性质的，生产了木材，通过市场销售出去。整个生产过程的费用由两种最终产品承担，育林最终产品的价格也要在此基础上加以计算。

森林排水、道路建设、通讯线路、防火道和瞭望塔建设等均按基建程序进行并支付。护林防火、病虫害防治以及管理等非生产性作业，可按预算定额拨款。

10. 加速发展木材高增值产品，消除林、工矛盾

经济学副博士莫雄金（1989 年 4 月）等认为，目前苏联林业与森林工业矛盾尖锐的原因之一，是木材深加工不发达，森林资源得不到充分合理的综合利用。如果大面积低价值次生林、软阔林接近销区，交通运输条件便利，但不能通过高增值的技术加工获得巨大经济效益，就必然使林业和森林工业一起陷入困境。苏联每 1000 立方米采伐量的成材、胶合板、木质人造板、各种木浆产值为 31400 卢布，而美国为 82600 卢布。即同样 1000 立方米木材美国的产值是苏联的 2.63 倍。

苏联乌拉尔地区森林开发程度已经很高，制材、刨花板、纤维板的生产水平与绝大多数发达国家比也不逊色。但浆、纸生产十分落后。根据莫雄金计算，欧洲每百万公顷有林地和每百万立方米蓄积的木材纤维半成品、纸和纸板产量，分别是苏联欧洲乌拉尔地区的 5.7 倍和 6.9 倍。欧洲、北美洲每采伐 1000 立方米木材的木浆产量是苏联欧洲乌拉尔地区的 3.9 倍和 3.8 倍。

硫酸盐制浆法可以吸收大量次质材和阔叶材，美国纸浆产量中此法占 88%，加拿大占 84%，瑞典占 86%，芬兰占 88%，而苏联 1980 年尚占 53.9%，1987 年则降为 44%。这使得欧洲乌拉尔地区次生林资源的利用受到限制。丰富的森林资源优势变成了远距离运输原料的劣势！1975~1980 年间，木材的平均运输距离增加了 4.2%；1980~1985 年间，运距从 1714 公里增加到了 1732 公里。

参考文献（略）

奥地利经营国有林的成功经验[①]

摘要：我国国有林经营现在已陷入严重的资源与经济危困之中。奥地利国有林独立经营 65 年，1923 年林木蓄积量为 7600 万立方米，1987 年已是 13900 万立方米。每公顷可利用林蓄积量 1923 年平均为 250 立方米，1987 年已是 324 立方米。国有林 80% 分布在阿尔卑斯山区，条件并不优越，但每公顷森林的产材量还在逐年增长，现在已达 4.5 立方米左右。近百年来，奥地利对国有林坚持有计划采伐，对山地森林实行长伐期经营毫不动摇，把木材生产与改善森林状况密切结合了起来。1925 年和 1977 年的《奥地利国有林法》明确要求，在保持森林公益机能的条件

---

①　本文系沈照仁同志撰写，发表于《世界林业研究》1990 年第 1 期。

下，实行按商业原则经营，国有林局是经济实体，应做到自负盈亏。战后 40 余年，国有林局的林区道路密度每公顷已近 24 米，并拥有大量机械装备，仍是财政有盈余的企业。

　　主题词：国有林—林业政策—奥地利　森林经营　森林资源—永续利用

　　奥地利是个七分为山的国家，现有森林 385.7 万公顷，覆盖率 46%，是当今世界经营现有林水平最高的国家之一。第二次世界大战时期和战后初期都曾发生过伐。占森林面积 5% 以上的采伐迹地没有更新。1952～1956 年调查表明，全国森林平均每公顷蓄积量 151 立方米（带皮），年生长量只有 2.9 立方米。经过三四十年的恢复、经营和发展，1985 年全奥用材林（占森林总面积 73%）平均每公顷蓄积量已达 292 立方米，年生长量上升为 6.7 立方米。

　　国有林比重很小，只占全国森林的 15%。但国有林自成体系，独立经营已有 65 年的历史。1974 年末，奥地利农林部长奥斯卡·魏司在总结国有林局成立 50 年业绩时指出，国有林局已发展成为闻名国内外的现代企业，在木材采运技术、道路建设以及林业企业经营等方面都起着示范作用。

一、关于国有林局是经济实体的法令

　　1925 年 7 月颁布的《奥地利国有林法》要求国有林经营与领土管理分开，林业必须在保持与之相关的公共效益的条件下，按商业原则实施经营。根据此法建立的国有林局直属农林部，不是一个行政管理机构，而应是自负盈亏的经济实体。

　　国有林法第 3 条第 2 项规定，联邦预算认为作为国家企业，国有林局的经营盈余是联邦收入，而经营赤字与投资是联邦支出。但国有林局的活动受其独立预算制约。如果经营活动超出预算，而且还超过财政部所提供的经营资本限额，只要企业自己能收支两抵，国有林局仍不必与财政部协商。

　　1974 年以后，国有林经营连续出现财政赤字。国家于 1977 年 11 月颁布法令，重申国有林局是经济实体，要求国有林局在森林法令以及其他有关法令的制约下，通过木材生产及林副产品的生产利用，必要时还通过其加工，达到尽可能好的经济效益，同时又管理好国家财富。

　　根据各有关法令，国有林经营还必须坚持以下目标：永续性；保持发展森林的防护、保健、游憩效益；保护饮用水及其他水源；保护农业利益、山区事业以及公众利益；保持森林以外土地如湖边等为旅游适宜区；协调与自然公园的作用；改善经营结构。

　　奥地利国有林局完全没有管理地方森林、私有林的职能，这是区别于欧洲大多数国家的一个特点。

二、资源稳定持续增长

　　国有林局经营总面积 84.5 万公顷（1978 年），相当于国土的 10%。1987 年有森林 58.27 万公顷，其中用材林和允许采伐的防护林 44.52 万公顷，计有林木蓄积量 1.39 亿立方米。1973 年国有林中可利用森林的总蓄积量为 1.03 亿立方米，1923 年只有 7600 万立方米。

　　用材林每公顷平均蓄积量 1923 年为 205 立方米，1985 年已是 324 立方米。在此时期，国有用材林每公顷年平均产材量几乎是持续增长的，1923 年为 3.03 立方米，1973 年达 3.74 立方米，80 年代则保持在 4.5 立方米左右。由于生长量仍在继续增长（1978 年每公顷平均 5.7 立方米，1988 年上升到 6.3 立方米），因此国有林的木材生产潜力仍未获充分利用。

奥地利国有林的经营条件并不十分优越，80% 用材林分布在阿尔卑斯山区，远离公共交通线路。因此每年要自筹资金延长林区路网。近 60% 的用材林海拔高 900～1800 米，一半以上面积的坡度在 41%～100% 之间。

三、科学地经营森林

国有林的主要收入来源于木材，1988 年木材销售仍占总收入的 80% 以上。因此，扩大采伐量和木材价格上涨，是增加收入的主要依靠。建立国有林局以来，木材年伐量约增加了 80 万立方米，1923 年为 123.5 万立方米，1988 年为 207.2 万立方米。65 年里平均每年增加 1.2 万～1.3 万立方米。纵观历史，奥国有林采伐有以下几点值得注意。

（1）坚持有计划采伐。早在国有林局建立前，国有林就实行有控制的采伐，政府根据调查规划为每一时期规定年计算采伐量。国有林局建立时的年计算采伐量为 121 万立方米，实际采伐 123.5 万立方米。近几年的计算采伐量为 206 万立方米，而 1986 年实际采伐量为 215.2 万立方米，1987 年为 205.3 万立方米。1979～1988 年的 10 年里，国有林总计算采伐量只超过了 3%，其中主伐部分还低了 3%，而间伐超过了 24%。从近 30 年看，总计算采伐量也只超过 3%，其中主伐超 2%，间伐超 9%。

（2）坚持长轮伐期方针。奥地利林学家认为，山地森林宜实行长轮伐期。因周期长，采伐的频率小，有利于保持土壤。99% 的国有用材林，轮伐期长达 100～140 年，只有 1% 分布在河滩、低湿地的森林，轮伐期为 30～80 年。

（3）坚持营林与利用密切结合。主伐前的利用旨在生产小径木，同时又抚育森林。奥地利国有林近 10 年更重视抚育间伐。1978～1987 年间伐量平均每年占总采伐量的 26.9%，而 1968～1977 年平均仅占 16.6%。在劳动力紧张的欧洲，这样做是很不容易的，因为间伐劳动力每小时工资比主伐的高，1988 年分别为 115.48 先令（100 先令约等于 28 元人民币）和 114.78 先令；而每小时的劳动生产率间伐远比主伐低，间伐每小时平均只产 0.99 立方米木材，主伐则产 1.82 立方米。间伐主要生产小径木、造纸材，其价格只相当于锯材原木的一半。

及时采伐受灾林木如风倒、雪压、虫害等灾害木，也即抢救伐，目的是及时利用受害森林，不使木材降等变质和危害健康林木。国有林 1963～1978 年的总采伐量中，抢救伐产材量占了 27.8%。在遭灾严重的 1967 年和 1976 年，抢救伐产材量分别占同年总采伐量的 56.3% 和 67.4%。

由于长期对森林进行科学经营，国有林的林相不断改善：1975～1985 年间用材林面积按郁闭度分配，稀疏的（0.3～0.5）和中等密度的（0.6～0.8）分别从占 4.6% 和 26.4% 降到占 1.8% 和 13.1%，而高郁闭度的（0.9～1.0 及以上）从占 69% 上升到 85.2%。

四、战后 40 余年是盈余企业

国有林局在成立的头几年木材销售收入大于开支。20 世纪 30 年代经济危机爆发，木材价格从 1930 年起连续跌落。国有林局也连年出现财政赤字，并一直持续到了战争开始。战后初期，国有林处于恢复时期，木材价格虽猛涨，但开支仍大于收入，国有林局仍旧是亏损企业。从 1952 年起到 1973 年，除了 1967、1968、1969 年 3 年因遭受严重风灾而发生财政赤字外，年年都有盈余。根据国有林局的总结报告，1946~1973 年的 28 年间，国有林经营净盈 3.22 亿先令。

所谓净盈，不仅指补偿亏损后的盈余，而且还包括基建、开发、设备购置投资后的盈余，以及国有林对社会额外负担开支后的盈余。国有林在这个时期能有较大盈余，显然表明木材价格上涨幅度与工资增长率之间的关系，亦即收入与成本之间的关系，还未发生尖锐矛盾。尽管后者的增长速度明显高于前者，如 1947~1973 年间每小时工资的增长率为 1500%，而锯材原木价格上涨率为 1230%，造纸材价格上涨率为 530%。可是，森林经营水平的提高（单位面积产量增长）和劳动生产率的提高（每立方米木材劳动消耗减少），却缓和了价格与工资两者不同步的矛盾。

1974~1985 年的 12 年间，国有林局财政有 8 年出现了赤字，原因是工资大幅度增长。1974 年主伐工每小时工资为 48.66 先令，1975 年上升到 54.47 先令。1980 年锯材原木（国有林主要针叶材种 B/3a 级）涨到每立方米 1400 先令，财政状况一度好转。但随后价格回落，直到目前为止价格再未恢复到最高水平，而工资又继续增长，1987 年、1988 年主伐工每小时工资已分别长到 110.07 先令和 114.78 先令。

1986 年以来，国有林财政又年年盈余：1986 年盈 0.86 亿先令，1987 年盈 0.69 亿先令，1988 年盈 1.52 亿先令。根据预算和上半年执行情况，1989 年仍能盈余 1 亿先令左右。

根据国有林法的规定，经营发生赤字时，可以享受国家补贴，也可要求国家投资。1946~1988 年的 43 年间，国有林局实际从未接受补贴和投资。国有林局局长弗兰茨最近说（1989 年 8 月），1946 年以来，国有林已累计盈利 12.3 亿先令。国有林局能在实现森林资源不断增长而又承担了种种社会义务的条件下成为盈利企业，确实是不容易的。

五、历史遗留的额外负担

1987 年采伐量为 205.3 万立方米，65% 由本局的工人采伐，3% 由采伐公司或农民承包采伐，23% 为立木销售；此外，有 2 万立方米属本系统工人自采自用，其余 9%（约 19 万~20 万立方米）为当地的地役权采伐（Servitutsholz）。近年来，国有林采伐基本保持上述比例关系。

地役采伐权、地役放牧权、地役割草权是国有林对周围农民承担的义务，是历史形成的。山林在成为国有林之前原属地主、贵族所有，他们与农民、雇工之间很早就有这样的关系：后者为前者干活，前者允许在自己的山林里采伐自用的木材、放养牲口、打柴割草。以后，用法律形式把当地农民利用国有林的权利固定了下来。农民无偿享受以上权利，而国有林局每年为此要做大量工作，如为防止牛羊进入造林地或幼林地必须建围栅。这三项总开支 1978 年为 9940 万先令，1987 年为 10800 万先令，均相当于同年预算总收入的 6%。

国有林局现在还要负担历史遗留的（企业以外）退休金，1987 年达 5900 万先令，1987 年为 3036 万先令。

这两项开支合占总收入的 8% 左右，都不是经营性开支，而是国有林的额外负担。弗兰茨局长说，1946 年以来，地役权负担总开支为 31 亿先令，额外退休金总开支为 17 亿先令。两项额外负担相当于总盈利的 4 倍。

六、必须自筹的资金和负担的税金、保险费

1925 年的《奥地利国有林法》第 4 条规定，国有林局可以支配的经营资本为 300 万先令，在其需要时可以向财政部申请动用，但为此国有林局应支付一定利息。如果国有局需要更多资金，就应与财政部协商。1925～1930 年国有林局的年平均收入为 2000 万先令。

战后，国有林的技术装备、道路建设以及其他固定资产，都是依靠自有资金解决的。1964～1973 年 10 年固定资产投资平均占每年总收入的 1/10。1978 年总收入约 17 亿先令，固定资产投资 1.58 亿先令。近几年投资水平下降，1987 年投资 6650 万先令；1988 年只投资 1000 万先令，1989 年预算投资 8400 万先令。

（1）主要投资在道路建设。1966 年停止了最后一条山溪木材流送，1971 年拆除最后一条森铁。汽车已是唯一的运材工具。1966～1970 年国有林自有汽车运材道 7121 公里，平均每公顷用材林和允许采伐的防护林有汽车道 16.5 米；1971～1975 年有汽车道 8137 公里，平均每公顷 18.8 米；1980 年有汽车道 9637 公里，平均每公顷 23 米，1987 年自有汽车道 9785 公里，平均每公顷 23.8 米。

（2）基建、机械站、制材厂、中心苗圃的设备更新。国有林局现有 5 个机械站、5 个制材厂和 1 个中心苗圃。1978 年共有工人上下班专用车 500 多辆，伐木、筑路大型机械 451 台，每年要更新补充一部分。国有林局每年采伐的遭灾林木基本集中在自己的制材厂加工后销售。此外每年还要安排林区工人住宅楼以及办公楼的建设。1989 年国有林局发展电子计算机网络，要求安排 4000 万先令投资，以保证局总部与林场的联系更加密切，从而精简掉两者之间的监督机构，实现直接领导。

（3）防护林复壮计划。防护林分两类，一类允许采伐利用，有收入；另一类不能采伐利用，无收入。国有林中无收入的防护林为 13.7 万公顷，其中，70% 为成过熟林，现有 5.7 万公顷迫切需要进行清理复壮工作。一项 1.17 万公顷防护林清理复壮计划已经制定，包括道路建设、老龄林的谨慎采伐利用以及野生动物数量的调节等。清理复壮计划为期 20 年，每年约需经费 1 亿～1.5 亿先令，并要求从国有林经营盈余中开支。但弗兰茨·埃格尔局长认为，国有林现在每年不可能有这么大的盈余。农林部长菲舍尔最近透露（1989 年 8 月 23 日联邦德国木材总览报），国有林局将卖掉 3000 公顷草场，并用这笔收入进行防护林的清理复壮以及完成其他类似的措施。

（4）不动产税及其他缴纳金。1978 年国有林系统缴纳地产税、保险费以及其他社会基金共计 4416.5 万先令，相当于同年总收入的 3%。

七、开辟或扩大收入来源

木材价格上涨，提高采伐量，扩大优质材种比例，无疑一直是林业收入增加的主要来源。但如果木材生产成本上升而价格徘徊，则林业的净收入必然下降。1980 年国有林主要针叶材材种 B/3a 级每立方米价格曾达 1400 先令，此后一直在 1200～1300 先令上下波动，再未恢复到最高水平。1987、1988 年木材产量仍保持在 1980 年 206 万立方米的水平上。

国有林局开辟财源的途径有以下几条：

（1）狩猎事业的收入从 3% 提高到 6%。1988 年国有林局总收入为 19.13 亿先令，其中木材销售占 80%，10% 为出租收入（其中一半是狩猎地租赁费），其他收入占 10%。国有林

局认为森林与野生动物是一个统一体，应尽力使两者保持互利的关系，既要求森林里有一定数量的野生动物，又要调节其数量，不给森林带来严重危害。因此狩猎实际也是森林经营的一个方面。1973～1978 年狩猎事业收入平均占国有林总收入的 3%。现在每年占 6%。1987年国有林局把其所管理的森林划为 941 个狩猎小区，出租了 811 个，占总面积的 83%，自己经营 130 个。1987 年狩猎计划允许猎杀赤鹿 7245 头，狍 13725 只，岩羚羊 6243 头。

国有林水域开展渔业也有收入。

（2）争取为防护林经营建立新的财政渠道。弗兰茨局长最近指出，国有林局要为防护林经营建独立账户，收支与用材林分开。

（3）地产经营。1977～1988 年间，国有林卖出土地 5066 公顷，收入 10.936 亿先令；购进土地 9437 公顷，支出 9.526 亿先令。在 12 年的土地交易中，国有林扩大了经营面积 4371公顷，盈利 1.410 亿先令。

八、提高劳动生产率，精简机构，重视自然力利用，节省开支

林业是劳动密集型产业。在国有林经营开支中，薪金工资占 60% 以上。根据 1989 年预算，收入 18.39 亿先令，支出 17.57 亿先令，其中薪金工资占 10.74 亿先令，相当于全局总支出的 61.3%。因此，提高劳动生产率，精简机构，裁减人员，是国有林经营中一贯受到重视的措施。

（1）1988 年工人人数只有 1955 年的 30%。1955 年国有林系统有工人 6191 人，1988 年减为 1868 人。3/4 的工人从事采伐与营林，其余是基建工、道路建设工、制材工等。由于50 年代普及了油锯以及其他机械的推广，对工人又坚持培训、轮训制，采伐工的劳动生产率迅速提高。1973 年与前 10 年相比，采伐工每小时劳动生产率提高了 78%，1987 年与1973 年相比，又提高了 75%。1973 年主伐针叶材每小时产材量 0.99 立方米（带皮），1987年提高到了 1.73 立方米。

（2）1978 年以来大幅度裁减管理人员。1955 年国有林系统包括官员、办事员在内的管理人员总数为 1377 人，与工人保持 1:4.5 的比例。1977 年管理人员总数为 1425 人，与工人保持 1:2.31 的比例。1955～1977 年间，管理人员最多增到 1439 人，最少减到 1342 人，编制比较稳定。根据成本分析，在每立方米木材生产的成本构成中，管理费占 1/4 以上。压缩管理费，精简机构，是近 10 年里国有林局为摆脱经济困境所采取的一项主要措施。作为基层生产管理单位的林场，1978 年为 86 个，1988 年减为 65 个，减少了 31 个。基本经营区相应减少了 130 个，现有 300 个（平均每个林场 4.6 个基本经营区）。1988 年全系统管理人员只剩下 1044 人，相当于 1977 年的 73%，10 年里裁减了 27%。但 1988 年管理人员与工人的比例是 1:1.79。

1978 年国有林还实行三级管理：设在维也纳的局本部，7 个生产督察管理处，每个管理处管 9～15 个林场。

根据国有林局组织法（1925 年）的规定，由联邦政府任命的局长和 3 位副局长组成领导班子。副局长实际是国有林局某一方面的局长。林业技术局长必须受过高等林业教育，并应是通过国家考试的合格者。业务局长负责生产和销售。法律事务局长负责全局法律行政事务和职工培训。正局长兼任某一方面的副局长职务。现行局长兼任法律事务局长。组织法还规定，林场负责人必须是经过完全高等教育、通过了国家统一考试的林业技术人才。1978 年

每个林场约有 10~20 名管理人员。

（3）充分利用自然力。更新造林在大企业的木材生产成本构成中占 11.5%，采运占 50.1%，道路建设占 8.8%，固定资产占 2.8%，企业管理费占 26.7%。提高劳动生产率和精简机构主要是针对采运和管理，更新造林是极难降低费用的。

奥地利国有林每年主伐面积约 4000 公顷。以 1978 年为例：皆伐 2405.3 公顷，择伐减少森林面积 1592.4 公顷（择伐总面积为 13609.9 公顷），总计 3997.7 公顷，皆伐占 60%。同年人工更新造林 3807 公顷，耗用苗木 1293.2 万株。1987 年采伐面积与 1978 年比无大的变化，但人工更新造林面积减为 2293 公顷，天然更新受到了重视。由于加大了造林株行距，用苗量下降幅度更大，1987 年只耗用苗木 577.9 万株。

奥地利国有林 65 年的经营实践表明，坚持科学利用，合理经营，森林不仅可能愈砍愈多，愈砍愈好，而且还能繁荣经济，满足人们的生存需要。回顾总结我国的经验教训，仍只有老生常谈一句话：自然规律、经济规律是违反不得的！

参考文献（略）

苏联 2005 年林业发展纲要明确了改革方向[①]

摘要： 1989 年 5 月，苏联发表《2005 年林业发展纲要》，明确了林业改革方向和重点：林业财政基本上仍保持国家预算制；突出了监督和森林经理的作用；基层干部林务员的地位，职工的培训受到特别重视；遵循计算采伐量，消除过伐和采伐不足，可以提高采伐量 0.5~1 倍；向天然更新倾斜，同时又要求工业人工林在 21 世纪中期成为用材的一个主要来源。

主题词： 林业—管理体制—体制改革　拨款制度　林价　监督机构　森林经理林业教育

苏联从 1985 年 4 月进入了一个社会经济改革的新时期。林业和森林工业管理体制结构都发生了深刻变化，并出现了一些新事物，如森林租赁制、家庭承包制，以及多种形式的合作社。1989 年，林业和森林工业与中国的合作自上而下表现出了极大的热情。但在 4~5 年的改革进程中，更多的是议论和不同意见之间的交锋。1989 年初，2005 年林业改革纲要（草案）发表；同年 5 月国家森林委员会主任伊萨耶夫批准公布了《2005 年林业发展纲要》（以下简称纲要）。纲要是对近几年热烈讨论的一个总结，明确规定了林业改革的方向和重点。因此，深入了解纲要，对促进中国林业改革，对健康地开展与苏联林业的合作是有益的。

一、编制纲要的根据、出发点及任务

苏联国家森林资源土地总面积为 12.54 亿公顷，其中有林地为 8.14 亿公顷，珍贵的针叶林占 71.8%。林木总蓄积量为 860 亿立方米，其中成熟林 488 亿立方米。森林资源分布很

---

①　本文系沈照仁同志撰写，发表于《世界林业研究》1990 年第 2 期。

不均匀，按贫富状况分为 5 种地区：森林资源贫乏地区；欧洲少林地区；欧洲多林地区；西伯利亚、远东以开发利用林为主地区；西伯利亚、远东以后备林为主地区。

为规划森林利用，具体考虑森林在自然保护、社会、经济领域中的主次意义，苏联森林划分为三大类。一类林以发挥防护、自然保护等社会效益为主，占森林资源土地总面积的 22%；三类林以开发利用、供应木材为主，占 72%。二类林介于二者之间，其面积仅占 6%，一类林中的防护林，绝大部分仍允许进行更新伐。

森林是苏联全民的最巨大财产，其经济、社会和生态价值还在不断地增长，这一认识是制定纲要的基础。编制纲要时，又坚持了以下原则：永续地、有计划地合理利用森林；部门管理与地域管理有效结合，允许各加盟共和国采用不同的组织管理方式，实现经济方式管理。

林业部门是森林唯一的主人，代表国家出租森林。政府其他部门、合作社、社会组织以及个人，在租赁森林的条件下，只能暂时占用森林。出租森林的程序由林业部门规定。承租者对承租森林的目标利用、对林业规定的限制和要求负经济责任。

二、保持国家预算统收统支，激发企业积极性

林业如何实行经济核算制，是林业改革要讨论解决的最根本问题。纲要认为，苏联林业旧的经营机制是以开支性预算财政拨款和硬性集中制为基础，实际实行的是一种开支报销制。企业对作业的质量、效益和资源保护没有切身的利害关系。长期实行这样的管理，林业必然全面陷入经济危困。

但是纲要并不要求根本改变现在的统收统支方式，只是要求引进一些新原则：经过经济论证，确定拨给经费的稳定标准；取消分项按作业的拨款制，代之以按完成的林业工程(作业)、产品、服务付款；付款时要根据标准和技术条件进行评价验收；建立统一的(指与工业统一的——译者)经济奖励基金、劳动工资基金和利润基金。

纲要指出：林业生产的产品——森林是多用途的、长期发挥作用的客观实体，是环境的最重要因子，属绝对的国家财产，因此林业开支基本要由国家预算拨款给予补偿。国家对重大的自然保护和国民经济意义的工程，如贝加尔湖保护和咸海底层积的固定工程，设专项预算拨款。

纲要要求国家对林业预算拨款额(专项工程拨款除外)与林业收入保持一致。但是，新制与旧统收统支制有以下区别：

扩大了国家收入来源：对包括木材在内的一切资源利用都收费；1990 年调高立木价 80%，以后再逐渐调整，使之达到接近于经过科学论证的值和接近于发达资本主义国家的水平；森林的服务收费，如游憩收费；租金收入，这是为取得利用权的付费，不论是否开展利用，都应付费。以上来源的收入统归国家预算。

预算拨款分配采用一些新办法：按完成生产活动最终结果的质量和数量，通过国家财政机关分配到林业地区性生产联合公司(中央与企业之间的环节——译者)；对不同营林作业确定计划计算价标准，标准反映完成作业所必需的社会劳动，是分配资金的基础；年度结果的工作由专门的验收委员会根据相应标准评定质量，给予验收。

改革以前，林业就有自筹资金收入，1987 年解决了总支出的 1/4。纲要规定，企业对计算采伐量的 20% 享有一定的自主支配权。

三、加强监督职能，突出森林经理的地位

因生态环境问题日渐尖锐，森林的公益机能越来越受到社会关切。现在对自然资源利用的合作化运动又处于发展之中。因此，纲要要求加强林业的监督机能。全国都设置监督保护森林的机构。苏联国家森林保护条例是进行监督的依据。

纲要又明确实行部门监督，旨在保证对森林采取的一系列组织和工艺措施都是经过科学论证的，也就是说要求对森林的利用、更新再生产、防火和病虫害防治等等都要按科学办事，从而把监督与森林经理密切联系起来。

苏联森林资源已有 6.9 亿公顷进行了森林经理，现在每年进行 4700 万公顷。编制不同水平的合理利用森林资源及其再生产的长远计划，是森林经理的最重要任务。从国家经济与社会发展的基本方向出发，森林经理还要在更高水平上编制州、边疆区、自治共和国林业规划经营的基本方向。

森林经理编制合理利用森林资源及其再生产长远计划的最大特点，是建立在系统方法的基础之上，即：要求将森林利用、森林再生产、提高生产力、改善森林组成质量、提高森林的防护机能等都联系在一起。

纲要认为，把林业纳入系统基础，是未来完善组织林业各基本分支生产活动的主导方向，这有可能使林业摆脱停滞期的危困状态，克服种种积习颇深的缺点，特别是森林利用方面存在的严重问题。

纲要要求，经理施业案应成为标准技术文件，作为每个林业企业确定在一个复查期和最近一个五年计划的目标、长远战略、科技与经济定额标准以及林业活动计划的基础。根据规定，林业企业的林务员、工程师参加森林经理的规划设计。

森林经理施业案一经批准，它的一些基本指标，如计算采伐量、森林更新量、幼林抚育量、护林防火措施、病虫害及工业污染防治等措施都成为硬性规定，不得违反。总之，要求通过森林经理监督其实施。

纲要规定，在主要木材采运企业的原料基地进行森林经理时，要完成新的作业项目：现场划拨主伐伐区，对其进行每木实测调查，并根据采伐计划对计算采伐量进行今后 5～10 年的物质货币评价。伊萨耶夫说，现在伐区划拨常由采伐单位自己进行。

森林经理现已能根据用户要求，在工作过程中建立各种数据库。建立图像信息与调查信息相结合的数据库，又定期补充清晰的航摄和宇片资料，把遥感手段与地面调查结合起来，就有可能对集约经营林区和主要产材区实现真正的森林资源连续清查。森林资源信息能自动更新，人的活动以及自然灾害引起的变化随时都能反映出来。纲要要求森林经理积极参加国家森林资源监测系统的建设，并在 2005 年前，分阶段完成森林状况、利用、再生产、防火和病虫害防治的国家监督系统；与地面样地相结合的宇航遥感监控系统；专项目标监督；周期综合性森林经理监督；地区性检查监督。

四、特别强调提高人的素质

纲要要求，从儿童时期起就要教育人们热爱森林，在 1991 年前建立全苏就业指导系统，为林业就业者进行劳动准备。这个就业指导系统应包括幼儿园、小学、学校森林施业区、职业技术学校、社会高等林学院、中等技术学校、高等院校、进修学院。

全国现有 22 所高等林业、农业和技术院校和 50 所中等技校为国家森林委员会系统培养人才，每年毕业 2500 名大学生和 4200～4800 名中技生。林业现有职工总数 78 万余人，其中 13.7 万人为高等院校、中技毕业生，相当于职工总数的 17.4%。

全国林业企业共有工人 38.3 万，包括近 250 种专业，主要是护林员、伐木工、汽车司机、机床工、拖拉机手、造林工。根据工人熟练等级划分的规定（1989 年），熟练工必须经专门职业学校培养。林业系统几十年来基本上只培训（2～12 月）非熟练工。熟练工只占工人总数的 4%。森林委副主任谢苗诺夫要求将林业职业教育网扩大 10 倍，使林业熟练工保证率达到要求的水平。

鉴于林业化学技术是现代技术进步的重要组成部分，纲要确定在一个林业高等院校开设林业农化专业；在地方要建立学校网，培养使用化学培育森林的技术工人和工长。

纲要要求在林业院校讲授"在放射性污染条件下经营林业的基础"课程。

纲要认为，林业工作人员应具有现代的经济思维，善于在经济核算和自筹资金的意识下进行工作。国家森林委与国民教育委已共同决定，要求林业院校与生产部门采用新的合作形式，如强化对专业人才的目标培养，每个院校均应在生产基地建立分支院、系，发展林业教育科研生产综合体。

纲要要求调动林务员的积极性和创造精神。根据林务员条例规定，林务员必须受过林业高等教育，或在林业技术岗位上至少工作 3 年以上的林业中专毕业生。纲要认为，重新教育林务员大军是林业改革能否迅速前进的关键。现在林业系统有 54% 的职工从事工业生产。纲要要求，林务员应逐渐从工业活动中摆脱出来。

五、森林利用与更新、造林的重点

到 2005 年，苏联森林资源里将包括 1050 万公顷自然保护林（禁伐林、禁猎林）和 2300 万公顷国家自然公园。纲要要求，这类受特别保护的面积必须达到生态要求的标准。但两项合计也仅占森林总面积的 2.67%。

苏联森林年采伐量 3.7 亿立方米，采伐总面积 200 万公顷，而更新面积为 220 万公顷，其中 100 万公顷为栽苗播种造林，120 万公顷为人工促进天然更新。纲要认为，森林利用与更新仍有许多问题要解决。

过伐与利用不充分同时存在。纲要要求，严格按科学确定各林区的计算采伐量，而不是根据需要任意确定采伐量。要求更充分地开发软阔叶林资源的利用；要在远东、西伯利亚地区开辟新的生产能力；要在一类林和山地成、过熟林开展择伐利用，在复层林开展渐伐利用；抚育伐、卫生伐的规模要明显扩大。少数地区和多林地区都有潜力。

纲要允许计算采伐量没有达到充分利用水平的企业，通过竞争把资源提供给合作社、公民或团体进行采伐。为调动企业的积极性，纲要还允许每个林业企业保留 20% 的计算采伐量。这部分采伐量通过竞争，按合同价格提供给木材用户（包括国外用户），并让他们进行采运，并组织加工销售。企业得到高于规定立木价的差价收入，由地区性林业生产联合公司统管。

纲要期内，苏联造林面积将无甚变化，而把注意力集中在调整布局和提高质量上。

国家森林委第一副主任皮萨连科认为造林中最严重问题是：计划过大，而物质技术资源与干部力量都跟不上；未完全遵循造林标准技术文件的要求；不重视造林工作的组织，忽视质量。西伯利亚、远东地区不论直播还是植苗，造林的最终结果都不好。因此，这里要采用不同的作业方式，以保证天然更新。在拨交伐区和发放采伐证时，对这类地区的森林用户要征收保护幼树押金。采伐作业队保护幼树可得现金奖励，金额相当于造林支出。

纲要采纳了科研设计部门关于原始林区应以天然更新为主的建议。针阔混交林区、森林草原区和草原区以人工造林为主，天然更新与人工造林的比分别定为 30∶70、5∶95、0∶100。

纲要要求，为满足国家对工业用材日益增长的需要，必须采取建立一批专业用材林场的方针，到 21 世纪中期，短伐期材种培育林场应能保证 30% 的原料供应。

为保护农业土地不受水、风的侵蚀危害，全国必须建设 1800 万公顷改良农业的森林。到 2005 年时，在集体农庄、国有农场土地上要建成 570 万公顷防护林。那时，乌克兰、白俄罗斯、格鲁吉亚、摩尔达维亚、塔吉克斯坦 5 个共和国对防护林的需要就能全部满足，但只能满足全国需要的 63%。

纲要规定了另外两个造林重点，一是发展核桃、榛子种植场等经济林，二是防止灾害的专项工程造林。近 30 年里，咸海水量因上游拦水而减少了 60%，水面缩小 1/3，水深下降 13 米。海底大范围裸露干涸，恶化环境，沙漠化加剧，一些居民点和农田被埋。现在必须采取以造林为主要措施的综合办法进行治理。

六、防火、病虫害防治与基建投资分配

现在受积极护林防火的面积为 86850 万公顷，只相当于全国森林资源土地总面积的 70%。这里每年发生 1 万～3 万次火灾，受灾面积几十万到几百万公顷。而未受积极护林防火地区的森林火灾可能更严重。

纲要要求，在西伯利亚、远东地区的不可及林内，随着经济开发逐步建立航空护林站、增设瞭望哨和地面化学灭火站等。到 2005 年，使全苏积极护林区扩大到 115700 万公顷，相当于全国森林资源总面积的 92%。

每年受病虫灾害的森林约几百万公顷。纲要规定，护林防火、病虫害防治按国家定货形式下达任务，由国家预算拨给经费。

根据纲要，1991～2005 年林业要求国家基建投资 38 亿卢布，其中 17 亿卢布用于护林防火、病虫害防治，占 44.7%。抚育伐、卫生伐等需要投资 12 亿卢布，占 31.6%。更新、造林投资 1 亿；加强科研、设计投资 2 亿；自然保护投资 2.3 亿；林业机械制造业投资 1.4 亿。

伊萨耶夫 1989 年 9 月的文章指出，到 2005 年林业共需要基建投资 46 亿卢布，第 13 个五年计划时，每年林业基建投资额为 3 亿卢布，是现在的 3 倍。

参考文献（略）

兴林为什么必须依靠科技[①]

摘要：中国近几十年来不乏花钱费力买灾受的实例。现在要求依靠科技发展经济，振兴各行各业，实是某种觉醒。林业是特殊的国民经济部门，以下各点说明兴

---

① 本文系沈照仁同志撰写，发表于《世界林业研究》1990 年第 3 期。

林不靠科技是不行的：①林业生产的长周期性与投入的短期性，而短期的投入决定着长期的生产力；②林业多在与边际条件打交道，不认识边际性，既难成功，又极不可能盈利；③发达国家林业从传统的生产林业在向既保证生产增长又维护改善森林社会效益的现代林业转变；④包括我国在内的发展中国家林业面临的任务远比发达国家复杂。

主题词： 林业—经济规律　科技兴林　林业管理

科技兴一切事业，已成为当今中华大地最热门的话题。"科技兴林"也提出来了。这无疑是某种觉醒。但为什么要靠科技兴林，怎么依靠，依靠什么样的科技，还需要进一步明确。近三四十年来，我国花钱费力买灾受的教训实在不少。如果不真正弄明白兴林为什么必须依靠科技的道理，那么"科技兴林"就可能仅仅是一个口号，难得的机会又会失之交臂。

林业区别于工业、农业；当代林业区别于18～19世纪以来的传统林业；当代中国林业面临的任务又区别于世界发达国家。不认识这些特殊性，或不去努力认识这些特殊性，实际不按自然规律、经济规律行事，必然导致严重失误。认识了林业的特殊性，科技对林业的意义，就会不解自明了。

一、林业生产周期非常长，而劳动时间非常短

苏联沃罗比约夫在《林业经济学》教科书指出，林业99.80%～99.85%靠自然力，而只有0.15%～0.20%是靠劳力和资本物力的投入。苏联林业经济学家一般认为，林业只有1%靠劳力与资本的投入。苏联是世界森林资源最丰富的国家。这是大自然的恩赐，可以如此。那么，经营强度比较高的速生丰产林，是否仍具有这一特点呢？意大利杨树人工林是国际公认的集约经营典范。以10年为一个生产周期，每公顷产商品材340立方米，从整地植苗到采伐和伐区清理，全部劳动消耗为790.5个工时，也即不足100个工。10年里投入100个工中，一半以上消耗在采伐、伐区清理，而整地、种植约只消耗12个工。

马克思100多年前指出的林业具有"漫长的生产时间，只包括比较短的劳动时间"的特点，现在仍旧是正确的。马克思说："在造林方面，播种和必要的预备劳动结束以后，也许要过100年，种子才变为产品；在这全部时间内，相对地说，是用不着花多少劳动的。"他引用基尔可夫《农业经营学手册》里的一段话，进一步阐明了林业的这一特点："木材生产，同大多数其他生产的区别主要在于：木材生产靠自然力独自发生作用，在天然更新的情况下，不需要人力和资本力。其次，即使是人工更新，人力和资本的支出，同自然力的作用相比，也也是极小的。"

深刻理解林业生产周期长、劳动时间短的特点，具有现实的指导意义。

(1) 认识自然力，是搞好林业的基础。做林业工作而不懂得生物学基础、生态学基础，总是事倍功半，甚至忙碌几十年，而效果甚微。为使1%的投入，引发99%的自然力，从而形成100%的生产力，绝对地需要这1%的投入是在真知灼见指导下的劳动，否则不仅投入无效，而且必定是自然力的大浪费。

林业生产周期长，盲目胡乱行动酿成的错误，往往几十年也纠正不过来。因此，先进国家的林业，总是先要开展种种试验，大面积的行动是非常谨慎的。

(2) 世界现有森林生产力普遍地低下，严重浪费着林地的自然力，这是人类长期不合理

活动的结果。根据联合国粮农组织 1962 年调查，即使在欧洲地区，森林郁闭度达到良好的也仅占 57%；世界大多数地区森林郁闭度一半以上在中等和中等以下。因此提高现有森林生产力的可能性普遍地存在，或通过抚育补植，或通过树种更换，或改造某个不利因子，都有可能大幅度地提高森林单位面积的生长量、蓄积量。欧洲许多国家和日本在这方面都已取得了很大成绩。但是为使连年浪费着的广大林地自然力变为现实生产力，这 1% 的投入却又是绝对地不可缺少。这里同样是要用 1% 的劳力、物力、财力投入，去调动、唤醒沉睡着的 99% 的自然力，以实现 100% 的林地生产力。根据菲律宾专家们的计算，同样为培育 1 立方米木材，通过现有林改造、抚育、补植等，其成本只有新造林的 1/10。

适应人口增长和人类需要的增长，完全依靠自然力的林业已经不行了。

二、林业占用的土地比较瘠薄，条件恶劣

毁林开荒，刀耕火种，是世界各大洲发展史经历过的普遍现象。长期轮垦的结果，人类把平坦肥沃土地上的森林，变成了永久性农田。据记载，中世纪时，西欧农田和森林尚未严格永久地区分开来，几年是农田，过几年又可能恢复为森林。大约到了中世纪末(1450 年)，西欧大体完成了从森林中筛选农田的过程，把肥沃的、条件便利的林地永久地变成了农田。火垦后，不宜农业的土地，又恢复了森林。因此，现有森林一般占用的是贫瘠土地，或称之为边际土地。

世界现有林确实还有广大面积的天然林，因条件非常不便、人迹罕至得以保存，现在仍在继续经历着毁林开荒、刀耕火种的筛选过程。

世界各大洲现在都有成亿公顷荒地可以造林。有人形象地说，"土地常是被榨干油水之后，交还给林业。"在人口猛增的条件下，对土地需求的竞争总是激烈的。农牧业在竞争中一般总比林业占优势，让给林业的多是边际土地和边际以下土地。英国自第一次世界大战以后开展的造林，欧洲共同体农业生产过剩，要腾出一些土地造林，是如此。美国 1985 年实施农场法案的保持水土保留地计划，要求把一部分侵蚀严重的作物地改为林地，也是如此。在粮食生产远没有满足需要的地区，可能腾出来造林的土地，就更是如此了。

由此可见，就总体而言，林业占用的土地总是比较瘠薄，或是条件比较困难的。资本主义国家多喜欢用 Marginal land 一词。所谓边际土地是指在适宜经营下，其收入刚刚等于或能够刚刚等于生产成本的土地。这是从经济角度讲土地的边际性，而经济的边际性总是跟林学的边际性相联系。雨水量和温度适宜，土层深厚、肥沃的土地，可供选择的造林树种多，造林技术相对来说较简单，要求投入也少，并有可能获得较高生长量。但是如果造林土地受种种边际条件限制，如在亚热带年雨水量少于 1000 毫米，在温带少于 635 毫米(我国多讲 400 毫米)，土壤瘠薄，保墒能力极差，温度过低等等，对造林树种的选择、技术的确定，要求都很严格，只有在较高投入条件下，才可能达到目标生长量。

边际土地还包含着一些边际因素，如海拔边际、坡度边际、植物分布边际等等。处于边际条件的森林，在生态系统中都非常脆弱，一旦破坏，就极难恢复。

林业的这一特性对科技的极高要求，是显而易见的。

三、现代林业要求满足日益增长的物质需要，同时又满足不断扩大着的各种非物质需要

培育木材(包括烧柴)和纤维原料是传统林业的目的。林学作为一门学科，诞生于 18 世

纪末的德国。所谓森林的永续经营，也即以木材生产为中心永续地经营森林。林学权威海因里希·科塔1817年编著的教科书明确认为，林学 Waldblau 的任务就是培育木材 Holzzucht。法正林思想的实质就是把森林当做资本来经营，务求森林年年供应木材，年年有经济收入，而森林蓄积即资本还能稳定增长。

　　在这一经营思想指导下，世界已有20个国家实现了森林资源的恢复与发展。纪念德国林业科学发展100年时，库特·曼特尔教授（1973年）说，德国森林1862年每公顷采伐量平均为1.5立方米，而1970年联邦德国森林的采伐量为4.2立方米，100年增加了近两倍。森林状况的不断改善，单位面积林木生长量的持续提高，才能保证必要的物质生产，同时，提供、发挥森林的多种效益。

　　日本战后林业坚持长期严格的计划制度。直到70年代末，不论国有林、民有林，日本都是以木材生产为中心制定森林计划。1987年7月日本修订森林资源基本计划时指出，以前的森林整备，以木材需要增长为背景，为提高木材供给能力而扩大造林，把增强森林生产力作为行动轴心。现在对森林的要求更高、更多样化了。日本全国国土利用第4次规划又把森林看做文化教育资源。

　　美国国会1960年通过了"森林多种利用及永续生产法案"，突出了森林的多资源性质，要求按多目标经营森林。但直到目前为止，美国林学与环境学教授库法尔 Coufal J. E（1989年5月）指出，林学家仍是经营森林以生产木材和纤维原料的专业人员，并按此而接受专门教育，积累经验，培养兴趣。

　　近二三十年来，发达国家对森林的环境价值、游憩效益的要求，随着经济的发展和生活水平提高而日益增强。日本总理府1986年8月进行群众对绿化与林木意向调查，就"对今后森林期待什么"问题，提了7个机能，请从中选择3个。调查结果，木材生产得票率下降，与6年前相比，从55%降为33%。

　　在美国也发生了类似的民意变化。根据美国西北部森林资源委员会提供的资料，普通百姓控告政府开发国有林的案件增多，在1983～1987年期间，西北地区控告林务局案每年平均66起，而1988年一年超过了400起。

　　联邦德国粮食农林部1981年的一篇文章指出，"森林受到威胁时，城里人反应总是非常强烈。他们建议少用木材，免得破坏生态系统"。

　　"你知道森林是什么吗？""是一万堆薪柴，还是给人们以绿色的喜悦？"这是德国诗人、剧作家布莱希特（1898～1956年，1955年5月获斯大林和平奖金）在其剧本"潘蒂拉老爷和他的男仆马狄"里，老爷对男仆的问话，现在已成为德国、日本林业界广为流传的名言，也是当前发达国家林业在热烈讨论的一个题目。

　　传统的林学受到了挑战。但按照自然保护主义者的观点，把大部分森林封禁起来，显然是不科学的。瑞士的林学家认为，谁要真正地关心森林，谁就应生产木材。1984年瑞士科学家讨论"山地森林的动态与稳定"专题时，精辟地指出："山地森林的潜力如不加充分利用，大面积森林的稳定会受到影响，山地森林的防护效益也将大为削弱。"

　　按体积和重量计算，木材迄今仍是世界各种原材料中产量最大的。1986年世界工业用材（不包括薪材）的立方米产量和干重产量，与钢、塑料、铝相比，均居首位（见下表）：

原材料	工业用材	钢	塑　料	铝
体积(亿立方米)	15.74	0.92	0.58	0.06
干重(亿吨)	9.44	7.16	0.64	0.16

世界工业用木材消费量还在增长，因此只让森林起"绿色布景的作用"也是不现实的。

"木材可以进口，而绿色与生态不能进口"的说法，有一定道理。但发达国家有钱扩大进口，必然会加重发展中国家森林的破坏。人类只有一个地球，共同生活在一个地球上，因此破坏地球森林资源的历史责任，最后都是要清算的。现在愿意充当这样的罪人的国家愈来愈少了。

现代林业，确切地说是发达国家的现代林业，是要协调好木材生产与发挥森林各种非物质生产效益之间的关系，使之结合起来，让森林既满足日益增长的物质需要，又满足社会不断扩大着的各种非物质需要。仅要求满足物质需要的林学是比较单纯的，与此同时又要求满足不断扩大的各种非物质需要，这样的林业，任务繁重，关系非常复杂。因此，没有深厚的科技基础，是不可能形成或建设现代林业的。

四、包括我国在内的第三世界国家林业应是社会、经济综合体有机组成

发达国家林业由传统的单效用观点变为现代的多效用观点，其任务也变得复杂多了。但发达国家的现代林业(处于酝酿发展之中，尚未成熟形成)，与包括我国在内的发展中国家林业面临的任务相比，其方法却又显得简单了。传统林业、现代林业都已积累了许多宝贵经验，应当借鉴。可是，照搬发达国家的办法，来解决发展中国家远为复杂的任务，肯定是不能成功的。

发展中国家 2/3 以上人口仍以木材为主要燃料，即使是石油富饶的尼日利亚的乡村居民也不例外。长期的过度樵薪，使森林处于衰退状态。印度 1980 年估计消耗烧柴 3 亿立方米，缺口达 1 亿立方米；这是印度城镇附近森林消失的一个主要原因。过度樵采也使非洲萨赫勒地区森林比 20 世纪 50 年代减少了一半。

为改善生活，保证更多人就业，为发展经济，摆脱贫困，发展中国家森林承受着越来越重的负担。欧洲阿尔卑斯山区每平方公里人口 38 人，而尼泊尔和印度喜马拉雅山区的人口每平方公里分别为 100 和 143 人。尼泊尔 1947 年森林覆盖率为 57%，1980 年只剩下 23%。尼泊尔喜马拉雅山麓特赖平原，第二次世界大战前只有几千人口，森林茂密连绵，郁郁葱葱。战后人丁兴旺，达到几十万人，于是大面积森林消失了。

印度独立后也重犯过恩格斯在《自然辩证法》一书中所告诫过的错误。砍掉土生土长的混交林，发展桉树林或柚木林。在南方丘陵伐掉大面积森林，种植有利可图的橡胶、茶和小豆蔻。喜马拉雅山区森林曾占印度森林约 1/4，现在这里海拔 2000 米以下森林已荡然无存；2000～3000 米内的森林覆盖率曾达 35%，现已降为 8%，甚至更少。喜马拉雅山区森林遭到破坏的"反座效应"带来了无穷的灾难，洪水与干旱在印度、巴基斯坦、孟加拉国的广大地区年年交替肆虐。

据世界资源研究所的估计，喜马拉雅山脉、安第斯山脉、中美洲、埃塞俄比亚和中国共约有 1.6 亿公顷高原山地集水区，遭到了人类活动的严重破坏。

根据粮农组织的调查，117 个发展中国家有 56 个如保持低投入利用土地的水平，现有

土地资源已不能满足其 1975 年人口的粮食需要。但随着毁林过程的加速，又不科学地经营现有森林，许多国家也发生了木材、烧柴、饲料比粮食更短缺的现象。

发达国家的林区都不存在人口压力问题，普遍感到的是劳动力不足，因此森林的生产潜力远未得到充分利用。凡发生毁林地区，凡发生森林质量长期持续衰退的地区，几乎都存在新增人口的出路问题。森林业维持人的生存能力按单位面积计算，本来就明显低于农业，在森林生产力荒芜的条件下，就更低了。

我国浙江和辽宁相继报道过说明两省森林资源增长的喜讯。浙江 1986 年森林面积达到 6056 万亩，比 1979 年 5143 万亩增加了 913 万亩；林木蓄积量从 9874 万立方米上升到 10137 万立方米，提高了 263 万立方米。新中国成立初期辽宁有林地面积为 2800 万亩，林木蓄积量 6666 万立方米；1987 年底有林地面积扩大为 6300 万亩，蓄积 1.3 亿立方米，提高了 636 万立方米。但细品以下两组数字，你会立即发现两省林地的生产力大幅度下降了：浙江省 1979 年每亩林木蓄积量平均为 1.92 立方米，而 1986 年只有 1.67 立方米，8 年里下降 13%；辽宁省新中国成立初期每亩有林地蓄积量为 2.38 立方米，1987 年为 2.06 立方米，也下降 13%。

中国是个土地资源非常紧缺的国家，新中国成立前人均尚能占有耕地 2.7 亩，1987 年已减少为 1.4 亩。近几年全国人口又平均每年递增 1500 万，土地递减 700 万亩。严酷的事实绝对不会允许我国的林业继续沿袭老路走下去！

为制止毁林，刹住森林生产力不断下滑，全国必须有一个周密的综合考虑。发展中国家现在热烈讨论社会林业和 Agro-forestry，虽未见创造出给人以希望曙光的实例，但其思路是对头的。Agro-forestry 是一种农林牧合理经营土地的系统，因此译做农用林业不很恰当，这里林业并不从属于农业，而是追求统一的土地利用系统，通过科学合理安排，结合社会的实际，在保持和改善环境生态的条件下，农林牧各有自己的位置，相互促进，共同发展。

参考文献（略）

山区建设必须以林业为基础①

摘要：我国 2/3 为山地，《国家十四个重要领域技术政策要点》没有把山区建设作为重点加以研究。目前全世界对山区建设也极少开展理论研究。恩格斯《自然辩证法》所告诫的错误，仍在当今世界的各地重演。不重视基础研究，没有基础理论做指导，在我们社会主义中国的山区建设中也难免还要犯严重错误。

主题词：山区开发　山地造林　林牧结合　山区经济：林业经济

一、迫切需要制定一套完整的山区建设技术政策

我国人均土地只有世界平均的 32%，土地质量也低于世界平均值。农田、森林、牧场草原占国土总面积的比重，在一定程度上，可以衡量国家的土地质量。根据联合国粮农组织生产年鉴，1961～1982 年农林牧面积占总面积的比例为世界 66.3%～67.5%，亚洲为

---

① 本文系沈照仁同志撰写，发表于《世界林业研究》1990 年第 4 期。

59.2% ~63.1%，而我国只占45.1% ~56.5%。

多山是制约土地使用的重要原因。山地、丘陵和比较崎岖的高原共占我国总面积的2/3，而世界山地、高原占地球陆地总面积的1/5。我国热量条件比较好，在中温带至热带土地面积占总面积的72%；但水分条件较差，湿润和半湿润地区的土地占52.6%，干旱半干旱地区占47.4%。因此，有关方面估计，按现有技术经济条件，我国可以作为农林牧渔各业和城乡建设用地者约627万平方公里，占国土总面积的65%。

为科学而充分合理利用珍贵的国土资源，我国迫切需要制定一个开发建设山区的完整统一而明确的政策。最近公布的中国科学技术蓝皮书第一号"国家十四个重要领域技术政策要点"，没有把山区建设列为重要领域。能源、交通运输、农业、消费品工业和环境保护5个领域，都或多或少谈了一些山区建设，但并没有把它作为重点。

国际山地协会的学术刊物指出，世界人口不断增长，对资源的需求竞争愈演愈烈。如何在更好地理解自然科学与社会科学的基础之上，达到山地资源的保护与利用之间的平衡，已是受到密切关注的问题。为发展几个主要山区，世界现在年年花去大笔经费。但因缺乏对山区居民和环境进行精密细致的调查研究，人们对山区问题的设想往往没有充足论证，从而因果颠倒。这样的投资实际是在信息不足或错误评价的基础上进行的。

国际山地学术讨论会指出，现在几乎所有学科都在参加山区研究，但迄今未见形成山地学(Montogy)。对山地需要加深认识，才有利于形成合理有效的山地管理政策。有关山地理论的积累还很少，关于山地的共性认识还极差。现有的山地学者反映的往往是闭塞山地个体居民的认识，有必要打破这种认识上的故步自封。

我国的山区建设有丰富的经验，也有惨痛教训，亟须加以总结，使之上升到理论。

二、山区建设应明确以林业为基础

国家或地区多山，是制约经济发展的一个因素，但并不决定国家或地区的贫富。多山国家中既有世界最富、很富的国家，如日本、瑞士、意大利、奥地利；有中等收入水平的国家，如希腊、南斯拉夫等；也有最穷的国家，如埃塞俄比亚、尼泊尔、不丹等。

粗略地分析一下，不难发现，山地国家穷富与其森林状况、森林经营水平有着密切联系。

日本山地占全国面积76%，而全国森林覆盖率达68%。第二次世界大战期间和战后初期，有成百万公顷森林采伐以后，没有更新，还有更大面积森林因无力经营，处于荒芜状态。这些成为20世纪40年代后期和50年代前期自然灾害频繁发生的重要原因。森林在50年代中期便得到了恢复。1986年林木蓄积量已是1966年的152%，现在每年又净增2.7%。

瑞士全国为山地和高原，森林覆盖率28.7%，自1876年联邦森林警察法颁布以后，森林状况不断改善。每公顷林木平均蓄积量达到333立方米，为欧洲最高。

希腊、南斯拉夫森林第二次世界大战以后没有继续遭到破坏，现在处于恢复发展之中。

尼泊尔的森林覆盖率1947年还是57%，1980年只剩下了23%。现有森林仍以每年5.5%的速度继续减少。埃塞俄比亚近几十年里森林覆盖率从40%降到了3.1%。为了治穷，残存的高原森林植被还在继续遭到破坏，改种咖啡等经济作物。由于森林消失，曾有"非洲之角的水塔"之称的国家，现在已成为世界旱魃肆虐最频繁的地方。

究竟是森林破坏导致灾害迭起，从而民不聊生，还是贫困导致森林破坏，然后引来了灾难，导致更加贫困。无疑这种恶性循环引起的争论不难得出结论：山区发展战略的决策者应有远见，不要犯历史性错误，重蹈覆辙。恩格斯在《自然辩证法》一书所告诫的，在美索不达米亚、希腊、小亚细亚以及阿尔卑斯山所发生的事，人们还总是不断地重复在做，而且还以为是对大自然的胜利。

乱砍滥伐森林固然是贫困与灾难的渊源。但山林之国不丹，森林覆盖率达 70%，由于没有经营，生产力很低，人们依然生活在贫困之中。

由此可见，山地国家不仅必须有足够的森林植被，而且还必须善于经营。森林不仅应是农牧业的屏障，涵养水源，防止土壤侵蚀，而且应生产物质财富，提供就业机会，繁荣山区经济。因此，科学地经营森林应是山区建设的基础。现在世界人口的 1/10 以山地为谋生基地，至少一半人口直接、间接地以山地的各种资源如水、森林、矿物和旅游等资源为生活依托。一旦分布在上游的森林消失，或者遭到破坏，或者荒芜，对下游的城镇、平原必然带来严重影响或灾难。因此，科学地经营好山地森林，也即在森林健康旺盛发展的条件下，谋求物质生产与各种效益的结合。要想真正发展山区经济，森林不能长期处于荒芜状态。只有森林生产力充分发展了，物质生产和各种效益才可能达到有机的密切结合。

某些发达国家的林业实践已经表明，适度地采伐木材，适度地林地放牧，适度的狩猎，不仅可以稳定地不断提高森林的物质生产能力，而且可以不断地改善森林的各种公益机能。

三、关于科学经营山地森林的认识发展

如何经营山地森林、山地林业算得上科学与合理，有不同的认识和理解。联邦德国园艺学家卡尔·帕尔希(K. Partsch)多年来奔走呼吁，要求把整个阿尔卑斯山区划为欧洲自然保护区。阿尔卑斯山脉长 1200 公里，宽 120~200 公里，有森林面积 650 万公顷，大都分布在险峻的地形上。这里是欧洲饮用水主要水源区。可是，包括木材收入的林业收入，现在仍是阿尔卑斯山区乡村经济不可缺少的部分。奥地利阿尔卑斯山村实行农林结合，形成了一种稳定的谋生体制。每个农户的森林收入约 2000~2500 美元。包括木材收入在内的林业收入约占中等农户总收入的 15%~20%（1982 年官方资料）。

我国国民经济建设面临木材资源不足的严重困难，因此国家的技术政策要求：在一切有可能的地方营造速生丰产林。国家用材林基地应主要在南方丘陵山地、东北大小兴安岭、长白山等条件好、宜林地较集中的地区建立，并确定目前年平均材积生长量：北方山地每亩0.5 立方米以上，南方山地 0.7 立方米以上。

德国 100 多年前突出针叶树种造林更新；日本第二次世界大战后到 20 世纪 70 年代为止，也以增强木材生产能力为中心，扩大人工造林面积。但近 20 年来，西欧、日本的林业技术政策均已发生了深刻变化。

(1)建立稳定的森林系统。近几十年来，联邦德国森林的意外性采伐量明显增长。所谓意外性采伐，是指病虫害、风倒、雪折而迫使进行的采伐。以巴伐利亚州州有林(分布在阿尔卑斯山北麓和多瑙高原)为例，1951~1987 年的 37 年间，意外性采伐量平均每年 80 万立方米，相当于每年总采伐量的 24%。而 1982~1987 年的 6 年间，每年意外性采伐量平均达到 145 万立方米，相当于每年总采伐量的 42%。以上数据说明，联邦德国森林非常脆弱。这是因为追求经济目的，过去过分偏爱针叶树种所酿成的结果。改造针叶纯林为混交林，扩大阔叶林比重，建立稳定的森林，是德国当前林业的重大课题。按照一般的理解，森林越稳

定，因风灾、雪折、病虫害而起的损失就越小。天然的森林生态系统的一个本质性特点是其持续的稳定性。这就是德国林学界现在广泛主张近乎自然的森林经营的根本原因。

为适应社会对森林的多种要求，日本现在强调天然林经营，要促进人工林天然化，并发展复层林。

（2）发挥长伐期优势。奥地利、瑞士等多山国家坚持长轮伐期经营森林从未动摇过。日本战前实行长伐期林业；战后迫于木材供应紧张，至20世纪70年代，尽力缩短伐期龄；此后，又转变为延长伐期龄而努力。原国家林业试验场场长坂口胜美强调指出，延长伐期龄比短伐期在经济上更合算。天皇和总理等每年要表彰一次模范林户，近年来得奖的差不多都是经营长伐期森林成绩优异者。

联邦德国1988年10月召开讨论林业发展的大会，主张"跟农业一样，优质产品也应是林业的目标。培育大径、无节珍贵的木材销路好，价格俏，收入高，应是林业努力方向。大批量的商品常发生过剩，而优质木材是不必为此担忧的。"

德国、日本现代林业并未放弃对木材生产力的追求，只是要求更符合自然规律，更适应社会发展的多种需要，又达到更高的经济效益。

山地造林的树种选择应持非常谨慎态度。德国、日本造林即使在过去，也极少采用杨、桉等速生树种。沉迷于短期目标，陶醉于一时的成功，改变原来林区的主要树种，其后果很可能会是与恩格斯100多年前所告诫过的一样。那种以为只要是造林，就必定有利于环境、就必定能缓解生态恶化的观点，对山区建设、集水区建设是有害的。毁林垦荒，种植甘蔗、咖啡、橡胶树和油棕以及其他经济作物，在人类文明进程中，并不全是错误。但在已经经受着大自然严厉惩罚的今天，在人类认识自然能力已经可模拟预演各种措施的结局的今天，仓促地决定在一些集水区发展以出口为导向的木片林、速生林，则不见得是正确的。

四、山区牧业、狩猎应以促进林业为本

放牧在过去和现在都被认为是世界森林遭到严重破坏的一个主要原因。恩格斯指出："希腊的山羊不等幼嫩的灌木长大就把它们吃光，它们把这个国家所有的山岭都啃得光秃秃的。"埃塞俄比亚在50年代已是非洲牲畜数量最多的国家之一，以后又继续大幅度增加牛羊牧养，1980年比1950年又几乎增加了一倍，因而把大面积森林辟为牧场。

山羊几百年来为害南斯拉夫森林。铁托总统1947年下令禁止放牧山羊。南当时有山羊78.6万头，下令后一年里就杀了40万头。直到1954年，南斯拉夫全国还禁止自由放牧山羊。至今，仍对山羊持怀疑态度。南斯拉夫认为山羊的肉、奶和皮的价值，远低于为山羊所支出的护林费用。根据科学家估算，两者的价值比为1∶20。一只山羊每年平均破坏1.15公顷森林；养一只山羊冬天要砍约50株树的枝条。

世界现有山羊4.76亿头（1983）。2/3分布在亚洲、非洲。放牧不当，必然破坏山林。但近年来，人们也认识到破坏森林的真正罪魁不是山羊本身。

地中海17个国家约有森林8500万公顷，放牧山羊4000万头，绵羊16130万头，每公顷平均2.41头，其中山羊0.5头。因载畜量太大而放牧过度的有6个国家。希腊科学家V. P. Papanastasis在给第九次世界林业大会的报告指出："有控制地放牧，对森林有利"。放牧有助于养分循环，从而提高生态系的生产率；放牧能减少可燃物质的积累，从而防止森林大火灾发生。最近几年人们已经认识到把山羊排除在森林之外的后果，森林里可燃物质量大

大增加，导致每年发生较大面积森林火灾。意大利 60 年代山林火灾平均年发生 3200 次，70 年代增为 6400 次；年均烧毁森林从 3.5 万公顷增为 5 万公顷。希腊 1972～1976 年山林火灾年发生 233 次，1977～1981 年增为 347 次；遭灾面积从 6600 公顷扩大为 14500 公顷。放牧山羊还能控制萌蘖，抑制植物对水的竞争。

日本、新西兰以及许多发展中国家现在都重视研究林牧结合，以林为本，发展牧业。恩格斯批评过的毁灭森林，随之"把区域里的高山畜牧业的基础给摧毁了"的错误，不能再犯了。

只要森林实现了永续利用，不仅牧业能发展，以野生动物为对象的狩猎业同样可以欣欣向荣。欧洲许多国家的实践已证明了这一点。瑞典 1900～1980 年间，年采伐量平均相当于林木蓄积量 3% 的条件下，森林蓄积量从 15 亿立方米增加到了 25 亿立方米。25 年前，瑞典森林每年猎杀驼鹿 3 万头．现在每年 18 万头。奥地利国有林收入中，80 年代初狩猎占 3%，现在占 6%。

五、旅游业应与林业共荣

阿尔卑斯山是世界旅游的一个中心，每年观光者超过 1 亿。景观是旅游业的资本。没有郁郁葱葱赏心悦目的森林，瑞士就不会有"世界花园"之美称；没有经营有序的森林为依托，奥地利高山旅游业不可能成为一枝开不败的鲜花。

集约的林业普及了道路网，为发展旅游业创造了条件。瑞士旅游业是在林业已有设施的基础之上发展起来的。为适应旅游业的需要，森林在经营上发生了一些变化，提高了成本。瑞士林业的经营成本愈来愈高，阿尔卑斯山区林业企业 1984 年平均每公顷森林亏损 36 瑞士法郎，而与林业相关的企业都是盈利的。瑞士现在在修改森林法，要求确保对森林的最低限度经营。新法草案业已形成，估计 90 年代初可以实施。对林业与旅游业共生关系的理解，是草拟新法的基础。

在希腊，毁林开荒、放牧毁林等传统的破坏森林现象已基本得到控制。近年来，全国各地开辟林区为旅游场所已出现了一些令人忧虑的苗头，例如森林火灾增多了。

六、山地林业成本不能只由木材来负担

在激烈的国际市场竞争中，在高度的生态环境要求与社会舆论压力下，许多国家林业处于经济危困。20 世纪 70 年代中期以来，国际市场木材价格已失去了第二次世界大战后扶摇直上的势头，而经营成本愈来愈高。在这种形势下，一些国家政府在考虑制定进一步扶持促进山地林业的政策。也是在这一背景条件下，国际上广泛展开了森林社会效益计量的研究讨论，其目的是要受益方面共同负担林业成本。

水的问题在全世界已成为几大热门话题之一。现在比以前已经更明确地意识到水的问题，归根到底也是森林保护、发展林业的问题。

我国水利部部长杨振怀说（1990 年 6 月 26 日），在中国，5000 年来，水利一直是农业的命脉，从 20 世纪 80 年代开始，水利已经成为整个国民经济的命脉。我国 11 亿人口，只有 2 亿多能喝上符合卫生标准的洁净水。如何保证 21 世纪淡水资源成为干净的卫生水？如何能使青山常在，绿水长流？

印度垣河流域北方邦在森林遭破坏之前，全邦多泉水，常年潺潺不息，现在许多河道一

年有几个月断流。为缺水、断水的乡村供应饮用水，修建管道已花了 1.5 亿美元。邦政府 2700 个饮用水供应计划，2300 个因水源干涸而失败。森林破坏后，洪水灾害也更频繁、更严重了。

非洲次撒哈拉地区的许多国家，1968 ~ 1988 年连续 21 年发生干旱。以冈比亚为例，1886 ~ 1967 年间的平均年降水量 1200 毫米，而此后到 1989 年为止的年降水量只有 800 毫米。森林面积锐减是干旱的主要原因。加纳 1937/1938 ~ 1980/1981 年间，郁闭林减少了 64%，从 47900 平方公里减为 17200 平方公里；稀疏林减少了 37%，从 111100 平方公里减为 69800 平方公里。原坐落在森林里的库马西（加纳第 2 大城市），森林消失后 1969 ~ 1986 年的雨水量比 1950 ~ 1968 年减少了 1/6 以上；库马西附近的 Botsumtui 湖，因蒸腾明显加快，1987 年湖面比 1972 年下降 2.4 米。

森林涵养水源的效益是显而易见的，但究竟如何计算其价值，如何收费，由谁支付，都还是讨论中的事。1988 年台湾发表的一份研究报告认为，台湾森林年涵养水源值为 7000 亿新台币（约相当于 240 亿美元）。

防止表土流失是当前世界并不次于水的大问题，这里森林的作用也是显而易见的。

山区建设必须突出林业，以林为本，以林业为基础。但如果林业的成本统统要由木材负担，又如果政府不可能采取包下来的政策（迄今为止，还未见一个发达国家政府有过这样表示），那么，山区要发展林业又会是非常困难的。

参考文献（略）

希望科技在决策中能发挥应有作用[①]

人过花甲，对中国林业已有的几个世界之最，兴奋不起来。对新近宣布要在 20 世纪 90 年代开始再创造几个世界之最，也漠然而无心雀跃。

美国大草原防护林营造之前，发生过一场大辩论。以当时的林学会主席为首的许多林学家反对。大草原防护林从 1935 年起直到第二次世界大战爆发，连续 8 年。这项壮举已载入世界林业史册。总结其成功的原因之一，是工程进展中充分考虑了反对派的种种担忧。因此，应当承认，保守派与激进派一样也为防护林的成功，做出了不可抹杀的贡献。

世界速生丰产造林的佼佼者有 4 个国家，新西兰、智利、巴西、南非，速生林面积都超过了百万公顷。新西兰 20 世纪 20 ~ 30 年代造林 30 万公顷，到 50 ~ 60 年代发挥了明显作用，除满足国内用材需要之外，还为一个新的出口工业建立了基础。智利 40 ~ 60 年代造林 29 万公顷，到 1974 年时已供应工业用材产量的 87%，同年木材产品出口值达 1.3 亿美元。4 国都是在造林经济效益非常清楚的前提下，更大面积铺开了速生造林。

中国已经有 3000 万公顷人工林。如果经营管理好其中的一小部分，同样可以实现资源增长。法国加斯科尼地区朗德省 100 多万公顷南欧海松人工林，近 25 年里每公顷年生长量几乎翻了一番，1962 年为 4.7 立方米，1987 年上升到 9 立方米。轮伐期可从 65 年缩短到 40 年。

德国森林以中幼林为主，联邦德国部分 4 龄级以下占森林总面积的 68.31%，8、9 龄级

---

① 本文系沈照仁同志撰写，发表于《世界林业研究》1991 年第 1 期。

近、成熟林只占 4%，全部乔林每公顷平均蓄积量达 300 立方米。联邦德国 50 年代初森林总蓄积量只有 6.36 亿立方米，1946～1976 年，30 年里的总采伐量超过 7 亿～8 亿立方米，而现在的总蓄积量已近 22 亿立方米。中国中幼林在现有森林中也占明显优势，但生长量极低，每公顷平均蓄积量很小。

我现在还看不到我国林业走出低谷的曙光。这次会议请大家来谈展望，我只想谈希望，希望 20 世纪 90 年代能点起林业走出低谷的曙光。经济是社会发展的基础，没有经济上健全的林业，不可能迎来森林资源蓬勃增长的明天。数学与计算是应用任何高、新技术于林业实践的基础。集约与粗放，投入的多少，并不一定代表先进与落后，而要通过计算判定选择的可行性。

当今世界风行两种倾向，一是要求把愈来愈多的森林划归自然保护，二是追求轮伐期越短生长量越高的工业人工林。对环境现实破坏的忧虑与对其后果的恐惧，也受"杰里米·里夫金熵"一种新的世界观的影响，前一倾向可能迫使各国把更多的森林划为自然保护区。可是，人类现在既做不到不让人口增长，大约也不愿意回到几百万年前过原始人生活。那么物质的消费必然增长。马克思说"一个社会不能停止消费，同样，它也不能停止生产。"为满足日益增长着的需要，用工业化方法培育林木是非常诱惑人的，因此许多决策者又沉醉于后一倾向。在 1 公顷林地上，每年要生长 1～60 立方米以上木材，都是做得到的。但是，哪一个社会能长期承受得了产出投入两抵的无效生产，或投入高于产出的亏损生产。希望科技在 90 年代的林业决策中发挥应有的作用。

经济健全的林业是实现资源繁茂发展的基础[①]

摘要： 国际上流行着一种倾向，要求把更多的森林保护起来。作者赞同，一个社会不可能停止消费，同样也不可能停止生产的论点。认为保护森林的理想办法，实现森林资源繁茂发展的基础，是建立一个经济上健全的林业。瑞典、芬兰、日本和德国等，近百年或几十年来实现了资源大幅度增长，足以证明上述论点的正确性。

主题词： 森林资源—永续利用　森林—蓄积量—瑞典　林业生产—芬兰　速生丰产林—日本　营林投资—经济效益　德国

森林是可更新资源，只要科学管理，合理经营，不仅不会枯竭，而且能愈砍愈多，愈砍愈好。第二次世界大战后，许多国家的 40 余年累计采伐量已远超过 20 世纪 50 年代初期的林木总蓄积量，而现有总蓄积量比原有的还要大得多。

但是，世界森林现在每年以 1100 万公顷的速度在减少，有 50～60 个国家迄今仍抑制不住森林锐减的趋势。我国 1949～1986 年，38 年的累计木材产量只有 14.1 亿立方米。按 5 倍计算资源的实际消耗量（近几年我国木材年产量为 6000 万立方米，而许多调查分析认为资源的实际年消耗量为 30000 万立方米），38 年的资源累计消耗量不足 71 亿立方米。跟其他发

---

①　本文系沈照仁同志撰写，发表于《世界林业研究》1991 年第 1 期。

展中国家一样，中国的森林年利用率并不高，可是，原有林区差不多都发生了资源枯竭，从而又导致了经济危困和生态危机。就总体而言，发达国家的森林利用得多，平均每公顷年产材量很高，资源却在不断增长，而发展中国家的森林利用得少，产材量低，资源却在持续减少。

国际社会现正热烈探讨拯救热带森林的途径，有主张抵制进口热带国家木材的，也有主张通过抵债办法把负债国森林保护起来的。这类主张非常像我国对"大木头挂帅"的批判，似乎木材生产是资源枯竭的罪魁祸首。根据马克思的观点："一个社会不能停止消费，同样，它也不能停止生产。"显然，上述主张是不现实的。现在也有人认为，实施森林的永续经营，也即保证林木的永续生产，是摆脱发展中国家林业困境的根本出路。这符合马克思关于"不管生产过程的社会形式怎样，它必须是连续不断的，或者说，必须周而复始地经过同样一些阶段"的观点。

在人口迅速增长的国家，即使保持目前很低的消费水平，木材生产也必须有相应的发展。因此，中国林业的出路是实现森林愈砍愈多愈好的科学经营制度。为此，必须保证林业再生产和扩大再生产的条件。

马克思指出："任何一个社会，如果不是不断地把它的一部分产品再转化为生产资料或新的生产要素，就不能不断地生产，即再生产。在其他条件不变的情况下，社会例如在一年里所消耗的生产资料，即劳动资料、原材料和辅助材料，只有在实物形式上为数量相等的新物品所替换，社会才能在原有的规模上再生产或保持自己财富。这些物品要从年产品总量中分离出来，重新并入生产过程。因此，一定量的产品是属于生产的。""要进行扩大再生产，又必须有更多的产品转化为新的生产要素，加入新的生产过程"。

颇为耐人寻味的竟是发达资本主义国家的林业，按照马克思的原则，实现了森林的永续经营。国内关于如何摆脱现有林区的三危问题，已经讨论很多。苏联森林资源丰富，但在林业上也发生了类似我国的问题。帝俄时期的林业是盈利部门，1904～1913年的10年里，国有林年年盈利，净收入（扣除各项开支后）以林价为主的占总收入的67%～89%。俄国的林业在国际上也曾享有崇高的声誉。由此可见，"不管生产过程的社会形式怎样"，"任何一个社会"，只要林业还是一个培育林木和生产木材的部门，只要林业的生存发展还主要依靠木材生产收入，它就必须是一个保证了再生产条件下的盈利部门。在林业确实难以自立的条件下，也应在扶植下成为盈利部门。瑞典、芬兰、日本和德国等的林业实践都表明，经济上健全的林业是实现森林资源增长的基础。

一、瑞典年年采伐总蓄积量的1/30，森林资源却持续增长

瑞典森林在19世纪遭到了非常严重的破坏，许多地方的资源濒于枯竭，大批以林为生的人失掉依托，流往国外。19世纪80年代就有40万人外流。近百年来，情况发生了大变化。1900年林木总蓄积量为15亿立方米，80年代中期扩增为26亿立方米。据林学界权威人士称，瑞典现在森林的良好状况，是历史上从未有过的。这样的转折显然并不始于自然保护和对生态学要求的遵循。确确实实保证采伐迹地更新，禁止对未达到经济伐期龄的森林进行皆伐，是瑞典林业坚持的两条基本原则，也即在保证林业取得理想经济效益、及时更新迹地的前提下，开展木材生产。

据统计，瑞典1850年木材采伐量，包括居民烧柴在内，大约为2200万立方米。到19

世纪末，每年木材采伐量为 3000 万~4000 万立方米。进入 20 世纪以来，木材最低年产量也为 3000 万~4000 万立方米，并逐渐提高，年采伐量几十年一直保持在林木总蓄积量的 1/30~1/35。70 年代年产材量超过 7000 万立方米。木材产量上升是与生长量增长相适应的，1923~1929 年的年生长量为 5658 万立方米，80 年代中期为 8567 万立方米。20 世纪末可望达到 1 亿立方米。

瑞典木材生产、林木生长量与蓄积量能长期持续同步增长，其主要原因是林业一直是个有利可图的生产部门。林业自身不仅保证了简单再生产的资金，而且还为扩大再生产不断增加投入。根据 1955~1984 年的统计资料，林主每销售 1 立方米木材，扣除种种费用之后，包括直接生产费用、营林保护费用、更新费用以及林道修建养护费用（其中大部分实际是林主的劳动收入），还可以获净利 31%~56%。1973~1974 年度的情况最好。木材采伐量 7350 万立方米，总收入 61.42 亿克朗。立木价收入 38.65 亿克朗，占总收入的 62.9%。折合立方米，原木收入为 83.57 克朗，立木为 52.58 克朗。扣除每立方米的营林、保护、更新以及林道修建养护开支 5.83 克朗，林主每立方米净到手 46.75 克朗。按原木收入算，林主净收入占总收入的 56%；按立木价收入算，占 88.9%。

因集约经营进一步加强，投资需要增长，也因劳动工资上涨，每立方米木材生产成本明显上升。林主净到手的收入部分趋于下降。1983~1984 年度木材产量 6160 万立方米，总收入 117.05 亿克朗，平均每立方米收入 190 克朗。立木价总收入 54 亿克朗，每立方米 87.7 克朗，占原木收入的 46.1%。扣除每立方米营林开支 29.4 克朗，林主净到手 58.3 克朗。这相当于原木总收入的 31%，或相当于立木价总收入的 66.5%。

开支增加实即投资扩大，瑞典林业再生产的基础能不断扩大的原因也在于此。1956~1960 年瑞典林业平均每年自我投资 1.75 亿克朗，相当于同期木材生产总收入的 8.2%；1983~1984 年度投资达 18.11 亿克朗，相当于总收入的 15.5%。28 年里，林业的自我投资额上升了近 10 倍。分摊到全国 2340 万公顷森林，1956~1960 年平均每年每公顷森林投资 7.4 克朗，而 1983~1984 年度为 77.4 克朗。如与当年的立木价相比，1956~1960 年对每公顷森林的年投入相当于 0.31 立方米立木价，1983~1984 年度的投入相当于 0.88 立方米立木价。

二、芬兰林业是与木材加工、制浆造纸并驾齐驱的国民经济生产部门

在芬兰，林业是与木材加工工业（包括制材、三板、木质家具业）、制浆造纸工业，并驾齐驱的独立商品经济部门（参见下表）。林业用地虽有较大面积划为自然保护区，但这并不妨碍林业开展积极的商品生产活动。

林业与相关产业产值统计表（亿芬兰马克）

	1971 年		1975 年		1980 年		1983 年	
		%		%		%		%
全国国内生产总值	449.15	100	953.58	100	1725.12	100	2461.41	100
林业	27.18	6.05	47.48	4.98	82.34	4.77	90.07	3.66
木材工业	10.57	2.35	14.92	1.56	50.74	2.94	53.82	2.10
制浆造纸业	15.65	3.48	32.42	3.40	72.46	4.20	31.58	3.31
农业	27.14	6.04	57.47	5.40	77.81	4.51	110.13	4.47

芬兰 1983 年国内生产总值为 2461.41 亿马克，林业占 90.07 亿马克，是同年木材加工业产值的 167%，是制浆造纸业产值的 110%。由于林业与木材加工、制浆造纸处在同等地位，加工与制浆造纸都必须依靠自身的努力发展，也即在林业创造增值的基础上增加各自产值，这对合理利用资源，对加工业、制浆造纸业的合理布局，都会产生有利影响。

林业产值的 90% 是通过木材生产实现的，另外 10% 则是通过造林与森林改良达到的。木材生产实现的 80.12 亿马克，一半以上为立木价收入；1983 年立木价收入为 41.8 亿马克。

近 50 年来，芬兰林业一直是有利可图的，因而不断提高了森林集约经营水平。以农户为主的私有林占全国生产性森林面积(约 2000 万公顷)的 63%，每公顷林木蓄积量已增加了50%，年生长量上升了 60%。1986～1988 年 3 年私有林年平均采伐量 4378 万立方米，按1988 年不变价计，年平均总收入 61.72 亿马克。扣去同期生产费用年平均 10.86 亿马克(包括木材采伐运输、林分抚育保护、森林改良与道路建设、施业案编制以及更新造林费用)，农户私有林的总收入达 50.86 亿马克，其中有 8.52 亿马克应是林主的投劳收入(包括水材采运、造林抚育的劳动)。扣除生产费用与劳动报酬后，1986～1988 年 3 年平均的年净收入为42.34 亿马克，相当于总收入的 69%。政府为鼓励林主开展集约经营，对林业分地区给予不同等级补贴，同期内年平均补贴 2.23 亿马克。按经营的生产性森林面积计算，私有林每公顷平均净收入 319 芬兰马克，外加 17 马克政府补贴；按生产的木材量计算，每立方米净收入 97 马克，外加 5 马克政府补贴。

国有林经营同样是有利可图的。国有林局实行独立该算，经营土地总面积 837 万公顷，其中可利用林面积 322 万公顷。国有林的条件远不如私有林好。1983 年采伐木材 497.5 万立方米，更新造林 22550 公顷，林分抚育 75991 公顷，施肥 23880 公顷。全年使用劳力近4000 个(64% 为契约工)，木材采运占用 61%，营林占用 21%，道路维修养护占用 7%，其他占用 11%。同年卖立木、原木路边交货和送货到厂共收入 92296.4 万芬兰马克，支付各项开支后，国有林局仍有 15719.9 万马克结余，相当于总收入的 17%，转入本局资金积累。

国有林局开支分 4 项，最大项开支为木材采运费用，占总开支一半以上。具体开支包括采伐木砍号、集运材道路维修建设、采伐、集材与运材。第二项开支占 10%，是经营森林费用，包括沼泽排水，造林与促进更新、施肥、林分抚育、采种与种子加工。第三项开支占21%，为行政管理费与税金(占 7%)。第四项分各种折旧及其他，占 15%。

三、日本林业的困境与竞争优势选择

第二次世界大战后，日本木材需要量持续增长，促进了林业发展。消费增长，价格也随着上涨。1927～1977 年日本木材及其制品的价格指数是一般物价指数的 2.8 倍，而这种价格指数差距的扩大主要出现在 20 世纪 50 年代之后。1948～1952 年，木材价格指数还只比一般物价指数高百分之十几，此后差距越来越大，一直保持到 1975 年。林业在当时是非常有利可图的，因此很繁荣。大面积次生林、低产林、天然林采伐后改变成了人工林，对战前的人工林也加强了集约经营，缩短了采伐年龄，并进行再造林。全日现有 1000 余万公顷人工林中 85% 以上是战后造林，平均每公顷年生长量 7～8 立方米。

日本山地林业，耗用劳力多，经营成本高。在开放的社会里，木材价格并不由日本培育小材所需社会必要劳动量来决定。显然，木材价格也不能根据人们的主观愿望，按最劣等的

土地、最大投入量来决定，而是要在国际市场竞争中实现。根据测算，日本培育一公顷林木的成本是加拿大不列颠哥伦比亚省、美国太平洋沿岸各州的 10 倍，与新西兰、智利相比，还要更高，这限定了日本国产材价格，也约束着日本林业的发展。

日本自然资源贫乏，按覆盖率计，却是世界森林最富饶国家之一。但现在年年有三分之二用材靠进口，而本国森林的年产材量只相当于 20 世纪 60 年代年产材量的 60%～70%；大面积达到采伐期的森林滞留着。

日本近 60% 的森林为私有。20 世纪 80 年代以来，森林收入的家庭生活费维持率明显下降。根据对柳杉的一个主要产地调查，1965 年前后，人工林采伐后，大约只要从木材收入中拿出 5%（政府补助金除外），就能完成迹地的再造林，包括支付整地，栽植、抚育等各项费用。1975 年以后，木材价格相对地稳定或下跌，而工资增长，再造林费可占去木材收入的28%～38%。

根据 1986 年对林木培育费用调查，50 年生主伐的柳杉，从整地到立木出售，每公顷共需耗资 200.7 万日元，投入劳力 211 个工。四分之三的资金与劳力都是在头 10 年消耗的。按 3%～4.5% 利率计算，50 年生柳杉的总培育成本就是 993.8 万日元。这远远超过了林木的间、主伐总收入的 610.3 万日元。近 10 年来，林业在日本已被认为是无利可盈的部门。

日本国有林收入过去曾有 40%～60% 被挪作他用。1947 年实施特别会计法，全部收入用于经营国有林。这样，到 1956 年，国有林就还清了更新和过伐欠账。此后，直到 1975 年，日本国有林财政年年有结余。但近十几年来，连续发生了亏损。

不论国有林、私有林，日本早已实现了独立经济核算；现有林的生产能力也还完全不足以保证国内木材市场的需求。可是，在这样有利的形势下，日本林业发展出现了停滞现象。为振兴林业，显而易见，必须提高竞争力。这又与社会林业的要求愈来愈多相矛盾。作为国民经济的一个生产部门，日本林业摆脱财政困境的主要办法，与其他经济部门所采取的非常相似（如节省开支，提高劳动生产率等）。但从实际做法来看，却似乎在倒退，例如从缩短轮伐期转向延长采伐年龄，降低人工林率目标，扩大天然更新比重（1982 年占 34%，1986 年上升到 52%）。日本现在提倡省力林业，这无疑是符合林学要求的，也即合乎自然规律。但日本林业发展的决策选择，无疑是建立在对竞争优势认识的基础之上的。追求速生丰产可以是优势，追求大径优质也可以是优势。对优势的认识选择是需要煞费苦心的！

四、德国年年造表分析林业成本结构，为保持盈利创造了条件

根据最新的森林资源调查，原联邦德国部分的森林每公顷蓄积量为 300 立方米，比 1961 年增加了 60%。现在蓄积量是历史最高的。战后初期，联邦德国林木总蓄积量只有 6.36 亿立方米（带皮），而 1946～1976 年 30 年的累计木材产量为 7 亿～8 亿立方米。经济上健全的林业保证了德国森林的永续经营。森林曾是德国的重要财源。以巴登-符腾堡州为例，100 年前，州林业利润负担了州地方开支的 5%～10%。20 年前，林业企业总营业额中，纯收入还占到 30%～40%。以往 35 年，州有林累计盈利近 10 亿马克。林业盈利不仅促进了资源增长，也为科学经营创造了条件：联邦德国森林的年龄结构显著改善，林分价值愈来愈高，林区道路网发达，机械装备精良。

20 世纪 70～80 年代，社会突出了对森林非物质生产效益的要求。为维护、提高森林的防护效能、游憩价值，林业的额外负担增加了。据 1974 年调查，联邦德国森林每公顷平均

增加了 44.45 马克负担；1981 年林业因额外负担每公顷森林减少收入 46.83 马克。在木材价格相对稳定时期，工资增长率又高于林业劳动生产率的条件下，林业要继续保持盈利就非常困难。

1988 年 10 月联邦德国召开讨论林业发展方向的大会，提出了许多问题，如："明天的林业是木材生产部门，还是服务部门？""实施多目标综合经营，林业是否仍能盈利？""林业保持为盈利事业到什么程度？""林业是否将成为单纯的森林管理，从而必须长期地受国家高额补贴？"德意志林协主席 Rieder 说，林业需要帮助，但首先必须自寻出路。应该让公众明白，只有经济上健全的林业，才有可能从生态、美学角度去关心森林。林业企业持续亏损，必将导致过伐和抚育上的漏洞，减少投入，荒疏保护工作。

所谓"经济上健全的林业"，也即保证森林的永续经营在经济上可行。德国林业从企业、地方到全州、全国，年年编制收支表和经营成本分配表。成本分配表分两部分：一部分是按要素的成本分配，如劳动工资、机械设施折旧、原材料消耗、利息、税及风险费等，是林业经营生产管理不可免的人力、物力、财力消耗；另一部分是按生产阶段部门的成本分配，如造林、抚育、采运等，便于监督控制成本的责任范围。坚持这样的报表制度，可以随时分析发现经营上的薄弱环节。

政府要求林业为盈利而提高收入、降低消耗。林业在经过努力而仍亏损时，政府和社会对林业的某些生产环节给予扶植补贴。最近德国林业界又展开了讨论：是继续走集约经营的道路，还是实施粗放经营？这说明集约与粗放并不代表进步与落后，问题在于遵循哪条途径可以保证较高的经济效益，又达到经营的预期目标。

参考文献（略）

苏联自然保护区、自然保护狩猎区与自然国家公园[①]

	1980	1985	1986	1987	1988
自然保护区与自然保护狩猎区（个）	135	150	155	161	164
面积（万公顷）	1106.0	1754.9	1890.4	1964.4	2159.7
自然国家公园（个）	7	13	18	19	19
面积（万公顷）	41.1	78.8	175.3	178.0	177.9

说明：

（1）自然保护区——仅存的或对地理带最具代表性的地块，为保护研究自然综合体和恢复珍贵的动植物而禁止进行经济利用。

（2）自然保护狩猎区——为保护野生动物而设的地块，在个别情况下，允许进行有限的狩猎，或进行严格控制的狩猎。

（3）自然国家公园——为保护具特别生态、历史和美学价值的自然综合体而设，这类地块的自然与文化景观宜人，应用于旅游、文教和科研目的。

---

① 本文系沈照仁同志撰写，发表于《世界林业研究》1991 年第 2 期。

苏联第一批自然保护区建立于 1912 年,如格鲁吉亚的 Лагодехский 和拉脱维亚的 Mopnvcala;第一个自然国家公园建立于 1971 年,为爱沙尼亚的 Лахемааский。不论自然保护区还是自然国家公园都有明确的面积,受保护动植物的名称。

应对以"外延扩大再生产"为主的
林业发展道路展开讨论[①]

摘要: 新中国成立以来,每 10 年森林覆盖率增加 1%,20 世纪的最后 10 年预期将再扩大森林覆盖率 4%。作者认为"外延扩大再生产"的林业发展道路可能潜伏着林业生产力愈来愈低的危险,并通过对比和国外趋势证明,发展战略选择必须集思广益。

主题词: 林业发展—发展道路—战略选择 中国

不论国内国外,现在和过去,经营森林与扩大荒地造林都不外乎两个目的,一个是提高物质生产能力,目前主要仍是生产木材的能力;另一个是完善环境,如保持土壤、涵养水源、美化景观、保护繁衍物种。两者一般是可以兼容的。除个别、少数情况外,同一树种生产能力高的林分,其环境作用必然也强。森林达到成过熟之后,不仅生长力减退,其各种防护机能也随着衰败。因此,生长量几乎是各种经营目的的林业所共同追求的。最近,国际学术界广泛议论森林缓解气候变暖作用,一些专家指出,森林生长量愈高,吸收二氧化碳的能力愈强,因而抑制气候变暖的作用愈显著。

中国人多地少,以世界 7% 的土地养育 22% 的人口,这决定了中国的林业应不断为增强物质生产能力而奋斗。根据联合国粮农组织生产年鉴(1983 年),我国森林、林地与可耕地,多年作物土地面积之比,远小于世界平均水平;我国是 1.27:1,而世界平均是 2.78:1。我国可耕地和多年作物土地占世界的 6.9%,而森林和林地只占 3.1%。因人口压力,中国扩大森林面积的潜力是很小的。即使到 2000 年时实现了 17% 的森林覆盖率目标,也只达到世界的 4.1%。

中国的农业依靠传统的精耕细作加现代科学技术,基本满足了粮食自给。木材是国计民生不可缺少的物资,是非常时期的战略物资,有万能代用原材料的美名。木材又是体大笨重物资,远距离运输费用大约相当于自身价格的 1/4,如长期依靠进口是很不经济的。为保证木材基本自给,中国林业无疑必须走农业的发展道路,持续地提高单位面积森林的产材能力。

中国造林规模世界第一。当发展中国家森林平均每年以 0.6% 以上的速度消失时,我国森林覆盖率却能增长,平均每 10 年增加覆盖率 1%。全国现有人工林总面积 3829.93 万公顷,拥有 100 万公顷以上人工林的省、区已达 16 个。这确实值得自豪。

新中国成立以来,我国林业一直坚持扩大造林以实现资源增长的发展道路,在某种意义上可以认为走的是一条"外延的扩大再生产"道路。1949~1979 年全国累计造林总面积 9971

---

① 本文系沈照仁同志撰写,发表于《世界林业研究》1991 年第 2 期。

万公顷，相当于国土的 10% 以上；保存面积不足 2800 万公顷。改革开放以后，根据报刊广播公布完成的造林面积，每年在 400 万 ~ 667 万公顷之间。10 年累计应有 5000 万公顷，这相当于山东、江苏、浙江和安徽 4 省面积的总和。1990 年 12 月 26 日我国郑重地向世界宣布，"八五"期间，做到每年增加森林面积 300 万公顷。

发展道路选择是全局性的事情。选择正确，事半功倍，可能一时仍摆脱不了困境，但曙光在前，让人信心满怀。覆辙之痛，记忆犹新。重蹈旧路，孕育着的可能是一个低产林愈积愈多的前景。这可能意味着中国林业还来不及摆脱现在的经济危困，又将陷入更深的经济危困。一时靠行政办法实现的森林面积增长，能否持续，确实令人担忧！

一、美苏关于森林生产率与投入产出的研究

生产率是衡量国民经济部门的一个重要尺度。企业、部门或国家的产出，决定于投入和投入的效率。产出投入比增长，生产率上升，反之，即下降。美国经济学家 Peter J. Ince 等认为，森林的木材生产率尺度，可以揭示木材产出量与木材生产的森林投入量之间的关系。年木材生长量与年木材采伐量是衡量木材产出的两个不同尺度。林木（资本）蓄积和林地是木材生产的主要投入。Peter J. Ince 等主张采用单位面积（英亩）年纯生长量和生长量与蓄积量比、采伐量与蓄积量比做尺度，衡量森林的木材生产率。每英亩年纯生长量反映林地投入的森林木材生产率，而生长量与蓄积量比、采伐量与蓄积量比的指标则反映林木资本即蓄积投入的森林木材生产率。

美国 1952 ~ 1987 年间，用材林面积从 2.06 亿公顷减为 1.95 亿公顷，而年纯生长量从 3.94 亿立方米增为 6.32 亿立方米，年生长量从每公顷 1.92 立方米上升到 3.25 立方米。这表明美国林地生产率在持续增长，1987 年是 1952 年的 169%。生长量增长为产材量提高创造了前提，1952 年美国采伐量为 3.37 亿立方米，1987 年上升为 4.84 亿立方米。生长量增长还是蓄积增长的基础，1952 年用材林总蓄积量为 172.8 亿立方米，1987 年上升到 213 亿立方米。每公顷平均蓄积量从 83.9 立方米上升为 109 立方米。

苏联农科院院士麦列霍夫认为，林业科研改革要摆脱零散的小课题，而应解决像提高林业生产力这样的大问题。不久以前，讲提高森林生产力，只涉及木材。现在情况变了，把各种效益都包括了进来。可是，实际上，问题的核心仍是提高森林主要组成部分的生产力，即林木生产力，从单位面积上取得更多优质木材。经济学副博士费多谢耶夫进一步指出，森林的集约经营实质是要求降低劳力、资金消耗，即：每立方米木材培育以及目标效益改善的消耗。

二、中幼林偏多的联邦德国森林蓄积量翻番增长

1961 年以来，因农业生产过剩，联邦德国的大量农田改变为森林。1987 年有林地总面积达 755 万公顷，比 1961 年多了 60 余万公顷，扩大 8.9%。同期内，林木总蓄积量从 9.6 亿立方米上升到了 21.94 亿立方米，增加 1.3 倍。因战时破坏、过伐和战后初期超量采伐，联邦德国 20 世纪 50 年代初的林木蓄积量只有 6.36 亿立方米。现在联邦德国每公顷森林的平均蓄积量为 297.5 立方米，而 40 年前只有 92 立方米。

在地球上，已经极难找到一个拥有足够的土地能把森林扩大两倍的国家。但把现有林单位面积产材能力提高两倍的国家，将会不断出现。

联邦德国森林 94.7% 为可进行采伐的乔林，主要树种的轮伐期都在 100 年以上。幼龄林、中龄林比重明显偏大（见表1）：

表1　联邦德国可进行采伐的乔林林龄Ⅰ～Ⅸ龄级面积分布

调查年份		尚未更新的林中空地	Ⅰ	Ⅱ	Ⅲ	Ⅳ	Ⅴ	Ⅵ	Ⅶ	Ⅷ	Ⅸ	总计
1987年	公顷	34504	1016170	1558346	1089921	1185242	988025	601573	389399	193522	91923	7148623
	%	0.48	14.2	21.8	15.25	16.58	13.82	8.42	5.45	2.71	1.29	100
1961年	公顷	149821	1430888	1188593	1169123	877981	631734	461540	292803	101077	25478	6329038
	%	2.4	22.6	18.8	18.5	13.9	10	7.3	4.6	1.6	0.4	100

1961 年Ⅳ龄级以下乔林（包括未更新迹地，Ⅰ、Ⅱ、Ⅲ、Ⅳ龄级森林）共占乔林总面积的 76.2%。1987 年Ⅳ龄级以下乔林占 68.31%。中幼林处于生长的旺盛期，除Ⅰ龄级外，在联邦德国Ⅱ、Ⅲ、Ⅳ龄级的年平均生长量比Ⅴ、Ⅵ、Ⅶ、Ⅷ龄级的高 20% 至 1 倍以上。

大约 100 年前，德国森林每公顷平均只产 1.5 立方米木材，现在是 4 立方米以上。森林生长量增长为采伐量，蓄积量提高创造了条件。

三、同是中幼林为主，我国杉木单产只有日本柳杉的1/5

杉木是我国著名的速生用材树种，其速生丰产林的生长速度与单位面积年生长量在国内针叶树种中占首位，与各国丰产针叶林比，也名列前茅。吴中伦先生等曾建议，重点产区 20 年生杉木林每公顷平均年生长量应不少于 7.5～10.5 立方米。根据历史资料记载，我国杉木林的经营水平，并不亚于日本对柳杉林的经营。

1986 年日本有柳杉林 450 万公顷，87% 的面积为 36 年生以下，即绝大部分为第二次世界大战后更新造林。总蓄积量 7.99 亿立方米，40 年生以上的占 29%，第二次世界大战后形成的蓄积量占 71%。每公顷蓄积量 177.6 立方米，中幼林每公顷蓄积量约为 146 立方米，近、成、过熟林约为 389 立方米（见表2）。

1957～1962 年我国南方 9 省集体林区有杉木林 372 万公顷，蓄积量为 23150 万立方米，每公顷平均蓄积量为 62.2 立方米。1984～1988 年杉木面积扩大为 702 万公顷，是 25 年前的 1.89 倍；蓄积量 24826 万立方米，只增加了 7%。每公顷蓄积量 35.36 立方米，减少了 43%。

表2　我国南方集体林区杉木林与日本柳杉林对比

	全部			中幼林			近、成、过熟林		
	面积（万公顷）	总蓄积（万公顷）	每公顷蓄积（立方米）	面积（万公顷）	总蓄积（万公顷）	每公顷蓄积（立方米）	面积（万公顷）	总蓄积（万公顷）	每公顷蓄积（立方米）
中国杉木	702.11	24825.55	35.36	592.59	15711.62	26.51	109.52	9113.93	83.22
日本柳杉	约450	79900	177.56	391.5	57128.5	145.92	58.5	22771.5	389.25
前者为后者的%	156	31.03	19.91			18.17			21.37

*注：①日本柳杉为人工林，我国杉木人工林面积416.44万公顷，蓄积14138.1万立方米，每公顷蓄积33.94立方米。
②日本柳杉中幼林面积采用36年生以下，蓄积采用40年生以下。

我国杉木林的龄级结构与日本柳杉林近似。根据 1984～1988 年调查，杉木中龄林、幼龄林占总面积的 84.4%，占总蓄积的 63.2%。令人担忧的是，我国杉木林单位面积蓄积呈持续下降趋势，1978～1981 年只有 1957～1962 年的 63%，1984～1988 年又比前 5 年减少了 10%。日本柳杉 1986 年每公顷蓄积比 1981 年大约增加了 38 立方米，即 5 年每公顷增加的蓄积量，就高于我国现有杉木林每公顷拥有的蓄积量，日本某些柳杉产区，每公顷年产木材平均超过了 4 立方米。

四、我国人工林生产率远低于天然林

从现有人工造林面积中扣除未成林和经济林、竹林之后，我国人工林林分面积(包括用材林、防护林、薪炭林、特用林)共 1874.27 万公顷，蓄积 52984.9 万立方米，占我国现有林分总面积(10218.7 万公顷)的 18.34%，占总蓄积量(809149.03 万立方米)的 6.55%。全国人工林林分每公顷平均蓄积量只有 28.27 立方米，相当于全国现有林分每公顷平均蓄积量(79.18 立方米)的 36%。

人工林发展历史短，如果在近、成、过熟阶段，其平均蓄积低于全国林分平均蓄积，尚可理解。但在幼龄、中龄阶段，人工林也明显地低，就颇值得研究(见表 3)：

表 3　人工林与全国林分的蓄积对比(立方米/公顷)

林分别	龄　组				
	幼龄林	中龄林	近熟林	成熟林	过熟林
人工林林分	14.3	43.0	61.85	64.89	109.23
全国林分	25.98	71.90	108.28	163.30	221.24
前者为后者的%	55	59.8	57.1	89.7	49.37

按已成林人工林林分面积计算，我国有 7 个省区(黑龙江、广东、四川、辽宁、福建、湖南、内蒙古)拥有人工林超过 100 万公顷，福建省是其中的佼佼者，每公顷平均蓄积量为 49 立方米，在中龄林阶段的平均蓄积量超过了全国林分平均水平，达到 85 立方米。但与本省全部林分的蓄积相比，也还是低得多(见表 4)。这表明我国森林生产率在普遍下滑。

表 4　福建省人工林与全部林分的蓄积对比(立方米/公顷)

林分别	龄　组				
	总平均	幼龄林	中龄林	近熟林	成熟林
人工林林分	49.4	18.17	85.05	145	122.28
全省林分	68.91	26.31	99.87	153.84	156.01
前者为后者的%	71.69	69.06	85.16	94.25	78.38

五、中国速生造林的质量亟待提高

早在 20 世纪 50 年代末，林业部提出了营造人工林实行丰产化的方针，国家拨专款给予扶持，到 1980 年统计营造面积达 320 万公顷。根据统计，1981~1987 年又营造了 336 万公顷速生用材林。我国现有速生林面积已相当于新西兰、智利、南非 3 国工业人工林面积总和的 1 倍。

新西兰 20 世纪 50 年代末只有人工林 30 余万公顷，占国土面积 1% 多一点，不仅满足了国内用材需要，还从木材进口国变为大量出口国，因而扬名世界。到 1986 年，新西兰工业人工林已发展到 113 万公顷，其中 81.1 万公顷为 1962 年以后造的林。林木总蓄积量 20900 万立方米，每公顷平均蓄积量 185 立方米。

智利 20 世纪 70 年代后期被誉为拉丁美洲林业的典范。1907~1974 年累计营造辐射松林 29 万公顷，在国民经济中发挥了积极作用。1974 年全国产工业用材 495.86 万立方米，辐射松提供了其中的 86.8%。高经济效益促进了智利 1975 年以来的造林运动。1987 年有辐射松人工林 111.8 万公顷，总蓄积量 14310 万立方米，平均每公顷蓄积量 128 立方米。15 年生以下占绝大部分。

根据资源调查统计，10 年以下辐射松林占 58%，不计蓄积量。11 年生以上平均每公顷蓄积量达 296 立方米（见表 5）。

表 5　智利辐射松人工林生长统计表（立方米/公顷）

11～15 年	16～20 年	21～25 年	26～30 年	31 年以上
199.5	355	507.9	579.1	914.8

智利辐射松林 1987 年已供应 1120.7 万立方米木材，2000 年时预计每年将供应 2700 万立方米，每公顷年产木材 24.1 立方米。

在目前的人口压力下，中国短期内不太可能找到大面积土地进行真正的速生丰产造林。

英国天然林极少，一次大战因木材来源遭封锁而深感困难，从此开始重视造林。直到 80 年代中期，农林牧对土地的竞争非常激烈。造林经济效益小，竞争不过农牧业，只能占用最差土地。因此可以说，英国造林占用土地的质量状况与我国近似。

根据 1980 年森林资源调查，英国森林总面积 210.8 万公顷，其中乔林 188.1 万公顷、蓄积量 19744 万立方米，每公顷平均 105 立方米，乔林中 82% 为第一次世界大战后（1921～1980 年造林）。1961～1970 年造的林，每公顷已有蓄积 29.3 立方米，1951～1960 年造林每公顷蓄积为 89 立方米，1941～1950 年为 141 立方米，1931～1940 年为 189.7 立方米，1921～1930 年造的林每公顷蓄积量达 214.9 立方米。

英国 1947 年的森林总面积为 147.6 万公顷，总蓄积量 1.08 亿立方米，每公顷蓄积量 73.17 立方米。英国木材产量也保持着稳定增长，现在年产 640 万立方米，是 30 年前的一倍。

中国已是世界杨树和其他各种"速生丰产林"面积最大的国家。是继续沿着"外延扩大再生产"的道路，还是放慢外延步伐，发掘内涵潜力，确实值得深思！

参考文献（略）

美国木材生产、自然保护之争与林业发展道路[①]

摘要： 本文是对赵士洞、陈华两先生《新林业》一文（见本刊 1991 年第 1 期）的补充，从另一个侧面介绍美国林业生产与自然保护之间的斗争实质。美国林务局《新远景》计划三种模式林业，勾绘了又一个美国林业发展思路。中国林业面临的问题远比美国复杂得多。新理论既要兼顾生产与生态环境，又必须便于操作，经济上可行。

主题词： 森林经营—经营模式—美国　木材生产　木材供需　林业发展—道路

---

①　本文系沈照仁同志撰写，发表于《世界林业研究》1991 年第 3 期。

前　言

本刊 1991 年第 1 期发表的中科院应用生态所赵士洞、陈华两位先生的《新林业——美国林业一场潜在的革命》一文介绍了美国近几年热烈争论的有关林业发展道路的一个侧面。林业究竟如何发展，才能兼顾当前与未来，既可保证木材等物质生产的持续增长，又可充分发挥森林的各种公益机能，既不损害环境、生态，又经济上可行，易于实践。这确实是非常复杂的问题。

第二次世界大战以后，在美国木材生产与自然保护之间的争论从未间断过。美国拥有近 3 亿公顷森林。由于资源比较丰富，直到 20 世纪 80 年代，她似乎既足以保证经济发展的用材需要，也能满足社会对自然保护、游憩环境等的要求。仰仗天赐的恩惠，美国做到了左右逢源，现在既是世界木材产量最多的国家，又是世界森林旅游业最发达的国家。

一、机械划分森林多目标用途行不通了

美国森林分为用材林（Commercial）和非用材林或自然保护林。后者包括国家公园、自然保护区等，以及年生长量每公顷在 1.4 立方米以下的森林。自 1960 年国会通过了《森林的多种利用及永续生产条例》以来，森林经营要求兼顾游憩、放牧、木材生产、保护集水区、栖息和保护野生动物五大目标用途。1987 年与 1962 年相比，用材林面积缩小了 6.6%，从 20845.8 万公顷减少为 19549 万公顷。非用材林面积超过了森林总面积的 1/3。

非用材林中 90% 以上是每公顷年生长量在 1.4 立方米以下的森林。每公顷年生长量和潜在年生长量 1.4 立方米，是美国林业为组织木材生产能否有利可图所划的一条界线。低于此水平的森林，开展木材生产缺乏前景。这就是为什么美国国会过去比较容易地通过把大面积森林划为自然保护林、非用材林、国家公园的一个根本原因。现在情况发生了变化。

1990 年第 19 届国际林联会议美国代表 Roger N. Clark 的报告，揭示了林业多目标经营体制的实质。他说，20 世纪 50 年代以来，即使是公有林林业也以一业为主，所谓多目标经营，只是一个口号、标语，美国、加拿大都是如此。一业主要是木材生产，只有极少几个地方是以旅游、放牧为主。木材生产愈多，受雇的人愈多，为木材生产着想的人也必然愈多，这并无奇怪可言。随着经济发展，社会对森林的需求增多，因此批评以木材生产一业为主利用森林的人愈来愈多。在资源还是非常丰富的时候，可以给不同利益的代表部门，都切一块林子，去实现其所要求的为主目标，矛盾似乎就解决了。北美现在实际推行的多目标林业，就是把一个大林区分割成不同主业或不同目标用途的小林区。但分割到一定时候，新的要求继续出现，而森林都已处于一业的势力范围之内，要求重新分割的斗争也随着发生了。

二、湿地、猫头鹰保护运动更约束木材生产

据美国林务局 1980 年出版的材料报道，1972 年各类以木材为基础的经济活动所创造的附加产值约为 485 亿美元，占国民生产总值的 4.1%。这就是说，每 24 美元的国民生产总值中，就有 1 美元来自与木材有关的行业。就业人数约 326.5 万人，占全部城市劳力的 4%。

采运、制材、胶合板、木质家具、制浆造纸、纸板工业 1982 年的总销售值达 1340 亿美元，木材生产兴衰迄今仍对美国经济有着不容忽视的影响。

低湿地改造曾被认为是美国南方发展工业人工林理想途径，但近几年兴起的湿地保护运动，断绝了林业开拓的一条道路。

近年来，老百姓控告政府开发国有林的案子增多。1983～1987 年间，西北地区平均每年控告林务局的案子 66 起，而 1988 年一年就超过了 400 起。

20 世纪 80 年代接近尾声时，一个关于斑块猫头鹰栖息地的保护问题，轰动了全国。于是，一时间，美国林务局陷入了四周交叉火力夹击之下。《美国森林》杂志 1990 年 9 月、10 月号社论有一段文字这样说："国会里对峙的双方提出了尖刻的批评，都把矛头指向林务局。代表林产品工业的律师在国会的意见听证会上，要求通过一项法规以约束林务局，使其不得任意改变决定和削减木材采运计划。代表环境保护的律师则指责木材采运计划和木材销售，认定林务局不遵守法令。"

美国林业协会常务副主席 Neil Sampson 指出，成过熟天然林（Old-growth forests）面积在不断缩小，现在大约只剩下 1/10 了。虽已有几百万英亩成过熟天然林划为国家公园、原野保留地以及其他保护地，但未纳入以上保护地的森林仍在遭到强度采伐。斑块猫头鹰是栖息于成过熟林的动物，栖息地减少，威胁着猫头鹰的生存。1990 年美国已确认斑块猫头鹰为濒危动物。根据《濒危物种法》（Endangered Species Act），政府必须采取措施恢复斑块猫头鹰，自然也就必须采取措施终止威胁其生存的活动，也即停止采伐成过熟天然林。

把原来的用材林划为保留林，这显然会改变地区的经济格局，也意味着成千上万人失业，减少财政收入来源，同时又必然加重非保留林区的木材生产压力。

三、林学家主张保护森林要以人类需要为出发点

美国林学家协会 1988 年年会自始至终讨论了如何开展森林的保护问题，看法很不一致。有的突出现在森林利用的弊病，对森林经营潜力抱悲观态度，要求首先禁止或限制森林利用，即牺牲当前利用，保证未来。另一些人则强调森林的其他利用。他们对问题理解不同，因此侧重点各异。协会主席斯托尔坦勃格主张，保护森林的讨论要以人类需要为出发点，要考虑到地球人口日趋拥挤的条件。因此，他认为这个问题应至少包含三个要点：①对森林可以满足的当前人类的需要不能熟视无睹；②预见到未来人们的迫切需要，力求明确如何经营森林能适应未来；③在资源的决策与行动中，尽可能运用知识以有效满足人们当前和未来的需要。总之，斯托尔坦勃格认为，解决这个问题要求助于科学，要展开积极研究，既重视资源破坏的严重性，又不能无视人类的需求。

根据林学的观点，为提高森林生产力，采伐利用老林是理所当然的。林务局在编制新的林业中期计划时，提供了林学家 Davis 如下的一段论述：森林如保持原始状态，林木年死亡率与年生长量持平，或者前者还大于后者，因此纯生长量等于 0。1800 年时，美国森林就没有纯生长量。1920 年美国森林纯生长量达到 1.41 亿立方米，1976 年又上升为 6.23 亿立方米。

美国林务局暗示，森林是可更新资源，是可以做到愈砍愈多的。现在大面积次生林尚未成熟，要求近期内停止采伐成过熟天然林，是难以接受的。国会既不愿意削减木材产量指标，也不愿意减少收入，可见来自自然保护的压力还在加强。今天有斑块猫头鹰的栖息地问题，明天还会有更多的动植物要求保护，这样势必迫使木材生产集中到有限的"非保留"土地上。

Roger N. CIark 认为，自然资源的各种生态价值、社会价值，如何相互地联系着，通过计划和经营管理又如何使不同价值协调发挥，人类这方面的知识还是非常不够的。但从森林景观的总体出发，又考虑森林多种产出、效益之间的相互关系，制定这样一个林业政策，显得非常迫切了。

四、"新林业"与"新远景"计划

著名林学家 Franklin 教授的新林业理论是针对美国太平洋沿岸西北部成过熟天然林的经营提出来的，旨在协调生产与保护之间的矛盾。新林业理论原则是突出森林潜在的生态价值，要求森林经营应尽力模拟自然过程，保持成过熟天然林的生物遗产与结构特性。因此操作起来颇为复杂。

有人评价"新林业"是木材生产与自然保护之间的折中立场。现在也未见到有关其经济可行性的论述文章。此外，Franklin 的"新林业"适用于太平洋沿岸西北部地区的天然林，并不能成为处理全美林业的理论基础。

国会 1974 年通过的《森林与牧地可更新资源规划法》，要求农业部定期制定长远的林业规划，每 10 年制定一次，每 5 年更新一次。1990 年新制定的计划纲要，现正在审议中。为配合此项工作，美国林务局一年多以前成立了一个"新远景"计划小组（"New Prcrspectives" programm），其负责人 Hal Salwasser 在美国林学家协会 1990 年年会上做了长篇报告，介绍美国林业"新远景"构思。

Salwasser 分析了世界森林利用的发展阶段：任意利用→按地方习惯的调节利用→高层次调节利用为第一阶段；永续利用是第二阶段，先是要求单一资源的永续利用，如林木、动物、饲料和水等，现在已转变为要求对同一林地上多资源的永续利用；永续利用的理论概念也多种多样，有累进的永续利用和恢复性的永续利用之别。

Salwasser 认为，现代森林经营的方向是实现森林生态系统的永续经营。但迄今为止，我们甚至还没有把握说清楚究竟什么是生态系统永续经营，她与旧的永续利用经营有何区别。但是，生态系统永续经营这一概念确实已提上日程，近一二十年必将进行试验并得到发展。先进国家林业政策一般都已实现或在遵循永续利用原则，发展中国家林业也都希望能走上这一发展道路。世界只有极少数国家开始了森林生态系统的永续经营阶段。

Salwasser 在报告里还是解释了什么是生态系统永续经营，他说，这是要精心确立一种多效益、永续利用的资源经营管理思想，实即把森林的永续利用和生态系统的永续经营结合在一起，但并不单纯地突出资源和利用，而是要把生态系统的一系列服务，价值、用途、多样性和连续性都包括进去。

美国林务局"新远景"计划小组具体地提出了三种模式的林业发展道路，并认为每种模式对未来的林业，对世界任何地方都是重要的，因为对自然资源保护战略的整体而言，每种模式各有其重要目的。

树木作物林业 Tree-crop forestry 是一种模式，突出各种用途木材的培育和生产，是一种农业经营模式。这种模式林业的木材生产力高，适应社会现在仍需大量木材的要求，又可缓和对其余森林的压力，从而实施其他模式林业。树木作物林业要求土壤肥沃，接近市场，其经营实践与投资都追求期望的产量，又必须维持土地树木作物的长期生产能力和更新能力。

多效益林业 Multiple-benefit forestry 是第二种模式，追求各种效益和森林利用永续生产的长期平衡。根据各种资源的期望产量和期待的森林价值，确定投资与土地的未来状况。在富裕国家，多效益林业已风行多年，甚至一些私有工业林也在实施多效益林业。多效益林业不仅关心土地的持续生产力，例如土壤，水分状况，还重视保持经营目的所要求的生物多样性主要因子。

保留林林业是第三种模式，突出保留森林的天然状态，保证受人的影响最小，保持森林的永恒，不追求资源的期望产量和土地的期待状况，一切听凭自然发展。Salwasser 说，三者之间可能存在界限不明的地带，并认为三者都是重要的，没有一种模式可以凌驾于其他两个模式之上。

"新远景"计划构想面世之后，引起了广泛兴趣，也带来了一片混乱。林务局因此解释道，这个计划尚处于酝酿阶段，希望能在公众的帮助下，促使其定形。"新远景"计划最初的构思，只是与 Franklin 博士"新林业"的原则相呼应，进行了一些研究探索。现在"新远景"计划涉及的范围，远远超过了太平洋西北地区。

"新远景"计划的指导思想是"分而治之"，显然与 Franklin 的"新林业"主张把生产和保护"融为一体"的思想是完全相悖的。

五、为实现科学的决策还有许多工作要做

近 20 年来，关于林业的决策辩论，在美国至少已进行了三次，如何发展林业确实是越辩越清楚。但要做到真正的科学决策、科学实践，仍有大量工作要做。

国家科学院(National Academy of Sciences)最近关于林业研究的报告指出，许多事例表明，关于自然生态系统机能的基础科学知识现在还很贫乏，还不足以支持决策。因此建议，从根本上改变林业研究的动机，即从以改善商品生产为动机的农业模式，转变为探索如何保持一个也生产商品的健全运行的生态系统。

现任林务局长 Robertson 说，美国人民现在 80% 以上认为，要不惜成本，继续改善环境；80% 以上的人们中的大多数也认为采伐、砍树对环境是不利的。可惜，他们不懂林业！林业工作者现在必须与 80% 以上人民的想法一致，也就必须正确对待环境保护主义。但我们要提倡负责的环境保护主义，反对不负责的环境保护主义，这就要开展对森林的平衡的多目标经营，培育森林，谨慎地采伐木材，又考虑森林的其他价值。

参议员 Elmon Gray 认为，由于大部分美国人居住在城市里，不懂得土地经营，可是却通过选出来的听命于他们的官员在发号施令。照此下去，对国家、对经济都不利。

密执安大学森林生态学家 Pregitzer K. S. 也指出："美国 3/4 的人口居住于都市。都市文明对森林产生了新的且难于应付的需求，对林地和森林经营构成了种种约束。越来越多的城里人把森林当做旅游、观赏及摄影的好去处。这种个人参与逐渐形成的要求保存森林的巨大势力，其结果是约束森林经营的法规越来越多。"

林务局长 Robertson 在南部林主会议(1990 年)上，阐述了美国林业工作者的苦衷，林务局现在整天忙于应付法律事务，1990 年林务局受控诉案达 1200 多起，在进行的诉讼案约 1800 起。林务局现在每做一件事，每作出一个决策，都得解释清楚，工作人员把大量宝贵的时间消耗到了空谈，与律师、上诉人、法院以及幕后支付法律程序费用的人打交道。

南方许多林主对众多的法令限制，觉得难以适从。因此有人担心，南方私有林是否也将成为"濒危物种"。

在审议林务局新规划时，美国自然保护基金会高级研究员 V. Alaric Sample 指出，以往林务局每次规划，总是企图争取对非商品资源进行投资，但终因没有这方面的补充投资拨款，规划未能付诸实践。

林务局局长 Robertson 说，执行新制定的计划，林业的经费要增加。与 1989 年相比，1995 年要增加 7 亿美元开支。

美国森林资源联盟总经济师 Con Schallau 和美国森林协会副主席 John Heissenbuttel 说，根据预测，今后 50 年的美国需材量要上升 50%，而世界将翻一番。林务局新制定的 1990 年计划纲要，无视这一点，企图把增加木材生产的重担转嫁给私有林和其他国家。Schallan 和 Heissenbuttel 要求决策与全世界相协调，不能牺牲别国的生态而保全自身。

林务局的"新远景"计划，是否可行？这里把 Robertson 的前任局长彼得逊 1988 年 5 月在新西兰林学会讲演中的几段话引来，供大家参考。彼得逊说：美国土地的生产机能与防护机能是交织在一起的。例如，太平洋西北部森林现在是国有林蓄积量最集中的地区，既有很大的生产开发意义，又在以下诸方面起着非凡的作用，如野生动物栖息、保持壮丽景观、保护濒危物种、提供公众旅游服务以及保护水源等。

他认为，新西兰把森林分成木材生产和受保护的两类，很明显是受国库资助才做到的。新西兰财政部常把新西兰林务局说成是大量吞噬资金的部门。如此决策没有深刻的哲学基础。把林业分为经济性质的和环境性质的，可认为是专断的。森林不能简单地分为两类，道理在将来会更清楚的。现在把两者结合一起的森林是很多的。森林分类可以比作人按高矮分组，如客观上有极高的人和极矮的人，两者差别显而易见，分成两类也极其容易。但客观世界的极高极矮之间存在着庞大的中间队伍，简单分类就难了。新西兰目前可能没有森林正常分布的阶梯，因为外来树种人工林的任务就是生产木材，而天然林的生产力极低，经济效益差，不宜开展木材生产。但能长期把大面积土地闲置起来，只起保护作用或处于保护之下吗？新西兰人口少、土地多，目前这样做仍是可行的。但如果新西兰未来的经济将以土地资源为基础，那么大面积保护起来的土地将如何为经济做贡献呢？

中国林业面临的困难远比美国为复杂得多，如何在生态环境可以接受，经济上又可行的条件下，生产更多的木材及林副产品，仍将是个核心问题。

参考文献（略）

日本宣布建立森林生态系统保护区①

森林生态系统保护区不同于以往的学术参考林或风景保护林，是对保护林的进一步审定，且范围有所扩大。这是日本林野厅根据其咨询机关"林业与自然保护的关系检讨委员会"的讨论结果，于 1989 年 4 月提出的一个新构思。它基本上以联合国教科文组织的人与生物圈（MAB）计划"生物圈保护区"为准则，将面积为 1000 公顷或 500 公顷以上原始天然林作为一个整体生态系统加以保护。为严格维持森林生态系统，防止外部变化直接影响"保存地区"（相当于人与生物圈计划的"核心区"），选设起缓冲作用的"保全利用区"（相当于人与生

①　本文由柴禾、白秀萍合撰，发表于《世界林业研究》1991 年第 4 期。

物圈计划的"缓冲区"）。根据人与生物圈计划的地带结构，在"缓冲区"外侧再设一过渡带，以尽量减少人为影响。

　　林野厅新构思的基本出发点，是"把原始天然林作为一个未经人手触动的生态系统留给子孙后代"。

　　为建立森林生态系统保护区，成立了保护区"设定委员会"。委员会是由各林业局委托的专家、自然保护与文化事业的有识之士，以及有关地方公共团体负责人和少数自然保护团体的代表组成。他们都是林学、生态学、遗传学等方面知识渊博的人士。

　　全日本拟建立 12 个森林生态系统保护区，其中 7 个已落实到有关林业局，并公布了面积与特点。其余 5 个保护区将在一二年内公布。

　　在讨论过程中，各林业局的代表明显倾向于尽量缩小保护区，扩大可采伐开发的范围。而自然保护界则赞赏林野厅关于建立保护整体生态系统区的主张，强调保护区面积越大，则物种、动植物群体和群落的多样性、持续性就越有保障，价值也就越高，因而才有可能保持健全的生态系统。

　　在受保护地区内，林业局对人的活动原来就有严格限制。因此，森林生态系统保存地区更要严禁人的一切活动。但有人认为，"如果受严格限制的保护面积很大，当地居民是不会赞成的。"当地居民采摘野果、蘑菇以及进行狩猎等利用森林的传统方式，已经实现生态系统的永续利用，也是人与生物圈计划认可的一种发展方向。委员们一致认为，在保存地区内也应当允许进行这种传统方式的森林利用活动。

　　全日本森林生态系统保护区的总面积定为 10.5 万公顷，都是珍贵国有林自然环境区。

森林永续利用的原则不能动摇[①]

　　摘要：地球人口负荷接近饱和条件下，一切可更新资源都必须实行永续利用，森林也不例外。中国、印度等只有提高生产力，才可能实现森林永续利用。多数发展中国家的资源并不贫乏，为实现永续利用，必须解决一系列的科技、政治、经济问题。发达国家高层次的森林永续利用，也仍把提高生产力放在核心地位。

　　主题词：森林资源—资源利用；永续利用

一、森林资源永续利用的原则是不能动摇的

　　联合国粮农组织 1990 年对热带森林消失率发表了新的估计数字：1981~1990 年热带森林的年消失面积平均为 1678 万公顷；年消失率达到 1.2%，比 5 年前的估计翻了一番。

　　为抑制破坏，粮农组织等自 1985 年以来积极推行《热带林行动计划》。瑞典前首相、现任驻意大使奥拉·乌尔斯藤 1990 年末指出，"联合国粮农组织的《热带林行动计划》有误，它导致更严重的破坏森林。1980 年消失森林 1130 万公顷，而 1990 年已达到 1700 万公顷。"

　　7 个主要工业发达国家首脑 1990 年 7 月在美国休斯敦会晤，在他们共同发表的经济宣言里，突出强调了森林的永续经营并要求修改《热带林行动计划》，重视森林的保存和物种

---

　　①　本文系沈照仁同志撰写，发表于《世界林业研究》1991 年第 4 期。

多样性的保护。

森林以木材为中心的永续利用，从理论到实践，早在 50～150 年前，在欧洲大多数国家就已经解决了。近 10 年来，经过热烈的讨论，包括多林的发展中国家在内，全世界似乎取得了共识：实现永续利用，是缓解破坏的唯一途径。不仅对森林资源必须实现永续利用，而且对其他可更新资源，如水资源、土地资源等等，也必须实现永续利用。

1987 年联合国的一份报告指出，对"永续性"的解释各有不同。但如果大家都同意"发展"的定义是增长福利，那么永续的发展，简单地说，就是在长时期内无衰退的福利增长。如果当代人或一、二代人的福利增长会牺牲第三代人的利益，那么这样的发展就不是永续的。由此可见，所谓"永续性"实是对后代的态度问题。

可更新自然资源的永续利用，是人类社会存在和发展的基础。这虽是个非常简单的道理，但在地球承载人口能力逼近饱和之前，却很难被人们所接受。其实，100 多年前马克思在阐明"物质资料的生产是人类社会存在和发展的基础"时，就已经讲清了这个道理。"任何社会不能停止消费，也就不能停止生产，因而社会生产过程总是连续不断地反复进行的再生产过程。"自然资源的永续利用是保证社会物质生产连续不断地反复进行所不可缺少的条件。因此，资源利用的永续性，如同保证再生产的连续性一样，是任何社会生存和发展不能违背的原则。

许多自然与环境保护主义者要求把愈来愈多的森林资源保护起来，这是十足的幻想。密执安大学 Karen Potter-Witter 在美国林学会 1988 年的年会上形象地指出，现在世界每年的木材产量（包括薪林），若堆积起来，可以码成 1 米宽 80 米高的巨墙绕赤道一周。随着人口的增长和生活水平的提高，木材消费量还在上升。

自 20 世纪 70 年代初世界发生能源危机以来，森林资源的价值愈来愈清楚了。一些发达国家预感到矿物等不可更新资源枯竭的威胁，在原材料政策重点上开始更注意可更新资源的开发利用，而森林现在仍被认为是地球上最丰富的生物资源。

苏联农科院院士维诺格拉多夫 1982 年说，森林植被是地球的主要生产力，是地球生物圈的能基地。森林集中了约 90% 的陆地植物，且其生命的再生机能也比其他类型植物强。森林植物群系在单位面积上的植物密度最大，因此，也还是在这里，人们测得了更高的物质循环强度。这是因为森林有非常大的总叶面，以及乔灌树木具有复杂的光学系统。世界森林的总叶面几乎是地球面积的 3 倍。这就是森林吸收太阳辐射、蒸腾以及其他作用强的原因。

美国 R・H・怀梯克等（1970 年）根据不同地区的材料，计算出全球积存生物总量为 1855 亿吨，其中陆地生态系统占 99% 以上，达 1852 亿吨；而森林生态系统拥有 1680 亿吨生物量，占全球生物量的 90% 以上。这是人类社会迄今还在开发森林物质新用途的根本原因，21 世纪还会出现以森林为基础的新兴工业。

但是，现代社会重新强调森林资源的利用要遵循永续的原则，其意义又不仅仅限于永续地保证物质生产，以满足人类增长着的物质需要。人类积累了千百年战天斗地的经验教训，已经愈来愈懂得对一切可更新资源都必须实行永续经营利用的原则，这是丝毫不能动摇的。但要确实做到，困难很多，不同国家和地区需要解决的问题也不一样。

二、提高生产力是实现永续的先决条件

印度国土 29747 万公顷，占世界陆地总面积的 2.22%，承载着世界人口的 16.02%

（81900 万人），并保持着世界牲畜总量的 10.74%（43600 万头）。

尼赫鲁执政时，1952 年通过了国家林业政策，确定全国森林覆盖率目标为国土的 1/3。1988 年印度政府又通过了国家林业政策，重申国土 1/3 应为森林所覆盖，并要求山地丘陵面积的 2/3 有植被覆盖，以防止土壤侵蚀和土地退化。

根据官方报道，几十年来印度森林覆盖率一直为 22.8%。根据近几年的卫星资料核定，现在实有森林面积 6401 万公顷，相当于国土的 19.47%。其中达到植被有效覆盖的，即树冠郁闭度在 40% 以上的森林仅为 3785 万公顷，相当于国土的 11.51%；2574 万公顷林地的树冠郁闭度在 10% ~ 40% 之间，相当于国土的 7.83%。

根据印度农业委员会的计算分析，印度林地生产力只相当于欧洲国家的 1/20；与本国潜在生产力比，也只达到其 1/10。印度人均拥有的森林愈来愈少，而森林生产力只保持在0.5 立方米/（公顷·年）水平上。在很低的生产力条件下，人口增长却居高不下，要实现森林资源的永续经营是根本做不到的。

印度林研所所长 Lal J. B 指出，按永续利用的要求，印度现有森林每年只能产 4000 万立方米薪材，而现在每年薪材耗量达 2.35 亿立方米；森林放牧的承载能力仅 3100 万头牛，而实际放牧头数达 9900 万头。

提高森林生产力的可能性是存在的。但许多邦政府经营森林是为了谋得眼前收入，而群众樵薪与放牧又多是无偿的。长时期不加经营地超额利用，必然导致现有森林的状况愈来愈坏。

印度很像我国，不太注意现有林经营，又都非常重视造林。实际上荒地造林也同样应该坚持永续的原则。两国是世界人口最多的国家，没有大面积稳定高产永续经营的森林，是不可能保障供给的。

三、发展中国家不能套用发达国家的办法

除了我国和印度少数国家之外，大多数发展中国家的森林资源并非处于木材生产和樵薪的超负荷状态，发达国家森林平均每年每公顷产 1.19 立方米木材和薪材，而发展中国家只产 0.55 立方米。德国、奥地利、瑞士森林每公顷平均年产 4 立方米，实现永续利用已有百年，而且蓄积量、生长量都成倍地增长。由此可见，妨碍大多数发展中国家按永续原则经营森林的原因，从目前来看，并非物质生产任务负荷过大。

奥地利林业杂志 1988 年发表文章提问："奥地利林业能成为发展中国家的榜样吗？"。作者 Franz 指出："北美把奥地利、瑞士、德国林业视为现代林业的楷模，可是中欧林业却适应不了发展中国家的要求，"并列举了以下理由：

（1）中欧森林树种简单，林分都以经济价值高的树种为主要树种。热带天然林主要是阔叶林，往往在很小面积上集中了众多树种，而可利用的目前还是只有极少几种。中欧森林经营成本高，而木材销路稳定。热带木材虽珍贵，但市场不大。

（2）发展中国家对森林利用的要求，远远超出中欧国家林业的范围。近 10 年来，发展中国家正在广泛开发混农林业的试验研究，尽力把农林牧结合在一起，通过多层次常年植被的形成，谋求农业的稳定高产，同时又满足居民对木材及副产品增长着的需要。

美国《林产品与木材科学》一书（1989 年版）指出，热带森林一公顷常有几百个树种，现在还只有少数几个树种可以制材和做胶合板。每公顷林木资源的实际利用率，目前至多能达

到 30%。菲律宾、印度尼西亚、马来西亚东南亚热带林利用状况比非洲、拉丁美洲好些，有 30～50 个树种的木材可以混着销售出去。热带森林的全生物量利用是个远未解决的问题，需要进行大量科研工作。因此，在这种条件下实现永续利用是很难的。

联合国《育林》杂志 1990 年 R. Samanez Mercado 的文章认为，为实现亚马逊流域森林的永续经营，必须解决 3 个问题：①能否在经济上有效实行森林的永续经营，即生产木材与非木质产品，又不给森林带来不可弥补的衰退，从而损害环境？②依靠天然林经营，适量永续供应木材原料，工业能生存下来吗？③传统的发展经济模式，适宜于在亚马孙地区采用吗？

作者对前两个问题的回答是肯定的，但要求采取适宜的经营与管理措施，使林木生长和木材生产达到相当的水平，林区的社会基础设施与规模能充分满足需要，在代表各种自然生物特性的样地上开展深入研究。作者认为对第 3 个问题很难回答，它要求考虑木材生产与非木材生产以及有关的经济、社会效益；保护环境的成本；影响森林资源短期、中期和长期变化的因子。

亚马孙地区森林分属巴西、秘鲁、委内瑞拉、苏里南、法属圭亚那等国，迄今没有一个国家能解决以上 3 个问题。全地区必须制定一个突出永续经营森林的计划，以各种补贴森林价格的形式为原则，鼓励保护森林，为直接、间接依靠森林资源谋求经济生存的人们，带来经济、社会效益。

国际热带木材组织委托伦敦的国际环境与发展研究所研究热带森林永续利用的可能性。研究所认为，为此必须开展热带森林的系统经营，可是，在世界热带现有 8 亿公顷生产性郁闭林中，只有不足 100 万公顷（不包括印度）处于经营管理之下。热带森林永续利用的主要障碍不是技术性质的，而是政治、经济、社会性质的。

英国牛津大学英联邦林研所 Poore 教授（1990 年）撰文指出："森林传统的永续经营是指某一、二种产品的永续供应，这在树种非常复杂的热带森林里是非常难做到的。"以沙捞越为例，有 795 个树种可认为有商品价值，但目前市场只能接受其中的 120 个树种的木材，要等到下一个轮伐期才可能实现全部树种木材的商业利用。现在，又提出了对乔木树种木材以外的林副产品的永续经营利用，如藤、天然橡胶、树脂、乳液、樟脑、野生动物、鱼等等。这就更难实现了。现在对森林的永续经营还有更高层次的要求；保证森林防护效益的永续发挥，调节气候的功能长存，多样物种的永恒繁衍。以上这一切必须是在保障森林附近居民生存发展的条件下，进行规划，促进实现。但在同一时间内，保证一切都永续，是做不到的。实际生活中可能达到木材供应的永续，却可能断送森林其他性能的永续。这需要人们做出合理的抉择，是自觉的，对结果是预见了的。

Poore 要求对热带森林进行区划，以满足不同目的的需求，例如，设立国家公园、自然保护区、当地居民生活区、土壤冲蚀敏感危险区等，以协调森林的用途，照顾各个方面。为拯救热带森林，发达国家的一些环境保护组织主张禁止进口热带木材。据英国木材贸易杂志报道，欧洲议会 1990 年通过决定，对印度尼西亚、马来西亚等不按永续经营原则所产木材及其制品禁止进口。印度尼西亚政府立即做出反应，如果此决定付诸实施，将禁止从欧共体进口一切产品。

根据国际热带木材组织的宗旨，2000 年时应把所有热带森林纳入永续经营的轨道。该组织的调查组考察沙捞越后认为（1990 年），按目前规模和方式进行采伐，沙捞越森林在 11 年内将消失。为防止沙捞越森林毁灭，热带木材组织正式通过决定，要求采取一套措施：如培训林业工作者，开展科学研究，建立自然保护区以保存物种的多样性，并保证土著居民按传统方式生活下去。沙捞越每年采伐1570万立方米木材，国际热带木材组织先认为能产920万立方米，自然保护组织激烈反对，主张降到570万立方米，在讨论中，一些团体认为至多能采伐460万立方米。

　　综上所述，森林的永续经营利用既非单纯的科技问题，也绝对不是凭领导人的英明决策就可以立即实现的。

四、高层次永续经营在研究试验发展中

　　德国林业成绩是世界公认的，但近几十年来，不论东部还是西部都在批判地总结历史经验教训。过去，造林过于重视高产、高收入，树种组成过于单一，阔叶林、混交林太少，形成了许多生态脆弱、易于遭灾的不稳定的森林。1990年初的风灾，仅联邦德国遭灾林木就达6800多万立方米，是年计划产材量的两倍。为改变这种多灾的局面，战后各州都在按照自然地（NaturgemaB）或近于自然地（Naturnahe）改造森林。

　　民主德国以1988年末状况的森林为现实林分，根据规划和贯彻措施，在限定期内改变为目标森林（Realwald Zielwald）。然后再实现理想森林（Idealwald）。

　　改造内容之一是调整树种结构：针叶林比重将由75%降到70%，阔叶林将由25%上升到30%；欧洲松、云杉比重将大幅度减少，而其他针叶树种的比重将增加；栎和山毛榉的比重将明显提高，而软阔叶树的比重将减少。内容之二是调整各树种的林龄结构，使不同龄级的每公顷蓄积最达到应有的水平。

　　改造的目标是达到永续稳定的理想蓄积量，1988年末现实森林每公顷平均蓄积量为195立方米，目标森林应达到217立方米，理想森林将达到253立方米。最终，在一个轮伐期内，保证每公顷森林平均产500~600立方米木材。根据战后40余年的实践，民主德国改造森林的目标是不难实现的。

　　未来五年内，德国森林可能发生根本性变化，树种组成、林分结构可能更接近自然状态，即更符合生态环境的要求，且森林的生产力会更高。

参考文献（略）

林业科技的第一生产力是什么[①]

　　摘要：林业科技是第一生产力应表现为劳动者实物生产率和林地实物生产率的增长。40年来，这两个指标都是徘徊不前的。作者同意林业需要综合治理的主张，科技要与经济、行政措施结合一起，促进林业生产力的提高。

　　主题词：科学技术—进步—评价指标—林业　林业工人—实物生产率—提高木材生产—生产力—实物劳动率　森林资源—永续利用

---

　　①　本文系沈照仁同志撰写，发表于《世界林业研究》1992年第1期。

一、前　言

"科学技术是生产力，而且是第一生产力"，邓小平同志这一科学论断已经成为我国经济建设的一个指导思想。

根据国家科委的资料，"目前，我国经济发展来自科技进步的因素只占30%，而发达国家已经达到60%～80%。""农业生产增长中的作用，科技在我国仅占30%～40%，而在发达国家已达70%～80%。"（摘自科技日报1991年9月3日和首都经济信息报1991年8月29日）。

根据第18届国际林联关于科研评价的报告，森林利用研究的投资内部回报率为14%～200%以上。

苏联不同部门科研对经济效益的贡献率：森林工业每盈余1卢布为18～20戈比，而化学工业平均为32戈比，煤炭工业为31戈比，冶金工业33戈比，建筑材料工业23戈比。国民经济采用新技术的贡献率平均为30%，每一卢布经济效益的科研贡献为30戈比。

在人口增长的压力下，全世界都在关注科技，期望科技能解决人口增长与资源减少之间的矛盾。当前世界面临的一切危机似乎都是从这一对矛盾发展而来的，如地球气候变暖、大气污染、能源危机、生态环境恶化等等。有人悲观，有人乐观，但不论哪个思潮，哪种流派，都得面对现实，探索摆脱危机、困境的出路，即都必须提高生产力。

科技提高农业生产力的作用表现在两个方面：一是提高劳动者的生产率，二是提高土地的生产率。

农业劳动生产率高，每个劳动力平均生产的农产品数量大，那么每个劳动力平均供养的人口就多；反之，就少。

1952年，我国农业劳动力平均供养3.32人（包括劳动者本人在内），1960年供养3.89人，1978年减为3.26人。美国1960年每个农业劳动力供养25.5人，1978年55.4人。

农业部原部长何康最近指出，农业科技在我国农业生产发展中具有很大潜力，从单产看，1989年我国水稻单产为365公斤，而日本为428.6公斤，美国为422.1公斤；小麦我国为201.3公斤，而法国为422.5公斤，英国为440公斤；玉米我国为253.4公斤，而美国高达478.8公斤。

衡量林业生产力国内国外尚无公认的统一指标。结合我国林区人口众多和林地生产率很低的特点，当前林业科技应致力于：吸收消化林区现有劳动力，充分保证就业；遵循规律，既不过量利用森林又不浪费林地自然力。为此，必须建立一整套经济杠杆系统，依靠科技，调动更多的劳力投入到改善林木产品质量、增加资源的事业中去。在当前，大幅度地提高林业劳动者的实物劳动生产率和林地实物生产率，应是林业科技是生产力的具体表现。

二、林业劳动者的实物生产率

木材生产的实物劳动生产率是国际普遍采用的衡量林业科技进步的一个主要指标。瑞典20世纪50年代初木材生产以手工工具和马套子为主要劳动工具，60年代普及油锯、拖拉机，70～80年代广泛使用联合机、随着科技进步，瑞典林业工人的实物劳动生产率迅速提高，1950年每个工平均产1.4立方米木材，60年代产2.3立方米，70年代产6.3立方米，80年代产6.7～7.1立方米。1950年林业职工达36万人，1980年降为不足5万人。

日本林业受立地条件限制，难以采用北美和北欧的先进机械，木材生产的劳动生产率较低，1985 年每个林业工人的平均产材量 500 多立方米，平均每个工日的产材量 2.1 立方米，若与大径木材资源丰富的加拿大工人日产 132 立方米相比，真可以说是望尘莫及；与小径材资源占优势的瑞典比，也相差 2～3 倍！日本虽客观地意识到林业生产条件的不可比性，但从不回避木材生产技术落后的事实。

在 20 世纪 50～60 年代，木材生产实物劳动生产率曾经常被用来作为衡量我国林业科技水平的一个主要指标。《当代中国的林业》一书指出，"1957 年全国森林采伐企业职工达 36 万人，集材拖拉机近千台，汽车 700 辆，森铁机车 286 台，森铁车辆 14800 台，森林铁路 4780 公里，运材公路 1470 公里，森林工业初具规模，企业经营管理和生产技术水平有了明显提高。"1952 年以后马套子上山减少，伐木工具改进了，还开始使用电锯、油锯造材。基础较好的东北、内蒙古林区的实物劳动生产率由 1952 年的 63.4 立方米上升为 1957 年的 105.6 立方米。全国采运系统职工人均由 46.22 立方米上升为 77.56 立方米；5 年增长 68%。这里科技进步所起的作用也是非常明显的。

每个工人按国际标准一年统一作业 240 天计算，我国林业工人平均每个工日的产材量 1952 年只有 0.19 立方米，1957 年为 0.32 立方米，大约相当于瑞典水平的 1/7～1/5。但即使如此，从以上实例中多少也可以看出科技进步在林业生产（实际木材生产）发展中所起的作用。

从瑞典的木材生产实物劳动生产率增长情况看，判断科技进步在其中发挥了 60%～80% 的作用，是有说服力的，因为与劳动生产率增长的同时，森林资源也增长了。

原联邦德国林业劳动生产率统计分立方米木材生产劳动消耗和每公顷有林地年劳动消耗。前者以生产 1 立方米木材为单位，把采伐集材、更新抚育以及保护、道路建设养护等劳动消耗分摊为 1 立方米产材劳动消耗量；后者以经营 1 公顷有林地为单位，把每公顷年平均产材（一般为 4～6 立方米）以及抚育更新、保护、道路建设养护等劳动消耗分摊为 1 公顷劳动消耗量。两种统计方式都综合反映木材生产与森林经营管理的劳动生产率。

1972～1981 年间，巴登·符腾堡州州有林每公顷有林地的劳动消耗从 18.6 个工时降为 12 个工时，劳动消耗量减少 35%。按每公顷年产木材 5 立方米计算，平均每立方米耗用工时从 3.72 个降为 2.4 个。下面是每公顷有林地各种作业的劳动消耗量分配：

| 年度 | 生产性劳动消耗工时（个） | | | | | | | | 工时（个） | 总计 |
	木材生产与副产利用	造林	保护	抚育	筑路	养路	社会公益	其他		1981 年为 1972 年的%
1972	9.3	3.4	1.1	1.9	0.3	1.1	0.5	1.0	18.6	100
1981	6.2	1.8	0.7	1.2	0.1	0.5	0.5	1.0	12	65

巴伐利亚州州有林为完成林业各种作业 1951 年平均每 40 公顷需要 1 个整劳力，1987 年为每 200 公顷需要一个整劳力。1955 年每公顷有林地各种作业平均消耗工时 44 个，1987 年降为 6.8 个；其中每立方米木材生产消耗工时从 11 个降为 1.8 个。

德国两个主要林业州林业劳动生产率持续增长，明显表现为不是在拼资源，而是在保资源、促资源的前提下达到的。这样的木材生产实物劳动生产率的增长，不仅不会破坏森林，而且资源还会有所增长。

一些资源非常丰富的国家，虽也曾甚至还在继续拼资源以追求劳动生产率的迅速增长，但在完成采伐作业后，大批人员随即撤离，采伐迹地很快又恢复为森林，林地生产力也没有呈现下降趋势。因此，我们不能不承认木材采运劳动生产率的增长，在很大程度上反映着科技进步对提高林业生产力所起的显著作用。

我国木材生产人均实物劳动生产率 1957 年达 77.56 立方米，是历史最高水平，此后一直徘徊在 50～60 立方米。1986 年木材采运职工总数已达 110.87 万，产材量 6502.4 万立方米，人均产材 58.65 立方米。

由于长期不注意生产的科学组织和先进工具、工艺的采用，木材生产的劳动生产率非常低，就总体而言，还明显低于发达国家 20 世纪 50 年代初的水平。因此，随着木材生产增长，林区人口激增，1986 年木材采运系统的职工总数已近 111 万。而木材产量与我国计划内产材量近似的瑞典，包括营林，木材采运在内的林业职工总数仅 5 万人。

林区人口过多，或依靠森林谋生的人口过多，对资源的压力愈来愈大。联合国召开的不同会议曾一再指出，"如果不同时解决大量人口的基本生活问题而只谈长期环保问题，这是不现实的。"

当前，我国林区要保证劳动人口的充分就业，必须不断扩大林木资源，而不能是继续蚕食资源。因此，提高劳动生产力应以促进资源增长为基础，也即要不断提高林地的实物生产率。

1952～1986 年采运职工数与产材量

(The worker number and timber yield – form 1952 to 1986)

年份 year	职工数（万人）work number（10000）	产材量（万立方米）timber yield（10000 立方米）	人均年产材（立方米）yearly average timber yield each worker	年份 year	职工数（万人）work number（10000）	产材量（万立方米）timber yield（10000 立方米）	人均年产材（立方米）yearly average timber yield each worker
1952	28.68	1233.2	46.22	1975	83.27	4702.7	6.48
1957	35.93	2786.9	77.56	1980	103.08	5359.3	57.99
1960	87.36	4129.3	47.27	1984	102.58	6384.8	62.24
1965	55.14	3978.0	72.14	1985	107.12	6323.4	59.03
1970	70.83	3781.8	53.39	1986	110.87	6502.4	58.65

三、林地的实物生产率

林地的实物生产率指单位面积林地上木材、浆果、蘑菇、野菜等的年生长量、年利用量和蓄积贮存量。木材仍是世界各国林地的主要产品，因此，林地的实物生产率主要指木材。

森林是可更新资源，在科学的经营下，是能够实现愈砍愈多的。近 70 年里，瑞典林木蓄积量从 17 亿立方米上升到了 27 亿立方米；而同期内已经采伐利用了 40 余亿立方米。采伐以后，保证及时的优质更新，森林的生长状况愈来愈好，现在年生长量已达 1 亿立方米，是 19 世纪后期的 3 倍。今后 50 年内，林木蓄积量估计能年增 1%。

西部德国 1950～1989 年的 40 年间，每年平均产木材 2700 万立方米，共生产木材 10.8 亿立方米。根据调查统计，联邦德国 50 年代初的林木总蓄积量只有 6.36 亿立方米；1989

年的调查结果表明，蓄积量已增至 21.9 亿立方米。每公顷森林的平均蓄积量从 92 立方米上升到了 297.5 立方米。

根据正式的统计资料，我国 1949～1986 年 38 年的累计木材产量只有 14.1 亿立方米。近年来，专家们估算实际年资源消耗量约是统计年产材量的 5 倍。按此计算，我国 38 年林木资源累计消耗量不足 71 亿立方米。跟瑞典、德国比，我国森林资源利用率是很低的，只有它们的一半，甚至更低。可是，我国森林的蓄积量却普遍地呈下降趋势。

东北地区森林每公顷蓄积量 1950 年平均为 143.2 立方米，现在已减为 83.8 立方米；西南地区 1950 年为 185.4 立方米，现已降到 127.8 立方米。

有人认为，国有林资源在建国初期以成、过熟林为主；现在幼龄林占 34%，中龄林占 31.5%，合占 65.5%，而成过熟林只占 24.1%。这样解释我国森林蓄积量下降，显然是欠妥的。

联邦德国森林 1961 年成过熟林比重（Ⅴ龄级以上）为 23.9%；与 50 年代初相比，联邦德国林木蓄积量仍增长了。

我国组成森林的优势树种很多，其中面积占全国 1% 以上的有 11 个树种或树种组，共占全国森林面积的 72%。平均每公顷蓄积量超过 100 立方米的只有落叶松（100.14 立方米）、云杉（235.16 立方米）、冷杉（300.89 立方米）3 个优势树种，合占全国森林面积的 15.56%；平均蓄积量在 50 立方米以下的 5 个优势树种：油松（26.73 立方米）、柏木（29.23 立方米）、马尾松（31.3 立方米）、杉木（34.95 立方米）、杨树（45.14 立方米），合占全国森林的 29.47%；100 立方米以下 3 个优势树种：云南松（67.52 立方米）、桦木（70.29 立方米）、栎类（71.02 立方米），合占全国森林面积的 27.22%。11 个优势树种中，只有 3 个树种（栎、桦、杨）的平均蓄积量 1984～1988 年调查结果比 1977～1981 年稍有增长，其余 8 个都下降了。

曾主持林业部资源司工作的张华龄同志认为："中国森林生长现状是在极少进行抚育管理的情况下形成的，且成、过熟林比重较大，自然枯损率高，所以平均单位面积上的蓄积量水平比较低。"

中国的森林大部分集中在秦岭、淮河以南的亚热带和热带地区，以及东北地区、西南高山峡谷地区，这三大片的自然条件都比较好。一些专家预言，在科学经营管理下，生长率将普遍提高。在水热条件优越的亚热带和热带地区，只要树种适宜，30 年生的林分，平均每公顷蓄积量可望超过 200 立方米，有的甚至可超过 300 立方米。东北地区经过科学管理的中龄林，每公顷的蓄积量也可达到 200 立方米以上。西南高山峡谷林区的水分条件好，昼夜温差大，现在靠自然演替形成的林分，平均每公顷蓄积量超过 225 立方米，许多森林可望达到每公顷 1000 立方米以上。

印度的自然条件非常优越，森林生产率却非常低，全国平均每公顷蓄积量只有 65.55 立方米，每公顷年生长量只有 0.5 立方米。这主要是由于对森林只利用不经营，严重破坏了森林生产力，根据 1989 年的调查结果，40% 以上森林的树冠郁闭度只有 10%～40%。

我国林地生产率低的原因跟印度相似，并非由于自然条件，而是人们长期的不合理活动所致。中国农业以精耕细作享誉世界，现有耕地中尚有 2/3 为中低产地。何康同志认为，如果今后 10 年通过农业科技进行改造治理，每亩平均可增产粮食 50 公斤。

中国的林业远比农业落后，因此，潜力也远比农业大。

四、需要为科技转化成现实生产力创造条件

科学技术是生产力，但科学技术要转变为直接的生产力，必须通过生产3要素作为载体而实现。劳动力是社会生产力中的决定性因素，因此要靠劳动力使用生产工具在劳动对象上发挥作用，才能在生产过程中创造出产品来。

生产工具与科技的关系是不言而喻的，从粗笨的石器工具，直到现代化大生产中电子计算机控制的自动化技术设施，清楚地表明科技促进生产工具的飞快发展。

中国人多地少，以世界7%的土地养育着世界22%的人口。根据联合国粮农组织生产年鉴（1983）统计，我国森林、林地与可耕地、多年作物土地面积之比，远小于世界平均水平。我国是1.27:1，而世界平均是2.78:1。我国可耕地和多年作物土地占世界的6.9%，而森林和林地只占3.1%。因人口压力，中国扩大森林面积的潜力是很小的。即使到2000年时，我国实现了森林覆盖率17%的目标，也只能达到世界的4.1%。这说明不论现在和将来，中国的林业都是要在比农业更小的基础上保证满足世界1/5以上人口的需求。

中国地少人多，而林业占用的土地变为耕地的也多，无疑应在分担就业方面发挥作用。人多而又要不断改善生活，就不能不提高劳动生产率，我国林区已经集中了众多人口，仅采运系统的正式职工就达110万人。东北、内蒙古林区木材采运工人的实物劳动生产率在1955～1987年的30余年间，几乎无甚变化。如何安排林区人口和剩余劳动力？科研必须回答这个问题。菲律宾、泰国、印度尼西亚、尼泊尔、印度等发展中国家都提出了这样的问题。长期的实践证明，保护、发展森林资源只有与解决人口问题相结合，才成为可能。发达国家的经验也证明了这一点。

1929年资本主义发生严重经济危机，为缓解失业大军对森林的破坏，日本正式开始实施私人造林补贴制度，颁布了"造林奖励规则"，目的是缓和山村危机，提供就业机会。第二次世界大战后，大批军人回乡，对山林形成巨大压力。政府于1946年又开始补助造林，把发放造林补贴作为失业救济的重要一环。

富兰克林·罗斯福总统在美国经济危机最困难的1933年，咨文国会要求通过法案，建立"民间资源保护队"（CCC——Civilian Conservation Corps），以救济失业，并培育青年和发展国家森林资源。参众两院于同年3月27日通过法案，从此一个轰轰烈烈的青年造林运动在美国掀起，200多万美国青年参加了森林保护、植树造林、集水区恢复、水土侵蚀控制以及其他种种资源改善工作。根据统计，1930～1935年美国的总人口为12500万，参加资源保护救济的竟达总人口的1.6%。

新西兰20世纪30年代的大规模造林，在某种意义上也是为了缓和失业危机。

为扩大就业，我国林区现在实际上普遍地遵循多种经营、靠山吃山、以林养林的方针，为谋求近期收入，极少可能对林地生产力恢复给予必要的劳力、物力投入。人们总是设法从现有资源中寻求谋生致富的道路，其结果必然导致资源更严重的破坏。因此，为恢复发展现有森林，国家必须给予适当财政扶植，把林区剩余劳力纳入促进资源增长的轨道。

与此同时，尚需学习芬兰林业税制，迫使土地经营者经营好土地，保证达到应有的生产率。美国林业经济学家认为，芬兰林业税制科学、合理。在木材生产时一次性征税，林主对土地生产力可以不负责任，因此会较多地出现迹地更新造林不及时、质量低的问题，林主可能不在经济有效期内充分利用资源，从而间伐与小径材利用得不到足够的重视。按我们的说

法，美国林地课税方法有点吃大锅饭性质，不利于开展对土地连续不断的有效利用。

芬兰是自然资源贫乏的国家，但森林资源丰富，国民经济主要靠木材发展起来，近百年来，芬兰几乎年年消耗森林蓄积量1/30，而资源保持着持续增长，1951～1953年总蓄积量为14.93亿立方米，1987年已上升到17.23亿立方米。

"充分利用林地的自然生产力"是芬兰林业长期坚持的方针。国际社会认为，芬兰林业的健康发展，很大程度得益于其巧妙的税务制度：按立地条件确定纳税级，以一个范围内的林地平均收入为税基，凡平均收入超过平均数的，其超过部分自动享受免税待遇；而实际收入低于平均数的，就要承受额外负担。按规定，森林的经营管理费还可从纳税额中做相应扣除。因此，林主都不会荒芜土地。芬兰林地实际生产力一般都比计税生产力高15%～20%。

科技是生产力。在世界人口最多的国家，那里人均占有土地面积，不论耕地、牧场和森林，都远少于世界平均水平。为了生存，为了摆脱贫困，为了领先于世界，这里科研应发挥第一生产力作用，促使我国农林牧的每一个劳动力在其所活动的舞台上，在每一公顷耕地、牧场、森林上，必须生产出比世界水平高得多的物质量。

但林业科技决不能步西方农业的后尘，依靠高物质（肥料、除莠剂等）投入，达到高产出；或过度地消耗地力与水资源，达到短期的高产出。根据曲格平的报告（见中国环境报1991年9月3日），我国1990年化肥总产量已突破9000万吨，施用量占世界第一位，平均亩施化肥量13.9公斤，已高出世界平均水平一倍多。

劳动力充足是中国林业最大优势。中国林业生产率低是森林长期缺乏必要的经营管理，扭转这一局面的办法，只能是在科学指导下，增加劳动投入。当前，我国林业科技应能为吸收消化更多的劳动力，变森林生产力衰退为欣欣向荣、蒸蒸日上作出贡献！

中央曾经指出，林业问题很复杂，需要综合治理。所谓综治理，就是要综合研究林业形势，考虑综合对策，包括经济的、行政的和科技的。

参考文献(略)

《维也纳森林的故事》新编[①]

摘要：本文论述了森林给维也纳带来的效益，介绍了维也纳城市森林的历史、现状及未来。维也纳森林的经营管理已证实，把森林的经济效益与生态和社会效益结合成一体，实行多功能永续经营是可以做到的。10万公顷维也纳森林年产木材40万立方米；此外还可保护水源；提供游憩场地；保证野生动物繁衍栖息；发挥防风和美化环境的作用。

关键词：森林采伐　保护水源　游憩　野生动物管理　多功能经营

约翰·施特劳斯的《维也纳森林的故事》，是一幅维也纳森林的肖像画。人们喜欢听这首圆舞曲，因此对维也纳郊外的森林景色、高枝啼鸟、林荫遍地，对那里的树林、灌木丛、野花、绿草、丘陵，似乎都非常熟识。在美妙的管弦乐中，我们也会同维也纳人一样尽情地

① 本文系沈照仁同志撰写，发表于《世界林业研究》1992年第2期。

享受大自然的抚慰。但维也纳的森林远不只是美！

（1）森林保护维也纳市水源，保证全市 92% 的用水，日供 37.3 万立方米优质泉水。

（2）维也纳森林实有面积约 10 万公顷，年产木材 40 余万立方米，大部分木材生产企业为盈利单位。

（3）近 2/3 的市民是森林的常客，每年到维也纳森林游憩的市民达 2600 万人次。

（4）为野生动物繁衍生息和狩猎业发展提供基础，每百公顷森林栖息蹄壳类动物 12~15 头，每年猎获其中的 1/3 左右。

（5）发展林副产品的前景无量，维也纳森林可能成为该市圣诞树主要供应基地。

（6）全市森林覆盖率已达 17%，1956 年以来持续进行造林，计划在近期内形成一个围绕该市的森林、草地环带，其中有几条是直接保护住宅区的防风林带。

维也纳森林近百年来充分发挥着生产、防护和游憩机能，并且得到不断改善．

一、维也纳森林现状、历史与未来

维也纳森林近几百年里曾遭到人类活动的频繁破坏。例如，强度的高山放牧和森林放牧曾使森林长期处于衰败境地；19 世纪维也纳市发生烧柴危困，从谷地到高山植被分布界限之间的森林曾大面积遭到洗劫。

根据统计资料，到 19 世纪末时，森林生产力基本得到恢复。通过在雪地上直播造林，营造了大面积云杉纯林。但对天然更新起来的山地混交林未进行抚育，因此生长不好，经不起风吹雪压，即使到了现在，奥地利仍认为维也纳森林多灾而不稳定，需要继续改造。

维也纳森林分布在城市的西北郊到西南郊的丘陵地，大部分在下奥州境内，总面积为 13.5 万公顷，森林实际只占其中的 52%，即 7 万公顷，森林与农田、水面、葡萄园、草场、村落等交叉错落，混为一体，形成一幅美丽的图画。奥地利国有林局经营管理 35410 公顷林地，其中森林为 34176 公顷，占维也纳森林的实际森林面积的 49%。维也纳市政当局占有 6% 的森林，其余 45% 为私有林。

1893 年，国有林每公顷蓄积量已恢复到 235 立方米，每公顷平均年计算采伐量为 5.7 立方米。1989 年进一步分别上升到 263 立方米和 5.98 立方米。

此外，维也纳市还拥有并直接经营管理着 3 万多公顷水源森林保护区，实际森林面积 2 万多公顷。传统的维也纳森林不包括这部分森林。

二、采伐既是社会和经济发展的需要，也是健全林业的不可缺少的组成部分

维也纳森林长期以来一直向周围居民供应烧柴和用材。国有林分由 6 个林场经营；下共设 30 个施业区，职员总数 66 人，工人 93 人。每个林场的面积为 5000~6000 公顷。年计算采伐量和实际采伐量为 20 余万立方米。另有一个建筑机械站协助林场进行道路建设和采伐。

国有林自营采伐占 63%，委托采伐（农民或采伐业主承包）占 9%，其余 28% 为立木销售，一半由当地居民买下立木自用自采。1989 年实际采伐 20 万立方米，平均每公顷实际产 5.86 立方米木材；阔叶材占 68.5%，针叶林占 31.5%；阔叶林中薪材占 31%，在针叶材中占 4%；72% 为主伐利用，28% 为间伐利用。针叶树种采伐年龄为 100 年，栎为 150 年，山毛榉为 120 年。采伐时，胸高直径 50~60 厘米，树高 25~30 米。主伐前一般进行 3~4 次

间伐。

国有林场坚持永续经营原则，编制 10 年为一期的施业案。与此配套，每期还编制立地图、目标森林图、林况图。以维也纳一国有林场为例，立地图用不同颜色表示 5 个立地等级，如风口瘠薄地、温暖坡地、肥沃地、腐殖质土、湿润地。对不同立地条件，又标明其可能成林的树种，例如风口瘠薄地的立地条件，可望成林的为栎—山毛榉林和松—山毛榉林。目标森林图以立地条件为框架，根据经济要求和景观要求，表明可望培育成的树种森林。林况图标明各种境界、小班界、林道；林分按 20 年龄级的分布状况；不同作业法也用颜色显示。为促进施业案的执行，林场还有生产计划、更新抚育保护等营林措施计划。

奥地利国有林实行独立核算、自负盈亏，企业基本上是盈利单位，近 5 年中，年年盈利。1987 年盈利 6700 万先令，1988 年盈利 15200 万先令，1989 年盈利 41400 万先令。维也纳国有林经营同样盈利，1989 年平均每立方米木材盈利 130 先令（按 1991 年 12 月牌价，约相当于 63 元人民币）。

维也纳的国有林大部分为景观保护区，施业必须考虑风景的保护与维持。为维也纳市所有并直接经营的森林，虽受严格限制，但年年也进行采伐利用，因为这也是科学营林所要求的。

19 世纪时，维也纳已经有明确的公共绿地政策。市属森林分两类：①靠近市郊的一部分森林和该市以东的河滩林算作市区林，由 Lainz 林场和 Lobau 林场分别经营，均以保障市民的社会福利和提供游憩胜地为主要目标；②维也纳用水水源保护林，分别由 NaBwald、Hirschwang-Stixenstein 和 Wildalpen 3 个林场经营，均以充分保证全市优质用水为主要目标。这两类森林统一由市森林课管理，其木材采伐收入不足以补偿林业开支；一部分开支要靠税收解决。

维也纳森林和维也纳市市政森林的实际森林总面积（前者 7 万公顷 + 后者 2 万多公顷），不足 10 万公顷，每年生产木材 40 多万立方米，除 3.4 万公顷国有林年产 20 余万立方米以外，市政林年产 7 万立方米左右。3 万多公顷私有林、教会林的经营利用强度不低于国有林。

为说明采伐利用也是健全林业的不可缺少部分，下面具体地介绍几个林场。

三、森林保护水源、保证全市绝大部分优质用水

120 年前，维也纳采取了引山泉水进城的办法（Hochquellenleitung）。为保证水的质量，市政买下了水源周围全部森林和土地作为水源保护林，1988 年的面积为 3.15 万公顷。据称，在世界大都市中，维也纳的饮用水质量最好，因此一直为人们所称羡。

维也纳有两个山泉引水工程——Ⅰ 号和 Ⅱ 号。1987 年该市日均消耗水 40.3 万立方米，Ⅰ 号供水 32%，Ⅱ 号供水 60%。根据规划，近期内，维也纳全部用水将由山泉引水工程供应。

保证水的质量是市森林课和市自来水厂共同的首要责任。为对维也纳水源保护区实现近乎自然的森林经营和加强抚育管理，森林课每年需花 1200 万先令。为增强森林植被的水源涵养力，维也纳市森林课正努力在水泉周围及泉水围栏区内播种，以形成连绵的植物覆盖。

根据规定，水源防护林的经营目标顺序是：①均衡地供应优质水；②保证水源保护机能

的永续发挥；③保持、恢复自然景观；④有节制地发挥游憩机能；⑤经济收入机能应保持永续，但这只是在保证水源防护机能的前提下合理经营森林的措施。

四、森林是维也纳最受青睐的游憩胜地

林中漫步是维也纳人最爱好的活动。根据 1989～1990 年广泛的社会调查，维也纳森林一年旅游人次达 2600 万。全市 150 万人口，天天去森林的占 3%，每周、每月去一次的分别占 28% 和 26%，偶然去去的占 33%。香布朗泉(亦称美泉宫)与多脑塔是维也纳市的旅游热点，每年游人分别为 160 万人次和 56 万人次。

Lainzer 动物园原是帝王的狩猎场，是维也纳森林最后一块保持天然状态的森林，近几十年来一直是维也纳人民喜爱的郊游目的地，周末游人常达 1 万。700 多年前就有关于这块宝地的文献记载，1941 年被划为自然保护区。

动物园总面积为 2450 公顷，其中 1935 公顷为森林，围墙总长 22 公里。地铁和公共汽车可以直达。

维也纳森林课在 Lobau 河滩林建了 10 条林内漫步道和一条环行散步线。森林课在市政林内开辟了国际林业专业旅游的固定点，这里有必要的建筑设施，可供举办森林周。市政林有学生林、青年林、森林教学考察线路，还可提供森林布景和度假野营地。1990 年，在专业人员带领下，有 57 个班计 1500 名学生在森林里野营，接受自然教育。

为更好地满足社会对森林环境的需求，维也纳、下奥州和布根兰德州的景观研究专家于 1987 年 1 月签署了"维也纳森林宣言"(Wienerwald-Deklaration)，阐明了有关维也纳森林景观保护区的居住政策、建筑政策、对交通方面的种种限制问题、有关垃圾处理及减少污染的问题、有关农林业(agroforestry)和自然保护等问题。

维也纳森林课为贯彻宣言精神，提出以下建议：①尽力扩大维也纳大区域范围内的公共交通，以减少私车运营；②建立维也纳森林基金，以解决变农田为绿地的土地资金来源；③在维也纳森林范围内限制交通噪音。

森林课认为，"维也纳森林宣言"所要求采取的措施已付诸实践，其中有些措施是不可动摇的营林原则：近乎自然，与立地条件相适应地经营游憩性森林；促进天然更新；发展马套集材；改造实现与生态相适应的混交林；设立天然林保护区；建立森林教学考察线；普及游憩者的林业知识，提高人们的生态意识；与地方代表协商解决林区噪音问题；继续造林，实现环行的森林、草地带的闭合；保护抚育现有维也纳森林；与农业大学、环境署、健康研究所、林科院、木材研究所等一起，开展广泛的科学研究，调查森林及其作用的机理。

五、野生动物管理是林业的组成部分

奥地利学术界认为野生动物是森林的组成，因此，狩猎、野生动物管理应统一受林业部门指导，林业负责人一般同时也可兼任狩猎负责人。

维也纳森林的国有林每百公顷约栖息动物 15 头，1989 年狩猎收入 760 万先令，平均每公顷收入 215 先令(折合人民币 104.6 元)。国有林划有 106 个狩猎区，自己经营 15 个，47 个和 44 个分别出租给个人和狩猎合作社。1989 年猎获赤鹿 221 头，狍 2257 头，羚羊 15 头，盘羊 14 只，野猪 311 只。

维也纳水源保护林的狩猎强度也不比国有林低。以 NaBwald 林场为例，1990 年，全场

15 名职员中 4 人为森林施业区主任，同时也是狩猎区主任；6 人为林木巡视员（Forstaufse-her），同时也是职业猎手。林场 2/3 的职员直接管理野生动物与狩猎。

根据 1976 年林木灾害调查，如动物密度过大，则林木遭灾率高。赤鹿、狍、羚羊蹄壳类动物中，狍和羚羊啃害占 80%。因此，决定调高狍和羚羊的猎获量。1976 年每百公顷森林猎获动物 3.6 头，1990 年猎获量达到 7.5 头。但赤鹿猎获量无变化，狍和羚羊的猎获量分别是 15 年前的 4 倍和 2.5 倍。在林场 195 块标准样地上查明，受动物啃害林木 1986 年占样地林木总株数的 8.6%，1990 年降为 2.4%。

Hirschwang-Stixenstein 水源防护林林场的总面积为 10122 公顷，其中森林占 6204 公顷。1987 年允许狩猎的动物总数（指蹄壳类）为 1253 头，平均每百公顷 12 头。同年猎杀 441 头，占可猎动物的 35%。猎杀量年年都有计划安排，主要依据动物保存总量、饲料状况和林木受害状况而定。Wildalpen 林场还要求通过狩猎保持动物群体的健康。

维也纳森林即使是水源防护林，也允许进行适度放牧。

六、可能成为年供 22 万~25 万株圣诞树的主要基地

扩大林副产品利用是改善林业经营的一条出路。最近一份市场调查报告指出，圣诞树生产是丹麦的一项重要经济收入。丹麦林地只有 2% 用于绿色装饰 Schmuckgrün 和圣诞树生产，但其收入却占林业总收入的 20%~25%。维也纳市共有居民 71 万户。根据 1980~1990 年市场统计，该市 600 个供应点年销售 22 万~25 万株圣诞树，这是很大一笔经济收入。维也纳森林完全可以满足供应。

七、不懈地造林，实现"森林与草地环行带的闭合"

维也纳市有一个"森林与草地环行带的闭合"计划（Programm Schlie Bung des Wald-und Wiesengurtels）。森林课为完成此项计划，坚持市、郊区造林绿化，防风林、青年林、学生林、社会公益林的营造工作每年都在进行。已完成的著名造林工程有：32 公顷 Laaer 林、170 公顷多瑙河岛屿林，14 公顷维也纳之山林。因此，维也纳的森林覆盖率还在不断扩大。

八、多功能、多目标森林的经营实例

维也纳森林虽分为用材林（Wirtschaftswald）、可利用的防护林（Schutzwald in Ertrag）和不可利用的防护林（Schutzwaldauber Ertrag），或风景林、游憩林、水源防护林等等，但实际上极难找到一块森林是只为一个目的而经营的。因为森林只有通过适度的采伐利用，才能保持健康旺盛的生长，才能逐渐诱导形成理想的林分组成和结构。维也纳森林的生产实践有以下值得注意的趋势。

（1）水源防护林、景观林和生态稳定的森林都要求执行接近自然的经营方式。例如：水源保护区的森林经营利用必须绝对遵循"清洁"的原则，建立并保持接近自然的混交林是最高目标，组成中要求有云杉、冷杉、山毛榉和落叶松等乔木树种。只有接近自然的混交林才能保证土壤达到理想的结构，这对过滤地下水是非常重要的。

根据奥地利 1975 年森林法规定，预定人工更新的皆伐迹地应在 3 年内完成。15 年前维也纳也以人工更新为主，每年耗用苗木 100 万株。现已是以天然更新为主，每年用苗量仅 35 万株。苗木主要用于天然更新面积的补植、欧洲鹅耳枥纯林和不适地云杉林的改造造林，

以及为提高林分价值进行必要的造林。

天然更新常须采取一些必要的促进措施：如局部小块状整地、设幼树防护栅栏、清除杂草灌丛等，以达到理想的目标。扩大天然更新已产生了效果，人工幼林的保护、抚育作业量明显下降。调节树种混合比例和伐除杂草灌丛，对优质林分的形成有着特别重要的意义。因此，幼龄林期的抚育尤其受到重视。

按每立方米计算采伐量分摊，现在幼林抚育费（42 先令）已是更新费用（35 先令）的120%。

（2）为满足维也纳森林经营的特殊要求，将放弃采用一些现代技术。1986 年森林资源调查表明，机械集材给林木带来严重损伤，机械损害占林木总受害量的 12%，且受害林均正处于旺盛生长期。1987 年维也纳森林又开始恢复使用 30 年前已经不用的马套集材，一匹好马一年能集材 4000 ~ 5000 立方米（距离 30 米）。1976 年维也纳森林遭受严重风灾，为抢运拯救受害林木，某些林场被迫采用了大型机械。

维也纳森林的割灌除藤任务虽然重，但已不使用除莠剂。为抚育需要，也尽量少使用肥料。在小蠹虫等灾害防治中，要求优先采用生物防治技术，而不用传统的化学药剂。

（3）缩小主伐的比重，重视间伐和抢救伐。奥地利农林部 1965 年、1973 年分别发布保护维也纳水源林的命令，认为砍伐森林可能导致水、风对土壤的侵蚀，从而使水源受到污染。因此，水源区一般要求禁止皆伐。下面具体介绍 3 个水源保护林林场的经营。

第一，NaBwald 水源防护林林场总面积为 8000 公顷，分布于海拔 550 ~ 2075 米处；生产性森林为 4526 公顷，可采伐利用的防护林为 1444 公顷，不可采伐利用的防护林为 604 公顷，其余为高山、非生产性用地等。林场路网密度为每公顷 19 米。针叶林占 86%，阔叶林占 14%。用材林每公顷蓄积量为 277 立方米，防护林为 156 立方米。

采伐量中主伐处于从属地位。1986 年采伐 2.5 万立方米，间伐占 50%，卫生抢救伐占 34%，主伐只占 16%；1990 年采伐 2.2 万立方米，间伐约占 40%。抢救卫生伐占 50% 上，主伐仅占 10% 多一点。间伐抚育及时，林分透光好，天然更新有保证。不同林龄林分下覆盖着的是各种草本植物，而不再是单一的针叶枯枝层。这也为野生动物提供了广阔的活动场地和生存空间；有了充足的食物，就不会大量啃害林木。林场以培育大径材为方针，主伐前 30 ~ 40 年为天然更新期，由于幼树生长健壮，受动物的啃害也相对地减轻了。

NaBwald 林场通过科学安排协调林木采伐利用，同时达到了保护水源、改善林分结构和保持林木健康生长、发展野生动物和狩猎等多种目的。

NaBwald 林场分 5 个狩猎区，森林施业区主任也是狩猎区主任。每百公顷年猎获动物（主要指蹄壳类）1956 年为 2.35 头，1987 年为 5.84 头，1990 年为 7.5 头。

第二，Hirschwang-Stixenstein 水源保护林林场总面积为 10122 公顷，分布于海拔 550 ~ 2000 米处；用材林仅为 4325 公顷，可采伐利用的防护林为 1129 公顷，不采伐利用的防护林为 750 公顷。全场森林覆盖率为 61%。针叶林占 87%，阔叶林占 13%。用材林和防护林每公顷平均蓄积量相差悬殊，前者为 368 立方米；可采伐利用防护林为 250 立方米，而不可采伐利用的只有 55 立方米。用材林成熟期年生长量每公顷为 3.93 立方米，可采伐利用防护林为 1.48 立方米，不可采伐利用的仅为 0.12 立方米。

年计算采伐量为 22032 立方米，按用材林和可利用防护林的面积计算，平均每公顷的年计算采伐量达 4 立方米。根据 1965 年联邦政府 353 号命令，Hirschwang-Stixenstein 林场森林的经营目标是建立保持与水源保护要求相一致的异龄混交林，永续而卫生，水温较稳定。

全场分设 5 个狩猎区，4 个出租，1 个自己经营。现拥有 309 头狍、306 头赤鹿、618 只羚羊和 18 只盘羊，全场平均每百公顷拥有可猎动物 12 头，为减轻兽害，现正提高狩猎强度。1987 年猎杀量为 441 头蹄壳类动物，占可猎对象的 35%。

第三，Wildalpen 林场总面积为 14258 公顷，其中用材林为 3886 公顷，可采伐利用防护林为 3455 公顷，不可利用的为 1538 公顷，高山及非生产性土地等为 5379 公顷。林场的经营方针以保护水源为主、水木并重，但实际年产材量仅 7000 ~ 8000 立方米。

现有用材林、可利用防护林每公顷平均蓄积量为 210 立方米和 204 立方米。不可利用的防护林仅 5 立方米。

第四，Purkersdorf 国有林场是维也纳森林的国有林局 6 个林场之一，分为 5 个施业区，总面积为 5500 公顷。山毛榉占森林的 60%，有纯林，也有白栎、落叶松、臭松、赤松的混交林。

长期以来，山毛榉只产薪材。Purkersdorf 森林已连续 300 年为维也纳市供应烧柴，其他附近城镇的人也到这里来樵薪。30 年前，从这里的老山毛榉林采伐的木材，属于大径、成形木材的不足 20%。因此木材价格低，消耗劳力多而收入少。

为追求经济目的，从 19 世纪末开始，这里曾大力发展针叶林，引进非本地的云杉。但以山毛榉为主的永续经营在近百年里并无变化。近 15 ~ 20 年，对山毛榉原木需求持续增长，价格上升。阔叶林林场曾是林业的"贫民窟"，现在也盈利了。

Purkcrsdorf 林场每年间伐量为 1.5 万立方米，占总采伐量的 40%。间伐不仅具有育林价值，经济收益也是可以的。

参考文献(略)

日本对林业实施特别的纳税制[①]

森林，林业与一般课税对象相比，有许多特殊性，例如立木生产期超长，林业经营需发挥森林的公益机能，要推行森林施业计划制度和贯彻保安林(即防护林)制度等。因此，日本对森林、林业税制采取一些特殊措施。

对自己拥有的森林或购进的森林进行采伐、转让，都要课所得税。但因拥有森林的时间长短不同、森林(立木)的销售及加工程度不同。因此把所得区分为森林所得和事业所得。所谓森林所得，就是采伐、转让森林(采伐立木以原木形式转让或是立木转让；所得税中森林指立木，不包括林地)所产生的所得。林业从种植到采伐的生产期(即从资本投入到回收的时间)，与其他产业相比很长，而立木采伐或是转让所产生的所得，是漫长生产期积蓄的所得一次性实现的，这样的所得具有特殊性。对待这样的所得，如果像对待资本周转期较短、投资效果每年较显著的事业所得一样课税，就显得不公平。

因此，日本所得税法对林业中的收入区别对待，即进行分离课税。确定为森林所得的，按 5 分 5 乘方式计算课税。租税特别措施法还给森林收入规定了特别扣除制度。拥有森林时

间短(在5年以内)，进行采伐或转让的所得不属于森林所得。所有者如是原木生产者，其所得为事业所得；如不是原木生产者，则为杂项所得。为确定是否森黯和能否享受减税优惠，拥有森林的时间是关键因素。

确认为森林所得后，住民税(道都府县民税及市町村民税)仍必须缴纳。住民税按所得比例缴纳，森林所得与其他收入分离计算，也按5分5乘方式计算纳税。

森林所得计算(见图解与实例表)是确定森林所得税的基础。依法从原木、立木收入中进行各种扣除后为森林所得。原木销售总收入扣除木材生产费用与市场销售费用后即为立木收入。

森林从栽植到采伐有一个立木培育阶段，这是一个很长的间隔期。受通货膨胀等因素的影响，极难算出实际的累计营林费用。为简便起见，从立木收入中扣除40%为营林概算必要经费。为鼓励林主按森林施业计划经营森林，不受市场涨落左右森林采伐，政府给执行计划的林主以纳税优惠，从立木收入中再扣除20%。森林所得、转让所得在50万日元以下的小额收入一般不计。因此从立木收入中，可有50万日元为基础扣除。

从立木收入中进行以上种种扣除之后即为森林所得。日本所得税法采用高收入、高税率的原则，即按累进税率征税，但对森林所得给予5分5乘方式的特别对待。具体做法是森林所得除以5，即按所得1/5计算税率。1500万以下日元收入的税率为10%，而1500万以上为20%，3000万以上为30%，5000万以上为40%，1亿以上为50%。经5分处理后的5000万以上日元森林所得为：5000万÷5＝1000万日元，其税率为10%，而不是40%；然后再乘5，即为应纳税额。

森林所得税额计算实例

项　　目	数量(立方米)	单价(日元)	金额(万日元)
总收入(原木销售额)①	500	60000	3000
必要经费 采伐集材费用②	500	5500	275
原木运输费③	500	2000	100
市场手续费、贮存费④	500	3500	175
概算营林费用⑤	〔3000－(275＋100＋175)〕×40%		980
小　计			1530
森林计划特别扣除⑥	〔3000－(275＋100＋175)〕×20%		490
森林所得基础扣除⑦	最高额50万		50
森林所得金额⑧	3000－1530－490－50		930
森林所得税额⑨	930×1/5×10%×5		93

有关森林所得及其所得税的计算图解

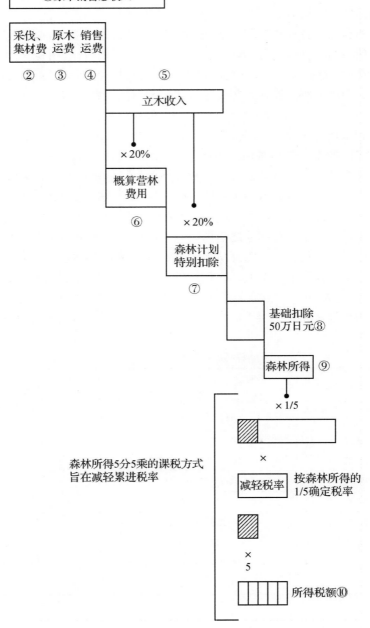

自然保护与林业发展①

摘要： 文章介绍了国际上围绕林业发展与自然保护之间所展开的辩论，以及欧洲的整体林业观、美国的分类管理林业理论、日本建立森林生态系统保护区等。同时简述了菲律宾环境林业研究面对林区人口过密的难题和瑞典林业担心过分强调自然保护可能使其林产业在国际竞争中丧失竞争力等问题。德国林业界反对压缩木材生产；美国林业界认为，100 年前美国林学之父平肖提倡的林业与自然保护就是一致的。台湾林业试验所所长杨政川认为，对森林单纯保护、优生性和劣生性变化的演化方向同时存在。

关键词： 自然保护　森林保护

人类社会现在面临的种种危困，几乎无不与森林破坏有着直接或间接联系。森林、林业、林产工业已经成为举世关切的问题。议论、研究此问题的人渐渐多起来。研究焦点是自然保护与森林利用能否结合和如何结合。欧洲、北美洲以及日本的林学家都有一个共同感觉，在二三十年前，讨论自然保护差不多只是林学家的"专利"，而今林学家却常被当做对象来批评、攻击。

议论多、研究多是好事。问题是意见不统一，各有各的道理。《世界林业研究》已经发表过几篇文章，介绍国际上这方面的动向。为更好地解决问题，继续了解各方面情况是必要的。

1　关于发展中国家森林保护问题的对立观点

（1）一些国家环境保护主义者认为，抵制使用热带木材，便可保护住热带森林。英国环境保护主义者的组织"地球之友"1987 年呼吁抵制使用热带木材。前联邦德国的 200 个城市的议会于 1988 年也要求停止使用热带木材，其建设部部长 1989 年宣布，政府已停止使用热带木材。欧洲议会 1990 年 10 月通过决定，禁止进口热带木材。

（2）联合国粮农组织认为，森林不开发利用会破坏得更快。联合国粮农组织机关刊物《联合国育林》1991 年发表的一篇社论指出："第三世界发展森林工业却成了广泛的攻击目标，被描绘成是破坏森林的祸首，而不被看做是永续经营森林所不可缺少的因素。禁止采伐和进口热带木材，抵制使用热带林产品等形形色色的类似建议，其实施的后果可能是使森林贬值，从而加速破坏。森林的收入减少，必然导致投资降低，从而危害森林的保护与发展"。"外力对林业的资助是不可忽视的，但保护森林的基本财政来源仍将依靠森林自身的收益，如地租、立木价、出口收入等。这是要以发展森林工业为基础的"。

以上思想是联合国粮农组织、世界银行等在 1985 年 10 月制定的《热带林行动计划》的一个基本观点。该《行动计划》指出："一种没有工业的森林对一个政府来说，基本上是没有财政价值的，虽然其社会、环境和生态价值可能很大。林产工业活动的引进会对发展做出积极贡献，会带来社会利益，并增加政府和当地人民的收入。从森林工业取得的这种收入将鼓

---

①　本文系沈照仁同志撰写，发表于《世界林业研究》1991 年第 3 期。

励人们保护森林，维持能从森林中得到的财政和经济收益，并将确保使森林得到适当的管理，为工业持续不断地提供原料，同时可对环境问题予以应有的考虑。事实上，森林工业必须维持它的原料基地，从而使森林工业的建立对环境的影响减少到最低限度。森林工业的建立还可以通过在贫瘠的或被毁林的土地上营造人工林，为资源保护和开发作出贡献"。

联合国粮农组织林业部规划与制度处 1991 年 9 月发表的文章认为："人们必须尊重事实，没有可靠的经济基础，实现森林永续发展是根本做不到的。这个可靠的经济基础就是森林。它现在是、将来仍必须是非常重要的可更新原料的来源。林业政策应不断地为改善这一部门的生产、加工的经济效益而奋斗"。

（3）生态学家对以经济发展为导向的林业政策持批评、反对的态度。在国际最大金融组织赞助下制定的《热带林行动计划》的基本点是发展经济治穷，同时又要保证投资回收和一定的收益率。1986 年秋在印度新德里由 10 国非政府组织代表参加的会议上，代表们强烈批评了这个计划。

印度科学技术与自然资源政策研究基金会理事长 Vandara Shiva 认为，森林破坏是追逐利润导致的，其罪魁不是乡村的贫困。印度中央邦伯斯特尔县的部落世世代代保护森林。1975 年 12 月世界银行把第一个林业技术援助计划给了这个县，要求把天然林改变成为纸浆材人工林。世界银行《林业发展》项目带来了伯斯特尔森林遭严重破坏的后果。巴西学者 Magda Renner 认为，《热带林行动计划》是个继续破坏森林的计划。根据该计划，对巴西投资 4 亿美元，其名义为发展薪炭林与混农林业（agroforestry），实际安排了 3.25 亿美元发展加工利用，对森林生态系统保护只安排 5000 万美元。结果是把更多的亚马孙天然林变为人工纯林。与会代表批评世界银行实际关心的是市场和工业资本的利润，而不是环境和生态。

英国期刊《生态学家》（The Ecologist）的现任编辑部成员由美、英、加拿大、澳大利亚、印度等国的生态学家组成。这家期刊直到最近（1991 年 11/12 期）仍认为，联合国粮农组织在探讨解决第三世界的农林业问题时总是与大工业资本相勾结。在粮农组织的各个委员会组成中，肥料、除莠剂等大工业公司代表占极大比重，发挥着巨大影响。许多计划方案实际上是他们制定的。

（4）联合国粮农组织认为，解决问题不能回避现实。与《生态学家》辩论中，粮农组织批评环境保护主义者是重幻想，不切实际，并指出："发展中国家人口占世界的 4/5，拥有世界森林资源的一半。建设需要木材，发展教育、传播信息需要纸张，因此发展林业工业是发展中国家谋求全面发展的重要环节"。

据统计，20 世纪 60 年代以来，发展中国家的木材年产量一直高于发达国家。木材至今还是一些发展中国家重要的出口商品，但以原料和半成品为主。在世界木材及其产品的出口总额中，发展中国家的份额很小。1989 年世界木材产品出口总额为 947.9 亿美元，发展中国家仅占 134.1 亿美元。这从根本上决定了发展中国家的林业提供的就业机会不多。

林业如不能为乡村发展，为国家经济建设做出应有的贡献，其自身也难以生存和发展。

（5）发达国家与发展中国家的利害冲突。《美国林业》杂志发表过一组漫画，揭露发达国家对发展中国家农民在森林保护上的自私心理。漫画的含义是要求发展中国家停止采伐雨林，以达到发达国家利用发展中国家的森林吸收发达国家排放的污染物的目的。

巴西亚马孙州州长 Giberto Mestrinho 1991 年答美国《时代》杂志提问时明确表示："亚马孙不是世界纪念物，它属于巴西，其未来应由巴西人来决定。"巴西亚马孙地区生活着 1700

万人口，因此，它不可能是博物馆。Mestrinho 反对局外人就开发亚马孙森林问题说三道四。他说，他关心动物、植物的生存，但更关心人类的生存。

2　关于林业与自然保护相结合的理论和实践的讨论

（1）欧洲提倡整体林业（holistic forestry）。南斯拉夫卢布尔雅那大学生物技术系教授 Dusak Mlinsek 曾任国际林联主席，是整体林业运动主要创始人之一。他对整体林业做了以下解释。

整体林业观与传统林业不同，不把森林的防护功能与木材生产功能分割开来，任何时候和任何经营水平都追求两者的结合，实现真正的综合经营，避免各自为政，更应避免对立。

传统林业模仿农业，企图把工业过程强加到天然生态系统之上。整体林业的出发点是管理好现有森林。基本原则是把森林作为一个整体，其性质是不能改变的，而林学家的观点、立场和态度则必须随着对天然森林环境关系的认识而变化。传统林业是以人类为中心的，把环境完全置于人的控制之下，以为林木是可以任意培植的；整体林业则寻求途径，保持天然林，或保持接近于天然的条件，长期连续地保持天然肥力，尽量避免采伐、更新带来急剧变化。

整体林业对林木遗传育种持非常谨慎的态度，因为其长远的后果极难预测。在天然森林里基因型是经几百年逐渐选择、发展成对周围环境条件完全适应的生态型。在非天然条件下生长的树种，在短期内虽表现出明显的优势，最后则可能衰败。整体林业要求研究原始森林的自我永续系统，并保持其不受破坏。整体林业不太赞成传统林业对森林轮伐年龄的偏爱，认为这样会大量丧失生命力并降低生产率。整体林业认为衰老林木有不可忽视的作用，其庞大根系在长期缓慢地释放肥料。整体林业反对人为极端地划分种植、间伐和主伐阶段，而主张把各阶段合成一体，以增加多样性。整体林业的最终目标是承认森林生态系统中各种因子的链锁关系与其重要意义，要求森林生态系统像木材生产一样最佳地发挥各种效益，而不是牺牲其他效益去最大限度地实现某一效益。

Mlinsek 说，整体林业在瑞士和阿尔卑斯山周围一些国家的森林经营中早有实践，那里的人民积几百年之教训，意识到森林真正是民族生存不可缺少的。

（2）对森林进行分类管理的理论。在第十届世界林业大会上，著名学者 Gene Namkoong 做了生态系统与遗传资源的保护、保存主题报告，他代表着与整体林业理论不同的森林经营思想，他指出，按照某种理论，生物群落社会内部紧密交织在一起，相互作用，从而形成地球稳定的生态系统。根据这样的假设，为保存地球稳定的生态系统，人们就必须探索途径保持全部地方的生态系统。受这一理论的广泛影响，自然保护中出现了极端化，使保存与利用对立了起来。Namkoong 认为，林学家现正面临挑战，要提出能取代解决势不两立的问题的办法，要在相互排斥的目标之间做出仲裁，这就要求弄清楚问题的实质，更新观念、修正知识。

Namkoong 指出，森林是错综复杂的资源，其动态也错综复杂，人们通过经营可对错综复杂的价值产生影响。由于生物群落的结构是多样的，人们不可能在所有森林地块上实现所有价值。他认为可供选择的经营方案很多，但以下假设是可以成立的：把局部搞得复杂并不能实现最大的稳定性；并非一切物种、群体或基因，对全部生态系统的机能都是不可缺少的；也并非每一块林地对全部动物或植物物种的存在都是不可缺少的。必须面对现实，人类不可能拯救一切基因、个体、群体、物种或生态系统。生物群是进化着的系统，从基因到生态系统生物要素的组成是在不断变化的。不同水平的生物群的丰富性、多样性也是进化着的，因此人们不可能把生物要素的一种形态当做保存目标固定下来。同样，人们也不可能回归到某种存在过的形态。因此建立自然保护区是一种经营方法、经营技术，而不是目的。如果要求每公顷森林的经营满足每一种利用或保存，为避免各种要求之间对立和冲突，那么就必须存在一组可以进行分割的价值，在冲突各方之间进行分配。这是不可能做到的。但他认为，分割森林，为不同要求分割地域，让各个地域满足一定的经营要求而综合起来，就能满足保存所有遗传基因、物种和生态系统的要求。

但 Namkoong 承认，现在尚需进行大量研究。因为，对大多数情况而言，用推理的办法划分森林的各种经营单元能否满足多目标尚不很清楚。例如，在 10% 的森林里发现飞禽物种的多样性，并不能从此得出结论，在其余 90% 的森林里的经营，可不考虑对飞禽的影响。

（3）建立森林生态系统保护区缓和了日本林业与自然保护之间的对立。林业曾长期代表过日本的自然保护。到 80 年代，林业却连续遭到自然保护界的批评、攻击。林学界认为，即使是国立公园森林，也有必要进行适度采伐，这样既有利于森林健康生长，又可带来经济效益。自然保护界认为，森林是自然的代表，原始林是标本，残存的原始林应严格地处于保护之下。

互相对立的意见各有理论依据，也有事实靠山，于是僵持了许多年。1989 年 4 月，在日本建立森林生态系统保护区的构思问题上，为解决矛盾找到了认同的基础。它基本上以联合国教科文组织的人与生物圈计划的"生物圈保护区"为准则，将面积 1000 公顷或 500 公顷以上的原始天然林作为一个整体生态系统加以保护。为严格维持森林生态系统，防止外部变化直接影响"保留区"（相当于人与生物圈计划的"核心区"），选设起缓冲作用的"保安利用区"（相当于人与生物圈计划的"缓冲区"）。

日本在全国确定建立 12 个森林生态系统保护区。到 1991 年 4 月为止，已有 10 个落实到具体地块，总面积近 13 万公顷，其中保留区 6 万公顷，保全利用区相当于日本森林总面积的 0.5%。1991 年 4 月 22 日林野厅宣布在全国再补充建立 14 个森林生态系统保护区。

（4）菲律宾开展环境林业研究。菲律宾大学林业发展中心成立的环境林业课题组认为，广而言之，环境林业是要提高、维持森林生态系统的生产能力和防护能力。森林生态系统的生产能力指森林为人类供应木材、食物与水的能力。防护能力指森林防止洪水、侵蚀、干旱、淤积以及病虫害爆发的能力。此外，森林还对人类的心理和生理机能起着有益作用。

菲律宾环境林业面临的严峻问题，是林区居住着 500 万～700 万人口，而且还在继续增长。

（5）德国政府不断协调林业与自然保护的关系。为缓和矛盾，一些州政府把林业与自然保护分开来管理。巴登·符腾堡州 1987 年设立环境部，接管了农林部的自然保护职能。农林部长魏泽尔 1990 年表示，根据分工原则，林业地区管理局仍担负许多自然保护方面的任务。他认为，自然保护最近要求大幅度削减采伐量是错误的。因为，州林业开展的是接近于自然的森林经营，为生态目的放弃木材采伐利用是完全没有必要的。

（6）瑞典认为自然保护不能忽视林业生产成本。林业对瑞典经济建设、国家富强的贡献举世公认。现在森林资源状况比历史任何时期都好。即使如此，林业与自然保护之间仍发生矛盾。瑞典当前的自然保护兴趣是保持森林生物的多样性，特别是保护濒危的动植物。瑞典已有 9% 的土地面积划为自然保护区或国家公园。环境保护主义者要求继续扩大保护面积。

（7）美国、英国一些林学家认为林业与自然保护的观点基本一致。英联邦林学会主席

1990 年的文章指出："生生死死是大自然的根本法则,林木也不例外。处于生长时期,林木吸收 CO_2,净化空气,但处于衰落、死亡时期则相反。因此抚育森林,用健壮生长的林木取代死亡中的,保持森林于良好状态,这才对环境最有利。把一切都冻结起来,或保留其原样,任其衰落、腐朽、死亡,这样显然是不对的"。

美国林学之父平肖(Gifford Pinchot)认为对森林开展巧妙利用(Wise use)是林业的基础,他同时也认为保护自然也即是对地球开展巧妙利用。Brooks 等最近指出,近些年,在美国出现了许多"新林学"试验,但究竟哪些真正是新的,科学家们并无共同的认识。90 年代应深入研究,以期达成共识。

(8)对森林不加经营地单纯保护也不可取。中国台湾林业试验所所长杨政川认为,森林自然保留区以生态保育、自然教育为主要功能,也同样需要提高生产力。"保留在那里不加以操作就达到了保育的目的"是消极的、不正确的观点。因为森林生态系统是一种动态实体,在自由放任状况下其演化方向不是优生性变化就是劣生性变化,因此常有灭种现象发生,造成某些有潜在价值的基因资源永久损失。基于这一认识,杨政川主张对自然保留区进行积极的育林操作,诱导森林植被呈现旺盛的生机,使森林生态系尽速达到或保持极盛相和适当的程度。

3 参考文献(略)

日本林业高等教育改革要求重视林学特殊性[①]

全世界现在都在讨论扩大林学概念,充实教学内容,为适应形势,日本正在积极进行大学林学科的改组。根据由各界著名人士参加的森林、林业教育问题恳谈会的总结,日本林业高等教育改革将突出以下几方面。

1 森林科学的新进展

以往,林学重视森林的木材生产、国土保护与水源涵养机能。近年来,社会强烈要求充实有关环境与森林游憩方面的内容,发展有关森林生物技术研究,以更加充实森林科学。此外,现代林学不仅涉及传统的社会科学,还因受人类精神、文化的影响而与人文科学有联系。因此,林学最好改为森林科学。

森林科学虽然不包括含木材工程学的全部林产学,但林产学是在掌握木材的产生过程,即作为生物体的本质的科学知识的基础上形成的。所以,从这个意义上讲,今后森林科学必须与林产学保持密切联系。

2 林学教学的改革与存在的问题

林学属农学部范围,林学改革不仅应贯穿于整个农学部,还要求与新的森林科学相适应,农学的许多其他领域和学科现在都在强化和扩大生命科学与环境方面的教学内容。生物资源与生命环境等教学,对农林水产又都是共同的,因此应当不分产业,把以往的小讲座制改为大讲座制。但是,即使适应社会要求,充实了这些方面的教学内容,也还存在一些问题。

---

① 本文系沈照仁同志撰写,发表于《世界林业研究》1992 年第 3 期。

森林科学与农学的其他领域，本来在方法论上就有差别。农业的环境人为因素非常多，农学受其影响分化、发展、形成，因此作为其延伸，可考虑改为农林水产学。

森林科学是以时、空范围极广的森林生态系统为对象，在把握其总体的基础上，在方法上将森林科学划分为各个领域是有一定道理的。但森林科学应尽力保持以森林总体为对象这一综合特性。

3　林业技术人才的基本素质

林业技术人员必须明白森林既是自然生态系统，又是绿色资源，因此，应具备基础科学素养，能以合理技术为基础，既开展利用，又维持其存在与恢复更新，不仅应从自然科学角度理解森林，还应善于从社会科学角度判断森林资源是否得到合理利用。

森林资源是可再生的，其保持与更新恢复是以木材永续利用原则为支柱，这一经营原则正向着兼顾环境保护的持续开发的观念发展，大学教育必须传授以绿色资源多目的利用和兼顾环境保护的持续开发为对象的新的森林科学的基础知识。

日本林业治山第八个五年计划[①]

治山是日本林业的一项主要任务。1960~1986年已完成6个治山五年计划，总投资达42549亿日元，相当于同期治水总投资264300亿日元的16.1%。据报道，第7个五年治山计划(1987~1991年)将超额完成。

	预算投资规模 A	1987~1991年末预期 完成投资 B	完成率 B/A
治山事业	14100 亿日元	14725 亿日元	104.4
治水事业	80000 亿日元	87919 亿日元	109.9

除国家预算投资外，在计划期内，地方相关事业投资1600亿日元，调整投资4000亿日元。因此第7个林业治山五年计划的总投资实际为19700亿日元。

第8个治山五年计划(1992~1996年)国家预算总投资28300亿日元，是上期预算投资的2.01倍；同期内，地方计划投资2800亿日元，是上期的1.75倍。

林业治山对象(包括崩坏地、崩塌危险地、滑坡地以及荒废土地、荒芜森林等)的整治率要求提高到49%，即到1996年末时，需整治的山和林几乎要有一半完成治理。1986年林业治山面积为100，到1990年末实际达到的整治率如下：

	1986 年	1990 年末止已整治	整治率
需整治荒废地	236 万公顷	82 万公顷	35%
需整治森林	157 万公顷	73 万公顷	47%

1990年11月日本成立"治山问题检讨会"，由经验丰富的专家参加探讨，并于1991年5月形成了"治山问题检讨会"报告书，报告书认为治山面临以下形势：

(1)扩大了治山保全地域和保全对象。因接近山地的住宅增多，山地灾害危险上升；开发导致森林和绿色资源状况恶化；保证良好的生活环境建设非常必要；对水的需求增长极为

①　本文系沈照仁同志撰写，发表于《世界林业研究》1992年第3期。

明显，为此必须开展大范围水源地域森林的保护和综合治理。

（2）提高了对保全、治理森林的要求水平。国民对居住地的安全和优质水的稳定供应以及良好居住环境建设，都提出了更高要求。

（3）山村管理森林的能力下降，林业现在很不景气。通过健全的林业经营治理森林遇到重重困难。应与市町协作，保证有效地进行治山。治山事业实施中，必须充分考虑振兴山村。

（4）调整森林土地利用与保全森林已显得非常紧迫，应妥善地运用林地开发制度，特别是要在城市周围保全一定范围的森林（营造城市绿化地带）。

报告书要求今后治山事业包括以下内容：

（1）扩充山地灾害危险地区对策：开展综合防灾对策，包括在山地灾害危险地区进行再检查和设置观测设施等；在市町村防灾计划中应包括治山的内容；在接近集市、旅游疗养地开发区的山地进行重点治山；在山地灾害危险区与居民协作开展巡逻。

（2）扩充治理水源地域的森林：绵延在流域里的广袤国有林和民有林都是"绿色屏障"，要引导形成覆层林，并进行必要的水土保持建设和开展综合治理；通过治山事业的实施，扶持森林合作社。

（3）保全、创造生活环境：为在城市周围维持、创造良好生活环境和防止山地灾害。要购买私有土地，实施公有化；为在地域居民日常接近的广阔范围内形成生活、防灾缓冲空间，有必要开展森林治理。

（4）在森林景观区实施治山时要确保现有设施的安全和利用者的安全。

森林治水与奥地利荒溪治理[①]

摘要： 国际公认奥地利林业治山防、抗灾害是成功的。其核心思想是，森林生物措施与工程措施相结合，进行综合治理。作者着重介绍了奥地利林业治山经费来源、组织实践及其科研系统。Aulitzky 教授调查蒂罗尔州 9 个村庄，通过 200 多年的数据对比分析，证明森林消失与恢复对荒溪的扩大与缩小有着直接影响。

关键词： 林业　治山　治水　荒溪治理

1　前　言

70 年前，孙中山发问："近来的水灾为什么是一年多过一年呢？"他自答，这是由于现在"许多山岭都是童山，一遇了大雨，……山上的水便马上流到河里去，河水便马上泛涨起来，即成水灾。所以要防水灾，……多种森林便是防水灾的治本方法。"孙中山说："水灾之外，还有旱灾，旱灾问题是用什么方法解决呢？……治本方法也是种植森林。"他认为："用机器抽水来救济高处的旱荒，这种防止旱灾的方法，好像是筑堤防水灾，同是一样的治标方法。"

中国治水历史悠久。每逢大水灾，全国总要争论一番，究竟应如何治水。这个问题也是

---

①　本文系沈照仁同志撰写，发表于《世界林业研究》1994 年第 1 期。

国际上有待回答的。几百年前，孟加拉国的主要河流两岸就建筑了绵延数千公里的堤坝。近年来，孟加拉等国空前的洪水灾害频发。为援助其摆脱长期洪灾侵袭之苦，国际社会制定了"洪水行动计划"，其主要措施也是建筑堤坝。对此，孟加拉国农民运动组织和一些经济学家指出："这些堤坝远不能控制洪水。据估计，孟加拉国 3 条主要河流一年的淤积量为 24 亿吨。如不进行耗资巨大的挖泥疏浚，河床愈填愈高，必然导致洪水溢堤而出。……筑堤防洪有朝一日是要失败的。"

19 世纪的瑞士也曾是洪灾迭起的国家。坚持治山、恢复森林植被，确实显著地减轻了灾害。

1800 ~ 1825 年，法国森林覆盖率降到 13%，洪水、干旱交替发生；现在森林覆盖率达到 27%，洪旱交加的现象在法国已基本不存在了。法国的这一成就在很大程度上仰仗于 1882 年的"山地恢复和保护法"。

奥地利多山，阿尔卑斯山横贯全境，阿尔卑斯山脉整个地区素来多洪水、泥石流、雪崩灾害。19 世纪，奥地利山区人口翻番，森林大面积遭破坏而消失。19 世纪中期，山地灾害更加频繁。20 世纪 80 年代，在克恩顿、克拉因和南蒂罗尔等许多地方，连续发生空前的洪水、泥石流、雪崩灾难，造成惨重的人、财损失。

为制止继续破坏森林，为治山防洪，奥地利于 1852 年、1884 年先后颁布《森林法》和《采取预防措施，缓解山洪危害》法(《Gesctz betreffend Vorkehrungen zur unshadlichen Ableitung von Gebirgswassern》)。后者简称《荒溪治理法》。为贯彻此法，专门成立了治山机构："林业技术治理荒溪雪崩处"(Forsttechnische Dienst fur Wildbach-und Lawinenverbauung)。

世界林业大会、国际林联会议的一些报告都承认，奥地利是林业发展与治山结合的典范，多山的日本、希腊、尼泊尔等都在效仿奥地利，把治山与林业发展有机地结合起来。

几十年来，奥地利森林平均每公顷采伐量一直保持在 4 立方米以上，采伐总是遵循环境保护所要求的原则，森林的单位面积蓄积量、生长量一直在不断增长：1961 ~ 1970 年每公顷蓄积量为 239 立方米，生长量为 5.8 立方米；1981 ~ 1990 年二者分别上升为 288 立方米和 8.7 立方米。

2　奥地利荒溪治理法的实质

1984 年颁布的《荒溪治理法》现在仍有效。此法第二条明确指出："治理要采取工程技术措施与森林生物防护相结合，土地、森林利用与作业方式也应进行有利于治理目的的改变。"100 多年来这个法律要求贯彻综合治理原则(Integralmelioration)。

奥地利把小于 100 平方公里，并具有侵蚀地貌的流域称为荒溪。全国现有 9000 条荒溪和 5000 个雪崩险段。

奥地利农林部长 Franz Fischler(1990 年 11 月)强调治山要有整体观点(Ganzheitliche Sicht)。他认为，健全的生态系统是降水得以有调节地均衡流出的最好保证。工程措施支持下的林业措施对治理荒溪起着关键作用。健全的森林也是防止雪崩最好的保证。但森林分布线以上的灾害威胁，又必须采取工程措施加以防范。

国有林局长 Franz Eggl(1990 年 11 月)指出，洪水治理必须与保证水供应相结合，健壮的森林是强有力的抗洪措施，1 公顷森林又能蓄水 2000 立方米。

3　新时期新的治理内容

根据对莱茵等中欧 6 条主要河流 15 个水标位进行 50 ~ 142 年的观测，现在发生的洪水水位与 19 世纪前期以来频繁发生的洪水相比，显著提高了。农林部长 Franz Fischler 指出，第二次世界大战以后，为恢复重建与发展经济，奥地利强化了山区农林业、旅游业以及居民区开发，对侵蚀、雪崩等危险注意不够。因此，灾害有升级的趋势，对防治的要求增强了。

根据森林法要求，1945 年以来，奥地利虽有 20 万公顷农地还林，但根据 1971～1975 年调查，高地的实际森林分布线与潜在分布线之间，尚有 30 万公顷为未造林的宜林地，这相当于国土总面积的 3.6%，是荒溪雪崩等危险灾害区。

山地防护林因无经济收入，长期缺乏经营积极性，处于完全的荒芜之中。全国 1/3 防护林现在迫切需要采取措施，以改善状况；1/4 防护林过于衰老，蓄积量下降，密度不足，野生动物密度过大，山上放牧过度。大气污染也对森林的防护机能产生了不利影响。

Hannes Mayer 教授等对近几年洪水灾害区进行周密调查分析后，得出结论：荒溪治理法实施 100 年以后，奥地利进入了治山新时期，其中心任务是防护林复壮和高海拔地造林。

4　经费保证与治理的效益

根据奥地利 1975 年森林法第 10 条规定，防护林复壮和高海拔地造林总费用的 60% 享受联邦政府补贴；地方政府的补贴额不得少于联邦政府拨款的一半。由此可见，荒溪治理的林业费用 90% 以上已在法律上明文给予保证。

农林部长 Franz(1989 年 8 月)指出，政府现把防护林的复壮工作放在优先地位，为此每年要拨款 1.3 亿先令(100 先令 = 48.8 元人民币)，这还稍高于林学家们计算要求的投资额。

根据 Aulitzky(1986 年)的资料，奥地利森林消失后的被地的地表径流量是森林的 4～6 倍。衰退森林的地表径流也很高。健康针叶树的针叶可经历 11 年蒸腾过程，而病态、遭大气污染的针叶树针叶只能经历 3 年，甚至更短的蒸腾过程。这证明，为治理荒溪、防止雪崩，恢复高海拔地森林植被和经营改善现有山地防护林的状况是必需的。

人们往往不愿意接受对森林防护效益的货币评价，但森林破坏后带来的灾害却难以回避。克恩顿、克拉因和南蒂罗尔 3 地森林破坏导致 1882 年发生空前的山洪、泥石流灾害，财产损失达 2500 万金币(约相当于现在 20 亿先令)。这就非常切身地让人们感到森林的防护价值。

100 多年后，奥地利许多地方又响起灾害警报，因此，高海拔地的恢复造林和防护林的复壮经营已普遍受到重视。

5　建立荒溪治理模型区

农林部与州林业局、林业技术治理荒溪雪崩处一起，已确定在全奥建立 36 个荒溪治理模型区，其中 11 个分布在蒂罗尔州。每一个模型区都以精确的森林资源数据为基础，目的是以营林立地为条件，结合水文、地质、地貌，为治理荒溪、雪崩提供参数。

6　完善林业治山治水科研体系

奥地利林业研究院(FBVA)的第一任院长就是热心于荒溪治理的专家，当时法国在林业治理荒溪雪崩方面已形成一套办法，是他把法国的经验借鉴到奥地利来。这是一套以发挥森林公益机能为基础，实施面积综合经营和森林生物措施与工程措施相结合的治理方法；实行不同措施相互促进，共同发生作用。

目前，林业研究院在治山治水方面领导着 3 个研究所：亚高山森林研究所、荒溪治理研究所和雪崩治理研究所。

(1)亚高山森林研究所(AuBenstelle fur Subalpine Waldforschung FBVA)设在因斯布鲁克，

其任务是为高海拔地带制定造林技术，即为治理荒溪雪崩的造林与抚育制定一套办法。目标是建立保持最佳的亚高山防护林，并根据原始天然林分布线扩大防护林范围。

建所起因是 1951 年、1954 年发生空前的雪崩灾害。当时，奥地利对实际森林分布线与潜在森林分布线的无林地造林，既缺乏实际经验又无基础科学知识，而为了成功地治理雪崩、荒溪、山洪，这是非常必要的。这种无林地带的造林是极难达到满意结果的。

（2）荒溪治理研究所（Institut fur Wildbachkunde）设在维也纳，下有 3 个研究室：

地貌与侵蚀研究室研究荒溪灾害的结果，包括对荒溪侵蚀、侵蚀表现形式的研究。以 1800 次洪水与泥石流的资料为基础，结合在荒溪治理模型区精确实测得到的数据，为治理荒溪灾害研制切实可行的方法。

水文与洪水排放研究室从事小流域洪水流量计算，并为此提供更完善的基础。在新建立的荒溪治理模型区进行水文分析，精确测定土壤侵蚀、排水与沉积物搬运，目的是判断不同立地条件（坡度、海拔、地质土壤与森林覆盖率等）下发生洪水的可能性。

工程治理研究室为荒溪治理开发新的工程类型。

（3）雪崩治理研究所（Institut fur Lawinenkunde）设在因斯布鲁克，其任务是为区划灾害危险区建立基础。促进包括林业措施在内的治理技术的发展。

维也纳农业大学也有一些研究所从事治山研究。

7　专门开展荒溪治理的工作体系

与《荒溪治理法》同时诞生的"林业技术治理荒溪雪崩处"（FDWLV），下设工作站，自成独立体系，负责全国 8935 条荒溪和 4570 个雪崩危险段的治理工作。至 1985 年底，全系统有 1823 名职工，309 名为工程技术官员、职员，其中 95 名为高级科技人员；工人有 1514 名。1985 年在全国 965 个现场进行作业，编制 514 个危险区计划，鉴定 9726 个点，实施 65 个项目。

1985 年林业技术治山经费总计 11.35 亿先令，联邦政府拨给了其中的 61.3%。1985 年完成造林（包括灌丛）105.5 公顷；完成各种工程量：1347 处横向工程；34071 米纵向工程；清理荒溪 62 万立方米；排水沟 12022 米；雪栅栏 14905 米。

8　重灾地区的荒溪治理

第一次世界大战之前，奥地利已有不少治理成功的示范区，如 Schnitt 荒溪治理是以大规模改变灾害危险区内的耕作方式（Kulturgattung）为中心，把牧草地改变为森林，增强对冲积扇迅速扩大的土地的防护。农业区 Rakonitz 荒溪治理的主要目标是尽力减少侵蚀。Karst 荒溪是森林遭破坏后的灾区治理示范区之一，治理措施包括造林、禁止放牧山羊、修建地质水文工程。

（1）蒂罗尔州的荒溪治理。奥地利行政区划为 9 个州，蒂罗尔州属高山区，只有 13% 的面积适于永久性居住。全州 278 个村庄，因居住区周围有 640 个荒溪、1110 个雪崩危险段，竟有 270 个村庄的安全受到威胁。

数百年前，为满足增长着的人口谋生需要，蒂罗尔州许多高海拔土地被开辟为牧场或垦荒种植粮食，这在很大程度上给今日居住在这里的人们造成危险的生存条件。

19 世纪中期，蒂罗尔州山洪频繁，成为奥地利 1852 年森林法诞生的契机。100 年后，蒂罗尔州洪水灾害再次呼人觉醒，不恢复森林植被，就无法保证安全的生存环境。

根据对蒂罗尔州 9 个村庄（包括 Galtur、Ischgl 等）的调查，森林面积的消失和恢复，对荒溪和雪崩危险面积的扩大与缩小有着明显的直接影响（表1）。1953年与1774年相比，9个村庄的森林面积减少51%，荒溪、雪崩面积扩大421%；经造林，森林面积恢复扩大到原有的99.8%，荒溪、雪崩面积降为123%。

表1　蒂罗尔州9个村庄荒溪雪崩面积变迁

Galtur、Ischgl 等9个村庄	1774年		1889年		1953年		造林后	
	森林	荒溪雪崩	森林	荒溪雪崩	森林	荒溪雪崩	森林	荒溪雪崩
面积总计（公顷）	29944	881	17451	977	14730	3454	29851	1008
（%）	100	100	58	119	49	421	99.8	123

①农业技术危险指数调查。农业技术危险指数（Landoskultunellen Gefahrdungs Index）以坡度、森林覆盖率等为评定依据。根据奥地利农林部农业研究所1982年发行的全国农业技术危险指数地图，蒂罗尔州57%的面积被列为危险区，22%被列为特别危险区，只有8%和13%分别被列为中等危险区和低危险区。

农业研究所认为，改善森林状况，提高森林质量，扩大森林面积，可以明显改变地区受灾害威胁的地位。机能健全的常绿林能把降雪的1/4在树冠上蒸发掉；坡度40°的山坡每公顷有800棵树，就可避免雪崩发生；1公顷生机勃勃的森林一天能蒸腾4万~5万升水分。

②造林为主、工程为辅。1952~1987年，蒂罗尔州林业治山部门在高海拔地造林2500公顷，其中2000公顷分布在荒溪治理区，500公顷在雪崩治理区。

在1800~2200米海拔地方造林不易成功。为确保成功，一般都要配置雪栅栏、支架。这虽是辅助性的，但100多年的经验教训证明，都是荒溪综合治理的组成部分。

③经费来源。蒂罗尔州治理荒溪雪崩经费每年达3.8亿先令，62%由联邦政府拨给，19%由州提供，另外19%则由治理受益的村镇负担。

1991年，蒂罗尔州林业局与州林业技术治理荒溪雪崩处在防护林经营、荒溪治理方面取得了指导性协议。按照规定，荒溪治理处负责工程技术措施，林业局负责其他措施，但双方互相制约，共同完成治理任务。

（2）克思顿州荒溪治理。克恩顿州1883年开始治理荒溪，主要是在侵蚀区与侵蚀危险区开展造林与更新。到1894年，仅10年的时间就已恢复森林植被203公顷。

Klausenkofebach荒溪是克恩顿州治理成功的一个实例：原有34公顷支离破碎的荒地，没有植被。先搞工程设施，布置排水设施，在坡地上设置栅栏架，然后种植云杉、落叶松、灌木和草。现在荒坡已完全改观，70%为灌丛覆盖，30%为乔林覆盖。为治理这个荒溪，政府还买下附近的森林37公顷作为禁伐林。

Modritschgrabens荒溪是多泉水的高阶地。为改善水分状况，这里主要进行按比例要求的造林。1955年以来，已把96公顷高山牧场改造为森林。这是主要的抗洪措施。

克恩顿州荒溪治理中特别重视树种混交配置：在高海拔区，除云杉外，还种植瑞士五针松、落叶松；在中海拔区注意针阔混交。引种抗雪压、雪崩的树种很有必要。克恩顿州对治理荒溪地区的森林强调小面积经营与采伐。

9　参考文献（略）

瑞士森林生产、防灾、游憩之间的关系①

摘要： 瑞士不是一个自然资源富饶的国家，因此从来就十分重视森林的利用；19 世纪森林立法就不单纯突出保护森林，同样地也强调恢复森林，保证木材、烧柴的供给；1993 年新实施的森林法明确承认，防止灾害、提供游憩和生产木材是森林 3 个同等重要的机能；不少人士批评旅游业对林业的寄生性，要求发展共生互荣关系。

关键词： 瑞士　森林生产　防灾　游憩

瑞士全境为山地和高原，中部、南部、东南部有阿尔卑斯山脉，西北有侏罗山脉，"无山不青，无水不绿"，享有"世界花园"的美称。因此，外国人都以为瑞士肯定是把森林全部保护起来，而且很早就这样做了！

但瑞士不是一个资源富饶的国家，在工业经济、旅游业兴起之前，森林是谋生的基础。11～19 世纪，森林遭到严重破坏，分布线萎缩了 200～300 米。从弗里堡州阿尔卑斯山脉前麓 Senseoberland 地区森林反复破坏过程中，可见瑞士森林曾遭连续破坏的一斑。这里，在 11～14 世纪，开辟大面积牧场放羊，供应羊皮、皮革。15 世纪发展养牛，高山农业兴旺起来，高海拔地区森林也遭彻底破坏。乳酪出口是 Senseoberland 16～18 世纪的一项主要收入来源。1800 年以后，高山农业又迅速衰落，而金属冶炼业兴起，需要大量木材与烧柴。1875 年时，Senseoberland 的森林覆盖率已降到 10%。残留的森林已完全失去防护机能，土壤侵蚀和洪灾搞得民不聊生；木材、烧柴供应也极度紧张。经百余年的奋斗，1989 年 Senseoberland 森林覆盖率恢复到了 34%。

阿尔卑斯山脉森林，世世代代都为瑞士居民供应烧柴、建筑用材、农业用材。森林同时也发挥着防洪、抗雪崩及滑坡的防护作用。第二次世界大战以后，瑞士旅游业兴旺发达，森林是发展旅游的一个主要景观。因此，现代瑞士森林的作用为"三足鼎立"，对生产、防灾、游憩机能中任一机能都不能忽视。

1　新森林法明确森林的 3 种机能同等重要

瑞士自 1993 年实施新的森林法。草案酝酿讨论了几年，主要围绕两个问题：一个是社会如何对森林公益机能给予补偿；另一个是木材生产与森林经营的关系。

根据测算，瑞士森林的防护社会效益与游憩社会效益为 44.5 亿瑞士法郎，约相当于瑞士全国国民生产总值的 2%；两种社会效益中前者占 90%，后者占 10%。

现在要求森林经营朝着发挥更广泛的社会效益方向发展，但迄今森林发挥这些机能却又都无收入。如不明确给予市场值，如政府不明确承认森林的社会效益并给予补偿，未来的森林经营就极难成功。对新森林法草案的讨论，要求根据森林的贡献给予补偿或财政补贴。

瑞士 1988 年林业预算为 15770 万法郎，平均每公顷森林摊得补贴 150 法郎。1988 年补贴比 1987 年已提高 21%，估计以后年年都需要大幅度提高补贴。此外，地方政府还有相应

———————————
① 本文系沈照仁同志撰写，发表于《世界林业研究》1994 年第 2 期。

比例的补贴拨款,联邦政府也还有林业教育、进修培训补贴和林业投资信贷优惠。

瑞士大面积森林现在处于衰老状态,这有损于防护机能和游憩机能。为维持和改善森林防护机能和游憩机能,开展森林经营和生产木材是必不可少的。现在因经营成本、木材生产成本明显提高,林业部门放弃采伐和经营的事例愈来愈多。因此,经营不足,资源利用不够充分已成为瑞士林业的基本问题。

1993 年新实施的森林法虽承认森林的防护机能在瑞士具有特殊重要性,但认为防止灾害、提供游憩和生产木材是森林 3 个同等重要的机能(Gleichwertige Funktion)。

2 林业与旅游业应是共生互荣的关系

直到 20 世纪 80 年代初,瑞士林业仍是盈利的经济部门。现有森林 118.5 万公顷,森林覆盖率为 28.7%;郁闭林 105.9 万公顷,其中用材林 103.8 万公顷,即 98% 的郁闭林允许采伐木材。1946 年以来,每年木材产量在 300 万立方米以上,近 10 几年的木材产量平均在 450 万立方米以上。全国平均每公顷森林的年产材量超过 4 立方米。1985 年每公顷森林蓄积量达 333 立方米;全国森林可利用蓄积量为 3.65 亿立方米,而 1963 年只有 2.3 亿立方米。22 年里,每公顷森林净增蓄积量 113.9 立方米,相当于采伐利用之后每公顷森林年净增蓄积量 5 立方米。

瑞士的林学家、经济学家等现在普遍认为采伐得太少了,要求每年再多生产 150 万 ~ 200 万立方米木材,以调整林龄结构。现在 60 ~ 90 年龄级和 90 ~ 120 年龄级的比例过大。而 0 ~ 30 年龄级和 30 ~ 60 年龄级的比例过小。专家们认为,经常地、及时地进行抚育采伐是保持森林健壮的前提,而成过熟林容易发生病虫灾害。

19 世纪初,瑞士便开始发展旅游业,但旅游业兴旺发达起来,成为各个市镇的经济命脉,则是 1950 年以后的事。瑞士不少人士认为,旅游业发展是以牺牲林业为条件的,而林业的基础设施、道路建设却为旅游业发展创造了条件。旅游业在经济上占有优势,投资多,容易吸收工人,而林业投资少,工人严重不足,且缺乏培训。林区道路都是林业部门建设的,均在为旅游业服务。可是,受旅游业的制约,林区的生产可及性反而降低了。为了保证旅游设施的安全和景观的美好,林业生产又承担额外的负担。旅游业还直接冲击林业,如毁林搞旅游设施,常占去最肥沃的低海拔林地;在森林里开辟滑雪道,加重了林木风折灾害,对更新也很不利。

总之,伴随着旅游业的繁荣,瑞士林业逐渐趋于衰落,就整体而言,从 1982 年开始年年亏损。1991 年生产木材 450 万立方米,木材销售总收入 31780 万瑞士法郎,而采伐、幼林抚育、经营管理的总开支为 43480 万法郎,赤字达 11700 万法郎。1991 年每生产销售 1 立方米木材就亏损 33 法郎,比 1990 年的 22 法郎又提高了 50%。1991 年在 3878 个公有林业企业中,只有 35% 盈利,15% 盈亏为零,一半企业亏损。

为加速本国森林资源的开发利用,瑞士林业又面临严峻的国际竞争,国际木材价格使瑞士林业处于非常不利的地位。按照关贸总协定,瑞士进口木材不受限制。

瑞士就如何摆脱林业困境问题的讨论已有时日。较普遍的意见认为,森林的防护机能和游憩价值是旅游业生存的条件,而提高经营水平、扩大木材产量则是改善森林结构、调整林龄分布、增强更新、提高林分密度所必需的;这有利于森林防护机能和游憩价值的提高。因此,旅游业必须支持林业,前者不能只是寄生于林业,两者应是共生互荣的关系!

20 世纪 50 年代以前,大部分阿尔卑斯山的市镇基本上还是自给自足经济,附近森林仍是收入的重要来源，对保证就业、提供原材料、燃料，均具重大意义。一些文献资料明确认为，"当时，森林是许多阿尔卑斯山脉市镇收入的主要来源"。阿尔卑斯山区森林的木材产量也持续增长，生产木材主要不是为了本地利用而是为了销售。

第二次世界大战结束是瑞士阿尔卑斯山脉森林发展的转折点，森林的经营活动，如种植、间伐、野生动物管理、放牧管理、病虫害治理等放松了，许多林区的采伐量水平下降。如长期保持这样的经营水平，林木生长不可能达到最佳状态。瑞士森林相当大的部分是在森林警察法实施以后更新起来的，即多是在 19 世纪末 20 世纪初开始生长，多为同龄林。按林龄、立地条件评价，林分密度不足，其结果必然是生产力降低，防护机能削弱，游憩机能也遭影响。

以上事实说明。森林需要经营，通过经营，各种效益才能充分发挥。

3　供给不足、灾害频起是森林立法的背景

森林破坏后，瑞士经济因工业兴起、铁路铺设，对木材的需求却更趋扩大，木材供应严重不足成为当时非常突出的问题。森林破坏的另一个后果，是自然灾害如洪水、雪崩与滑坡的发生更趋频繁、严重。为了缓解日益加剧的林产品供需矛盾，为了防止灾害频繁化、严重化，瑞士自 19 世纪开始了广泛的森林立法活动。

19 世纪头一二十年，一些州制定了林业法规，实施保护森林的政策。瑞士阿尔卑斯山脉地区和山麓，1834 年发生第一次有记载的大洪灾。联邦政府于 1858 年主持调查了阿尔卑斯山脉森林。1861 年发表的调查报告指出，森林平均年利用量超过生长量 32%，更新不佳，放牧过度。1862 年一些林业专家联名向联邦政府提出报告，说明阿尔卑斯山脉森林状况令人担忧。林学家纷纷要求对森林实施科学经营，以永续生产原则为基础，并认为这是保证瑞士市镇、工业经济生存所不可欠缺的。

1868 年瑞士又爆发大洪灾，造成阿尔卑斯山区非常惨重的人财损失。瑞士林业协会因此提议修订宪法，要求对高山森林实行联邦监督。1874 年瑞士通过宪法修正案，1876 年颁布森林警察法。目的是建立、健全充满活力的阿尔卑斯山森林，尽可能使其连绵不断，以防止雪崩破坏，保护居民、交通线路不受落石、滑坡之害，避免土壤侵蚀，调节径流。森林警察法明确规定，调查是编制林业永续生产施业案的基础，但林业决策、政策制定与执行以及管理活动经费，主要由州负责，联邦政府只对某些林业活动给予补贴。

1886 年瑞士进行了第二次阿尔卑斯山脉森林调查。调查报告认为，当时的政策对森林产生了不利影响。1888 年瑞士又发生猛烈暴风雨，洪水挟走大量沃土，冲垮桥梁、房屋和街道，酿成巨灾。为防止洪水灾害，1876 年的森林法曾明文禁止继续蚕食阿尔卑斯山脉的森林和林地，当时的社会舆论也普遍要求改牧场为森林，但因造林初期成本大而很少得到响应。这次洪灾对贯彻恢复森林、防治洪灾的思想，却起了关键作用。1892 年瑞士林业协会再次建议修订宪法，要求对全部森林实施联邦监督。公共事业部门接受森林抗洪思想，强烈要求政府拨款造林，以防再次发生类似灾害。公共事业部门认为，造林所需的费用比构筑工程防止洪水冲击所需的钱少得多。

1897 年瑞士通过宪法修正案，1902 年又颁布了经修订的森林警察法，削减了州的林业自治权，并明确由联邦政府负担更多的林业开支。

到 1992 年末为止，1902 年的森林警察法一直是瑞士阿尔卑斯山脉森林的经营基础。在此期间，森林警察法有过一些局部修订，瑞士也曾颁布一些对山地森林业产生影响的联邦

法，这主要从两个方面在改变联邦林业政策中得到反映。一是改善森林经营，促进所有制结构合理化，提高林区可及性，保护森林不受动物、病虫危害，防止自然灾害，政府给予更多的财政补贴，发展各种有益事业；二是 1950 年以来通过的修订案，更加加重了州对政策执行的责任和财政负担。联邦与州对林业经费的负担比，因州而异，即视州财政状况和林业实施项目可行状况而异。

根据 1902 年的森林警察法，瑞士联邦林业政策发生了许多变化。1903~1965 年期间的林业法规清楚地反映了这些变化，主要包含 3 个内容：执行法所要求的手段、专项事业法规、法律定义。例如，通过一项名词的法律定义阐明，现在已把全部阿尔卑斯山森林纳入防护林之内。1902 年的森林警察法对防护林的定义范围较窄，只包括定位于山地河流集水区的森林及对恶劣气候、雪崩、落石、落水、滑坡、洪水有抗拒作用的森林。而 1965 年的法规则认为，凡对汇集水源、供应水、纯净大气、居民游憩保健以及景观保护具重要意义的森林均为防护林。定义的变化反映着社会观念的巨大变化。

4　参考文献（略）

关于发展竹材造纸业的思考[①]

摘要： 我国木材贫乏，而竹类富饶，因此许多人认为，以竹代木发展造纸业势在必行。作者认为，对发展竹材造纸业必须谨慎，理由：我国以竹为主的手工造纸业是在洋纸冲击下衰落的；近几十年，我国竹材机械造纸有过起飞机会，但发展非常缓慢；印度是世界竹材造纸业最发达的国家，而木材却有可能取代竹材的地位；20 世纪 60~80 年代，东南亚不少国家曾发展竹材造纸，现在除个别国家外，都停止了。

关键词： 竹材造纸业

中国大陆 1991 年产纸 1400 万吨，而消费量却达到 1590 万吨。为补不足，从国外进口了近 140 万吨纸张和纸浆。即使如此，纸的人均年消费量仅为 13 公斤，而世界每人平均为44.8 公斤。随着经济发展和人们文化素质的提高，中国对纸的需求将会大幅度增加。

我国造纸纤维原料中，国产木浆仅占总浆量的 18%。木浆比重过低，影响产品质量和产品品种的发展。每年大量进口木浆和纸张，实际上也是为了弥补造纸纤维原料结构的不足。

为节省外汇，又充分保质保量地满足社会对纸的需求，必须建立稳定高产的长纤维造纸原料基地。千百年的生产实践和现代科学都表明，竹材是优质造纸原料。

联合国粮农组织 1973 年出版的《浆纸企业规划指南》认为，2.5 吨竹就可生产 1 吨纸，因此世界竹资源造纸潜力非常巨大。一些竹资源富饶的国家，也先后发展了竹材造纸业。

20 世纪 80 年代初我国有识之士明确建议发展纸浆竹林，每 0.33 公顷竹林每年可供应 1吨纸浆原料，全国如有 66.67 公顷纸浆竹林，则每年可产 200 万吨纸浆，从而可节约进口纸

[①]　本文系沈照仁同志撰写，发表于《世界林业研究》1994 年第 3 期。

浆所需大量外汇。早在 1962 年 10 月，国家林业部和轻工业部就曾联合提出关于建立造纸木材、竹林基地的报告。

20 世纪 80 年代以前，竹材供应一直很紧张。80 年代，竹材一度滞销，需谋求出路。因此，发展竹材造纸，也是振兴中国竹业所必须。根据 1992～2000 年我国竹业发展规划，要求新建机制竹浆厂 15～18 家（年生产能力 2.5 万～3 万吨/厂），新增生产能力 44.5 万吨。

中国以竹材为主要原料的土法造纸历史悠久，1932 年手工纸产量达最高峰，为 36.3 万吨。在洋纸冲击下，中国土法造纸工业衰落。新中国建立后，1952～1989 年纸浆产量从 24.3 万吨上升到 1186.55 万吨，1989 年产量是 1952 年的 49 倍。可是其中竹浆占的比重很小。近 40 几年里，竹材在与其他制浆原料竞争中并未取得优势。

表 1　不同造纸原料的特性对比

Table 1　A comparison of the charaeteristics of different materials for paper making

原料 material	纤维长 fiber length（毫米）	纤维平均直径 average diameter of fiber（微米）
温带针叶木材 temperate softwood	2.7～4.6	38
温带阔叶木材 temperate hardwood	0.7～1.6	26
竹 bamboo	2.7～4.0	14
蔗渣 bagasse	1.0～1.5	20
稻草 rice stalk	0.8～1.0	9
麦秆 wheat stalk	1.0～1.5	15

综上所述可见，在中国发展竹材造纸早已不是理论问题，也不是愿望问题，而是要弄清其竞争优势在哪里。现在全国在建的竹材造纸厂已超过 20 万吨，还有更多的竹材造纸厂在筹建之中。为使我国竹材造纸工业的发展立足在扎实的基础上，很有必要回顾历史和环视世界。

1　我国大陆竹材造纸的历史与现状

（1）竹林培育与造纸业相结合。早在 1883 年前，竹林培育与造纸业相结合的一条龙经营方式已经在江西出现。瑞金，石城两县都是产纸地区。在金精谷有 1 万多株竹子，有魏松园、李啸峰两人到石城县请来造纸师傅，开始伐竹造纸。为了不断供应原料，每年都种植一些竹子。

（2）竹业与造纸业相结合。60 年前，浙江、江西、福建等省的一些县就曾把竹业与造纸业结合起来。以福建长汀为例，20 世纪 30 年代有纸槽 500 个、竹坊 300 多个，纸业工人 1 万多。在全县 3.5 万户居民中，约有 70% 直接或间接为造纸业服务。抗战期间，洋纸进口困难，四川竹浆造纸也兴旺起来。夹江县造纸业在当地经济中曾占举足轻重的地位。

（3）竹材机械造纸的开端。1929 年，福建造纸厂集资 100 万银元，从瑞士购进一套造纸设备，主要用竹做原料，机器日产能力 5 吨。

但《中国林业年鉴 1949～1986》认为，中国以竹代木生产机械纸，是 40 年代初由四川宜宾县中元造纸厂开始的；采用硫酸盐法漂白竹浆生产打字纸、道林纸。

（4）竹材手工和机械造纸经验丰富。我国历史上有名的手工竹类纸不下数十种，某些品种至今还远销海外。

福建造纸厂 20 世纪 30 年代建厂初期时，就取得了《老竹制浆》专利权。

20世纪40年代，著名画家张大千、徐悲鸿与四川夹江的槽户一起，试验在纯竹料纸浆中加入麻料纤维，使夹江纸的拉力增强，可承笔重。

在第一个五年计划期间，南方有些省区竹材在造纸原料中的比重曾达到30%左右。福州纸厂20世纪50年代使用嫩毛竹"竹丝"和"纸板"半浆料进行机制纸生产。这是从山区竹农、纸农手中收购来的。"竹丝"、"纸板"曾是福州纸厂1951～1960年的一种主要纤维原料，并抄造出较好的牛皮包装纸。60年代这种半浆料完全消失了。

目前，福建、江西、湖南、广东、广西、四川、贵州、云南8个省（区）有98家纸厂分别用100%的竹浆或不同比例的竹、木浆生产双面胶版纸、牛皮纸、新闻纸和高强度的伸性纸袋纸。

（5）竹材造纸工业发展缓慢。以竹材为主要原料的手工纸产量1989年仅20万吨，只相当于历史最高年产量的55%。机制竹浆产量1979年为7.78万吨，1988年上升到15.25万吨，几乎翻了一番。但1989年下降为13.2万吨，1990年、1991年徘徊在12万吨。竹浆在全国机制浆结构中约占2%。

1985～1990年联合国粮农组织对世界纸浆生产能力进行了调查，曾估计中国的竹浆生产能力将从17.5万吨增长到25.2万吨。但1991～1996年调查认为，中国的竹浆生产能力将保持在20万吨水平上。

根据我国造纸工业10年发展规划，到本世纪末，竹浆仍保持其现在在全国机制浆结构中的地位，预测2000年时竹浆产量将为40万吨。

（6）竹材价格是当前制约竹材制浆造纸业发展的一个主要因素。每吨竹浆耗用2.5万吨风干竹材或4吨鲜竹。四川供应纸厂每吨竹材价1980年为121元，1989年为180元。湖南的纸厂收购鲜竹每吨为300～350元。

在竹材价格问题上，造纸业与林业之间有严重分歧。"林业部门认为，通过降低原料价格来促进纸浆工业是困难的"。林业部门认为，通过改进造纸工艺，利用竹浆特性，生产优质高档纸，提高产品价格，才是现实的途径。林业部门还认为，结合制浆，同时应提取竹浆液中竹材的有效化学组成。

2　我国台湾省竹材造纸业趋于衰落

（1）台湾省曾被列为竹材造纸发达地区。联合国粮农组织1973年的资料曾把印度与我国台湾省并列为世界竹材造纸发达地区。台湾省林业试验所王益真等的研究报告（1991）指出，台湾往昔使用相当量之竹材作为纸浆之原料，近年因原料供应等问题，竹材已不再是工业纸浆的主要原料。但是，现在台湾仍有相当量的竹材及竹材加工后之废料是本省特有的信仰纸（即神纸或冥纸）工业的原料。

竹山镇是台湾的主要产竹区。为充分利用因集中加工利用竹材而形成的大量下脚料，1983年9月这里建成一个小型竹纸厂，日产漂白竹浆6吨，日消耗25～30吨竹材。建厂后不久，台湾就表示不准备继续发展这样的竹纸厂。

（2）竹林在造纸原料基地建设中并无地位。台湾1990年消耗木材976.5万立方米，其中造纸材358.7万立方米。为确保造纸原料供应，台湾也曾于20世纪60年代初大力发展竹林。竹林扩大以后并未形成纸浆原料基地。嘉义农专的谢经发先生当时曾参与决策讨论竹纤维浆造纸问题。据称，终因自动化造纸工业的原料供应、贮存等问题不易解决，竹浆造纸业未能获得发展。

台湾与大陆一样承认竹子非常速生。台湾造纸界还发现,热带丛生竹类如马来麻竹等,在适当管理情况下,在造林 6～7 年后,每公顷每年连续竹产量即可达 20 吨(干重)左右。可是,近十几年来,台湾在造纸原料竹林建设方面,并无实际行动。根据规划,台全省要建立高产人工林 40 万公顷,也未见到有造纸竹林规划。

(3)原料基地建设重视经济效益对比。台湾现在发展的主要造纸树种是银合欢、桉。台湾东部、南部进行银合欢造林已有二三十年。根据台湾林研所的调查分析,这是因为银合欢造林的年收入率高于泡桐、其他硬阔叶树种、竹和草。

1985 年银合欢人工林突然遭外来银合欢木虱肆虐之害。此后,桉树取代了银合欢为造纸原料基地的主要造林树种。

3 印度竹浆造纸业兴衰的原因

印度 1919 年建立第一座竹浆造纸厂。独立后,竹浆造纸工业迅速兴起。1957 年已有竹浆纸厂 17 家,产纸能力 13 万吨,1978 年竹浆生产能力达到 72.5 万吨,1981 年又扩增为 104.2 万吨,1985、1986 年继续增长,达到年产能力 120 万吨、130 万吨。印度成了世界发展竹浆造纸的榜样。

印度针叶林资源只占森林面积的 6.3%,且分布在喜马拉雅山区。热带混杂的阔叶木材造纸,在 20 世纪 50 年代,还是个尚未解决的难题。印度竹资源非常丰富,几乎全国都有分布;在未开发成制浆原料时,价值极低,视同野草。

在这样的背景下,印度各个竹子分布中心区纷纷建立 2 万吨以上规模的竹浆造纸厂。但投产后,都发生了原料严重不足。60 年代中期,国家林业研究所受命研究阔叶材制浆造纸技术。1968 年混杂阔叶树种木材的造纸技术获得解决。"以木代竹",弥补竹材不足,从此提上日程。

印度竹子协会 1991 年在国际会议上的报告指出,在制浆造纸原料中,1952 年竹材占 73.5%,1988 年已降为 26.53%。根据印度造纸界权威 Singh 1992 年的专著,这一下降趋势仍在继续。

以竹浆为主要原料的印度造纸工业已扬名世界三四十年。著名植物学家 Bennet 等认为,即使在竹资源已经遭到严重破坏的今天,按保守的估计,印度竹材的年产能力至少为 1500 万吨。可是在如此雄厚的资源实力基础上,为什么建立不起来一个恒续发展的工业?根据各种资料,印度竹浆造纸工业发展受挫,可归纳为以下几个原因。

(1)竹材工厂价与市场价差额悬殊。各邦政府为吸引工业投资,以非常低的价格把竹林长期租赁给工厂。竹材工厂价与市场价每吨可以相差几倍。

(2)许多技术问题有待解决。竹林作为现代工业的永续利用的原料基地,有许多技术问题需要解决。如竹林繁殖恢复,科学经营以提高生产力等问题,虽经二三十年的努力,但在生产实践中尚无明显突破。对竹林的现代工业利用与传统利用,应有不同的经营方式。现在把两种利用集中在一块竹林上,就成了两种利用的掠夺资源竞争,其结果是可想而知的。

(3)对竹资源的生产潜力盲目乐观。由于竹林生长迅速,单位面积产量高,有人就认为,对竹资源的科学经营不必赋予特别注意,可任其自然,即使处理不当,犯些错误,也无妨碍。这种盲目性放纵了对竹林的无情蹂躏使许多地方的竹林消失。

(4)从"以竹代木"到"以木代竹"之争。竹子工业利用发展之后,天然的竹资源逐渐消失,为保证原料来源,必须进行人工投入。这时,速生树种造林技术已经成熟,预示着木材来源前途无量，而相比之下，竹资源的培育还是困难重重。即使竹资源的培育繁殖也能与速生造林一样容易成功，还需对两者进行经济分析对比。

印度已经有几个邦的纸厂，在竹资源匮乏时，选择桉树人工林作为原料基地。农民对培育竹林明显地缺乏兴趣，因为桉树的收益远比竹子高。

林学家 Negi S. S 指出（1991），"现在桉树材几乎已占制浆造纸原料的 20%。""一个完全以桉为原料的日产 300 吨纸的工厂，约需人工林 1.5 万公顷。如以竹与阔叶树（4：6）的混交林作为原料基地，则需要 8.7 万公顷。"

印度制浆造纸专业教授 Guha 指出（1992），以竹材为原料主宰印度造纸工业几十年，现在 2 万吨以上规模的厂已大量利用阔叶材。他认为，如果价格适宜，来源充足，木材没有理由不在印度造纸工业的原料结构中占更重要的地位。

4　竹浆造纸工业的发展趋势

在发达国家中，只有日本 20 世纪 60～70 年代每年还有 1.2 万吨竹材用于造纸，此外再没有一个发达国家发展过竹浆造纸。非洲虽有竹资源，至今也没有一个竹浆厂。拉丁美洲只有巴西拥有竹浆生产能力。

世界竹浆生产能力主要分布在东南亚。20 世纪 60～80 年代，不少国家以印度为榜样，加强或开始发展竹浆造纸工业。80 年代后期以来，世界竹浆造纸工业几乎已经完全处于停止发展状态。

联合国公布的《1991～1996 年浆与纸生产能力》调查表明，1991 年世界纸浆生产能力为 18557.1 万吨，其中非木材纤维浆 1477.8 万吨，占 8%；竹浆生产能力为 163.8 万吨，占非木材纤维浆生产能力的 11%。根据预测，纸浆生产能力 1996 年将扩增至 20250.9 万吨，上升 9.1%。在同期内，估计非木材纤维浆生产能力将只增长 5%，竹浆生产能力将只增长 2.9%。

表2　1991～1996 年世界竹浆生产能力　　　　　　（单位：万吨）

Table2　The yield of bamboo pulp in the world in 1991～1996　　（unit：10000t）

年份	巴西	中国	柬埔寨	孟加拉国	缅甸	印度	越南	印度尼西亚	世界
1991	5.8	20.0	0.1	–	2.0	130.0	5.9	–	163.8
1996	5.8	20.0	0.1	4.2	2.0	130.0	6.4	–	168.5

（1）缅甸。根据调查，缅甸是世界造纸业中唯一一个只有竹浆生产能力的国家。联合国粮农组织 1973 年调研认为，缅甸是发展竹浆造纸最具潜力的国家。当时估计缅甸拥有 900 万公顷竹林，1978 年缅甸实际的竹浆生产能力为 1.2 万吨，1988 年扩大为 1.8 万吨，1991 年为 2 万吨。

（2）越南。根据近期预测，越南是世界唯一一个竹浆生产能力趋于增长的国家。1982 年竹浆生产能力为 1.5 万吨，1985 年达到 4.7 万吨，1991 年扩至 5.9 万吨，1994 年估计能增长到 6.4 万吨。

但根据原苏联等国家的资料，一个年产能力为 5.5 万吨与瑞典合资的纸厂，有 1.7 万人从事竹材采伐。随着设备投产，工业用竹量愈来愈大，而地方的传统利用、烧柴需求继续保持增长，竹林又发生大面积开花死亡，毁林开荒的势头不减，原料供应已严重不足。

（3）泰国。历次国际竹类会议都认为泰国是重要的竹浆造纸国家。联合国粮农组织直到 1988 年也还认为泰国是发展竹浆造纸的国家。1978 年泰国拥有竹浆生产能力 6000 吨，1981

年减少为 3000 吨。

泰国工业部 1936 年在北碧建一竹浆纸厂,生产技术运行正常,但从未盈利过,1984 年被迫关闭。设在坤敬的凤凰制浆造纸公司,日耗竹 300 吨。当地产竹已远不能满足需要,得从 400～700 公里以外运竹;以竹为原料的生产也难以为继。

(4)孟加拉国。孟加拉国的竹资源非常丰富。1978～1988 年竹浆年生产能力保持在 3 万吨,1990 年达到 4.2 万吨。但根据联合国粮农组织 1992 年的调研,因竹资源利用无度,1991～1993 年失去了竹浆生产能力,要到 1994 年才能恢复生产。

(5)巴基斯坦。根据调查,1983～1985 年巴基斯坦都保持有年产 3.5 万吨竹浆生产能力,并曾设想在 1987～1990 年扩大到 9.5 万吨生产能力。但从 1988 年起,巴基斯坦实际上已不再是生产竹浆的国家。

(6)印度尼西亚。据 1985 年报道,印度尼西亚有两个以竹为原料的纸厂。一个设在东爪哇的厂,日产浆能力为 30 吨。1969 年以 100% 竹材为原料,以后竹在原料中的比重逐渐下降;1985 年已降至 20%～25%。1978～1990 年印度尼西亚保持有竹浆年产能力 1.4 万吨。从 1991 年起,联合国粮农组织认为印度尼西亚已不再是重要的竹浆生产国。

(7)菲律宾。20 世纪 60 年代初曾以竹材为主要原料生产优质不漂白牛皮纸,后来因为竹材供应不足和二氧化硅问题而停产。

(8)斯里兰卡。20 世纪 60 年代中期,由林务局主持,在纸厂附近曾进行较大规模的造纸竹林营造。1975 年这项造林活动中止了,并再未恢复。

(9)巴西。巴西是世界在东南亚以外开展竹浆造纸的唯一一个国家。1978 年拥有竹浆生产能力 4.8 万吨,1981 年曾猛增至 10.1 万吨,1988 年还保持 11 万吨。1991 年陡降为 5.8 万吨,以后将维持这个水平。

5　世界造纸专家对竹浆生产的看法

一位 20 年前曾在印度帮助建设竹浆造纸厂的芬兰专家乌尔曼宁认为,竹浆造纸技术是公认的成熟技术,但竹浆造纸不如桉树,理由:桉树年每公顷产材 30 立方米,采伐期 8 年,而竹为 5 立方米,采伐期 5 年;桉树材质均匀,节疤少,纤维均一性好,造纸工艺简单,纸浆质量好控制。而竹子相反,特别是竹浆中含有 3% 的硅化合物,质量控制难度大。桉、竹造纸设备价格对比,竹浆高出 35%～40%。印度胶合板工业研究所所长 Ganspathy 曾与芬兰专家乌尔曼宁共同建厂,他认为发展竹浆造纸要谨慎从事,是值得考虑的。

法国森林纤维协会副主席乔治·托塞在第九届世界林业大会的报告中指出:“虽然用竹子造纸有悠久历史,竹子的生长也非常快,但竹子有许多缺陷:其遗传改良很困难,每公顷产量难以提高,通常只有 3～4 吨/(公顷·年),竹子开花不可避免,往往大面积发生……因此,有些过去大量生产竹子的国家,已转而营造树木人工林,如印度就是这样。”

6　参考文献(略)

人工造林与持续经营①

摘要：中国造林与世界各地一样，纯林多，树种单调，因此发生的问题也相似。国内有识之士担忧，"前人栽树，后人遭殃"。国外同行也很重视我国关于杉木连栽使生产力递减的报道。包括德国在内的一些国家的造林实践却表明，纯林连栽并非必然减产。但造林树种单调与社会需求的多样性和环境立地条件的复杂性，确实构成了深刻的矛盾。如果不认真解决，人工林极难实现持续经营。

关键词：人工造林　持续经营

我国造林成绩举世瞩目，现有人工林面积已达 3379 万公顷，约占世界人工林的 1/4。1989～1993 年全国森林资源清查表明，人工林比 1984～1988 年清查时增加 278 万公顷。年均新增人工林 65 万公顷（《中国林业报》1993 年 12 月 17 日）。速生丰产林已发展到 330 万公顷（《人民日报》1994 年 2 月 12 日），约占人工林的 10%。但伴随着造林高潮的迭起，确实也发生了一些令人担忧的现象。

（1）单一树种同龄纯林连作使林分生长量逐代递减。在 1992 年全国速生丰产用材林技术路线学术会议上，许多论文肯定了这一结论。浙江林科所的论文指出，杉木"20 年时的正常收获量由头茬的 345.29 立方米/公顷，经连栽下降到 270.11 立方米/公顷。福建林学院的文章也指出，杉木"林分蓄积量二代比一代下降近 30%。三代则减少 70%"。陈乃全等调查又表明，"北方落叶松人工林二代的平均高，在好、中、差三种立地上，依次下降 12.7%、23.3% 及 29.0%。"

（2）单一树种造林使"生物多样性遭到破坏、森林生态系统结构失衡"。"全国几十位植物资源专家对两年多来的考察结果，忧心如焚"。他们在 1993 年召开的研讨会上指出："前几年乱砍滥伐对植物品种破坏极为严重，近几年的不合理开发加剧了这种破坏。"植物资源专家认为，"一些地方在植树造林，毁掉原有的树种，大种速生丰产林，造成品质单一，其后果将是严重的"（《光明日报》1993 年 12 月 7 日）。

（3）人工林灾害严重。原民主德国《社会主义林业》杂志 1990 年 3 月援引我国《人民日报》的报道，"中国三北防护林遭到病、虫以及动物啃食的严重危害，已有 460 万公顷的林木遭灾。这相当于 1987 年东北森林火灾面积的 5 倍。"

基于以上事实，我国林业界有识之士在由衷地呐喊，千万不要再做"前人栽树，后人遭殃"的蠢事（参见《林业工作研究》1994 年第 3 期吕继光文章）。

中国发生的事，外国也有，但认识上不完全一致。为了深入探讨和解决我国人工造林中出现的问题，笔者着重介绍一些国外的情况，以资借鉴。

1　人工林能持续高产吗？

在 1993 年 9 月吉隆坡召开的英联邦林业会议上，英国林业委员会主任研究育埃文斯等对人工林能否持续高产提出质疑，指出："很多热带国家发展人工林是因为其生长迅速。在

---

① 本文系沈照仁同志撰写，发表于《世界林业研究》1994 年第 4 期。

湿润地区人工林产材量一般比温带高 2 ~ 4 倍，是温带集约经营的天然林或多数人工林产材量的 3 ~ 5 倍。但是，现在报道的高产数据几乎都是第一代人工林的。这样，就发生了疑问，后续的人工林是否仍能保持高产。换句话说，产材量相对较低的生态系统，如：已退化的雨林立地、草地或干旱草原，能变成永久性的高产人工林吗？抑或高产只是一时性的，暂时的？"

（1）不适地是德国云杉纯林连作衰退的主因。

联合国粮农组织 1992 年出版的《热带、亚热带人工混交林和纯林》一书要求具体分析人工纯林生产力衰退的原因。

从 18 世纪中叶开始，中欧大规模营造云杉纯林。自然界确实有云杉纯林。在海拔较高的灰壤上，人工云杉纯林也总是生长良好。但到 19 世纪中叶，云杉纯林发生生长衰退，尤其是在低地黏土上。一般总是把这种生长衰退归咎于云杉纯林连作。20 世纪 20 年代，Wiedemann 在德国萨克森地区曾就纯林生长衰退的原因进行了广泛的调查研究。他认为，并非所有的人工云杉纯林都存在生长衰退问题。以后的一些调查研究也证实，导致生长衰退的原因很多，如最明显的错误是把云杉种植在低湿黏土上。

最近有资料表明，在德国中龄云杉林，虽因环境污染发生针叶脱落、树冠衰退，但其生长量仍比预期的要高 20% ~ 40%。

巴登·符腾堡州的州有林和公有林，在 1881 ~ 1990 年的 110 年间，每公顷采伐量分别从 3.9 立方米和 3.3 立方米提高到 6.8 立方米和 6.1 立方米，每公顷蓄积量则从 125 ~ 165 立方米上升到 350 立方米，创中欧历史上的最高纪录[3]。由此可见，笼统地加罪于针叶纯林连作是值得商榷的。

（2）经营不当是澳大利亚国辐射松衰退的主因。

澳大利亚南部在瘠薄沙土上种植辐射松。第一个 25 年轮伐期，产材量令人满意。但进入第二个轮伐期的头 10 年，经从人工林永久性样地采集的资料的分析，立地质量级（Site Quality Classes）下降 1 ~ 3 个。从Ⅳ级每公顷蓄积量 770 立方米降到Ⅶ级 350 立方米。达到轮伐期时每级每公顷可生长 140 立方米。

经深入调查分析，辐射松人工林连作生产力衰退的原因是经营措施不当。采伐后不烧采伐剩余物，实现天然更新的并未发生生长衰退；分阶段进行施肥，可以避免沙地养分流失。

（3）对中国杉木连作生产力下降的讨论。

埃文斯等以斯威士兰、昆士兰和印度的人工林资料为根据认为，并非每个轮伐期后的生产力必然下降。中国关于杉木造林生产率随轮伐期递减的报道很受重视。但英国海外发展署高级林业顾问伍德等认为，澳大利亚南部也曾发生类似中国杉木造林所遇到的问题，后来解决了，二、三代人工林产量高于一代。斯威士兰针叶人工林已进入第 3 个轮伐期。评估表明，其生产率不但没衰退反而上升了。

（4）未见日本人工针叶纯林生长衰退的报道。

日本发展了 1000 余万公顷人工针叶纯林，常被一些人指责为战后林业政策的最大失误。柳杉与中国杉木相近，占日本人工林面积的 44%，其中不乏连栽的。但至今未见柳杉因连栽而生产力衰退的报道。

2 造林树种单调所带来的麻烦

林业工作者和经济工作者都追求高效益、高产量，因此在选择造林树种时都把注意力集中在丰产、高效益树种上。这是目前世界造林树种非常单调的主要原因。林业在步农业的后尘。据联合国粮农组织的资料，在人类社会发展的各个阶段所食用的大约 4000 种植物中，现在广泛种植的只有约 150 种，而其中仅有 3 种植物为人类提供 60% 的粮食。

根据埃文斯 1987 年的统计，世界热带造林仅局限于 26 个树种：6 个松树树种占 34%，4 个其他针叶树种占 30%，9 个桉树树种占 37%，柚木占 14%，其他 6 个阔叶树种占 12%。造林树种单调不仅不利于物种多样性的保持，而且还带来其他一些麻烦。

（1）关于桉树造林的争论。

桉树造林在世界各大洲都有非常成功的实例，但在世界各地又遭到许多人的反对。"地中海的一个国家称桉树为'法西斯'。因为它被描绘成是使乡村和人民贫困的树种。在斯里兰卡有人指责桉树是导致干旱的罪魁。在印度则有人控诉桉树导致沙漠化，使富者更富，穷者更穷。现在已形成两个研究派别，均以生态为基础，他们可能都是林学家，在桉树造林问题上展开了势不两立的互攻。"

印度旁遮普大学植物系受政府委托，研究桉树造林对生态的影响。1990 年研究报告指出："近 20 年来，桉树在各种造林计划中都占了突出地位。为谋求经济效益，造林形成单一树种。造林地区生物日趋单调，桉树对一年生农作物生长有不良影响。根据对比观测，*E. lereticornis* 桉叶的化学成分对一年生植物种子发芽也有非常明显的抑制作用。"研究报告还认为，"大面积桉树单一树种造林，虽都是在社会林业的计划之下进行的，但不仅无视社会的要求，而且也不符合森林自我保持顶极演替的要求"。报告又指出，目前发展中国家采取的对特种利益的保护政策，而不是对生态系统整体的保护政策，必然给社会带来危险、失败。因为经营保护一种资源往往就要牺牲另一种资源。在这种政策指导下的努力必然导致生态后患，亦即要自食其果。显然，单一桉树造林，不能既满足经济发展又保持环境。

1984 年 1 月印度德里的一份大报，对桉树造林进行了围攻，文章标题是"桉树人工林损害着农民"。卡纳塔克邦的农民愤怒指责政府开展桉树造林降低了地下水位，于是拔掉了上百万棵桉苗，但同一份报纸 1988 年 8 月 14 日又刊登一组肯定桉树造林的新闻。

1988 年初春，泰国东北部 2000 村民愤怒集会反对种植桉树，烧了苗圃，砍倒了桉林幼树并付之一炬。原泰国生态恢复研究项目参加人 Larry Lohmann 指出："围绕桉树造林的争论，不单纯是农业技术性质的。许多人以为，这只是一个在热带、亚热带引种发展单一作物在农艺学上是否适宜的问题，亦即桉树对地下水位、土壤以及其他植物的影响。实质上，争论至少还涉及以下两个问题：在特定的环境里，桉树造林追求什么样的社会、经济或政策体系；从长远来看，桉树造林将对人类和人类环境发生什么样的影响。"

在葡萄牙也曾发生过农民集会反对桉树造林的激烈行动，因此政府在实现"90 年代绿化计划"时，将严格控制桉树种植面积，而奖励种植针叶树、冬青、胡桃、栗等生长缓慢的树种。葡萄牙政府认为，桉树林火灾危险大，与农作物争水，破坏土壤（光明日报 1990 年 4 月 18 日）。

（2）人工纯林易引发灾难性病虫害。

现在人们普遍担忧，大面积营造纯林和无性系造林的日趋普及，可能引发灾难性病虫害。近一二十年来，人工纯林遭受劫难已屡见不鲜。据巴西森林开发学会报告，仅仅几年时间，数十亿红蚁就一路咀嚼了 23 万公顷桉树林。在巴西西部马托格罗索州的南部，20 世纪 70 年代栽种的树木有一半是桉树。现在专家们承认，该计划无论在经济上还是生态上都遭受了灾难。红蚁喜好桉树，把桉树种在温暖的沙地。正好对蚂蚁繁殖有利。尽管桉树能 3 次萌发新叶，可在红蚁吞食其树叶后却失去了这一能力。

东非辐射松纯林遭到了针叶枯焦病的危害，因此中止了辐射松造林。亚太地区 20 世纪 70 年代普遍开展银合欢造林。台湾林业试验所 1975 年开始引进巨型银合欢，到 1986 年已营造近 7000 公顷。1985 年秋，人工林突然遭外来的银合欢木蠹肆虐为害，蔓延非常迅速，因而只得暂时中止银合欢造林。菲律宾自 1952 年以来大力开展南洋楹造林，以后几乎没有一处造林不采用这个树种。到 1988 年，疤斑病肆虐，蔓延迅速。得病林木落叶，半年内即死亡。现在棉兰老岛一些地方已中止南洋楹造林。

现在有些人以为，只要造林，就能为生态、为环境做贡献。其实，这是认识上的误区。

3　高产人工林是实现森林持续经营的条件

人口增长，经济发展，生活水平提高，都在不断加速自然资源的消耗。1950～1990 年期间，世界人均木材消费量提高了 15%，从 0.6 立方米增为 0.7 立方米。世界人口还在继续增长。开展节约代用，无疑可以抑制木材消费，但保证基本供给，只能靠增产。粗放经营下的增产，完全依靠自然力，已经不能满足需求。充分利用科技成就，开展集约经营，才是恢复和发展森林的一个主要途径。

（1）生产力低是热带森林加速消失的一个主要原因。据调查，1961～1965 年间，世界热带地区每年采伐森林平均为 237.8 万公顷，平均每公顷采伐区只产 17 立方米木材。如按 25 年为一个轮伐期计算，年公顷产材量只有 0.68 立方米。如此低的生产力显然难以满足增长着的人口生存的需要。1986～1990 年间，热带林年采伐面积扩大到 589.1 万公顷。30 年内年采伐面积增长了近 1.5 倍。每公顷采伐区平均只产材 19 立方米，年公顷产材量仍然很低，仅仅只有 0.76 立方米。这就是为什么许多热带国家森林往往是在经过采伐以后随即成为垦荒对象的原因。

（2）世界速生人工林要求每公顷平均年生长量达 14 立方米以上。根据新西兰林学会的调查汇总。1990 年世界有人工林 1360 万公顷，其分布、树种与经营类别如下表：

表 1　1990 年世界速生人工林面积分布　　　　　　（万公顷）

地区	造纸用材	针叶人工林		阔叶造纸用材人工林	总计
		锯材原木	合　计		
非洲	40	60（50）	100	90	190
亚洲	40	—	40	25	65
中、南美洲	200	190（30）	390	390	780
欧洲	5	20	25	80	105
大洋洲	20	190（120）	210	10	220
总计	305	460（200）	765	595	1360

说明：造纸用树林包括除锯材原木、薪炭林以外的人工林，（）内为整枝面积。

针叶人工林占 765 万公顷，阔叶占 595 万公顷。按经营类别分，造纸材人工林占 900 万公顷，即占世界速生人工林总面积的 2/3。培育大径材的速生人工林计 460 万公顷，其中 200 万公顷实施打枝抚育。

巴西、智利、刚果、斯威士兰、南非、葡萄牙都有很大面积的人工林，其生产力水平已远超过 14 立方米/(公顷·年)。按速生人工林的平均水平计算，其每公顷年产材量已相当于热带林的 18 倍。很显然，人工林在缓解世界木材供需矛盾中将发挥愈来愈大的作用，从而可能在一定程度上减轻对天然林的压力。

（3）单纯追求低价值的高产人工造林潜伏着危机。在许多发达国家，现在已经发生小径材资源过剩，德国、加拿大、日本都有类似问题。为摆脱农业生产过剩，欧洲不少国家正在腾出大量农地转入其他用途，而发展更高产、更优质的制浆造纸原料则是一个重要方面。

为保证人工林实现持续经营，生态环境因素要考虑，生产经济因素也不容忽视。否则，面积很大，成功的比例可能很小。

4　参考文献（略）

国际贸易将迫使各国在近期内实施森林"持续经营"①

摘要： 不论发达国家，还是发展中国家，都在为 2000 年前实施"森林持续经营"而努力。届时，凡被认为是非持续经营下的林产品，都将不得进入国际市场。作者简要说明"永续利用"、"持续发展"与"持续经营"三者的关系，呼吁中国林学界迅速行动，讨论制定中国的森林持续经营的定义和标准。作者认为，提高森林生产率是实现"持续经营"的关键。

关键词： 森林持续经营　永续利用　持续发展

世界各国都在讨论森林持续经营问题。国际热带木材组织（ITTO）的各成员国 1990 年已协商一致，2000 年时所有进入贸易的木材必须产自持续经营的森林。一些发达国家的官方机构和团体曾相继决定，抑制进口、使用不按持续经营原则生产的热带木材，例如：原联邦德国 1988 年有 200 个城市议会决定停止使用热带木材；欧洲议会 1988 年要求全体成员国禁止进口沙捞越木材。热带木材贸易协会欧洲联盟 1989 年建议欧共体对进口热带材征税；原联邦德国建筑部 1989 年宣布政府已停止使用热带木材；荷兰 1989 年几乎已有一半地方政府决定停止使用热带木材；美国马萨诸塞州议会 1990 年起草决定禁止购置热带木材；美国亚利桑那等州 1990 年明令禁止公共建筑使用热带木材；欧洲议会 1990 年通过决定，禁止使用热带林产品；奥地利议会 1992 年通过法案，要求凡热带林产品均需携带标签。

以上一些决定因遭热带木材出口国的激烈反对而没有付诸实施。1992 年世界环发大会以后，有一点是更加明确了：近期内，凡进入市场的林产品，都必须带有生态标签，证明产自持续经营的森林。

中国大陆与台湾省一样，都是木材产品进口大户，林产品的出口值也很可观。如果在近期内，我国对森林的持续经营没有自己的认识，如果不结合国情立即开始研究、制定自己的定义和标准，在不久将来的林产品贸易中就会吃大亏，至少会很被动。

林业可能是国民经济中最早提出永续、保续、恒续、持续生产作业概念的部门，但其含义与当前流行的"持续发展"、"持续经营"是不是一回事？"永续"和"持续"都是从英文词

---

① 本文系沈照仁同志撰写，发表于《世界林业研究》1994 年第 5 期。

Sustain 翻译过来的。有人认为，现在要求森林"持续经营"与传统的"永续利用"没有本质差别，甚至是完全一样的。但更多的人认为，现在讲的森林"持续经营"比传统的"永续利用"范围大多了，也有人认为两者是截然不同的概念。

1 关于"持续发展"

生态学家认为，"持续发展"源于生态学，它是一个生态学概念。1972 年罗马俱乐部发表了《增长的极限》一书，呼吁全世界注意自然资源在枯竭，环境恶化在加剧，如果继续发展下去，全球就会超过极限而毁灭！同年，在瑞典斯德哥尔摩召开的人类生存环境会议上，科学家们挑起了关于"持续发展"的全球性讨论。联合国环境规划署也成立于 1972 年。1983 年联合国大会又决定成立世界环境与发展委员会。经过长时间酝酿讨论，1992 年世界环发大会一致认同"持续发展"是唯一可行的。"持续发展"已成为当前世界各国制定经济政策、环境政策的一个关键性概念。

以挪威首相布伦特兰为主席的联合国环境与发展委员会，于 1987 年发表了《我们共同的未来》报告，即著名的布伦特兰委员会报告。该报告把"持续发展"归纳为"是即满足当代人的需要，又不对后代满足其需要的能力构成危害的发展"。报告认为，"世界需要一条新的发展道路，它不是短期的、在少数地方保持人类永续的进步，而是长期的在全球保持这种进步。"报告指出，现在对"持续性"的解释各有不同，但如果大家都同意"发展"的定义是"增长福利"，那么"持续发展"简单地说就是长时期内无衰退的福利增长。如果当代人或一二代人的福利增长是靠牺牲第三代人的利益取得的，那么这样的发展就不是持续的。

为把 1992 年环发大会的文件精神变为实际行动，47 届联大决定成立"持续发展委员会"，它是联合国经社理事会的一个职司委员会。

森林在急剧减少，热带森林每年以近 10% 的速度在消失，这是导致地球气候恶化、物种多样性消失的一个主要因素，亦即威胁地球生存的一个主要因素。因此，森林的"持续经营"也就成了世界经济"持续发展"的一个关键因素。这是当今世界得来不易的共识。

布伦特兰委员会的报告认为，人类必须改变生活方式才能持续生存下去。报告主张更多地利用可更新资源，如木材与纸等，而对石油等有限资源则要严格限制利用。这表明经济的"持续发展"并非要求消极地保护资源，而是要求通过"持续经营"为社会提供更多的可更新原材料，这种原材料在生产过程中耗能量小，又少污染环境。

2 关于"永续利用"

森林"永续利用"又称"永续经营"、"永续作业"或"永续生产"，其核心思想是，通过合理调整和科学经营，发挥森林的再生作用，使森林周而复始地永远得到均衡利用。德国人卡洛维茨于 1713 年首先提出了森林永续利用的原则，此人并非林学家，而是矿业工程师。他提出的是很简单的概念，即要求对一定规模的森林确定一个可以永久持续的采伐水平。这样，从天然林"永续利用"发展为人工林"永续利用"。随后，又逐步形成了在皆伐作业的基础上以法正林为模式的完整理论体系。100 多年以来，德国法正林一直成为各国追求森林永续利用的理想模式。

由此可见，传统的森林永续作业只是要求某一二种产品的永续生产，以保证满足一个企业、地区、国家对原料、材料、燃料的稳定需要。这是一个小概念。

3 关于森林的"持续经营"

森林"持续经营"实际上是近几年才出现的新名词，这是适应世界要求"持续发展"潮流而产生的，其内涵与森林"永续利用"完全不同。因此，"永续作业"与"持续经营"是性质各异的两个概念。但是两者又非常容易混淆。

（1）森林"永续利用"、"永续经营"、"永续作业"在中文文献里是混用的，在欧美文献里现在也还在进行词义的澄清解释工作。

（2）森林"永续利用"的概念经历漫长的量变之后发生质变是必然的。但一些林学家至今仍认为，现在的"持续经营"只是量的延伸，例如，英国牛津大学英联邦林研所 Poore 教授认为，森林传统的永续利用是指一二种产品的永续供应，以后又提出了乔木树种木材以外的林副产品永续经营利用，如藤、天然橡胶、树脂、乳液、樟脑、野生动物、鱼等。现在对森林的永续经营还有更高层次的要求：保证森林防护效益的永续发挥，调节气候的功能长存，多样物种的永恒繁衍。

从森林一两个产品的"永续利用"发展到要求对整个森林生态系统的"持续经营"，甚至要求现代林业社区的持续、森林土著居民文化的持续，这显然表明人类认识产生了质的飞跃。

（3）森林"永续利用"思想是人类智慧的结晶，是科学。随着社会的发展，人类智慧在不断增进，科学在不断积累，人们总是在增进与积累的基础上前进。这就是为什么在承认"永续利用"与"持续经营"两者有质的差异的同时，又必须沿用以往的运筹思维、面积轮流利用方法等。混淆是不对的，取消传统的一切也是不对的。

4　国际热带木材组织的生态标识系统

国际热带木材组织 1991 年通过了森林持续经营的如下定义："森林持续经营是这样经营永久性林地的过程，即达到一个或更多的明确规定的经营目标，连续生产所需要的森林产品和效益，而不必要地降低森林的固有价值和未来生产率，不必要地给自然和社会环境带来不良影响。"

国际热带木材组织委托伦敦环境经济中心（LEEC）制定一套木材产品标识系统，其主报告现已（1993 年）提交讨论。产品标识分级：产品标签，标明本产品是持续经营生产的；产地证明，标明此产地已实施持续经营；生产国证明，标明生产国的持续经营准则已获得认同，并与 ITTO2000 年目标一致。

5　加拿大为森林"持续经营"而努力

加拿大林业在国民经济中占有举足轻重的地位。近年来，加拿大遭到国际环境机构的严厉批评，并称其为"北部的巴西"。欧洲是加拿大林产品的最大市场，现在几乎每个国家都建立了绿党，其中有 20 个在国际议会里占有席位。根据绿党对森林"持续经营"所下的定义，原始林所产木材将被完全排除在贸易之外。如果绿党的定义得到国际社会的认同，那么其结果必然会危及加拿大 90% 以上木材产品的出口。

加拿大林业部长理事会（由各省林业部长组成）1993 年给森林持续性下了如下定义："为国家和世界全体物种的利益，为当代和未来人们的利益，在提供环境、经济、社会与文化福利的同时，保持并改善加拿大森林生态系统的长期健康。"

加拿大 1993 年关于森林"持续经营"的讨论受到空前重视，主要集中在以下两点：一是关于持续性的衡量标准，二是建立林产品的标签制度，以保证产品产自持续经营的森林。

加拿大林业研究所与魁北克林业工程师组织联合建立了一个工作委员会，专门从事森林"持续经营"定义的讨论和制定，并已经形成一套衡量标准。

6　国际森林管理委员会的成立

森林管理委员会（Forest Stewardship Council）于 1993 年 10 月成立，其宗旨是希望通过市场力量为持续经营的林业产品建立生态标志制，以提高林业的标准。该委员会相信，凡享有携带标签权者，在市场中将享有优惠地位，其产品将为消费者所乐意挑选，并愿因此接受较高价格，为森林持续经营支付额外费用。

1992 年 2 月在澳大利亚墨尔本大学召开促进热带森林持续经营的措施专题讨论会，由马来西亚人 Dato Muhanmad Jabil 主持。会议着重讨论贸易、贸易政策与森林持续经营的关系，并认为通过与贸易有关的奖惩措施是对直接应用于森林的鼓励办法的最好补充。

7　发达国家政府研讨温带、寒带林持续经营问题

1993 年 12 月在驻美的加拿大大使馆主持下，召开了日本、美国、加拿大、德国、法国、英国、俄罗斯、芬兰 8 国《温带、寒带林持续经营可能性国际研讨会》。联合国持续发展委员会将于 1995 年 6 月开会讨论以这 8 个国家为核心起草的报告；报告经全体温带、寒带林国家表决、通过后，即将成为"共同的声明"。

这次会议是基于以下背景召开的：热带木材生产国强烈反对对热带木材与非热带木材贸易实施两种标准的做法；发达国家开展的"绿色消费者运动"愈来愈广泛，温带、寒带木材生产国也有必要采取相应的有效措施，保证生产与环境的协调。

8　发展中国家认为"持续经营"与"永续利用"是一致的

发展中国家一般认为，实施择伐和面积轮伐就是持续经营。菲律宾林学界认为，森林的永续作业（森林的永续收获经营）与森林持续经营是一回事。《Philippine Lumberman》杂志 1993 年 2 月发表社论指出："森林永续的收获经营是近 20 年来各届政府的共同政策"，"现在称之为森林持续经营"；"森林持续经营是可更新天然资源全面持续发展的组成部分。"

在德国专家协助下，菲律宾于 1990 年制定了林业发展总体计划，它要求实施择伐，兼顾木材生产、野生动物保护和水源涵养等机能。轮伐期为 35 年，保证在永续收获条件下，保持森林区划分为 35 个年采伐区，按成熟状况依次进行采伐。由于择伐是伐过熟林木，一般只占林木总量的 15%，保留的是健壮幼树，生长旺盛。菲政府林业管理部门认为，只要有序地开展采伐，一个轮伐期过后又可进行轮伐，因此这样的采伐是符合国际热带木材组织森林持续经营原则的。

马来西亚 1992 年曾邀请各国记者实地考察了森林持续经营。记者在沙捞越廊克沃克看到：这里根据计划把一大片伐木区分成 25～30 个小区，每年砍伐一个小区的树木。树的直径不足 30 厘米的不准砍伐。这样，经过 25～30 年就把这个大区中大的林木砍伐一遍。砍伐过的地方的小树经过 25～30 年又可长成大树。

印度尼西亚、刚果等实施的森林持续经营也与以上两例类似。

9　美国林学会论森林生态系统持续经营

美国林学会认为，森林持续经营的核心是长期保持森林健康和森林生产率。最近发表的一份专家组的报告认为，传统的永续收获经营满足不了实施这一林业战略的 3 项要求：

（1）保持森林作为一个生态系统的结构与机能完整性；

（2）满足人类社会的多样性需要；

（3）把所需的技术、财政、人力资源付诸于实现目标。

这是因为传统的永续收获经营把注意力集中在个体林分上，极少考虑个体所生存的环

境，从而不能保证生态系统的完整性，导致一些地方的野生动物栖息地衰退和肢解，危害某些地方的森林健康。传统的永续收获经营对非商品价值需求不能给予足够的重视，不能以平等方式满足各种需求，从而导致频繁的纠纷，法律诉讼不断。

美国林学会专家组认为，为保护森林的长期健康和持续的生产率，就要保持全部森林的各种价值，就要达到景观水平上所有森林价值的长期生产率。专家组初步认为，景观水平的面积应是 4 万 ~ 40 万公顷。

传统的永续收获经营和生态系统经营是两个不同的概念。前者注意一种或多种产品在环境和经济因子制约下的连续生产，把森林看做是部分的集合体。生态系统经营则把森林当做复杂的生态系统，把注意力集中在森林状况，其目的包括保持土壤生产率，保护基因，保持物种多样性，保持景观结构和生态过程系列。按此方式经营森林，行动与收获规划要在以景观为整体所确定的目标范围内加以制定。目标范围也应包括满足人类的需要。

生态系统经营并非是要用保住某些自然状态来取代产品生产和效益服务。生态系统经营承认自然失调系统和生态系统过程是保持全景观结构和过程的蓝图，因此经营实践应反映而不是重复复制景观结构和生态系统过程。

生态系统经营并不要求所有土地拥有者遵循相同的目标，但要求生态系统的整体性在景观水平的总体内得以保持。在景观范围内开展森林集约经营，是满足全景观区人们的需要所不可缺少的。

美国林学会专家组认为，实施森林生态系统经营，要在各种需求中寻求平衡确实是很难的。

10　中国的森林持续经营应是什么样的

近 40 年来，世界至少已有 30 几个国家的森林资源呈增长趋势，究其主要原因，是这些国家的森林生产率不断上升，而木材消费量低于生长量。现在大约有 50 ~ 60 个国家的森林资源在锐减，究其根本原因，是现有森林的生产率太低。

中国的人工林、天然林生产率普遍较低，如不能迅速着手提高森林生产率，要实现森林持续经营只会是一句空话！

11　参考文献(略)

再谈美国木材生产、自然保护之争与林业发展道路[①]

摘要：第二次世界大战以后，美国关于木材生产与自然保护之争从未间断过。1993 年克林顿总统亲自发布"太平洋西北地区原始林经营计划"，希望结束旷日持久的争论。从 1985 年 Franklin 教授创立"新林业"理论，经 1990 年林务局制定"新远景"计划，到 1993 年克林顿政府明确"森林生态系统经营"为国有林经营的指导思想，还远不能让争论休止。

关键词：木材生产　自然保护　生态系统经营　美国

① 本文系沈照仁同志撰写，发表于《世界林业研究》1994 年第 6 期。

两年前，作者曾撰写"美国木材生产、自然保护之争与林业发展道路"一文（载《世界林业研究》1991 年第 3 期）。时隔两年多，美国有关国有林经营的争论仍在继续，故再做追踪论述，以飨读者。

1　持久而不断深入的争论

第二次世界大战以后，美国关于木材生产与自然保护之争从未间断过。这是因为随着经济繁荣，美国人普遍追求独家住宅，木材需求激增。1952 年木材采伐量已达到 0.1 亿立方米，1966 年猛升至 0.29 亿立方米。1950～1966 年采伐量的增长是 1905～1950 年的一倍。国有林采伐量成倍上升，必然影响森林的其他用途。

1960 年美国国会通过要求按多目标经营森林的条例，多目标包括游憩、放牧、木材生产、集水区保护和野生动物栖息。1986 年出版的大学教科书《林业导论》（Sharpe G. William：Introduction to Forestry）认为，美国不同地方对多目标的排列次序不一，侧重点取决于经费和行政决策。全美每年有 3/4 人口经常到森林或其他自然环境寻求乐趣、游憩。野外旅游的支出总额 20 世纪 80 年代初已达 2500 亿美元。

William S. G. 教授指出，决定多目标排列顺序的最重要因素实际上是收入。美国林务局为贯彻国家《资源计划法》定期制定相应的中期计划，总是力求争取对非商品资源的投资。美国自然保护基金会高级研究员 V. Alaric Sampie 评价林务局 1990 年计划纲要时指出，终因没有这方面的补充投资而无法付诸实践。这就是木材生产长期以来在多数地方占主导地位的原因，也是木材生产与自然保护之争长期得不到实质性解决的一个原因。

1960 年森林多目标经营法颁布以后，争论集中在采伐方式上。1969 年林务局宣布，皆伐不再是国有林采伐的标准方式（Standard way）。进入 20 世纪 70 年代，又曾发生国有林是归内政部还是归农业部林务局管理的体制之争。80 年代，木材生产与自然保护之争更趋激烈。1980 年自然资源保护委员会对国有林经营首先发难，认为国有林长期在进行亏损性采伐。世界资源研究所的调查认定，国有林经营入不敷出是普遍现象，1988 年在 120 片国有林中有 73 片在木材销售中发生亏损。代表不同利益的机构，如国会研究局、总审计署、原野协会、林务局的研究，也都证实了此结论。

1973 年美国颁布《濒危物种法》之后不久，生物学家就调查确认，以俄勒冈州等原始林为栖息地的斑块猫头鹰是濒危物种。以后，根据国有林经营法对野生动物多样性的要求，斑块猫头鹰又被认定为"指示物种"。因此，为保护斑块猫头鹰，一些科学家建议在每个已知栖息地周围保留 300 英亩原始林。从此，关于斑块猫头鹰栖息地的争论从科学殿堂蔓延到社会公众，要求每个栖息地保留原始林面积愈来愈大。

1986 年林务局公布有关斑块猫头鹰的经营指南，认定有 550 个栖息地，每个栖息地面积为 890 公顷国有林。指南允许国有林继续按每年 2.43 公顷的规模进行采伐。这样，15 年内现存的猫头鹰栖息地将有 1/4 进行采伐，50 年内约 60% 栖息地将进行采伐。林务局因此收到 4 万封批评信。1988 年林务局又提出斑块猫头鹰栖息地系统经营方案，每个栖息地系统面积为 1200 公顷，采伐只准在栖息地系统之外进行。林务局节节退让，以后又曾提出更加扩大了的栖息地保留面积方案，但木材生产与猫头鹰栖息地保护之争，并未能缓和下来。

布什总统的内政部长 Manud Lujan 离任前的一席话表明，这是一个非常棘手的问题。他说，他决定不批准一个拯救斑块猫头鹰的计划，因为计划遵循濒危物种法的要求，恢复猫头鹰分布，其代价是太平洋西北部永远丧失 3.1 万个就业机会。美国野生资源保护协会发言人

Ricard Hoppe 则认为，濒危物种法要求的是一个考虑生态系统各方面的恢复计划，而内政部现已制定的计划还未理解生态系统保护这一概念。美国工业工人西部协会执行总干事 Mike Draper 要求新总统克林顿履行竞选中的诺言，召开联邦森林经营高级会议，并把"人的利益放在第一位"。

2　克林顿总统的"森林会议"

为解决西北部国有林经营旷日持久的纠纷，克林顿总统于 1993 年 4 月 2 日在俄勒冈州波特兰召开了"森林会议"。他向与会代表提出一个根本性问题："我们如何能制定一个平衡的全面政策，既承认森林和木材对地区经济和就业的重要意义，又保持珍贵的原始林；这是国家遗产的一部分，一旦破坏，无法恢复。"克林顿说，"我们能做到的最重要的一件事是，承认这里没有简单或易行的答案。我们不是要在保证就业与保护环境之间作出抉择，而是承认两者都重要"。

总统授命成立特别工作组：①对森林生态系统经营进行评价；②给工人、社区以援助；③建立协调机构，在两个月内制定一个计划，以解开西北部国有林经营纠纷的死结。

总统确定以下 5 项原则作为工作方针：

(1)处理问题必须牢记事情所牵涉的人与经济的数量概念。凡实施能保持林地健康状况的良好经营政策的地方，销售商业活动应继续下去。这一要求得不到满足的地方，就应尽一切可能提供新的就业机会，保证常年就业、高工资和高熟练工种就业。

(2)起草计划，为的是保持我们的森林、野生动物和水系长期处于良好状态，因为这是天赐给美国的恩惠，我们是受后代的委托在进行管理。

(3)我们必须竭尽智慧所能，使一切努力是合乎科学的、合乎生态的、生态可靠的，并对法律负责的。

(4)计划应给出木材与非木材资源的预期产量和持续销售量，保证不会损害环境。

(5)为达到以上目的，将尽一切努力使联邦政府各部门协力工作，为大家服务。我们可能犯错误，但将尽力在联邦政府内把死结解开，我们将坚持合作，而不是对抗。

"森林会议"建立的执行委员会要求森林生态系统经营评价工作组(FEMAT)谋求一种新的森林经营方案，应既能达到更高经济、社会效益，又符合美国各项法律条例，如濒危物种法、国有林经营法、联邦土地政策管理法和国家环境政策法。FEMAT 应在物种多样性保护方面给予特别重视。

3　森林生态系统经营评价工作组

森林生态系统经营评价工作组(Forest Ecosystem Management Assessment Team，简称 FE-MAT)于 1993 年 4 月 5 日成立，由托马斯(Thomas J. W)出任组长。他原是国家林务局的野生动物主任、生物研究员，后被任命为国家林务局局长。FEMAT 吸收了 600 余位科学家、技术专家和辅助人员参加工作，他们分别来自农业部林务局和土地管理局、环境保护署、内政部渔业与野生动物局、国家公园局、国家海洋渔业局以及几所大学。创立《新林业》理论的华盛顿大学 Franklin 教授也是工作组的成员。

森林生态系统经营评价工作组认为，在有限的 2～3 个月时间里，显然不可能制定一个全面的森林生态系统经营计划。工作组建议分 3 个阶段持续地实现向生态系统经营方式转变：①制定、评估、选择方案，使之成为联邦土地生态系统经营方式的骨架；②重新建立森林计划，把各级政府、利益团体都吸收进来；③执行、监督、修正经营方案。

森林生态系统经营评价工作组于 1993 年 5 月中旬向白宫提出了 8 个选择方案，但因不符合总统 5 项原则要求而遭否决。此后，FEMAT 工作组又提出第 9、10 方案。克林顿决定采用第 9 方案，此即 1993 年 7 月 1 日总统亲自发布的"太平洋西北地区原始林经营计划"的基础文件。

4 克林顿总统森林计划的要点

总统的"太平洋西北地区原始林经营计划"发布会是分两步进行的，第一步由总统宣布计划要点，第二步由政府其他官员阐明计划的一些细节。

克林顿指出，僵持、无限期拖延，以及争论不休应该结束了。他的计划包括以下要点：①把年采伐量从 80 年代的 50 余亿板英尺，削减至 12 亿板英尺；②为受威胁的北方斑块猫头鹰划出 202 万公顷林地，但允许在这里进行间伐与抢救伐；③建立 10 个适应性经营试验区，以吸引更多地方团体参与森林政策制定，鼓励提出生态、经济新思路；④提供为期 5 年一揽子 12 亿美元的经济援助，以创造 8000 个就业机会，并对失业人员进行重新就业培训。

计划颁布 10 天后的民意调查表明，支持总统的占 45%，明确反对的占 27.5%，含糊不清的也占 27.5%。总统承认，这项计划只使少数人感到高兴。

以森林生态系统经营评价工作组第 9 方案为基础的计划曾提交全国讨论，共收到 10 万余条意见。克林顿政府对报告进行修改后，于 1994 年 2 月又颁布了这份报告。其结果如何，尚难预测。《美国生态》杂志 1994 年 5 月 16 日报道，木材工业界最近控告克林顿西北部森林政策，认为对采伐的限制和设署原始林保护区至少违反了 6 个法律的规定。

5 森林经营思想的发展

从 1985 年 Franklin J. F. 创立"新林业"理论，1990 年林务局提出"新远景"计划与之相呼应，到 1993 年 FEMAT 工作组的供全国讨论的报告《森林生态系统经营：一个生态、经济和社会的评价》的出台，短短不到 10 年时间，显示了美国林学思想的非常活跃，丰富多彩。很显然，短时间里要读懂如潮涌现的文献，并理出其脉络，是难以做到的。但有一点是非常突出的，即要从传统经营过渡到生态系统经营。

美国国家科学院 1990 年关于林业研究的报告指出，许多事例表明，关于自然生态系统的基础科学知识现在还很贫乏，还不足以支持决策。美国林务局"新远景"计划主持人 Salwasser 1990 年坦率地承认，现代森林经营的方向是实现森林生态系统的永续经营，但迄今为止，我们甚至还没有把握说清楚究竟什么是生态系统永续经营。

美国林学会 1993 年的一个报告认为，传统的森林永续收获经营和生态系统经营是不同的概念。前者注意一种或多种产品在环境和经济因子制约下的连续生产。生态系统经营则把注意力集中在森林状况上，其目的包括保持土壤生产率、保护基因、保持物种多样性、保持景观结构和生态过程系列。按此方式经营森林，行动方案与收获规划要在以景观为整体所确定的目标范围内加以制定。目标范围当然也包括满足人类的需要。

生态系统经营并非是要用保住某些自然状态来取代产品生产和效益服务。生态系统经营承认，自然系统失调和生态系统过程是保持全景观结构和过程的蓝图。因此，经营实践应反映而不是重复复制景观结构和生态系统过程。

林学会的这份报告初步认为，景观水平的面积应是 4~40 公顷。所谓森林生态系统经营，是要在景观水平基础上长期保持森林健康和生产率。林业的基本信条：森林是可更新资源，通过经营能无限地满足社会需求。林业实践曾历史地把注意重心放在木材资源上，而现代社会显然要求林学家为满足更广泛用途、提供产品和效益服务去经营森林。人口迅速增长是不容忽视的事实，因此对森林的各种价值需求也随之增长。保持森林相关资源的长期健康和生产率，以满足社会长期需求，是林业的责任。传统的森林永续收获经营局限于木材，这不足以达到景观水平上森林所有价值的长期生产率。

为保持森林长期健康和生产率，林业战略应满足 3 个标准：

（1）保持森林作为一个系统的结构与机能的完整性。

（2）满足人类社会的多样性需求。

（3）把所需的技术，财政和人力资源付诸于目标的实现。

这份林学会报告——《保持森林长期健康和生产率》认为，任何一个林业战略都应符合以上标准，只要有一项做不到，这一战略即是失败的。传统的森林永续收获经营就无法完全满足这 3 项标准，其原因：

（1）把注意力集中在个体林分上，极少考虑个体林分所生存的景观，从而不能保证生态系统的完整性，导致一些地方野生动物栖息地的衰退和肢解，危害某些地方森林健康。

（2）对人们日益增长的非商品价值需求不能给予足够重视，因而要求制定新政策，以平等方式满足各种需求。

（3）面对众多的法律条文、频繁的诉讼以及层出不穷的战略创议，传统方法已难以继续实施。

这份报告跟总统计划要点不同，讲的都是一些原则，但经长达一年的广泛讨论，学会理事会 1994 年 2 月决定，还要继续研讨，寻求更合理的方案。

6　朝野认同并不预示争论结束

《森林生态系统经营评价工作组》代表政府意见，林学会《保持森林长期健康和生产率》报告代表民间，美国朝野在如何经营森林问题上似乎已取得了共识：要向生态系统经营转变。但如据此得出结论，生态系统经营已是森林经营的必然发展方向，可能不一定正确。下面提供一些资料，供读者参考：

（1）美国是发达国家中唯一拒绝在生物多样性条约上签字的国家。与里约热内卢世界环发大会相隔不到一年，克林顿总统却批准一个旨在保护斑块猫头鹰的森林经营计划。计划生效之前，美国地区法官（U. S. District Judge）Jackson T. P 又于 1994 年 3 月 21 日裁定，白宫 1993 年任命建立的森林生态系统经营评价工作组，其召集与工作方式至少在 10 个方面违反了联邦咨询委员会法（Federal Advisory Committee Act）；最主要一点是成员组成不平衡，其生态经营派占了主导地位。

（2）美国大多数人认为自己是热衷于环境保护的，各色各样的群众性环境保护组织如雨后春笋，其影响力远超过非政府的学术团体。例如，全国野生动物联盟仅是美国自然保护组织之一，1993 年有会员 620 万，同年会费、赞助收入 7100 万美元。美国林学家专业性团体美国林学会（SAF）1993 年拥有会员仅 1.9 万人，会费、赞助费收入仅 280 万美元。

美国有 80% 以上的人口生活在城市里，因收入提高，早在 20 世纪 60 年代已有迹象表明，一个以城市青年占统治地位的新政治中心正在形成。非经济利益成为他们的政治信仰、行动核心，他们追求生活质量，而对经济产品的分配表现淡漠。

美国国会图书馆研究处自然资源政策专家 Adela Backilell，在 1988 年美国林学会年会上曾提出"政治林学"（Political forestry）新概念。他说，政治林学是与人打交道。森林资源似乎是无限的时代已经过去。林学家常常必须把专业观点讲给公众和决策者听，而他们中许多人可能几年才接触林业一次。过去，对森林问题的答案可以区分林学家的和非林学家的，现在则必须寻求双方都能接受的。

林学现在发生众多分歧，这是其生气勃勃的象征。如果事事意见一致，林学作为一个专业就失去了存在价值，也就没有必要设林学大学本科、招硕士、博士研究生了。政治与林学在某些地方是共同的。

医学比林学更讲科学，但医学也不过一半是科学，而另一半是充满智慧的猜测或专业判断。

（3）美国生产性森林72%为私有（包括公司森林和非公司森林），约80%的木材生产在这部分森林里进行。美国林学会认为，对学会和林业专业而言，保护物种和生态系统都是重要的。但学会也认为，濒危物种法（ESA）必须修改，要既保护美国人民的权利，又保护处于危境的动、植物种。

惠好公司森林资源部经理 Mumper D. W. 在林学会年会上指出，我们关心的是如何在世界竞争中处于优势，不可能无限地承担环境保护主义者的一切苛求。

在 1989 年林学会年会上，Kelly C Niemi 代表广大的林主进一步阐明了他们的立场："在发达的资本主义国家，林业为资本密集型产业，森林和林地都是资本，是要计算利息的。因此，林业资本家对森林更多地考虑的是财务成熟或经济成熟。"

7　参考文献（略）

世界热带人工造林及其存在的问题①

联合国粮农组织 1993 年发表的一个报告指出，世界热带 90 个国家到 1990 年为止，已累计人工造林 4380 万公顷，亚太热带 17 国占其中的 73%，拉丁美洲和加勒比热带 33 国占 20%，非洲热带 40 国占 7%。

热带造林成活保存率估计为 70%。这份报告把累计造林面积乘以 70%，即称为实际保存造林面积（参见下表，单位为万公顷）。

地　区	纳税调查的国家数（个）	到 1990 年止人工林面积		根据政府报告统计所得	实际成活保存人工林面积	每年造林面积 1981～1990 年	
		工业人工林	非工业人工林			报告面积	实际保存面积
非洲热带	40	140.0	160.0	300.0	210.0	130	9.0
亚太热带	17	910.0	2310.0	3220.0	2260.0	210.0	147.0
拉丁美洲、加勒比热带	33	510.0	350.0	860.0	600.0	37.0	26.0
总计	90	1560.0	2820.0	4380.0	3070.0	261.0	182.0

1990 年世界热带人工林面积中，60% 为 1981～1990 年营造的。这表明，近 10 年热带人工造林增加了 1.5 倍。1981～1990 年期间，世界热带平均每年造林 261 万公顷，实际成活保存 182 万公顷。与 1981～1990 年世界热带天然林年消失 1541.1 万公顷相比，造林保存 1

---

① 本文系沈照仁同志撰写，发表于《世界林业研究》1994 年第 6 期。

公顷，同期相应消失的天然林却是8.5公顷。

根据粮农组织等1980年所下定义，人工林是指：在原先没有森林覆盖的土地上，通过人工造林所建立的林分；在以往50年内或人们记忆时期内曾有森林覆盖的土地上，通过人工更新方法所建立的林分，包括用一种新的完全不同的林木作物取代原先的林木作物。

粮农组织把人工林分为工业性的和非工业性的两类。工业人工林是全部或部分地专为工业生产木材（主要为锯材原木、胶合板原木、造纸材和坑木）而营造的。非工业人工林主要为以下目的之一或若干目的而营造的，如生产烧柴或烧木炭用材（有可能用做工业能源），为当地需要生产小材小料（特别是在乡村的人工林），为非木材产品生产和土壤保护。

1　热带造林发展很不平衡

亚太热带人工林保存面积与天然林消失面积之比在逐渐缩小，1981~1990年为1:2.6，但拉丁美洲和非洲仍旧很大，分别为1:28.4和1:45.5。

1990年世界热带累计造林面积中，以下5国占了85%（计3760万公顷）。印度居第一，占1890万公顷；印度尼西亚第二，占880万公顷；巴西700万公顷，居第三；越南210万公顷、泰国80万公顷，分别居第四、第五。

1981~1990年印度年人工林保存面积已远超过年天然林消失面积。10年平均年造林144.14万公顷，平均年成活保存100.89万公顷，而天然林年消失面积仅33.9万公顷。印度现在每年人工造林与人工林成活保存面积已是天然林年消失面积的4倍与3倍。

2　造林面积统计不实

1981~1990年期间，世界热带非工业造林发展迅速。与农业结合，与农作物栽培相结合，以及森林以外树木的培育，在热带愈来愈受到重视。但这类造林没有一致的计量标准。一些国家采用苗圃年育苗量、分发苗木量以及苗木栽植量，换算为造林面积。现在至少有4/5的热带造林从未经过检查核实。因此，目前仍极难判断世界热带造林的真实情况。

3　造林树种单调

世界热带造林集中在少数几个树种（见下表）。

世界热带造林的主要树种

	桉树	松树	柚木	金合欢	其他	总计
非洲热带（万公顷）	79	61	14.5	25	120	300
美洲热带（万公顷）	407	278	1.5	–	177	860
亚太热带（万公顷）	520	120	203	315	2062	3220
总计（万公顷）	1006	459	219	340	2359	4380
占%	23.0	10.5	5.0	7.7	53.8	100.0

4　实际生产率很低

热带造林的可行性报告普遍过高估计了预期产量，而实际达到的产量常常低于预期的一半。产量低的主要原因是不适地适树，缺乏抚育。现在热带国家总是突出造林的面积目标，从而适地适树原则常被忽视。

滥伐、牲畜践踏、火灾以及土壤瘠薄又不施肥，都是人工林生产率低的原因。

5　缺乏综合规划

热带造林常不进行综合规划，带来许多不该发生的麻烦。例如，造林不考虑需求与生产的关系；不为降低生产成本，周密配置时、空关系，也造成许多笑话。在烧柴极端缺乏地区，连制浆厂、制材厂也都没有，就巨额投资营造纸浆用材林和大径锯材原木林。在销售价格不能确保经济效益时，在还没有市场保障时，就去经营人工林，发展木材生产。在烧柴紧缺的居民集中地区，这里根本无法防止盗伐，却发展了工业人工林。

6 应重视开发潜在的木材资源

根据联合国粮农组织农业生产年鉴（1991 年），世界现有橡胶人工林 720 万公顷，椰子树 420 万公顷，油棕林 270 万公顷。三者合计 1410 万公顷。其中 85% 分布在亚洲热带的印度尼西亚、马来西亚和泰国。因加工工艺的开发，这类原先不是木材资源的经济林已在转变为重要的木材来源。

奥地利发展森林能源[①]

奥地利森林能源利用近十几年来保持稳定增长。一般认为，如不是由于石油燃料价格便宜，这一增长势头显然会更高。除制材加工下脚料、锯末树皮外，大量用作森林能源的为抚育下来的细、小径木。各地政府促进森林能源利用，重要目的在于改善环境，减少污染。

1993 年底，奥地利全国已拥有森林能源供暖设施 1524 兆瓦。根据经验计算，每 1 兆瓦装机年消耗 1000 立方米木材或树皮，奥地利仅这一项烧柴的年耗量为 152 万立方米。

奥地利森林能源设施分 3 个档次：小型为 100 千瓦以下，中型为 100～1000 千瓦，大型为 1 兆瓦以上。小型 1993 年已有 12549 套，装机功率 558 兆瓦；中型 1853 套，功率 439 兆瓦。

关于森林供氧的新发现[②]

森林最主要的产品应认为是氧，在光合作用过程中释放的氧。创造 1 吨生物量，也即形成 1 立方米多木材，树木吸收 1.2～1.7 吨碳酸气，呼出 1.1～1.2 吨氧。按每升 1.43 克的密度计算，这相当于 8000 立方米氧。

在俄罗斯林务工程师第三届大会（1994 年 9 月）的一份报告指出：科学家曾长期认为，就地球整体而言，热带国家常绿树木是大气氧的主要供应者。这里气候温暖，树木常年生长，而俄罗斯北部森林冬季漫长休眠。光合作用只在光的作用下进行，夜间植物呼吸，本身消耗氧。北部纬度地区，夏日长而夜短。根据计算，在温带纬度地区森林，树木呼吸所消耗的氧，约为其光合作用过程中所产氧的 30%～40%。在热带、亚热带国家湿润森林，树木消耗的氧却占其所产氧的 60%～70%；在赤道雨林，消耗量甚至占生产量的 80%～90%。因这一新的科学发现，对俄罗斯森林的看法必须有所变化，俄罗斯森林在世界生态中所起的作用，也必须重新认识。

① 本文系沈照仁同志撰写，发表于《世界林业研究》1995 年第 1 期。
② 本文系沈照仁同志撰写，发表于《世界林业研究》1995 年第 1 期。

美国百年来林业十大进步[①]

美国林学会认为近百年来美国林业的十大进步为：

（1）更新造林。直到 20 世纪 20 年代，森林一般总是采伐以后就遭遗弃。1991 年一年全国就栽植苗木 17 亿株，相当于每采伐一棵树栽植 6 株苗。此外，还有数 10 亿株苗天然更新。

（2）防火。19～20 世纪交替时期，美国森林火灾年年造成巨大财产损失和人的死亡，烧掉森林 800 万～2000 万公顷。现在年火灾面积已降到 120 万～200 万公顷，减少 90%。火灾对保持森林健康的作用也得到了研究认识。

（3）多样化产品，减少利用中的浪费。工艺技术进步使林木的各部分都得到充分利用。除干材加工成成材、纸以外，树皮、树脂、木片木屑都加工成了产品，如照相机外壳、毯子、药物等。

（4）野生动物的恢复。某些 19 世纪末几乎已灭绝的物种如白尾鹿、野火鸡、树林野鸭，经野生动物保育和其栖息地加强管理，现在已恢复如初。林业工作者与其他专业人员现又在努力改善其他野生动物的生存环境并保证其成活率。

（5）荒野保护。美国林务局于 20 世纪 20 年代创建美国第一批荒野保护区。40 年后，1964 年美国颁布荒野保护法对 360 多万公顷荒野实施法律保护。现在全国荒野保护总面积达 3840 多万公顷，此外，美国还有 6000 多万公顷土地为公园、野生动物庇护地以及其他专门划出受保护的地方。世界没有一个国家受法律保护划出这么大范围土地。

（6）城市林业。因城市颁布法令，市民参与以及城市林业的发展，美国城镇已栽植维护着成百万株林木，这提高了城市生活质量并有利于城市节能。

（7）科学研究。100 年之前，美国对森林作出的所有决策都是以欧洲这样做为基础的。近百年来，美国森林科学家进行了病虫害防治、林木生长率提高、水分土壤条件改善以及其他研究，其结果已使美国森林成为世界森林佼佼者之一，即健康的、生产最高可持续经营的。

（8）卫星图像与其他技术。利用卫星图像等技术，林学家已能监视森林健康状况，有目的地开展经营活动，在图上勾划出火灾蔓延，识别应保护的野生动物、鱼的栖息地。

（9）旅游。人口增长、汽车普及以及更多的休息时间 3 者相结合，形成对森林各类旅游地方的需求增长，如徒步旅行、观赏鸟类、无路驾车等等。按 12 小时为 1 个人日旅游计算，仅国有地区 1989 年的旅游人数达 6 亿。

（10）专业教育。100 年前，美国没有一所专门的林业学校。现在美国林学会承认的开展专门林学教育的大学达 46 所。此外，林学会还承认 24 个学校开展两年制相关培训。如生物学、数学、计算机科学、信息交流、伦理学及其他培训班，给学生以经营森林所需的科学技术知识。

---

① 本文系沈照仁同志撰写，发表于《世界林业研究》1995 年第 1 期。

印度尼西亚白茅草荒地造林经验①

世界现有白茅草地 1 亿 ~ 2 亿公顷，印度尼西亚大约有 2000 万公顷。白茅草地原是热带湿润林，经反复采伐、垦荒、丧失更新能力，才变成这样的荒地，其经济、社会和生态价值都很低。

1994 年 1 月在雅加达召开"从草到林木"的研讨会，会上宣读了有关白茅草地森林更新科学论文。印度尼西亚林业部和芬兰 Enso 森林发展公司合作，从 1981 年开始了此项研究。合作已 12 年，芬兰共支出了 830 万美元。

研讨会集中讨论在草地进行工业人工林营造的实践与方法。所介绍的方法都是在南加里曼丹采用的，一般认为它适用于印度尼西亚与东南亚其他地方。根据 10 余年的野外试验与财务分析，可做出以下结论：

为使草地造林成为有利可图的资产，应尽量提高每公顷产材量。由于地价低，投资成本也较低，但如单位面积产量低，仍难盈利。往往有这样的情况：投资虽大些，而单产高，仍可能取得投资好的回报率。因此，投资造林者必须谋求提高单产的办法。

（1）在造林地进行树种、亲本试验，极为重要，因此而多花些钱，回报是很高的。

（2）保证苗木质量是保证苗木早期与杂草竞争取得优势的前提；苗木价对投资内部回报率并无实质性影响。

（3）应保证整地占有足够的投资额，全面整地优于带状整地，整地质量是确保苗木与杂草竞争中在一开始不被挤垮的唯一途径。

（4）保证尽草郁闭是很重要的，因此株行距要密些；由于苗木价很低，株行距密并不会显著影响成本。

聘用专家是必不可少的。采伐运输构成主要生产费用，因此其微小差别可能影响财务结果。

芬兰与印度尼西亚又签订协议，芬兰政府资助 87.5 万美元发展一个造林系统，旨在培育本地树种，恢复采伐迹地。

印度林业的成就、危困与新思路②

印度 1947 年独立，政府从 20 世纪 50 年代至今，正式公布的森林面积一直是 7300 万 ~ 7500 万公顷，约相当于 22% ~ 23% 的森林覆盖率。46 年中，全国人口从 3.7 亿增至 9.1 亿，而森林面积保持不减。

印度环境与森林部林业顾问 Sunder S. S. 在 1992 年的一次国际会议上指出，"受环境保护主义者的压力，林业工作者匆忙采取了防御性响应。现在仍继续坚持森林覆盖率为

---

① 本文系沈照仁同志撰写，发表于《世界林业研究》1995 年第 1 期。

② 本文系沈照仁同志撰写，发表于《世界林业研究》1995 年第 1 期。

22.8％的官方数字给人以错觉，似乎印度林业一切都好。但遥感资料揭露了真相，于是林业工作者遭受各方的责难。实际上，森林长期形成的衰退、消失，绝对不是林业工作者能够控制得了的。印度林业的真实成就因此而得不到外界的承认。"

尼赫鲁政府1952年制定的全国林业政策要求把全印森林覆盖率从23％提高到33.3％。甘地夫人曾明确指出，"没有树木，便没有未来"。拉·甘地1985年新年向全国发表的广播讲话说："连续的毁灭森林已使我国面临巨大的生态危机和社会经济危机。"从此，拉·甘地发起了一场要求每年造林500万公顷运动，希望尽快结束全印一半国土荒芜，而一半人口过着严重缺柴的贫困生活。印度三代总理非常重视造林，一直以扩大森林覆盖率为己任。

1988年在印度实施新的国家林业政策，重申国土的1/3应为森林所覆盖，并要求山地丘陵面积的2/3应有林木植被覆盖。新政策包含9个目标原则，完全以生态和保育森林为导向，并宣布一公顷郁闭林的环境值为1267万卢比（自然增长50年），约折合42.2万美元。如利用此值为评定成本效益的标准，就只有极少数森林开放项目是可行的。

《印度林学家》杂志1994年元旦社论指出："前些年，印度林业被认为处于十字路口，一年年过去，现在似乎并无变化。"

1　森林对经济和社会的贡献

直到17世纪末，印度森林还是用之不尽的、永不枯竭的自然资源。18～19世纪，人口压力增大，帝国主义掠夺性利用的发展，才导致森林的严重破坏和衰退。

1860～1940年间，印度因饥饿而死亡的人口达3000万以上。独立面临的第一个难题是解决众多人口的吃饭问题。全印开展"生产更多粮食"的运动，把大量林地变成了农地。直到60年代后期，印度主要依靠扩大耕地达到粮食增产。1951～1976年间，全国计有4300万公顷覆盖林木的土地被开垦为耕地。此外，还有400万～500万公顷森林处于烧荒轮垦之中。

印度森林以公有为主，大批无地、少地农民依靠在森林里进行采集谋生。政府森林总监Mukerji A. K. 认为（1994.3），这实际上是国家对穷人的一种直接无偿津贴；为其计量是非常困难的。全国现在仍有40％能源来自森林（乡村80％以上能源），家畜饲料也有25％由森林提供。仅采集薪材一项，每年估计共有30亿～50亿个工日是在森林范围里完成的。印度靠森林谋生的部落很多，据调查，全国部落平均1/3的收入来源于森林；某些部落84％的收入来源于森林。

由此可见，森林对保持印度乡村经济与乡村社会的稳定具有极其重大的意义。根据保守的估计，印度占国土23％的林地、森林所得的年产品值约为3000亿卢比，折合约100亿美元。可是，反映在国民生产总值中，林业仅占2％。因此，国家对林业的投资也很少，每年约80亿卢比，折合2.4亿美元。这表明，国家每年给森林的资金根本不足以补偿、恢复其生产能力，结果必然是森林的衰退和消失。

2　对印度森林面积反而扩大了的探讨

二三十年前，印度每年要进口粮食1000万吨，现在自给了。但烧柴、饲料仍年年缺口很大，继续给森林施加着沉重的压力。根据林研所所长Lal J. B. 的报告，按持续经营的要求，印度森林每年只能产4000万立方米薪柴，而1987年的消耗量已达235亿立方米。印度占有世界奶牛的15％，水牛的46％，山羊的17％。折合成牛的头数，印度森林承载能力仅为3100万头，而实际放养着9900万头。

在长期、沉重的压力下；印度森林处于惊人的衰退中。甘地夫人说：1981年政府公布森林覆盖率为23%是太乐观了，而实际只有它的一半。1972～1975年与1980～1982年两期卫星资料表明，印度有900万公顷森林消失了，平均每年减少150万公顷。

印度政府最近承认现有30%的人口生活在贫困线以下，大部分分布在林内或森林周围。印度总理在纪念独立46周年时要求，每年至少应保证以森林住民为主的1700个部落落后地区100天的就业机会。这表明，印度森林要继续承受上亿人口的谋生压力，每公顷森林平均至少为1～2个或几个森林住民维持最低生活的条件。在如此沉重的负担下，印度几十年保持森林面积不变或减少得不多，都应认为是奇迹。

1991年印度森林资源调查报告表明，印度登记在册的森林面积为7700.8万公顷，比政府原先公布过的最大数字7078万公顷，还扩大了182.8万公顷，但质量非常糟。全印森林总监Mukerji A. K. 1994年4月指出，其中树冠郁闭度达10%以上的林地只有6390万公顷，即使把这部分完全计入森林覆盖率，也只有19.44%。

长期地超负荷利用还会使印度森林继续衰退，并逐渐变为荒废地(wasteland)。印度全国已有一半以上为荒废地。政府承认(1992年)，现有森林的一半濒临荒芜，树冠郁闭度在10%～40%之间；另一半郁闭度在40%以上，能勉强够得上郁闭林要求。

但近几十年来，根据官方统计数字，印度又似乎并未发生像泰国、菲律宾等热带国家那样大面积森林消失，应做如何解释？

(1)独立时，森林实际覆盖率应是40%。原印度林业研究所所长Triwari说，印度乡村原来有许多树木地，从未受林业部门管辖过，因此，独立时宣布的森林面积并不包括这部分森林。现在乡村周围的森林基本消失了。又据Khosla P. K. 1986年的文章，19世纪后期，印度把村庄附近的森林保留给村民使用，令人遗憾的是，大部分这类森林以后都变成了农地。1950年印度农耕地只有1.32亿公顷，现在达到1.78亿公顷，其中0.43亿公顷来源于乡村林垦荒。

在联合国粮农组织工作20余年的英国林学家Westoly J. 说："印度独立后的30年里，根据某些估计分析，森林覆盖率从40%缩小到20%，即使保留下来的20%中也还有一半的林相非常凄凉。"

由此可见，印度政府经常指的森林面积、森林覆盖率不包括乡村林。因离乡镇较远，登记在册的森林消失速度并不快或基本保存下来。但因长途跋涉樵薪者众，放牧者多，生产率却是愈来愈低。

(2)法律严格规定，林地不能变做它用。这也是几十年来，在册森林面积消失不大的一个原因。1980年森林保育法(Forest Corservation Act)又明确邦政府无权批准森林的用途改变。1988年新制定的森林政策继续限制工业资本"入侵"林区。

(3)森林住民过着非常贫困的生活。世界发展报告(WDA)认为，印度城镇年人均消费50美元、乡村43美元，都可算作非贫困水平，这只相当于世界绝对贫困线275～370美元的1/7。森林住民不同于外来移民，对森林的索取、破坏都较稳定。印度林区分布着几千万人口，因其生活标准很低，对森林的破坏较轻。如果众多的人群集中林区，目的是要过富裕生活，谋求资本积累、发财，而不以提高森林生产率为前提，那么其破坏力就可想而知了。

3 造林成绩显著

联合国粮农组织"1990年热带国家森林资源评估"报告(1993年正式发表)显示：

（1）印度现在是世界热带地区人工林最多的国家。到 1990 年为止，世界热带累计造林 4378.9 万公顷，印度为 1890 万公顷，占其中的 43.2%。近 10 年来，印度人工造林增长更快。1981～1990 年世界热带地区造林总计 2607 万公顷，印度为 1441.4 万公顷，占其中的 55.3%。

（2）印度现在又是世界热带地区每年造林面积超过天然林消失面积的极少数国家（古巴、佛得角、布隆迪、卢旺达）之一。1981～1990 年热带天然林消失面积平均每年为 1541.1 万公顷，同期平均每年人工造林 260.7 万公顷。每年天然林消失面积是人工造林面积的 5.9 倍。据调查估计，人工造林的成活保存率约为 70%，1981～1990 年间实际成活保存的人工林估计每年为 182.5 万公顷。这样，同期内世界热带人工造林每成活保存 1 公顷，消失天然林面积却是 8.5 公顷。印度 1981～1990 年每年消失天然林 33.9 万公顷，而人工造林 144.14 万公顷，造林是消失面积的 4.25 倍。折算为成活保存面积，印度每年新增人工林面积也达天然林消失面积的 3 倍。这似乎足以表明，热带地区森林更新造林跟不上采伐的普遍难题，在印度已经解决了。

（3）印度每 1000 人年均毁灭天然林 0.4 公顷，而同期内 1000 人年均造林为 1.9 公顷。这似乎又足以表明，只要如此扩大造林下去，印度终将战胜人口增长压力，尼赫鲁 1/3 国土覆盖森林的理想也必定实现有日了！

印度国家农业委员会（NCA）1976 年发起社会林业。80 年代，社会林业成了印度林业的主要事业。"现在一年完成的造林面积，要比 1970 年前 20 年完成的造林面积总和还要大"。但《印度林学家》杂志 1994 年元旦社论认为，"社会林业的热情已经衰退"。英国林业社会学家 Westoby 认为，印度社会林业虽广泛得到世界金融机构的大力支持，但只有个别项目给贫困群众带来了实惠。

兴旺一时的社会林业已趋于萧条。根据瑞典国际发展署（SIDA）1990 年研究报告，"1981～1988 年期间，印度农户造林 250 万公顷，约相当于作物地总面积的 1.7%；桉树造林占了 2/3 以上。农户因产材量和木材价格都没有达到预期水平而对造林失去了兴趣。""今日哈里亚纳邦的桉树林实际都已死亡。栽植时，农民充满爱心，现在则怀着怨恨拔掉桉树。因为桉树危害农业生产，其木材价格又无利可图。"

印度一些林业专家指出，近几十年印度造林已投入巨额资金，但因未采取必要的育林技术，效益很差。世界银行 1994 年公布的一个报告称，近 15 年里，共支持印度进行 10 个林业项目，支持资金总额达 5 亿美元。世界银行关于北方邦 1990 年的审计报告早已指出，许多农民现在不愿参加造林计划，因为回报太低，古加拉特邦是印度社会林业成绩卓著的地区，1984 年分发桉苗 13400 万株，1988 年虽雨水条件很好，却只分发了 1200 万株。对北方邦西部 4 个造林重点村调查表明，1987 年之前，年植桉 6 万余株，1988 年、1989 年分别降到 5000～10000 株。

种种迹象表明，如不修正政策，印度林业很难继续有所发展。世界银行关于印度林业的总结报告认为，现行印度林业政策的主要目标是把森林覆盖率扩大到 33%，而政府不可能在短期内筹集到足够资金，来全面开展荒废土地的恢复工作。

4　林业政策思路

印度现有森林的 50% 以上分布在中央、奥里萨、安得拉、马哈拉施特拉与"阿鲁纳恰尔"5 个邦。前两个邦森林覆盖率达到 30%，安得拉、马哈拉施特拉分别为 17% 和 15%。阿鲁纳恰尔邦"实际是中印边界东段非法的麦克马洪线以南约 9 万平方公里地区，目前被印度非法侵占，这个地区的森林覆盖率为 82%。像古吉拉特、旁遮普、拉贾斯坦等大邦的森林覆盖率都只有 4%～6%。

全国荒地开发委员会主席 Kamla Chowdhry 在 1986 年的一次国际会议上指出，"全印现有 6000 万～8000 万公顷宜林荒地，有 3 亿贫困无地农民"，一个把荒地租给乡村穷人的造林计划正在酝酿执行中。

根据规划计算，要实现国土 1/3 森林覆盖率，印度必须造林 4600 万公顷。这似乎是比较容易做到的，但这并不能抑制印度现有森林的继续衰退。近一二十年进行的社会林业，是在林区以外的造林。在世界银行等国际金融机构支持下，根据保守的估计，印度社会林业大约已完成 500 万公顷造林。这为工业供应原料，为提供就业机会，均发挥了积极作用。

长期地超负荷、无补偿的利用，使印度森林的生产力日益低下，而社会林业并未能扭转局面。根据联合国粮农组织 1990 年对热带森林的调查，印度天然林平均每公顷生物量只有 93 吨，比孟加拉国、不丹、尼泊尔、巴基斯坦、斯里兰卡都低，只相当于亚洲太平洋热带国家总平均值（181 吨）的一半。全国森林蓄积量每公顷最高 277 立方米，低的只有 10 立方米，平均为 65 立方米，也只相当于世界森林平均每公顷蓄积量（110 立方米）的一半。

根据印度农业委员会的计算分析，印度林地生产力只相当于欧洲国家的 1/20。

1988 年国家林业政策要求有效经营现有森林和林地，充分提高其生产率。现在单位面积蓄积量、生长量只有潜在能力的 1/3。森林总监 Mukerji 认为，森林生产率必须与社会需求增长同步提高。下面是印度林业近几年出现的新思路。

（1）广泛吸收群众经营现有衰退森林。

新林业政策认识到人与森林的紧密关系，突出表现在森林保护发展中人和社区的参与作用。印度政府 1990 年 6 月发表了一个通告，明确要求在保护与发展衰退森林事业中，吸收乡村、社区以及志愿机构参加。1993 年 12 月，印度有 14 个邦发布命令或做出决定，给参与保护、发展衰退森林的乡村、社区以用益权。现在全印已有 1 万个乡村建立了保护与经营衰退森林委员会。每年帮助更新或造林 150 万公顷衰退林地。

新林业政策认为，贫困与环境退化紧密相连，无林化又势必加剧贫困。森林的保护、保存问题不可能与森林住民和当地人口的生活、生存分割开来。地方社区与森林有着共生的关系。现存森林最好的保护手段，或者谋求扩大森林的最好办法，是提高人们对森林财富的兴趣。印度各地已在建立一些居民参与森林经营（JFM）的模式，实现这些模式，必须承认森林住民是森林生态系统的组成部分，即满足他们的需求是森林的第一责任。因此，保证森林住民就业机会是迫切需要的，这就必须开展有效的森林经营。经营既要改善当地的生态环境，又得生产所需产品；既要发挥森林各种效益，还要提供就业机会。

（2）吸引工业投资参与恢复、经营衰退的森林。

林业经济学家 Rawat J. K. 最近（1994.5）认为，在严重衰退的土地上，没有巨额投资是不可能进行成功的造林的。印度林业政策长期以来把社会贫穷阶层视为主要依靠力量，把荒地租赁给成千上万个无地农户，并无偿发给苗木。在 1985～1989 年间，印度农户林业每年分发 14 亿～20 亿株苗，价值 7 亿～10 亿卢比。这种津贴性分发苗木的做法，虽促进了农户林业，但不宜继续。因为凡能成功的林业都必须采用优质苗，而津贴性分发苗木妨碍了育苗技术的正常发展。分发苗木的机构总是追求最低成本达到最高发放量的目标，必然影响培育苗木质量。低质量人工林的经济效益很差，吸引不来投资。

　　印度最近几年出现了一批林木培育公司，这表明私人投资已在承办商业性林业。林业部门过去主要关心柚木、杨、黄檀等商业用材树种，现在不这样做了。以后，公有林可以更多地考虑国家、群众的要求和利益，而不是去满足木材工业。

　　印度森林几乎全部由国家经营，私人资本只参与林产品贸易加工和农户林业，极少参与现有森林的恢复与经营，因为1988年新林业政策仍限制私人资本经营森林。但衰退的森林听凭天然更新、自然恢复，生产率太低。吸引工业资本来改善经营造林技术，林地生产率才有可能即满足当地群众的烧柴需要，又提供工业原料。把稀疏林、衰退林、荒废林地出租给工业的方案正要酝酿中。

　　（3）开展经营、恢复衰退林。

　　20世纪80年代，印度每年开展乡村荒地造林和社会林业造林约150万公顷，这是对森林以外的林业投资。世界银行报告认为，印度现有森林经营限于资金，应更多地谋求其他途径来恢复衰退林。在幼树数量充足的地方，只要注意保护或保护加上增值性补植，就可以迅速、低成本恢复大面积衰退林的植被。通过调查，应把这部分衰退林确认下来。在印度和尼泊尔最近进行的试验表明，这样恢复的森林，其林木生长率虽比人工林低，但其非木材林产品的生物量却比人工林高。传统的人工造林费用比这样做高10倍，而且保护人工林幼树不受放牧之害极其困难，栽植头几年又没有产品收获。

　　（4）适当扩大林产品进口。

　　印度1981~1991年林产品年入超从21616.2万美元上升到39621.2万美元；1990年林产品进口创纪录，入超达46716.0万美元。这是印度新的林业政策把扩大进口解决林业危困作为一项措施的结果。

向市场经济过渡的俄罗斯林业①

　　苏联解体后，俄罗斯成为世界拥有森林资源最多的国家。30年前，苏联森林资源曾发生严重过伐和破坏。根据最新资源调查，近30年来森林状况又第一次发生恶化。两次清查结果相比，近5年里俄罗斯有林地面积缩小了。原因之一是新的经理要求把疏林地划入无林地。原因之二是确实发生了恶化：与1988年相比，针叶林面积减少，阔叶杂木林面积扩大；更新欠账多；造林马虎，死亡率提高；火灾、病虫害频繁发生，已成林人工林、天然林也大面积死亡。

　　俄罗斯联邦林务局官员吉里拉耶夫1994年6月说，1992年俄罗斯森林计算主伐量为54280万立方米，考虑到生态要求，1993年调减为52940万立方米，1995年将降为49620万立方米。但1993年全俄木材产量只有17400万立方米，比1988年32500万立方米减少46%。

　　俄罗斯联邦林业基本法1993年3月6日经叶利钦总统批准实施，现将俄林业的基本情况和动向介绍如下。

　　①　本文系沈照仁同志撰写，发表于《世界林业研究》1995年第3期。

1　管理体制

俄罗斯联邦根据 1992 年 12 月总统令，将生态部的森林委员会改组为俄罗斯联邦林务局——管理全国森林的独立机构。舒宾局长称，原先的林业管理系统是在计划指令性条件下建立的，纯粹是检查监督机关，通过计划与行政手段直接干预企业，也即计划与行政措施是作用于林业机关和森林用户的基本杠杆。在市场条件下，这些杠杆必将失去作用，而经济的管理办法将开始发挥主导作用。

联邦林务局通过 81 个地区性林业机构，如州和边疆区林业局及共和国林业部、委，代表国家全权管理森林。林场（Лесхоз）是林业系统的独立法人单位，现有 1748 个。下辖 7549 个林务区（Леснпчество），共包含约 60000 个护林区（Обход）。

林场、林务区的主要领导均为林务工程师（Лесничий），不少林务工程师还担负着中、上层领导职务，因此林务工程师队伍建设受到特别重视。全俄现有林务工程师 7400 名，其中妇女占 8.8%。林务工程师的年龄结构：30 岁以下占 15.5%，55 岁以上占 16.7%。文化程度：大学毕业以上占 38%，中技占 56.2%，有实际工作经验而未经专门培训的占 6%。

护林区一般由林务技术员（Лесник）负责，现全俄共有林务技术员和森林工长 72600 名。因人员缺额，林务技术员平均巡视的森林面积在扩大，平均每个林务技术员负责巡视 1.8 万公顷，相当于 10~18 公里的范围。林务技术员有大学文化的只占 1.3%，有中专文化的占 14%，30 岁以下的仅占 16%。

林业基本法要求，林业系统的企业不得进行主伐和木材加工，也即应改组成为与森林工业脱钩的企业。到 1994 年上半年为止，已有 1506 个林场完成改组，其中 1322 个成为第二模式林场，可开展间伐利用和间伐材加工。

2　租赁制代替原料基地制

过去，森林资源以原料基地形式固定给森林工业企业长期使用。《俄罗斯联邦林业基本法》生效之后，森工企业相继瓦解。

森林资源允许进行以下利用：采伐木材、采脂、采集林副产品，开展狩猎、科研、文化保健和旅游体育活动。用户可向地方政府申请租赁森林，租期可以短到一年，长到 50 年。地方政府在林业机构参与下组织林业交易会，通过投标竞争确定承租对象。

贯彻租赁制是实现林业市场经济的最重要内容。森林资源利用为有偿利用，用户对育林、生态也承担责任，从而可保证森林永续利用。在租赁期内不能改变用户，因此森工企业可以放心投资，进行道路和基础设施建设。1993~1994 年上半年，全俄共收到 3000 份申请租赁森林的报告，面积达 9500 万公顷。已有 2000 多份申请获准。共出租 3300 万公顷森林资源。

通过交易所、交易会进行立木的市场拍卖和租地的投标竞争，是实现森林利用市场关系的组成部分。但最近召开的第 3 届全俄林务工程师代表大会认为，建立市场关系对林业来说不是目的，而是为了搞活森林综合体的生产力，排除垄断经营，保护广大森林利用者的利益，并为林业和地方补充财政来源。

3　财　政

《俄罗斯联邦林业基本法》有专门一章阐述有偿利用森林资源的规定，明确应支付 3 项费用：森林更新、防治灾害与保护费，资源利用费和租金。

（1）森林更新、防治灾害与保护费（Очисления на воспроизводство, охрапу и защиту лесов）属森林利用的产品成本，按采伐木材等产值的百分率计算支付，并纳入国家预算外森林更新、防治灾害与保护基金。这笔基金可应用于以下目的：森林更新、防治火灾与病虫害；组织森林资源的利用；森林经理与资源监控；科研与规划设计；维持一支国家保护森林的队伍。森林更新的费用，包括森林用户进行更新的费用，均可从基金中支付。

基本法规定，凡用于出口的木材，要按外汇折算支付森林更新、防治灾害和保护费。根据俄罗斯联邦法，此费应按产品值的 20% 支付，但目前采运企业普遍处于财政危困中，实际支付的百分率仅 5%。

（2）森林资源利用费（Лесные подата），包括采伐木材、采集树脂、割收草料、采摘草药、养蜂、狩猎、旅游体育等利用费，可按产品单价或按利用面积收费。但付款方式可以是货币，也可以是产品实物和服务。

（3）租金（Арендная плата）金额决定于森林资源面积和质量及其分布位置。后面两项收入归森林资源所在地的地方预算，经地方人民代表会议决定，其中一部分可用于森林保护。但目前森林的各项收入，经地方到中央的层层克扣已所剩无几，故林业财政仍处于危困之中。

4　市场经济对森林经理的高要求

林务局长舒宾指出，现在森林经理的质量、内容，特别是对纳入利用的资源的调查资料，都已不能满足市场经济的要求。为划拨出租资源，森林经理必须完成大量繁重的制图和编制施业案的工作，以便据以评估资源确定租金。

林业基本法有专章论述森林经理工作，突出了森林经理在林业政策形成及完善森林经营方式和方法中的主导作用。全俄 1992 年末有 12 个森林经理企业，管辖 39 个森林经理调查大队和第一森林经理调查大队，在编森林经理工作者 3498 人。1992 年完成地面森林经理2280 万公顷，利用卫星照片清查森林 1400 万公顷，利用大比例尺航摄照片检查主伐面积7.31 万公顷，划拨主伐区（包括主伐区的测树清查和物质货币评价）16.6 万公顷。

1949 年以来，国家森林资源调查方法实际上没有变化，资料也缺乏可靠性。例如，成过熟林面积和蓄积总是偏低，而造林面积往往又扩大了。同时，5 年进行一次调查，不能保证林业管理机关所需的资料。现在很有必要改变森林资源调查方法和间隔期，采用数学统计法和在集约经营地区年年进行调查是适宜的。

原苏联国家林业委员会于 1985 年曾颁布林业地籍调查规程，但从未执行过。现在俄联邦林业基本法要求贯彻林业地籍制。在市场经济条件下，林业的各种纳费系统必须以森林的经济评价为基础，因此贯彻国家的林业地籍制具有特别重要意义。

现在森林地域的负荷越来越重，因此森林状况的监控显得非常必要，而组织监控的统一方法尚待制定。

5　森林的定义和森林资源分类

俄罗斯第一次通过立法给森林下了定义："森林是土地、乔灌草植物、动物、微生物及周围自然环境的其他因子的总和，它们在生物学上相互联系，并在发展中相互影响。"

俄罗斯联邦森林资源包括全部森林和归林业经营的土地，计有有林地、无林地和非林地。无林地包括采伐迹地、火烧迹地、疏林地、林中空地及其他。非林地包括沼泽、道路、林班线等。农业用地上的防护林与其他乔灌植物，铁路、公路与渠道两边拨地营造的防护林，不属城市森林地的城市和居民点的绿化林、树木群、宅旁、别墅、园林的树木群和零星树木，均不属森林资源。

森林资源分 3 类：一类林生态价值最高，占 20%，为 22180 万公顷，包括各种水源保护林、各种防护林、各种卫生保健林以及珍贵的特种保留林、禁伐林；二类林占 6%，为 6120 万公顷，包括人口稠密、交通网发达地区和少林地区的森林，为保持环境和防护作用，采伐利用受限制；三类林即生产性用材林，占 74%，为 82750 万公顷，分布在多林地区，在不损害森林生态机能条件下进行开发，以满足国民经济对木材的持续需要。三类林因交通等条件又划分为已开发林和后备林。

因社会对生态要求提高，一、二类林比例不断扩大，1993 年分别扩大了 1%。林业系统现经营管辖 25 个国家公园、1587 个自然遗迹、557 个禁伐禁猎区、92 处森林自然保护区、165 处遗传基因保留区、137 块特别珍贵林区、122 块具有科学或历史价值的林区。

6　森林所有制可能发生的变化

舒宾局长最近（1994 年 9 月）指出，国家杜马正在审议土地法草案，草案把林地划分为联邦所有和联邦的各个主体所有两种。一类林为联邦所有，二、三类林为联邦的各个主体所有。各地区林务工程师代表大会绝大多数主张森林资源为联邦所有，但联邦和联邦各个主体可以进行森林资源的共同利用。

林业界现在较普遍地担忧，所有制变更可能带来森林的巨大破坏。参加国家杜马的唯一一位林务工程师说："谁都相信，我国国家政策现在旨在建立一个私有阶级。我们国家林务工程师有责任保卫森林为国有，不准私有企业家染指。"她认为，在杜马里懂林业、替林业说话的人太少。

伊尔库茨克州森林法草案最近（1994 年 10 月 6 日）已获通过，把森林资源划分为联邦、州和市区所有 3 种。这样，在伊尔库茨克就要建两套森林管理机构，林业企业就得有国家的、州的和市区的。

舒宾局长说，农业所有制变化已对农田防护林营造产生不良影响。1948～1952 年是俄罗斯国家防护林建设最旺盛时期，开始大规模建设总长 5300 公里的 8 条国家防护林带。长度分别在 500 公里（别尔哥罗德—顿河）和 1080 公里（沃罗涅日—罗斯托夫）之间，分水岭上的林带宽度为 780～1140 米。

40 年的防护林营造经验证实，林带在防止干旱、干热风、沙尘暴对农作物危害，防止雪、沙掩埋道路，防止水质污染以及调节地表径流为地下水等方面的作用极为显著。现在全俄有 32 条国家防护林带，分布 17 个州和共和国。现在这类造林的面积急剧减少。

新西伯利亚州在以往 30 年营造了 4.5 万公顷防护林带，保护着 60 万公顷农田。1971 年前，这里一年平均要起 13 次沙尘暴，1973 年后再未遭过沙尘暴灾害。草原条件下的防护林迅速衰老，需要不断抚育改造才能持续发挥作用。可是，现在谁来出钱办这样的事？

7　木材生产形势继续恶化

1994 年头 8 个月的木材产量与 1993 年同期相比，又下降 33%。根据第 2 季度的生产分析，木材采运已是俄罗斯的经营亏损行业，每卢布产品亏损 17 戈比，这预示着 1994 年木材生产形势更趋严峻。

森林工业综合体现正谋求总统、国家的支持和与美国合作，争取海外投资，以摆脱困境。据称，俄罗斯森工已有现实可能性从美国获取 15 亿～20 亿美元投资。为吸收投资，俄罗斯林业投资公司正在建立之中，公司将在美国登记，并在美国和俄罗斯银行开户。俄罗斯森工界普遍认为，没有国家支持，无法进行稳定的生产。

俄罗斯林业科研的困境①

俄罗斯林务局科研系统是国家林业管理的组成部分。苏联解体以后，俄罗斯林业科研力量只保住不足一半。1993 年与 1991 年相比，俄罗斯林业科研人员减少 54%。现在计有 1867 人，分散在 10 个研究所和 18 个试验站，其中试验站 306 人。可是，这支科研队伍仍需承担原苏联森林资源 94% 面积的研究任务，也即要为 118250 万公顷面积提供林业科学研究保证。40 岁以下科研人员，包括研究生占 14%，35 岁以上的占 49%。

林业科研机关现在特别感到森林改良土壤、标准与计量以及信息方面专家严重缺乏。林业又在形成新的分支，如国家自然公园，俄罗斯已建 20 个，拟再建 70 个。科研力量匮乏是显而易见的。

林业科研机关的财政状况非常危困，1993 年总经费 9.84 亿卢布，占当年林业总预算 0.54%。1992 年美国林业预算拨款的 7.2% 给科研，科研人员占美国林务局职工总数的 6.6%。美国森林面积仅相当于俄罗斯的 1/4，木材产量却是俄罗斯的 1 倍。

通货膨胀导致许多科研无法进行，而国家甚至连重点课题的经费也不给予保证。

印度尼西亚毁林，殃及东南亚②

据国际热带木材组织最近报道，1994 年 9 月一半以上日子，东南亚很大一部分地方被笼罩在烟雾中，马来西亚、新加坡尤感污染之害。当局曾考虑学校停课。医院称，呼吸道与气喘病患者明显增多。

关于污染源现虽尚有争议，多数认为加里曼、苏门答腊森林火灾、烧荒是主要原因。在 10 月初雨湿季开始时，印度尼西亚政府估计这一年野火约烧了 45500 公顷森林，其中 8000 公顷天然林，20500 公顷绿化人工林，17000 公顷工业人工林。

清理次生林，为工业人工林整地炼山，为移民烧荒造地，显然是烟雾的主要来源。据估计，近 15 年里，以上两个原因火烧清理林地总计正好超过 500 万公顷。

印度尼西亚林业部长说，从 1995 年起，颁发造林许可证时，要求建木片厂，把残留林木采伐下来削片；不准再放火炼山。印度尼西亚政府将采取的另一个措施，是责成污染控制署为中央协调机构，采取预防措施，并利用新加坡提供的卫星照片，早期预测火灾。发现有泥炭、煤埋藏层的地方，应请采矿部门开采利用，而不能与残留植被一起付之一炬。

① 本文系沈照仁同志撰写，发表于《世界林业研究》1995 年第 3 期。
② 本文系沈照仁同志撰写，发表于《世界林业研究》1995 年第 3 期。

加拿大不愿承认是"北部的巴西"[①]

《北部的巴西》(*Brazil of the North*)一书已在欧洲传播，书的封面是一幅温哥华岛森林大面积皆伐图，并醒目地标明：这里以每12秒1英亩的速度在进行皆伐!

一些国际环境机构认为加拿大是北部的巴西，因为加拿大现在仍有广袤森林，而采伐在继续进行。加拿大对此不以为然，认为她不像热带地区森林发生大面积消失，也不像欧洲大部分国家原始林只残留不足1%，这里采伐迹地都保证了更新，且一半以上森林仍保持着原始状态。但环境保护机构认为皆伐就等于森林消失。

1993年10月中旬，加拿大不列颠哥伦比亚省森林联盟考察巴西，汇集证据，反驳"不列颠哥伦比亚是北方的巴西"言论。考察组由林业界权威人士组成，其主报告发表了:

(1)关于"北部的巴西"的提法是没有根据的，这是毫无道理地既伤巴西，又攻击了不列颠哥伦比亚，而对促进两国森林的持续利用并无作用。

(2)巴西沿岸大西洋雨林是巴西遭受危害最大的生态系统。经400年城镇建设、农业发展，这类原始森林只保存下4%~7%，自然保育团体认为政府仍未采取足够的措施以保存住这部分森林。

(3)巴西亚马孙雨林并无大规模消失的危险。亚马孙至今只消失5%的森林，而政府已立法控制10余年前的那种发展方式。

(4)巴西在土地利用与持续林业方面已采取积极、前进的方针。法律与政策都在发挥作用，以恢复和保护原始森林。

(5)巴西与不列颠哥伦比亚的林业实践，存在非常大的差别，双方均有可供学习借鉴的地方，如在生物多样性保护与土地利用规划方面。

(6)巴西与不列颠哥伦比亚之间应更广泛地交流信息和专门知识。两个地区都拥有广袤的原始林，对持续的林业和林产品贸易均有共同兴趣。

(7)巴西在热带木材国际贸易中只占1.4%，因此并非世界热带阔叶材的主要出口国。巴西亚马孙拥有世界最大的热带森林，相对而言，它在木材贸易中的地位就显得更低了。据联合国粮农组织资料，加拿大1991年占世界林产品贸易的17.3%。

(8)巴西与不列颠哥伦比亚林业的主要区别之一，是巴西木材产品与制浆造纸业完全分离;不列颠哥伦比亚的制浆造纸工业则完全以利用木材工业的废料为基础。巴西木材工业以天然的热带阔叶林为原料来源，而制浆造纸工业则依靠外来树种人工林，桉林为原料基地。纸浆人工林又几乎完全建立在已纳入农业利用的土地上。

(9)巴西南部和大西洋沿岸的人工林林业已为实践证明是可行的技术。亚马孙人工林发展也达到了新阶段，这主要指距亚马孙河口450公里的Jari地区的人工林。Jari地区桉树人工林也可能成功，这就将为在亚马孙发展更多的人工林开辟前景。

(10)巴西与不列颠哥伦比亚另一个主要区别，是巴西没有公有的林地，除国家公园之外，全部土地为私有。林地所有者必须编制土地利用计划，并获得政府批准后加以实施。因

---

① 本文系沈照仁同志撰写，发表于《世界林业研究》1995年第3期。

此，国家对私有土地的利用的控制，巴西比不列颠哥伦比亚严格。不列颠哥伦比亚全部实施公有土地的管理方式。

柏木油是重要的香精原料①

国际市场上大多数香水要用从柏木心材中提炼的油做原料。上市的 60% 香精约 400 多种，都含柏木油(Cedar oil)。现在畅销的柏木油主要为 3 种：铅笔柏，也称弗吉尼亚柏、东部红柏(*Jumiperws virginiana* L.)，得克萨斯柏(*J. ashei*)和中国柏(*Cupressus funebris* Endl.)。3 种柏木油的质量差别大，价格区别非常悬殊。铅笔柏木油每磅 6 美元，得克萨斯柏木油每磅 3.5 ~ 3.9 美元，而中国柏木油每磅仅 1.7 美元。一桶(约 430 磅)铅笔柏木油的现在售价为 2580 美元。1991 年世界柏木油产量近 540 万磅。

印度尼西亚衰退林地恢复途径的选择②

印度尼西亚林业部长贾迈勒丁·苏约哈迪库苏莫最近指出，印度尼西亚第一个五年计划(1969/1970 ~ 1974/1975)开始时，拥有森林 14400 万公顷，而第六个五年计划开始执行时(1994 年 4 月)，只保持着 9200 万公顷森林，其中只有 2500 万 ~ 2600 万公顷可以称得上是天然原始林或热带雨林。

印度尼西亚天然林的绝大部分已经被破坏，因此成了世界环境保护主义者密切注意的对象。同时，现有森林的木材生产能力也已不足以维持业已形成的木材加工工业的充分开工。为改善环境条件，又确保经济的持续发展，如何加速荒地绿化造林，成了印度尼西亚林业当前最大的问题。苏哈托总统已多次发起全国运动，鼓励群众造林。

1　悠久的造林历史与近 10 年造林规模

印度尼西亚爪哇造林始于 1880 年，种植柚木；苏门答腊造林始于 1916 年，种植苏门答腊松。自 20 世纪 60 年代后期起，印度尼西亚实施五年计划，造林计划为其组成部分，几乎各省年年都有造林任务。

根据联合国粮农组织《1990 年森林资源评估》，印度尼西亚到 1990 年为止已人工造林 875 万公顷。1981 ~ 1990 年间，平均每年造林 47.4 万公顷，每千人年造林 2.9 公顷。与同期天然林年消失 121.2 万公顷相比，新造林与消失之比为 1:2.56。造林的实际保存率按 70% 计算，印度尼西亚人工造林年保存面积为 33.18 万公顷，与天然林年消失比则为 1:3.65，高于亚洲太平洋热带地区(1:2.65)，低于世界热带地区(1:8.5)。

印度尼西亚政府主要通过以下渠道部署造林任务：国家林业公司(Perum Perhutani)、更新造林绿化管理局(Directorate for Reforestation and Greening—DITSI)和私营承租森林的公司。国家为一、二项造林设有总统专门基金。

---

①　本文系沈照仁同志撰写，发表于《世界林业研究》1995 年第 4 期。
②　本文系沈照仁同志撰写，发表于《世界林业研究》1995 年第 6 期。

以上造林都是在国有土地、国有林地上进行的，并不包括私有土地的造林和绿化运动中的农民造林。农民绿化造林每年约 70 万公顷，由内政部协调领导，1985 年全国有 1 万名林业技术普及工作者。第六个五年计划末（2000 年），这支协调组织农民绿化造林的队伍将扩大到 1.67 万人。

危险集水区治理是印度尼西亚绿化造林的一项重要内容，全国纳入优先治理的危险集水区有 22 个。

2　爪哇柚木人工林能否成为热带林持续经营的典范

经长期掠夺性采伐，18 世纪下半叶，爪哇北部沿岸直葛以东的柚木林就已消失，以后，发展甘蔗种植，又有大面积柚木林被毁，对柚木天然林的破坏一直持续到 19 世纪后期。爪哇和马都拉 1865 年林业法明确要求，森林应以永续利用原则为基础加以经营。近百年来，柚木林保持稳定增长。1900 年之前，柚木天然林总面积为 65 万公顷，1929 年扩大到 78.5 万公顷。日本占领时期，因过伐柚木林，面积缩小了一些，战后又有扩大，只是现在的柚木林主要是人工林，天然林大约只占 5%。

爪哇现有柚木林约 80 万公顷，完全处于国家林业公司独家经营管理之下，其中，60 万公顷经营良好，其余部分因立地条件差，缺乏经营而致使蓄积量很低，与标准林分材积表对比，现有林生产率仅达到标准值的 75%。现在柚木生产林每年产建筑材 76 万立方米，烧柴 25 万立方米，年总产材量比 20 世纪 30 年代低。1939 年产材近 125 万立方米，但大部分为薪材，建筑材只产 50 万立方米。这表明，近百年来，爪哇柚木林的年产材量相当稳定。

印度尼西亚爪哇林业早在 19 世纪末就已开始实施现代林业永续利用的经营原则。显然，并非只有在欧美发达国家才能找到实现了森林永续利用原则的实例。

基于以上认识，印度尼西亚一些林学家发问，爪哇以外的诸岛森林，如加里曼丹、苏门答腊等的森林能否借鉴爪哇经验，也实现持续经营呢？以洪菊生研究员为组长的考察组考察了印度尼西亚的林业后也曾议论：如果现在爪哇的人工柚木林是从原始的以柚木为优势树种天然混交林逐渐改造过来的，那么对加里曼丹以龙脑香科为优势树种的天然混交林，是否也可如法"炮制"。这是一个需要深入研究的问题。

3　世人瞩目的茅草地造林

白茅（*Imperata cylindrica* Alang—alang grass），俗称"茅草"，禾本科，多年生草本，地下有长的根状茎。世界现有白茅草地为 1 亿~2 亿公顷，印度尼西亚大约有 2000 万公顷。在中国也为最常见阳性禾草，几乎分布全国各地。1994 年 1 月雅加达召开"从草到林木"的国际研讨会上有论文指出，白茅草地原是热带湿润林，经反复采伐、垦荒、森林丧失更新能力，才演变成现在这样的经济、社会或生态价值都很低的荒地。

印度尼西亚 20 世纪 40 年代森林总面积为 14400 万公顷，1990 年缩小为 10900 万公顷。同期内，草地和衰退林地已扩大到 2400 万公顷。林业面临的最大难题之一是解决白茅草的不断入侵。采伐迹地、轮垦退耕土地往往迅速被白茅草占领；幼树极难在白茅草丛中生长发展。白茅草地实际是荒地，只在嫩草期可以放牧。治理白茅草工作已进行多年，但迄今几乎无多大效果。

日本国际协力事业团（JICA）1979 年开始在南苏门答腊白茅草地试验造林，项目持续到 1988 年，引进了日本技术，共进行 9 年合作造林。

芬兰与印度尼西亚于 1981 年开始在白茅草地进行合作造林试验。芬兰国际发展署

Finnida 资助的热带森林更新与经营项目，近几年在草地更新造林方面有了突破。芬兰顾问组长 Goran Ådjers 认为，芬兰项目在治理白茅草地的造林已取得创纪录的成就。印度尼西亚林业部原研究与发展总局局长 Encik Wardono Kardi 在其位上时曾表示，希望与芬兰加强合作，不仅仅在造林试验中，而且是在工业规模造林中更广泛地采用芬兰方法。芬兰 Enso Forest Development（EFD）公司一开始就是印度尼西亚白茅草地造林项目的顾问单位，在南加里曼丹 Riam Kiwa 白茅草地试验了百余个树种造林。结果表明，长得快，早期就能形成浓密树冠的树种最成功。原产澳大利亚的马占相思为先锋树种，长得快，树冠浓密，能抑制白茅草生长。芬兰专家认为，白茅草地造林成功与否的关键在于防火。草地易生火灾，即使一年只烧一次，造林苗木也会全部死亡，而白茅草烧过之后一周内又会绿起来。因为草地的生长点在地下，火损害不了它，而树木的生长点在顶部。

防住火，经营又得当，白茅草地造林两年，一些生长好的幼树就可高达 10 米。据 Adjers 测算，经营好的人工林，只需选用优良种源，每公顷可年产 60 立方米。如再补充一些其他措施，还可再提高生长量 20 立方米。

1992 年在印度尼西亚召开了"爪哇柚木林永续经营 100 年"国际学术讨论会，其中一份造林财政分析报告认为，为使草地造林成为确实有利可图的资产，应尽量提高每公顷产材量。因为地价低，投资成本也较低，但如单位面积产量低，仍难盈利，往往投资虽大些，而单产高，仍可能获得较好的回报率。

芬兰更新造林专家 Antti Otsamo 选择适宜时间进行全面整地、旱季晒地，也是非常重要的。

《联合国育林》杂志 1991 年第 3 期发表 Hamilton L. S. 文章，对现在热带国家较普遍地认为草地、草原是荒地，如要求在白茅草、菅草等草地、草原开展大规模造林表示了极大忧虑。他认为，世界历史上就曾有过把草原、草地当做荒地进行造林而失败的实例。美国 1873 年曾颁布了《木材培育法》（Timber Culture Act），鼓励在西部草原进行造林。此法规定，凡在草原造林 16 公顷，并在 10 年内保持林木健康生长的每个个人，均可无偿得到 64 公顷土地（包括 16 公顷造林地在内）。因造林失败，美国于 1891 年就废除了这项法令。

Hamilton 还指出，东南亚诸国的群众一般可能并不认为白茅草地为荒地。近年来，工业造林遇到最大的障碍也正是与群众争地。

4　大力发展工业人工林

印度尼西亚工业造林 Hutan Tanaman Industri，简称 HTI。东加里曼丹印度尼西亚国际木材公司（ITCI）是第一个开展工业造林的大公司，1984 年着手这类造林。林业部给予参加工业造林的企业以优惠待遇，参加造林的企业迅速增多。

印度尼西亚第五个发展计划（1989～1993 年）确定工业造林 150 万公顷，林业部要求到 2010 年时实现 620 万公顷工业人工林目标。但到 1993 年 5 月末为止，实际只完成了 50%（表 1 括号内为计划数）。

在开展有计划的工业造林之前，印度尼西亚已经进行了产业性质的造林，例如爪哇柚木造林已有 100～200 年历史，爪哇造林面积就包括 24.3 万公顷柚木造林（表 1），因此，如不把这部分造林计入工业造林，1989～1993 年的工业造林计划仅完成 1/3。

工业造林区别于恢复造林，后者主要在自然保护林和灾害防护林林区进行。这两类森林为禁止采伐林，不出租，但也有需要进行造林的地方，由政府自己组织造林，这类造林称为恢复造林。

表1　印度尼西亚1989～1993年工业人工林造林情况（万公顷）

地　区	造纸材林	非造纸材林	移民造林	合　计
爪哇、苏门答腊	20.3	31.7	0.4	53.2(78.7)
加里曼丹	4.3	11.4	0.1	15.8(44.2)
苏拉威西、马鲁古、伊里安查亚等	—	5.0	0.7	5.7(19.2)
全国	24.7	43.0	1.3	74.7(142.1)

在生产林林地进行的造林为工业造林。承租生产林的公司、企业和单位，采伐后都有造林的义务。但印度尼西亚天然林普遍实施选伐方式和天然更新，因此人工造林一般只在无林地、草地和每公顷蓄积量不足25立方米的低产林地上进行，这类土地进行的造林即为工业造林。

工业造林按造林目的分为3类：以培育造纸原料、木片为目的；以培育制材和胶合板原木为目的；以吸收雇用移民劳力为目的。

国家对不同性质的开展工业造林的机构、企业，给予程度不同的财政支持。省林业局开展工业造林，由林业部预算拨给100%的所需资金，经费来源于造林基金。造林基金来源于采伐征税，制材、胶合板原木每立方米征10美元。造纸材征1美元。国家企业进行工业造林，由造林基金拨所需经费35%为投资，另外还可从造林基金贷款32.5%，剩余的32.5%所需经费可从政府指定银行贷款，享受优惠。国家与民间合营企业进行工业造林，可从造林基金获得14%的所需资金，从造林基金和指定银行也可分别贷款32.5%，其余21%资金则需企业自筹。造林基金的贷款为无息。银行贷款的利率为18%，因通货膨胀率高，这样的利率还是较低的。贷款归还的宽限期与造林树种的轮伐期基本一致，如马占相思造纸材工业人工林轮伐期为7年，宽限期定为8年。这样，归还贷款时人工林就已经有了木材生产收入。

表2　工业造林贷款归还期

造林树种	宽限期		归还期	
	造纸材	非造纸材	造纸材	非造纸材
马占相思	8 年	13 年	16 年	28 年
桉	10	13	20	28
苏门答腊松	15	15	30	40
南洋楹	8	8	16	16
橡胶木	—	8	—	33

为顺利推进工业造林，政府制定了以下准则：①取得森林承租权后18个月内，企业必须制定经营计划；②每年向政府报告年度计划；③为承租地确定应进行的工业造林面积；④承租5年内，至少应完成工业造林面积10%；⑤承租25年内，应全面完成工业造林计划；⑥人工林采伐迹地必须迅速造林；⑦工业造林树种以表2列的5种为主。

工业造林不能按计划实施的主要困难为：群众长期有刀耕火种的习惯，造林占地往往与群众争地；炼山常常引起森林火灾，对人工林威胁极大；单一树种造林使病虫害、火灾极难防治。

5　一项成功的工业造林实例

印度尼西亚政府大力推行合资造林，以加速绿化、恢复衰退林地，并创造更多的就业机会。在南苏门答腊省、帕里托·派西非克财团（Barito Pacific Group，为华裔胶合板大王彭云鹏所有）与国家林业公司合资，正为100万吨制浆厂营造原料基地。所谓合资，是国家林业公司提供造林地入股，其余一切由私人资本负担，实质上是私人资本租地造林。苏哈托总统为这项造林工程亲莅现场栽树。至今造林4年，主要树种为马占相思，已完成13.7万公顷；预期到1998年完成30万公顷全部造林。1995年将开始建制浆厂，第一期生产能力为45万吨。根据计划安排，在1997～1998年度，人工林应开始采伐，采伐面积为14700公顷，产木材262.5万立方米；2002～2003年度采伐面积和产材量均约相应扩大一倍。造林成本每公顷约1000美元。除几个月前发生一场火灾，烧毁、损伤人工林5%～6%之外，没有什么病虫灾害。

造林地区周围已形成3个移民村。这项工程现共吸收4000人就业，其中除11名管理人员、37名职员和156名监工之外，均为造林工人。

6　关于人工造林与天然更新的争论

20世纪60～70年代，世界热带国家曾热衷于发展人工林，视此为治百病的灵药。在此时期，往往花巨资把原始林或低强度择伐迹地改造成人工林。印度尼西亚巴厘岛也把大面积雨林不适当地改造成松人工林。

但衰退林地完全依靠自然恢复，又往往让人感到太慢。加里曼丹1982～1983年发生18个月干旱，导致森林大火灾，烧毁森林4万平方公里（包括印度尼西亚以外的成灾面积）。火本是生态系统的组成部分，预示着生态系统的恢复。但这个进程却非常缓慢。因此印度尼西亚最近决定，要在火烧迹地区发展马占相思、龙脑香人工林。

可是也有长期观测研究资料表明，人工造林并不见得一定比天然恢复快许多。例如，南加里曼丹省哥打巴鲁拉鸟特岛12年标准地实测资料显示，采伐后保留林每公顷年生长量平均为19.99立方米，而改造为人工林，其年公顷生长量马占相思为26.06立方米，南洋楹为21.88立方米。

印度尼西亚Mulawarman大学热带雨林森林更新研究中心Maman Sutisna和Mansur Fatawi指出，许多公司认为造林要比天然更新在经济上合算得多。但这需要进一步论证。热带天然林采伐迹地改造为合欢Albizzia人工林，每年1公顷可产20立方米木材，其价值为600美元，但如果注意保护采伐后的天然林，每公顷一年可产8立方米梅兰蒂材（龙脑香木材），其价值为1888美元。同时，还必须考虑的是，天然林迹地改造为人工林的费用比抚育天然林迹地更新高10倍。

俄国林学家在国际合作中感到的疑惑不解[①]

加拿大政府承诺在世界范围内建立国际示范林网，现已拨款建设5个示范林，3个在墨西哥，马来西亚和俄罗斯各1个。俄罗斯示范林选定建在哈巴罗夫斯克。近一二年俄、加林

---

① 本文系沈照仁同志撰写，发表于《世界林业研究》1995年第5期。

学家进行着频繁的互访。

俄罗斯远东林研所长叶弗列莫夫等认为（1995 年 5 月 16 日），可持续发展已成世界思想，是建设示范林的基础。俄罗斯对可持续发展是很熟悉的，许多林学家曾对此有过详细论述。包括远东地区在内，俄罗斯不少林区还曾加以贯彻。可惜，这没有在全俄罗斯变为现实。

叶弗列莫夫与加拿大林学家交往已 3 年，感到非常纳闷，俄罗斯为什么不能保持自己已取得的经验，而在加拿大，却可以毫不动摇地坚持认识到了的。因为，认识到的成为法律条文后，就是神圣不容违背的。

叶弗列莫夫觉得加拿大人慢条斯理，从不想加快进度，不能加以仿效。但加拿大示范林计划总负责人的意见是：示范林不可能孤立地产生；我们已经用了 2 年时间，讨论示范林这一概念。

欧洲森林生长量出现过剩局面[①]

德国木材进口商联合会 1995 年 5 月召开年会，瑞典、芬兰、奥地利、德国等专家认为，世界环境问题讨论中，往往讲木材资源不足，这在欧洲却是背离事实的。包括东欧、南欧在内的整个欧洲的森林生长量明显高于采伐量。

奥地利制材联合会 Altricher 博士指出，奥地利森林面积在增长，现在年生长量为 3100 万立方米，而年利用量为 2000 万立方米。200 公顷规模以下私有林仅利用年生长量的 50%，大私有林利用 82%，国有林利用年生长量的 93%。全国森林生长量仅利用 64%。

Altricher 认为，奥地利 1852 年森林法就已明确，森林应是有利于环境的，而利用必须是与立地相适、永续的。森林法对更新立了特别条文，要求保证种子质量，禁止采伐幼树，皆伐最大面积为 2 公顷；0.5 公顷以上皆伐应申报批准。森林法还要求自然分布的树种占优势，以确保奥地利林业符合自然。

Fharandt 大学 Bemmann 教授认为，俄国以东、南欧其他国家，在林业方面均无严重问题。俄国森林生长量为每公顷 1.2 立方米，而利用不足 0.3 立方米。东欧森林生长量约 4 立方米，一般只利用一半。东欧森林的永续经营尚处于萌芽期，不同国家经营的集约程度也不一样。波罗的海国家、波兰、捷克、斯洛伐克和匈牙利的林业与木材业已在朝着有利于环境的方面发展。但白俄罗斯、乌克兰、罗马尼亚和保加利亚因资金不足，距近于自然的林业还很远。

因总的经济形势不佳，森林资源最富饶的俄国，近期内不可能根本改善林业和木材业状况。

拥有 51.8 万公顷森林的瑞典 Korsnas 公司总林务主任 Gösta Edholm 指出，瑞典森林蓄积量已经翻了一番，生长量已是原来的 3 倍达到 1 亿立方米，而年利用量为 7000 万立方米。

Edholm 说，瑞典林业发生了许多变化，比以前更关心阔叶树种，抛弃了墨守成规的利用方式，指定保护区与通过走廊连接保护区，增加间伐量和减少主伐量。

---

① 本文系沈照仁同志撰写，发表于《世界林业研究》1995 年第 5 期。

德国林主协会主席指出，1952年林主协会曾确定一个目标，为保护德国森林，要寻找木材代用品。当时，德国木材采购商往往要给林业人士赠送圣诞礼品，以维持良好关系而获取足够木材。但这样的时期已一去不复返了！现在是德国林业要打听市场需要什么样的木材。德国第二次世界大战后新造林正处于生长旺盛期。但因小径木资源采伐利用的经济效益极差，使生长量得不到充分开发。

芬兰林研所所长 J. Parviainen 也说，森林采伐量跟不上生长量增长，现在年生长量已达8500万立方米，而年采伐量仅仅5500万~6000万立方米。

德国纪念"永续林业"的奠基人①

德国柏林1995年1月开展国际绿色周活动，颂扬 G. L. Hartig 对林业的贡献是活动的一项主要内容。哈尔蒂希(1764~1837年)曾任普鲁士国家林业局长，是德国永续林业的一位主要奠基人。

德国森林现在每年生长5800万立方米木材。德国现有林每公顷平均蓄积量已达270立方米，欧洲最高；蓄积量还在增长。这显然与近200年来森林永续收获理论创建发展及实践密不可分；德国永续经营林业的理论与实践功不可没。

绿色周活动期间，哈尔蒂希创建会主办了报告会，主题是林业的永续原则能成为现代社会的理想模型吗？报告会认为，没有永续经营的林业，德国的自然资源就是耗尽了，也不会出现高生产率的森林。

为形象地表示德国林业的成就，在绿色周开幕时，德国林主协会总干事 R. Freiherr 给联邦农林部长 J. Borchert 送了一个"德国森林秒生长1.8立方米木材立方体"模型，并请农林部为开拓木材新市场而努力。

德国森林的年生长量现在仅仅利用了4000万立方米。林业界认为，只有扩大木材销路，才能为改善林业状况创造条件。

美国单板层积材生产近期内可望高速增长②

单板层积材(LVL)在美国市场最早出现于20世纪70年代初。但发展非常缓慢，经10年之后，才有第二家厂投产。1987年北美洲单板层积材产量达到2亿板英尺，1992年产2.75亿板英尺，1993年预测产量为3.4亿英尺。一份研究报告预测，2002年时北美洲单板层积材产量将达到10亿英尺。

单板层积材是全单板结构工程木材产品。近15年来，单板层积材已大量取代优质结构用成材。单板层积材得以迅速发展的原因：①适于锯制大规格成材的大径原木不断减少；②为在采伐区原先以为无用的资源，找到了经济可行的用途；③由于进入加工的原料得以完全

---

①　本文系沈照仁同志撰写，发表于《世界林业研究》1995年第5期。

②　本文系沈照仁同志撰写，发表于《世界林业研究》1995年第6期。

利用，产品成本具有竞争优势。发展单板层积材使人工林小径木资源的广泛应用，正在成为现实。

根据美国国家科学基金资助、由工业原材料可更新资源委员会完成的调研，单板层积材也是非常节能的材料。

单板层积材是高增值产品，根据 1990 年市场 FOB 价，每立方米英尺的单板层积材为 13.2 美元，而每立方英尺炉干针叶材成材为 4.4 美元，湿单板为 2.6 美元，制浆木片为 0.8 美元。

单板层积材还有使用简便，省时省工的特点，因此很受用户欢迎。

中国森林在世界中的地位[①]

联合国粮农组织最近(1995 年)公布了世界《森林资源 1990 年评估》(综合报告)，包括 179 个国家，其陆地总面积 129.4 亿公顷，森林为 34.4 亿公顷，森林覆盖率为 27%；林木总蓄积量 3840 亿立方米，总生物量为 4405 亿吨。

1　中国森林面积居世界第 5 位

根据这个评估报告，中国土地面积占世界 7.2%；中国森林总面积 1.34 亿公顷，占世界的 3.9%；森林覆盖率为 14%。

森林面积领先于我国的有前苏联(7.55 亿公顷)、巴西(5.66 亿公顷)、加拿大(2.47 亿公顷)和美国(2.10 亿公顷)。

2　中国人均森林面积占世界第 119 位

世界人均占有森林 0.64 公顷，发展中国家人均占有 0.50 公顷，发达国家则达到 1.07 公顷。世界 179 个国家中，有 60 个国家的人均占有森林面积少于中国。

3　中国森林总蓄积量居世界第 8 位

中国森林总蓄积量 97.89 亿立方米，占世界森林总蓄积量的 2.55%。森林总蓄积量领先于中国的有：前苏联(842.34 亿立方米)、巴西(650.88 亿立方米)、加拿大(286.71 亿立方米)、美国(247.30 亿立方米)、扎伊尔(231.08 亿立方米)、印度尼西亚(196.09 亿立方米)和秘鲁(105.93 亿立方米)。

4　中国森林每公顷蓄积量低于世界平均水平

根据这个评估报告，中国森林每公顷平均蓄积量为 96 立方米(根据徐有芳部长 1995 年 11 月 2 日发表在《光明日报》的讲话，中国森林总蓄积量每公顷平均 83.6 立方米，人工林林分每公顷蓄积只有 33.3 立方米)。世界森林平均每公顷蓄积量 114 立方米，发达国家也为 114 立方米，发展中国家为 113 立方米，都高于我国每公顷森林蓄积量。

瑞士森林每公顷蓄积量 329 立方米，德国 266 立方米；文莱达鲁萨兰国和法属圭亚那每公顷蓄积量也分别达到 272 立方米和 274 立方米。

5　中国人均蓄积量是世界最低之一

1990 年世界人均拥有森林蓄积量 71.8 立方米。拉丁美洲和加勒比地区的人均森林蓄积

①　本文系沈照仁同志撰写，发表于《世界林业研究》1996 年第 1 期。

量最高，达 244 立方米，前苏联 240 立方米，北美洲 193 立方米，非洲 87 立方米，亚洲和大洋洲发达地区 46 立方米，欧洲 34 立方米。亚洲和太平洋地区的人均蓄积量最低，只有19 立方米。

中国人均森林蓄积量仅为 8.6 立方米，是世界人均拥有森林蓄积最低国家之一。

6　中国人工林面积占世界发展中国家人工林总面积的近 50%

发展中国家现有人工林总面积 6844.5 万公顷，中国 3183.1 万公顷，占 46.5%。发展中国家年增人工林 319.83 万公顷，中国年增 113.98 万公顷，占 35.6%。发展中国家年均消失天然林 1628.2 万公顷，中国年消失 40 万公顷，占 2.45%。

世界 143 个发展中国家，只有 12 个国家年造林面积超过天然林消失面积。中国和印度年增人工林与年消失天然林之比分别为 2.85∶1 和 2.98∶1。这表明在印度和中国，每消失天然林 1 公顷，就有 2～3 公顷人工林出现。

7　中国森林每公顷生物量高于世界平均

中国森林每公顷生物量平均为 157 吨，而世界平均为 131 吨，发达国家地区仅为 79 吨。发展中国家地区森林每公顷生物量平均却达 169 吨。中国森林总生物量为 160.09 亿吨，占世界的 3.63%。

迄今为止，世界森林资源消长都是以面积与蓄积计量的。世界《森林资源 1990 年评估》（综合报告）把生物量列为一项重要统计内容，这是值得注意的动向。

森林生物量统计范围包括胸高直径 10 厘米以上所有树种、林木的地上部分全部，如树干、枝、叶、果的干重。国际社会现在深切关怀地球气候变暖问题，并普遍认为光合作用、绿色植物吸收大气中二氧化碳，林木木质生物量吸收、贮存大量碳，干木质生物量中约50% 为碳。

发展中国家森林单位面积生物量比发达国家高，这是因为发展中国家的木材密度大，树木的枝芽粗且多。

美国近 1/4 的生态系统处于濒危状态①

美国内政部国家生物局 1995 年 2 月的一份报告指出，美国在生态系统水平上物种多样性消失的程度，要比在一般环境政策辩论中所承认的更为严峻。调查认为，美国 126 个生态系统已有 30 个处于"濒危"状态，并警告说，如对生态系统也不加以保护，要挽救濒危物种是徒劳的。

美国现在威胁最严重的生态系统为高茎草大草原 Tallgrass Prairie、栎类疏林 Oak Savannas 以及 2428 万公顷长叶松林。

上述报告的作者之一 Noss R. F. 非常严肃地指出，美国的问题并非只是一地一处消失个别物种，而是失去整个物种群落及其繁衍地。

---

① 本文系沈照仁同志撰写，发表于《世界林业研究》1996 年第 1 期。

木材的可取代性在下降[①]

德国材料学家 Schulz H. 分析 19、20 世纪木材利用的结构变化时认为，1850 年以前，木材利用处于第一阶段，当时木材是不可取代的。1850 年以后，石油、煤的利用取代了部分木材，为第二阶段。在此阶段，木材又发展了一些新的产品。1800 年世界木材采伐量估计为 18 亿立方米，1900 年降为 11 亿立方米。此后木材产量又逐渐回升。1960~1990 年间，世界人均木材采伐量几乎无甚变化，仅从 0.67 立方米减为 0.66 立方米。其中工业用材由 51% 降至 48%。工业用材中制材消耗 26%，杆材占 70%，制浆造纸占 10% 以上，各种人造板占 5.5%。

Schulz 认为，现在木材利用已发展到第三阶段，木材的可取代性在下降，木材作为可更新原材料，其意义在不断上升。

俄美两国林业在远东地区的合作[②]

阿拉斯加州林业局长和哈巴罗夫斯克边疆区林业局长最近(1995 年 5 月 23 日)分别代表各自国家林务局，在哈巴罗夫斯克市签订 1995~1996 年工作计划。两国原协商在 8 个方面进行合作，现已确定优先在森林火灾防治、森林更新和规划 3 个方面开始工作。3 个项目协议规定，美方将给予拨款。

阿拉斯加州林业局长几次到过哈巴罗夫斯克，认为俄罗斯在林业种苗方面进展很快。美国人还特别惊奇，哈巴罗夫斯克建立了容器苗温室、发展苗圃网以及建设良种仓库，现在实际已不要中央拨款。

美国人承认，在森林火灾防治方面已采用俄国远东地区的一些方法和技术。共青城地区有个被宣布为生态灾区，这里因频繁火灾，森林已完全消失，连土壤的腐殖质层也烧掉了。两国林学家在如何更新恢复荒地、火烧迹地问题上，意见完全一致。

浅谈现代林业与传统林业、自然保护之间的关系[③]

摘要：法正林林业是与工业经济相适应的森林经营，两百年里曾二度恢复荒芜衰退的德国森林，现在称为传统林业。适应自然林业、近自然林业是近百余年来批判、纠正法正林林业缺点、弊病而酝酿发展起来的，是在充分认识森林从其诸多关系的基础上形成的，与当今知识经济相适应。欧洲已普遍接受近自然林业的经营思

---

①　本文系沈照仁同志撰写，发表于《世界林业研究》1996 年第 1 期。
②　本文系沈照仁同志撰写，发表于《世界林业研究》1996 年第 2 期。
③　本文系沈照仁同志撰写，发表于《世界林业研究》1998 年第 5 期。

想，日本、北美也给予了广泛重视，因此可以认为近自然林业已是当代世界林业发展理论的重要组成。传统林业、现代林业都是产业，都把森林、林地当做资本，重视生长量、蓄积量、木材产量的增长。近自然林业兼顾了环境、自然保护以及其他社会效益，认为没有必要把过多森林划为自然保护对象。自然保护是社会事业，将完全依靠政府财政维持。

关键词：现代林业　传统林业　自然保护

一二十年前，一些学者认为，在 20 世纪 50 年代、60 年代西方国家达到高度工业化以后，将要从工业化社会转入到信息社会。联合国经合组织（OCED）1996 年的文件中正式运用了"知识经济"（knowledge-based economy）这一术语，宣告世界进入知识经济时代。随着人口激增，需求无限膨胀，多种自然资源频频告急，环境恶化，生态危机四起，与此同时，人类对客观世界的认识不断深化，知识积累达到了极其丰富的程度，高新技术层出不穷。在世纪之交，我们面临的挑战，就是要充分调动知识的力量，理智地利用好大自然恩赐的一切资源。国民经济的每个部门必须回答新形势下将如何行事。

1　传统林业、现代林业都是产业

林业是经营森林、林地的产业，还是应视为保护自然资源的事业，这是当前国内外广泛争论的问题。根据近年欧洲、北美讨论所阐明的道理来看，大部分森林应按照产业方式来经营，小部分森林必须当做自然资源保护起来。现在我们讨论的传统林业、现代林业都属于产业范畴。

法正林也可译为标准林，其古典定义是能够进行严格永续作业的理想结构的森林。这一经营思想创始于德国，直到 20 世纪 80 年代后期，还被世界众多国家奉之为现代林业理论。它是在 200～300 年前欧洲森林普遍遭到破坏、林地严重荒芜、而木材供应奇缺的条件下形成的。

资产阶级古典经济学是法正林思想的经济理论基础。亚当·斯密（1723～1790 年）的主要著作《国民财富的性质和原因的研究》，其核心内容就是如何增加财富。大卫·李嘉图（1772～1823 年）在劳动决定价值的基础上，创立了地租论。这些资产阶级经济思想在德国传播，为一些理财能手、森林经营者所接受。

法正林思想的实质就是以资产阶级经济学与林学相结合为指导，把林地、森林当做资本，通过对林地、森林的集约经营，提高生长量、蓄积量、木材生产量，以增加社会财富，实现高地租收入。法正林是中世纪自然经济转向资本主义的工业经济的必然产物。

德国及大多数发达国家的林业近一二百年来都是这样做的，森林资源的基本状况是好的，现有森林的生长量、蓄积量以及木材生产量，都已达到历史上从未有过的水平。

没有做到森林资源愈砍愈多的国家，是不能说自己实施、奉行了法正林思想。许多人认为，法正林思想已经过时，要探索一套新的适应当前形势的林业发展道路。实际上，每种事物一开始发生，就会有对立面出现。

法正林林业消除了对森林只利用不经营的错误，但经几十年发展，其缺点和弊病随着也就充分暴露出来：同龄针叶纯林的不稳定性，多灾害，产材结构中次等低质材、小径材比重大，产值低，生产成本高。法国、瑞士、德国等先进国家的林业工作者觉察到法正林的弊病和缺点，逐步发展了顺应自然的林业、近自然林业和生态林业。

法正林林业是与工业经济相适应的森林经营方式，热衷于追求高利润、高地租，片面地突出生产合理化。这也是与人们对森林的认识浅薄，对森林的诸多关系无知相联系的。适应自然的林业、近自然林业和生态林业实质上是一种知识林业，即充分认识森林及其诸多关系基础上的林业。德国《生态林业理论与实践》一书认为，这种新的森林经营思想已酝酿发展一百余年了，但工业经济时代，却很难展现其优势。

近自然林业的理论在欧洲已为多数林业工作者所接受，在日本、美国也有积极的支持者，因此可以认为这是世界现代林业发展的理论。它仍是一种以森林、林地为资本的经营思想，林业仍是国民经济的一个部门，是产业。与法正林林业的最大区别在于：接近自然状态地经营森林，而不是违背自然的；要求尽量充分地利用自然力，少人工投入干预，保持森林环境，达到高产出，多产优质大径材。

法正林林业即使在德国，现在依旧占据着主导地位，但近自然林业的示范企业，似耀眼的星星，稀稀洒落在欧洲大地；日本也已开始近自然林业的试验。随着认识普及，一旦近自然林业的经济可行性获得广泛认同，星星之火可能形成燎原之势。但要实现经营方式的完全转变却需要时间。

2　提高森林生产力应是当代中国林业发展理论的核心思想

不承认林业主要是一个产业，就等于否定林业自身；承认林业主要是一个产业，而不去提高森林生产力，这样的产业永远不会有前途。当前各国林业最惶恐的一件事是，林业作为产业在自然保护的围攻下消失，因为不经营森林，林业必然将蜕变为依靠吃国家财政的事业。

衰退的森林不仅表现为物质生产能力衰退，森林的其他效益功能也必然相应衰退。我国现有森林生产力只相当于潜在生产力的1/3，这是国内林学家普遍承认的，而恢复提高森林生产力的可能性是存在的。奥地利林学家曾明确建议与我协作在秦岭开展试点，50年内把森林的生长量、蓄积量提高2倍。

（1）德国近200年里两次完成了衰退林改造复苏工作，全国森林每公顷平均蓄积量两次从80~90立方米提高到200~300立方米。战后50年里，民主德国、联邦德国森林大约是在每公顷年产4立方米木材条件下，实现了生长量、蓄积量双增长。

（2）欧洲森林生长量1950年平均每公顷为2.98立方米，1990年上升到4.67立方米。欧洲森林的现实生长量已是潜在生长量的86%；一些国家的森林现实生长量已非常接近或已达到潜在生长量的水平。由此可见，在认识自然的基础上，发挥科技作用，促使森林生产力翻番是完全可能的。

（3）日本现有人工林1040万公顷，95%为战后造林，因此主要是中、幼龄林，现有蓄积量18.9亿立方米，平均每公顷182立方米。我国人工林成林林分2137万公顷，面积是日本的2.1倍，而蓄积量只有7.12亿立方米，只相当于日本人工林蓄积量的38%。

（4）1995年美国世界观察研究所《谁将养活中国?》一书，涉及的不单纯是粮食问题。布朗等学者认为，中国经济发展，需求增长，将是对世界的巨大冲击。中国今后出现的任何短缺，便将是全世界的短缺。中国木材不足，迟早必然将导致全世界用材供应紧张。

（5）50年内，把现有森林蓄积量从100亿立方米提高到300亿立方米，中国就有可能保证木材基本自给。实现这一目标的主要条件都已具备；中国虽是森林资源贫乏国家，但仍占有世界森林的3.9%，按面积计算，世界排名第五；政府已决定给林业巨额投资，保护恢复天然林资源；林区富余劳力充足。

关键是要有一个非常坚定明确的林业政策和规划。200 年前，德国开始了法正林林业，其核心内容是蓄积量培育（Vorratspflege）。现在欧洲普遍认同的近自然林业，其核心内容也仍然是蓄积量培育。林木蓄积量是林业的资本和资本积累，是森林生长量、木材生产量赖以扩大的一个重要基础。

3　现代林业与自然保护争论的焦点

森林问题是当今国际社会的热门话题。1992 年世界环发大会通过了"森林原则"。1997 年 6 月特别联大讨论了 3 个环境问题，防止气候变暖公约和物种多样性保护公约在会上获得通过。对森林问题，各国意见严重分歧，要推迟到以后再做决定。其实，关于森林的意义的争论由来已久。

德国诗人、剧作家布莱希特（1898～1956 年，1955 年获斯大林和平奖）的一个名剧《潘蒂拉老爷和他的男仆马狄》，剧中老爷问男仆："森林是一万堆薪柴，还是给人以绿色的喜悦？"德国很早以前就展开过关于是按经济原则"土地纯收益学说"（Bodenreinertr agstheorie）经营森林，还是服从感情精神需要（Gefuhlwirtschaflt）去管理森林。前一种是产业经营，后一种是事业管理。封建领主贵族为满足狩猎、游憩需要，往往把其领地上的部分森林封禁起来；现在北美、欧洲也有许多林主，非常富裕，不再依靠森林谋生，而把宁静美丽的森林环境视为别墅生活的必备条件。

但是，当今自然保护团体的许多意见也确实具有很深的科学道理。林业作为产业必须尊重他们的意见。现列举一些事实，供决策者参考。

（1）我国台湾省林务局 1990 年起改制为公务预算单位，即从产业经营转变为事业单位，森林的各种社会效益由政府给予补偿。台湾现有森林 210 万公顷，天然林占 72.2%，已全面实施禁伐；人工林 42 万公顷，占 20.1%。多数人工林已进入间伐期和主伐期，但因木材生产成本高于销售价 80%，利不及费，当局每年确定的计划采伐量基本上实现不了。全省 99% 用材依靠进口。

（2）日本林野厅 1989 年 10 月宣布建立"森林生态系统保护地域"，新构想的基本出发点是"把原始天然林作为一个未经人手触动的生态系统留给子孙后代"。在讨论设立森林生态系统保护区时，各地林务局代表明显倾向于尽量缩小保护区，扩大可采伐开发范围，而自然保护一方则针锋相对，要求保护区面积划得越大越好，认为只有这样，物种、动植物群落多样性、持续性才越有保障，价值也就越高，才可能保持健全的生态系统。有人担心"如果受严格限制的保护面积很大，当地居民是不会赞成的"。

（3）美国从 1985 年 Franklin 创立"新林业"理论，经 1990 年林务局的"新远景"计划，克林顿总统上台后制定国有林按森林生态系统经营，已经十几年过去了。美国总审计局 1997 年 5 月初的一份报告指出，国家林务局的"决策程序显然已经遭到破坏，需要加以调整恢复"。

一些国会议员在 1998 年的一次会议上要求大幅度削减林务局预算，因为林务局正在变为一个资源保管部门。

（4）俄罗斯 1997 年 12 月召开全俄林业科学实践会议，一致认为"森林生态系统经营的要求太过分了"。

（5）全德 1997 年 7 月为止共有天然林保留地 651 个，面积 21800 公顷，占森林总面积的

0.21%。这里的森林实行封闭式保护，完全排除在经营之外，听凭其自然恢复发展为原始状态。有人称天然林保留地为明日的原始林。

德国自然保护团体1994年发表关于中欧开展近自然林业的报告，名义上接受了近自然林业的经营思想，但实质上与坚持林业是产业的近自然林业存在着巨大差别。绿色和平组织的中心思想是要求保持自然过程，即保护自然过程。木材生产只能起相关的作用，只要是违背自然过程的育林措施，均应拒绝采纳。以自然为导向的育林必须保持自然过程的多样性，育林不能控制自然过程。自然保护团体要求这类近自然林业的基准面积，在德国至少占森林面积的10%，在这里实现完全的保育。

绿色和平组织的上述观点代表着自然保护积极分子的意见，与政府林业部门的态度也严重相背。德国弗赖堡大学森林生长研究所Spathelf P.教授指出(1996)，政府认为，自然过程保护并非林业的目标。绿色和平组织所主张的自然过程保护不可能成为国家育林系统的基础，因为木材生产现在仍是国家育林体系的一个主要目标。

由此可见，现代林业与自然保护双方争论的焦点是，究竟多大比例的森林可以依靠国家财政维持。在欧洲，即使是水源林经营也并非是完全的自然保护事业。维也纳森林、慕尼黑森林都主要是保证两大城市供水的水源涵养林，瑞士森林几乎都具有水源涵养作用，这里的森林几十年、上百年来并未按照现在的自然保护的要求来管理，而木材生产从未停止过。

最近，美国一些大城市供水水源集水区治理研讨显示，大城市可能买下上游集水区森林，但以后将按事业来加以保护，还是按产业来加以经营，现在尚无法断言。美国地大、资源丰富，有可能较轻易地划出部分资源，把保护自然列为首要目标或唯一目标。在人口多、资源少的国家，走近自然经营森林的道路，可能是比较切合实际的。

4　参考文献(略)

第四篇　林业问题

　　本篇选编了沈照仁同志发表在《林业问题》上的文章共 10 篇。

　　《林业问题》是以原林业部部长雍文涛同志 1985 年主持的"中国林业发展道路研究"重大课题（沈照仁是课题组主要成员之一）为支撑创立的内部刊物。该刊为配合课题的研究，探索中国林业的发展道路，广泛征集专家学者的意见，不定期地登载专家学者的调研报告、思想观点和意见等。该刊于 1985 年创刊，1991 年课题结束后随之停刊。

　　《林业问题》虽然是内部刊物，办刊时间不长，但它的影响却十分深远，不仅对课题研究起到了重要的支撑作用，也对中国林业的发展起到了很好的参谋作用。其作用：一是对林业的发展在理论上进行了深入探索；二是对林业存在的问题进行了深入调研，特别是基层林业工作者的长期实践和深入思考以及借鉴国外经验；三是借助此刊物平台进行研究商榷和争鸣。

苏联的林业制度[①]

一

在苏联，凡利用森林资源，不论是利用木材，还是树脂、浆果等等都征收一定的费用，以维持森林资源再生产。对木材征收立木价或林价，按拨交的立方米计算。征收的标准按苏联国家价格委员会批准价格执行。对林副产品如伐根、皮、针叶枝、野果、蘑菇、草药、树汁等的采集利用，也征收费用，但标准由州、边区以及自治共和国政府确定。

从 17 世纪末到 1914 年，帝俄欧洲部分的森林覆盖率下降了三分之一以上。十月革命后，对森林利用实施过育林费征收制度或对进入流通领域的木材实施过征税制度，以保证国家林业收入。1949 年开始在全苏实行林价或立木价制度。为避免森林减少、资源恶化状况重演，苏联逐年扩大了营林作业量。作业量扩大，导致林业开支急剧增长，使得林价收入与营林开支之间的差距越来越大。为补偿林业开支的增长，到 1982 年为止，苏联至少已对林价作了 3 次调整。

二

苏联从 1949 年起按全国统一的林价制度，向木材生产者按立方米征收林价。这是国家每年林业预算收入的主要来源，也是国家确定每年林业预算支出的一个重要根据。原则上两者应基本一致，但实际并非如此。1980 年与 1950 年相比，预算收入从 21740 万卢布增加到 44120 万卢布，而支出从 27010 万卢布上升到 91040 万卢布。支出增长速度高于收入 1 倍多。

在资本主义国家，林业开支增长在很大程度上是受工资上涨的影响，但在苏联这个因素不起明显的作用。粗放林业逐渐向集约林业发展，营林作业量显著扩大。1980 年进行森林经理与资源调查面积为 4780 万公顷，而 1950 年为 1640 万公顷；促进更新面积 1980 年为 162.66 万公顷，1950 年是 92.01 万公顷；造林面积 1980 年是 120.07 万公顷，1950 年为 57.7 万公顷；抚育面积 1980 年为 348.76 万公顷，1950 年为 88.7 万公顷；林地排水 1980 年为 22.93 万公顷，1950 年是 2.57 万公顷。30 年里，森林经理与资源调查年作业面积增加了 1.91 倍，促进更新增加了 77%，造林扩大了 1 倍以上，抚育扩大 2.93 倍，排水扩大 8.1 倍。变化是显著的。

林业预算收入随木材产量和林价的变化而变化。1980 年林业拨交了 42760 万立方米原木，比 1950 年的 26600 万立方米仅增加了 60%。1950 到 1980 年间，林价作过两次调整，每立方米林价调高了 1.6 倍。但由于 1980 年边远林区采伐量比例大，1950 年在欧洲等少林地区采伐量比例大，其结果是两年平均每立方米林价的差别很小，1980 年大约 1 卢布多一些，1950 年也达到 80 戈比。

1965 年国家林业预算收入只相当于同年预算支出的 49.1%，迫使国家于 1966 年进行了林价大调整。1980 年国家林业预算收入只能补偿同年林业预算支出的 48.5%，又迫使国家于 1981 年实行林价大调整。

[①]　本文系沈照仁同志撰写，发表于《林业问题》1987 年第 4 期。

这里有一点非常值得注意，从 1949 年实施统一征收林价制度起，直到 1981 年最新一次调整林价为止，国家林业预算收入最好的年份也只能补偿国家林业预算支出的 80%~85%，如 1950 年为 80.5%；1968 年为 85.4%；1983 年为 83.6%。

但是除少数年份外，苏联林业在国民经济中仍是盈利部门。除林价收入外，林业企业还有自己的收入，经济核算性质的生产收入，如抚育伐、卫生伐、更新伐的木材销售，种苗销售，以及对外服务的报酬等等。这部分收入现在几乎占全国林业财政的四分之一，在个别共和国或某些州可以达到 50% 以上。这样，自有收入加上以林价为主的国家收入，苏联林业还勉强过得去。在调价的头一二年，情况一般都比较好。

<h2 style="text-align:center">三</h2>

苏联是世界森林资源最富饶的国家，现在实际仍有大面积森林为不可及后备林。鼓励开发森林，特别是边远地区的森林，仍是国家林业政策的重要内容。1950 年前，为刺激木材生产，苏联一度取消过林价。近几十年几次制定的林价，又普遍低于培育所需，也反映了苏联的这种倾向。因此在苏联，林价的理论探讨与实际执行是两回事。

苏联 1981 新林价是以 1980 年林业计划开支为基础计算的，也即根据开支计算出每立方米的培育成本，以此作为确定每立方米林价的基础。

根据马克思的理论，苏联的林业经济专家认为，培育每立方米林木的成本不能按过去实际开支计算，而应按现在和未来的开支计算。因此现在的林价计算法是不完全的成本法。

1949 年每立方米平均林价为 46 戈比，约占原木调拨价的 5%；1966 年调整为 1 卢布 12 戈比，1973 年又调整为 1 卢布 20 戈比；1981 年调整为 2 卢布 24 戈比，约占原木价的 8.4%。虽经多次调整，但专家们认为，苏联林价现在仍是世界最低的，不仅比资本主义国家低，比社会主义的民主德国（立木价约占原木价的 55%）、匈牙利（林价约占原木价的 20%~25%）等也要低得多。

苏联林业经济学界较普遍地认为，林价应该包括 3 种成分：①对林业开支的补偿，即培育林木蓄积的成本；②林业劳动者创造的社会收入，也即积累率，纯收入部分；③地租形式的级差收入。

根据资源多少、人口密度以及开发程度等，全苏划分为 7 个林价区。第 1 林价区是森林资源最贫乏的地区，如高加索和中亚地区的几个共和国、哈萨克及乌克兰加盟共和国的少林地区、卡巴尔达-巴尔卡尔和车臣-印古什自治共和国的平原林等。第 7 林价区包括资源丰富而开发最差地区，如图瓦自治共和国和雅库特自治共和国的三类林、克拉斯诺亚尔斯克边疆区、秋明州等交通运输条件极差的森林。但价格区不是机械地按行政区划及地理位置确定的。例如同是克拉斯诺亚尔斯克边疆区的森林可以分别划为 2、4、5、6、7 五个不同的林价区。不同林价区标准相差悬殊，第 1 林价区与第 7 林价区同样的林木每立方米林价相差 7 倍。

每个林价区按运材距离分为 5 级：10 公里以下为 1 级，10.1~25 公里为 2 级，25.1~40 公里为 3 级，40.1~60 公里为 4 级，60 公里以上为 5 级。同样质量的木材，5 级运距的林价是 1 级的 4~4.5 倍。同一林价区，林木因树种、径级质量又分许多等，例如以松树为 100，橡树为 180，白蜡和械为 200，而落叶松为 60，云杉为 80，桦树为 35，山杨为 20，白杨为 26。普通树种大径材（直径 25 厘米以上）的林价是薪材的 9~10 倍。珍贵树种大径材与薪材的林价差价就更大。

苏联价格研究所的专家认为，林价具有双重性质，一是补偿林业开支，二是级差性。林价过低，不仅使林业再生产难以进行，而且使级差不起作用。如林价在木材生产成本构成中的比重过小，即使规定了明显的级差，林业部门想鼓励什么，反对什么都是达不到目的的。

国外林外造林种种[①]

摘要： 林外造林是毁林开荒、无林化的一个反向过程。虽然其步履蹒跚，但确在走向世界。世界的林外造林中，工业人工林还不占据主导地位，非工业人工林的营造不单纯是一个经济问题，往往需要从社会发展和国民经济大循环中来确定其可行性。

世界上的人工造林可以分为两类。

一类是林区造林，即天然林采伐后的人工造林，联邦德国等许多欧洲国家以及日本进行的主要是这类性质的人工造林。这种造林一般都要求大幅度提高生长量，缩短轮伐期，实际上是由粗放林业向集约林业转变的一项重要措施。现在，在热带国家兴起速生丰产林，即把原来的低产天然林大面积砍掉，改造为短轮伐期的高产纯林。这虽也属于林区造林，但遭到许多生态学家的极力反对。

另一类是林外造林。这个名词是第二次世界大战后才出现的，联合国粮农组织在20世纪50年代统计中采用过，可能是由于其包括的范围太广太杂，不便汇总对比，而后不常使用了。然而林外造林作为一种事业，虽然步履蹒跚，但确实在走向世界。

林外造林是毁林开荒和放牧，无林化的一个相反过程，现在地球上同时存在着这两个过程。当然，前一过程的规模与后一过程相比，还是小巫见大巫。面对环境恶化，生态危机，全人类都在努力实现由毁林到造林的转化，也出现了一些有利转化的条件。

一、世界各地都有可供造林的大面积荒地，也有一些造林成功的榜样

根据 Evans《热带人工林林业》一书，非洲拥有13亿公顷草原地，大部分适于造林，并且没有什么竞争对手，巴西有1亿公顷的撂荒地适于造林，印度有4360万公顷荒地，适于造林，但到1980年为止，世界热带人工林总面积不过2000万公顷。可见，大面积荒山荒地只是发展人工林的一个条件。根据世界银行的调查，拉丁美洲荒地造林成本低，木材和产品运往市场的费用少，因此容易发展。同为辐射松造林，智利每公顷成本210美元，每立方米成本3.3美元，而非洲的赞比亚分别为450美元和14美元（见下表）。

国　别	每公顷造林成本（美元）	每公顷平均生长量（立方米）	每立方米估算（成本美元）
智　利	210	30	3.3
巴　西	250	25	4.7
新西兰	300	20	7.0
赞比亚	450	15	14.0

[①]　本文系沈照仁同志撰写，发表于《林业问题》1988年第1期。

造林条件优越，就能吸引投资者。这是拉丁美洲荒地造林近几十年来能比其他地区发展得都快的根本原因。巴西拥有世界上最丰富的热带林资源，可是国内用材却主要靠分布在南部的人工林解决。

工业发达国家农业生产过剩，大面积农田被迫休闲，为开展林外造林提供了条件。战后，欧洲森林面积扩大约 500 万公顷，相当一部分就是在农田上造了林。在生产过剩条件下，出现了许多边际性土地，继续进行农业生产很难获利。欧洲共同体农业生产过剩每年达15%，2000 年时可能达到 50%，因此估计那时有三分之一农田要休闲起来。现在共同体国家常常讨论农田转向问题，鉴于能源主要靠进口，木材及其产品入超也很大，许多人主张把相当一部分农田营造速生丰产林或能源林。共同体以外的国家如瑞典，因农业生产过剩可能腾出 40 ~ 80 万公顷农田，这就是瑞典近年来热烈讨论并营造了一些速生柳能源林的背景。但是，把可能性变为现实，还有漫长的过程，欧洲国家现在更多的是在探讨这种转向的经济可行性，还没有做出决策。

社会主义国家也有类似动向。塔斯社布达佩斯 1987 年 12 月 24 日消息，匈牙利部长会议通过了造林长期规划，要求到本世纪末森林覆盖率达到 20%（现在不足 18%）。1986 年匈牙利林研所所长来华，在座谈会上，当有人问及，平原造林与农业争地时，他回答说，农业生产过剩，有些土地被迫休闲，造林总比休闲合算。

世界各国确实有可以造林的大面积土地存在，而且往往是没有竞争对手的，即便如此，这类土地上造林速度发展得并不快。至于困难地区造林则更是说得多，做得少。不是因为造林不能成功，而是因为要求投资多，时间长，而收益率极低。当然，还有另一种情况，一些不适宜发展农牧业的土地，在此国发展造林没有竞争对手，在彼国却大有竞争对手。

二、富有竞争性的速生造林

毁林开荒，放牧，究其原因，常常是森林价值在当地、当时来说太低，不足以养人糊口，更难谈得上致富所致。在农区、人口稠密区造林，如果又要占用较好土地，其经济效益必须高于农业才行。

波河平原是意大利粮仓，总面积 452 万公顷，几十年来杨树速生林面积徘徊在 15 万公顷上下，占平原的 3%。杨树能在波河平原立住脚，大体可归纳为以下原因：①意大利木材50% ~ 60% 靠进口，天然林面积虽广，但木材生产能力低。发展杨树林，虽只相当于全国森林总面积的 2.5%，但每年产木材 300 万 ~ 400 万立方米。是全国产材量的一半。②每公顷土地的纯收益（收入扣除加复利以后的全部生产费用为纯收益），根据 1973 ~ 1974 年资料，种植农作物（水稻、玉米、小麦和三叶草）为 429 美元，而种植杨树为 710 美元。杨树如与粮、饲合理间作，每公顷纯收益可以高达 840 美元，几乎是单纯农作物纯收益的 1 倍。③劳动力紧张，而造林用工极少。每公顷速生杨 10 年总用工量仅 790.5 工时，不到 100 个工，包括了采伐阶段的用工。④各种木材利用工业发达，能保证优材优价，而且差价显著。每公顷产商品材 340 立方米，40% 为胶合板材，35% 为锯材原木，17% 为造纸材，8% 为刨花板材。意大利年产胶合板 30 万 ~ 50 万立方米，80% 用杨木做原料。同为大径木；1973 ~ 1974年胶合板材每立方米 58.45 ~ 69.25 美元，锯材原木每立方米为 36.90 ~ 39.25 美元，前者比后者高 58% ~ 76%。同为小径木，造纸材每立方米 27.70 ~ 30 美元，刨花板材只有 11.50 ~13.85 美元，前者是后者的 2.2 ~ 2.4 倍。

葡萄牙粮食一半靠进口，肉、糖也要大量进口，但却重视林业发展。根据与世界银行共同制定的发展规划，如付诸实施，葡萄牙现有农业土地中近一半将改为人工林（参见下表）。

葡萄牙本土扩大森林面积目标

土地利用类别	现状（万公顷）	规划目标（万公顷）
林　业	304.1	528.0
农　业	447.6	233.7
其　他	137.6	127.6
总　计	889.3	889.3

1985 年葡萄牙林产品出口创汇 25 亿多联邦德国马克，出口净超达 21 亿联邦德国马克，按当时汇率约为 6 亿~7 亿美元。折合到全国森林面积，相当于每公顷年创汇 200 美元（松香创汇缺资料，未包括在内）。软木出口大约占林产品出口额的四分之一。原木出口 44 万多吨，锯材 80 万~90 万吨，但在出口份额中不占重要地位。以桉材为原料的浆和纸出口占了林产品出口值的一半。

根据民主德国《社会主义林业》杂志 1987 年第 8 期资料，桉树引种在葡萄牙虽已 150 年，但在 20 年前，桉树还没有多大经济价值。在 Celbi 大型制浆厂建成后，制得的桉木木浆质量很高，制成的印刷纸、书写纸在国际市场上是畅销产品。现有桉林面积 30 万公顷，只相当于全国森林的十分之一。到 2000 年时，葡萄牙桉林面积足以保证年产 400 万吨浆。

发展速生造林的竞争优势是在市场条件下形成的，当木材价格上涨幅度大，与其他商品对比价格处于优势时，造林才在经济上可行，否则，又会变成不可行。南非是个几乎没有天然林的国家，长期依靠进口解决木材来源。战后木材行市好，加速了造林进程。到 70 年代初，人工林总面积 100 多万公顷，相当于国土 1%，基本满足了国内用材需要，并略能出口一些产品。根据规划，为维持增长着的需要，南非每年还要造林 3 万~4 万公顷。可是，目前速生林已失去以前的竞争优势，很少有人愿意拿出好地造林了。美国战后南部人工造林也有过一涨一落，这说明速生林并非总能保持竞争优势。

印度古吉拉特邦桉树造林每英亩年收入 10000~16000 卢比（1983 年资料），而相邻的小麦、甘蔗地仅能收入 3000~4000 卢比，因此桉树人工林面积有扩大的趋势。但桉树占用农田也遭到相当强烈的反对：①发展桉树人工林减少了就业机会，因为经营 1 英亩传统农作物，一年至少投资 600 卢比，平均需投工 100 个；而造林 1 英亩，连续 30 年投资也只有 600 卢比，雇用很少劳力。②传统作物龙爪稷是贫苦农民的主要食粮，播种面积减少，价格上涨 1 倍。1987 年 8 月印度内阁批准新的国家林业政策，明确表示国家不赞成将可耕农田经营林业。

如上所述，单纯的速生丰产林，若不与市场开拓相结合，是难以持续发展的。英国林学家埃文斯向世界第九届林业大会提供的报告中指出："第二次世界大战以来，尤其在 20 世纪 60 年代和 70 年代，少数热带国家开展了相当规模的以提供锯材、木浆材等为目标的工业用材造林。以后，许多国家改变了这样的造林方向。改变的原因并不是森林生产力满足不了要求，而在于这些人工林发展较快的国家本身没有能力消化吸收生长出来的木材，必须依赖出口。"

新西兰是世界公认造林成功的国家。20 世纪 30 年代前后的十几年，加上以前的零星造林，共完成以辐射松为主的人工造林 33 万公顷。这是第一次造林高潮，总面积只相当于国土的 1.2%，便使得这个国家从木材进口国在 1956 年之后成了出口国。于是，新西兰从 1961 年开始了第二个造林高潮，现在人工林面积达 110 万公顷。可是第一个造林高潮止于

1936 年，此后直到 1960 年，20 多年里，只有零星造林，大规模造林停了下来，其主要原因是对人工林木材销路没有信心。1985 年新西兰木材及其产品出口占全国出口总值的 8%；林业在国民生产总值中占 6%，就业人数占全国劳动人口的 4.9%。可见，林业的竞争优势是在木材利用工业兴旺发达的条件下，才能保持不衰。

三、人们愈来愈认识到任何社会单元都缺少不了森林

造林在经济上是否合算，常常引起争论。新西兰造林为全世界树立了榜样，但即使是这样毋庸置疑的范例，在新国内也有人非议，认为其经济效益太低。据计算，1920～1984 年间，新西兰外来速生树种造林总投资 20 亿新元，而 1984 年人工林资产值为 27 亿新元，投入资本年平均所得率为 2%。如按一般投资所得率算，现在应有资产 50 亿新元。因此结论是投资林业不如投资其他事业。英国国家工业投资要求所得率至少 5%，国家林委把投资所得率调减为 3%，似乎也难实现。

对任何投资都应计算经济效益，但不能孤立起来进行。美国制浆造纸工业愿意向所得率只有 2% 的造林投资，是因为这是保证更大的投资高所得率的必要条件。

荷兰国小，寸土寸金，13 世纪以来，与海争地，共围垦约 7100 多平方公里，相当于全国陆地面积五分之一。根据台湾报道，现在围海造地每公顷费用约 20 万美元。在这样昂贵的周海圩地上，如果单纯计算木材蓄积和木材产值，造林就根本无法进行。可是荷兰的一些圩地森林覆盖率达到了 16%～18%。国家不仅补助造林，而且在成林后，每年每公顷补助 700 美元。荷兰可能是很大的例外。作为一个国家整体来说，它要求环境景观中有森林，要求木材供应达到一定的自给率，因此造林事业将继续发展。

现在世界各地都在重视乡村林业、社会林业、城市林业以及工厂造林绿化事业等等的发展，其实质是把特定范围当做一个整体，从其各种实际需要出发，规划、组织、发展造林。印度一些邦在调查燃料、饲料、民用建筑材料等等需要的基础上，分析当地资源可能满足程度，规划组织造林活动。木质运动器材出口在印度、巴基斯坦占有重要地位，每年创汇均在 1000 万美元以上。现在两国都感到木材原料严重不足。巴基斯坦锡亚尔科特区从事曲棍球棒、网球拍、羽毛球拍和板球球拍的生产单位计有 290 个，计 3000 名手工业者或工人，1981 年出口棒、拍收入外汇 1118 万美元。周围农民培育桑、柳、杨等，供应原料，因此收入美元近 50 万。可见，组织造林对搞活锡亚科尔特及其周围乡村的经济就具有关键作用。

世界各国现在都把城市人均绿化面积、拥有树木株数作为衡量其文明程度的一个指标。美国开展树木市运动，1979 年有 139 个城镇获"美国树木市"称号，其标准为：必须设有管理树木的机构，并有一个富有进取精神的林业计划；经费保证按人口每人每年至少 1 美元；通过了管理树木条例；有一个法定的植树日。

日本 1974 年开始执行《工厂立地法》，要求新建工厂的绿化面积率必须在 20% 以上。据调查，此法施行之前，日本工厂的平均绿化面积率为 5.8%；施行之后，新建厂绿化率均高于 20%。1975 年新建厂 394 个，平均绿化面积率为 24%；1976 年新建厂 403 个，平均绿化面积率为 30%，1977 年新建厂 299 个，平均绿化面积率为 25%。

苏联是森林资源最丰富的国家。但为促进农业，它也仍需开展大规模造林。苏联农科院院士维诺格拉多夫 1985 年一篇文章中指出，苏联全国已完成改良农业的造林 520 万公顷，受保护的农田总面积 4000 万公顷，苏联实际需要完成的改良农业的造林总面积是 2010 万公

顷，为了农牧业稳产丰产，尚需在林区以外造林 1000 万公顷。

美国国会 1986 年末正式通过 1985 年粮食安全条例（又名 1985 年农场法案）。法案内有一项保持水土农业保留地计划，授权农业部长为保持和改善农田、牧场的水土资源，可停止一部分农田的粮食生产。在 1986～1990 年期间，中止农作的土地面积累计应达 4000 万～4500 万英亩（1619 万～1821 万公顷），其中至少八分之一，也即 500 万英亩（200 余万公顷）应进行造林。因此，有人认为保持水土农业保留地计划将在美国历史上导致最大的造林行动。美国 1956～1960 年曾实行过土地银行计划，又名保持水土保留地计划。新法与此法内容很相似。土地银行实行期间，美国仅南部就有 190 万英亩（77 万公顷）农田变作了森林。新法的目的是减少土壤侵蚀，改善水质；压缩过剩产品的生产；扩大鱼与野生动物栖息地；减轻河道淤积；增加农业收入。计划要求把严重侵蚀的作物地变为利用强度低的土地，如草场、种植豆科植物，发展乔、灌木造林。为实施水土保持农业保留地计划，头 5 年需经费 50 亿美元。

总而言之，世界上确实有许多可以进行造林的土地，确实有成功的造林，也确实对造林存在着迫切的需要。某些造林，只要计算从播种育苗、整地栽植到木材采伐利用的成本和木材收入，就可以确定投资的经济可行性，也即在林业自身的小循环中，确定是否值得投资（某些经济学家在进行各大洲荒地、边际性土地的造林效益对比，并得出了在什么地方造林最合算的结论）。某些造林则需要结合其所支撑工业的经济效益来分析其投资的经济可行性，可以称之为在中循环中，确定是否值得投资。现在世界林区以外的造林，工业人工林并不占主导地位。非工业人工林的经济效益往往需要从大、小社会、甚至一个国家或世界范围作为整体来考虑，也即从社会、国民经济大循环中权衡投资是否必要，来确定其可行性。

林区以外造林因世界热带林业行动计划的酝酿成熟，经济发达国家农区造林酝酿发展，正在逐渐成为全世界范围自觉的行动。认识、把握住各种造林所需条件，定能加速这一事业的进程。

日本林学先驱培植的高产林[①]

日本山梨县富士川林区包括身延、南部和富沢三町，森林总面积 27730 公顷，其中人工林占 63%。现在每年允许采伐 38.9 万立方米，平均每公顷每年可采 14 立方米。

19 世纪末，林学先驱沢保美博士主持，为这里近 1000 公顷山林编制了施业计划。经几年努力，低产林改造成了人工林。在榜样的影响下，当时一些有志的林主纷纷请他指导，从而为形成现在的富士川林区打下了基础。

人工林主要树种为柳杉、扁柏，共占 14218 公顷，有蓄积量 386.1 万立方米，平均每公顷 272 立方米人工林以 5 年为一龄级，分为 10 个龄级，Ⅶ～Ⅹ龄级共 2988 公顷，占总面积的 21%。柳杉Ⅱ龄级（5～10 年）平均每公顷蓄积 89 立方米，Ⅲ龄 154 立方米，Ⅳ龄级 239 立方米，Ⅴ龄级 293 立方米（只有富沢町为 270 立方米），Ⅵ龄级 382 立方米，Ⅶ龄级 410 立方米，Ⅷ龄级 435 立方米，Ⅸ龄级 558 立方米，Ⅹ龄级以上为 53.4 立方米，扁柏Ⅱ龄级（5～10 年）为 61 立方米，Ⅲ龄级 117 立方米，Ⅶ龄级 188 立方米，Ⅴ龄级 270 立方米，Ⅵ龄级 295 立方

---

① 本文系沈照仁同志撰写，发表于《林业问题》1988 年第 2 期。

米，Ⅵ龄级 357 立方米，Ⅷ龄级 345 立方米，Ⅸ龄级 374 立方米，Ⅹ龄级以上 397 立方米。

联邦德国把矮林作业重又提上日程[①]

联邦德国弗赖堡大学 1987 年 12 月举行农业政策问题讨论会，埃尔温·尼斯莱因教授做题为"短伐期森林有无前景"的报告。尼氏认为：农业因生产过剩，迫切要求把粮食作物地减下来，改种别的什么。培植可更新原料、造林，是一条主要出路。①造林是农业利用土地的一种方式，可以生产木材；②把农业边际土地用于造林，即把继续农作已经不利的土地改做他用，改善土地利用结构，以达到较高的劳动效率、经营效率；③减少已经过剩了的农业生产，精心挑选新的生产收入门路。

这样的造林是出于农业的政策思考。如果生产周期过长，10 年以上没有收入，政府又不保证长期给予财政补贴，造林就不大可能安排到有利位置。因此，短伐期矮林作业重又提上日程。因经营目的不同，矮林作业可分两种：① 2～5 年轮伐的能源林；② 5～15 年轮伐的工艺原料林。

美国为发展建立第四森林而努力[②]

最近，美国刊物出现了"第四森林"这一新名词。根据过去的报道，"第一森林"是指原始林，"第二森林"指次生林，南部的人工林被称为"第三森林"。美国林务局、州林业局与民间协作，对南方林业进行调查研究，1986 年末提出一个报告，题目为"南部第四森林——对未来的抉择"。原因是"第三森林"即将用尽，林业界呼吁要求加紧建设"第四森林"。

"南部第四森林——对未来的抉择"报告指出：美国南中部森林工业连续几十年发展增长之后，已经开始衰退，可能失去再增长的势头。首先是因为森林纯生长量经几十年稳定上升之后，不论针叶阔叶资源都停止增长，或开始下降，而采伐量继续迅速增长。如不立即投资，改善森林经营，可能几十年下去，第三森林将消耗殆尽，而第四森林尚未及时跟上。

美国南部第三森林常被视为现代林业的实践，它是集约经营的结果。森林火灾防治、技术与经济扶持、科研教育以及管理等发展计划，结合在一起，促成了第三森林的产生。木材生产在美国南部占有非常重要的地位。1984 年原木集中到销售点的总值为 62 亿美元。但木材的价值不是到工厂的货场就为止了。在美国南部每 9 个工人中就有 1 个受雇于南方木材加工业；每 10 美元工资薪金，必有 1 美元是由南方木材加工业支付的；南部经济每增值 11 美元，其中就有 1 美元是南方木材加工业创造的。因此，发展"第四森林"对美国南部经济具有非常重大的意义。报告要求南方的决策者们为促进"第四森林"创造有利条件。

---

① 本文系沈照仁同志撰写，发表于《林业问题》1988 年第 2 期。
② 本文系沈照仁同志撰写，发表于《林业问题》1988 年第 2 期。

苏联林学权威论林业生产力①

苏联农科院院士麦列霍夫 1987 年在苏联《林业杂志》上发表文章，论提高林业生产力问题。他认为林业科研改革要摆脱零散的小课题，解决像提高林业生产力这样的大问题。这不是一个部门完成得了的，而需要森林工业、农业以及生物、生态、经济等基础学科协力，共同研究才行。

森林现在是全球重视的对象。不久以前，讲提高森林生产力，只涉及木材。现在情况变了，把各种效益都包括了进来。可是，实际上，问题的核心仍是提高森林主要组成部分的生产力，即林木生产力，从单位面积上取得更多优质木材，在培育所得木材中尽力减少损失。

麦列霍夫划分森林生产力为：林木生产力或木材生产力、生物生产力、生态生产力和综合生产力四种，但认为林木生产力对森林的其他生产力有决定意义。因此，文章着重介绍了苏联 20 世纪 60 年代制定的一整套提高林木生产力措施，包括：合理利用森林，减少损失；排水、引种改良土壤的乔灌草，加速林木生长；加速更新，缩短林分形成期；引种速生高产、抗性强树种，人工更新造林，改善林木组成。

木材生产力一般只计算干材部分，与树木形成层活动在单位时间、单位土地面积产木质物质的数量相联系。用林木连年生长量、成熟龄的林木蓄积、整个培育期内间伐、主伐总量来表示。

生物生产力指森林整个有机体（或生物质）的生长量（或蓄积量），林学上一般探讨两个方面：生物生产力的利用与生物损失的补偿。随着经济发展，对森林生物质的利用强度不断提高，不仅包括枝丫在内的地上部分生物质的全部利用而且地下的根也要全部利用。这必然导致土壤贫瘠，如何加以防治，保持空地的供需平衡，是科研必须解决的。

生态生产力是指对森林的环境作用、防护效益以及其可能承受工业、经济、游憩的能力的评定。目的是弄清楚自然的极限，在保证经济发展的同时，防止不良后果发生。

综合生产力包括林木、生物、生态生产力，但不是机械地相加，也不意味着必须包括每种生产力的各个因子。根据自然条件、经济目的和可能性，可以有主有辅，安排它们之间的结合。

中国台湾学者探讨国有林成本计算（外 5 篇）②

最近，中国台湾省台湾国立中兴大学森林研究所曾建薰、罗绍麟等学者座谈林业经济时认为：台湾的林业研究以往侧重生物与技术方面，对经济和管理方面不重视，极少研究林业成本、经营成果和投资计算。林业的环境背景跟一般企业迥异，应根据林业特性寻求适用的会计原理和原则，建立其理论框架，以合乎林业经营的要求。

---

① 本文系沈照仁同志撰写，发表于《林业问题》1988 年第 2 期。
② 本文系沈照仁同志撰写，发表于《林业问题》1988 年第 3 期。

　　近年来，台湾国有林经营屡见严重亏损。内因外因很多，但企业经营思想和财会制度是重要原因。对此确实不容回避。

　　罗绍麟教授等主张借鉴联邦德国和日本的经验，建立台湾国有林会计制。联邦德国林业年年都编制经营成本分配表。表分两部分：一部分为按要素的成本分配，包括劳动工资、机械设施折旧、原材料费、利息、税及风险费等，是林业经营生产管理不可免的人力、物力、财力消耗；另一部分是按生产阶段部门的成本分配，如造林、抚育、采运等，便于监督控制成本的责任范围。编制经营成本分配表是表示经营成果的一种简单而实用的方法，也是检查、监督、考核的依据。

　　编制林业经营成本分配表过程中，还可以区分出生产性成本和服务性成本两大部分。为森林游憩、水资源保护等的投入，构成服务性成本。深入分析生产性成本又可以发现，这部分成本中相当大一部分实际也是服务性成本，即共同成本，如林政管理、林道建设等。罗绍麟等认为，应在广泛研究的基础上，把不该纳入林业成本的部分划出来。

日本国有林事业特别会计的核心是企业化经营

　　1947 年日本制定了国有林事业特别会计法，要求国有林事业经营企业化。根据该法规定，国有林事业每年必须公告经营结果。决算包括 3 项内容；会计年度收支表，损益计算书，资产负债表。1986 年日本国有林事业特别会计决算如下：

　　（一）1986 年资产负债表

单位：亿日元

资　产		负　债	
流动资产	1178	借入资金	15438
现金存款	375	流动负债	1016
应收款	485	应付款	298
苗木等半成品	418	短期贷款	718
固定资产	52402	固定负债	14422
土地	3486	长期贷款	14422
立木、竹	45653	自有资本	45123
土木工程建筑	10177	固定资本	175
工程暂立账	54	资本盈余	44948
累计折旧金	−8481	一般会计转入	771
投资等	1513	重新评定的盈余	44177
前期结转亏损	6822		
本年度亏损	159		
合　　计	60561	合　　计	60561

　　说明：①固定资产以立木为主，因年年有投入，年年增长。

　　　　　②多年来资产增长抵消不了经营亏损。

（二）1986 年收支表

单位：亿日元

收　入		支　出	
国有林事业收入	3071	国有林事业费	5266
林产物收入	1770	薪　俸	1937
公益育林收入	54	固定工工资	681
地产等出售收入	1174	业务费	389
其他收入	73	造林费	273
治山科目拨款收入	96	林道维建费	246
小　计	3167	贷款还本付息	1583
一般会计拨款收入	115	向市町村交纳税	54
贷　款	2370	其他	103
总　计	5652	总　计	5266

说明：①收入分4大项。治山与一般会计都是国家预算拨款，份额极小。自己经营收入中，非生产性部分的比重很大。从国库借的资金占了年收入的42%。

②支出一半以上为薪俸，工资（包括业务员工资）。1986年偿付贷款利息1003亿，约相当年总开支五分之一。

（三）1986 年损益表

单位：亿日元

损　失		利　益	
经营费	1577	销售额	1809
治山事业费	99	杂项收入	1247
一般管理费，销售业务费	681	一般会计转来	16
折旧费	549	治山科目转来	96
资产报废	63	其他收益	3
支付利息	353	本年度亏损	159
杂项损失	8		
共　计	3330	共　计	3330

说明：①销售额高低决定于木材产量和价格。

②损失栏支付利息只占实付利息的三分之一，650亿造林贷款利息转化成了资本。

③损益表反映经营结果，也可作为判断资产增减变化的依据。

芬兰国有林局实行独立核算

芬兰设国有林管理局，独立经营322万公顷可采伐利用的森林。1983年采伐木材497.5万立方米，木材销售总收入9.23亿芬兰马克，各项开支后，有1.57亿马克盈余转入本局资金积累（参见资产负债表）。

国有林经营开支可分为4大项，木材的采集运费用占去总开支一半以上。具体开支项目包括：采伐木砍号，集运材道路养护建设，采伐、集材与运输等。第二项开支是营林，约占总开支10%，包括沼泽地排水、造林与促进更新、施肥、林分抚育、采种与种子加工。第三项是行政管理费与税金，占总开支21%，其中税金占7%。第四项为各种折旧及其他，占总开支15%；其中机械设备、道路及建筑物折旧占3%。

国有林系统平均年使用劳力近4000个，大部分为合同工。木材采运占用劳力61%，营林占用21%，道路养护建设占用7%。其他11%。1983年完成更新造林22550公顷，抚育林分 75901 公顷，林分施肥 23800 公顷。

芬兰国有林局 1983 年资产负债表　　　　　　单位：千芬兰马克

资　产		负　债	
金融资产	167453	外部资金	66252
流动资产	97032	其中：贷款	20048
固定资产	1158614	预收款	26470
其中：土地与森林	800495	转让性期票	1300
改良等增值	66045	其他短期债务	18434
采伐、枯损等减少	−2936	自有资金	1356847
道路	165771	其中：固定资产资金	1158614
新建养护等增值	22043	金融资金	41034
折旧减少	−12182	1983 年盈利	157199
建筑物	89013		
新建维护等增值	8433		
折旧减少	−5419		
机械设备	20465		
新购置	14935		
折旧减少	−10955		
股票	2906		
资产总额	1423099	负债总额	1423099

联邦德国州有林经营的财会制度

如何核算林业生产成本？在国际上尚没有统一认识。按有林地面积和木材产量计算每年每公顷每立方米收入、支出和纯利的方法，德国至少已经采用了 60 年以上。

1981 年巴符州州有林经营成本（按部门分配）　　　　单位：联邦德国马克

成本部门	每公顷森林成本	每立方米木材成本
总成本	774.16	109.52
木材采伐	230.92	32.67
木材搬运	100.98	14.29
造林，包括苗圃	60.03	8.49
森林保护	26.56	3.76
抚　育	45.51	6.44
道路建设	27.56	3.90
道路养护	43.78	6.19
社会机能	23.04	3.26
狩猎钓鱼	7.70	1.09
其　他	12.72	1.80
生产性作业小计	578.79	81.89
管理（包括各层次）小计	195.37	27.64

联邦德国几乎没有国有林。巴登·符腾堡是联邦德国的一个主要林业州。巴符州州有林面积 30.57 万公顷，1981 年采伐木材 216 万立方米。同年总收入 3.06 亿联邦德国马克，其中 2.9 亿马克（即近 95%）为木材销售收入；出租、狩猎、副业收入 1200 多万马克，占总收入 4% 多一点。1981 年州有林总支出 2.38 亿马克。总收入减去总支出，1981 年纯获利近

6800 万马克。1981 年平均每公顷森林纯利 222.3 马克，每采伐 1 立方米木材获纯利 31.5
马克。

以下两表的总成本稍有出入，可以不去计较。本文列表目的，在于说明联邦德国林业独
立会计制，其成本结构是很能发人深省的。

1981 年巴符州州有林经营成本（按要素分配）　　　　　　单位：联邦德国马克

成本要素	每公顷森林成本	每立方米木材成本
高层次管理	17.68	2.50
管理人员薪俸	152.64	21.59
工　资	382.33	54.09
工资附加费	− 19.74	− 2.79
经批准的开支	22.64	3.20
材　料	76.55	10.83
福利金	115.26	16.31
纳　税	9.91	1.40
保险、医药补助等	1.01	0.14
租　金	2.29	0.32
办公室等开支	9.35	1.32
设备购置	16.01	2.27
折　旧	42.69	6.04
损　失	0.18	0.03
各种补偿	− 54.65	− 7.73
总　成　本	779.51	110.28

苏联改革林业体制以贯彻经济核算为核心

苏联林业主要实行国家预算财政拨款，象征性的林价收入全部上缴国家，这已是习惯。
经济核算，自筹资金，自负盈亏是苏联经济体制改革的核心内容。林业能否实行经济核算，
自筹资金，自负盈亏，苏联曾多次讨论过。1986 年出版的苏联林业百科全书认为：经济核
算要有产品作为前提。产品可以销售，可以进行统计，也可以做货币评价。可是林业的主要
特点是林木的培育周期非常长，难以明确产品指标。此外，一个财政年度的营林措施，在当
年度并无产品，实际上就不可能把生产的开支与结果进行对比。苏联经济学家们提出了许多
实现林业全面经济核算的建议，例如有：以营林作业承包为基础的全面经济核算制，以培育
林木的林价为基础的、以计划计算价格为基础的、以偿付森林资源利用费为基础等的全面经
济核算制。

苏联林业百科全书还指出："在其他社会主义国家的林业企业里，除了民主德国从 1959
年起实行了全面经济核算制以外，也只是局部或某些生产项目按经济核算制进行活动。"

苏联森林工业报 1987 年 6 月 16 日刊登的经济学家哈比佐夫的文章列举了认为林业不能
实行经济核算的理由：林业如护林、幼林抚育、抚育采伐等活动，基本上没有最终产品，因
而很难确定成本和调拨价，从而也难以核算和检查生产费用与利润；经济核算概念与林业机
构的基本机能相背，如在这里推行经济核算制，必定会把人力投向可以谋利的活动，在没有
明确严格的检查制度时，森林资源要遭殃。

从 1988 年起，苏联国家企业均实行全面经济核算制。国家林委副主任 1987 年 11 月 19 日说："林业生产贯彻经济核算制问题，正由国家林业委员会、财政部、国家计委会同各部门有关研究所讨论解决。从 1988 年起，林业生产计划转入国家定货制，业务费用根据与苏联财政部商定的定额下达。"国家定货下达任务，根据任务单价下达经费。林场为供货方，按单价或低于单价完成任务，就有利可图。因此，哈比佐夫认为，问题的关键在单价，而不在林业能否实行经济核算。

国有林木材生产是否够本在美国展开的一场争论

美国自然保护协会资源经济学家斯托特著文指出：1982 年美国林务局从国有林采伐中收入 6.51 亿美元。为销售木材进行的准备、道路建设、更新与林分抚育改良、管理费以及向地方政府缴纳资产税等，林务局于同年共计开支 14 亿美元。粗略计算一下，林务局给国库造成的赤字达 7.4 亿美元。1975 ~ 1984 年间，扣除通货膨胀，国有林采伐总亏损为 21 亿美元。这是过时了的木材价格政策的结果。国会总审计局对 1981 年和 1982 年西部 3000 多笔销售进行了检查分析，发现三分之一以上为亏本买卖；如把华盛顿州和俄勒冈州的木材销售排除在外，亏损销售竟占了 72%。斯托特认为，美国林务局还没有以永续原则、经济原则为基础经营国有林，对非木材资源的价值也不甚明白。保证经营木材的商人有利润可得，不能再是确定木材价格的依据。林务局应制定足以保证森林恢复的最低立木价。

美国林产品协会政策与计划分析专家拉斯马森认为，分析现金流水账不能算是经济分析。经济分析是要把整个计划的效益与整个计划的成本，在不同时间阶段进行对比，以帮助决策者从社会利益出发，确定哪一种政策或计划可以采用。现在确实已有不少计划表明，为达到非木材利用的目标，通过木材采伐、销售木材的途径，成本却是最低的。现金流水的算法不一，结果可以相差悬殊。国有林的多目标经营，也并不排除木材亏本销售。

美国自然基金会高级助理香德是位林业政策问题撰稿人，1988 年 3 月他发表文章说，这场争论是美国林业在 80 年代发生的大事。

1986 年 6 月，美国林务局向国会提了一个国有林木材销售成本计算方案，从 3 个方面计算成本与效益：财务账，长远计算与更广泛的经济账，考虑对社会发生影响的计算。1987 年 2 月国会审计局又提交了另外一个国有林木材销售成本计算方案。此方案木材成本明显高于林务局方案。

在加工业带动下的世界林业[①]

这组资料用大量的数据说明：林业的振兴不仅要以加速培育后备森林资源为基础，而且还必须有发达的木材利用工业为依托。没有工业利用的森林是森林遭受破坏的一个重要原因。所有这些不仅已为世界林业发展实践所证明，也值得我国林业产业、产品结构调整时所借鉴。

---

① 本文系沈照仁同志撰写，发表于《林业问题》1988 年第 4 期。

没有工业的森林是森林遭到破坏的一个原因

为制止热带森林继续遭到破坏，在联合国粮农组织主持下，一个世界热带森林行动计划于 1985 年末产生。这个计划认为："每年有 1100 万公顷热带森林损失掉，森林工业往往被指责为罪魁祸首。但是事实是所有这些森林的损失均是由于轮垦，被永久用作农业生产和房屋建筑区的缘故。"计划进一步指出："一种没有工业的森林对一个政府来说，基本上是没有财政价值的，虽其社会、环境和生态价值可能很大。林产工业活动的引进会对林业发展作出积极贡献并带来社会利益，其中之一是增加政府和当地人民的收入。从森林工业取得这种收入，将鼓励人们去保护森林，维持能从森林中得到的财政和经济收益。它还将确保使森林得到适当的管理，将为工业生产持续不断地提供原料，同时对环境问题予以应有的考虑。事实上，森林工业必须维持它的原料基地，从而使森林工业的建立对环境的影响减少到最低限度。森林工业的建立还可以通过在贫瘠的或被毁林的土地上营造人工林，为资源保护和开发作出贡献。"

美国南部木材加工业促进着林业发展

美国林务局 1987 年 4～5 月发表一份报告指出，木材是南部农业首屈一指的产品，其产值为大豆或棉花的 2 倍，为烟叶、小麦或玉米的 3 倍。但是，林业在美国南部国民经济中的地位，在更大程度上取决于木材的加工增值。美国南部木材加工业立足于第三森林。所谓第三森林是指 20 世纪 30 年代、40 年代和 50 年代营造的人工林，现在采伐利用的大多是这部分森林。因为价格、市场等原因，60 年代以来南部造林兴趣减退，许多人工林采伐后或任其自然，或改种了别的。可是由于一定规模的木材加工能力已经形成，如林业不能相应发展，势必威胁到林产加工业的生存与发展。目前，美国广泛议论加速发展第四森林问题，实质就是要求加速后备资源建设以便接替上第三森林，保证充分供应加工业原材料。

北卡罗来纳是南部第二大林业州，拥有森林 748.7 万公顷，其中阔叶林 267 万公顷，是南部阔叶林资源最丰富的一个州。每年以森林为基础的工业销售额达 85 亿美元，占全州总产值的 12%。折合每公顷森林的年平均销售值为 1135.3 美元。

北卡罗来纳用材林的资源总值约 90 亿美元。1985 年的木材生产值为 2.1 亿美元，折合每公顷平均只有 28 美元。木材经过采伐运输，到工厂、用户场地，其产值变为 3.93 亿美元。

家具业是北卡罗来纳州林业工业的主要部门，年产品销售值为 36 亿美元，其中 19 亿美元为加工增值。

制浆造纸业年产品销售值 25 亿美元，其中 11 亿美元为加工增值。制浆造纸业发展保证了小径木、低质材的充分利用。1985 年利用了 841 万立方米小径木、低质材，同年还利用了加工下脚料木片 433 万立方米。

制材与其他木材产品业年销售额为 24 亿美元。

林业除了木材收入之外，还有狩猎旅游等收入，但目前这些收入都不能与木材加工增值所创造的收入相比。

苏联森林资源世界第一，为什么木材产品严重不足

苏联《消息报》1987 年 12 月 8 日以编辑部名义提出如下问题：

"苏联按森林资源蓄积量衡量是世界第一森林大国。但为什么国家仍感木材产品严重不足，为什么按人口计算的纸产量，苏联居世界第 47 位，为什么按每产 1 立方米木材计算，苏联的纸、胶合板、浆、纸板、木质人造板产量远远落后于瑞典、加拿大、捷克斯洛伐克和联邦德国等国家，只相当于这些国家产量的一半——五分之一？"对此，苏联森林、制浆造纸与木材加工工业部林业和资源基地局局长、经济学副博士麦德维杰夫这样认为："多年来，中央计划机构不重视森林工业综合体的意义，部领导更换频繁，部本身办事软弱，缺乏主动精神，导致了苏联森林工业落后。""苏联林木蓄积量有 860 亿立方米之巨，而木材纸张产品出口量竟比一个森林蓄积量只有 15 亿立方米的芬兰少得多。"苏联"缺乏高水平生产技术，延缓妨碍了木材深加工的发展。现有的深加工设备能力只能处理现在木材年产量的 12%。"

苏联科学院森林与木材研究所所长、科学院院士、苏联最高苏维埃民族院保护自然和合理利用自然资源委员会秘书伊萨耶夫(伊氏现已任苏联森林委员会主任)做了如下回答："苏联森林工业落后，是因为粗放经营，幻想国家森林资源是用不尽的。迄今为止，尚未进行投资政策的结构调整，借以真正走上瞄准科技进步的发展道路，以达到木材采运工艺和木材原料深加工工艺的世界先进水平。时至今日，苏联仍未摆脱依靠扩大采伐量解决木材需求问题的途径，而且总是想采伐好的林子"。"森林工业为保证国家需要还是有潜力可挖的。应该多搞木材深度加工，并使加工企业靠近伐区。如果采用现代技术和工艺加工木材，苏联现在木材产量的三分之二就能完全满足国内需要，并有充裕产品可供出口。"

苏联国家计委生产力研究委员会森林资源与森林工业研究小组组长安托诺夫 1988 年 1 月 9 日撰文指出："苏联的森林资源丰富，问题却愈积愈多。首先是全国没有一个经过科学论证的森林资源利用政策。现在几十个部、主管部门，各行其是，拿着斧头砍木头。第二是苏联林业机械工业水平太低，阻碍了木材机械加工和化学加工发展。第三是苏联木材化学加工水平太低，1971～1985 年苏联浆产量只增加了 330 万吨，而美国增加了 1070 万吨。"

日本木材综合利用有特色

日本木材综合利用走的是一条不同于其他国家的道路。世界刨花板、纤维板产量 1969 年开始超过了胶合板，1985 年两者的总产量是后者的 1.37 倍。在日本情况不大一样，刨花板、纤维板生产发展缓慢，现在其总产量还只有胶合板的 35%。第二次世界大战前后日本天然林每年提供几千万立方米的烧柴；从 20 世纪 50 年代后期开始，由于能源结构发生了变化，烧柴生产开始失去地位。为天然林这部分资源寻找出路，一直是日本林业努力的一个方向。现在人工林每年间伐 30 多万公顷，但间伐下来的木材只利用了 53%，近一半木材因无销路而遗弃在林子里。不为人工林间伐材开辟有效利用的途径，林业难以实现集约化经营。日本正在探索发展更深层次的木材综合利用，即木材所包含各种成分的综合利用或全部利用。这是因为一般的用途、传统的用途，给木材创造的增加值小，没有竞争力，不可能促进林业发展。为木材开拓高价值利用方法，正是日本林业所追求的。林业要振兴，必须要有以木材为原料的高增值的加工工业为支柱。日本林业界的努力是：①形成了独立的木片工业。1985 年日本消耗木材 3500 万立方米，其中 1730 万立米是本国生产的。现有木片生产厂家 5315 个，有工人 10745 个。1960 年以前，木片生产是造纸厂的附属车间；为合理利用下脚料，木片成了制材厂的一项主产品，以后又出现了完全独立的削片厂，到 1985 年已有 643

家。小径木削片占木片原料的61%。木片63.4%供给制浆造纸，只有6.6%用做纤维板、刨花板。②集成材生产增值高。集成材或称多层胶合木、层积材，以小径木、间伐材为主要原料。1985年日本有集成材生产厂212家，职工8131人，生产了29.7万立方米集成材，产值达742.9亿日元。每立方米集成材的产值平均为25万多日元，相当于同年柳杉原木价的10倍。③把阔叶材转化为牛饲料。日本有人称蘑菇栽培业为木材加工业的一种，现在每年大约消耗200万立方米阔叶材，1985年蘑菇生产产值为2325亿日元。这是用生物方法加工利用低质滞销木材，为山村居民扩大了收入来源。根据1980年阔叶材资源调查报告，日本现有阔叶林每年尚有2000万~3000万立方米可供利用。国家林业试验场1975年开始研究阔叶材转化为粗饲料课题。畜产试验场、京都大学木材研究所1982年也参加农林水产省"生物质变换计划"的研究。现在这些研究都有了结果，实用的可能性非常大。根据林学家纸野伸二计算，今后10年每年多提供1000万立方米次质材是可能的。这足可以饲养500万头牛，能把日本现在养牛头数翻上一番多。

瑞典木材利用工业迫切要求林业发展

瑞典森林不足世界郁闭林总面积的1%，其木材产量不足世界总产量的2%，而且大部分为小径木；可是瑞典木材产品的出口值占世界木材产品出口总值的十分之一。1970年世界木材产品出口总值的125.6亿美元，瑞典占了15.5亿美元；1985年世界木材产品总值上升为499.5亿美元，瑞典占了49.3亿美元。瑞典的木材工业、制浆造纸工业是以本国森林为基础发展起来的，并早在本世纪初，便形成了体系。在30年代，林产品出口占全国出口总值40%~50%，现在每年仍占20%。与其他部门相比，林产工业部门出口耗用进口物资极少，所以是瑞典外汇收入最多的部门。

资本密集的木材利用工业要求以森林永续经营为基础。瑞典1983年硫酸盐浆厂的年平均生产能力为21.5万吨，每吨生产能力至少得投资2000美元。一个几亿美元投资兴建的厂必须有稳定的原料基地。

近30~40年，木材利用工业迅速发展，原有的森林资源，按传统办法经营，按传统办法挖掘木材资源综合利用的潜力，已难维持。

芬兰林业、木材加工、制浆造纸同为独立的经济部门

下面是从1984年芬兰林业年鉴摘出的两张表：

1971~1983年林业、木材工业、制浆造纸工业在国民经济中的地位

国内生产总值		1971年	1975年	1980年	1983年
全国经济	亿芬马克	449.15	953.58	1725.12	2461.41
林业	亿芬马克	27.18	47.48	82.34	90.07
占全国的	%	6.05	4.98	4.77	3.66
木材工业	亿芬马克	10.57	14.92	50.74	53.82
占全国的	%	2.35	1.56	2.94	2.19
制浆造纸	亿芬马克	15.65	32.42	72.46	81.57
占全国的	%	3.48	3.40	4.20	3.31

1977～1983 年林业产值中立木纯收入所占百分比

	1971 年	1975 年	1980 年	1983 年
林业生产总值(亿芬马克)	27.18	47.48	82.34	90.07
其中立木纯收入(亿芬马克)	12.52	23.68	44.79	41.80
立木价纯收入占总值的百分比	46.1	49.9	54.4	46.4

说明:

①芬兰国内生产总值是国民经济各部门增值之和。林业总产值实即林业总增值,90%是通过木材采运实现的,另外10%则是通过造林与森林改良等达到的。木材采运实现的总值 1983 年为 80.12 亿芬马克,扣除工资、社会保险等开支,林主(包括私有林主、公司和国家)的立木价收入为 41.8 亿芬马克。近十几年来,林业在芬兰国民经济中的比重虽明显下降,但仍是有相当地位的。

②芬兰林业、木材工业和制浆造纸工业都是平等的国民经济部门。所谓平等,是指各部门都要创造自己的增加值,木材加工、制浆造纸业必须在林业占有自己的增加值基础上创造自己的增加值。工业为提高其在国际市场上的竞争力,就必须大力加强自身的竞争力,这可能是芬兰木材加工厂、制浆造纸厂分布接近原料基地的原因之一。林业国内生产值与木材加工工业和制浆造纸工业两者相加的产值比,1971～1975 年前者仍高于后者,1980～1983 年前者也还相当于后者的三分之二。

美国近 50 年不增加资源消耗是林产工业发展满足了市场

美国林务局林业经济主任研究员约翰·奥曼等在 1987 年美国林产品协会年会(下同)上;预测 2010 年木材可能供应数量时指出:"生物技术和新的林木管理技术对美国今后 25 年的木材供应将不可能有所作为。这些技术在现有资源采伐之后,可能改变现在林业的面貌。但是,适应现有资源特点的一些技术,直到 2010 年前仍将起主导作用。例如,美国北部为利用软阔资源大力发展华福板(定向刨花板的一种),在南部也将仿效,华福板可以取代针叶胶合板。25年前,美国每年造纸用材中阔叶材占 24%,现在占了 38%;1960 年到厂原料中木片占 20%,现在占了 40%。这些趋势将继续发展。2010 年时,不会因树种不适宜或质量差而不利用许多林木了。我们可以视资源状况选择相应的加工工艺,制出各种最终产品。"

美国胶合板协会副会长布鲁斯·莱昂斯为预测人造板工业前景,回顾了以往 50 年的变化。莱昂斯认为,在 1936 年至 1985 的 50 年里,除了传统的成材生产和少量的胶合板生产之外,各种木质板材几乎都是从无到有得到了迅速发展。目前,品种还在继续增加,结构用的木质人造板不仅有华福板和各种定向板,单板层积成材、平行胶合成材以及复合成材也都进入了市场。莱昂斯说:"以上情况表明,木材产品工业与钢铁业、汽车工业不同。钢铁业产量 1973 年达到了顶峰,汽车工业产量 1978 年达到了顶峰,而木材产品工业还将增长。"莱昂斯说:"林产工业以往 50 年的增长,满足了市场对木材产品的需求;但美国每年消耗的森林资源并不比 50 年前多。"这是通过先进发达的加工工业更充分地利用了森林资源,实现了适应市场需要的增长。莱昂斯认为,木材产品工业的增长势头不会减弱下来,因为它现在仍在探索如何更有效地利用资源的问题。生产的革新又继续层出不穷。现在的问题是如何为木材产品找到新的市场,以保证这一工业繁荣不衰。

中国台湾竹资源产品出口年创汇 1 亿美元以上

我国台湾省有竹林 17.6 万公顷。台湾 1980～1984 年竹笋、竹及其制品出口情况如下表(单位:万美元)。

年份	竹笋及加工品	竹材及制品	合　计
1961	179.2	52.3	231.5
1980	4983.0	6758.2	11741.2
1981	6650.3	6363.7	13014.0
1982	6655.4	6081.2	12736.6
1983	6426.9	5391.0	11817.9
1984	3996.2	4971.9	8968.1

　　台湾从 20 世纪 60 年代初开始大力发展竹笋专业林，1964 年有竹笋专业林 1888 公顷，1984 年达到 23424 公顷。1964 年专业林每公顷平均产笋 7231 公斤，1982 年平均达到 12703 公斤。从 1973 年起，台湾又逐步推行竹笋生产专业区计划，加强了竹笋加工品在国际市场的竞争力。

　　台湾竹材加工分 7 大类，60% 的竹制品外销。全省竹材加工已形成各具特色的专业区。例如竹山镇是台湾主要产竹区，1974 年这里开始出现竹席、竹串、竹筷、运动器材为主的农村竹材加工工业区。为充分利用加工下脚料，1983 年这里建成了第一个小型纸厂，日产漂白竹浆 6 吨。此外，竹材加工专业区还有：鹿港，以生产竹帘著称；梅山，笋箬加工业发达；台北土城的竹家具和台南关庙的竹编织品也颇具特色。

匈牙利林业的经济核算（外 2 篇）[①]

　　匈牙利 1968 年开始的国民经济改革，促使林业走上了经济核算轨道。林业改革是分两个层次进行的：第一层次是在全林业部门范围内推行经济核算制，建立了中央林业基金，保证林业的年收入与年支出相抵；第二层次是实现企业的经济核算，赋予更新造林的中间结果以价格，也即承认中间结果也是商品。

　　中央林业基金的来源为：林业企业支付采伐资源的林价，用于现有林经营；林业企业的狩猎业务收入提成，用于防护建设；林地改为工农业用地的补偿费；违反营林各种规定而课征的罚款等等。林价是最重要的收入。1986 年每立方米平均林价为 130 福林，不但完全足以补偿林业开支，而且有结余。林价根据国际市场情况每年调整，林业机关把审定后的林价下达给企业。

　　匈牙利国民经济批发价与零售价改革中，很重视林价改革。1968～1980 年间，木材产品价格系统愈来愈接近于国际市场。第一阶段只注意了树种、材种之间价格比，而且均以内部生产费用为根据确定价格水平。第二阶段逐渐达到了社会主义和资本主义市场的综合水平。1980 年匈牙利林产品价格形成发生了根本变化，主要林产品完全以世界市场为准。世界市场价受许多因素影响，是不稳定的；树种、材种间的比价也不稳定。因此，林价年年有变化。匈牙利立木林价还在进一步完善，目前完善的方向是调整与采伐木材质量参数的关系，是充分考虑供求关系的调整。

---

　　① 本文系沈照仁同志撰写，发表于《林业问题》1989 年第 1 期。

中央林业基金对现有林经营活动的拨款，实即按下列公式对全国林价收入进行再分配：

$$ПП ± \triangle П = 3ЛП$$

式中：П——拨交采伐资源的林价；

　　　3ЛП——按现行价目表营林作业的计划费用。

如果企业的营林作业计划费用高于企业的林价收入（3ЛП > ПП），林价收入全部留给企业，并再从中央基金拨给不足部分（ + $\triangle П$）。如果作业的计划费用低于林价收入，企业把多余部分上交中央基金：$\triangle П = ПП3ЛП$。由此可见，林业部门的经济核算是通过全部门收支平衡来实现的，其公式是：

$$\sum iППi = \sum j3Л × j,$$

式中：i——有林价收入的企业；

　　　j——进行更新等作业的企业。

大面积的国家造林计划，作为国家订货，不从林业基金拨款，而由政府预算拨款。

为实现一个林业企业水平的经济核算，就要对更新等营林活动进行经济核算，这就必须承认企业完成的更新等营林作业为中间结果。也即承认这些作业是实现商品森林的中间结果。苗木栽植、播种或促进天然更新、幼林抚育、间伐、保护、防火以及提高森林生产力的其他措施，都是形成商品森林的中间环节。

为实现更新造林中间活动结果的商品化，企业日常经营活动的经济核算，就需把为达到育林目标所花的费用与已经取得的结果进行对比。林业主管部门为营林的中间结果制定了价目表。各项作业结果的价格按作业消耗定额和利润直接计算而定；利润一般为总成本的15% ~ 18%。

造林幼林价格分为一年的、二年的、三年的以及验收为有林地的；价格还考虑了质量差别。造林头一年，如成活率只有 90%，企业就只能得到 0.9 系数的付款。如质量不符要求，企业就将被迫用自己的钱进行再造林。

匈牙利林业因有自己的收入来源和利润，在综合企业里，与木材采运、加工等一样，享有同等的经济权利。匈牙利的森林经理和检察机关在实现林业经济核算中起着非常重要的作用。森林经理在远景规划基础上为每个小班确定了营林作业计划。企业的每个小班都有资源卡，反映经理时森林资源的各项因子，并确定了不同年度的更新等措施。森林经理确定的措施量与采取措施的时间，是编制实现林业生产各项作业计划的基础。

企业完成的一切作业都得经专设的检查处验收。在检查的基础上，检查处填写相应证明文件给企业。中央基金以此证明文件为法律根据支付营林费用。如企业未按森林经理规定的时间完成更新造林，检查处有权课以罚款。检查处还检查计算采伐量和主伐条例的执行情况。

瑞典林业兴旺不衰的根本原因是保证了林主收入

经过近百年的努力，据瑞典林学界权威人士称，现在瑞典森林资源状况是历史上从未有过的，即不论是面积和蓄积都超过了历史水平。瑞典可能是世界上第一个敢于这样宣布的国家。

瑞典 1900 年森林蓄积量为 15 亿立方米，现在是 26 亿立方米；全国森林覆盖率 1923 ~ 1929 年为 55.5%，现在是 57.90%；生长量从 5658 万立方米上升到 38567 万立方米。

　　经营森林一直是可以盈利的经济部门。根据老的森林法，国家监督部门只要求从木材贷款中提2%作为森林更新保证金，其余收入的绝大部分以劳动工资形式、立木价格形式归林主所有。1955~1984年的统计资料表明，好的年景，每销售1立方米木材，扣除生产费用、营林、保护费用、更新费用以及林道修建养护费用（这些费用的很大部分实际是林主的劳动工资）之后，林主可以净到手56%的货款。下面是瑞典林业1973~1974年度的收支结构：木材总伐量7350万立方米；总收入614220万克朗；其中立木价收入386470万克朗；折合每立方米的木材收入为83.57克朗；折合每立方米的立木收入为52.58克朗；立木收入占木材收入62.9%；每立方米扣除营林、保护、更新、林道等费用5.83克朗；每立方米立木林主净到手的收入46.7克朗；每立方米净收入相当于木材收入56%。

　　因集约经营，林业需要的投资增长，也由于劳动工资上涨（其中很大部分也是林主自己的收入），每立方米木材的生产成本（包括立木更新、培育、保护等费用）明显上升，林主净到手的收入部分趋于下降，1983~1984年只有31%。

　　造纸材即小径木占瑞典木材产量的65%，虽如此，在行情好的年份，全国平均立木价可占原木价的60%以上，一般总浮动在原木价的一半左右的水平上。立木价长期来相对稳定，保持森林、经营森林、发展森林，林业便能不失为瑞典久盛不衰的经济部门。

1955~1984年瑞典林业收支结构

	1955/56~1959/60年平均	1960/61~1964/65年平均	1965/66~1967/70年平均	1970/71~1974/75年平均	1976/77~1980/81年平均	1974~1980年度	1980~1981年度	1981~1982年度	1982~1983年度	1983~1984年度
木材年产量（万立方米）	4840	5600	6370	7080	5550	5650	5750	5890	6190	6160
木材总收入（亿克朗）	21.35	25.81	28.62	49.01	76.07	76.30	92.95	96.35	104.50	117.05
平均每立方米木材收入（克朗）	44.11	46.09	44.93	69.2	137.1	135.0	161.65	163.60	169.0	190.0
林业收入（亿克朗）	11.48	12.63	13.64	28.01	39.29	37.90	46.95	48.85	49.00	54.00
林业收入占木材总收入的（%）	53.8	48.9	47.7	57.2	51.6	49.7	50.5	50.7	46.9	46.1
每立方米立木收入（克朗）	23.72	22.54	21.41	39.6	70.8	67.0	81.6	82.9	79.0	87.7
每立方米立木平均开支（克朗）	3.61	3.92	3.96	5.70	16.4	16.6	19.4	22.7	26.7	29.4
每立方米立木材主净到手的收入（克朗）	20.11	18.62	17.45	33.9	54.4	50.4	62.2	60.2	52.3	58.3
每立方米净收入相当于木材收入（%）	46	40	39	49	40	37	38	37	31	31

原美林务局长评新西兰分离森林机能的实践

　　新西兰1987年撤销了林务局，把全国的林业工作分给3个新建立的机构：林业部、林业公司和保护局。林业部为决策机构，管林政、科研、人才培训以及灾害防治等；公司管人工林资源、木材生产和销售等；保护局管天然林、自然保护区、国家公园等。这次新西兰林业管理体制大改革的一个主要内容是分离森林的机能，对不同机能的森林进行分别管理。

　　美国林务局前任局长彼得逊1988年5月在新西兰林学会大会讲演，现将他对森林分工而管的看法，详细摘译如下。

彼得逊先是在论述美国、新西兰两国林业异同时，讲了美国森林的生产机能和防护机能总是交织在一起的："美国不像新西兰刚实施的那样，能在生产木材的森林与完全受保护的森林之间划一条界线。美国国有林占用材林总面积的18%，拥有全国针叶树种森林蓄积量的一半左右。大量蓄积量集中在成过熟原始林区，其环境价值同样是非常重要的。"

"美国土地的生产机能与防护机能是交织一起的。例如，太平洋西北部森林现在是国有林蓄积量最集中的地区，既具有很高的生产开发意义，又在以下诸方面起着非凡的作用，如野生动物栖息、保持壮丽景观、保护濒危物种、公众旅游以及保护水源等等。森林还可能蕴藏着丰富的矿产资源。我最近埋怨过老天爷，为什么要把两个有世界意义的钼矿分布在高度敏感的国有林区呢？"

彼得逊直截了当讲了对新西兰林业改革的不同意见："新西兰把森林分成专施生产机能的和受保护的两类，很明显是受国库的资助才做到的。你们的财政部常把新西兰林务局说成是大量吞噬资金的部门。我在惠灵顿得知，如此决策没有什么深刻的哲学基础。相反，决策过于专断，且具有政治色彩。把林业分离为经济性质的和环境性质的，至少目前在新西兰实行这种分离，可认为是专断的。利用外来树种人工林生产木材，意味着对人工林可要求不发挥其他效益；大多数人认为这种森林是不产生其他效益的。环境保护方面为更好地保护天然林，也愿意让步，放弃人工林发挥某些作用。"

彼得逊从以下两个方面，阐述了反对简单分离森林为两类的做法：

"森林不能简单地分为两类，道理在将来会更清楚。现在把两者结合一致的森林是很多的。森林分类可以比做人按高矮分组，如客观上有极高的人和极矮的人，两者差别显而易见，分成两类也极其容易。但客观世界的极高极矮之间存在着庞大的中间队伍，简单分类就难了。新西兰目前可能没有森林正常分布的阶梯，因为外来树种人工林的任务就是生产木材，而天然林的生产力极低，经济效益差，不宜开展木材生产。但我相信，在将来，新西兰一定会有处于两个极端之间的森林出现。"

"新西兰全国三分之一面积现在受保护局管辖，能长期把这么大面积土地置于保护之下吗？新西兰人口少，土地多，也许目前这样做仍是可行的。可是，跟我交谈过的每位新西兰人都表示，新西兰未来的经济将以土地资源为基础。那么这三分之一土地对新西兰经济将作何贡献呢？大多数人回答是发展旅游，特别是吸引外国游客。国家公园、景色美丽的地方对旅游者有诱惑力。但大多数天然林很难吸引游人。因此，我认为这三分之一土地的决策有待讨论而定。"

保护局的领导在为资金不足诉苦，而财政部代表则认为比旧体制花钱更多了。

从世界角度看我国的造林事业[①]

摘要：我国现有人工林面积、年造林规模均居世界第一。从世界角度看，中国造林有6点值得注意：一、缺乏周密科学计算，常说过头话；二、没有把更新放在

---

① 本文系沈照仁同志撰写，发表于《林业问题》1989年第2期。

首位，估计年年有五分之四迹地的更新无保证；三、速生树种造林缺乏反复试验和深入的经济分析；四、笼统地提"以营林为基础"，没有明确发展工业人工林应以市场为基础；五、不太明白以困难地区为主的造林，对技术要求非常严格，需要有后续的经营能力的简单道理；六、短伐期（速生）与长伐期，重量也重质，是现代林业并行发展的两个方向，我国不注意后一思潮。

世界现在还没有关于人工造林的详细统计数字。1967 年召开过一次国际人工林会议，估计 1965 年世界有人工林 8090 万公顷。此后，联合国粮农组织以及一些国家又做过一些分析估计，认为 1980～1985 年世界约有人工林 1 亿～1.6 亿公顷。1965～1975 年世界每年造林面积大约 900 万公顷。现在大约每年造林 1400 万～1500 万公顷。根据国外的估计，1965 年中国人工林面积已经占了世界三分之一以上。根据约 10 年前的统计，新中国 30 年造林保存面积 2800 万公顷，估计可占世界人工林总面积的四分之一。自 1980 年以来，中国每年新造林面积保持在 400 万～600 万公顷之间，约相当于世界每年人工造林总面积的三分之一。中国人口占世界的 22%。中国现有人工林面积的绝对值，每年新造林面积的绝对值，都居世界第一。按人均计算拥有的人工林面积，特别是按人均计算的每年造林面积，中国也超过了世界平均水平。

社会主义中国在造林方面的努力和成绩，受到世界各国的赞赏，但一般又认为"中华人民共和国的群众性造林并不如想象的那样有效"。

一、中国的造林事业必须根本改变形象

联合国粮农组织根据我国报道的造林情况曾以为中国的森林面积是持续扩大的。1978 年联合国农业生产年鉴认为中国的森林覆盖率已接近 16%。联合国官员英国林业经济学家威斯陶别 1974 年曾说，中国公布的造林面积和株数非常惊人，很难相信。

1961～1976 年中国森林面积增长表

1961～1965 年	1966 年	1971 年	1976 年
10918 万公顷	11850 万公顷	13600 万公顷	15550 万公顷

美国波特兰的一位木材商布赖恩先生，并无恶意地把中国宏伟的造林规划比作高康大事业（1987 年 5 月）。高康大也译做卡冈都亚，是文艺复兴时期法国作家拉伯雷（1495～1553 年）的《巨人传》一书的主人公。高康大的食量极大，仅每天吃的奶就需要 17913 头牛来供应，穿的衣服用 1200 多尺布制成。布赖恩先生用高康大事业比喻中国的造林，是因为他读到介绍中国造林规划的文章，到 2000 年时，每年新增人工林 370 万公顷。他认为中国追求如此高速度地扩大森林面积和与此相关的木材蓄积量高速增长，显然是很不切实际的。

新西兰林学家理查森 1963 年考察我国林业，然后写了一本介绍大陆中国林业的书。在书的扉页上，写着这样一句话："谨以此书纪念克努特国王（1016 年登英格兰王位——译者注），因为他也试图做不可能实现的事。"理查森含蓄地暗示中国当时的造林事业是非常不切实际的。

1983 年中国政府林业代表团出访加拿大前夕，我有幸出席加拿大大使的饯行宴会。席间林业部负责人简单介绍了中国林业发展的宏伟目标。加拿大朋友听后表示疑惑，并问，那

你们有很多钱了。部长信心十足地回答，我们是个人、集体、国家一起上。

新西兰林学家理查森 1986 年重访我国，认真地考察了两个月。他认为中国的造林进步很大，但对过去失败的原因认识不清。公社制解体也使中国失去了动员广大群众进行公共事业造林的有效工具。由于改革，在条件优越的地方，造林有利可图，群众乐于签订合同进行造林。但困难地区造林，短期内不可能有收益，就极难动员群众承担造林义务。

林业部主要负责同志最近几次说，中国林业的"一个总体目标是：到本世纪末，在保证采伐迹地及时更新的前提下，增加森林面积 4.5 亿亩，抚育中幼林 4.5 亿亩。要抓紧营造 1 亿亩速生丰产用材林基地，抓紧建设五大防护林工程：'三北'防护林、沿海防护林、长江中上游防护林、太行山绿化和平原农田防护林体系。"这就是说，今后 11 年内，在保证更新跟上采伐的前提下，中国的大地上每年要增加 4000 万亩森林。

世界造林问题专家埃文斯 1987 年撰文分析发展中国家的造林时，有意不引我国的数字，并指出："那里极少有准确的数字"。

新中国已是不惑之年了！中国的林业必须实践"中国人说话算数"的信言！

二、应把更新造林放在一切造林的首位

更新必须跟上采伐，这是林业最基本的一条原则。世界现约有 30 个国家、地区的森林资源处于增长趋势，更新跟上采伐是实现增长的根本保证。世界现有 50~60 个国家、地区的森林资源处于减少趋势，主要是更新跟不上采伐，加之破坏严重，从而在根本上削弱缩小了资源赖以增长的基础。除了极少数国家之外，世界绝大多数国家进行的人工造林主要是更新造林。日本人工林 1000 多万公顷，占了森林总面积 40%，几乎全部是更新造林。欧洲国家直到目前为止进行的造林，主要是更新造林和因林地被占用而在荒地或农田上补偿造林。战争时期和战后，许多发达国家曾进行了长达 10 年的过量采伐。20 世纪 60~70 年代，因为工业增长需要，瑞典还曾进行了较长时期的过伐。但由于非常重视更新，过伐并未对资源形成威胁。世界热带森林现在每年减少 1130 万公顷，而热带造林面积每年不到 110 万公顷，即使全部成活保存，每年也净减 1000 万公顷。

我国对更新造林很不重视。根据正式公布的统计数字，我国 1949~1985 年国有林采伐面积和更新造林面积基本一致，分别为 721.84 万公顷和 738.08 万公顷，其中人工更新造林 252 万公顷。从账面上看，更新跟上了采伐。在建国 30 年造林保存总面积 2781.15 万公顷中，人工更新造林（252 万公顷）只占 9%。36 年累计的更新造林每公顷平均蓄积量只有 23 立方米。日本更新造林的人工林 80% 以上在 35 年生以下，每公顷平均蓄积量达 130 立方米。中国现在发生森林资源危困，长期不重视更新造林是一个主要原因。40 年来，更新实际从未跟上过采伐。我国现在每年消耗资源 3 亿立方米，按每公顷 100~150 立方米算，一年的采伐面积便应是 200 万~300 万公顷，即 3000 万~4500 万亩。1980~1986 年每年迹地更新、造林面积仅 614 万~957 万亩（41 万~64 万公顷，包括天然更新面积在内）。这样，实际上每采伐 5 公顷只约有 1 公顷得到更新，年年有五分之四迹地的更新没有保证。

更新造林与任何一种造林相比，在国外一般认为阻力最少，成功最易，成本也是最低的。让更新跟上采伐，应是我国造林事业的首要任务。更新跟不上采伐，想扭转中国森林资源危困，可能是句空话。

三、中国的速生造林不重试验，不重经济分析

中国土地面积约占地球陆地总面积的 7%，而有林地面积只占世界森林面积的 3%，是世界森林资源最贫乏的国家之一。不论经济建设、环境保护，还是满足人民生活的基本需求，都迫切需要扩大国土的森林覆盖率。抓紧速生树种造林，显然是非常必要的。近几十年来，国外从一般速生树种造林，已发展到短伐期林木高产培育。与天然林相比较，生长量提高已不是百分之几十、一倍、二倍，而是十倍、二十倍。不论是一般速生树种造林，还是短伐期高产培育，在技术上都已经相当成熟，可是这类人工林的发展并不迅速。国际林学界认为，这受两个方面的制约：世界不同地区发展速生人工林的经济可行性；发展地区是否经受得了速生人工林的长期生态冲击。

一些国际会议的论文指出，各国在发展速生人工林的过程中，也遇到了一些重大问题：如某些人工纯林因抗病虫害能力太差而大面积死亡的问题；速生人工林采伐后地力严重减退的问题；某些速生木材销路不畅的问题；以及速生木材材质较差的问题。中国的速生造林是否也受经济可行性和生态可行性的制约，是否也发生了国外为之头痛的重大问题呢？

我国速生造林的成功率很低，效益也差。1949～1979 年 30 年造林保存面积 2781.15 万公顷，其中成林的用材林、防护林占 1273.55 万公顷。1978～1985 年全国用材林基地造林 430 万公顷，其中速生丰产用材林基地占一半左右。根据以上统计数字，我国拥有速生丰产林面积至少已经超过新西兰和智利人工林面积的总和 220 万～240 万公顷。如果认真地算账，我国速生林每公顷的造林成本会明显高于国外。而现在提供的木材量和 2000 年时预期能提供的木材量，都无法与新、智两国相比。我国人工林病虫害多，成林后要求改造的多。盲目性大，试验少，经济可行性分析不足，是我国速生造林效益不佳的根本原因。我国 50 年代学习欧洲经验，大力发展杨树造林，1979 年杨树人工林达到了 115 万公顷，已接近世界杨树人工林面积总和，现在还在继续发展。国外速生造林的教训、关于速生林的议论以及发展速生林所持的谨慎态度，是值得我国注意的。

1. 联邦德国与我国速生造林实践对比

联邦德国因为农业生产过剩，近期内将有 200 万～300 万公顷农地休闲。如何更有效地利用腾出来的农地，是经济、科技界的热门话题。与我国在山西金沙滩林场进行杨树造林科技合作的汉诺威-明登速生树种研究所，也在进行这方面的研究，如"短伐期能源速生树种经营"。试验已经多年，共设置了 14 块试验地，最小的 0.7 公顷，最大的 2.2 公顷。立地条件完全不一。联邦德国全国现仅有杨树林 4.5 万公顷。我国与联邦德国这方面的科技合作只有 4 年，就营造了 6 万公顷对比试验林，其中有 10 个山杨无性系是从联邦德国引进的。据联邦德国报刊资料，联邦德国对杨树造林现仍采取谨慎态度，迄今未见有大的行动，也还没有大规模造林的决策。

2. 美国、奥地利对速生造林进行了长期准备，等待经济条件的成熟

美国早在 20 世纪 60 年代就注意开展短伐期林木高产培育技术的研究，70 年代加快了这项研究的速度。1973 年石油危机以来，美国能源部一直主持木材能源的开发。已经建成 5 个 400～1200 公顷的能源林。但迄今为止，美国在这方面进行的主要是各种试验研究。自 1978 年以来，能源部在全国各地设置了短伐期集约培育木材的试验区，1987 年有不同立地条件的试验区 65 片。美国能源部短伐期木材作物计划要求开展多方面研究。1987 年美国又

建立了杨树能源财团,受能源部协调,目的是促进短伐期林木培育事业发展,求得各学科研究结果协同发挥作用,达到杨树能源作物高产、高经济效益。能源部 1986 年制定的美国能源政策计划 2010 年预测,普通的木材资源 2010 年应供能 3.4 拍(=10^{15})焦耳,相当于一次能源总产量的 4%。木材能源现在占美国能源总耗量的 2%。能源部要求(1987 年)10 年内使木材能源达到接近于竞争水平。一套能源设施年消耗木材 20 万～100 万吨干物质,与一个纸浆厂的耗量相似。为保证木材能源设施常年运行,无疑必须发展相应的木材培育业。集约培育木材的成本极高,如保证不了高产和超短伐期,经济上就很难成为可行。试验研究的第一步是在美国 100 多个地方筛选树种,要求速生,对立地条件适应范围广,萌芽性好,抗病。短伐期培育林木能源作物如每年 1 公顷产量低于 8～10 吨,其收入不足以补偿开支,因此被认为是失败的。1 公顷年产 12～16 吨干物质勉强可以接受,但要求产量更高。

总之,美国短伐期造林技术已相当成熟,但还没有达到在经济上可行。美国 1987 年召开了两次杨树会议,确定了如下的发展战略:①至少在美国发展两个杨树育种研究中心;②把全树生理研究与遗传、造林评价结合起来;③把生物技术引进到育种计划;④密切杨树生产研究与其生物量转换为能的技术研究之间的联系;⑤创立短伐期造林技术培育能源林的样板。

欧洲因农业生产过剩,一些经济界人士主张发展短伐期林木高产培育业,以利用将在近期内腾出来的成千上万公顷农地。欧洲是石油与木材进口地区,石油、木材是每年消耗外汇最多的两种商品,发展能源林、造纸林似乎是天经地义的利用休闲农地的主要方向。热烈议论已经好几年了,但现在还是没有什么行动决策。奥地利林业研究院最近的一份报告指出(1989年 3 月):奥地利农业部 1979 年决定对杨、柳、刺槐和桦进行短伐期林木培育、试验。杨树试验研究已积累了 20 年品系试验的经验。现在继续进行杨树培育试验,需要得出短伐期(2～5年)和中伐期(10～20 年)造林实践的可能性。10 年试验的结果表明,目前要发展短伐期林木培育必须具备两个条件:一是适宜的立地条件,二是适当的补贴。奥地利杨、柳速生造林每公顷年收获量超过 10 吨干物质。中小型木材能源设施已在许多地方正常运转。

总之,西欧、北美都重视速生树种造林的技术准备,但要等到时机成熟才会大发展。

3. 对速生造林可能引起的生态、社会问题也应有思想准备

1986 年秋,在印度新德里召开了由 10 个国家生态学家参加的国际会议。印度、巴西学者认为,大规模资本密集的工业造林,对地方经济与生态并无积极意义。欧洲国家论证农业速生造林的利弊时认为,速生人工林每公顷土地的劳动就业机会最小。印度也有同样的结论。1984 年 1 月印度新德里的一份大报对桉树造林进行了围攻。在"桉树人工林损害着农民"的标题下,报道卡纳塔克邦农民愤怒指责政府开展桉树造林,降低了地下水位。农民在反对声中拔掉了百万棵桉树苗。巴西森林开发学会 1986 年 5 月的报告指出仅仅几年时间,数十亿红蚁吞噬了 23 万公顷桉树林。巴西西部马拉格罗索州的南部 70 年代栽种的造纸用材一半是桉树。现在专家们承认这项造林在经济和生态上都成了灾难。红蚁喜好桉树,这里的桉树正在等待着死亡。病虫害、劳动就业机会减少,使已经瘠薄了的土地更趋贫瘠,这些问题在所有发展速生造林的国家都可能发生,特别是发展中国家。

四、发展工业人工林应以市场为基础

国外速生林种造林一般都与工业结合,为工业建立原料基地,因此速生林也可称作工业人工林。这种造林与环境保护造林，与农牧结合造林等的最大差别，是追求最高经济效益。欧洲一些国家认为速生树种造林是农作物培育，已失去一般森林意义，因此在考虑修改森林法某些条款，允许这类林木作物土地改种其他作物。意大利最近一次全国森林调查就没有把杨树人工林计入森林覆盖率。

第二次世界大战以后，特别在 20 世纪 60 年代和 70 年代，受西欧的影响，工业人工林在发展中国家的人工造林事业中曾居主导地位。但以后，许多国家改变了这样的造林方向。"原因在于这些人工林发展较快的国家本身没有能力消化吸收生长出来的木材，而必须依赖于出口。"根据统计，到 1980 年为止，热带 76 个国家工业人工林占人工林总面积 61.4%。1981～1985 年新造林面积中，工业人工林比重降为 52.8%。不论发达国家，还是发展中国家，发展工业人工林都必须以市场为基础。下面是几个实际例子。

1. 意大利杨树人工林的衰落

意大利杨树造林享有盛名，我国常引为农区造林的榜样。根据 1975 年国际杨树会议资料，意大利杨树人工林几十年徘徊在 15 万～20 万公顷，85% 分布在波河平原。年产原木 300 万～400 万立方米。国际杨树会议 1988 年在北京召开，资料表明，意大利杨树人工造林明显衰落。1980 年有人工林 13.4 万公顷，1986 年减为 10.7 万公顷。下降的主要原因是经济效益太低。又根据最近(1989 年 2 月)报道，杨树造林曾在意大利经济中发挥过重要作用，但 80 年代的情况变了。意大利木材加工业现在转向进口材，自产杨树材缺乏竞争能力。

发展速生造林的竞争优势是在市场条件下形成的。当木材价格与其他商品价格对比处于优势时，工业造林才在经济上可行，否则，又会变成不可行。美国南部战后人工造林也有过一涨一落。

2. 新西兰造林曾间断了 20 年

新西兰是世界公认造林成功的国家。20 世纪 30 年代前后十几年，新西兰掀起第一个造林高潮，共完成以辐射松为主的人工造林 33 万公顷。1956 年后，新西兰变成了木材出口国。可是，在 1936～1960 年的 20 多年里，大规模造林停了下来，主要原因是对人工林木材销路没有信心。当辐射松木材在传统用材部门都成了主要用材时，林产品出口值逐年上升，1961 年才又兴起了第二个造林高潮。

3. 葡萄牙近年造林迅速发展的根本原因

葡萄牙引种桉树有 150 年历史。20 年前，桉树还没有什么经济价值，当桉木制浆成功，且质量很高，制成的印刷纸、书写纸又成了国际市场畅销产品时，桉树人工林的地位就发生了根本变化。1985 年葡萄牙林产品出口 25 亿联邦德国马克，以桉树为原料的纸浆、纸出口占了林产品出口值的一半。葡萄牙粮食一半靠进口，肉、糖也要大量进口，但却能规划把更多的农业用地投入造林。

4. 苏联认为千里迢迢运输木材，不如就地造林供应合算

苏联是世界森林资源最丰富的国家，但现在在实施一项规模巨大的原料基地造林计划，即在造纸厂附近营造造纸用材林专项目标计划。苏联赫尔松制浆造纸厂原来以第聂伯河河滩的芦苇为原料，因情况变化，芦苇没有保障，工厂被迫改用阔叶材。每年要 6000 个车皮，从 1500～2500 公里以外的地方运来原料。工厂周围有足够的宜林荒地，培育每立方米原料到厂费用，比远途运来的便宜得多。

5. 赞比亚完成两期世界银行贷款造林

赞比亚铜矿开采每年需大量坑木。20世纪50年代就已有种种迹象表明，不发展工业人工林，坑木供应就无法保证。经十余年试验准备，到1968年已营造了6000公顷人工林。选择了适生树种，确定了能适应瘠薄土壤、旱季长达7个月的造林方法。在大部分技术问题得到解决时，赞比亚政府开始讨论大面积造林，并请求世界银行贷款。1969～1976年第一期造林，目标8000公顷，需1100万美元。一半由世界银行提供。全部产材量可以在赞比亚国内消化掉。造林投资回收率为10%～12%。7年内实际完成造林1.6万公顷。桉的预期年生长量原为每公顷18立方米，实际是25立方米，松预期为17立方米，只达到了14立方米。1983年赞比亚完成了第二期造林，总投资3450万美元。人工林总面积已达到4.5万公顷。

我国是社会主义的有计划商品经济国家，发展速生丰产林、工业人工林是否可不以市场为基础，而"以营林为基础"？以市场为基础，必然考虑成本、质量、销路、市场开拓。如果发展速生林的条件很优越，而预见到木材销路不佳时，必然要组织科学研究，变无销路为畅销。中国的速生丰产造林如不转入以市场为基础的轨道，其结局可能是既不速生又不丰产。

五、千万别忘了中国造林多是在与"榨干了油水的土地"打交道

在林区以外，我国极难找到条件优越的造林土地。许多来过中国考察的林学家并不怀疑依靠社会主义制度，中国政府有能力动员千百万人上山进行播种植苗造林。但是他们认为中国大面积造林是在困难地区进行的。新西兰林学家理查森指出，这类造林的成活率如能达到50%，就是很大成功了。英国林业经济学家威斯陶别认为，中国20世纪50年代、60年代造林会有这么多失败是不足为奇的，因为造林是在极其缺乏非常必要的技术指导下进行的。国外有人形象地说："土地常是被榨干油水之后，交还给林业。"这在人口众多的发展中国家可以说是一条规律。在粮食问题还远没有解决的时候，划给造林的只能是瘠薄的边际土地。所谓边际土地，是指在适宜经营下，其收入刚刚等于或能够刚刚等于生产成本的土地。这是从经济角度讲土地的边际性，而经济边际性总是跟林学的边际性密切联系着的。雨水量、温度适宜土层深厚肥沃的土地，可供选择的适生树种多，造林技术简单，需求的投入少便可获得较高的生长量。但是如果造林土地受种种边际条件限制，如雨水量少于400毫米，积温不够，土壤瘠薄，保墒能力极差等等，对造林树种的选择，技术的确定，要求都很严格，只有在非常高投入的条件下，林木才能成活保存下来。

我国的造林条件确实非常严酷，而技术力量又确实非常薄弱。有愚公移山的决心，而不凭科学办事，设想在三五年，八年十年内把千百年积累起来的荒山秃岭统统绿化，又有可能会犯事倍功半的错误。没有长期的科学技术准备，困难地区造林失败在国外也是常见的。世界闻名的苏联斯大林农田防护林计划1948～1952年营造了228万公顷防护林，到1956年末只剩下了65万公顷，70%以上失败了。苏联1981～1985年干旱地区营造的防护林带，四分之一已经死了。困难地区造林成活、保存下来之后，如无长期的后续经营能力，也会形同失败。苏联农学博士杰别雷教授总结40年教训时指出："缺乏抚育，大面积林带荒芜，起不到调节气候、削减风速的作用，并因此而造成水分大量损失。林带的增产作用不足以抵消地的减产。"

1933～1934年美国大草原各州发生了五次严重的黑风暴。罗斯福总统果断决定1935年

开始大草原防护林工程。到 1942 年为止，长达 8 年防护林造林组织有序，科技力量雄厚，因而是非常成功的。人们在讲这一段防护林造林成功史的时候，常常忘记早在 19 世纪 60 年代大草原移民已经开始了零星的防护林造林工作。8 年造林之成功是在分散努力的经验教训基础上取得的。但成功的造林，而后续管理没有保证时，林带又有趋于消亡的危险。林带自然死亡，或人为破坏在 20 世纪 50 年代、60 年代普遍地发生了。美国国家审计署署长 1975 年向国会作证时说："除非立即采取措施以鼓励农民更新和保护林带，否则我们多年营造的森林将会消失，其附近农田将再次遭受风蚀，肥力将迅速下降。"

世界发展中国家极少有困难地区造林成功的实例，而我国在几十年里已创造了一些奇迹。如何缩小失败与奇迹之比，如何少做负功，可能就得多讲科学了！

六、我国造林不能无视与速生树种造林唱反调的新思潮

在西欧与日本，现代林业实践更侧重于非速生林、优质林的发展，而且已形成趋势。日本是个善于吸收国外先进技术的国家。但为什么日本没有大面积速生树种造林？从 20 世纪 50 年代到 70 年代，日本林业尽力缩短伐期龄，而此后，又转变为延长伐期龄而努力。著名林学家坂口胜美强调指出，延长伐期龄比短伐期林在经济上更合算。1987 年日本修订了森林资源基本计划，过去日本森林的整备方向是以提高森林生长量为中心；但以 21 世纪为立足点的森林整备方向则以提高质量、适应多种需要为中心，要求发展多层异龄混交林，而对部分人工林还要促其天然化。

联邦德国 1988 年 10 月召开讨论林业发展方向的大会，主张"跟农业一样，优质产品也应是林业的目标。培育大径、无节珍贵木材销路好，价格俏，收入高，应是林业努力方向。大批量的商品常发生过剩，而优质木材是不必为此担忧的。"联邦德国著名林学家拉梅丁是"接近自然生态的林业经营思想"的代表，他认为"扩大云杉、北美黄杉、杨树速生树种的造林面积，追求短期效益，是目光短浅的手段。"而"接近天然状态的森林要求健康、稳定、多样和异龄的混交林，这样的森林能保障未来的生态环境，并且适应市场的变化"。

我国木材严重供应不足，发展速生丰产林有可能缓解或减轻对天然林的压力。从这个意义讲，中国的速生林业也包含了对质量、生态价值的追求。可是，在幅员辽阔、条件错综复杂的神州大地，过分强调速生丰产会不会也是一个错误？我们计算速生丰产林的生长量可能是普通林的 10~20 倍，因而认为经济上合算。但极少计算某些非速生林的木材单价可能是速生材的 10~20 倍，甚至几十倍。泰国在规划造林中既考虑了短期收益，发展 3~7 年可以收获的速生林；又注意到珍贵树种木材价格高，市场俏问题。一棵 25~30 年生的柚木可以卖 400~500 美元。中国人均占有森林和可供造林的土地总和，比日本、联邦德国少，我们应该认真计算，进行各种对比，怎样发展造林更符合中国的国情，更符合中国 21 世纪的需要？

第五篇　世界林业动态

本篇选编了沈照仁同志发表在《世界林业动态》上的文章共 83 篇。

《世界林业动态》是中国林科院林业科技信息研究所主办的综合类内部旬刊。1978 年创办时刊名为《国外林业动态》，1991 年改刊名为《决策参考》，1997 年更名为《世界林业动态》。

《世界林业动态》主要跟踪报道国外林业新动向、新趋势和国际林业热点问题，是一个政策性很强的刊物，目的是为林业主管部门决策提供参考信息，为林业科研和林业管理提供有参考价值的情报和可以借鉴的经验。

（一）世界林业综述

通过树木年轮分析研究地球的气候变化[①]

英联邦科学与工业研究组织的一个单位正利用树木来测定古时候空气中二氧化碳的含量，以弄清楚是否由于如二氧化碳之类的气体污染导致了气候变化。

科学家们发现，树干年轮不仅可以用来研究树木一生期间的湿度和雨水，并且也能研究树木周围空气中二氧化碳的含量。

研究组织大气物理学分部的一个研究组正在研究澳大利亚两种本地松，其树龄在 200～2000 年之间。树木的年轮主要成分由碳、氢和氧组成的纤维素。

确定了年轮形成的年份，将其切片的一小块燃烧，从中提取碳的同位素，这样就能测定当年该树附近空气中二氧化碳的含量。科学家认为，二氧化碳的存在对测定全球气候来说是重要的，因为其作用如同一间温室，让阳光透过然后在地面附近吸收之。将过去和现在气候作比较，为预测将来气候可能出现的情况提供了重要的基础。

能直接生产燃油的树[②]

迄今为止，人们还不知道有哪一种树能直接生产燃油。但是诺贝尔奖获得者梅尔文·卡尔文说，巴西有一种树产柴油，不是需经化学、物理处理的树液，而是真正的燃油。它生长在亚马孙热带林里，学名为 *Copaifera langs dorfii*。采脂工敲敲树干听声，就可以判断是否到了采脂时间。在树干上钻一个直径 5 厘米的孔，一棵高 30 米、直径 1 米的树，在 2 小时内能出柴油 10～20 升。每隔半年可以采油一次。树液像是贮存在遍布树干的直径 0.2 毫米的气孔里。

卡尔文还报告说，这类树液可以直接加到汽车里使用，不需进行提炼。这位科学家为培育石油人工林，还在试验其他几种植物。他的最新发现似乎是理想的待选品种。创办燃油农场的日子像是不远了。

木麻黄是世界一个主要造林树种[③]

木麻黄既有乔木，又有灌木，约 80 个种，是世界沿海固沙、防护林、薪炭林营造最广泛采用的一个树种，固氮能力不次于豆科植物。塞内加尔的一项研究实测，木麻黄林土壤含氮量与附近的对照地相比，每公顷年增 58 公斤。澳大利亚悉尼附近木麻黄 *C. littoralis* 天然

---

① 本文系沈照仁同志撰写，发表于《国外林业动态》1979 年第 4 期。
② 本文系沈照仁同志撰写，发表于《国外林业动态》1981 年第 6 期。
③ 本文系沈照仁同志撰写，发表于《国外林业动态》1986 年第 16 期。

林，其枯枝落叶层内的氮年聚积量每公顷达 290 公斤。在一次温室实验中，木麻黄 *C. glauca* 幼苗根部出现第一批结节后的 60 天内，嫩枝氮含量增加了近 12 倍。

我国木麻黄造林颇受国外重视。木麻黄在世界许多极端严酷条件下，栽培造林成功。例如：澳大利亚内地辛普森沙漠酷热魃旱，常发生地表火；太平洋新喀里多尼亚铝、铁含量很大的毒性土壤；肯尼亚蒙巴萨水泥厂废矿地。常年受海水溅袭，或积水，甚至遭海水淹没，木麻黄在这样恶劣条件下也生长旺盛，在夏威夷科纳海滨、澳大利亚堪培拉科特河两岸、泰国南部海滩、美国佛罗里达州海岸，均可以找到实例。

泰国在重酸瘠薄土地插条栽植 *C. equisetifolia* 和 *C. junghuhniana* 杂交木麻黄，速生，5 年采伐做柱杆材，干形好。现在广泛用于废矿地垦复造林。

印度早在 100 多年前引种，在马德拉斯营造了专供火车头燃料的能源林。现在是印度一个主要燃料树种，全国有 39000 公顷木麻黄人工林。7～15 年轮伐，每公顷产 100～200 吨燃料。20 世纪 70 年代引进泰国杂交种。

越南受世界粮食计划项目援助 900 万美元，营造木麻黄固沙防护林，保护农田和恢复土壤地力。

肯尼亚蒙巴萨废矿地已种植了 4 万株木麻黄，绿化了矿区荒地。与印度楝和 *Conocarpus lancifolius* 搭配造林，5 年生时，每公顷产 120 吨以上木材。叶是羊的饲料，落叶形成腐殖质层每年可达 1 厘米厚。

塞内加尔北部沿海移动沙丘，这里年雨水量 250 毫米以下，已有一条木麻黄林带在绵延发展。造林前，移动沙丘先用尼龙丝网或枝条编织物暂时固定。

埃及木麻黄造林十分普遍，多在房子和田地周围种植，以防风沙。对这个树种的重视一年胜过一年。20 世纪 70 年代中期每年用木麻黄苗 100 万株，1980 年用了 400 万株。到 1990 年时，计划每年用 1000 万～1500 万株。

阿根廷南美大草原和其他干旱地区广泛采用木麻黄作农地、牧场的遮阴和防风树种；在巴拉那河三角洲造林护岸效果也很好。

墨西哥在 Texcoco 大盐湖周围栽植木麻黄，抑制尘暴。

海地在冲刷严重的坡地种植木麻黄，改良土壤，也防止流失。

美国加利福尼亚州广泛采用木麻黄为行道树、护路树种。在圣佛兰西斯科湾三角洲防风造林的效果优于松树。木麻黄还选定为州营示范防风林带的一个树种，并在全州不同条件下进行试验。佛罗里达州已有很多木麻黄。

木麻黄树皮含单宁，马达加斯加广泛利用树皮提取单宁。木麻黄林有利于发展养蜂业。

美国国家研究委员会认为：
飞播造林是发展中国家的适用技术①

美国国家研究委员会促进国际发展科技局的技术革新顾问小组委员会 1981 年完成"林木飞机播种"小册子的编写工作，认为这项技术是值得向发展中国家推荐的。

---

① 本文由柴禾、徐春富合著，发表于《国外林业动态》1982 年第 28 期。

这本小册子介绍了几个国家的飞播经验供发展中国家参考。

1. 美　国

飞播在美国是项老技术。夏威夷等地保持有 1926 年以来飞播的大面积森林。在 20 世纪 50 年代中期，发明了异狄氏剂、福美双等药剂，种子受鸟、鼠、虫害的损失率明显降低。南部诸州松树飞播的成功率在 90% 以上。

树种有北美黄杉、火炬松、湿地松、红皮松、弗吉尼亚松、长叶松、短叶松等；采矿废地飞播以刺槐为主。

从大西洋沿岸平原、海湾平原到太平洋沿岸的崎岖山地，都进行过大面积飞播。下列五种地类均有成功的实例：遭山火、虫害、风灾、洪水毁坏了的森林；皆伐迹地或需改造的次生林；植树机无法作业的水湿地；边远山区；露天开矿后土石堆积地和陡峭坡地。

亚拉巴马州有几块废矿地飞播成功，播前没有植物生长。一块 20 年生火炬松林，现在不仅树木茂密，而且有鹿、鹌鹑、各种水鸟、河狸栖息其间；附近河流、池塘的水清澈见底，且有鱼上下浮游。经验表明，废矿地飞播较易成功。

路易斯安那州的林主在防鼠鸟药剂发明后的头十年里，就飞播了 6 万公顷火炬松，以改造次生林，结果很好。种子长成幼树之后，用除莠剂杀死灌杂木。

荒芜 40 年的皆伐迹地，也有飞播成功的。

就全国而言，近 20 年来，直播虽只占年更新造林总面积的 4% ~ 18%，但在某些州，比重可达 50% 以上。20 世纪 50 年代以来，累计直播总面积 100 多万公顷，其中大部分是飞播造林。

一般认为，飞播面积在 200 公顷以上时最经济。在稀疏的次生林直播是既省钱又易行的办法。飞播造林往往过密，要求疏伐，用劳力多，是目前妨碍美国广泛开展飞播的限制因素。

2. 加拿大

加拿大有 6 个省（全国 12 个省、区）开展飞播，安大略、魁北克以短叶松为主，其他几个省有白云杉、黑云杉、火炬松等。

安大略早在 20 世纪 30 年代便进行飞播试验，1962 年省林业研究处发明了布隆姆播种器，同年全省飞播面积 560 公顷。

由于短叶松飞播成功，苗木价格昂贵，造林地的地势险峻，飞播迅速得以推广。1978 年一年内，安大略省飞播了 20000 公顷，魁北克省飞播了 7000 公顷。

安大略省中部沉积沙地，短叶松每公顷播 50000 粒种子，5 年后，密度为 85%，每公顷平均有苗 7500 ~ 10000 株；有一块 13 年生的短叶松林，每公顷有 4000 株，飞播 9 年后进行了间伐，现在树冠已开始郁闭。

加拿大现在在土层薄的地方也采用飞播法。

飞播前，多数地方要进行机械松土，将未分解的有机质层刨开，以适于种子生长。飞播季节多选在晚冬或早春，以便冰雪融化后种子能迅速发芽。但某些树种种子要求土埋储存，则在秋季播种更为有利。飞播前有时也进行炼山，并要求烧透，使土壤无机质充分外露。

对播前种子处理问题，各省看法不一。安大略省怕毒性化学剂用得太多，防止鼠害的异狄氏剂已停止使用。加拿大普遍认为，种子越小，兽害损失越轻。

3. 澳大利亚和新西兰

澳大利亚 20 多年前开始桉树、辐射松小面积飞播试验。随着山地森林的开发，飞播迅速发展起来。这些珍贵桉树树种只适宜在全光照下更新，而大面积皆伐迹地很难或几乎不可能采用手工方法加以更新。每年可进行播种造林的日子很短，既要选择能保证安全炼山的天气，又要保证种子能播在肥灰上。这样的日子一年只有几天，错过了，皆伐后散布在迹地上的剩余物会腐烂而烧不透，野草灌木滋生起来，更新便很难了。

现在桉树皆伐迹地每年飞播面积 8000 ~ 12000 公顷。飞播严格按一套标准程序进行，因此很少失败。

飞播用的种子进行生活力试验之后，包以高岭土、杀虫剂、杀菌剂和颜料（使飞行员和地面工作组易于检查飞播结果）。

新西兰飞播造林主要用于高海拔地方的保安林营造。1980 年植苗造林每公顷成本 250 ~ 300 美元，而飞播仅为 20 ~ 30 美元。山地飞播常发生冻害，使幼苗根部外露而冻死。为防止冻害，常采用乔、灌、草种子混播，形成植被，以保护树苗。

1985 年是国际森林年[①]

联合国粮农组织有 79 国代表参加的会议确定 1985 年为"国际森林年"。森林是大陆生态系主干，可遭破坏的程度不断加剧。联合国估计每年减少 1130 万公顷，美国科学院则认为减少 1800 万 ~ 2000 万公顷。世界森林面积以每分钟 20 ~ 40 公顷的速度在减少，主要在发展中国家。大气污染、酸雨导致大面积森林死亡、罹病，联邦德国 1982 年受灾森林占全国森林的 8%，1983 年为 34%，1984 年已扩大到 50%。据美国世界观察研究所 1984 年的一个报告，除日本外，几乎所有工业发达国家都发生这一灾难或感到了它的威胁。另据苏联科学院通讯院士巴巴耶夫的文章，现今地球表面约 2000 万平方公里是沙漠，其中有些早在出现最初文明之前就形成了，但多数情况下，是人类活动造成的。200 年前，法国作家谢多勃良曾说过这样一句话："森林出现在人类文明之前，而沙漠则产生于人类文明之后。"

联合国环境规划署 1984 年宣布，地球每年有 600 万公顷农林地沙漠化。非洲自 20 世纪 60 年代后期以来，几乎连年干旱，成千上万人饿死，上亿人口过着半饥半饱的生活。抛开政治社会因素，国际舆论普遍认为，森林减少，沙漠化扩大是导致非洲大旱灾、大饥荒的主要原因。埃塞俄比亚遭灾最为严重。这个文明古国四分之三国土曾为森林覆盖，1940 年残留的覆盖率仍达 40% 以上，1960 年调查也还有 16%，1981 年根据人造卫星照片分析，森林覆盖率只剩下 3.1%。

森林减少，也为洪水肆虐创造条件。印度正式公布的森林面积有 7500 万公顷，覆盖率为 23%。但国家环境计划委员会认为，森林覆盖率已缩小为 12%；林学家们则说，只残存 7%。根据政府洪水委员会报告，30 年前印度经常受洪水侵袭的地区是 2500 万公顷，现已扩大到 4000 万公顷。1984 年 5 月孟加拉国发生大水灾，3000 万人倾家荡产，700 人丧生。但只有五分之一的水由天降；其余都是从植被遭破坏的高地冲下。

100 年前，林木因浓烟死亡，只是局部地区的现象。美国人根据测得的数据认为，苏联东欧各国二氧化硫对大气污染远比西欧、北美严重。实际情况表明，污染区内没有一个树种

---

① 本文系沈照仁同志撰写，发表于《国外林业动态》1985 年第 8 期。

可以幸免于灾。现代森林遭污染灾害的范围与程度与 100 年前相比，就像喷气式飞机与蒸汽机车相比，现在消耗能源更多了，采取高烟囱排放的办法，废气较长时间停留空气中，就会同水气结合成亚硫酸，形成酸雨，等于输出污染。当代许多林业问题已不是一地一国的事，更不单纯是一个专业部门的事了。

热带森林是药物宝库[①]

根据美国国会技术评价局的一份报告，仅亚马孙西北部林区，至少有 1300 种植物可以药用，东南亚森林里有 6500 种。现代医药科学正在加以筛选开发。

某些热带森林绵延至今已 6000 万年，是地球已知的最古老的生态系统。历史悠久、稳定的生态系统，在发展过程中，物种不断丰富，因此热带森林又是物种错综复杂的生态系统。每个物种都要在竞争中图生存，必须具有保护自己的能力，同时又与其他物种相适应，形成共生联盟。这样，成百万种植物、动物在漫长过程中，各自可能形成复杂的化合物而相互作用。热带森林由于拥有非常丰富的生物活性高的化合物而被认为是人类潜在的药物宝库。

现代医药科学已经十分重视植物天然化合物。美国四分之一药物处方包含高等植物的成分。美国 1974 年进口药用植物 2440 万美元，用它生产了价值 30 亿的药物。这些药品现在每年的商业价值超过 80 亿美元。如果把非处方的也包括进来，价值就翻番了。

现在还只对不足百分之一的热带植物化合物进行了筛选，便认定约 260 种南美植物可用于避孕。目前认为约 1400 种热带森林植物具有抗癌特性。美国国家癌研究所对 35000 种高等植物进行抗癌筛选。到 1977 年为止，发现 3000 种植物的效果有再现性，但适于进行临床试验的没有这样多。从一种热带树种根部提取鱼藤桐类化合物，已在美国肿瘤治疗中临床试用。

热带植物玫瑰长春花 Rosy perwinkle 对白血病有疗效。1960 年时，此病患者八成无救，但后来用这种植物制成两种药之后，白血病患者八成有了救。*Croton tiglium*（巴豆树，我国湖北、四川、湖南、广东有五种）、*Tabebuia serratifolia*、*Jacaranda caucana*（蓝花楹）三个热带树种，均含特有抗癌化合物，在实验中已证实疗效良好。

热带森林植物对治疗高血压也有重大价值。D – tubocurasine 在美国外科手术中广泛用做肌肉放松剂，是用南美的一种藤 *Chondrodendron tomentosum* 制成的。化学工作者迄今合成不出与天然特性完全相似的药，因此只能仍靠天然原料。

联合国总部下设有森林火灾专家组[②]

与 20 世纪 80 年代相比，近 5 年世界森林火灾次数约增多 10%。欧洲（不包括俄罗斯）80年代平均年发生森林火灾 5 万次；1990～1994 年的 5 年内平均为 7 万次；美国、加拿大平均每年约 15 万次；俄罗斯森林火灾次数也在增多。因此，防止森林火灾问题现在不仅受到社

---

①　本文系沈照仁同志撰写，发表于《国外林业动态》1985 年第 32 期。
②　本文系沈照仁同志撰写，发表于《世界林业动态》1997 年第 5 期。

会的重视，而且政府与国际机构也给予很大关切。联合国在日内瓦的总部 1994 年成立森林火灾专家组，足以证明此一问题受到注意的程度。

在联合国名义下有关森林火灾的国际会议，现在每 5 年举行一次：第一次 1981 年在波兰华沙，第二次 1986 年在西班牙，第三次 1991 年在希腊，最近一次 1996 年 8 月在俄罗斯召开。

第四次会议研讨的主题是"森林、火灾与全球变迁"。联合国森林火灾专家组长戈尔达默，在会上介绍"欧亚北部生态系统的火灾"一书，此专著是俄罗斯等各国学者的共同科研成果。

俄罗斯林学家总结报道这次会议时指出，世界许多国家改变了过去只重视扑灭火灾的森林火灾政策，愈来愈多的国家采取控制火灾的政策，重视消除燃烧物质积累。森林火灾防治中，非常注意树种更替，尽量避免或制止乔灌树种不理想的更替，即发生现为高产阶段的树种更替为非高产树种。

"适应自然的林业""近自然的林业"就是生态林业[①]

近年来，介绍德国林业时常提到"适应自然的林业"、"近自然的林业"。这两个名词出现有先后，不同的作者解释也不一致。德国新出版《生态林业理论与实践》一书（中文版，中国林业出版社 1997 年出版发行）的主编明确指出，"适应自然的林业"、"近自然的林业"和"生态林业"三个名词的内涵是一致的，在使用上可以互换，不必教条式去深究。

1950 年在联邦德国发起成立"适应自然的林业协会"（ANW）。20 世纪 80 年代在欧洲兴起近自然林业运动（PRO SILVA），1993 年欧洲已有 24 个国家参加。国际近自然林业运动的机构很有雄心壮志，希望在近期内能把这一运动普及到欧洲以外的国家。

"国际山地年"与"21 世纪的水塔"[②]

1992 年世界环发大会 21 世纪议程把山地的可持续发展列为全球环境与发展的头等大事，其第 13 章指明山地是脆弱的生态系统，从而山地议程成为一个焦点，吸引着世界政界、学术界的广泛重视。1998 年 11 月 10 日联合国大会通过 A/RES/53/24 号决议，确定 2000 年为"国际山地年"，这是国际社会长期努力活动的结果。

联合国《育林》杂志 1999 年 1 期社论称，2000 年已被宣布为国际山地年，粮农组织（FAO）被指定为联合国系统对这一活动的领导机构。

从赤道到极地，处处都有山地生态系统，约占陆地总面积的五分之一。世界人口十分之一直接依靠山地生态系统谋生，他们是世界最贫困的。山地的最大价值在于是世界所有主要河流和许多小河流的发源地。山地在水循环中发挥着关键性作用。

世界水理事会 1996 年关于水的可持续报告指出，1950 年世界只有 12 个国家 2000 万人口缺水，而 1990 年已有 26 个国家 3 亿人口水的供应紧张。到 2050 年时，世界预期将有 65

---

① 本文系沈照仁同志撰写，发表于《世界林业动态》1997 年第 7 期。
② 本文系沈照仁同志撰写，发表于《世界林业动态》2000 年第 1 期。

个国家 70 亿人口发生水荒，即世界 60% 人口，主要是发展中国家，将面临这一困境。

水短缺突出了山地科学管理的迫切性。瑞士伯尔尼大学地理研究所主持"1998 年山地议程"，讨论全球的淡水管理，围绕着一个主题："世界山地是 21 世纪的水塔。"

1. 为何聚焦于山地？

世界所有主要河流均发源于山地。全球一半以上人口依靠山地蓄积的水，以保证饮用、日常生活、农业灌溉、水力发电、工业、运输之需。山地面积相对于河流流域，虽占较小比重，却为下游供应较大的水流量。山地"水塔"对人类生存繁荣起着至关重要的作用。随着对水的需求增加，对山地来水的利用竞争加剧，因此潜伏着矛盾冲突。世界面临下一世纪的水危机，谨慎地经营管理好山地水资源，必须成为全球头等大事。

人类必须非常重视山地，其理由是很多的，特别值得提出的，如：山地雨水量大；山地储蓄水分，并将其分配给低地；山地是水塔，发挥着保持生命永续的作用；山地是脆弱的生态系统；山地供水引发纠纷；山地水是圣水；山地资源管理不当。

2. 是对 21 世纪的重大挑战

保证清洁的清水是基本人权，现在并未普遍实现。山地是"水塔"，山地还维持着高地、低地生态系统和生物多样性。水资源有限，而需求不断增长，必然导致矛盾冲突，因此保证经营管理好山地水资源，对保证 21 世纪可持续发展有着非常突出的意义。保持山地为水塔，乃是当前人类面对的一个重要挑战。

山地现在经受着众多内部压力，诸如无林化、农业与旅游业开发，低地人口稠密区对山地资源的需求愈来愈多。山地景观的迅速剧烈变化，对淡水供应有着深刻广泛影响。为切实保持山地的水塔作用，必须处理好以下问题：

（1）管理好对淡水需求的增长。从山地自身源头开始，就应对淡水资源实施精心管理。

（2）保护好山地淡水所创造的生物多样性与自然栖息地。保育好山地受保护区和自然生态系统，不仅是道德所要求的，也是在为后代保持自然资源。

（3）认识山地与低地的相互作用。必须提高认识山地是水塔的意义，并加深认识其对低地的影响。

（4）评价山地的水资源和人类活动的影响。现在迫切需要改善对山地水与土地资源的监控，评价山地人类活动对自然资源的冲击；现在还迫切需要让公众知道这些方面的信息，并促进山地与低地、相邻国家间知识交流。

（5）对山地投资。认识山地与低地可持续发展的投资机理。

（6）避免冲突。通过政府承诺，管理好跨国、跨地区的水资源，这一点在干旱、半干旱的地方尤为重要。

森林储碳单价几年里涨了 10 倍[①]

近 10 年里，为缓解大气温室效应，一种以森林为基础抵消碳排放的理论探讨，迅速发展成了市场手段。1997 年 12 月，有 170 个国家参加在日本京都召开的控制气候公约框架议

① 本文系沈照仁同志撰写，发表于《世界林业动态》2000 年第 2 期。

定书讨论并签字，37 个发达国家承诺到 2008 ~ 2012 年时，把 CO_2 排放量比 1990 年降低 5.2%。

20 世纪 90 年代初，国家间碳排放信贷交易，尚无有组织的市场，价格自由协商而定，谈不到供需平衡。但国际社会限制二氧化碳的不断努力，对污染国形成了承诺在限期内减量排放的约束性条款。早期交易，碳贮存每吨平均价仅 1.97 美元，现在每吨平均价已是 10 倍以上。

发达国家受约束性条款的驱使，增加了削减碳排放的投资，碳排放信贷每吨已达到 20 ~ 25 美元。现在世界已有几百万公顷森林置于缓和温室气体（Greenhouse gas mitigation – GHG）的财政拨款的经营体制之下。根据 IPCC（日内瓦国际气候变化小组）的调研，林业有可能抵消世界温室气体排放量的 15%。随着碳信贷交易的全面启动，众多的成交项目每年约能引来上百亿美元投资，这无疑对保护生物多样性、热带雨林均具重要的经济意义。

世界第一次妇女与林业专题研讨会[①]

国际林联（IUFRO）于 1999 年 8 月中旬在挪威的利勒哈默尔召开了第一次"国际妇女与林业研讨会"。现任 IUFRO 主席，英国牛津大学 Jeffery Burley 教授和德国弗赖堡大学 Siegfried Lewark 教授共同主持了这次科学讨论，与会的 53 位女林学家来自 25 个国家。

研讨会组委会主席 Ann Merete Furuberg Gjedtjernet 据称是世界第一位获得森林工程博士学位的女性。她指出，世界上从未召开过如此大规模的女林学家研讨会，其侧重点是从女性的视角来看林业。代表们普遍认为召开这样的研讨会是非常必要的，因为妇女受过去和现行的森林政策的影响很大，但却没有就政策制定阐述自己意见的机会。

发展中国家的毁林和大面积人工造林，导致众多物种的消失，给妇女养育子女带来严重困难。政策是男性制定的，他们很少考虑森林消失会给女性采集果子、药草和烧柴带来许多不便。

发达国家女性现在虽没有对森林产品的直接依赖性，但随着继承法的修订，女性林主在增多，接受高等林业教育的女性也在增多，可是在斯堪的纳维亚、德国、澳大利亚等诸多国家仍把这视为异常现象。男性林主，男性同行对女性缺乏必要的尊重。

Burley 教授认为"林业是一个歧视女性的专业"，IUFRO 执委会 27 位成员中只有一位女性，150 万会员当中大部分为男性。

木材仍将是未来最重要的原材料[②]

德国哥廷根大学木材生物学与木材工艺学研究所所长 Edmone Roffael 最近指出（2000 年 11 月 17 日），木材过去和现在都是一种最重要的天然原材料。许多著名科学家近年来又反

---

① 本文系沈照仁同志撰写，发表于《世界林业动态》2000 年第 19 期。
② 本文系沈照仁同志撰写，发表于《世界林业动态》2001 年第 4 期。

复论证，认为木材的地位和意义在未来呈上升趋势。他们的根据主要有 3 点：

（1）木材生物合成是一个有利于环境的过程，减轻环境负担，通过光合作用固定太阳能和 CO_2，把有效能量与熵蓄贮起来。

（2）世界许多地区的实践证明，通过速生造林与森林的集约经营，扩大木材供应潜力的可能性是广泛存在的。速生人工林平均每公顷能年产 20 立方米木材，相当于每天可产 15 克纤维素或 30 克木材。

根据联合国粮农组织统计，1970 年世界木材总采伐量为 24 亿立方米，1999 年为 36 亿立方米。世界人口增长虽然很快，但 1960～2000 年间的人均木材消耗量保持在 0.7 立方米左右不变。

（3）废旧木材与木材制品（如废旧纸张、废旧木料与制品）大部分为可生物降解物质，完全可以纳入原料进行循环利用。

欧洲各国刨花板生产中，废旧木材、加工下脚料的比重越来越大，就显示着木材作为原料的循环利用优势。1970 年德国刨花板生产原料的 63% 是工业用材，即大部分来源于森林采伐。2000 年，工业用材在原料中估计只占 17%，下脚料占了 61%，废旧木材占了 20%。1999 年欧洲各种木质人造板产量为 4555 万立方米，其中刨花板占 72%，中密度板占 16%，硬质纤维板占 4%，定向刨花板占 2%，胶合板占 6%。

Edmone Roffael 认为，在整个 20 世纪里，各种有机胶合与无机黏合人造板材一直处于发展状态。以不同树种木材自身浸出液作为胶合剂的技术和以木材为主要原料的贴面装饰纸技术也在不断发展之中。

现在世界木材产量中约一半为薪材，许多发展中国家 70%～80% 的采伐量为薪材。第二次世界大战以后，发达国家中薪材地位曾持续下降。70 年代随着能源价格上升，薪材作为能源的地位在发达国家也呈上升趋势。1990～1999 年，德国耗电量的可更新能源比重从 4% 上升到了 5.9%。

国际林援 40 年的结果评估[①]

《国际林业评论》杂志的前身是《英联邦林业评论》。据称其办刊宗旨为：促进全世界经营管理好森林与林地，既要利用，也要保护。2000 年 9 月，杂志发行专刊论述林业的国际援助。

近几年，世界富国对穷国每年资助金额约为 1800 亿美元，其中三分之一是官方发展援助，为 600 亿美元。国际机构援助只占 200 亿美元，其余 400 亿美元均是政府双边性质的援助。援助总金额的三分之二来源于私人捐赠。

援助总金额中对林业真实的援助规模并不清楚，但对林业的官方援助（包括政府机关的和政府双边的）在援助总金额中所占比例要高得多，则是显而易见的。发展中国家接受林业援助的效果如何，迄今没有可信的评价资料。

自 20 世纪 60 年代起，国际林业援助可分为 4 个时期：①工业性林业；②社区林业；③

① 本文系沈照仁同志撰写，发表于《世界林业动态》2001 年第 7 期。

环境林业；④可更新自然资源的可持续经营。不同时期的林业援助均与国家的林业发展进程变化相关，随着新问题的出现，必须实验探索新途径。随着目标变化，完成的方式也发生变化。

不同时期援助重点往往不是单一的，常是并行实施的。近 15 年来，对林业规划给予特别重视。国际林业援助工作开展了广泛宣传，不断地引起人们注意的不外乎以下问题：无林化危害、烧柴匮乏、水土流失、气候变暖和生物多样性衰退。解决各种危困的普遍办法，或认作万能灵药的，又不外乎造林、社区林业、可持续的森林经营、森林的非木材产品和生态旅游。

经几十年的发展援助，一些国家林业政策有所变化，不少国家速生树种造林成绩显著，低价值木材资源的升值加工利用技术在推广之中。近 20 年来，林业有许多认识在发展中国家普及开来，如所有权、属性、整体观念、森林的非木材产品、群众参与森林经营和可持续的森林经营。

但是，国际林业援助并未能解决一些根本性问题：无林化现象没有抑制下来；除小块实验地之外，迄今仍难找到真正实施可持续经营的森林；鼓励群众参与森林经营管理虽已成为时尚，但仍只是一句口头禅，大多数林业管理机构极不愿意把权还给当地居民。

对发展中国家的国际林业援助虽已 40 年，许多发展目标是很早以前大家所认同的，但为什么收效甚微，是值得深入探讨的。

毁林、撂荒、森林演替与洪水的关系[①]

2002 年 9 月 2 日，《时代周刊》在两个完全不同的栏目发表以下两组数字：①1990 ~ 2000 年间，世界森林减少了 2.43%，只有欧洲增加了 0.84%，亚洲减少 0.67%，北美洲与中美洲 1.04%，大洋洲 1.85%，南美洲 4.19%，非洲 8.01%。②根据欧共体官员的报告，最近欧洲发生大范围洪水，已造成 200 亿美元的损失。

在 19 世纪上半叶，为向法国、荷兰出口木材，欧洲阿尔卑斯山区森林遭大面积皆伐。那时瑞士频发洪水，给人财造成严重灾难。林学家和政治家达成共识，认为皆伐显著增加了径流量。1876 年瑞士颁布了第一部国家林业法，有条文严格规定保护森林。欧洲许多国家在此一时期相继通过森林法，目的常是为了抗灾防洪。

一、撂荒是近年欧洲森林扩大的重要原因

意大利育林研究所 P. Piussi 2000 年发表的论文指出，近几十年来，大多数欧洲国家森林面积扩大了许多，以前的农地、牧场变成了森林。耕田、果园、葡萄场、草地，有的原先还曾是板栗、栓皮栎、油橄榄等经济林，已被一片片新林所取代。在山区尤其明显，不同的气候区、土壤带均发生了类似现象。从地中海沿岸山地到阿尔卑斯山脉 2400 米的林木分布线上限，从肥沃的土壤到水土流失严重的山地，都在发生演替。新形成的森林一般由适地的本地树种组成；但也有按计划造林，采用的是引进的外来树种。跟世界其他地方一样，欧洲

---

① 本文系沈照仁同志撰写，发表于《世界林业动态》2002 年第 33 期。

也有农地撂荒自发更新起来的森林。美国阿巴拉契亚山山地农场 19 世纪中期撂荒，经 150 年天然更新已转化为森林。

二、撂荒恢复与毁林轮垦是两回事

农、牧民撂荒土地是土地得以天然恢复森林的前奏，不能把这种撂荒与传统农业轮荒休闲土地以恢复肥力混为一谈。欧洲社会发生了大变化，巨大的社会、技术、经济变化，导致今日的撂荒。工业发展吸引劳动力进城，农业机械化有利于平原农业，也为人们创造了较好的生活条件(受教育、健康、社会生活)，这些又促进了荒野化。近 10 年来，撂荒已经是相当普遍的现象。市场的国际化自由化和欧共体的农业政策，更突现了这一结果。

人类史里，很早以前，因瘟疫战争以及其他意外事态，也发生过撂荒自然恢复森林。

对特定地区而言，撂荒可能发生在最穷的地方。19 世纪末，东阿尔卑斯山森林分布线上限恢复森林植被，这实际反映着撂荒不断减轻放牧压力的结果。现在这里大面积分布的第一代森林的年龄结构、径级分布、林分密度和植被状况，均足以证实撂荒导致恢复的判断。意大利和斯洛文尼亚的阿尔卑斯山脉前沿农地近几十年突然撂荒后，在短期内已经出现了相当齐整的森林。

三、2002 年大洪水原因有待解释

欧洲森林面积扩大，不论从哪个角度看，都受到世界欢迎：新林木资源形成，已贮存大量二氧化碳；撂荒 30～40 年的农地为硬阔地取代，已能提供烧柴；新森林已能生产木材，保证一定的就业机会；演替形成的林木植被丰富了生物多样性，美化景观，为旅游创造环境；木本植物繁衍在土壤严重侵蚀地上，抑制水土流失，改善集水区条件，显著减少河流淤积物，极大有利于稳定河床。

Pranzini E. 1994 年的论文指出，林业工作者以及参加集水区经营的技术人员认为，上述变化对保护土壤、恢复土地肥力和造林更新都是有利的，但沿岸地区出现了新问题：在河口地方，因河流固体物质搬运量减少改变了另一种平衡，即海洋引起的侵蚀与山地冲刷下来的土壤堆积之间的平衡。其后果是海滩侵蚀，大范围发生沉积混乱，给道路沿岸结构引来麻烦。

本刊 2001 年第 3 期"现在欧洲林业频遭风暴灾 林业该怎么办"一文，介绍过 1997 年欧洲大洪水灾。根据荷兰的资料，1950～1999 年间，欧洲年年都有森林遭受风暴灾害。

显然，近 50 年欧洲发生的自然灾害，已不能简单地归咎于森林采伐。20 世纪许多观测研究显示，森林防洪的能力是有限的，洪水的强度往往很大，不进行皆伐也抵御不住。当土壤已为水所饱和时，森林的抗洪影响随即消失。欧洲 2002 年大洪水已再次告诫人们需要不断探索。

前面提到的 Pranzini 的话"沿岸地区出现了新问题"暗示着新矛盾的出现。原文发表在意大利 1994 年 II Quaternario I ，题目为 "Bilancio sedimentario ed evoluzione storica delle spiagge"。

大面积推广转基因树种后果堪忧[①]

美国制浆造纸年耗资金 60 余亿美元，其中相当大一部分支出是用于分离纤维与木质素，而且要求在腐蚀性很强的碱溶液、高温高压下进行。分离纤维后的木质素废料现在用作燃料，其经济回报很小。因此，培育转基因改性树木技术逐渐发展起来。扩大木材中纤维比，减少木质素含量，可以显著降低制浆造纸成本。

北卡大学生物技术学者已能改变杨树基因码，使木质素含量降低到 45% ~ 50%，而且转基因树木生长很快。

北卡大学技术人员在杨树叶上加切痕，使伤口感染有效基因细菌。经处理树叶的细胞，可以培育出所需特性的树木。

北卡大学的科学家与其他部门从事基因工程的研究人员一样，遇到了类似难题：人造有机物与周围世界的相互影响如何，对病虫害的免疫力怎样，其生态后果难以预料。法国和英国培育转基因树木仅有 4 年历史，由此得出结论认为，对周围生物群落似乎无有害影响，太无说服力。

谋求商业利益的大林业公司现在急于推出转基因树木上市，并已申报了很多项专利。他们是不会去思考后果的。"安全第一"项目计划委员会成员 В. Б. Колеснцков 认为（2003 年 8 月 16 日），科学对待这样的事情，至少会要求几代培育，让所有的特性稳定。农业的商业资本对转基因技术的态度已显示出轻率，他们是不愿意做长期投入的。

俄罗斯《林业报》2003 年 8 月 16 日发表无署名文章指出，没有控制地推广基因改性，有可能导致普通植株与改性植株的杂交。这样的前景最令生态学家担忧！因为任何一种杨都易于与相近的种杂交，而改性杨的种子经风可吹到几十、几百公里以外。其后果如何，现在谁也说不清！

转基因树木有可能严重污染环境。大面积营造转基因林很可能排挤天然林木，占据其生态空间。转基因林有可能不能发挥普通森林的作用。美国仅俄勒冈州就已经栽种了 1.6 万余公顷杨树转基因林。

选择林业发展道路要谨慎[②]

一、坚持恢复发展森林生产力应为正业

当天然林资源长期过伐，森林生产力处于严重衰退时，许多欧洲国家的林区都发生过单纯依靠木材生产的经济难以为继的情况。瑞士、意大利、瑞典等国家依靠木材采伐谋生的人，曾大量移民他乡。瑞士一度开发各种替代产业，以发展林区经济，但乳品业、畜牧业的发展并不有利于天然林复苏。第二次世界大战后的日本，森林资源消耗过度，维持林区群众的生计也很困难。韩国森林资源的衰退状况，生产力之低，也是非常惊人的。

---

① 本文系沈照仁同志撰写，发表于《世界林业动态》2003 年第 29 期。
② 本文系沈照仁同志撰写，发表于《世界林业动态》2004 年第 26 期。

现在，瑞士是世界单位森林面积蓄积量最高的国家；日本年消耗木材 1 亿立方米，经战后恢复，其森林资源现在已足以保证自给；韩国坚定地走的也是恢复森林生产力的路。

瑞典、芬兰、奥地利、瑞士林区确实也有多种经营，但木材生产并没有被取代，木材生产力的恢复、培育至今仍是主业，是正业！森林生产力持续衰退下去，多种经营的基础也会随之消失！

二、印度科学家的担忧

印度中央水土保持研究培训所 2004 年 4 月发表的一份研究报告指出，人畜增多，持续过量消耗自然资源，将会导致森林植被衰退，生物多样性消失，整体上显示出印度土地的严重退化。印度全国年流失土壤 53.34 亿吨，几乎是允许流失量的 4 倍，相当于年损失 800 万吨营养物和 300 万吨谷物。

印度国土面积 3290 万公顷，仅占世界陆地的 2.4%，却养育着 10 亿以上人口，家畜占世界的 15%，数量虽保持着世界最大，而其中 70% 在经济上是无利可图的。恢复森林生产力，是印度学术界的普遍呼声。

三、林区结构变化预示着什么

《人民日报》2004 年 8 月 28 日发表"大兴安岭林木替代产业接近'半壁江山'"一文，记者杨立新指出：经过 40 年的开垦建设，黑龙江省大兴安岭林区的产业结构发生了重大变化。昔日依靠"独木支撑"的单一经济格局已被打破，新兴的"非林非木"替代产业正迅速崛起。目前，全区非林非木产业的经济总量已占 GDP 的 40% 以上。

利用得天独厚的生态优势和资源优势，大兴安岭地区把发展绿色食品产业作为拉动地方经济的新兴支柱。获准使用绿色食品标志的食品总数已达 20 个……绿色食品年产量达到 10 万 t，实现销售收入 3.5 亿元……目前，全林区的动物养殖已发展到鹿、狐、貂、獭兔、鸵鸟、孔雀等 30 多个品种，总量达 20 万头(只)。

世界各国都非常重视天然林生物多样性的恢复，显然与我国在天然林区广泛引进各种动物不是一回事。中国天然林区大力发展动物养殖业，倒很像美国在巴西亚马孙原始林发展肉牛业，结果必然是对天然林的破坏。

林业不务正业，最后可能是把自己从国民经济中淘汰出局，林业变成养殖业、畜牧业的附属部门，还谈得上是天然林保护吗？

森林认证工作在发展中国家进展缓慢[①]

截至 2006 年 1 月，世界经认证的森林面积为 2.71 亿公顷，约占世界森林总面积(39.52 亿公顷)的 7%，占世界生产性森林面积(13.47 亿公顷)的 20%。

森林认证工作起始于 20 世纪 90 年代，目的是促进森林的可持续经营，首先着眼于发展中国家，特别是热带森林。遗憾的是现已认证的森林只有 13% 属发展中国家，热带林只有 5%。

---

① 本文系沈照仁同志撰写，发表于《世界林业动态》2007 年第 3 期。

（二）亚洲林业

联合国报道我国藏南森林状况[①]

印度把中印边界东段非法的麦克马洪线以南我国九万多平方公里的地区划为它的"阿鲁纳恰尔邦"直辖区。联合国粮农组织 1981 年出版"非洲热带森林资源"一书，简单介绍了我国这一地区的森林情况。印度利用美国陆地卫星资料和百万分之一地图，在判读分析计算的基础上，提供了以下各项数据（单位：万公顷）：

"阿鲁纳恰尔邦"直辖区总面积 835.9 万公顷。

其中：郁闭林	570.2
退化林	4.7
受毁林开荒影响的郁闭林	33.1
受毁林开荒影响的退化林	46.3
高山牧地与灌木丛	110.4
非林地	19.3
常年积雪的土地	47.2
水面	4.7

加里曼丹发生世界有记载以来的最大森林火灾[②]

联邦德国《木材总览报》1985 年 9 月 9 日报道：加里曼丹岛发生一场连续三年的森林大火，烧毁 360 万公顷热带雨林，这相当于美国有记载的最大森林火灾面积的 3 倍。木材蓄积量损失估计达 10 亿立方米。遗传资源的损失是无法估量的。大火中没有动物、植物能幸免于难。迹地大部分土壤烧透深度达 2 米，因此不可能很快天然更新。

南朝鲜是第三世界中极少有的
森林资源得以增长的国家之一[③]

美国世界观察研究所《世界状况 1984》一书指出："在大多数第三世界国家里，滥伐森林是一个极为严重的问题，是一个具有长期经济影响和生态影响的问题。值得注意的一个例外是南朝鲜，它已经成功地在荒山上重新造林，植树面积相当于他们种植粮食的稻田总面积的 2/3。"

---

① 本文系沈照仁同志撰写，发表于《国外林业动态》1982 年第 1 期。
② 本文系沈照仁同志撰写，发表于《国外林业动态》1986 年第 4 期。
③ 本文系沈照仁同志撰写，发表于《国外林业动态》1988 年第 15 期。

直到 20 世纪 50 年代末，南朝鲜森林一直处于下降趋势。但此后，到 80 年代中期，森林覆盖率和蓄积量都增长了一倍以上。

全世界现在约有 30 个国家、地区的森林资源处于上升趋势，属发展中国家的只有二、三个。

1. 恢复林地

根据官方统计，1952 年南朝鲜森林覆盖率只有 32%。毁林开荒也曾是森林破坏的一个主要原因。历史上有很多人离乡背井，进深山老林开荒谋生。据 1924 年调查，朝鲜有 115 万人靠毁林垦荒为生。第二次世界大战后，人口剧增，垦荒的人更多。

1961 年通过新森林法，取代 1911 年的旧法，林业开始出现转机。当时，森林资源丰富的江原道毁林最严重。1964 年从这里开始了治理。1966 年南朝鲜颁布了根治毁林垦荒的法律，具体规定了坡度在 20°以上的地方恢复森林。

1973 年南朝鲜林地面积恢复至 666.7 万公顷，占国土 67.7%。

2. 逐步稳定地增加蓄积量

由于长期破坏，南朝鲜林地的林木蓄积量极低。根据规划调查，全国有 272 万公顷林地需进行造林。第 1 期 10 年造林计划确定造林 108.4 万公顷。

南朝鲜于 1973 年开始了第 1 期造林计划。用了 4 年多时间，到 1978 年，便完成了 108 万公顷造林。实施前，林地 666.7 万公顷，平均每公顷只有 10.8 立方米蓄积量，1978 年提高到了 17 立方米。

1979 年又开始第二个 10 年的造林计划，目标是建立用材林基地，并普及林业技术知识，要求 1988 年时全国每公顷林地蓄积量达到 36 立方米。

根据 1984 年初公布的数字，南朝鲜林木总蓄积量已达到约 1.6 亿立方米，每公顷林地的平均蓄积量增加到了 24 立方米。

根据长远规划，2030 年时，南朝鲜每公顷林地平均蓄积量应达到 74 立方米；2080 年时，应达到 150 立方米。

3. 林业与促进乡村发展、解决烧柴相结合

联合国有关机构的一些报告都说，南朝鲜已解决了烧柴问题，森林资源在恢复增长中。

城乡烧柴需求激增，也曾是南朝鲜森林遭到破坏的另一个主要原因。

南朝鲜 1957 年颁布"保护森林紧急法令"，开始在乡村组织林协，现在全国 80% 农户参加了林协。没组织起来时，居民对乡村周围的森林只利用，不经营管理，是森林的破坏者。

林协是独立法人，由林主和无林户合作组成，通过选举产生负责人。1959～1977 年林协完成了 64 万公顷薪炭林造林。政府把需更新的保护区以外的国有林免费借给林协，如完成造林，就长期固定给林协使用。凡林协成员，承担义务的同时，可分享经营森林的收入。据统计，林协每年林副产品出口值平均 3000 万～4000 万美元。

南朝鲜把乡村林业看做新乡村运动的一部分。1972 年森林发展法授权政府要求土地所有者，通过乡村的共同力量，实现私有土地的造林。开始时，地方参加林业活动是行政当局压力的结果。乡村林协是发展乡村林业强有力的基础。

南朝鲜乡村烧柴问题的解决，还有赖于其他措施。为减少烧柴消耗，政府努力改革了传统的制炊取暖办法。林业研究所开发的地板下取暖系统，已推广全国；降低烧柴耗量 30%。

南朝鲜严格限制烧柴买卖，并完全禁止市镇的烧柴贸易，从而减少了烧柴耗量，抑制了非法采伐。同时，政府又推行乡村电气化。薪柴在南朝鲜的能源结构中的比重明显下降，1966 年占 55%，1979 年降为 19%。

4. 大做木材生意，补充自给的严重不足

1971～1985 年间，南朝鲜每年最少自产木材 1760 万立方米，最多一年产 1025 万立方米。按拥有林木蓄积量计算，平均每年产材量约相当于 1/20 到 1/15。这样的资源利用强度超过了欧洲集约经营森林的国家。但自产木材中 2/3 以上为薪柴，能供给经济建设、工业生产的只有 200 多万立方米。为保证满足国民经济的用材，年年进口 600 万立方米左右。目前用材的自给率为 17%，根据计划 1990 年自给率要达到 18%。2030 年时，自给率计划达到 50%。

南朝鲜木材进口得多，加工后出口也多。它和我国台湾省一样，在国际上公认很善于做木材生意。台湾木材业对台湾经济有三大贡献：①每年净创外汇 4 亿美元；②进出口调补余缺过程中，不花一点外汇，满足了省内用材需要；③解决了 30 万人就业。这样的评语同样适用于南朝鲜木材业。

1975～1985 年期间，与我国台湾省一样，南朝鲜木材加工业经历了一次深刻转变，以适应国际市场的竞争。直到 1978 年为止，南朝鲜胶合板在国际市场占有非常重要的地位，每年仅胶合板出口一项几乎可以抵消全国 2/3 以上原木进口的外汇开支。1975 年进口原木 518 万立方米，花去外汇 26981.7 万美元；同年出口胶合板 125.8 万立方米，收汇 22875.4 万美元，抵消了原木进口 85% 的外汇支出。1976 年进口原木 632.3 万立方米，出口胶合板 162.3 万立方米；1977 年进口原木 780.7 万立方米，出口胶合板 170.3 万立方米。两年胶合板出口分别抵消原木进口外汇支出的 84% 和 78%。1978 年南朝鲜进口了更多原木，达 940.9 万立方米，胶合板出口 160.5 万立方米；胶合板出口一项差不多仍抵消了 2/3 的原木进口外汇开支。

除胶合板之外，南朝鲜还出口木器家具。因此，在国际市场上，南朝鲜在木材贸易平衡中一直保持了出超的地位。

印度尼西亚胶合板工业的竞争挤垮了南朝鲜胶合板出口业。1975 年它只出口 12.7 万立方米胶合板，外汇收入仅 3981 万美元。南朝鲜胶合板工业 1978 年有 3 万工人，1984 年减少到 1 万人。但经二、三年调整，木材工业的二次加工业迅速发展起来。

根据美国 1988 年 4 月的一份研究报告，南朝鲜现在已形成了年销售值达 11 亿美元的乐器工业和家具工业。

1983 年以来，钢琴生产能力已翻了一番，估计不久就会超过日本。美国是南朝鲜乐器的主要市场。1986 年原计划出口美国 3 万架，仍是供不应求。南朝鲜现在也生产高档乐器。

南朝鲜家具工业所用木材 98% 以上靠进口，95% 左右是阔叶材，一半以上阔叶材从热带国家进口，主要是柳桉。87% 木材是家具业直接从国外采购的。

南朝鲜林产品出口也持续增长。据联邦德国"木材总览报"1988 年 4 月 8 日报道，南朝鲜林业 1988 年计划向国外销售 4.7 亿美元林产品，比上一年增长 5.4%。1987 年林产品出口 4.46 亿美元，比 1986 年增长了 27.4%。政府将在财政上扶持某些新的、富有活力的林业出口产品，如干蘑菇、栗子、建筑用石块等。

据南朝鲜林业机关通报，政府于 1988 年将推行木材业 10 年发展计划。林业发展基金将从 108 亿元增加到 500 亿元。国家对林业还实行免税、减税政策。

新中国成立以来，新中国少林缺材地区的森林资源同样处于上升趋势。我国台湾省和南朝鲜的实例是否可以证明发展中国家和地区并非注定要破坏森林。

日本国家林业科研新体制与其目标①

日本国立林业试验场创建于 1905 年，1988 年 10 月改名为"森林综合研究所"。新组织机构图如下：

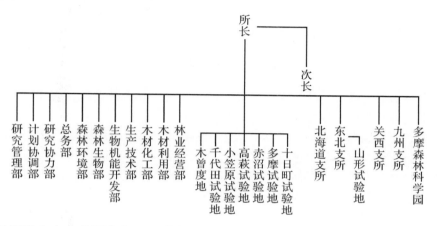

试验场原设 9 个专业研究部：经营部、机械化部、造林部、土壤部、保护部、防灾部、林产化学部、木材部、木材利用部。第一任所长小林富士雄说，"仅仅改变组织机构是没有意义的，目的是要创建一个开放型研究所"。小林富士雄就如何办所谈了以下意见。

一、发挥森林综合研究的特色

机构改名、改组，并未实现试验、研究内容的变化。研究所必须意识到肩负的使命，在研究内容方面与之相适应。

（1）作为国立研究机关的作用。森林综合研究所是国立研究机关，探索着某些问题。总理大臣的咨询机关科学技术会议普遍认为："国立研究机关应致力于基础研究。"从长远观点看，木材性质、森林性质等问题是基础研究中极为重要的内容。森林综合研究所的重点是推进基础研究。

（2）作为行政官厅附属机构的作用。农业有 20 个场、所，水产有 9 个场、所，分担基础研究和应用研究。森林、林业只有一个研究所，必须全面负担基础到应用的所有研究。这是森林综合研究所机构庞大的原因。

目前，林业、林产业均处于萧条状态，处境艰难。这是科研要研究解决的一个方面问题。另一个方面是国民对森林的要求愈来愈高，这不是一时的热潮，而是进入了转折时期的表现。科研也应适应这一形势。

（3）作为世界性研究所的作用。森林综合研究所与国外合作研究的项目占全部研究项目

①　本文由白秀萍、柴禾合作撰写，发表于《国外林业动态》1989 年第 16 期。

的一半。为进行长期合作研究，出国两年的有 15 人；为进行短期技术合作，出国 1 周到 3 个月的，每年约 60 人。此外，每年从国外来的研修人员约 200 人。

与国外(包括与发达国家)合作研究的要求日益增多。例如酸雨、二氧化碳、沙漠绿化以及热带林问题等都有开展协作研究的迫切要求。

二、办成开放型研究所

"开放型研究所"要求与各种研究机关一起进行研究。与产业界协作，使科研成果实用化。在林野厅的撮合下，一些科研合作组织已经形成，今后要继续推进其发展。

在基础研究方面，应进一步发展与大学及其他国立研究机关的协作；在应用研究方面，应发展与民间企业、都道府县的林业试验场、林产试验场的协作。

三、办成易为理解的研究所

社会对森林的要求提高，越来越关心自然保护，对森林、林业的误解也就越多，因此，努力使群众正确理解森林和林业是十分重要的。

传说改名是要不搞林业或木材研究了，这不是事实。更名为森林综合研究所的理由就是要以有关森林的所有内容为对象进行研究。

研究所的研究内容可分为森林、林业和林产业研究 3 个大的方面。每个方面设 2 个部，森林研究设森林环境部和森林生物部；林业研究设生产技术部和林业经营部；林产业研究设木材化工部和木材利用部。生物机能开发部与以上各专业部有区别，其研究涉及各部。以生物技术为中心的尖端技术研究，原来是分散进行的，现统一到一个部里。

四、加强职能部门

综合研究所是大型组织，本所承担基础领域研究，支所承担应用领域研究，组成统一的整体。支所虽是林业研究部门，进行配套技术研究分门别类，范围也很广。如按分担的任务设立机构，组织就非常庞大而无力。所部设计划协调部，下又设联络课，发挥联络各专业部、支所的作用，强化全所的计划协调，推进统一的研究体制。

配备得力干部，新设了研究管理官，也是这次改革的一项重要内容。各专业部、支所现在有许多协作研究项目。无脱产专职人员协调领导是不行的。研究管理官受权于所长，对专业部、支所共同进行的重大课题负责协调领导。此外，研究管理官还与行政当局保持接触，发掘需要研究的潜在课题，并编制项目研究计划和预算。

研究协力官是为开展国际科研协作，科技协作的需要而设置的。

五、办好宣传科研成果的展览馆

多摩森林科学园因樱花和历史悠久的树木园而闻名。1988 和 1989 年在这里进行科研成果展览馆建设，以后将展出林业的最新研究成果。

六、要立足于长期展望的研究

经费紧是不可避免的。研究计划如不立足于对将来的预测，很难在大藏省得到通过。基础研究出成果慢，更需要有扎实的计划。如果选题好，科学技术厅现在也同意把基础研究项目列进预算。森林综合研究所基础研究的范围很广，从遗传因子水平到木材、森林，都有许多值得探索的课题。

没有基础研究，常常说服不了人。例如，要建立水源税，森林的水源涵养机能究竟如何，就得说明白。这是要花长时间的。

从印度竹浆造纸业发展受挫中应借鉴什么[①]

中国和印度都是世界竹类资源最丰富的国家。根据我国森林资源统计，竹林列为人工林，大陆现有竹林 354.63 万公顷，相当于台湾全省的总面积；总蓄积量 8000 万吨，年产竹材 800 万吨，年产竹笋 125 万吨。中国是世界人工竹林资源最丰富的国家。

印度是世界竹林天然分布最广的国家。根据其《1990 年全国竹类学术讨论会》资料，印度现有竹林 1300 万公顷，蓄积量 15000 万吨，年生产能力不少于 1500 万吨；实际统计的竹林年产量 323 万吨。根据 1980 年资料，印度竹林总面积为 957 万公顷。可是，近 10 年来，印度报刊普遍认为竹资源已遭严重破坏。据国际纸浆与纸杂志 1992 年 7 月报道，印度全国纸与纸板厂 327 个，而其中的 114 个已在 1991 年停产。

印度跟中国一样，都是木材资源缺乏的国家，造纸原料尤感不足。印度森林中针叶林只占 6.3%，且分布在边远山区。1919 年建立第一个竹浆造纸厂。印度独立后，20 世纪 50 年代大力发展竹浆造纸。从此，印度以竹材为主要原料的制浆造纸工业，名扬世界。

我国 1991 年产纸 1400 多万吨，而消费量为 1590 万吨。为弥补不足，从国外进口了近 140 万吨纸张和纸浆，价值 8 亿美元。即便如此，中国大陆人均纸的年消费量也仅为 13 公斤左右，而世界人均的年消费量为 44.8 公斤。

1981~1990 年 10 年间，我国共进口纸浆 593.4 万吨，纸与纸板 860.5 万吨，总计 1453.9 万吨，平均每年进口纸浆、纸与纸板 145.4 万吨。由此可见，纸浆和纸已是消耗我国外汇的大户。

中国需要进口浆、纸，不单纯是由于数量不足。更重要的是由于造纸纤维原料中，国产木浆仅为总浆量的 18%。木浆比重过低，影响产品质量和产品品种的发展。每年大量进口木浆和纸浆，实际上也是弥补造纸纤维原料结构的不足。

20 世纪 80 年代我国曾发生竹材滞销，而竹材是良好的造纸原料。仿效印度，以竹代木，大力发展竹浆造纸，已成势在必行。估计在近期内，会有更多的四川雅安、广东广宁、福建邵武一类现代化竹浆厂建成投产或完成设计，或签定投资合同。

1993 年 5 月 9~22 日，我受中国林科院竹类中心派遣，考察印度竹业。现在报告如下：

1. 竹材现在已不是印度最主要的造纸纤维原料

根据联合国报道，1951~1978 年期间，竹子始终占印度造纸原料用量的 70%。20 世纪 60 年代之前，印度几乎没有木浆生产。1979 年纸浆实际产量 107.8 万吨，竹浆还占 63 万吨。

而印度竹业协会 1991 年给第 4 届国际竹业会议提交的报告说："竹浆在印度纸的生产

---

① 本文系沈照仁同志撰写，发表于 1993 年 6 月 30 日出版的《决策参考》第 16 号。

中，1952 年占原料的 73.5%，1988 年降为 26.53%。"

印度造纸科技界权威 Singh 先生 1992 年的专著指明，1990 年印度实际产纸 170 万吨，以竹材、木材为原料的仅占 21.6%。

2. 竹浆造纸生产能力，因竹材供应严重不足而开工不足

根据联合国 1991 年调查报告，全世界 1990 年拥有竹浆生产能力 168.9 万吨；印度为 130 万吨，占四分之三。

印度以竹材、木材为原料的制浆造纸厂，均为年产能力 2 万吨以上，1990 年计 32 家，其总生产能力 195 万吨。1990 年印度以竹、木为原料只生产了 36.7 万吨纸，只相当于 2 万吨以上厂总生产能力的 19%。竹材来源无保证，是大造纸厂开工率不足的主要原因。

印度政府最近鼓励浆厂、纸厂进行技术改造，新实施的项目主要用甘蔗渣为原料。

3. 竹资源遭掠夺性开发利用，不可能保证工业持续生产

印度著名植物学家 Bennet，在其《印度竹子的分布与资源》一书中，虽充满信心地论述印度竹资源之丰富，但在另一场合却不得不列举众多事实，承认大批竹浆纸厂生产萎缩或停产倒闭。

我国许多林学家称竹子为第二资源。这可能是因为竹子常和其他树种一起组成混交林，而且处于主林层之下，当上层林木砍伐后，竹子以生长快、繁殖力强的特点，很快恢复成次生林。发展中国家森林业当前普遍存在的主要问题是没有实现永续经营的原则。在主林木遭到破坏之后，为了谋生，人们又开始了对第二资源的掠夺利用。印度 20 世纪 50 年代以来发展的竹材工业利用，应该说即属于这种类型，其特点是：

(1) 各邦政府为吸引工业投资，以非常低的价格把竹林长期租赁给工厂。1980 ~ 1985 年间，大部分纸厂每吨竹材只付 300 ~ 400 卢比（约 20 美元），自由市场价远高于此。

(2) 竹林工业利用的许多经营、技术问题没有解决。印度竹资源衰退问题在 20 世纪 60 年代就已摆在植物学家、林学家面前。但经二三十年的努力，竹林繁殖恢复工作进展不大。除经济因素外，技术上也存在许多问题。

不同竹种开花期不一，间隔又很长，因此不能稳定地保证种子来源。竹子种子保存期很短。雨季开始前采用竹茎繁殖，成本高，技术也尚未成熟。

竹林长期租赁给工厂或由采伐企业承包生产竹材，因受租期或承包时间限制。合同、协议对竹林经营，采伐利用都没有明确的要求。

竹林的现代工业利用与传统利用，要求实施不同的经营方式。现在把两种利用集中在一块竹林上实现，造成两种利用的掠夺竞争，其结果可想而知。

(3) 盲目乐观，过高估计竹资源的生产潜力。以泰米尔纳德邦为例，竹子曾是这里森林的重要组成。因生长迅速，单位面积产量高，有人甚至以为，无需特别注意竹资源的科学经营，任其自然，即使处理不当，也无妨。根据 1959 年对全邦竹资源的草率调查，当时估计竹资源除足以保证地方传统需要之外，还可维持日产 60 吨的纸厂生产。邦政府竭力发展造纸业、人造丝业，竹林从此遭到无情蹂躏。泰米尔纳德邦许多地方的竹资源逐渐消失了。

4. 从经济上讲，究竟是"以木代竹"、还是"以竹代木"合算

"以竹代木"是印度 20 世纪 50 年代大力发展竹浆造纸的初衷，但根据印度原森林总监 Srivastava 的回忆，在他任林研所所长时，1965 年曾受命组织力量，开展阔叶树木材的造纸研究，以弥补竹材不足，开始了"以木代竹"。

印度全国开展社会林业，桉树受到厚待。政府为一些竹浆厂划拨土地，营造原料基地，但极少有厂愿意营造竹林，因为桉树的经济效益比竹子高。

印度林学家 Negi S. S. 指出（1991 年）："现在桉树材几乎已占制浆造纸原料的 20%"，"一个完全以桉树材为原料日产 300 吨的纸厂，约需人工林 150 平方公里。如以 4∶6 的竹与阔叶树种混交林为这样规模厂的原料基地，则需要 870 平方公里"，"桉树木材运费也比竹、阔叶材低得多"。

在一些竹子天然分布区，15～20 年前也发生了毁竹植桉。

印度各地发展桉树人工林，对乡村就业、烧柴来源、农业生产以及生态环境，都产生了不利影响。因此公众舆论很多，反对桉树造林。印度林学家们相信，竹子作为乡土的速生植物有可能重新受到重视。

如果现在我们把问题单纯地局限在为造纸工业建立原料基地，究竟应该发展什么，似乎还需要进一步研究。

印度发展竹浆造纸已 60～70 年，这个事实本身表明竹材确实是优质的造纸原料，但我国应吸取经验教训：

（1）不要重复印度的错误，盲目过高估计现有竹林的生产潜力；

（2）竹林作为第二资源，不能偏重于利用，而要着重于利用中恢复，发展资源；

（3）在目前竹资源还比较丰富的时候，就要充分考虑经营竹林的经济收入；

（4）竹林作为现代工业的原料基地，更新、采伐等尚有许多技术问题要解决；

（5）对竹材作为现代工业的原料问题，必须进行近期和长期的经济预测分析，并与其他原料进行对比。

林区居民是森林生态的组成部分[①]
——印度林业政策的新思路

印度于 1947 年独立，从 1952 年开始，实施第一个全国林业政策。该政策导致全国森林面积锐减且质量下降。1988 年宣告这一政策彻底失败。

1991 年的调查结果表明，全印度森林面积 6390 万公顷，森林覆盖率为 19.44%。其中郁闭度达 0.4 以上的森林 3850 万公顷，郁闭度 0.1～0.4 以内的达 2500 万公顷。当年印度人口为 84500 万，生活在贫困线以下者达 30%。他们大多数住在林区或其周围。大量人口以林为生，导致天然林和人工林的生产率下降；对林产品的需求乃至对林地的压力却年年增长，其结果必然是林地显著减少。

面临林产品短缺和环境恶化，印度现在迫切需要的是立即终止森林退化并提高其生产率，以缓和林产品供需予盾。

印度总理在印度独立 46 周年时宣布，全国有 1700 个以部落居民为主的落后地区。为缓解贫困，每年应保证他们有 100 天就业机会。但此计划能否实现。与有效的森林经营实践有着内在联系，即经营实践既要改善当地的生态环境，又得生产所需产品；既要发挥各种效

① 本文系沈照仁同志撰写，发表于 1994 年 5 月 20 日出版的《决策参考》第 14 号。

益，还要提供就业机会。

贫困与环境退化紧密相连，无林化必然加剧贫困。森林的保护、保存问题不可能与森林居民和当地人口的生活、生存分割开来。地方社区与森林有着共生的关系，因此社区应成为林业发展努力的予与盾。现存森林最好的保护手段，或者谋求扩大森林的最好办法，是提高人们对森林财富的兴趣。

印度各地已在建立一些居民参与森林经营的模型（JFM）。实现这些模型，必须承认森林居民是森林生态系统的组成部分，即满足他们的需求是森林的第一责任。

1988 年以来印度的全国林业政策渗透了这一观点，不论森林保护还是森林经营都要求居民参与。新林业政策要求促进森林社区，并使这些社区认识自己在发展和保护森林中的地位。

土耳其林业的特点[①]

土耳其历史上曾是中东地区主要供应木材的国家。长期以来，因过度樵薪和放牧，森林只剩下了约 2020 万公顷，占国土的 25.6%。生产性森林仅占 44%，其余是灌丛和已遭破坏的林地，难以开展生产利用。森林 98% 为国有，归林业部管辖。1919 年开始有计划地经营森林，随着营林和采运技术的提高，森林经营逐渐由重视数量转向突出质量。土耳其的植物资源非常丰富，全欧共有植物 1.1 万种，它就有其中的 9000 种。

20 世纪 80 年代以来，在土耳其"没有森林，就不能生存"、"失去了森林的土地，不再是人们的故乡"这类标语到处张贴，这种认识逐渐深入人心。政府也开始采取果断措施，恢复林业。土耳其林业有以下特点：

一、压缩了采伐量近 2/3

1976 年土耳其木材产量 4481 万立方米，比森林年生长量 2210 万立方米多一倍多。为恢复蓄积量，大幅度削减采伐量，1986 年产材量已降至 1622 万立方米，1994 年为 1684 万立方米。年采伐量连续 10 余年压缩 60% 以上，保持在年生长量以下。同期内，土耳其工业用材的年产量并未减少：1976 年为 648 万立方米，相当于总产材量的 15%，而 1994 年为 921 万立方米，为总产材量的 54.7%。

二、重视森林防火

由于地理和气候等原因，土耳其森林面积的一半为火灾敏感区，大多数森林火灾都由人为造成，因此政府重视防火工作。其森林防火系统拥有高技术通讯网络、直升机、扑火飞机和常规扑火设备，防火季节约雇用 1.6 万名森林防火人员。

三、提高森林生产力仍是林业的重要任务

截至 20 世纪 80 年代后期，全国已建立 30 个国家公园（最小的占地 50 公顷，最大的 7 万

---

① 本文由柴禾、陆文明合撰，发表于《世界林业动态》1997 年第 2 期。

公顷），还有不少自然公园、自然保护区、野生动物保护区和森林游憩地。短叶雪松天然林、意大利柏天然林构成土耳其独特的森林景观。土耳其是欧洲和地中海地区湿地资源最丰富的国家，它对濒危鸟类和哺乳动物的保护非常重视，目前世界仅有的 60 只朱鹭全部栖息于该国。

土耳其林业政策仍把提高木材生产能力作为非常重要的目标，为此采取以下措施：

（1）加强森林经营。保持天然林木资源，改善用材林的结构，开展抚育与抚育伐，提高林分价值。

（2）改造低产矮林为乔林。

（3）在无林、农业撂荒地区，为保持水土（土耳其 50 % 的土地都有严重的水土流失问题）、改善气候和提高生产率而开展造林，目标为 535 万公顷，截至 1985 年年底已完成造林 123 万公顷，每年造林 10 万公顷。1996 年议会通过一部法律，明确了政府部门、私营部门和非政府组织都有参与全民植树造林的义务。

（4）营造工业人工林。

四、安塔利亚省森林业发达

安塔利亚省位于土耳其南部，濒临地中海，是土耳其森林业发达的地区，森林覆盖率高达 56%，林木蓄积量 6100 万立方米，年生长量 150 万立方米。计有 13 个森林企业经营森林，年产木材 70 万立方米。近年来，森林皆伐已被绝对禁止。政府非常重视森林村的建设，它们除提供薪材和自用材外还栽植大量果树，以提高村民收入并增强造林积极性。

安塔利亚省是土耳其著名的旅游胜地，森林旅游为居民创造大量就业机会，林区已建立 90 项旅游设施。仅野山羊狩猎一项就年创外汇收入 150 万 ~ 200 万美元。

从奥地利林学家评中国天然林经营谈起①

奥地利 Hannes Mayer 林学教授，曾几次考察中国林业，退休前 1991 年 10 月发表文章"中国的林业问题"。他热情赞扬了中国的造林，同时指出中国林业"最大的缺点是极少抚育林分"。

"中国到处可见缺乏抚育的林分，因此林分里形状不佳的树木占着优势，瘦弱的树木占了极大比重。长期对林分内树木株数不进行调节，林木的平均径级比应达到的低许多倍。这同时又威胁着林分的稳定性。林分中因此常发生成批树木死亡，可占总株数 20% ~ 30%，从而导致严重的经济损失。"

"开展林分抚育可显著提高森林生产潜力。但中国的林业工人培训很不够。加强人员培训是经营好森林的先决条件。中国林区发展尚处于起始阶段。"

"中国一半森林是天然林，另一半是次生林，后者在继续扩大。次生林郁闭度极不均衡，天窗很多。一些珍贵阔叶树种的分布减少。需加以抚育调整。进行间伐是提高林分质量所必需的。甲虫危害本来是可以通过预防性抚育而明显减少的，中国自己就有这样的值得示范的实例"。

---

① 本文系沈照仁同志撰写，发表于《世界林业动态》1998 年第 21 期。

奥地利是世界森林经营水平最高的国家之一。1992～1996 年全奥森林资源调查结果显示(1998 年 3 月),奥地利经营性森林(也译作用材林、可利用林)的 11%,即 33.9 万立方米要求进行生长空间扩充抚育。根据标准样地的长期观测资料,对天然更新幼林是否进行抚育,结果大不一样。天然更新幼林很稠密,每公顷达 30000 株。12 年生时分别抚育疏伐至 4300 株和 1700 株以及保持原状不进行抚育三者比较,10 年后胸高直径分别为 16.2 厘米、20.2 厘米和 12.6 厘米。过于稠密的幼林,树木的径高比、高度也明显不如经过密度调整的林分。

与奥地利森林的整体相比,中国的森林又过于稀疏,林分的平均郁闭度只有 0.6,让地力荒芜着。奥地利森林在每个龄级保持着每公顷一定径级以上林木株数,近 80% 的森林郁闭度在 0.9 以上,郁闭度小于 0.6 的只占 3.6%。

中国人多地少,一要保护资源,二必须经营资源。Hannes Mayer 教授的意见应受到重视。森林这一可更新资源,如不加经营,数量非常有限,如加以经营,有限可能变成无限。

以色列坚持造林 90 年, 森林覆盖率已达约 6% [1]

以色列规划的森林总面积为 160600 公顷,相当于国土的 7.3%,一般认为难以再有所扩大。按国家规划,人均保持有 300 平方米森林是较为理想的。根据官方统计,以色列 1996 年末人口已近 580 万,而 1990 年人口为 466 万。按规划的森林总面积计算,1996 年人均只有 278 平方米,已低于较理想的水平。

以色列规划的森林总面积包括现有林 128400 公顷和规划造林地 32200 公顷两大部分,分别占 80% 和 20%。以色列森林分为 5 个类别,大部分森林分布在以色列北部三分之二地区,其年降水量为 300～900 毫米。以色列人口稠密的大城市海法、特拉维夫、耶路撒冷、贝尔谢巴,均位于此降水带内。

以色列现有林与规划造林地面积

森林类别	现有林(公顷)	规划造林地(公顷)	总计	比例(%)
人工栽植林	52800	13100	65900	41
天然林	60000	0	60000	37
公园林	7500	19100	26600	17
沿海公园林	4200	0	4200	3
河岸人工林	3900	0	3900	2
总计	128400	32200	160600	100

根据 1994 年统计,以色列上述造林、降水量城市带内的人口密度为 543 人/平方公里,是世界人口最密集的地区。因此,人口与社会压力是森林规划所必须经常考虑的。20 世纪 50 年代以来,以色列林业政策与实践,对表列 5 类森林,均充分注意其多功能利用。5 类森林包括 9 项功能:美化、文化、生态、教育、就业、历史、放牧、游憩和木材。

木材生产只在人工栽植林里进行,天然林、公园林、沿海林、河岸林均不开展。人工栽

---

[1] 本文系沈照仁同志撰写,发表于《世界林业动态》2000 年第 12 期。

植林是唯一全部 9 项功能均应发挥的一类森林。天然林与公园林除木材生产外，应发挥 8 项功能。沿海林和河岸林除木材生产外，还不准放牧，应发挥其余 7 项功能。

1. 历史教训与造林

在犹太教《旧约》中，可以找到有 3000 年历史的古老认识和伦理准则。摩西（犹太人的古代领袖）认为，土地是属于主的，不能滥用，要注意休养生息。但在大卫王和所罗门王领导下，为了营造富丽堂皇的宫殿和庙宇，以色列的橡树就像黎巴嫩的著名雪松一样，被砍伐一空。

宣扬保护土地的摩西戒律，很少有人遵守。所罗门王死后，以色列开始衰落。圣贤的预言于是应验了。他们认为，森林的死亡是以色列环境戏剧性地衰败下去的最显著标志，"巴珊地方茂盛的草原萎缩了，迦密山地森林变黄枯死了，黎巴嫩的百花也凋谢了"。这些都在旧约的《那鸿书》里明确记录了下来。于是，同书哀叹："我们的土地还要干旱多久呢？"

犹太人铭记历史的惨痛教训，在以色列 1948 年建国前 40 年的 1908 年，就已开始进行造林恢复土地的工作。经 90 年的努力，全国现有森林 128400 公顷，其中 60000 公顷为天然林。

2. 人工造林与天然林恢复

人工造林主要采用 3 个针叶树种（阿勒颇松、土耳其松和意大利柏），1 个桉树种（赤桉）。天然林实际上也是重新营造起来的，是在已经彻底破坏了的残留林地上恢复重建的，树种以几种地中海栎、巴勒斯坦黄连木和长角豆为主。

20 世纪初确定的恢复重建地中海衰退景观的目标现已实现。全国现有 150 余块人工林，400 多个野营和游憩地。长期造林的结果，不仅改变了以色列的自然面貌，以色列的社会结构也受到影响。林业与以色列社会共同发展，相互促进。林业为以色列自然、社会与文化发展的国家目标的实现，发挥着独特作用。

新造森林为以色列社会同时创造了新的机会，以显示其在森林利用与经营管理上的成熟与进步。以色列不仅利用森林获得物质产品，而且享受森林提供的精神文化温馨。以色列森林在很大程度上已能把公众与景观成功地联系起来，使公众享受利用森林所固有的全部效益。

3. 造林与各种功能的发挥

以色列视造林为恢复土地和发展经济的途径，植树工作总是密切结合社会要求进行。回顾建国 50 年的造林，初期首先是确保了充分就业。1950～1956 年，森林面积从 3326 公顷扩大到 34600 公顷，经常总有 5000～6000 人在从事造林劳动。新来移民是劳力主要来源。在以色列经济的不同发展阶段，林业总担负着一个中心的角色，因为造林需要的投资小，不要求大量物资、设备投资，对短期失业者，通过这项活动可以立即给予救济。

以色列政府 1993 年要求林业接纳 3500 个处于失业边缘的人，保证在 6 个月到 5 年内有稳定收入。林业改变土地衰退面貌的同时，培育起新移民的恋土感情，随着森林的成长，新移民从对土地陌生逐渐转变为深情眷恋。与建国初期相比，造林和森林的意义也有了深刻变化，为人们生活质量提高创造着条件。以森林为基础的旅游点、野营地纷纷形成。今日以色列的森林是移民造林劳动贡献活的证明。

4. 资金来源

以色列年林业预算约为 1400 万～1500 万美元（20 世纪 80 年代末报道），主要来源于国内外捐款、国家财产收入拨款和木材销售，政府也拨给一些经费。

木材生产是林业的次要目的，20 世纪 80、90 年代平均年产木材 11 万～12 万立方米。利用本地木材，一年可节省外汇 700 万美元，还可保证 700 多人就业（300 多人从事采运，400 多人从事加工利用）。

我国台湾林业试验所近况①

我国台湾省林业试验所原属台湾省政府农林厅，1999 年 7 月改为隶属于"行政院农业委员会"，正式挂牌名为"行政院农业委员会林业试验所"。

一、组织系统

林试所下设 10 个系、6 个分所和 4 个行政单位，正式编制的员额 175 人，其中台北总所 136 人。

（1）10 个系：

森林生物系，设森林生态研究室、植物分类研究室和资源保育研究室；

育林系，设育林技术研究室、森林土壤研究室和林木种子与遗传育种研究室；

森林经营系，设林业规划研究室、林分经营研究室和森林游憩研究室；

林业经济系，设林业经济研究室；

集水区经营系，设森林水文气象研究室、水化学研究室和森林防灾研究室；

森林保护系，设森林昆虫研究室、森林病理研究室、野生动物研究室和森林防火研究室；

森林利用系，设木质材料研究室、木材加工研究室、组合木材研究室和木结构体研究室；

森林化学系，设林产化学及加工研究室、高分子树脂研究室和木质材料保存研究室；

木材纤维系，设制浆漂白技术研究室、造纸及特种纸张研究室和污染防治研究室；

林业推广系。

（2）4 个行政单位为：总务室，设文书股、事务股、出纳股和保管股；会计室，设会计股和岁计股；人事室；政风室。

（3）6 个分所为：莲花池分所，5 人；中埔分所，4 人；六龟分所，11 人；垣春分所，6 人；太麻里分所，5 人；福山分所，8 人。

按编制，全所行政人员 30 人，占 17.1%；科技人员 145 人，占 82.9%。本所设所长 1 人，研究员 21 人，副研究员 26 人，助研 48 人，助理 49 人。副所长、秘书、系主任、分所长由研究员或副研究员兼任。1999 年实际在所工作研究人员为 137 人，按学历：博士 41 人，硕士 60 人，学士 19 人，其他 17 人。年龄 65～55 岁者 18 人，54～45 岁者 41 人，44～35 岁者 38 人，34～25 岁者 40 人。

① 本文系沈照仁同志撰写，发表于《世界林业动态》2001 年第 1 期。

二、研究方向

林试所 1998～1999 年度开展的重点研究计 7 项：①松树萎凋病综合防治；②原生重要树种之育苗生理；③天然阔叶林更新；④森林经营决策支援系统；⑤木材供需及市场调查；⑥不同林地覆盖之水土保持效益；⑦造林木之加工利用。

省农林厅为加强所属各试验研究单位间的联系，整合试验研究计划及分工，提高研究效率，1996 年 3 月颁布了《台湾省政府农林厅科技研究群设置要点》，设置了林业科技研究群。科技研究群的首项任务是配合政府政策及基层农民需要，整合年度研究计划，制定工作方向。

林试所年度公务预算计划概要，即是由林业科技研究群审定上报。林试所经费的 80% 以上来源于此计划。经林业科技研究群审定的林试所 1999～2000 年度重点计划共 8 项：①松树线虫萎凋病综合防治；②坡地槟榔园水土保持方法；③天然阔叶林更新技术；④台湾地区木材需求；⑤森林经营决策支援系统；⑥开拓省产造林木利用；⑦林木病虫之诊断与咨询；⑧人工林抚育作业对林木生长与环境影响。

林试所现在还进行许多一般性研究，如：①森林生物技术之开发与应用；②人工林育林体系与抚育作业体系之建立；③森林土壤、水分及集水区经营；④森林利用与森林化学利用，等等。

三、经费来源

林试所 1998～1999 年度执行 116 项计划，合计预算经费 597607228 元（台币），正式人员人事费占其中的 343092158 元，占 57.4%。24 项计划为公务预算，经费为 492564000 元，占年度总预算的 82.4%。农委会委托及补助计划 58 个，经费 68681000 元，占 11.5%；国科会补助计划 29 个，经费 21096465 元，占 3.5%；其他机关委托代办计划 5 个，经费 15265763 元，占 2.6%。年末实到经费为预算的 97.4%。

四、成果宣传推广与科普

林试所的科研成果由林业推广系通过定期、不定期出版物，如《台湾林业科学》季刊、《林业研究专讯》双月刊、《年报》、《林业丛刊》和《推广摺页》等宣传报道并推广。1998～1999 年度各种出版物的发表量为 17 万件。《台湾林业科学》1997 年曾获国科会优良期刊甲等奖，2000 年再度获得优等期刊奖。

为普及森林知识，林试所自 1999 年起制作"森林的奥秘"系列影片，预计制作 40 集，每集 5 分钟。本年度已完成 5 集：①"光合作用—绿色工厂"；②"蒸散作用—天然的抽水机"；③"树干的故事"；④"根—捍卫疆土的勇士"；⑤"花的授粉—花的媒婆"。

五、土地及其他

林试所占用土地总面积 13413.61 公顷，其中建地 17.20 公顷，苗圃 35 公顷，天然林 10900.10 公顷，人工林 2408.64 公顷，其他土地 53 公顷。

林试所年年完成相当数量的育苗任务，1998～1999 年度完成 343300 株苗，出栽 184300 株。各分所主要通过发包方式，开展一些造林抚育工作，如新植、初期抚育、追加抚育、补植、间植、林相整理和疏伐及采运等。

（1）实验林与气象资料：林试所大量试验研究工作是在试验林里进行的。林试所维持观测的气象站计 12 座，分布由最低海拔 10 米到最高海拔 2350 米，遍及全岛各地，涵盖台湾主要森林地的气象，部分气象站记录长达 30 余年。

（2）植物园经营管理：林试所经营着台北植物园、福山植物园、垦春热带植物园、嘉义树木园及沿海植物标本园。台北植物园对外开放，由清洁公司和保全公司分别负责园区清洁、门禁和车辆管理。福山植物园为自然形态植物园，已成为台湾民众游憩的一个重要场所。

（3）标本馆维护：林试所有植物标本馆、昆虫标本馆和木材标本馆，其管理维护与研究属经常性公务预算计划，分别由森林生物系、森林保护系和森林利用系执行。

（4）图书馆：分图书室与期刊室，面积 550 平方米，工作人员 4 名。到 1999 年 6 月底止，典藏图书 23600 余册，其中中文 10233 册，日文 3200 册，西文 12000 册，以林学为主，农学、一般应用科学及部分社会科学为辅。期刊 1400 余种，其中中文（包括大陆地区）、日文 648 种，西文 780 种。已装订的过期期刊 12000 余册。图书馆已建置所内区域网络自动化系统。1998～1999 年度借阅 2200 余册（500 人次），查询服务 1000 余人次，馆际合作 200 余件。

日本森林的公益机能评定值为 75 万亿日元[①]

日本林野厅 2000 年 9 月 6 日公告，日本森林现时所发挥的公益机能换算为货币值是 74.99 万亿日元。林野厅 1972 年首次评定森林公益机能货币值为 12.82 万亿日元；1991 年公布的公益机能值为 39.2 万亿日元。

根据公告的说明，森林公益机能值变化，是由于认识深化以及计算评定方法的修正而产生的，并非随时间而发生的增值。日本现在评定森林公益机能值包含 6 项主要内容，尚有一些项目由于难以换算而未被列入。

（1）水源涵养机能货币值 27.12 万亿日元，占 36.16%，其中降水贮存 8.74 万亿日元，防止洪水 5.57 万亿日元，水质净化 12.81 万亿日元。

过去水源涵养机能只评价了流域森林的蓄贮机能。1991 年评定森林涵养机能值仅为4.26 万亿日元。防止洪水和水质净化机能均是新增的。此外，地下水贮存、树木蒸腾等机能也有了修正和补充。

（2）防止土砂流失机能 28.26 万亿日元，占 37.68%。1991 年公布数为 7.98 万亿日元。

（3）防止土砂崩塌机能 8.44 万亿日元，占 11.25%。1991 年公布数为 0.18 万亿日元。

（4）保健休养机能 2.25 万亿日元，占 3%。1991 年公布数为 7.67 万亿日元，当时采用了旅游观光消费与森林率的相关值。

（5）野生动物保护机能 3.78 万亿日元，占 5.04%。1991 年公布数仅为 0.69 万亿日元。

（6）大气保全机能 5.14 万亿日元，占 6.85%；包括 CO_2 吸收 1.24 万亿日元和氧气供给3.9 万亿日元。1991 年公布数为 18.42 万亿日元。

---

① 本文系沈照仁同志撰写，发表于《世界林业动态》2001 年第 5 期。

中国台湾人士主张共同治理大陆的沙尘暴和酸雨①

我国台湾环保署监资处处长杨之远指出（2001年7月25日），由于全球气候变迁及大陆地区的沙漠化，大陆西北地区沙尘暴发生的次数越来越频繁，去年台湾地区一共受到5次较显著的大陆沙尘暴影响。今年才到4月，就已经有5次。这些漫天飞舞的高空沙尘，能飞5000公里的多是颗粒较为细微的，因此沙尘暴在台湾地区虽不能造成像北京等地遮天蔽日的恐怖景象，但空气质量仍会受到严重的影响，汽车挡风玻璃会出现一片黄色沙尘。

"饮冰室主人"梁启超的孙子梁从诚教授说，"这不是简单的问题，也不是短时间可解决的问题，更不是中国大陆单方面就能解决的问题"。他认为，台湾、香港以及日本都要支援中国大陆，才有办法共同减轻沙尘暴的祸害。

台湾《民生报》2001年3月9日报道：环保署研究发现，台湾地区酸雨受到境外移入的硫氧化物影响，而大陆是影响台湾最大的地区。学者认为，这种情况越来越严重，建议应和大陆就酸雨防治议题合作。

中国林产工业是否已实现跨越式发展②

1. 美国2001年进口中国木质家具28.17亿美元

美国《木材与木材产品》杂志主编克里斯琴森最近（2002年4月）指出，中国家具工业已成了国际舞台的一个主角，其木质家具源源不断输出美国。2001年美国从中国大陆进口木质家具28.17亿美元，比2000年的25.22亿美元增长11.7%。

美国2000年进口木质家具总值103.70亿美元，2001年进口103.11亿美元，比上年减少0.6%。中国大陆占美国木质家具总进口值的27%。中国大陆和中国台湾在对美出口家具10个主要国家和地区中分别列第1位和第7位。台湾2001年出口3.69亿美元，而2000年为4.68亿美元，比上年下降21.2%。

2. 美克每月出口1000个集装箱家具

美克国际家私制造有限公司（Markor），是中国目前自有的最大家具制造企业，1993年创立于新疆乌鲁木齐，现共有8个制造厂，3个在乌鲁木齐，5个在天津。2001年每月向美国输出1000集装箱家具。销售额达1.2亿美元。

美克公司很大程度上依靠成材、单板等进口板材为原料。除从美国进口硬阔材之外，还利用俄罗斯西伯利亚的针叶材、新西兰的辐射松以及斯堪的纳维亚国家的针叶材。

3. 美对我大量输出硬木

美国阔叶材出口委员会最近表示，2001年对中国大陆出口的5项主要加工产品（成材、单板、模板、地板和胶合板）达2.12亿美元，比上年增长9%。执行总干事思诺认为，中国

---

① 本文系沈照仁同志撰写，发表于《世界林业动态》2001年第22期。
② 本文系沈照仁同志撰写，发表于《世界林业动态》2002年第19期。

对美国硬木的需求很大，并继续增长。上海刚刚建成的大海厄特旅馆完全使用美国樱桃木铺作地板。中国私宅建设在高速发展，对各种优质硬木的需求量是惊人的。美国 2001 年出口中国内地的红橡成材与单板超过 5500 万美元，西部红桤成材达 2490 万美元，核桃木成材与樱桃木单板分别达到 1330 万美元和 1640 万美元。

4. 在一定意义上，中国林产工业是否可说已实现跨越式发展？！

雍文涛主编《林业分工论》的国外经验篇介绍了"以外养内，恢复发展本地资源"的日本、我国台湾和韩国的经验。台湾木材界权威 1981 年 2 月曾列举 1980 年的 3 大贡献：①净得外汇 4.03 亿美元；据统计，台湾木器业出口总值 11.26 亿美元，而进口总值为 7.23 亿美元；②不花外汇解决了省内需材，1980 年进口 600 万立方米木材，实际用于加工出口的仅 300 万立方米；③为 30 万人提供就业机会。

如果本文前面引用的美国资料是真实的，中国各种木质人造板产量已占世界重要份额，据此，是否可以断言中国林产工业已经实现了跨越式发展？！

雍文涛部长的研究成果刚刚发表 10 年，我们羡慕过的都已远远地被抛在后面了！

哈萨克明令禁止原木、成材出口①

俄罗斯《林业报》2002 年 7 月 27 日报道：哈萨克自然资源与环境保护部在记者招待会上郑重宣布：政府已决定禁止原木和成材出口；某些针叶树种和阔叶树种的加工产品也不得出口。

哈萨克森林资源覆盖率只有 4%，森林面积在继续减少。相邻的中国、乌兹别克斯坦对针叶材的需求很大，导致哈萨克非法采伐偷运出口的现象非常严重。

日本木材能否稳定出口中国值得深思②

日本宫崎大学行武洁对 1992～2000 年的造林成本进行世界性对比，结论是日本造林每公顷费用比加拿大、新西兰、瑞典、芬兰、挪威和韩国都高得多。宫崎县是日本造林成本较低的县，该县的诸塚 1993 年每公顷造林总费用（包括整地、苗木栽植、锄草、除伐、打枝等）为 100 万～150 万日元，日本 1999 年每公顷造林总费用为 152 万日元。行武洁有心调查研究中国的速生林。根据他掌握的资料，中国 1993 年杨树造林每公顷总费用为 11.7 万日元（包括苗木、施肥、间伐等），桉树 1998 年造林每公顷总费用为 9.7 万～13.98 万日元。

由此可见，日本每公顷造林成本约是中国的 10 倍。根据 2003 年 7 月 15 日中日民间签署的长期合作协议，日方保证长期稳定地向中国提供柳杉和扁柏原木，计划 5 年对中国出口100 万立方米；2003 年计划向中国出口 4 万～5 万立方米，2004 年计划达到 10 万立方米。

日本木材的采伐成本也远比中国高。采伐后，还得涉洋过海，增加不少费用。在日本国

---

① 本文系沈照仁同志撰写，发表于《世界林业动态》2002 年第 26 期。

② 本文系沈照仁同志撰写，发表于《世界林业动态》2003 年第 33 期。

内，从宫崎到东京，每立方米木材船运费高达 7000 日元，现在运输方式虽有改进，也需5000 日元。

日本林业在国际竞争中处于劣势地位已大约二三十年。1988 年，牛刀小试向中国出口了 400 立方米木材。与其他国家比，日本承认林业仍处劣势，但与中国相比却明显处于优势。

伊朗的森林概况[①]

根据国际权威机构的资料(2000 年)，伊朗历史上原始森林应占国土面积的 43.1%。根据《中国大百科全书》世界地理分册(1992 年)，伊朗大部分地区属亚热带荒漠，植物稀少，以生长稀疏草类和多刺植物为主。森林面积占国土面积的 11%，厄尔布尔士山脉北坡森林茂密，多阔叶林，是主要木材产地。扎格罗斯山脉西部山麓有稀疏森林。南方生长有灌丛和矮树。

莫斯科森林大学研究生加赫拉马尼·洛格曼 2003 年 4 月发表文章介绍了伊朗森林的经营价值。

伊朗位于北纬 22°～39°，北部有狭长的厄尔布尔士山脉，高山带覆盖着冰川，年降水量 1200 毫米。伊朗为高原与山地相间的国家。山地占总面积的 54.9%，卢特沙漠占20.7%。现在森林覆盖率仅 7.6%。伊朗 2000 年有人口 6770.2 万，而 1950 年仅 1691.3 万。

根据伊朗宪法，一切自然资源归国家所有，由政府负责管理。伊朗国土面积 164.8 万平方公里，现有森林面积为 12.40 万平方公里。伊朗北部森林分布着 80 个乔木树种和 180 个灌木树种。全国森林可划分为 5 个森林植物生长区。

1. 里海森林区

该区有森林 190 万公顷，绵延在里海南岸，分布在伊朗北部，为天然实生混交林，以阔叶为主，占该区的 95%。平均每公顷年生长量 3.5 立方米，平均每公顷蓄积量 210 立方米。主要树种为各种栎、紫杉、榆、桧、槭、鹅耳枥、桦、梣、花楸、槐、栗、核桃、椴、桤及扁柏等。

里海区是伊朗唯一供应木材的地方，这里的森林具有开发价值。为确保持续供应木材，又不损害森林的防护作用，必须实施严格的经营制度。经营中既考虑森林发挥多种效益，又开展主伐和间伐利用。

2. 阿拉斯巴伦森林区

该区的森林面积 16.4 万公顷，分布在伊朗西北部东阿塞拜疆省，属气候较凉爽的半湿润带。该区森林发挥着主要的保护土壤和水源调节功能，对保持良好的自然环境和生物多样性意义重大，同时能供应烧柴。这里只能在合理开展矮林作业的条件下，促进森林的质与量的改善。主要树种有栎、鹅耳枥、梣、榆、荚蒾、杨、榛和紫杉等。

3. 图拉年斯克森林区

该区约有森林 350 万公顷，分布在霍拉桑、阿塞拜疆和中、西部省。因地形和植物不同，该区可划分为草原亚区和山地亚区。山地亚区气候干燥，寒冷，但夏季气候温和，年降

[①]　本文系沈照仁同志撰写，发表于《世界林业动态》2003 年第 36 期。

水量 400 毫米，生长着多种桧柏。草原亚区属沙漠气候，夏季炎热。该区不论人工造林还是天然更新，都要求严格规划设计，否则难以成功。主要树种有柽柳、榆、朴、柳、扁桃、黄连木和山楂等。

4. 札格罗斯森林区

该区约有森林 470 万公顷，分布在伊朗西部和南部的札格罗斯山脉，包括西阿塞拜疆、库尔德斯坦、克尔曼沙赫、洛雷斯坦、法耳斯、恰哈马哈勒－马赫蒂亚里、亚兹德省以及胡泽斯坦省北部。

该区气候半干旱，冬季温和。森林对保持土壤、调节地下和地表水，均有积极意义，且是 3 条主要河流（卡伦河、卡尔里河和札因代河）的发源地。主要树种为各种栎，次要树种有黄连木、扁桃、朴、山楂和桦等。

该区森林因土壤瘠薄和经营不当而产材质次量小，但仍具多种防护功能，因此，必须实施合理科学经营，改善促进更新，才能逐步改善森林状况。

现在森林仍处于不合理利用状态，生长非常稀疏。残留林木以老龄为主，幼树很少，更新主要靠萌芽。如目前的状况继续下去，札格罗斯森林便会消失殆尽。

5. 波斯湾和阿曼湾森林区

该区约有森林 213 万公顷，分布于伊朗南部，包括胡泽斯坦、布什尔、霍尔木兹甘及锡斯坦－俾路支斯坦省。该区为半赤道性气候，主要树种有相思、牧豆、枣、海榄雌、红树及杨等。

中国台湾林务局政策目标：
"林业走出去，民众走进来"[①]

台湾林务局局长颜仁德 2004 年 4 月文章指出："林业走出去，民众走进来"是近来本局努力的政策目标，过去传统的林业思想，大多将森林保育工作定位在山上，而平地应致力于农业生产。随时代演变，平地森林已为全球林业的新趋势。因台湾加入 WTO 后，农业结构面临调整。台湾平原地区致力于造林，可减缓农地休耕压力，提升农地利用率。

林务局自 2002 年起就积极辅导不具竞争力及低产农地农民参与奖励造林。2002～2007 年预定执行 25100 公顷。

林务局已将加强人工林中后期抚育列为重要的工作项目，并为提高抚育中后期小径木附加值，展开不遗余力的技术摸索与推广。

林务局 2002 年推出"社区林业计划"的目的在于促进社区参与自然资源的保育。2003 年共辅助 180 个社区组织、执行 217 个"社区林业"第一阶段计划，每个计划约有 50 人接受培训。直接受教育者约 1 万人，另外大约有 10 万人以上受到影响。促成社区参与自然资源保育，与林务局形成合作伙伴关系，共同保育自然资源，使当地居民因资源保育而受益。

---

① 本文系沈照仁同志撰写，发表于《世界林业动态》2004 年第 21 期。

我国天然林保护潜伏着什么危险吗①

一、我国天然林保护存在的问题

《人民日报》2005 年 3 月 19 日副刊"保护我们的森林"一文，是"天然林保护工程纪行"报道，它如实告诉人们，天然林保护就是这样进行着的：黑龙江大兴安岭过去年产木材达 500 万立方米，现在是 214 万立方米。以"砍大木头"为生的林区人，找到了自己的生存之路：建场养殖丹麦和美国的貂、芬兰狐、安哥拉兔，搞家庭养殖鸡、鸭、鹅、鹿、牛；开发森林旅游；利用林下资源，宜采则采，宜摘则摘；还可以生产食用菌、中草药。天保工程就是产业结构的调整。

中国天然林面积原本就很少，国家开展天然林保护，应该是在坚持保护的前提下，促使衰退了的天然林和天然林地逐渐达到生态恢复。

在天然林生产力严重衰退的情况下，木材资源不能继续"掠夺"了，于是就转向对其他资源的开发。该报道告诉人们，天然林的木材资源破坏以后，可能引发天然林内其他资源的破坏。天保工程的产业结构调整，实质上是将林业转变为养殖业等。这么做的潜在危险，可能是天然林永远也别想恢复了。

二、入侵种的危害

台湾省林业试验所副所长赵荣台 2004 年 8 月文章指出，全球大多数国家都依赖外来的动植物(例如五谷杂粮、鸡鸭鱼肉)，才能满足其人民衣食住行的需求。美国引进的外来种数目估计有 5000 种到 5 万种之多。根据估算，大约 10% ~ 15% 的引进种会立足(establish)，而立足物种的 10% 可能成为入侵种(invasive species)。

按美国法定的定义，入侵种为：①生态系中的外来种；②在引进之后已经或可能造成经济损失、生态破坏或有害人类健康者。入侵种可以是动物、植物或其他生物(如微生物)，人类活动是引进入侵种最主要的原因。入侵种一旦在生态系中立足，便难以驱除。这些"生物污染"(biological pollutant)便会通过物种灭绝、族群衰退、生态系简化等过程，将生物多样性破坏无遗。例如，入侵种会改变森林生态系的树种组成，使森林消失，破坏野生动物的栖息地，大幅度提升森林火的风险。

据估计，入侵美国的植物已占据 4000 万公顷土地，每年扩散 120 万公顷。美国濒危物种中有 46% 受入侵种的影响。1906 ~ 1991 年，入侵美国的物种所造成的经济损失高达 970 亿美元。据美国康乃尔大学 Pimentel 等人 2000 年估计，美国的入侵种每年造成的损失高达 1370 亿美元。

三、俄罗斯的经验教训

俄罗斯《林业报》2005 年 2 月 15 日报道，斯维尔德洛夫斯克州林区海狸繁殖过度，已经成灾。这一啮齿动物数量达上万只，对佩什敏斯克和卡梅什洛夫两个地区的森林已构成严重

---

① 本文系沈照仁同志撰写，发表于《世界林业动态》2005 年第 11 期。

威胁。几十公顷森林因此浸泡在水中。

海狸入侵还对人类生活安宁造成威胁。海狸挖洞,破坏公路、铁路及房屋。当地政府为除害,现已发放捕杀海狸的许可证。

印度的柚木造林①

德国《木材总览报》2005 年 9 月 6 日报道:缅甸、老挝、泰国和印度的部分地区为柚木的自然分布区。柚木因其材质优而资源稀缺,在国际市场上占有特殊地位。柚木每立方米最低价为 420 美元,优质原木可达 2000 美元。

柚木价值高,激励印度营造了大面积柚木林。世界柚木人工林为 570 万公顷,印度占43%。人工林柚木与天然林柚木的材质差异虽不显著,但人工林柚木价格却比天然林低许多。印度人工林柚木出口价平均每立方米为 300 美元,而天然林柚木为 700 美元。

印度农民和其他小土地所有者现在为子孙后代栽植柚木林,以建立收入源。柚木人工林轮伐期为 50~80 年。

印度人工林面积为 3200 万公顷,占世界人工林 17%,仅次于中国,居世界第 2 位。人工林主要树种为桉树,面积占 25%;合欢占 20%;柚木 240 万公顷,占 8%。

20 世纪 90 年代,印度人工林年均增加 3800 公顷。国家计划在 2007 年时使森林覆盖率上升到 25%,2012 年时达到 33%。通过衰退林地恢复和新造林,来实现上述目标,但现实状况并不足以证明这是可行的。

印度大力发展生物质能源林②

印度《荒地通讯》2007 年 5~7 月报道,印度每年需约 1.11 亿吨石油产品,其中 70% 依靠进口。至 2020 年,进口比例将占 85%。在需求上升而油价高涨的双重压力下,印度积极开发生物质能源。

印度人口占世界的 16%,而赖以生存的土地面积只有全球的 2.4%。因人口压力和过度利用,大面积森林和农地退化为荒废地。印度土地利用部 2000 年确定,全国荒废地接近6300 万公顷,其中 3300 万公顷适宜造林。

印度乡村发展部下设的国家生物质能源委员会,建议大力利用荒地和非农地开展麻风树造林。根据生物质燃料计划委员会的报告,如利用 1100 万公顷荒废地发展麻风树造林,每年可产麻风树种仁油 3000 万吨。

---

① 本文系沈照仁同志撰写,发表于《世界林业动态》2006 年第 1 期。
② 本文系沈照仁同志撰写,发表于《世界林业动态》2008 年第 24 期。

印度重视竹林发展①

　　《印度林业工作者》杂志 2008 年 6 月发表印度森林研究所 Naithani 的文章，他估计世界现有竹林 1800 万公顷，其中印度有竹林 896 万公顷。印度竹林 35% 用于制浆造纸，65% 消耗在其他用途。

　　印度政府现在仍重视竹林发展。在 1999 年 6 月 5 日世界环境日，印度总理宣布开展促进竹林发展计划。2002 年 11 月 15 日，在印度手工业复兴 50 周年纪念大会上，印度总统强调了竹子的重要性。

　　印度竹林近 28% 分布在东北部各邦；其他分布竹林的邦为中央邦，占 20.3%；马哈拉施特拉邦占 9.9%；奥里萨邦占 8.7%；安得拉邦占 7.4%；卡纳塔克邦占 5.5%；其余 20.1% 分散在其他各邦。

表1　印度东北部各邦的竹林面积（万公顷）

地名	土地总面积	森林面积	森林占%	竹林面积	总蓄积量（万吨）
阿鲁纳恰尔邦	877.43	539.32	61.5	45.96	161.6
阿萨姆邦	784.38	276.18	34.4	18.13	984.4
曼尼普尔邦	223.27	169.26	75.8	36.92	1147.0
梅加拉亚邦	224.29	94.96	42.3	31.02	440.7
米佐拉姆邦	210.81	159.35	75.6	92.10	1089.0
那加兰邦	165.79	86.29	52.0	7.58	365.7
特里普拉邦	104.86	62.93	60.0	9.39	86.0
锡金邦	70.96	58.41	82.3	—	—
合　计	2661.79	1446.7	54.3	241.1	4274.4

　　注：印度将中印边界东段"麦克马洪线"以南历来属于中国但目前被其非法侵占的近 9 万平方公里地区称为"阿鲁纳恰尔邦"。1975 年锡金国加入印度，成为印度锡金邦。

① 本文系沈照仁同志撰写，发表于《世界林业动态》2008 年第 34 期。

（三）欧洲林业

苏联在林区广泛建立中学生施业区[①]

苏联布里亚特蒙古自治共和国建立了 113 个中学生森林施业区，计有 3564 个 8～10 年级的学生在这里从事各种活动。学生施业区包括 47280 公顷国有林，43 个森林苗圃和 36 公顷森林公园。学生们完成了 3936 公顷主伐伐区和抚育伐伐区的拨交，植树造林 1353 公顷，抚育幼林 2834 公顷，清理倒木等 122 公顷，采集松子 161 公担和草药 251 公斤，制作并挂放了 1178 个鸟巢，保护照料 700 个益蚁穴。学生施业区没发生过火灾。学生们在宣传防火方面做了大量工作。

苏联科技协会建议各林区学习布里亚特建立中学生施业区的经验。

意大利波河平原造林为什么能发展起来[②]

根据第十五届国际杨树会议（1975 年）资料，世界杨树天然林面积约 2000 万公顷，主要分布在加拿大和美国。人工林只有 120 万～130 万公顷，其中 20 多万公顷是杨树林带。欧洲占世界杨树人工林总面积的四分之三。意大利波河平原杨树人工林举世瞩目。波河平原是意大利的粮仓，总面积近 452 万公顷。几十年来，杨树人工林保持在 15 万～20 万公顷，占平原总面积 3%～4%。为什么意大利能在平原农区发展造林呢？

1. 木材 50%～60% 靠进口

波河平原采取一整套集约的森林经营措施，单位面积木材产量高。平原杨树林虽只占意大利森林总面积的 3%，而原木年产量 300 万～400 万立方米，占全国产量一半。用中上等土地种植 214 杨，1 公顷栽 330 株，10 年产商品材 340 立方米（以下计算均以此例为基础）。造林采用二年生大苗，犁地深 45～60 厘米，穴深 1 米。头四年间种农作物，每年施过磷酸钙 600 公斤、硫酸铵 400 公斤、钾肥 200 公斤。年年进行锄草除杂，灌溉 2 次，喷药防虫；隔一、二年修枝 1 次。

2. 占用劳力少，经济收入大

农户常常是因为劳力紧张而弃农务林。从整地造林到木材采伐和伐区清理准备更新，1 公顷杨树林总用工量为 790.5 个工时（不到 100 个工），木材采伐阶段的用工量占了 62%。

根据 1973～1974 年资料，单纯种植农作物（水稻、玉米、小麦和三叶草），每公顷土地纯收益（扣除加复利以后的全部生产费用为纯收益）429 美元，而单纯种植杨树林每公顷纯收益是 710 美元。如杨树与粮食、饲料作物合理间作，每公顷纯收益高达 840 美元，几乎是单

---

① 本文系沈照仁同志撰写，发表于《国外林业动态》1981 年第 30 期。

② 本文系沈照仁同志撰写，发表于《国外林业动态》1981 年第 33 期。

纯农作收益的 2 倍。

3. 杨木加工利用工业发达

木料价格既能鼓励农户经营兴趣，又能促进培育优质原料。意大利现在年产 41 万立方米胶合板 80% 的原料是杨木。造纸、刨花板工业也以杨木为主要原料，因此杨木的销路很有保障。1974 年每立方米杨木培育成本（包括全部生产费用与利息支出）是 12.41 美元，而 1 公顷杨树林木材每立方米的平均销售价是 46.15 美元。如不计算土地租金，每立方米木材净收入达 33.74 美元。

不同质量木材之间的明显价格差，促进林主努力提高优质材比重。同是大径原木，胶合板材每立方米 58.45~69.25 美元，而锯材原木为 36.90~39.25 美元，前者比后者高 58%~76%。同是小径原木，造纸材每立方米 27.70~30 美元，而刨花板材只有 11.50~13.85 美元；前者是后者价格的 2.2~2.4 倍。优质材多，1 公顷木材平均每立方米价格就高。波河平原 10 年轮伐的杨树林，商品出材量中胶合板材一般占 40%，锯材原木占 35%，造纸材占 17%，刨花板材占 8%。

4. 积累了丰富的林农间作、林牧结合的经验

波河平原除了种植连片的杨树纯林之外，既发展以林为主的林农、林牧结合，也发展以农为主的农林结合和以牧为主的牧林结合。以林为主的结合，造林头四年间种农作物，造林的全部生产费用 70%~80% 可以靠间作收入解决。以农为主的结合，杨树林带除了防风屏障保护农作物的作用之外，还增加农田的总收益。每公顷土地林带的胁地减产损失约是 252 美元，而木材收入却是 1224 美元。

杨树是密植好，还是稀植好，采用什么株行距能多产优质大径材或优质造纸材，与什么作物搭配，以及如何搭配，从波河平原的实际条件出发，意大利已积累了一套成熟的经验。

匈牙利从我国引进榆树种具抗性、速生、适生产等优点[①]

匈牙利林业研究所 1955 年从我国北京植物园引进一些榆树（*Ulmus pumila* var. *arborea*）种子。研究所在其东部试验站二十几年来坚持反复选育栽植材料，已经有了结果。根据托思·贝拉博士的研究报告，对危害最严重的荷兰榆病具有明显的抗性，并对其他重要病害也具抗性。是速生树种，条件适宜，每公顷年生长量能达 10~15 立方米。在盐碱条件下，生长也优于其他树种。适生范围很广，干旱地、间断性沼泽地、瘠薄荒地都可以生长。因此可用做水土流失区以及需要垦复的地区造林的先锋树种，也可与栎、松、刺槐混交，用做伴生树种。缺点是分叉多枝，不宜发展用材林。

---

① 本文系沈照仁同志撰写，发表于《国外林业动态》1986 年第 13 期。

欧洲森林火灾及对策[①]

一、坚持三条可减少、减轻火灾

1986 年 10 月在西班牙的巴伦西亚召开国际森林火灾研讨会，认为坚持以下三条原则，可以减少减轻森林火灾：

（1）有效预报森林火灾危险期，持续监视森林火灾危险区；

（2）经营森林既要减少易燃物质的数量，又要搭配调整乔灌树种组成，以形成不易起火燃烧的森林；

（3）对当地居民及旅游者进行广泛宣传教育，挂贴醒目易懂的防火宣传画。

二、地中海是火灾危险区

近年来，欧洲每年森林发生火灾 3 万~4 万次，毁林 50 多万公顷。根据 1981~1983 年资料，欧洲近 3/4 森林火灾发生在南部 9 国，塞浦路斯、法国、希腊、以色列、意大利、葡萄牙、西班牙、土耳其、南斯拉夫占烧毁森林面积的 98%。这里夏天干燥炎热，是森林火灾危险区。1976 年火灾次数最多，达 45000 次，但烧毁森林面积 1981 年创了纪录，达 768553 公顷，其中南部 9 国占 759985 公顷。

	欧洲 1981~1983 年平均		北美
	总计	其中南部	1981 年
发生火灾次数（次）	35600	28000	199300
火灾面积（公顷）	574000	564000	7105000
其中：森林与其他树木立地	425000	416000	4746000
损失金额（万美元）	59100	58600	68200
	（1981 年）	（1981 年）	（仅加拿大）
火灾防治费（万美元）	21100	15000	73100

三、法国近几年森林大火

1985 年 6 月 31 日法国瓦尔省森林发生两次大火，5 名消防队员牺牲。连续两天燃烧，蔓延过了阿尔卑斯滨海省，共毁林 4000 公顷。1985 年非常干旱，而这里又常年刮大风。法国在近地中海的 6 个省，计有森林 100 万公顷，每年平均烧毁森林 1 万公顷，并死亡 14 人。

为防森林火灾，成立了志愿消防队与专业消防队。1982 年决定把森林辟为方格，每 5000 公顷为 1 格，由汽车沿线巡逻。汽车装备有观测图仪器、发信号器和容量 600 升的水罐。布希—杜隆省已配备 36 个巡逻队员，阿尔卑斯滨海省已配备 29 个。除积极防火之外，这里还决定建立一些辅助设施，如隔离带、灭火道、水池，林业职工既要有计划砍除灌杂，又应培植不易燃烧的植物。

法国南部森林 1986 年 8 月遭到毁灭性火灾，2 人死亡，成千人被迫疏散。这一地区航空护林配备有 20 架飞机，以加拿大 215 型为主，能运水 5500 升，时跨 400 公里。灭火时飞

---

① 　本文系沈照仁同志撰写，发表于《国外林业动态》1988 年第 5 期。

行高度常只距火舌 30 米，因此机舱温度一般高达 50℃。在狭窄谷地涡流严重影响飞行，因此要求飞行员技术高超。在灭火飞行中虽派遣了经验丰富的驾驶员，近 3 年在灭火中已发生几次空难，13 名飞行员付出了生命。

苏联林业院校改革动向[1]

苏联国家森林委副主任谢苗诺夫 1989 年 6 月著文指出，林业需要自己的专门人才，用非专业人才代替，不可能不给森林、林业带来危害和损失。

全国现有 22 所高等林业、农业和技术院校和 50 所中等技校为国家森林委员会系统培养人才，每年输来 2500 名高等院校毕业生和 4200～4800 名中技毕业生。全系统共有 13.7 万院校、中技毕业生，相当于职工总数 17.4%。

根据森林委对一些地方、机构的通讯调查，林业人才培养中问题严重：大多数毕业生不懂如何结合生产实际应用学到的知识，不能进行创造性劳动，不会分析解决实际问题，不知用数学方法处理信息、林业机器人等，对当前经济问题如经济核算，都非常陌生，在复杂条件下，缺乏应变能力，没有新思想的火花，进取心不强。总之，大部分毕业生缺乏今日决定着本部门前进所需的知识和能力。

学生普遍地不敢独立行动，因此，应尽快在学校解脱教师的监护照料。教师必须经常了解企业实际存在的问题，学生的生产实习期宜延长为一年。

为根本改善高校生质量和使用状况，国家森林委与国家国民教育委 1989 年 2 月联合作出决定，要求院校与生产部门采用新的合作形式。

（1）要特别重视扩大有目的强化培养。目的人才培养计划已开始执行，但进展极慢。院校怕亏本，因为企业"花钱买进一个人才商品"是非常谨慎细心的。

（2）在企业和不同组织里建立院校各系的分支单位。现在已建立了 24 个林业院系的分支单位。例如莫斯科林学院在全苏国家林业勘测设计院、全苏林业调查设计公司、中央航空护林基地、全苏造林和林业机械化研究所等都已建立了分支单位。每个林业院校或系，在今年 9 月前，均应在森林委的企业、科研机构以及其他组织里建立各自的分支单位。

（3）建立林业教育科研生产综合体。目前只有马里技术学院建立了这样的综合体，包括教育实验林场，林业、森林工程、工程经济系和几个教研室、伏尔加河流域森林经理企业和经济核算科研室。凡有高等院校的地区，都有可能建立教育科研生产综合体，因此，1989年内各地都得着手进行这项组建工作。

联邦德国首都森林的各种效益[2]

波恩市森林覆盖率 27%，比联邦德国全国平均低 3%。全市 2.4 万公顷森林的总价值约

---

① 本文系沈照仁同志撰写，发表于《国外林业动态》1989 年第 20 期。

② 本文系沈照仁同志撰写，发表于《国外林业动态》1990 年第 8 期。

为 7 亿马克，林地每平方米的价值为 1 马克，占 2.4 亿马克，木材蓄积总值 4.56 亿马克。

现在每年产木材 7.5 万立方米，每立方米平均 90 马克。波恩森林的年木材生产总收入为 670 万马克。森林生长量比采伐量更高，实际上很难用货币来表示其价值。

森林提供的就业机会也不容忽视。波恩的州有林管理处有官员和职工 92 人；地方林、大私有林就业职工 70 人。直接从事木材加工的企业 40 家，制材厂、加工厂就业的职工总数 1000 余人。波恩全市林业、木材加工业合计就业 1200 人。混农林户的一部分林业劳动耗量常是很难估算的。

波恩森林的非物质生产价值受到高度重视。全市森林效益图标明了森林的各种社会效益：

（1）游憩效益：1.5 公顷森林，占森林总面积 63%，划为居民游憩林。对全市 64 万人口来说，这是森林的最重要效益。按全市森林计算，每人拥有森林面积 375 平方米；按人群集中游憩的森林计算，人均 234 平方米。

（2）纯净空气效益：9069 公顷森林，占森林总面积 38% 划为纯净空气林，保护居民区、营业生产区和游憩区，减少有害气体的侵入。

（3）调节气候效益：2200 公顷森林，占森林总面积 9% 划为调节气候林。

（4）保护饮用水效益：波恩饮用水蓄水区主要分布在多林的地方。与其他各种土地利用形式相比，森林对水源释出的有害物质最少。全市 527 公顷森林（占 2%）划为饮用水水源涵养林。

（5）保护物种效益：森林是许多濒危物种的栖息地。5254 公顷森林被指定为 13 个自然保护区，占森林总面积 22%。

此外，还有 4 个天然林群，计 62 公顷，完全禁止经营活动。还有 830 公顷高生态价值的森林划定为稀有物种特别保护区。以上几项合计一起，物种保护的森林占了森林总面积的 25%。

处于不断改革中的匈牙利林业[①]

第一次世界大战后，奥匈帝国解体，形成现在领土范围的匈牙利，这是一个森林资源贫乏的国家。1920 年以来，扩大森林资源，谋求木材自给，是匈牙利历届政府政策的一项重要内容。

国土面积 930 万公顷，人口 1055 万，均接近于我国的百分之一。平原占 68%，丘陵 15%，200~400 米高的中山占 14%，400 米高以上山地仅占 2%。

1946~1950 年森林覆盖率为 12.1%，1993 年已提高到 18.4%。根据预测，因农业生产过剩，大量土地腾出来造林，2050 年时，森林覆盖率将上升到 25% 以上。匈牙利森林绝大部分为幼龄林和中龄林，100 年生以上的只占总面积 1%，60 年生以上的总共也只占 12%。森林的蓄积量、生长量、利用量增长，均高于森林面积扩大速度。1950~1993 年间，森林面积增长是 1.49 倍，而蓄积增长是 2.54 倍，年生长量增长是 2.59 倍。年允许采伐量 1950

---

① 本文系沈照仁同志撰写，发表于 1996 年 4 月 10 日出版的《决策参考》第 4 期。

年为 310 万立方米，现在已接近 1000 万立方米。

匈牙利农业、食品工业部一位部务委员 Ferenc Gerely 认为，欧洲大陆虽曾分裂为两个阵营，而林业政策幸好并未发生过相互对立，东西方之间无甚差异。20 世纪 50~60 年代林业发展的最重要目标都是为了满足木材需要；80~90 年代各国都更加重视森林的环境、生态价值。

匈牙利经济转轨前后的林业，从未停止过改革。

一、1946~1990 年的管理体制改革

第二次世界大战后，林业管理体制虽经多次变动，但在计划经济制度下，匈牙利非常明确追求以下 4 个目标，并都得以实现。

（1）1956 年实施木材价格体制改革，建立中央林业基金，保证林业资金来源；

（2）1968 年实施林业企业与全行业管理体制改革，保证全系统实现经济核算制；

（3）为提高木材资源利用率，提高林业经济效益，基层企业全面实现林工商一条龙；

（4）为防止企业和生产活动的短期行为，企业管理与资源管理严格分开；资源管理要求企业、合作社等按施业案开展经营活动，并随时检查企业的执行情况。

二、转轨以来的林业管理体制改革

转轨之前，国有林占森林总面积的 69%，合作社集体所有占 30.5%，其他所有占 0.5%。森林不论属谁所有，1990 年前，统一归农业、食品工业部管理，林业与木材工业总局下设森林资源总管理处、企业总管理处、技术发展总管理处、狩猎总管理处。下属单位多数是企业性质的。森林资源总管理处通过全国森林资源管理网络，对国有林企业、合作社的森林经营实施检查监督。

（1）1990~1994 年，全国 40% 的森林已私有化。原先合作社集体所有的 50 万~60 万公顷森林，归还给了以前的森林所有者，或赔偿给了集体化过程中蒙受损失的个人。从法律意义上讲，这部分森林私有化在 1991 年就已完成。农业部设有私有林管理处，负责组织管理全国 30 万户新林主。

（2）全国 100 余万公顷国有林，分别由 22 家国有林企业国家森林公司经营管理，其中 19 家已脱离农业部，成为股份公司，置于国家财产管理有限公司控制之下，但仍受农业部监督。

国有林企业原先的林工商一条龙体制处于解体之中。

（3）适应新形势要求的森林法修订，已进行多年。1993、1994 年政府已有草案，提请国会批准。但因国有林改组问题未形成最终意见，新森林法迟迟未能面世。1995 年新森林法对森林的新经营者的义务等做了详细规定。

（4）建立天然林保留地网络：到 1994 年中期，全匈牙利已选定 71 个天然林保留地，代表全国最重要的近自然森林群落，其核心区与隔离区总面积占全国森林总面积的 1%。这是今后匈牙利开展近自然经营森林的示范林。

匈牙利 1997 年实施新森林法、狩猎法和自然保护法①

1996 年 6 月匈牙利议会通过三部直接关系着林业的新法，并决定于 1997 年付诸实施。新森林法共分 13 章。

第一章明确规定面积 1500 平方米为森林的起算值，即森林的最小面积为 1500 平方米。第二章把防护、生产利用、游憩与社会公益功能，均列为森林的首要功能。第三章是资源调查规划设计专章，要求编制为期 10 年的地区森林计划、森林企业施业计划及年度计划，搜集汇总全国有关森林的数据资料，以便有计划地保证森林各种功能的发挥。第四章规定荒地造林由国家补助资金，采用本地树种的天然种苗为主。为监控森林状况，国家建立全国性监控检测网。

第五章、第六章说明对森林更新、培育与结构改造、森林保护的要求。第七、八、九三章分述对森林利用、森林面积利用与森林产品利用（包括森林服务功能利用）的规定。新森林法要求，是凡木材利用，每笔都必须申报批准。皆伐面积在平原、丘陵地区最大不得超过 10 公顷，在山地不得超过 5 公顷。林主必须为提供的每宗木材出具来源证明文件。

第十章规定森林作业必须由熟知林业的专业人员来领导。第十一章表明匈牙利森林管理分三级：部、地区、基层。国家林务局确定地区森林计划，支持和依靠全国性监控检测网，并在地区计划中反映出所收集到的基本林业数据。森林经营内容包括保持、经营森林，实现森林的各种功能，既发展森林、又开展森林利用。经营者可以是林主自己，也可委托经营单位来完成。国家林务局是部长审理林业的机构，部长可以发布决定，并为贯彻森林法发布命令和实施条例。

第十二章阐明集资捐款办法和罚则。第十三章为其他规定。

西班牙马略卡岛将开征生态税②

俄罗斯《林业报》1998 年 8 月 22 日报道：西班牙马略卡岛位于地中海，1997 年来此度假旅游的外国人达 800 万；德国人占了 350 万，一年就在这里花费 70 亿马克。游客年年增加，而地方税收不足以解决日益严重的生态问题。根据环保团体的调查，每年积累垃圾达 42 万吨，五分之一是观光客遗弃的。如不及时处理，这一胜地将不复存在。因此，西班牙政府在此岛近期内开征生态税，对每位来访者征 12 德国马克。

① 本文系沈照仁同志撰写，发表于《世界林业动态》1997 年第 6 期。
② 本文系沈照仁同志撰写，发表于《世界林业动态》1998 年第 22 期。

德国最大林业州以经济为导向改革体制①

巴伐利亚是德国森林面积最多的州，计 252.6 万公顷，占全德森林 23.5%。州有林系统管辖总面积 85 万公顷，其中有林地 73 万公顷，约占全州森林的 30%。巴伐利亚州有林体制改革已经历了漫长酝酿时期。林业的各种关系变化，经久积累，为体制改革形成了新的框架条件。1990 年中欧发生一场空前的风暴灾害，使得木材价格跌落，搞空了林业财政。于是各种补救计划出笼，设想尽可能节约开支，增加收入。林业改革的目的首先是摆脱困境。1994 年州林业经营亏损达 12100 万马克，每采伐 1 立方米木材亏损 20 马克。1993 年的亏损额更大，比 1994 还要大 13500 万马克。

巴伐利亚州政府 1995 年 7 月 11 日作出州有林经营体制改革的决定，开始了一个新的里程碑。决定要求州有林强化实施企业化经营方针，与私营企业一样要以盈利为导向。经过 1995 ~ 1996 年的试点，从 1997 预算年度开始，巴伐利亚州有林管理全面实行企业化改革。

州长 Edmund Sforber 指出，"为保证州有林公益性任务的财政来源，必须精简州有林管理中的开支，提高收入，并在近期内通过木材生产经营恢复盈利。"领导体制改革的州国务部长 Huber E. 认为，州有林管理费用很高，是迫切要求改革的原因。管理必须精简，让基层机构更多地承担责任，掌握更多专业市场动态，以保证州有林建立经济基础，去完成森林的公益性任务。

1990 年以前，巴伐利亚州有林管理的资产政策和利用战略，主要追求一个实物目标：通过蓄积量建设和质量提高，增加森林资产值。因而，近 10 年里，州有林蓄积量平均每公顷增长 2 立方米。巴伐利亚州有林今日的经营政策目标，已从蓄积量建设转变为尽可能充分地挖掘森林资源的利用潜力。

巴伐利亚州有林政策目标，即州有林经营的核心内容，是为全州森林经营承担起示范作用的责任。所谓示范作用乃是不要搞片面性，既不能单纯讲生态，又不可只谈经济，而要求两者结合。州有林经营还必须为全州和社会的未来发挥最佳服务效益。这样的经营管理需要专业知识和必要的人力资源。但为履行州有林经营的上述职责，充分而必要的资金补偿，则是绝对不可缺少的前提。因此，州有林经营不能只是有时盈利或局部盈利，这样不足以补偿经营开支。

巴伐利亚州森林现在处于历史最佳状态。州有林管理局长 Offo Bauer1991 年 6 月发表文章指出，有人以为森林供应原材料的生产机能似乎不太重要了，"木材可以进口，而公共社会效益无法进口"。这种认识曾给人以深刻印象。但最近的社会舆论又重新赋予木材生产以决定性意义。

巴伐利亚州林业部长 Reinhold Bocklet 1995 年强调指出，州有林虽应以盈利为导向，但仍应保证履行相应的特别义务，在防护与游憩方面发挥作用。高山地区的木材生产往往无利可图，又不是为保障森林机能所迫切需要，将予以放弃。

---

① 本文系沈照仁同志撰写，发表于《世界林业动态》1999 年第 12 期。

瑞士山地森林的可持续利用[①]

瑞士著名社会活动家丘彻立，也是一位林业工作者，1997年发表文章指出，现在常有人面对发展中国家森林破坏问题，把瑞士1876年森林法奉为神话，说什么就是靠着这部森林法拯救了瑞士森林。丘彻立要求在社会经济的大环境中，探索森林破坏的原因，寻找恢复发展的契机。

近百年来，瑞士森林资源已恢复发展到足以满足自身的大部分需要，也可以把一部分森林保留下来，听凭自然发展，在人类过度利用环境中发挥绿洲作用的程度。近5年来，木材生产平均年增长6%。1998年木材产量480万立方米，比上一年增加10%。

瑞士联邦森林、雪与景观研究院1999年10月在达沃斯召开阿尔卑斯山区森林可持续利用问题研讨会。会议的总结认为，瑞士山地森林可持续性的某些要素虽实施良好，但总体的可持续性和未来的可持续性却并无保证。

1. 森林面积增长而利用面积减少

根据森林资源清查新资料，瑞士阿尔卑斯山地域（包括阿尔卑斯山前麓、阿尔卑斯山区、阿尔卑斯山南坡）新增森林面积43000公顷和蓄积量1600万立方米。新增蓄积量相当于年木材产量的3倍。

调查显示，山地森林的采伐利用呈减少趋势：近50年里，未开展择伐利用的面积占20%，而近20年里，未开展择伐利用的面积已占50%。

瑞士森林的年龄结构已失去平衡。虽因新造林和大风灾，幼龄林面积有所增加，但成、过熟林比例显得过大。120年生以上占了山地森林30%，可持续经营的约占20%。

2. 普遍亏损

据瑞士林业联合会的山地森林经营结算，20世纪80年代年均每公顷产材量4立方米，企业普遍发生亏损。山地森林的采伐利用因联邦和州政府的补贴而得以维持。阿尔卑斯山地区的林主采伐木材必须非常慎重，因为经过周密思考，每立方米木材的生产成本为120瑞士法郎，而收入平均只有90瑞士法郎。山区许多林业企业的补贴收入超过了木材生产收入。由此可见，山区林业企业投资导向主要取决于政府调节。

3. 阿尔卑斯山区诸国林业补贴相差悬殊

世界现在缺乏山区林业对比资料。阿尔卑斯山区公约诸国对林业的补贴资助相差悬殊，斯洛文尼亚每公顷森林补贴几乎为零，瑞士则超过200欧元。

瑞士林业的增加值只占其国内生产总值的0.1%，而木材业占1.5%。山区林业产值小，必然影响木材加工业投资导向，其结果是制材业、各种加工业衰落，山区的经济结构弱化。

4. 可持续性遭到冲击

山区经济结构遭到削弱而引发的疑问：山区林业模型能协调实现法律和阿尔卑斯山公约所规定的可持续目标吗？

瑞士近期两次森林资源清查资料显示，今日发生的育林结构问题是企业经营停滞引起

[①] 本文系沈照仁同志撰写，发表于《世界林业动态》2000年第7期。

的，现在木材生产停滞，又诱发山区结构变化，促使制材和其他加工业向其他地区转移。

政府采取补贴办法平衡市场机制无力解决的问题，把山区流失的利益回归给山区。但许多山区因缺少加工业，必须把大量原木未经加工外运，或无兴趣开展采伐利用。

5. 模型计算的木材生产市场价值小

人们进行各种价值经济模型计算时，木材生产的市场价值，总是比森林的游憩、防护的理论价值小。但迄今为止，理论价值并非市场价值，既不能满足山区群众的需求，也不能给山地森林的现实计算带来好处。

这样的山地林业，在经济上是不可持续的。与此同时，却要求其在更广泛的社会环境意义上，即生态、经济与社会方面都实现可持续性，这是值得怀疑的！

6. 效益转移支付是平衡失调的证明

山地森林经营维护的可持续性要求有社会、经济和生态的量度。效益转移支付以确保一种或更多种效益的发挥，这本身就是平衡遭到了破坏的表现。经济上给予支持的动机是实现平衡，以最佳保证实现森林经营与依赖森林为生的群众生活的可持续性。

欧洲强调保护林网络建设与生产林自然经营相结合[①]

欧洲森林保留地研究网络始建于 1995 年，2000 年已有入网会员国 26 个，其中正式会员国 19 个，7 个为邀请参加国，主要是东欧国家。全欧大约现有森林保留地 300 万公顷，占森林总面积的 1.7%。

森林保留地泛称受保护的森林或保护林。欧洲不像加拿大、俄罗斯或某些热带国家，还保持有广袤的未经触动的天然林，因此其受保护的森林地往往是利用上受不同程度、不同类别限制的森林地。欧洲保护林的名称繁多，有的甚至自相矛盾。

汇总现有的资料显示，26 国策划森林保留地的主张和态度不一，历史背景和规模也差别极大，这常与地方的森林类型、森林史、土地利用与天然林动态密切相关。其中 16 个国家的森林保留地占本国森林总面积的不足 1%。芬兰保留地占森林总面积的 6.6%，为最高；瑞典次之，占 2.5%；其余 8 国保留地占森林总面积的 1%～2%。

荷兰人口稠密，受保护的森林地一般每个只有 10～30 公顷；德国平原地区保护林最小为 30 公顷，山地为 50 公顷，但巴登·符腾堡州规定每个应为 100～200 公顷。西班牙的一块保护林为 7500 公顷，而芬兰达到了 71000 公顷。

欧洲受保护的森林地常冠以"严格"两字，但不同国家对"严格"的解释又很不一致。在众多情况下，狩猎管制、火灾管制、清除外来物种的行动都在允许之列。在欧洲实施完全不干预的要求似乎是不现实的。

欧洲有关森林保留地的科研课题、目标、方法和限制却是惊人的相似。森林保留地当前实际主要发挥两个作用，一个是保护起来，二是为生产性森林开展以自然为导向的经营提供必要的参照。

芬兰、德国和比利时的林学家认为由于各国气候和土壤条件、传统利用和人类对森林的

① 本文系沈照仁同志撰写，发表于《世界林业动态》2001 年第 14 期。

压力、现有林的起源与自然动态以及地区间的森林连续覆盖均存在着巨大差别，进行受保护的森林地规模和在森林总面积中所占份额的直接对比显然是不客观的。

森林保留地网络建设必须与生产性森林的近自然经营相结合，这在保持森林物种多样性问题上是两个互为补充的方面。一方面是有代表性的受保护林形成网络，覆盖所有珍稀、脆弱、宝贵的森林生态系统，另一方面是对保护林之外所有生产性森林实施以自然为基础的育林作业。因为全面保护只能保证有限数量的栖息地和小范围内稀有物种的安全，而多数国家至少80%～90%的森林处于生产利用之中，实施以自然为基础的林业对保持大范围森林的物种多样性是不容忽视的。

芬兰对濒危物种的最新研究（1999）表明，凡经营得当的生产性森林，90%以上物种均能存活良；10%的其余物种大部分为稀有，一般只在特殊栖息地出现，需加特别保护。

特殊栖息地也称关键生物型。根据芬兰南部和德国的调查资料，关键生物型大约只占森林总面积的1%～8%。

奥地利国有林体制改革的成就引人注意①

2001年7月在奥地利的萨尔茨堡召开国际国有林体制改革研讨会，26国派代表与会，东欧国家对奥地利的管理模式极为注意。

奥地利国有林局20世纪90年代中期启动改革，1997年建立股份公司，森林所有权仍属联邦，改革的核心是把森林的经营与所有权严格清楚地分开。尽力降低林业生产成本，加强客户导向意识，争取签订大的合同，是国有林管理改制后所努力实施的。

1. 1997～2000年4年为国家预算贡献12.53亿先令

奥地利国有林局近一二十年经营虽勉强盈利，但常徘徊在亏损的边缘。国有林局1997年改制为股份公司，一般经营活动的结果为2.73亿先令，1998年为2.18亿先令，1999年达3.77亿先令，2000年为2.16亿先令。年年盈余。

从国有林公司的一般经营活动的结果中，政府有成果与收益分享权，1997年分得0.5亿先令，1998年分得1.21亿先令（其中含0.81亿为成果与收益分享，0.4亿为股息），1999年分得2.1亿先令（1.7亿+0.4亿），2000年分得1.72亿先令（0.72亿+1.0亿）。国家预算收入已从国有林4年经营活动的结果中分得5.53亿先令。

所谓股息也是对国有林经营活动结果的成果与收益分享，是按实有职工总数分配的；另一种经营活动结果的成果与收益分享则是按采伐量进行分配。

除成果与收益分享之外，国家预算收入还从国有林公司获得7亿先令对前期收益的补偿。

2. 大幅度调减开支是保证盈余的关键

国有林局时期坚持不断裁减职工，1994年尚保留2200人，一年人头费开支占总开支的三分之二。1994年总开支18.40亿先令，人头费达12.40亿先令。2000年职工总数降至1400人，人头费开支8.52亿先令，占总开支19.08亿先令的45%。如没有管理体制的改

---

① 本文系沈照仁同志撰写，发表于《世界林业动态》2002年第5期。

革，国有林是很难逃过赤字危机的。

3. 生产 45% 通过长期合同固定下来

林业、木材生产在国有林系统的经营收入中占主导地位，一般年份约占总收入的四分之三。公司近一半的业务量，约 45% 是由长期合同固定下来的，因此偶发事件不太可能使业务偏离一定的轨迹。例如，价格上扬年份的 1994 年产材 229 万立方米，1996 年产材 225 万立方米，1997 年产材 241 万立方米，稍高于年计算采伐量；价格低迷的 1995 年、1998 年和 1999 年的年采伐量偏低，分别为 205 万立方米、198 万立方米和 188 万立方米。2000 年遭大风灾，为适应市场情况，只生产了 169 万立方米木材。

4. 不断开拓收入来源

2000 年大灾，木材生产减产 60 万~70 万立方米，木材价格也低，但林业仍是国有林公司的主业。总收入 20.66 亿先令，木材生产占 59%，为 12.09 亿先令。狩猎与渔业收入 2.03 亿先令，占 10%；不动产经营收入 2.38 亿先令，占 12%；其他(咨询、技术、水资源、旅游等)收入 4.16 亿先令，占 20%。

欧共体内外的林业现在都面临改革，邀请奥地利国有林公司参与咨询的已有匈牙利、捷克、克罗地亚、格鲁吉亚、波斯尼亚、阿尔巴尼亚、乌克兰以及原民主德国的勃兰登堡州等。

国有林山地自行车道已开放 1380 公里，湖泊水域和泉水经营均可以带来可观的收入。

丹麦国小林业经验多[①]

丹麦 1660 年建立世袭君主制，历史上曾是欧洲强大的帝国。战争屡屡失利，大约 1850 年以后，丹麦就被拘束在自然条件较为恶劣的土地上，即日德兰半岛的中北部及半岛东侧的西兰、菲英、洛兰、博恩霍尔姆等 483 个岛屿上。丹麦本土的森林已经破坏殆尽，日德兰半岛中北部森林覆盖率只剩下 2%。

一、50 年前丹麦与中国林业的交往

1953 年丹麦有个代表团来中国，他们讲，"我们是小国家，你们是大国家，我们没有办法比，但有一点是相同的，你们森林少(那时中国森林覆盖率为 11%)，我们森林也很少。所以，用很少的土地生产木材这方面我们可以交流经验。"

事隔 30 年后，中科院吴中伦院士利用多种机会反复宣传丹麦经验。他说：丹麦是很小的国家，4.3 万平方公里国土面积。比较寒冷，土壤也不算太好。全国地势低平，最高的山才 170 米。森林覆盖率为 11%，主要是四旁树、小片林，但长得好，管理得也好，年生长量 220 万立方米，采伐量 200 万立方米。据国际经验，种植 1 公里树木的生产力等于 1 公顷林地生产力。1 公里的马路两旁各种一行树就等于 2 公顷。路旁、河旁、村旁条件比较好，劳力多，但要有好的管理制度。北京中关村种植加拿大杨，按 30 年生计算，每公里年平均生长量达 22.7 立方米。

---

① 本文系沈照仁同志撰写，发表于《世界林业动态》2002 年第 24 期。

依照官方统计，20 世纪初丹麦森林覆盖率只有 4%，1985 年上升到 11.4%。但根据联合国粮农组织 2000 年全球森林资源评估报告，丹麦的森林覆盖率为 10.5%。丹麦为何森林覆盖率下降了？

二、丹麦坚持严格的森林标准

丹麦现有人口 527 万。20 世纪 90 年代后期，联合国粮农组织在汇集世界森林资源时提出了两个概念：一个是森林，另一个是其他树木地。以前这是混在一起的。最近给 FAO 报表时，丹麦把够不上森林定义要求的木本植物覆盖地，从森林里扣除，划为其他树木地。

丹麦总面积 430.9 万公顷，其中陆地 423.9 万公顷，森林 44.5 万公顷，占 10.5%，其他树木地 9.3 万公顷，占 2.2%。

丹麦森林指乔林，针叶占 37.8%，阔叶占 25%，混交林占 37.2%。现在已是 10 米以上高或短期内能达到此高度；林分宽 20 米以上；树冠覆盖率达 50% 以上；单块面积应达到 0.5 公顷。

丹麦残留未遭人类破坏过的天然林，总计大约只有 200 公顷，是日德兰半岛南部的 Draved 森林、西兰岛西部的 Suserup 林和日德兰半岛东部的 Varsøe 林等。根据自然保护法，这些森林已被严格地保护起来。称为半天然林的森林约 3.5 万公顷，按规定不得采用任何人工更新方式。

丹麦森林扣除未遭破坏的天然林 200 公顷和半天然林 3.5 万公顷后，可称为其余森林，实为人工林。但有 8.6 万公顷达到老龄龄级的本地树种人工林，并不保持划一的模式，且已可以采取天然更新方式。

现有森林几乎都是在原先的非林地上造林的结果，其中很大部分采伐更新过一、二次，甚至三次。人工林不论采用本地原有树种，还是从外地引回的本地树种和外地树种，在自然条件下几十年，在丹麦大多数人的心目中，都已经是天然林了！

现在丹麦森林的 98.9% 开展采伐利用，供应木材。丹麦几乎所有森林又都受法律的明文保护，未列入自然保护法、动物栖息地条例、森林经营法规加以保护的森林只有 1.9891 万公顷，仅占森林总面积的 4%。但严格禁止采伐利用的森林保留地也仅有 5086 公顷，稍大于森林总面积的 1%。

三、21 世纪仍将造林并坚持不懈

根据农林部粗略统计，丹麦有防风林带 4 万公里，因平均宽 6 米，达不到森林 20 米的要求，被划为其他树木地，计 2.4 万公顷。另外，根据国家森林与自然署、狩猎与野生动物管理局统计，其他树木地还有野生动物栖息地造林约 0.6 万公顷，森林以外的苗圃与圣诞树培育园计 3 万公顷，森林以外的山坡地灌丛约 2 万公顷。另据林业规划局统计，还有主干道行道树 1.3 万公顷。

道路沿线植树造林为公共事业，属国有。其他类别造林，均在政府资助下由个人、公司、团体完成，属私有。从 20 世纪初开始，这样的造林方式一直持续到现在。

丹麦议会 1989 年决定，丹麦履行欧共体共同的农业政策，在树木的一个更新期内（80 ~ 100 年），使丹麦的森林面积扩大 1 倍。决定要求森林的翻番计划由政府和私人对半分担，造林树种针阔叶各占一半。20 世纪 90 年代每年新造林 1900 ~ 2500 公顷。

四、军备造林佳话

为争霸海上，跟英法一样，丹麦曾需要大量橡木以维持海军军需。1807 年，丹麦与英国交战，舰队全军覆灭。为复兴战斗力，丹麦国内广泛开展造林，甚至形成了一种制度：凡想结婚的男青年必须先种几年树。这样的"新郎树"需 140 年方能用做船材，而铁甲很快就取代了木壳！现在的丹麦林业机关常爱与海军人士调侃，追问什么时候履约收购老早的订货。据说，欧洲不少国家为军备营造了许多橡树林。丹麦人不忘这段历史，橡树林的价值变了，装点着环境，游憩价值难以估量，也照样生产着珍贵木材。

五、造林是营造自己的生存环境

日德兰半岛一般就指丹麦的大陆部分，广义地讲丹麦只占了半岛的中部和北部，南部是德国的石勒苏益格·荷尔斯泰因州。1864 年奥地利与普鲁士联合战胜丹麦，丹麦正式割让日德兰半岛南部的 3 个公国。丹麦人从此抱定主意要经营好萎缩了的瘠薄土地，口号是"失去了的要从留下的土地上补回来！"

日德兰半岛中北部原是高位沼泽，灌丛荒野，1780 年林木覆盖率仅为 2%，当时也曾开始中欧山松造林。战争失利后的发奋造林一直坚持到 1935 年。国家、个人及私营团体的协作造林很有成绩。丹麦人在这里现在面临一场新的挑战，即改造广袤的中欧山松林，使之成为生物多样性的森林植被。

六、固定移动沙丘造林成绩卓著

首都哥本哈根所在岛屿西兰，原是一个多流动沙丘的岛屿。丹麦于 1720 年开始在西兰岛北部沿海为固定沙丘而植树造林。1850 年，丹麦已积累了一套选择造林树种的经验和造林技术。1878 年完成固沙造林 800 公顷，1898 年完成 2 万公顷，1920 年 3 万公顷，1971 年已达 4.7 万公顷。

一些地方试种了众多树种，如橡、山毛榉、欧洲赤松、欧洲冷杉、高加索冷杉及壮丽冷杉。造林已固住了沙丘，现在发挥着美化环境的作用。大面积固沙造林成功的树种为欧洲山松，还有引种成功的扭叶松和北美云杉。

七、丹麦是防风林带建设的先锋国家

为改造日德兰半岛瘠薄荒野为高产农地和森林，丹麦 1866 年成立一家私营组织——丹麦土地开发服务公司。该公司受政府补贴，为公众所全力支持，开始营造防风林带并开发农业土地。

19 世纪初农地造林虽也有防护目的，但常是为分割地界。1938~1963 年防风林带和绿篱建设达到 4.3 万公里；这类造林的目的也是为扩大就业机会。

日德兰半岛部分地方的防风林带主要树种为白云杉，现在需要更换树种。为给野生动物构成走廊，防风林带已引进更多树种，形成更多变异的结构。

八、重视造林与地下水质、水量的关系

丹麦的一项研究报告认为，森林地下水纯净的原因有 3 个：①与农地相比，使用化学药

剂少；②常年有植被覆盖地面；③不像农地年年要进行耕作。但是，森林的地下水量没有开阔地的多，大约年差 250 毫米。森林降水有相当一部分滞留在林冠，而后被蒸腾到大气中。针叶林的这一现象更为明显。在地下水匮乏的地区，必须谨慎考虑供水与土地利用方式的矛盾。

欧登塞市座落在菲英岛，在丹麦城镇中森林覆盖率最低，仅 3.7%。长期以来，市民普遍感到有必要造林保护地下水资源。丹麦政府、欧登塞市政与自来水厂三方于 2001 年达成协议，决定在港口城市欧登塞营造 2000 公顷森林。当地水厂为购置对地下水具重要意义的土地并种植树木，对每立方米水价将加收 0.25 丹麦克朗（5.8 克朗 = 1 美元）。

九、蓄积量、生长量、采伐量都很高

丹麦造林多是在困难地上完成的，现在森林与其他树木地每公顷蓄积量为 111.9 立方米，每公顷森林的年生长量为 7.19 立方米。

瑞典国有林紧锣密鼓进行改革[①]

一、十年内两大行动

瑞典国有林系统 1994 年在合并 Domän AB（拥有 340 万公顷用材林）、ASSI AB 和 Ncb（拥有制材厂、制浆造纸厂等）国有林相关企业的基础上，建立了新的国有林公司 AssiDomän AB。这是一家上市的股份公司，国家占有 50.4% 的股份，其余股份卖给了 60 万个股票持有人。这实际上是国有森林和国有森林工业资产的局部私有化。

2000 ~ 2001 年，瑞典国有林系统又进行了一次改革，AssiDomän AB 公司将大部分工业资产卖掉，成立一家国家独资公司——Sveaskog 公司，收购了 AssiDomän AB 的全部股份。2001 年底，原为瑞典国有的森林工业资产全部实现私有化，而曾局部私有化的森林，全部收回重新成为国有资产，新公司股票不上市。

二、国有林公司仍以木材生产为主业

瑞典 Sveaskog 公司现有职工 2000 名，下设 4 个部门：林业、木材市场、地产、渔猎与自然。Sveaskog 公司 2001 年共管辖经营约 330 万公顷的生产性森林，2000 年纳入采伐利用的森林近 300 万公顷，产木材 645.3 万立方米。

瑞典国有生产性森林约占全国的 20%，国有林中很大比重为非生产性森林，大多分布在北部菲耶尔地区。国有生产性森林总面积 479.7 万公顷，68% 属于 Sveaskog 公司管辖，其余 32% 分属中央不动产局、自然保护局、边界要塞局以及其他单位，只有自然保护局对其所占有的 38.8 万公顷生产性森林不进行采伐利用，不动产局开展利用的强度低，要塞局以及其他单位的利用强度与国有林公司相似。

---

① 　本文系沈照仁同志撰写，发表于《世界林业动态》2003 年第 27 期。

三、保持森林国有所追求的目的

瑞典议会近年来常常对"国家对森林的所有权的意义何在，有无必要？"进行讨论，讨论结果是：国家所有权能确保发挥森林的自然保护功能、获得地租收入、保障国防安全和科学研究。在国有条件下，比较容易处理不同利益集团之间的争议，例如做些交换。国家经营森林还可以给其他所有者做示范，例如把森林的生产功能与保护生物多样性、维持森林游憩环境以及保护有价值的生物群落协调起来。国家经营森林可以活跃木材市场，促进竞争，改善没有自己的木材来源的工厂的木材供应。

当前瑞典 Sveaskog 公司的土地政策的目的是通过买卖交换，扩大自然保护区，改善人口稀少地区的森林结构，增加蓄积，促成破碎的林块连片。

四、经营成本高是迫使改革的主要动力

瑞典国有林 2000 年每立方米木材生产成本是私有林的 123% ~ 140%，迫使国有林体制必须进行改革。瑞典南部国有林每立方米木材生产成本为 21.83 欧元，私有林为 17.74 欧元；北部分别为 22.15 欧元与 15.81 欧元。生产成本中含木材采运、森林培育、道路、其他费用以及管理费用。

法国政府发动促进多使用木材的行动[①]

美国路易斯安那州立大学与法国国立木材技术与工业高等学校（ENSTIB）于 2003 年 8 月协作完成了关于法国林业和木材业联营的调研。所谓联营是指森林资源、林产品工业、政府机关与高等教学 4 者组合，形成以木材为基础的发达的共同体。

一、森林资源状况与林产品工业

法国是西欧最大的国家，面积 55.16 万平方公里。人口近 6000 万，约占欧洲总人口的 1/5。现有森林 1600 万公顷。中世纪时，法国有 800 万公顷森林消失了，原因与现在的热带地区类似，为毁林垦荒与樵薪。

法国在 1827 年颁布了一部很严厉的《森林法》，并建立了森林保护机构，逐渐恢复山地森林植被，以制止水土流失和洪水。1840 年时，法国只有森林 800 多万公顷。第二次世界大战后，法国森林持续扩大，有相当长的时期每年增加森林 3 万公顷。近年来，由于农地撂荒和实施积极的林业政策，森林面积进一步扩大。预期 2020 年森林面积能扩大到 1700 万公顷。

在欧共体内，法国是森林富饶的国家，森林面积仅次于瑞典和芬兰。全国分为 22 个大区和 96 个省，森林覆盖率居前三位的省份为朗德省（65%，属阿基坦大区）、瓦尔省（63%，属普罗旺斯阿尔卑斯－蓝岸大区）、孚日省（53%，属洛林大区）。森林蓄积量集中分布在东部洛林、阿尔萨斯、弗罗什－孔泰和罗纳－阿尔卑斯大区，蓄积量分别为 2 亿 ~ 2.6 亿立

---

① 本文系沈照仁同志撰写，发表于《世界林业动态》2003 年第 34 期。

方米。

法国森林 70% 为私有，分属 380 万个所有者。农林部占有森林 12%，城乡或称社区占有森林 18%。

根据国家森林资源调查(2002 年)，法国现有立木蓄积量 21 亿立方米，其中阔叶 12.8 亿立方米，针叶 8.2 亿立方米；年生长量 9140 万立方米，其中阔叶 4940 万立方米，针叶 4200 万立方米。东部的阿尔萨斯、洛林、弗罗什 – 孔泰和阿基坦大区的针叶林年生长量最高，为每公顷 8.5~10.5 立方米。全国森林年生长量平均为 6 立方米。

森林的年采伐量为 4590 万立方米，其中针叶材 2850 万立方米，阔叶材 1740 万立方米。立木材积蓄积量年结余为针叶 1400 万立方米，阔叶 3200 万立方米。法国森林符合可持续经营的要求。

1999 年法国森林遭受震惊世界的大风灾，根据法国林务局 2003 年报告，仅 3 天风灾刮倒的树木相当于总蓄积量的 6%，有 3.6 亿棵林木成了倒木。

法国实木工业有 10 万人就业，每年为国民经济增值 128 亿欧元。制浆造纸业的就业人数为 9.535 万，年增值 193 亿欧元。

二、政府支持开发木材利用

国家重视木材工业在经济发展中的重要地位，决定促进全国建筑业多使用木材。现在木材仅占法国所使用建筑材料的 10%。为此，法国农业、环境、住房等 3 个部以及其他机关于 2001 年 3 月 28 日共同发布了促进全国建筑业多使用木材的宪章，要求提高木材占有率 25%。这是根据京都会议关于减少温室气体协议精神做出的决定，因为森林与木材结构中都贮存着碳。

宪章突出以下 6 个方面，以促进木材利用：①教育公众关于建筑业使用木材的环境优点；②对上市木材，阐明其技术与经济优点；③鼓励建筑投资的机会竞争；④支持木材研究事业；⑤普及技术培训；⑥评定木材建设标准与制定条例。

由 18 个政府部门、其他公共机关及私营组织共同组成的全国木材开发委员会(CNBD)领导市场贯彻宪章的目标。宪章特别要求公共建筑、道路建设、政府补贴的房建中更多地使用木材。

法国国家科研中心(CNRS)、法国国家农业研究所(INRA)和法国林务局都是直接参与促进木材利用的政府单位。

三、高等教育紧密配合

法国早在 18 世纪末就开始重视林产品工程技术人才的培养，现在专攻木材产品的在校大学生约 600 人，且还在增加。法国面积仅相当于美国得克萨斯州的 4/5，而专攻木材科学的学生人数竟比美国全国还要多。大部分学生在校期间就与工业企业签订了协议，一般毕业时就已具备工作经验而受雇于企业。

法国有 3 所培养木材业高级人才的学府，国立 2 所，私立 1 所。受高等教育的学费主要由法国政府负担。国立大学的学费每年为 200 欧元，私立大学为 3085 欧元。以上费用包括保险，但食宿除外。每年招生名额有限，因此竞争激烈。

美国路易斯安那州大学的 Ramsay Smith 教授和市场研究顾问 Burrell – smith 认为，法国木材业颇具竞争优势，得益于资源、工业、政府与高等教育的密切结合。

斯大林防护林工程：该歌颂，还是该检讨[①]

俄罗斯《林业报》2004 年 5 月 15 日发表一篇署名记者的散文体报道，题目为"森林围着的沙漠"。该文语言苦涩，译者弄不懂作者是在歌颂，还是在检讨伟大的斯大林改造自然计划，但这很可能是真实的反映。文章介绍的只是大工程很小的侧面，译者尽力把作者原意转述给我国读者，希望能有所借鉴。

乌克兰赫尔松沙漠虽然已经过原苏联时期大规模的治理，时至今日，仍是现在欧洲最大的沙漠。整个沙区面积达 16.1 万公顷，加上其他类别的土地，面积总计为 21 万公顷。

乌克兰森林土壤改良研究所在秋鲁平斯克设有草原所，任务是治理沙漠，包括沙区的综合利用和抑制沙漠漫延。原苏联时期，曾采取过各种方法固定沙漠，如浇沥青等物理方法等。但不论采取什么方法，都不如在沙漠边缘植树造林有效。

赫尔松沙漠造林始于 70 年前，即 20 世纪 40 年代后期至 50 年代初，实施斯大林改造大自然计划，进行了群众性固沙造林工作。其结果是在秋鲁平斯克营造了约 10 万公顷人工林，但赫尔松沙漠依旧，广袤的人工林给沙漠镶了个边。这里没有骆驼，只能见到欧洲盘羊以及一些小动物，而且几乎不长什么植物，未来的前景如何，谁也不清楚。

原苏联时期，沙漠里曾进行过许多工作，但几乎没有成果。瓜类栽培研究所在这里培育过西瓜，还营造过乌克兰最大的葡萄园，有近百个品种。现在都放弃了。原苏联 40% 的花生曾产于此地。现在这里不再有成规模的花生生产，更多的劳动成果在沙漠里消失了。现在还有沙漠边缘的林木呈现着生机，人造森林依然护卫着沙漠。

沙漠附近的城镇居民还常光临此地采集蘑菇，但赫尔松的林学家大约还必须奋斗几百年，来保护、培育人工营造起来的"奇迹"。因为沙漠永远不会停止对人造"奇迹"的侵袭。

俄罗斯十余年 3 次重写《森林法》及林业问题[②]

一、俄罗斯第三部森林法难产的原因

俄罗斯《林业报》2004 年 7 月 17 日发表两位功勋林学家的文章，讨论新《森林法》。

苏联解体后，俄罗斯《森林法》已重新修订了两次。1992 年俄罗斯联邦最高苏维埃颁布俄罗斯联邦林业基本法，非常合乎逻辑，因为法律必须适应国家政治社会与经济结构变化。但新法实施后不久就发现，不能满足市场经济发展的要求。一部长达 15 页的法，竟只有一个条款论及森林资源的租赁，而关于租赁条件、投标竞争及买卖，连一个字都没有。难怪，仅过了 4 年，国家杜马于 1997 年又通过一部新《森林法》，关于市场关系调节占了一章，含 16 条。

---

① 本文系沈照仁同志撰写，发表于《世界林业动态》2004 年第 18 期。
② 本文系沈照仁同志撰写，发表于《世界林业动态》2004 年第 31 期。

新版《森林法》虽补充了市场经济的内容，但远远不够。国家杜马为此常常要通过许多修订意见。现在该是把《森林法》提高到符合宪法要求水平的时候了，使其与国家新《土地法》相适应。由此可见，1997 年《森林法》实施时间虽然不长，但却必须加以替换了！

1992 年与 1997 年的两法，在制定过程中很少有意见冲突，起草人、反对派很容易就达到相互谅解。苏联解体后第三部《森林法》的草案，争论已持续 3 年。俄罗斯各地区已连续多次收到不同的草案版本，每次新草案版本总包含着极大变化，这显示着《森林法》起草人对众多重大问题的观点的不稳定性。

二、芬兰专家对俄罗斯林业的评价

芬兰驻俄罗斯大使馆林政专员维依罗拉 2004 年 7 月 10 日以"林业与市场经济"为题，在《林业报》发表文章，论述俄罗斯林业存在的问题。维依罗拉是林业科学博士，曾任芬兰林务局地区国有商用林企业的经理，对俄罗斯林业综合体改革进行过 3 年的认真研究。

1. 什么是市场经济的林业

20 世纪 90 年代，俄罗斯森林工业与其他工业部门一样，迅速实现私有化。但森林仍如以往，为国家所有。1997 年《森林法》实施森林租赁制。可是，俄罗斯森林资源纳入利用程度依旧很低，政府因此而得的收入非常少。木材采运企业的利润率极差。全行业陷入危困，俄罗斯全力谋求解决办法，但销售甚少。

维依罗拉认为，俄改革对原则问题的探讨，例如什么是市场经济的林业，未给予必要重视。市场经济的林业是独立的经济部门吗？抑或只是森林工业的辅助部门，或森林资源的管理部门。在苏联时期，林业首先是为森林工业保证原料开展生产活动，由政府预算拨款支持。林业的第 2 项传统任务是防火与保护。

2. 俄罗斯林业长期并迄今没有商业目标

俄罗斯林业从来未设定过商业、经济目标。对私有林而言，设定经济任务是非常自然的事，因为经营是私有林主活动的有机组成。国有林的情况就不一样了，世界各国几乎都把国有林业划分为商用经济林业和公益林业。商用经济林业严格遵循经济原则。俄罗斯森林的传统分类则是按照相似标准进行的。俄罗斯把分布在自然条件、销售条件上能赢利地区的森林，即一个周期内扣除一切生产费用后，其立木收入为黑字者划为商用经济林。俄罗斯森林广袤，只有一小半可能划成商用经济林，而大部分则是公益林。两类林业对森林开展不同的经营过程。因此，一开始就应划清楚森林的功能。

商用经济林可采取不同的经营方式，如立木销售或林主自营采伐，长期租赁，或按一定条件把大面积、大采伐量长期转让给承租商，由独立的采伐企业完成大部分作业。

维依罗拉指出，森林工业综合体的绝大部分收入虽来源于木材深加工，但这时却必须为林业确定独立于森工的经济任务。在斯堪的纳维亚国家，即使森林属森工企业所有，也一定是独立于工业生产的经济自主体。

林业的大部分收入由主伐给予保证，主伐是林业的主要收获，林主必须毫不动摇地依法和按照各项规程以及自己的意图加以进行，否则林业难以实现商业原则。

林主的责任是要保证森林的更新、再生产和立木销售，收入归林主，同时也必须让林主决定由谁来进行采伐，在履行什么条件下进行采伐。

俄罗斯的主伐作业按传统是由森林工业的一个部门来实施，森林工业相对于国家森林所有权，常享有强势地位，森林只是森林工业的原料基地，即使在现行承租的林区也一样。由此可见，林主的所有权与责任在某种意义上是分离的，而理想的森林工业与林业的关系应是伙伴关系。

主伐利用与间伐利用是不同类型的采伐，在俄罗斯很混乱，问题颇多。实际上应区别为商业性采伐与经营性采伐，前一种采伐带来纯利，而后一种采伐是亏损性的。第一次疏伐就已介于两种性质的采伐。随着林业生态化，渐伐、择伐方式比重扩大，对各种商业性采伐方式也应要求统一论证。

3. 新《森林法》宜力求商业经济林业的前提与条件更加明确

通过招、投标，在签订长期租赁合同的基础上，把适宜开展商业活动的森林出租给有能力的企业，应是出发点。所签合同必须成为承租人的保证，履行其抚育森林的义务。森林私有化原则仍应保留在森林法中，但实施日期应往后推。如森林利用的租赁合同期为99年，其承租的义务权利，应该说与享受私有权的没有什么差别。俄森林法草案规定了对森林抚育的责任，比芬兰的法律更为强制。如按这样的模式执行，俄罗斯森林利用者是应当在短期内成为可持续经营主体的。芬兰林业大约用了20年实现这一转变，俄罗斯则应在几年内发生同样的转变。

俄罗斯森林法草案现在把注意力集中在森林租赁者身上，但并不排斥由政府所开展的商用林业。

维依罗拉认为，发展租赁的同时，国家也应开展商业林业。不同的经营主体同时存在，有利于促进林业发展。

波兰森林没有随着政改而改变管理体制[①]

据《奥地利林业》杂志2005年6月报道：第二次世界大战爆发不久，波兰森林61%属私有(1937年)。1944～1945年波兰实施土改，宣布凡森林面积在25公顷以上的企业均为国有。按照2004年国家统计，1945～2003年波兰森林的所有制状况保持不变。然而，在此期间，波兰国家的政治体制发生了巨变。

波兰总面积为3043.5万公顷，其中森林894.2万公顷，含1945～2003年新造林面积139.2万公顷。公共所有的森林占82.5%，私有占17.5%。新造林主要使用的是农业边际土地，40%原属个体私有。政府1995年计划，2001～2020年新造林68万公顷，主要使用的也是农业边际土地。

（1）现在波兰的舆论，没有把国有林再变为私有林的倾向。私有经营，并不见得有利于森林。

（2）波兰现有林木蓄积19.08亿立方米，年生长量4700万立方米。国有林每公顷平均蓄积量218立方米，而私有林仅有119立方米。

（3）波兰森林年生长量的利用率1996年仅为50%，2003年上升到65%。欧洲森林生长量年利用率平均为55%，芬兰年利用率达到80%以上，俄罗斯低于30%。

---

① 本文系沈照仁同志撰写，发表于《世界林业动态》2006年第10期。

捷克森林平均每公顷产材 6 立方米[①]

据 2004 年的调查，捷克森林总面积为 264.57 万公顷，约占国土 33%；其中用材林占 75.4%，受保护林占 3.1%，特殊用途林占 21.6%。

捷克林业现在把环境改善放在优先地位。苏格兰林业人士 2005 年 3 月考察捷克，认为捷克林业与英国一样，非常重视森林树种组合的改造，即改非天然树种组合为天然树种组合。以云杉、松为主的针叶树种比重将明显下降，以山毛榉、栎为主的阔叶树种比重将明显上升。

与英国一样，捷克林业非常重视减轻鹿害，2003 年鹿害造成的林业损失为 2700 万克朗，2004 年升至 3300 万克朗(约合 80 万英镑)。

捷克林业现在很注意治理大气污染及土壤酸化对森林的危害。

苏克兰林业人士认为，捷克林业重视木材生产，2004 年生产木材 1560 万立方米，出口 365 万立方米，收入 46 亿克朗。林业就业人口近 2400 人，其中私有林就业占 64.6%。

---

① 本文系沈照仁同志撰写，发表于《世界林业动态》2006 年第 28 期。

（四）非洲林业

水木之争危及南非林业生存①

南非林主协会执行主席爱德华兹 2000 年 10 月为《南非林业季刊》撰写的社论发问：如果南非人工林全部消失了，事情会怎样？

对业内与相关人士来说，这是根本不能想象的！但对只听国内媒体宣传的人来说，人工林森林工业消失，可能是南非莫大的福音！

爱德华兹认为，如听凭人工林的消失，对南非至少有下述不利发生：

1. 4000 万人口将无国产材来源

南非现在人均年消耗实质木材 0.04 立方米和纤维、纸张 0.05 吨。天然林资源稀缺。南非曾是一个木材几乎完全依靠进口的国家。

2. 国民经济将丧失重要的支柱产业

人工林林业木材生产的年产值为 21 亿兰特，占全国农业生产产值 246 亿的 8.5%；木材加工生产的年产值为 120 亿兰特，相当于全国加工业产值 1500 亿兰特的 8%。

3. 失去一个重要的外汇收入来源

南非现在是木材产品出超的国家，每年出口 66 亿兰特，进口 33 亿兰特，进出相抵后净出口 33 亿兰特。

4. 将使 7.5% 的人口失去生活依托

南非直接就业于木材培育与木材加工业的人口为 14 万。根据调研，木材培育与木材加工业的每个就业人口为其上游、下游创造 4 个就业机会，计 56 万。两项合计直接就业人口估计为 70 万，按每个直接就业人口平均养活 4 人计算，南非林业和木材业大约维持着 300 万人的生计，相当于全国人口 7.5%。

5. 对自然资源与环境保护不利

人工林林业首先对残留的天然林保护起着不可抹杀的作用。严格按照国际规范经营的人工林是一种健康的经营土地方式，对降水发挥着天然过滤沉积的作用。人工林既美化环境，又吸收二氧化碳，从而对改善空气污染、抑止气候变暖等有着重要的意义。

6. 失去游憩环境

南非林业在帮助百姓休闲方面已发挥日益重要的作用，如步行道在人工林非常普及，垂钓、狩猎、观鸟行动均在发展中。1998 年南非《森林法》对这一方面有明确的规定。人工林环境教育、资源管理、生态旅游活动都在发展中。

7. 给国家金库和税收造成巨大损失。

---

① 本文系沈照仁同志撰写，发表于《世界林业动态》2001 年第 20 期。

南非每 3 年向议会报告森林状况[①]

　　南非水利与林业部官员 S. Kalatwang 2002 年 9 月的文章指出，南非森林政策近 8 年来发生了转折，从以木材生产为主变为重视森林的社会、经济与环境意义，因此对森林信息的搜集要求不同了。过去年年只注意木材产量，以促进林业的永续收获。而现行的森林政策致力于促进各类森林的可持续经营。

　　1998 年国家森林法责成水利和林业部每 3 年向议会报告森林实际状况与趋势。报告应是遵照国家标准与指标进行监测的结果。

　　南非森林覆盖包括树木地、天然林和人工林。稀疏草原树木地在南非全国分布极广，其状况条件以及归谁所有差别很大。郁闭天然林估计有 69 万公顷，69% 属国有，31% 为私有。人工林约 130 万公顷，按永续收获方式经营。每年造林 1 万 ~ 1. 2 万公顷。

---

　　①　本文系沈照仁同志撰写，发表于《世界林业动态》2002 年第 34 期。

（五）大洋洲林业

新西兰天然林的保护与利用①

经 140 年约 400 个造林树种试种和长达 5 个轮伐期辐射松人工造林成功，新西兰几乎已经完成了从百分之百依靠天然林到百分之百依靠人工林供应木材的转变。但究竟如何经营天然林，天然林经营的投资来源，仍困扰着新西兰林业界。

一、天然林现状

公元第一个千年后期，毛利人进入新西兰。当时，林木自然分布线以下的土地，都为森林所覆盖，新西兰国土四分之三是森林。19 世纪后期，欧洲大量移民定居，开拓农业，森林覆盖率降至约 50%。到 1920 年时，因制材工业、农业继续发展，森林大面积消失，只剩下占国土的 25%。

根据新西兰林业部与新西兰农场林业协会 1998 年合作出版的《天然林林业》手册，直到 20 世纪 70 年代，新西兰许多天然林仍蒙受过伐、皆伐之苦。现在全国残留天然林 640 万公顷，相当于国土 24%。这与 50 年代调查数据相似。

50 年代森林调查没有包括森林边际土地和广大的灌丛地。新西兰从 80 年代中期起取消农业补贴，农地面积缩小，其中相当大的面积撂荒变成灌丛。荒地逐渐还林，导致天然林面积显著扩大。新西兰现在实有天然林面积约比原先的调查数据大 200 万 ~ 300 万公顷。

大面积天然林经营需要资金，从哪里筹集？

二、天然林 80% 当做遗产保护着

新西兰 1987 年成立保护部。新部门是国家遗产管理部门，受权承管划为保护林的国家天然林资源约 500 万公顷，占全国天然林总面积 80% 左右；这相当于国土总面积的 19%。

划为国家公园和保留地的天然林计 510 万公顷。经国家财政部核定，保护部所属天然林资产总值约 6 亿新元。新西兰林业研究所按 120 元/公顷折算天然林价显得过于低廉，但按市场现实土地价评定林地价，则是适宜的。

森林价值多少与市场愿意支付多少，是人们经常争论的老问题。新西兰天然林价值不能单纯从市场价出发给予衡量，而应立足于其对新西兰经济总的影响和贡献去评价。对天然林资产的某些地块，直接利用市场价值加以评估也是可行的。如旅游收入、利用者付费测算等。但天然林的真实价值在于其非市场价值，如土壤与水、生物多样性、精神与视觉价值等等。利用各种森林价值的评价模型，可以对天然林价值做出评估。这是一项非常艰难的任务。联合国粮农组织 1997 年的一份报告认为，即使在林业受到强大支持的国家，为评价森林所需的数据也很不足。

---

① 本文系沈照仁同志撰写，发表于《世界林业动态》1999 年第 4 期。

新西兰天然林普遍受到负鼠(袋鼠的一种)的危害。现在每年耗资5000万元进行治理。政府巨额投资防治,主要并非为了保护天然林资源,而是为了防止动物疫病传播,影响新西兰农产品出口。

三、天然林的生产性经营

新西兰约有130万公顷天然林不归保护部管辖,其中65万公顷,占天然林总面积10%,可划为生产性森林。这些森林如开展采伐利用,理论上应能实现永续;即使发生纠纷,影响也应极少。

政府天然林林业政策目标是"保持新西兰天然林永存并提高其质量",为适应这一要求,1993年修订了1949年颁布的森林法。新法规定,凡采伐与加工利用天然林木材,均必须编制持续经营天然林的施业计划或持有获准的采伐许可。

新法对持续经营的定义如下:经营天然林,必须在保持森林的天然价值同时,保证森林在林地上的持续生长能力,永续地提供各种产品和发挥各种效益。1993年新法取代1949年森林法,否定了不可持续的森林利用方式,明确了天然林的自然价值,并把天然林的自然价值与天然林的商品价值置于同等地位。政府通过天然林立法,旨在谋求土地所有者确认天然林的物质货币价值和无形价值,从而使林主自愿地寻找途径保护或永续地经营天然林。采伐量限制在各类森林树种的生长量以内,采伐对生态价值的冲击应是最小的。

新西兰对天然林从无节制采伐到全面禁止采伐的斗争已有百余年历史。1976年森林法修订案,第一次提出关于公众正式参与森林政策制定的条文。1977年Maruia宣言和天然林行动委员会成立,是保护森林政治倾向的转折点。1978年新西兰议会受到请愿要求终止天然林采伐,保护全部天然林。基于保护天然林等的要求,新西兰一个成立于1921年的历史悠久机关国家林务局撤销,成立了保护部。

现在一场酝酿适当开放天然林利用之争,又在新西兰登场了。《新西兰林业》杂志1998年8月编辑部评论指出,人们对天然林的经营前景陷入绝望中,因而建议开展木材生产经营,以支付天然林保护与经营所必需的经费。

（六）北美洲林业

美国研制陶木复合材成功[1]

美国华盛顿大学利用陶瓷原料改变木材中纤维素质，制成坚硬、高强度木材。此项研究是华盛顿大学仿生工程研究计划的组成部分，以贝壳、骨、木材等为生物模型，创造新的高性能材料。陶瓷改性木材制作过程类似木材的天然硅化过程，即木材天然化石的形成过程。

华盛顿大学研究人员 1992 年 10 月宣布这项成果，但承认最早由惠好公司 1990 年资助开始的。当时利用称为 tetraethoxysilane（TEOS）的陶瓷原料制得液体，将木材浸泡其中，使这种生产玻璃用的硅化合物充满木材细胞。然后，把木材放进炉中处理，木材细胞里的热和水转化 TEOS 为陶瓷。

利用其他陶瓷原料进行实验，也取得了成功。

实验使用北美黄杉、铁杉、南方松、桤木、赤栎和三角叶杨 6 个树种木材。因树种不同，处理后，比木材原来硬度提高 50%～90%，强度提高 20%～120%。

这种陶木复合材料的外观仍似木材，颜色有时发生变化，有斑点，容易加工。

研究的目标集中在提高表面硬度和木材强度，为地板、家具、门等提供结构材料，研究人员相信，一种新的先进的复合材料将诞生，并在电子工业中将获得广泛用途。

发电与造林合作治理温室气体[2]

美国新英格兰电力公司在加里曼丹保持着一片雨林，荷兰电力公司在岛的东部正进行植树造林。美国另一家电力公司（AES 公司）在危地马拉培育林木，为把巴拉圭原始林划做自然保留区承担开支，并帮助秘鲁、厄瓜多尔、玻利维亚的土著部落保证有固定的林地。

电力厂不可避免地在污染周围大气。为补偿给环境造成的危害，现在一些大电力公司正开展一种易地改善环境的战略，在甲地污染，在乙地治理，谋求平衡。1992 年里约热内卢世界环发大会以后，1995 年 3 月在柏林召开的第一个关于地球变暖问题的重大国际会议，100 多个国家派出代表，给予这一交换平衡的思路以最大重视。

二氧化碳来源于自然，例如植物死亡腐烂和动物呼吸，也产生于碳基燃料煤和石油燃烧。许多科学家认为工业化是导致二氧化碳与其他碳基气体增多的原因，使地球成为一个巨大温室。

里约热内卢大会上，155 个参加国签字保证，2000 年时要共同把碳气排放量降低到1990 年的水平。实现这一承诺的办法，一是政治采取严厉措施，要求电厂采用高效设备；

---

[1] 本文系沈照仁同志撰写，发表于 1992 年 12 月 10 日出版的《决策参考》第 28 号。

[2] 本文系沈照仁同志撰写，发表于 1995 年 8 月 25 日出版的《决策参考》第 6 期。

对每吨排放的碳气征税，称为碳税，二是控制经济增长。

现在已出现一种新的保护环境主张，利用森林降低二氧化碳含量水平。每个学生物的都知道，树木吸收二氧化碳，呼出氧气。森林实现碳的自然循环，可惜的是，森林在迅速减少。里约热内卢协议允许通过合作方式达到降低二氧化碳排放目标，这就是说，允许"大烟囱"国家与雨林国家结伴，签定协议，由雨林国家扩大雨林面积，吸收更多碳气。'排放量高的污染大气的国家，因此可以得分，表明已为降低排放量、减少温室气体做了工作。

这种易地平衡，或称国际碳排吸抵消，尚无立法，处于模糊阶段。虽然，国际上已在进行类似交易，但至今还没有一个国家正式承认。由于里约热内卢协议的每一个发达国家，都应在 2000 年时降低其排放水平，这一压力可能促使立法，允许碳排放交换平衡，以达到规定目标。

澳大利亚、欧洲联盟和美国虽都在考虑碳征税方案，但各国电力公司对易地平衡的办法更感兴趣。1995 年 2 月，美国已有 38 家电力公司自愿达成协议，通过种种办法，削减碳排放 4100 万吨。办法包括从栽树造林到发展风力电厂，国际碳排吸平衡也明确列为其中之一。

新英格兰电力公司早在 1992 年就曾答应给马来西亚一家半公私合营木材产品公司的采运子公司(Rakyat Berjiaya)拨款 46 万美元，条件是在加里曼丹 1400 公顷森林里采用有利于环境的采伐技术，减少保留木损伤，保证更新。公司还专项拨款 24 万美元，以独立监控二氧化碳排放的进展情况。

加里曼丹森林采伐方式野蛮，1 公顷伐 10 棵，至少使另外 30 余棵死亡；采伐迹地随即成为荒地。每棵林木死亡实际是双重损失：不能再供氧气，腐烂又排放二氧化碳。

新英格兰电力公司在澳大利亚、瑞典林学家帮助下，已能做到采伐林木少伤保留树。经两年合作，独立的审计表明，公司加里曼丹的立地，每公顷可减少 344 吨二氧化碳，成本为 1.45 美元/吨。电力厂如安装二氧化碳净化系统，每吨成本为 60 美元。

马来西亚总理马哈蒂尔认为，以上设想做法是"生态殖民主义"的，允许工业国家继续污染地球，而阻止结伴国家的工业发展。

美每产一辆轿车已使用 9～13.6 公斤木材[①]

20 世纪 70 年代初发生石油危机以后，发达国家非常重视修订原材料政策、能源政策。木材是可更新原材料，又在生产过程中消耗能源少，因此被认为充满着发展前景。根据联合国粮农组织 1995 年的一份调查，木材现在至少已有一万种利用方式。按重量计算，世界年消耗木材比水泥、钢铁、塑料与铝的消耗量之和还要大得多，而木材与以上材料的代用当量的能源消耗相比，前者能耗只相当于后者的 1/10、1/20、1/30。因此，美国林产品协会的一份报告(1992 年)认为，使用更多的木材，能节省更多的能源，在能源消耗不变的条件下，人类社会显然可享受更高的生活水平。

在英国 1996 年 6 月份召开的一次国际会议上，新西兰专家做主题报告，认为 2040 年时，世界人口可能达到 100 亿，人均年木材消费水平将达到美国现在的水平，即 2 立方米。

---

① 本文系沈照仁同志撰写，发表于《世界林业动态》1997 年第 4 期。

　　木材作为燃料是最古老的利用方式，在煤炭、石化燃料广泛廉价代用时期，20 世纪 50 ~ 60 年代木材迅速退出发达国家的能源市场。80 ~ 90 年代，欧洲不少国家和美国的木材燃料消费，悄悄地在持续增长。从瑞典政府的现行能源政策来看，有可能在 21 世纪把木材重新作为主要能源。

　　木材的新利用途径也在悄悄兴起。多数人现在并不知道，美国生产的小轿车每辆大约已经使用了 20 ~ 30 磅（约等于 9. 1 ~ 13. 6 公斤）木材。这是美国林产品协会最近揭示的一个鲜为人知的事实。

　　美国 1993 年消耗加强热塑塑料 8. 48 亿磅（3. 85 亿公斤）。大部分热塑塑料是用如玻璃纤维或矿物做强化填料生产的。近年来，美国林产品研究所的研究开发证实，利用废纸或废木材纤维作强化填料制成的加强热塑塑料，质轻、价廉，原料源源不断，且容易加工。

　　美国汽车制造业非常广泛地使用木材纤维与塑料的复合材料，主要用做车门、车顶、车座、后台板以及车身轮廓等的基料。汽车厂一般都有木材纤维与塑料的复合材料车间，用 50% 木粉和 50% 聚丙烯以及一点其他提高性能的添加剂配制这类基料。现在每年生产 1. 42 亿磅（0. 64 亿公斤）汽车用木材纤维与塑料的复合材料。

美国药草业与中国的关系[①]

　　美国药草业 1995 年零售值约 16 亿美元。纳入国内正常贸易的药草计 1400 种，其中计 75% 为进口植物，其余 25% 产于本地。

　　美国 1995 年进口药用植物 12500 吨；计有 63 个国家和地区向其出口，中国药用植物出口量居第一位。美国 1995 年药用植物总进口值为 4171 万美元，其中中国占 1616 万美元，中国香港占 187 万美元，台湾占 39 万美元。

美国环境保护、自然保护的两派斗争[②]

　　美国自然资源保护与利用两派斗争，持续已逾百年，但回顾历史，即可发现，两派居然都是在保护环境、保护自然的旗帜下形成的。直到 19 世纪后期，美国自然资源与森林破坏严重，且愈演愈烈。联邦政府曾拥有绝大部分土地和森林，以后大部分迅速转为私有。19 世纪对森林时兴皆伐，采取"砍了就走"政策，又伴随着森林火灾，使某些地区的森林消失殆尽；大湖地区和南方松分布区尤为突出。在这样的背景下，主张保护环境的社会力量蓄积发展起来，从 1891 年开始，促使联邦土地政策朝保护自然方向转变。经 15 年的国会斗争，把残留的西部公有森林置于联邦政府保护之下。

　　美国环境保护与自然运动从一开始就包含着两种截然不同的主张。平肖（Gifford Pin-chot）是美国林业创始人，美国林务局第一任局长，也是美国林学会奠基人。他给国有林经

---

　　①　本文系沈照仁同志撰写，发表于《世界林业动态》1998 年第 8 期。
　　②　本文系沈照仁同志撰写，发表于《世界林业动态》1999 年第 8 期。

营确定的任务是长期地满足最主要物质产品的最大数量需要，通过睿智利用以保护自然资源。平肖为保护自然而呐喊的出发点，是担心对森林乱砍滥伐，会导致木材饥荒。他认为，林业应该为人服务，而不是为树木服务；森林应该加以利用，带来经济效益而造福人类。平肖是近百年来美国林业工作者的崇拜偶像，在他的思想指导下，美国森林资源状况得到了极大改善。

与平肖同时代的另一位环境保护与自然保护旗手是米尔（John Muir），1892 年他主持建立了至今仍发挥重要影响的自然保护团体 Sierra Club，他促进自然美丽景观的游憩事业，主张保持自然美景，反对利用，反对采伐林木。米尔与其追随者为美国国家公园的建立、自然原野保留地的发展，发挥了毋庸置疑的影响。

米尔与平肖以及各自的学生、支持者，为美国的自然资源和森林保护，都做出了贡献。米尔派主张把更多的土地、森林视作原野（Wilderness）保留下来。美国国会 1964 年通过原野法（Wilderness Act），1988 年时原野保留地面积已达 3683 万公顷。Sierra Club 的领导机构多次表示，要为继续扩大自然保留地而努力。有一份报告甚至承认，其政治影响力的增长已经超过所追求的目标计划。

平肖派认为，把自然资源保持下来而不利用是莫大的浪费。人类应该保护文化、自然遗产，必须保护物种多样性和各物种的基因库，但也需要木材、纸张，森林是可更新资源，不论是国有林还是私有林，均应开展积极的经营利用。

林业、畜牧业、狩猎业等在资源管理问题上，与环境保护、自然保护均发生了冲撞，在许多政策辩论中，互不相让。这样的斗争现在已弥漫全球。小到地方，大到世界，都在谋求妥善良策，协调解决纷争。

但争论双方似乎又有共同点，都赞成有一个清澈、健康的环境，全球居民都能过上一个美好的生活。但环境保护、自然保护并非都遵循一种思想体系、一种哲学，而是多种思想体系和哲学。美国就有三种性质不同的环境保护思想体系：①公众的环境保护：广大公众最高要求是有一个健康、生态协调、赏心悦目的美丽环境，利于居住、工作与游憩；②官方的环境保护：各政府组织、机构，包括环境保护署、国家公园局、国家林务局、能源部以及州政府机构和其他组织，对环境的某一方面享有管辖权、决策权，其行动热情受部门哲学思想和财政状况制约；③志愿的环境保护团体：据《纽约时报》1984 年报道，美国有 12000 个环境保护团体，每年新增 250 个；它们有不同的思想体系和策略。

美国《林业杂志》1998 年已两次组织稿件开展讨论。美国林学会不久将庆祝成立百年，估计两派的争论还将持续下去。

美国国有林的经营方向辩论僵持不下[①]

美国国会研究局经济学家 R. W. Gorte 说（1999 年 10 月），最新一届国会（106 届）会非常重视国有林经营未来前景的讨论。美国林学会专门工作组认为，国家年度预算拨款，新的立法授权，改变计划程序，变更投资结构，降低火灾威胁虽关系着国有林前途，但国会即使认

---

① 本文系沈照仁同志撰写，发表于《世界林业动态》2000 年第 5 期。

同国有林经营未来的方向，立法也并不能完全解决问题。国有林的前途还取决于执法、履行法律、不断适时修订法律的行政机构。

随着经济发展，人民生活改善，第二次世界大战以后，一些部门要求插手国有林管理。例如畜牧业为扩大其影响，1953 年要求放牧立法；公园局在艾森豪威尔总统的支持下，1956 年要求 10 年内显著扩大公园体系，可能把大面积国有林划为公园。面对外来瓜分国有林的威胁，美国林务局经多年不懈努力奋斗，于 1960 年在国会通过了"多目标利用永续收获法"（MUSYA）。此法协调了森林多资源用途，保住了国有林体系，但只是暂时缓和了矛盾。实际上，不同利益集团之间的斗争，在"多目标利用永续收获法"颁布实施以来，也从未间断过。

民主、共和两党在国会辩论中，在总统竞选中，在执政与在野的较量中，对国有林经营均各有主张，因此局外人很难弄得清，争论双方究竟是在讲政治，还是在为科学真理而战。

1. 从多目标经营到生态系统经营的转变

国会研究局 1999 年的资料显示，研究局应国会的几个委员会要求，于 1992 年 3 月召开了联邦公有土地多目标经营利用问题讨论会，旨在给国会搜集信息和意见，讨论森林多目标经营利用与传统的永续收获的可行性，并探索新的可替代的经营方式。

为期两天的讨论，仅少数人支持当时现行的多目标经营利用方式，猫头鹰与原始林的关系是争论中常列举的实例依据。研讨会就是否要改变经营方式和改变什么，均未达成一致的认识。虽有人要求立法变化，至多也只是模棱两可的。

3 月研讨会之后，美国林务局与其他一些机构，在 1992 年的晚些时候，公开宣告生态系统经营为其指导原则。国会基于这一变化，要求国会研究局再次召开研讨会。

1993 年 4 月，克林顿总统上任伊始，召开森林会议。1994 年国会研究局召开研讨会，围绕国有林生态系统经营展开讨论。与两年前不同的是，林务局等机构似乎正在开展生态系统经营活动，但大家却并不明白生态系统的真实含义。

会议探讨了可持续利用与各种资源或生产能力的关系，生态系统经营的目的以及恢复生态系统健全和活力等问题，认识的分歧很大。某些人认为生态系统经营主要是指一个过程；而另一些人认为生态系统经营主要是要为生态状况设定一套标准。大多数人觉得，生态系统经营扩大了部门思考问题的范围，因此必须更好地协调相邻部门之间的合作。会议讨论了科学为此能发挥的真实作用，如目标确定、可能结果的取得，但并未达成共识。事物已发生变化，这是大家公认的；但变化的结果、变化的程度，却又并不非常清楚。

2. "生态系统经营"只是新瓶装旧酒

美国首都一家有影响的出版社 1999 年出版 Cortnen 与 Moore 两位学者的一本小册子《生态系统经营的政策》发问："多目标经营"是否已经死亡？这一传统经营方式是否已经为"生态系统经营"所取代，或已经演变成了"生态系统经营"？两位学者指出，许多人批评"生态系统经营"是新瓶装旧酒，模糊不清而又雄心勃勃，并且是未经试验证实的。有的学者甚至称"生态系统经营"只是适应公共关系需要的宣传伎俩。Cortnen 与 Moore 因此得出结论，"多目标经营"与"生态系统经营"只在理论上存在差别，而并无示范实例证明前者向后者的转变。迄今为止，学术界对"生态系统经营"也未广泛地认同。

3. "科学家委员会"仍要求坚持 1960 年多目标经营法案

美国国会总审计局 1997 年对林务局履行职能的评估报告指出，林务局在处理国有林利用问题上显得越来越无能。当不同部门提出各自利益要求而发生纠纷、冲突时，林务局做不到在空间、时间上妥善安排，以避免、缓和和解决矛盾。

为保证林务局在土地与资源经营规划程序中的科技咨询，农业部长于 1997 年底任命了一个由 13 位不同交叉学科科学家组成的科学家委员会。这个委员会 1999 年的报告指出，国有林经营应置可持续性于首要地位，这包括经济的、社会的和生态的。经过深思熟虑，不同学科的科学家一致认为，可持续性是可以实现的。报告的结论是：国有林经营要实现可持续性，最最重要的是应与 1960 年的多目标利用永续收获法以及现行其他主导国有林经营的法案相一致。

4. 林学会认为并不一定要与社会价值观同步

美国林学会设立了专门工作组，探讨国有林与公有土地经营的立法以明确国有林的经营方向与政策，明确立法是为国有林经营计划和预算编制，提出适宜的手段。报告的结论是：随着时间推移，经营方向是在发展变化，但并不必须与价值观变化保持同步。

美改革森林资源清查体系①

美国农业部 1920 年发表 Greeley 撰写的一份内部通报指出："美国原始林面积为 3.33 亿公顷，林木蓄积量有 52000 亿板英尺……现在仅残留原始林 0.55 亿公顷，0.45 亿公顷经拔大毛但仍可采到制材原木的次生林，0.54 亿公顷稀疏幼龄林，0.34 亿公顷林相破残或局部已沦为荒地……林木蓄积量的五分之三已经消失。"

该通报要求加速森林资源调查立法，为全国开展森林资源清查吹起了号角。当时森林资源清查的目的是为了便于政府掌握现有木材资源状况，各重要林区不同等级木材现在实际产量与可能达到的产量。

现代林业要求精确并及时评价森林生态系统状况。旧的森林资源清查与分析体系虽经 70 余年改变充实，仍明显适应不了新形势。美国国会 1998 年通过的农业法案（Farm Bill），要求显著改善森林资源清查与分析，采用最新技术，把资源清查周期缩短至 5 年，并保证以易懂的格式将资源信息提供给公众。

1998 年森林资源清查和分析体系与旧体系最大的区别在于：后者是以时期为基础提供信息，前者则是以年度为基础提供信息。许多林业工作者主张实施这一转变，但向以年度为基础转变实在是对林务局资源清查、分析工作的巨大挑战，资料的搜集与分析均需加速进行。

以时期为基础的信息，美国南部的周期为 6~8 年，其余地区为 11~18 年。美国每个州要经过 8~15 年，才能获得变更的资料，从资料的搜集到加工完成提供给用户，间隔期太长。以年度为基础的信息保证用户每年都可得到一些当年信息，用户所获信息的平均寿命为 2.5 年。

现代林业需要精确及时得知森林资源信息，以判断生态价值和生物价值。美国林务局现在必须在全国私有林、国有林组织实施连续清查，以评价森林生态系统状况。森林资源清查

---

① 本文系沈照仁同志撰写，发表于《世界林业动态》2000 年第 8 期。

分析体系改革，是要为 21 世纪生态、生物可持续林业实践打下基础。

1998 年森林资源清查、分析的联邦经费为 1980 万美元，占联邦林业研究预算 1.88 亿美元的 10.5%，占林务局总预算 27.3 亿美元的 0.7%。

美从工业生态学观点探讨林业的可持续性①

林业最近成了"工业生态学"新开发的研究领域。美国一些著名大学，如哥伦比亚、洛克菲勒、耶鲁等，均有学者相继发表文章论述"工业生态学与木材产品"、"工业生态学与林业"、"工业生态学与林业的可持续性"（2000 年 10 月）。

笼统地讲，工业生态学是一门系统研究生产和消费的环境影响结果的学科。原美国工程院院长 White 1994 年给其所下的定义是：工业生态学"研究工业与消费者活动中的物流与能流，研究这些物流与能流对环境的影响，研究经济、政治、管理以及社会因素对资源流、利用与转换的影响。工业生态学的目的是探索如何更佳地把环境要求整合于我们的经济活动中。"

工业生态学是新兴领域，但颇受世界重视，因此其与森林研究、森林工业的合作必将迅速发展起来。以下两件事已完全可以令世人瞩目。①美国林产品研究所 1997 年主持召开的林产品年会，其论文集的核心内容即是工业生态学与林产品工艺技术。②1998 年创刊的《美国生态学杂志》第 3 期以专题形式论述了纸与木材的工业生态学。

美国经济界普遍认为，20 世纪的一百年里，美国森林资源是增长了，现有林木比一百年前多。在此期间，美国人口是原先的 3 倍，国内生产总值是原先的 16 倍，除砂、石之外，美国消耗的木材量比什么都多。1952 年以来，美国人口、财富和木材采伐量均增长了，而森林面积保持着稳定，林木蓄积量还增加了 30%。20 世纪的百年林业显然与前期林业完全不同。19 世纪末，美国人口和财富也显著增长，工业革命与农业发展使美国森林面积比欧洲移民前缩小了 30%。

美国前后期林业的差异显示，20 世纪初开始的森林保护运动与技术进步抑制住了森林消失，并保证采伐迹地的更新恢复。现在美国经济学界采用工业生态学，通过生产与消费体系，分析研究木材流与循环，以探索解释何以在美国林业会产生如此良好结局。

工业生态学可发挥杠杆作用，以影响木材消费者、加工者与林业工作者，促使减少森林采伐面积，并持续更新美国森林。消费者需求、加工者对木材的利用以及林业工作者经营方式的变化均有助于保护森林，发挥其木材生产以外的多种功能。

稳定、缩小受干扰的森林面积，林业工作者无疑能发挥的作用最大。当前能缩小受干扰森林面积的途径有 3 种：①从每棵树上采得更多木材；②从每公顷林地上采得更多林木；③提高林木的年生长量。这实际上就是要通过提高单位面积森林的产材量，以缩小受干扰的森林面积。

（1）伐根以上干材大约占干物质量的三分之二，这是一般认为每棵树可采得的极限。干材是含营养物质最少的，采集极限以外植被，实即破坏森林的营养物质，必然导致立地贫瘠

①　本文系沈照仁同志撰写，发表于《世界林业动态》2001 年第 5 期。

化。由此可见，林业工作者不可能无节制地提高每棵树的采得量。

（2）在每公顷林地上采伐更多林木，意味着扩大皆伐面积，少进行择伐、渐伐等局部性采伐。美国现在年采伐 400 万公顷森林，局部性采伐占五分之三，皆伐占五分之二。美国 1991 年原木产量为 5 亿立方米，平均每公顷产 125 立方米。

为调减采伐面积，必然要扩大皆伐，伴之而来的是扩大人工林。美国南部现在占有全国一半以上的工业人工林；这里人工林占据着森林面积的八分之一。2030 年时，人工林比例可望翻上一番，但近几十年的社会倾向却是极力反对人工林和皆伐。

（3）提高森林年生长量可以缩小森林受干扰面积。按全国现有 2 亿公顷森林计算，美国目前每公顷年生长量为 3 立方米。为采伐 5 亿立方米木材，几乎全部森林均应纳入采伐。在立地条件好的地方，可以把每公顷森林年生长量提高到 5.9 立方米。这样，为产 5 亿立方米木材，全国只要有 23% 的森林达到这一水平即可。根据调查资料，美国做到这一点是完全可能的。

美国林学会通过新的《道德准则》[①]

美国林学会 2000 年年会通过新的《道德准则》。林学会认为准则即是会章，会员违反准则将受到批评、谴责，直至开除出林学会等纪律处分。林学会自 1948 年采纳第一个准则以来，已经过 1971 年、1976 年、1986 年和 1992 年的修订和补充。2000 年新准则包含前言与原则及保证两大部分。

前言部分主张要继续发扬林业的优良历史传统，如平肖的实用的科学经营和利奥波德的生态良知。原则及保证：

（1）林业工作者经营土地应对当代与后代负责。保证尽力实施的经营，保持林地长期永续提供林主和社会所期望生产的各种物质和服务效益的能力。

（2）社会必须尊重林主的权益，林主经营土地必须对社会尽到相应责任。保证尽力实施的经营，符合林主的目的和林业专业标准，并忠告林主背离标准的后果。

（3）健全的科学是林业专业的基础。保证努力持续地改进方法，充实个人知识与操作能力；保证只做应进行的服务工作；保证在生物、自然与社会科学领域采用最适宜的数据、方法和技术。

（4）与森林相关的公共政策必须以科学原则与社会价值观为基础。保证利用自己的知识和能力，促进形成健康的政策法规；保证挑战林业的错误论述并给予纠正；保证在林业工作者、其他专业工作者、土地所有者以及与森林政策有关的公众之间培育对话气氛。

（5）诚实与公开的交流，并辅以私下的信息沟通，是做好服务所迫切需要的。保证尽自己最大能力，永久提供精确完整的信息；发表任一公告时，保证指明是代表谁；保证充分揭露一切现存和潜在的利害关系冲突，并加以解决；保证在适宜个人未授权公开之前，坚持对某些信息保密。

（6）专业的和民间的行为必须以诚实、公平善意和守法为基础。保证以普通百姓、人格

---

①　本文系沈照仁同志撰写，发表于《世界林业动态》2001 年第 10 期。

尊严地从事工作；保证尊重他人的需要、贡献和观点；保证对他人的方法、思想或帮助给予足够的信任。

美学者认为天然林退出采伐是经济竞争的结果[①]

美国未来资源研究所林业经济与政策策划研究室主任 Sedjo 2001 年 4 月发表的文章指出，私营木材业现在每年几乎供应着用材产量的 95%。以天然林为主的美国国有林 1988 年的木材采伐量为 2800 万立方米，20 世纪 90 年代年年削减采伐量，1999 年已降至 700 万立方米。

人工林木材生产逐渐排挤天然林，最终可能完全取代天然林，其实质是经济竞争的结果，天然林包括原始林、次生林，其木材生产成本高、效益低，在社会对环境的要求愈来愈高的压力下，更显示出其竞争劣势。

20 世纪 30 年代，美国认真开始试验建设造林林场，40 年代初美国建成第一批商业性人工林场。50 年代后期，美国工业界开始认真投资造林，80 年代美国每年实施工业造林 80 余万公顷，每天栽树约 500 万株。这样的造林规模一直保持到了今天。

坚持造林的同时，还开展了各种提高人工林生产力的科研工作，如栽植、株行距、疏伐等研究。现在培育林木技术已处于第三代：从 1970 年开始至今的以优树选育为基础的传统培育技术；从 1990 年开始至今的无性系培育技术；2000 年开始发展以遗传基因改良为基础的培育。

造林采取农业的先进技术，单位面积产量不断增长，轮伐期明显缩短，既能满足社会对相同数量木材的需求，又能使动用的土地面积随之显著减少。因此，高产速生人工林已在为缓解天然林压力创造条件。

美国天然林经营的不同想法[②]

天然林保护现在是世界普遍关心的问题。近 20 年来，太平洋西部老龄天然林成了美国政界经常讨论的话题。事情是由北方斑点猫头鹰列为濒危物种开始的。许多热心人士要求保存太平洋西部沿岸的原始老龄林，认为其所代表的生物资源、群落价值是难以估量的。

环境保护积极分子对幼龄林、采伐后和反复采伐以后更新起来的幼壮林并未流露足够的热情，他们对次生起来的森林缺乏认识和理解。老龄林林木胸径一般都在 4 英尺以上，而细高的次生林木及其所形成的环境往往给人不能与原始林比拟的印象。于是，有人甚至会问，人工栽植的、经大量人力投入经营的林分能否笼统地都被称为森林！

1933 年 8 月美国西部俄勒冈州 Tillamook 原始森林发生大火，接着每隔 6 年，1939 年、1951 年又连续发生大火，共烧毁 35.5 万英亩（约 14.3 万公顷）的森林。

---

① 本文系沈照仁同志撰写，发表于《世界林业动态》2001 年第 20 期。
② 本文系沈照仁同志撰写，发表于《世界林业动态》2002 年第 9 期。

火灾正好始于经济危机时期，大量工人汇集在那里，渴望着采伐森林谋生。据测算，大火烧毁了足够波特兰地区制材厂开工 30 年的资源。如果在 1933～1953 年 20 年间组织正常性的采伐，能产原木的价值为 4.424 亿美元，采运、制材职工可得工资 3.5 亿美元，政府可收入财产税 240 万美元。

经济困难时期，抢救性采伐组织非常及时，火场的余火未冷，采伐工人就成批涌进，抢救得了 1 亿美元的木材，即只相当于不足原值的 1/4。

Tillamook 森林大火与大草原沙尘暴发生在同一时期，几次连续的大火损失惨重又非常奇巧，因此在美国林业史上享有一页之地。经自然恢复和社区各界努力，火烧迹地现已是郁郁葱葱的幼壮林。

美国颇有声望的森林资源咨询公司专家认为，根据现在的价值观，美国的国有林、天然林都将转变成国家公园。经营目的为水源涵养、野生动物保护、休闲旅游服务并发挥碳贮存功能。

Tillamook 是国有林，林区总面积 36.4 万英亩，与原先的火烧迹地面积相近。其中 25.0513 万英亩(约 10 万公顷)为一独立的经营区，现任经营主任 M·拉布哈特近来介绍了他的经营思想。

不论人工恢复的还是天然更新起来的幼林现在都显得过于稠密。间伐后，森林生长明显加速，而且有经济效益。到 1997 年底，间伐面积已达 7166 英亩。现在另有 13679 英亩幼林签订了间伐合同。间伐采取招标方式承包给木材商。

20 世纪 80 年代，美国国有林经营因普遍处于亏损状态而常常受到谴责。国会辩论中，代表森林工业的势力未能用实际例子证明采伐天然林、国有林在经济上对国家是有利的。这实际上是导致以保护猫头鹰为名对国有天然林设置重重限制的一个重要原因。

拉布哈特指出，凡承包间伐的木材商在投标中必须想到对国家、政府应是有利的。这就改变了采伐木材只利于森林工业而不利于国家、又消耗资源的局面。根据俄勒冈林业局的统计，1987～1996 年间，Tillamook 经营区间伐收入达 9500 万美元。拉布哈特认为，把木材生产排除在森林经营的主要目标之外是没有道理的。

俄勒冈大学等正在为天然次生林、幼壮林的经营出谋划策。

美学者论经济林业与生态林业的区别[①]

新版《森林经营学》把林业分为 3 类：经济林业、生态林业和社会林业。美国学者接触社会林业时间不长。下面只介绍他们对前两种林业的认识。

一、经济林业

经济林业是从给人类最大纯利益的观点分析森林资源。利益分析包含微观前景(公司、企业)和宏观前景(地区国家)。微观经济分析利益是从个体企业的立场出发，注意财富积累。宏观经济则从地区、国家经济立场分析利益，重视反映经济健康的综合指标，如就业、

① 本文系沈照仁同志撰写，发表于《世界林业动态》2003 年第 1 期。

收入和国内生产总值。

二、生态林业

美国人主要根据剑桥大学 1999 年版《生态林业》认为，生态林业一般总是从保护本地生物多样性和生态生产力来分析森林资源。生态林业突出的特点是强调自然与过程，要求理解生态系统的自然结构与过程，实施与其相协调的作业，保持其整体性，即使在财政拮据或感到很不便时也应坚持。生态林业的核心原理，是在人类广泛活动改变景观之前，在自然干扰结构所确定的范围内，巧妙地操纵森林生态系统。由此得出关键性假说，本地物种在自然环境条件下能发展进化，那么人工经营保持一系列相似条件，应能最好地保证不会导致生物物种消失。

经济林业与生态林业的着重点对比：

经济林业：重视投入产出；倚重已知的；周期较短（贴现）；谋求实施达到最大的目标计划，以接近临界最佳；重视目标经营以塑造可能的成果；倾向于忽视灾害如火灾、洪水；对技术改良充满信心。

生态林业：重视状况和过程；注意未知的；周期很长；力求计划达到目标的中等水平；远离临界，为种种不定性留余地；重视自然干扰历史以塑造可能的成果；倾向于集中注意灾害；对技术改良、进步抱怀疑态度。

美国实践显示林业创新的艰难[①]

新版《森林经营学》认为，"生态系统经营"要实现"可持续的人类—森林生态系统"，即人类与森林共存的生态系统。就森林生态系统经营这一课题，美国林学会于 20 世纪 90 年代组织主持过多次全国性讨论。

一、揭示两种经营思想的本质差

美国林学会 1992 年组成一个特别工作组，专门研究"长期保持森林健康与生产力问题"，并在 1993 年全美林学会大会上确认，生态系统经营与多目标利用永续收获经营的不同之处。生态系统经营的过程目标为保持森林状况是生态理想的，在此条件下达到产品的永续收获以满足人类需要。多目标利用永续收获经营则是保持特定产品流的永续收获，以满足人类需要，并使负面影响降到最低水平。

多目标利用永续收获经营森林所采取的是相似于农业模型的战略，而生态系统经营森林是要求模拟自然干扰（各种自然灾害）结构。仿效自然干扰开展经营，虽让林业专业人员感到困惑，但明确这一点对阐明生态系统经营的意义和实质还是迈出了重要的一步。

二、对未来森林经营达成 10 点共识

1996 年美国召开了一次规模空前的林业大会，出席会议代表达 1500 人，来自美国各地

---

① 本文系沈照仁同志撰写，发表于《世界林业动态》2003 年第 3 期。

各界，有森林工业、环境保护、联邦与州的经营管理部门代表，以及热心人士等。经过 3 天广泛讨论，大会以 2/3 以上代表赞成，通过了关于美国未来森林应保持状况的共同意见，计10 大要点：

（1）未来森林不论属谁所有，其拥有者的权利、目的和期望均应受到尊重，但他们必须懂得并承诺所负责任；

（2）政府政策必须能鼓励公私投资于长期可持续经营的，以提高未来森林质量；

（3）未来森林应持续提供一系列产品、效益服务、体验与价值，造福社会，给予经济机遇，满足社会与人的需要，发挥精神文化作用，让人们享受到休闲的乐趣；

（4）凡生态、经济、文化适宜的地方，通过更新造林和恢复，使未来森林在景观上得以保持和扩大，以满足增长着的人口的需要；

（5）通过自然力和人类活动塑造未来森林，但必须能反映公众热心的、有学识人士的智慧和价值观、社区和社会的关注、健全的科学原则、本地群众和土著居民的认识以及保持选择方案的必要；

（6）未来森林经营应与战略和政策相一致，即整体地培育森林，保持森林各种生态、经济和社会价值与效益；

（7）未来森林应是可持续的，具有生物多样性，保持生态与发育过程，并且是高生产力的；

（8）因保护附近的森林，提高其质量，未来森林应能为旺盛生命力的城乡带来效益；

（9）未来森林经营应考虑与全球土地利用管理相适应；

（10）未来森林已被有知识的公众看作关系着人类生存的，他们参与森林的管理，并看重森林对经济环境质量的贡献。

三、林学会与新版教材为实施新理念确定的原则与关键

经过多年连续不断的讨论，在美国如何实施森林生态系统经营，依旧模糊不清。第 7 届全美林业大会又为贯彻 10 要点确定了 12 条原则。第 4 版《森林经营学》指出，生态系统经营具体究竟如何实施，对规划人员、经营管理人员以及实际作业人员而言，仍是"雾水一团"。为达到人类与森林生态系统可持续的共存经营，书作者提出 7 个关键点。

四、林学确实复杂得很

10 年前雍文涛指出，美国的林业在 20 世纪 80 年代也遇到了生态与经济的矛盾。华盛顿大学教授富兰克林 1985 年创立了新林业理论，试图把用材林与自然保护林两种极端不同的经营思想协调起来，其理论的显著特点是把所有森林资源视为一个不可分割的整体，在林业生产实践中，主张把生产和保护融为一体。

20 世纪 80 年代末期，美国林务局成立了一个"新远景"计划小组，其指导思想却是"分而治之"。就在雍部长发表上文的同一年，克林顿入主白宫，美国明确提出以生态系统经营为指导理念。短短十几年，美国森林经营思想快速变迁，它向人们显示林学是很复杂的。通过激烈辩论，才可能梳理出必须坚持的要素，才可能创造出指导实践的新的正确理论。

富兰克林教授曾被推崇为美国新林业理论的创始人，现在却很少有人提起他。新版《森林经营学》的作者很谦虚，并不认为他们发现或创造了新理论，而只是企图把生态系统经营

的一些模糊概念纳入真实的森林规划设计中。

美国城市林学的发展方向[①]

一、城市林学的形成和发展

城市林学是林学的一个前沿分支，是一门尚未开拓的新知识和思维领域。育林理论和营林专业都已有数百年发展历史，林学是早已为世界公认的学科。城市林学在理论上很年轻，在实践上却很古老。城里人很早就栽树，但应承认，从学术上、科学上论，在 20 世纪 70 年代人们才开始对城市林学发生高度兴趣。1978 年全美第一次城市林学大会召开，而现在已有 50 余所大学和林学院系或园艺院系设立了城市林学课程和树木栽培课程。

美国现在有 3/4 的人生活在大城市，因此城市森林是大多数美国民众工作与游憩的场所，是美国人日常产生感触与体验的地方。根据 2000 年 J. F. Dwyer 的论文，美国城市森林大约占全国林冠覆盖率的 25%，含 750 亿棵树。这些林木净化着美国人呼吸的空气和饮用水，保护其免受不利因素的侵袭，陶冶情操，缓解生理和精神紧张。城市森林已构成美国社区生活质量的要素。

二、对城市森林的要求在不断变化

美国林务局城市森林研究中心主任 E·G·麦克弗森的论文（2003 年 5 月）指出，近 10 年来，很多人对社区内林木的看法发生了巨变。人们以往总把城市林木视为美化景观需要的观赏植物，现在则普遍认为城市林木应带来社会、经济和环境效益。观念的变化，导致城市森林合作伙伴的改变。例如总部设在衣阿华州的非营利团体 Trees Forever 与地方供电事业合作，自 1990 年以来，在 12 万个志愿者的参与下，在 400 个社区为 100 万个景点完成造林。根据衣阿华大学的调查，造林成活率达到 91%，证明志愿者的工作质量优异，显然是有组织培训的结果。已栽植林木估计每年可以抵消 5 万吨二氧化碳排放量。

城市森林具有重要的经济意义。加利福尼亚州城市森林 1995 年为全州经济带来 38 亿美元的销售收入，这相当于同年州林产品工业收入的 1/3。加利福尼亚州诸城市每年因林木经营管理不当而引起的诉讼开支达 7000 万美元。按人均计算，加州林木计划每年支出为 4.36 美元，而由林木引发的诉讼费达 2.68 美元，占了计划支出的一半以上。这表明，城市绿化产业在经济上确应占一定位置，但如果树木选择与管理失策，其成本开支会很高。

三、城市林学的目标

随着城市化的迅速发展和社会富裕程度的提高，人们对城市森林的渴望情绪不断增长。城市建设的杂乱无章、大气污染、高速公路上的拥挤、生物多样性减少、缺水、能源等供应不足以及城乡结合部自然资源的破坏，都迫使人们采取措施，要把绿色基础建设融入土地利用规划过程。

麦克弗森认为，城市林学继续发展，应把森林生态与人类生态相结合，构筑林学新的前

---

① 本文系沈照仁同志撰写，发表于《世界林业动态》2003 年第 21 期。

沿，利用普通林学与城市林学知识，为人类建造健康的栖息环境。

加拿大老龄林的经营问题[①]

一、问题的来由

老龄林（old - growth forest）一词，自 20 世纪 80 年代以来，一直是北美林业的常用词，至今没有统一译名。老龄林原先特指美国西部俄勒冈和华盛顿两州的天然林老龄林，现在已成为世界广泛使用的一个名词。

老龄林经营成为北美林业争论的热点，起因于栖息在俄勒冈和华盛顿州温带雨林的斑点猫头鹰被列为濒危物种。以后，加拿大不列颠哥伦比亚省及加拿大全国各地的老龄林经营问题，相继成为争论的一个焦点。现在欧洲及世界各地林业界都在探讨老龄林经营问题。

二、加拿大自然保护人士的观点

加拿大自然资源处（NRC）专家 Thompson 2003 年 6 月的文章指出，加拿大拥有世界森林的约 10%，在任一时段，老龄林只占森林的一小部分，不同林型的老龄林比例也不一样。保持原始状态的天然老龄林（原生的老龄林）在世界大多数国家已经消失或行将消失。加拿大仍保持有原始林，是值得庆幸的，可惜，其面积也在萎缩。

1992 年世界环发大会后，加拿大残留下来的原始林继续纳入采伐利用。国际绿色和平组织明确要求加拿大"拯救古老森林"，并认为加拿大在生物多样性保护中损失了 10 年（1992～2002 年）。

Thompson 引用权威论文的观点，首先认定原生天然老龄林是某些物种唯一的或最佳的栖息地，其次原始老龄林可能是许多物种遗传基因多样性的宝库。

Thompson 还提出了次生老龄天然林的科学经营问题，他认为经营应促其恢复到原生林的生物多样性水平。

三、实际林业工作者的观点

加拿大林学会理事长 Len Moores 2003 年 6 月的论文认为，对许多加拿大人来说，老龄林一般是指不列颠哥伦比亚省（BC 省）沿岸温带林的巨树林，树龄可超过 800 年，林地上有大径级的倒木，长满了苔藓。现在人们对老龄林的认识已经更趋成熟，不同地方、不同林型的老龄林，因树种组成和结构不同，其状况很不一样。纽芬兰的立地和气候条件让香脂冷杉林长到 250 余年，老龄林中往往有风倒木形成的天窗，从而在小的林中空地繁衍出新的林层，形成多层异龄林。

自然保护人士总是要求保护所有老龄林，不准采伐利用，认为一旦进行采伐，老龄林的特征就消失了。Len Moores 指出，加拿大的林业工作者主张建立能代表加拿大森林生态系统的保护区网络，但要求对森林包括老龄林开展积极的经营。林业工作者必须接受来自各种价值观的挑战，如自然保护人士、社会公众、社区领导、地方组织、木材采运企业、工会代

---

① 本文系沈照仁同志撰写，发表于《世界林业动态》2003 年第 30 期。

表、政府资源管理部门、游憩爱好者以及旅游组织等，并从中找到价值观的平衡。林业应不懈努力探索新的经营手段、方法和哲学，深入认识当前森林问题的实质，以改善决策和经营。

老龄林的经营现在已经可以在自然干扰系统（NDR – Natural disturbance regimes）这一大构思下去求解。许多负责森林经营的机构认识到自然干扰系统，并已采取措施，把认识变成了经营森林的行动。采取自然干扰系统的森林经营方法，必然因地而异，因为不同地方老龄林的火灾、虫害及其他自然干扰都是互异的。自然是复杂的，人们不可能完全加以模拟或复制。人们现在不可能完全认识森林生态系统各部分之间的各种关系。但是某些部分的关系已经被认识到了，人们就可以模拟自然行动，更接近自然地去经营森林。

四、不列颠哥伦比亚省的老龄林经营

BC 省是加拿大最重要的、也是世界著名的天然林林区。根据该省林业部 2003 年的统计，老龄林占全省森林的 43%，计 2500 万公顷，相当于英国的国土总面积。

BC 省老龄林现在集中保护在公园系统，近 10 年公园面积增长了 1 倍，受保护的老龄林已达到 400 万公顷左右，占全省老龄林总面积 15% 以上。BC 省新的土地利用规划行将完成，大约还有 1150 万公顷老龄林因其不可及性和开发利用的不经济可行而置于保护之下，这样，BC 省总计将有 1550 万公顷老龄林可能永久不投入采伐利用。

BC 省立法保证凡采伐利用的森林，必须保持其长期可持续经营，每年采伐利用的森林面积不超过 BC 省森林总面积的 0.33%。BC 省现在实际采伐利用的森林大部分为原始林，许多次生的天然林尚未达到可采伐利用年龄。随着时间推移，次生林可以逐渐取代原生林。

根据调查，BC 省内陆森林平均每年有 50 万公顷毁于火灾，而现在自然干扰与采伐利用两项合计仅 25 万公顷左右。

美国林学会的核心价值观[①]

美国林学会 2003 年 4 月公告其核心价值观，这是经过一年半的时间讨论并经过理事会投票表决的结果。美国林学会将坚持以下 4 个价值观为基本立场：

- 森林是地球健康和人类福利的基础资源；
- 必须同时在满足环境、经济和社区愿望与需要的条件下，保持森林永续；
- 林业工作者须献身于健全的森林经营和保护；
- 林业工作者须努力普及专业知识和技术，为土地所有者和社会服务。

林学会发言人认为，阐明认同的核心价值观只是迈出了第一步，但这是很重要的。这表明，美国林学会及其会员们将与全社会一样，共同努力实现共同的目标。

---

① 本文系沈照仁同志撰写，发表于《世界林业动态》2003 年第 33 期。

从美国大草原防护林工程应借鉴什么①

前言：2004 年 5 月 23 日晚上，中央电视一台主持人出了个知识问题：20 世纪美国有过两位罗斯福总统，他们是父子还是堂兄弟？两位罗斯福总统对美国林业都有过杰出贡献。2001 年 12 月一位院领导嘱托我写一篇关于美国防护林工程的文章，供局领导参考（当时没有发表）。3 年过去了，今天拿出来发表，因为仍觉得这篇文章还有点参考意义。科学技术是第一生产力，寓意深广，但毋庸置疑，情报调研应是其重要的组成部分。科学技术首先必须是知识积累，情报调研能告诉人们所涉及领域的成功经验和失败教训，可避免重复犯错误，减少摸索，有助于实践跨越式发展。非常希望林业情报调研受到必要的重视，让它后继有人！

一、"防护林"主帅罗斯福没当选环保明星

20 世纪美国出了两位罗斯福总统，一位是第 25 届总统 T·罗斯福（西奥多·罗斯福，任期 1901 ~ 1909），为共和党人；另一位是第 32 届总统 F·D·罗斯福（富兰克林·德兰诺·罗斯福，任期 1933 ~ 1945），是民主党人。这两位罗斯福总统都为林业与自然保护做过卓越贡献。

1935 ~ 1942 年"大草原各州林业工程"，通常称为"防护林带工程"，曾是美国林业史上最大的一项工程。F·D·罗斯福总统自始至终主持了这项工程的决策、规划和实施。因此，美国大草原农田防护林工程在中国一般又都称之为"罗斯福防护林工程"，它与苏联 1949 年开始营造的"斯大林防护林工程"齐名。

F·D·罗斯福当选总统时，正逢美国经济严重萧条，城市失业人口成千上万，谋生无路。与此同时，森林和自然公园火灾频起，大面积森林处于无人管护的荒芜状态，大草原沙尘暴肆虐，搅得人心惶惶。F·D·罗斯福总统上任伊始，立即推行"新政"，发动建立"民间自然保护军团"，吸收大批城镇失业青年参加森林和公园的灭火防火，开展大面积森林管护以及道路建设。第二次世界大战开始前，"民间自然保护军团"共有 300 万人从事自然保护事业建设，大草原防护林工程就是其中的一个项目。

这位罗斯福总统因第二次世界大战中的表现而受世人敬仰。他对美国林业与自然保护事业的功劳显赫，但与 T·罗斯福总统相比却逊色得多。《时代》杂志 2000 年地球日推选 20 世纪的 21 位明星人物，T·罗斯福排名第一，而 F·D·罗斯福并未入选。T·罗斯福在林学家平肖的协助下，为美国国有林体系的建立，为自然资源保护事业的建设所做出的贡献，至今仍具深远影响。

美国 1983 年出版的《美国森林与保护史百科全书》承认，F·D·罗斯福总统主持下完成的大草原农田防护林工程"是一项勇敢的、颇得民心的试验"。

---

① 本文系沈照仁同志撰写，连载发表于《世界林业动态》2004 年第 28 期、第 29 期、第 30 期。

二、大草原农田防护林的现状

美国建国初期，人口集中在大西洋沿岸东部的 13 个州。19 世纪中叶以后，中西部大草原地区人口显著增长。强度放牧和无节制垦殖导致草原生态系统的破坏。沙尘暴原是大草原一种固有的自然灾害，一般发生在寸草不生的旱灾年份。随着放牧垦殖不当，草原植被消失加剧，沙尘暴肆虐频繁起来。根据不完全统计，1881 ~ 1932 年，大草原各州发生重大旱情28 次，平均不到两年发生 1 次；1933 ~ 1934 年发生严重的沙尘暴 5 次，较小的无数次。1934 年 5 月 9 ~ 12 日发生特大沙尘暴，风沙弥天，白日如同黑夜，大片农田、牧场被毁。1935 年 4 月 14 日，300 公里宽、300 米厚的沙尘暴以每小时 100 公里的速度袭击堪萨斯、俄克拉荷马、得克萨斯等州，使大群鸭鹅窒息。

美国大草原防护林带建设于 1935 年春正式启动，在 1942 年栽植季结束时，共种植乔灌木 2 亿多株，这些林木分布在北自加拿大边境南至墨西哥湾的 6 个大草原州的 3 万余个农场里。8 年造林近 3 万公里(18600 英里)，几乎都种植在私有的农地上。按规定，土地所有者负责防护林的抚育、经营和保护。

国家林务局受权组织防护林项目的实施。防护林带分北部和南部，前者在西经 97° ~ 100°之间，后者在西经 98° ~ 100°之间。北达科他、南达科他、内布拉斯加、堪萨斯、俄克拉荷马和得克萨斯 6 个州均设有防护林工程处，内布拉斯加州林肯市设有工程局。林业部门完成的第一个任务，也是最值得表彰的，就是保证了苗木供应。1939 年是苗木供应高峰年，13 个苗圃共生产了 6000 多万株苗。

"民间自然保护军团"于 1942 年结束使命，把大草原的造林工作移交给各地区水土保持处。从 1942 年开始，大草原农田造林工作就由水土保持部门经办，但苗木仍由国家林务局根据有关条例给予供应。

1944 年对大草原防护林工程进行的普查显示，虽约有 10% 造林消失或因放牧严重受害，但 80% 以上被认定为发挥了有效或较好的作用。10 年以后，1954 年再次调查时，仍被认定为发挥有效或较好作用的降到 42% 。旱灾、病虫害及放牧不当给大面积防护林敲响了丧钟。但凡是按要求认真营造起来的防护林，其大部分起到了计划所希望发挥的作用。

20 世纪 60 ~ 70 年代，有些农场为扩大耕地和兴建中心喷灌系统，又毁了许多防护林。国家审计署曾是林带建设的反对者。1975 年审计署长向国会作证时指出："除非立即采取措施以鼓励农民更新和保护林带，否则我们多年营造的森林将会消失，其附近农田将再次遭受风灾侵袭，肥力将迅速下降。"

美国《林业杂志》1990 年 1 月哀叹："林带在死亡中!"一位长期在大草原基层从事技术工作的人指出：大草原防风林带是人类在林业方面的一项创举，但现在又可能是美国产粮大草原中趋于死亡的部分。令人不解的是，甚至农业部也有人想摆脱农田防护林，因为防护林耗去大量水分，又占去许多肥沃的农田。防护林真的需要吗? 需要有一个共同的意见。

三、美国大草原防护林工程建设为何没有后劲?

大草原防护林面积曾占农田总面积不足 1% 。1935 ~ 1942 年以后，直到 20 世纪 70 年代，大草原虽年年仍营造一些防护林，但规模逐年缩小，与现在全国进行的造林面积相比，农田防护林已引不起注意。

林务局官员 Read R. A 1983 年撰文指出，大草原农田尚有 90% 需要防护林保护。不少农场草场年平均雨水量不足 15 英寸(381 毫米)，虽然更需要防护林，但造林极难成功。

大草原 6 个州的天然林覆盖率平均只有 3%，其中北达科他州只有 1%，南达科他 4%，内布拉斯加 2%，堪萨斯 3%，俄克拉荷马和得克萨斯两州虽有 19% 和 14%，但都集中在东部。

造林分为更新造林、恢复造林和荒地造林。更新和恢复造林是在林地上进行的，这里原先是森林，是森林破坏后的迹地，具备森林生长发育的条件。荒地造林是指在非林地上造林，这里原先没有森林。大草原农田防护林造林主要是在原先没有森林的土地上，即在非林地上造林。

19 世纪中叶，大草原移民集中之日起，美国大草原的造林试验也就开始了。美国国会 1873 年曾颁布"木材培育法"(Timber Culture Act)，鼓励在西部草原开展造林，旨在改善气候又培育供应木材。此法规定，凡在草原造林 16 公顷，并在 10 年内保持林木健康生长的个人，均可免费获得 64 公顷土地(包括 16 公顷造林地在内)。

依照这项法令，政府曾拨出土地 1760 万公顷，最终有 441 万公顷无偿固定给了个人，但美国在 1891 年又撤销了这项法令，因为西部大草原不宜造林，气候条件、火灾、虫害以及人的欺诈行为导致造林彻底失败。获得土地并真正把林子造起来的人，少得可怜！

在启动和后来总结大草原农田防护林建设的时候，美国林学界没有人说防护林工程上马是盲目的，因为 1905 年起已开始进行大量科研工作。美国什么时候还会再度开始大规模的防护林工程建设呢？或许他们早已悄悄地另辟蹊径了。

四、是否有比搞大工程更好的做法

北林大沈熙环教授 1998 年 9 ~ 10 月曾在美国考察，去过大草原原先发生过沙尘暴的灾区。据介绍，在 20 世纪 30 年代，当地黑风暴侵袭时不见天日。自那时起，政府实施"退耕还林"，对农民因退耕造成的经济损失补偿 50%。经几十年的努力，能长植被的地方都已植草种树了，放牧强度低，植被覆盖好，每头大牲口拥有约 4 ~ 15 公顷草地。考察地区已做到了有风不扬土。

从近一二十年的报刊电视报道，人们常见到美国民众研究龙卷风的顽强精神，但却再也没有像 30 年代那样对沙尘暴谈虎色变。美国确实真的已把沙尘暴治理了？第二次世界大战以后，美国似乎再也没有搞过什么防治沙尘暴的大工程，但保持水土流失、防治侵袭的工作又似乎从未停止过。

美国林产品协会 1997 年 1 月报道，美国大平原现有农田防护林：北达科他州有防风林带 6.5 万余公里，保护着 121.4 万公顷农地；堪萨斯州有 2.6 万余公里；内布拉斯加州有 1.5 万余公里；南达科他州有 1.3 万余公里。

对南、北达科他州 300 个土地所有者的调查表明，大部分植树造林是土地所有者的自觉行为。水土保持局与土地所有者协作，在与大学普及人员广泛联系的基础上，开展造林活动。如果林产品协会的报道属实，那么北达科他一个州现在拥有的防风林带就相当于 1935 ~ 1942 年 8 年内大草原 6 个州所造林总长的 2.17 倍。但美国沙尘暴还是时有发生，只是近年来，频率不是很高。

美国 1956 ~ 1960 年实施"土地银行"计划，实际上继承了农田防护、水土保持工作。

1956 年农业法第 4 章"土地银行"实施的目的，是减少部分农作土地，加强水土保持，以调节农产品供求和价格。当时并不要求成为保持水土保留地的必须是严重侵蚀的土地。

凡把土地纳入"土地银行"的，当把土地变为草场或森林时，国家分担其费用，并每年每英亩（约 0.405 公顷）发给 12 美元租金。对已有植被的土地，签约期为 3 年；播了草种或豆科植物的农田，签约期可以长达 5~10 年；栽了树木的，签约期为 10 年。"土地银行"计划实施期间，美国南部在农田上完成植树造林 76 万公顷。

美国于 20 世纪 80~90 年代开展一项更大的农田造林行动计划。美国 1985 年的粮食安全条例，又名 1985 年农场法，它包含许多条款，其中一项为水土保持保留地计划，内容与"土地银行"计划很相似。此法授权农业部长为保持和改善农田、牧场的水土资源，把一部分农田的粮食生产停下来。在 1986~1990 年，终止农作的土地累计应达 4000 万~4500 万英亩（1619 万~1821 万公顷），并规定其中 1/8 的土地，约 500 万英亩（200 余万公顷）应造林。

1985 年农场法案的保持水土保留地计划，包括以下要点：减少土壤侵蚀；改善水质；压缩过剩产品的生产；扩大鱼与野生动物栖息地；减轻河道淤积；增加农户收入。农场主必须执行当地土壤保持机构所批准的计划，把侵蚀严重的作物地变为低强度利用的土地，如用做草场、种植豆科植物、灌木和乔木。

为实施水土保持保留地计划，开始的 5 年需经费 50 亿美元，大部分用于地租。凡参加计划的农户，可从政府领取补贴，一般为种草种树成本的 50%。农业部为此项计划平均每英亩支付 37.51 美元，是对农户在原来农作地建立长年植被的一次性补偿。此外，在签约期内，农户还可以领取放弃农作土地的地租，10 年为期，每年每英亩平均 48.4 美元。

1985 年农场法颁布以后不久，到 1986 年 7 月就已有 30 多个州的 2300 万英亩（931.5 万公顷）签约纳入计划。农业部水土保持局局长威尔逊·斯卡林说，已签约农田可以减少土壤流失量 4.67 亿吨，这相当于美国每年全国农作土地土壤年流失量的 16%。当保持水土保留地计划达到要求目标 4000 万~4500 万英亩（1620 万~1822.5 万公顷）时，美国每年土壤流失量可减少 25%。

由于终止农作土地均为严重侵蚀的土地，根据农业部资料，这类农田的土壤年流失量平均每英亩为 22 吨，纳入保持水土保留地计划后，则降低为 1.7 吨。

美国农业部水土保持局 1942 年接管农田防护林工作以后，国家林务局虽仍参与此项工作，但主要是保证种苗供应。由于"树木能显著减少土壤流失，改善水质，有利于野生动物栖息，美化环境，并为将来增加木材和收入"，负责农场法实施的领导机关主张多种树，并采取措施给予更多补贴。

五、大草原防护林带工程的形成与实施

美国 1929 年爆发经济危机，一直延续到 20 世纪 30 年代初期。1932 年是美国总统选举年，民主党候选人罗斯福在竞选旅途中，目睹了大草原居民在沙尘暴灾害和经济危机双重打击下的惨状，萌生了要大规模植树造林的想法，并将其纳入上台后推行的"新政"中。罗斯福"新政"的主要内容是扩大政府预算，刺激私人投资，举办公共工程，增加就业机会，削减农产品。因此，由国家拨出专款，动员大批失业者在干旱地区的部分农田以及其他土地上植树造林，成了罗斯福"新政"的一项具体措施。

1933 年 3 月，罗斯福入主白宫，很快就要求国家林务局研究大草原的植树造林问题。

林务局于 1933 年 8 月 15 日提出报告，认为：要缓和风沙危害，必须营造防护林带。所设想的林带轮廓是：从加拿大边境直到墨西哥湾，长 2300 公里，宽 321.8 公里；林带由许多条树木带组成，每条树木带宽 30.48 米，包含 10~20 行树木；树木带之间距离不少于 1.6 公里。这样就等于在美国大陆中部束上一条防护林腰带，以堵截来自西面的干旱风。林带西部边缘的年降水量为 457~508 毫米。

罗斯福于 1933 年 8 月 19 日问林务局，如果从内布拉斯加州到得克萨斯州北部营造一条 965 公里林带需要多少钱。林务局根据所需苗木约 4751.9 万株计算，预计费用为 23.7595 万美元；种植工资为 43.635 万美元；管护费用 130.705 万美元。以上三项合计共需 198.0995 万美元。另外，向私人购买部分造林地需要 87.37 万美元；保护幼林，设置篱笆费用为 230.4 万美元。总经费超过 500 万美元。

总统对专家们做出的预算不能认同，问农业部长华莱士，是否值得用 100 万美元搞这样一项试验性工程。首先是在经费上，然后是在进度等等问题上，总统与专家之间都出现了分歧。总统希望草原造林取得急剧性突破，能改良气候，产生巨大的社会效果，从而使社会各界重视这项工作。专家们认为，草原造林应是一项由国家投资、由专业人员主持的业务工作，要采取科学办法进行。

经过几次研究之后，专家们采取了较为灵活的态度，提出新建议时注意了以下 4 点：①尽量把防护林带工程计划与总统的社会救济计划结合起来；②在计划大力营造防护林带的同时，也允许进行块状和其他形式的植树造林；③尽量把这项工程办成国家与私人合营的事业，以减少政府开支；④兴建专门的苗圃供应苗木，以保证工程进度和造林质量，并降低成本。

在大草原农田防护林带工程计划酝酿形成过程的 1933 年秋到 1934 年春，美国国内出现一些严重事态：大草原各州的破产者大量涌入经济情况较好的州和城市，引起大范围的社会不安和恐慌；1934 年 5 月特大沙尘暴，遮天蔽日，横扫美洲大陆上空，绵延 2800 公里，全国为之震惊。这加速了工程计划的诞生。

1934 年 5 月 28 日，专家们再次建议，把原设想的防护林带缩短，从北达科他州的俾斯麦延伸到得克萨斯州的阿马略以南。在林带所及的 6 个州，每个州建两个苗圃，预计 10 年内出苗 7 亿株。1934 年开始采种，1935 年开始育苗，1937 年开始大规模造林。如果时机有利，湿度条件合适，也可在 1936 年进行小苗造林。预计每英亩（0.405 公顷）造林费用为 34 美元，每个州至少要花费 1000 万美元。造林应使用乡土树种。对退耕还林的土地，造林前要休耕一年，以积聚水分。

罗斯福于 1934 年 7 月 11 日发布命令，宣告大草原各州防护林带工程计划诞生，并提请国会拨款 7500 万美元作为工程费用。

防护林带工程包括一系列具体工作：采种、育苗、土地问题谈判、植树、补植、建篱笆、防止鼠兔动物害、林带管理、科学研究、公共关系、设备供应、劳力安排和组织工作等。有的可在施工过程中陆续解决，有的则必须在一开始就详细落实。为了解决防护林工程一系列科学技术问题。大草原造林工程局一成立就明确技术局长负责制定技术标准，选择树种和确定造林方式。工程局的行政局长领导全部野外作业，但在造林技术问题上必须全部接受技术局长的建议。

美国草原造林权威 C·贝茨主持科研工作；汇集了一支优秀的专家队伍，收集和评价了过去 70 年美国草原造林的全部研究报告，并与全国土壤、植物、气象等专家展开广泛协作。长达 200 页的《大草原地区营造防护林带可行性》报告，澄清了一些糊涂观点，如认为"造林能增加降水量"，以及能"营造一条笔直的连绵不断的林带"等。利用《造林管护手册》来直接指导工人作业。

1934 年 10 月 10 日，农业部组织各方面的技术专家调查核实林带的地域范围。最后核定的范围是：北起北达科他州的北部边境，沿西经 99°向南延伸，至堪萨斯和俄克拉荷马两州边界折而向西，然后再沿西经 100°南行，到得克萨斯州阿比林以北的地方为止，全长 1850 公里，宽 160.9 公里。这个范围位于东部高草原与西部矮草原的中间地带，是森林生长的最西地段，再往西，树木就不易生长，无法成林了。如果把范围划在更靠东的地段，则将减少林带的防护效益。整个林带范围为 295.785 万平方公里(11.5 万平方英里)，按土壤条件分为 6 类，因此造林方式必须不同。

美国在大草原农田防护林建设过程中，非常重视前苏联的经验介绍，因为那时俄罗斯已有关于草原造林的专著出版了。

美国心脏地带大草原的变迁及其复苏治理[①]

美国《国家地理》杂志 2004 年 5 月发表长篇特写，报道美国心脏地带大草原地区的变迁。编译者作为林业工作者，很想从文章中找到证明，肯定名噪一时的防护林工程在沙尘暴治理中发挥了作用。该文长达 50 页篇幅，含 40~50 张图片的报道，虽偶然触及树木，却没有一段文字、没有一张图片反映防护林在复苏大草原中的功绩。

文章作者之一是位摄影家，儿时在大草原度过，以后常回家乡。他热爱摄影，连续 30 年用照片记录了大草原的变迁。杂志编辑部认为，美国心脏地带仍在流血，愈来愈多的人背离大草原。编辑部问：有办法逆转这种趋势吗？《国家地理》编辑部邀请读者上网(national-geographic.com/magazine/0405)参与讨论。

美国罗斯福大草原防护林工程对防治沙尘暴的作用，在中国是坚信不疑的。中国林业工作者有自己的长期实践经验。《国家地理》编辑部的态度似乎很欢迎网上交流治理大草原的思路和经验。营造防护林究竟能不能治理恢复大草原生态，中国林业工作者极有必要上网与美国人沟通一下，直接听听他们的看法。

现摘要介绍这篇文章，内容如下：

一、大草原的位置

北美大陆中部平原辽阔，起伏不平，为广袤的大草原。西边止于落基山脉，东起何处尚是争论中的问题。有人认为，从 100°子午线算起较为适宜。J. W. Powell 1870 年认定，其以西地区即为干旱地带，年平均降水量为 25 英寸或以下，农场如无灌溉保证就不会有收获。

从落基山脉流失下来的土壤形成肥沃平原，现在这里是农作物的海洋和放牧地，所产小麦占全美的一半，所产牛肉占 60%。这里的农业人口不足 50 万，是世界人口密度最稀的

① 本文系沈照仁同志撰写，发表于《世界林业动态》2005 年第 9 期。

农区。

二、大草原地区的复苏治理

美国最贫穷的 10 个县(按人均收入最低)中，现在有 5 个分布在大草原地区。

在"大开垦"年代，北达科他州的一位农民利用钢制犁，驾驶着蒸汽拖拉机，把草原翻耕成了麦田。1909～1929 年，大批农民涌进草原，开垦了 3200 万英亩(1295 万 hm²)草地为农田。20 世纪 30 年代大干旱，沙尘暴吞没了大草原许多地方，使 250 万人背井离乡，美国大草原从此扬名全世界。大草原一直处于恢复治理之中。

20 世纪 50 年代、80 年代和 90 年代大草原又发生过大干旱。据报道，大草原北部 2002 年遭遇最大干旱，其强度超过 20 世纪 30 年代的沙尘暴。

大草原经多年复苏，虽仍能向美国其他地方和世界出口大量小麦和牛肉，但令人惊异的另一个主要出口品是大草原的子孙。近几十年来许多草原县已流失人口 10%～20%，某些地方的人口平均年龄已达 60 岁。大草原许多地方的人口密度重又降到每平方英里不足 6 人，这是 19 世纪对边远地带所下的定义。

三、探索复苏大草原的新思路

2003 年美国国会曾企图通过一个新的定居居民占有土地法(New Homestead Act)，以推动草原地区的乡村经济。在参议院，民主党人和共和党人联合提议建立一个 30 亿美元的事业投资基金，对一些人口迁出率高的地方给以税惠，使得人们愿意在那里发展事业。提案虽未在当年获得通过，但已列为悬案，待以后再议。但是，美国大草原乡村经济处于压抑状况，绝非国会几项法案就能解决得了的。大草原地区的农地牧场需要补偿维护，生产不能超过限度。

历史学家 Donald Worster 亲历并记录下了沙尘暴的悲剧，他告诫农业千万别重犯过于扩张的错误。20 世纪 30 年代的错误所给予的教训，一定要牢牢记住。超限度利用自然去满足人类的需要，有可能使大草原变成荒凉的沙漠。

为避免重蹈覆辙，美国农民转向可持续耕作，重视轮作，发展免耕农业。政府制定一些计划，促使农民把土地退还给联邦作为保留地。政府的项目计划向农民付费，保证土地回归草原。国有、公有土地也在实施回归草原的计划。北达科他州与得克萨斯州之间的大草原，现有 15 个国有草原，共 350 万英亩(141.6 万公顷)。20 世纪 30 年代成千上万的定居农户破产或失掉赎回权，国家收购了这些私有土地。

一项由联邦政府收购更多私有土地的策划在实施中。一些农牧民认为，此策划的目的是让他们离开土地，变草原地区为超大型国家公园。在公有土地上，人们可以开始思考讨论大草原的生态与经济复苏的长远计划。

农牧民离开大草原，带来的是原来的草原植被回归，原来的野生牛群回归。野牛群在 19 世纪 70 年代几乎已濒消失，现在已有 25 万头野牛回归复苏的草原。大草原的原住民也在回归，近 20 年来，印第安人在大草原的人口密度几乎翻了一番。美国的心脏地带在变迁，其内地乡村在探索新的视野。

大草原处于美国的心脏地带，堪萨斯州的黎巴嫩(地名)正好处于美国中心的位置。"欢迎大家来美国中心"的广告，显示着大草原地区希望成为美国的观光地。但文章作者认为，大草原适宜于发展生态农业和生态牧业。他希望将一年生农作物改为多年生，因为大草原的植物原本就是多年生的。

韦斯·杰克逊是美国土地研究所 LandInstifute 的创建人，1976 年他开展生态农业项目研究，采用免耕法混合培育多年生作物，只依靠阳光和雨水收获庄稼。他获得遗传学博士学位，因思想的独创性和成功的实践，1992 年赢得麦克阿瑟天才奖。

固定内布拉斯加沙丘的植物是草原沙地芦苇，这种原始的草原植物其大部分生物质分布在地下，因此不惧干旱、火和洪水，但经不起犁耕。原始草原植物回归了，野牛群也回归有日了。

后记：限于知识，没能完全读懂文章。由于草原沙尘暴治理是大家关心的问题，不允许等完全读懂了再发表。待以后有了新材料再做补充。

值得注意的美国林业决策动向[①]

美国国有林的木材生产问题已争论多年。联邦政府拥有美国用材林的约 20%、木材蓄积量的约 30%。根据美国林务局对用材林地的定义，用材林是指每英亩平均年产能达到 20 立方英尺工业用材的林地，相当于每公顷年产 1.3996 立方米。美国 1992 年符合用材林标准的林地计 4.9 亿英亩（折合 2.0194 亿公顷），占国土近 22%。美国另有 2.47 亿英亩林地（折合 0.9996 亿公顷），其年产能力低于用材林标准，占国土的 11%。国家法律规定，这类林地不宜进行采伐，多划为荒野保护区或保留林，如阿拉斯加的森林。

森林既是多种物质产品的供应源，又发挥着多种效益功能，但在美国，木材仍保持着森林主要产品的地位。

木材是非常有利于环境的材料。住宅建筑中多使用木材的好处，已愈来愈为世界所公认。木材取代钢、铝、混凝土、砖和塑料，可以少消耗石化燃料，从而又可以降低 CO_2 排放量。多采伐 10 亿板英尺木材（1000 板英尺 = 3.96 立方米），并加工成结构型木材产品取代不可更新产品，这样可减少 CO_2 排放约 750 万吨，相当于减少 200 万吨碳。

美国国有用材林 1992 年每英亩平均产材 23.64 立方英尺，相当于每公顷年产木材 1.654 立方米。

一、扩大公有制土地和林地是当前的一个趋势

近年来，美国在大力推进土地公有制。Ross W. Corte 于 2003 年出版的《国有林及当前问题和前景》一书指出，当前美国土地管理局（BLM）和美国林务局所面临的问题主要有两个：一个是平衡土地、森林的保护与发展；另一个是政府应拥有哪些土地。政府相应机构应有足够资金和实施计划，以获取土地并给予保护。

佛罗里达大学林学荣誉教授 W. Smith 于 2004 年末发表的论文指出，美国林务局遗产计划（US Forest Service Legacy Program）正在大力促进公有土地的扩大，旨在为后代保存未开拓过的土地。以佛罗里达州为例，2000 年保存土地计划以简单的买进方式增加公有土地近 80

①　本文系沈照仁同志撰写，发表于《世界林业动态》2005 年第 19 期。

万公顷。最近，佛罗里达州又在实施一项佛罗里达州永存计划（Florida Forever Program），即10年使用奖励启动金30亿美元，买进更多土地纳归公共所有。这是美国目前开展的规模最大的、雄心勃勃的扩大公有土地计划。此计划与地方（县、市、水经营管理区）的相应计划结合，已显著扩大了公有制土地。因此，有相当大面积的林地被买进而纳入公共所有，这将缓解某些林地损失。

二、持续提高森林生产力也是一个趋势

前苏联曾是世界年产木材最多的国家，而现在，俄罗斯林业远远落后于美国。

联合国粮农组织《2005年世界森林》报告显示，俄罗斯森林面积占世界的22%，林木蓄积量占23.1%，木材采伐量占5.1%，原木产量占7.9%，薪材产量占2.7%，各种木质人造板产量占2.9%，各种商品木浆产量占3.4%，各种纸与纸板产量占1.8%。

美国森林占世界7%，现在每年生产世界工业用材的1/4，木材采伐规模超过世界任何一个国家。木材生产支撑着庞大的森林工业系统。全美植苗造林每年用苗17亿株，相当于每采伐1棵树，植苗造林6棵苗。此外，美国每年天然更新起来的苗约数十亿株。

美国佛罗里达大学林学荣誉教授W. Smith于2004年末发表论文指出：科技进步对森林的可持续性经营至关重要，对森林生产力的发挥有着不容忽视的作用。以佛罗里达森林为例，20世纪50年代初，残余天然林的年生产能力每公顷仅为3.2立方米，70年代后期已提升到12.5立方米，现在平均可达25立方米。松林在集约经营下，每公顷年产目标为38立方米。

美国1996年采伐森林5.1亿立方米，其总价值为230亿美元。如把原木视为农作物，那么其产值在全美农作物中居第二位；玉米的产值为250亿美元，占第一位。

自1986年以来，原木产值占全美农作物总产值的17%。1986年原木产值是美国各种农作物产值最高的，1996年退居第二位，原因是原木产地结构发生了变化。1986年太平洋西北部林区产材量占全美的26%，产值占40%；1996年产材量降为15%，产值降为24%。同期，南部产材量从占全美的46%上升到59%；产值从40%上升到50%。

三、政府坚持制定长期的木材供求规划

美国政府从1876年开始，在供求的基础上，预测未来对木材的需求和森林资源趋势。由此可见，美国坚持木材供求的长期预测已有百年以上的历史。

美国1974年森林与牧地可更新资源规划法（RPA）责成农业部长每隔10年必须提供一份可更新资源评估。评估的目的是分析木材资源状况，阐明满足国家对木材产品需求的能力和未来成本。评估的各项分析可以确定资源的发展、预示政策问题以及显示公私投资的机遇。

美国对木材形势的评估已进行4次。1974年可更新资源规划法（RPA）后来修订为1976年国家森林管理法。2003年完成了美国1952～2050年木材形势分析，即第5次木材供求评估。自1952年以来，美国木材采伐量增长67%，而木材蓄积量不论公有的还是私有的也都提高了。根据资源规划法（RPA）第5次木材评估预测，到2050年，美国木材采伐量还将再增加24%，达到6.34亿立方米，以适应需求。由于美国有林地生长量与生产力的提高，在木材采伐量上升的情况下，木材蓄积资源还将继续增长。私有林面积却正在减少。

美国林产品研究所近期研究集中在 4 个方面[①]

美国林产品研究所 Risbrudt 所长 2007 年 2 月向媒体通报，鉴于研究所的预算削减，研究所的重点研究将集中在以下 4 个领域：①先进的复合材料；②纳米技术；③先进的结构；④化合物与能源。

先进的复合材料是指将木材加工成细小颗粒，使之与胶、塑料、水泥或陶混合。

对纳米技术发生兴趣，是基于木材具有非常高强度的纳米颗粒。

先进的结构是探索如何将木材颗粒制成有效的壳体，而外观同木材相似。

Risbrudt 所长指出，美国每年木材生长量为 7 亿吨木材，是巨大的化工产品和能源的供应源，但每年实际木材采伐量仅 3 亿吨。因此，每年约有 4 亿吨生物量储存起来。大部分新储存的生物量为难以利用的小径木。林产品研究所现在拟对生物量进行开发，新开发的产品是纤维素乙醇。

---

① 本文系沈照仁同志撰写，发表于《世界林业动态》2007 年第 30 期。

（七）南美洲林业

智利工业人工林成功初析[①]

智利造林于 80 年代扬名世界，她在工业人工林经营方面，其速度、规模与经济效益都已接近甚至超过了新西兰。1907～1974 年间，智利累计有辐射松人工林 29 万公顷，1988 年已增为 1147758 公顷。近 15 年里（1974～1989 年），平均每年新增人工林 5 万～6 万公顷。人口 1100 万的国家能坚持长时间的大规模造林的根本原因，是智利的造林条件优越，其工业人工林具有高度的竞争力，造林的经济效益也很好。

1. 初期造林见效益，政府扶持更上一层楼

智利有林地 2260 万公顷，占国土 29%，但经济效益低。从 20 世纪 40～60 年代始辐射松造林，到了 70 年代，木材供应在国民经济中发挥了明显的作用。1974 年工业用材量495.86 万立方米，其中 430.61 万立方米是辐射松材，占 86.8%。同年木材产品出口达 1.3亿多美元，相当于出口总值的 6.1%。

在这样的背景下，智利政府颁布扶植造林事业的 701 号法令，其核心内容是对造林及其抚育给予总费用 75% 的补贴。凡申请补贴的，必须持有经国家林业公司批准的经营方案。现在智利造林大部分由私营公司完成并经营。

根据《智利林业》1990 年 2～3 月报道，1989 年林产品出口值达到 7.8 亿多美元。据估计，2000 年时，以纸与成材为主的林产品出口值将达到 13 亿美元。

智利 1987 年木材消费结构中（薪材除外），辐射松人工林供应了 91% 用材。同年消耗用材 1232.3 万立方米，辐射松占了 1120.7 万立方米。

2. 没有蓄积量，用材林便失去了存在的基础！

根据 1987 年末的资源调查，当年智利有辐射松人工林 1118088 公顷，共有蓄积量14310.9 万立方米，平均每公顷蓄积量为 128 立方米。

在蓄积量调查统计中，不包括 10 年生以下的幼林。幼林面积 634113 公顷，占总面积的58%。因此 14310 万立方米只是占总面积 42%。11 年生以上林分的蓄积量，即 483975 公顷辐射松林的蓄积量。

智利辐射松人工林面积与蓄积（1987 年底）

总　计	1～5 年	6～10 年	11～15 年	16～20 年	21～25 年	26～30 年	31 年及以上
1118088（公顷）	324712	309401	282197	133911	38805	12746	13316
14310.9（万立方米）	—	—	5629.2	4754.5	1971.0	738.1	1218.1

按现有辐射松面积，随着蓄积量增长，2000 年时已能供应 2700 万立方米工业用材，相当于平均每公顷年供应用材 24.1 立方米。

第二次世界大战后，特别在 20 世纪 60 年代、70 年代，许多热带国家开展速生工业人

---

① 本文系沈照仁同志撰写，发表于《国外林业动态》1990 年第 17 期。

工林造林。但造林的实际生产力并不如预期的高。发展中国家不能坚持工业人工林造林，还由于造林缺乏竞争力。

3. 旺盛的竞争优势

工业人工林造林与防护林造林，是两种不同性质的造林。前者必须考虑市场竞争。世界银行 1986 年调查表明，智利造林最具竞争力，每公顷造林成本 210 美元，每立方米木材培育成本 3.3 美元，比世界其他工业人工造林的佼佼者都低（见下表）。

国别	每公顷造林成本（美元）	每公顷年生长量（立方米）	每立方米估算成本（美元）
智利	210	30	3.3
巴西	250	25	i4.7
新西兰	300	20	7.0
赞比亚	450	15	14.0

智利的造林土地多，气候适宜，港口近，因此欧洲、北美、日本以及新西兰都在那里投资造林。

智利的木材产品 1988 年已出口 58 个国家。

智利挑战天然林经营①

智利人工林林业在 20 世纪的后 20～30 年享誉世界，与新西兰齐名。智利一度也成为采伐利用人工林及保护、保存天然林的世界榜样。但近 10 年来，智利却向天然林经营与利用发出了挑战。

智利是世界最狭长的国家，南北长 4330 公里，总面积 741767 平方公里，分为 12 个区和 1 个首都区。智利林务局（CONAF）通过国际合作，正在实施 2 个投资项目：一个是由德国援助的"天然林保育与可持续经营"项目，智利参加方为第 7 区和第 11 区，德方参加机构为德国复兴银行（KFW）、德国社会技术合作局（DED）和德国技术合作协会（GTZ）。德方第 1 期投资为 520 万欧元，第 2 期投资为 400 万欧元；另一个是法国资助的项目，金额为 200 万欧元，实施对象为第 9 区国有林 Malleco 保留区。智利政府为加强天然林经营，划拨了等额投资。

这些国际合作项目吸收农民、小私有者等参与天然林经营。智利总统高度重视农民在天然林经营中做出的贡献。在 2003 年 5 月 30 日隆重的仪式上，智利总统拉戈斯为 3 位有功于天然林经营的农民亲自颁奖。

智利奥斯特勒尔大学育林研究所所长 Juan Schlater 指出，第 10 区天然林覆盖率 54%，是智利仅次于第 9 区的最大天然林区。天然林总面积为 360 万公顷。根据最新的植被地籍调查，其中成熟林面积为 185.8 万公顷，次生林面积为 93.9 万公顷，成熟与次生混合林面积为 29.3 万公顷，灌丛面积为 52 万公顷。

专家们认为，智利对第 10 区天然林的开发利用是不够的。各界人士纷纷建议，以促进

---

① 本文系沈照仁同志撰写，发表于《世界林业动态》2004 年第 21 期。

第 10 区天然林资源纳入经济发展轨道。根据评估，第 10 区约有 200 万公顷生产性森林，每公顷年生长量至少为 8 立方米，较佳情况下可达 12 立方米。

Juan Schlater 认为，第 10 区天然林只要每年有 10 万公顷纳入经营轨道，200 万公顷生产性天然林每年可产木材 1600 万～2400 万立方米，这是智利气候生长立地条件完全可以达到的。与中欧现在达到的水平相比，智利天然林经营优势显而易见。第 10 区天然林如保持现状，年公顷生长量只有 4 立方米，若加以必要的经营，年生长量可达 2～4 倍。智利其他区的天然林具备同样的增长潜力。

智利林务局主要官员要求更新天然林地籍资料具有持续性。他认为，地籍资料应成为经营天然林的有效工具。1994 年智利颁布了天然林地籍调查结果，为自然植被资源提供了可靠信息，这是讨论制定智利天然林法的基础。智利天然林法草案现正在由财政部给予分析和评议。财政部与林务局及其领导机关保持着经常性的各种信息沟通，财政部在分析的基础上，可辅助政府确定天然林经营投资的顺序。在进一步保证天然林资源处于优先地位的同时，促进森林生长力增长，保证工业对原料的需求。智利天然林法现已报请议会讨论。

智利森林工程师学校校长 Jose Carter 认为，经营好次生林，促进一些主要树种在幼龄林中恢复，使幼龄林进入生产成长阶段，这样既可以创造就业机会，又能引发新的产业崛起。

奥斯特勒尔大学育林研究所长 Juan Schlater 指出，现在保持下来的天然林老龄林普遍处于退化状态，只有经过必要的经营，才可能恢复其生产潜力，例如，通过促进天然更新、补植、控制放牧。

智利自然资源经济专家 Mario Nikitschek 认为，充分开发利用天然林资源确实也面临着许多困难，例如，生产成本比人工林高；不同树种木材批量小，用户难找等。

第六篇 其他媒体

沈照仁同志在长期的林业情报研究工作中，除了在前述各种媒体上发表了数以千篇的文章之外，他还在全国绿化委员会、国家林业局主办的《中国绿色时报》《国土绿化》《林业经济》以及中国林科院主办的《林业快报》《林业科技通讯》《林业科技管理》《人造板通讯》《中国人造板》等媒体上发表编译文章，或是向国人介绍世界一些国家林业建设的成功经验，或是把我国林业包括我国台湾林业的发展情况介绍给世界，达到让国人了解世界林业、让世界了解中国林业的目的。

本篇选编了沈照仁同志在上述报刊上发表的文章14篇。

国外引种速生南洋楹的一些情况[①]

据《联合国林业》杂志 1964 年 1 期报道，印度尼西亚的南洋楹可能是现在世界上生长最快的树种，在高地位级的林分里，四五年生时，每公顷年生长量达到 100 立方米以上。

亚洲、非洲已有不少国家和地区引种南洋楹。尼日利亚西部 1925 年开始引进，1933 年种的一块南洋楹，1935 年树高就达到 12 米多。南罗得西亚 1903 年引进，在两个条件截然不同的地方，在干旱的低草原和年降雨量 1300～1500 毫米的亚热带，种植了南洋楹。11 年生时树高达到 30 米以上。非洲桑给巴尔等引种也取得了较好的结果。锡兰（现斯里兰卡）在低海拔和海拔 1500 米以上的地方都种植了南洋楹。此外，大洋洲的菲吉群岛也引种了这一树种。

马米亚引种南洋楹的规模最大，最初是作为观赏树和咖啡、茶叶种植场的遮阴树培植的，现在各地都有，并已成为荒地绿化、受破坏森林恢复的重要树种。几年前，马来亚试验在草原和锡矿废地营造南洋杉林。

马来亚草原营造南洋楹林的方法十分简单，放火烧草后就进行直播。锡矿废地造林用野生苗或人工苗。播种前，种子要在沸水中浸泡。经处理的新鲜种子 2 天开始发芽，5 天便能出齐；陈种需 14 天，放 3 年的陈种发芽率只有 20%。5～6 个月的幼苗就可以做截干苗，移植在管子中，经 4～5 个月可高达 24 英寸（60 厘米多），即进行定植。

南洋楹不耐阴，因此造林地里要清除掉全部遮阴植物。在立地条件好的地方，3 年生时高 45～60 英尺（14～18 米）；在差的地方，也有 25～40 英尺（8～12 米）高。4～5 年生时要进行疏伐，立地条件好的每英亩留 100 株；10 年生时要疏伐到 60 株。马来亚南洋楹生长情况见下表。

树龄	疏伐后			疏 伐			总材积（立方英尺）	年均年生长量（立方英尺）
	株数	平均干围（带皮，英寸）	材积（立方英尺）	株数	平均干围（带皮，英寸）	材积（立方英尺）		
2.5	183	13.1	296	171	11.4	184	480	192
4.5	109	28.9	1594	91	21.9	652	2430	540
5.8	80	33.6	1726	29	32.1	558	3120	538
6.0	80	34.5	1848	－	－	－	3242	540

说明：（1）2 年半时，全部林木平均高 36 英尺，3 年半时林木平均高 57 英尺，5 年时林木平均高 79 英尺。

　　　　（2）材积：去皮，树根除外，包括干围 9 英寸以上的带皮枝丫。

天然更新很好，3 年生时就大量结子，萌芽能力也强，7～8 年生天然林皆伐后，2 年每英亩有 349 株，胸高干围 3 英寸以上的和 274 株干围 9 英寸以上的萌生树，合计每英亩有 418 立方英尺。

南洋楹病虫害少，但易遭火灾，幼龄时易风倒。有根瘤，能改良土壤。木材可以镟切包装用单板，用于造纸时，质量不次于针叶材，出率较高。

---

① 本文系沈照仁同志撰写，发表于《林业快报》1965 年第 9 期。

美国促进核桃生长的四项措施[①]

美国制定一个加强核桃林的研究计划，企图在 10～15 年内提高现有未成熟林的生长率和质量。为此，在南伊利诺斯大学将成立核桃林研究中心。

核桃木是美国一种最珍贵的硬阔叶材，是制家具、拼花地板、枪托等的传统优良用材，而现有资源远不能满足将来的需要。营造新核桃林需要 35～40 年才能见效。虽然商业部对核桃木出口作了限制。但仍不能缓和供应的紧张。市场要求在短期内增加核桃木供应量。改良现有林是见效较快的办法。一核桃木研究机构的负责人指出，在 10 年左右时间内将直径25 厘米的林木提高到 50 厘米是可能做到的。根据初步研究，采取以下 4 个基本措施，能显著提高林木生长量和质量。①打枝，改善木材质量，砍除核桃木周围的杂木；②灭草除灌；③施肥，试验证明施肥能使高生长增加 1～2 倍，但如何施肥和施肥次数还有待研究；④雨水稀少时期，增加给水，使核桃生长期延至 9 月。一般核桃树生长期由春季到 7 月中旬、8 月。

现在进行的和计划进行的协作项目有以下 4 个：①如何利用生长旺盛的优良核桃树的枝条繁殖新林？这方面已取得初步成绩，因此相信树木内有化合物能刺激插条发根。②木材的构造是怎样变化的，为什么不是所有的林木对不同土壤、气候和其他条件发生相同反应？研究目的是达到木材构造的一致。③核桃生长的地方一般有氮、磷、钾及其他矿物质，现在要求弄清楚，哪种物质是它生长所需要的，和以上物质对核桃生长与木材质量的影响。④长期的选种、育种试验，包括杂交和优良母树种苗的分区试验。

苏联试用几种药剂处理红松种子防止鼠、鸟害[②]

鼠、鸟是红松直播造林的主要敌人。乌拉尔实验林场认为，种子充分催芽、晚春播种并用药剂处理以保护种子，能使红松播种造林取得较好的结果。

美国松树直播造林中广泛采用的药剂有以下几种：福美双、福美双-75、蒽醌、碳酸铜和卡普坦-50。乌拉尔林场处理红松种子时，使用了以下几种药剂：秋兰姆（或称四甲基秋兰姆化二硫）、卡普塔克斯（或称间氮硫茚硫醇）和六氯化苯（666）。这些药剂刺激鸟和鼠的皮肤、鼻眼及咽喉的黏膜，因而能驱走它们。

15 公斤种子用药 1 公斤，共试验了 45 公斤种子。种子质量为 Ⅱ 级，沙藏催芽 3 个半月。播种前，将种子在浓泥浆水里浸一下（起胶剂作用），然后放进一个容器里，并倒入药剂搅拌，使种子外面能均匀地盖上一层药。

1961 年春播种，同年 10 月调查，经处理的种子成活率为 63.5%～78.5%，比未处理的高 1 倍。但这样的成活率仍是不够高的，这是由以下两个原因造成的：①有一批种子用药剂

---

① 本文系沈照仁同志撰写，发表于《林业快报》1965 年第 9 期。
② 本文系沈照仁同志撰写，发表于《林业快报》1965 年第 9 期。

处理时，已经萌芽，药剂对幼芽有害，降低了成活率。②大批幼苗出土后，为喜鹊所啄拔。因为造林地整地锄草后，颜色黑，加上周围草地的衬托，对喜鹊有诱惑力。受害的苗木基本上分布在林地的中央部分，处于林地边缘的苗木损失较少。

以上药剂中以卡普塔克斯最有前途，其药价为秋兰姆的1/3。使用六氯化苯（六六六）时，最好与催芽同时处理，因为一次接触处理的种子，药剂很快失效，仍易为鼠、鸟吃掉。这3种药剂的毒性小，处理过的种子仍有少量被偷吃了。鼠害严重的地方，美国在一般药剂外，又加入剧毒药剂阿德林（3дрин），苏联加磷化锌。

瑞典森林苗圃播种防止鸟害的办法[①]

瑞典戈维列堡斯苗圃鸟害十分严重，曾采用铅丹等药剂毒鸟、驱鸟，效果都不好。为此，试用了其他方法：

（1）采用联邦德国制"Purivox"电石气响声器驱鸟取得了成功。此器原来是用于防兽的（如马、鹿）。它与电石灯相似，有贮水器和电石容器，通过滴水产生电石气。电石气通过一根管子，进到膜片盒，达到一定量时，有一部分气推开气门进到爆炸室，另有一部分点燃燃烧器，这样，电石气便在爆炸室里燃烧起来，并发出巨大的劈啪声。只要水、电石容量充足，劈啪声就能不断发生。贮水器与电石容器之间的滴水滤器的数量，决定响声间隔时间的长短。爆炸室的喇叭筒能使响声送到一定距离。现在人们想使响声器能将响声送到不同距离，并能发出不同频率的声音。

（2）蓝色处理种子也有较好效果：根据一学者关于鸟类对颜色反应的文章，进行了种子染色试验，颜色有红、深蓝等。结果表明，深蓝色对鸟类的诱惑力最小，因此有可能在很大程度上减轻鸟害。1964年春播种了染深蓝颜色的种子239公斤，其中141公斤为云杉种子，98公斤为松树种子。染色处理方法有两种：①1公斤种子先用胶剂1升在转动的桶中进行处理，然后加入25克毒鸟药剂和50克群青青，并旋转圆桶，使种子包上一层蓝色。②在变性酒精中分解染料群育青，但不加毒鸟药剂。用染料量与①法同，染料分解后，加入种子，转动圆鼓，直到种子均匀地染上颜色时为止。用经过处理的种子进行条播，深5毫米。将出土时，苗圃工作人员进行了细心的观察，虽仍有鸟飞来，但对染色种子视而不见，没有反应；出苗期或以后，也是如此。当年秋季对出苗情况进行了1次清查，单位种子出苗量比该苗圃建立以来任何1年都好，例如云杉种子1公斤出苗54000株，而1964年以前，1公斤最多只出过44000株，最少的只有15000株。

台湾省造林事业[②]

林业与木材业在台湾经济发展中一直发挥着巨大作用。光复头20余年，台湾资金短缺，

---

①　本文系沈照仁同志撰写，发表于《林业快报》1965年第15期。

②　本文系沈照仁同志撰写，发表于《林业科技通讯》1995年第7期。

指令林务单位加强生产，增加伐木，收入盈余上缴财政，对本省建设作出了显著贡献。近年来，每年约进口 700 万立方米木材，约值 10 亿美元，加工后出口的林产品价值高达 25 亿美元左右。

光复时，日本人留下 25 万公顷采伐迹地，台湾林务单位依靠自己力量，不到 10 年已对这些迹地与荒地进行了更新造林。1975 ~ 1986 年，全台造林 252285 公顷，耗资 105.3 亿元（新台币，下同）。林务局自筹造林资金 97.6 亿元，占 92.7%；政府补贴 7.7 亿元，占 7.3%。台湾农委会林享能副主任说（1991 年 9 月），台湾 1980 年造林经费预算为 1.2 亿元，1987 年增至 8 亿元，1991 年达到 14 亿元，今后造林预算每年略多于 14 亿元；此预算不包括平地造林。

自 1953 年以来，台湾在较长时期里，每年平均造林 2.5 万 ~ 3.0 万公顷。近年来因采伐面积急剧减少，已发生了无地可造的问题。造林协会黄明秀理事长指出，新的育林政策在于加强人工林地的后期抚育，如修枝疏伐，天然阔叶林的林相改造，以及推行废耕农地及荒芜坡地的造林。

1. 稻田转作造林地

台湾地区主要粮食稻米产量，自 20 世纪 70 年代以来，自给自足有余。70 年代末，稻米生产过剩。1984 年和 1990 年相继推行稻田转作计划，奖励农地造林。农地造林除享受一般造林的奖励补贴外，还可领取稻田转作造林地补贴。凡符合稻田转作认定基准者，每公顷发给 24750 元；不符合转作认定基准者，发给 16500 元。

林务局计划自 1991 年 6 月开始，利用 6 年时间在全省培育 40 万公顷高生产力人工林，农委会准备拿出 10 万公顷休耕稻田转作造林地；这属于平地造林。

2. 林相改良与木麻黄防风林改造

台湾林务局实施林相改良已多年，效益得到肯定。实施林相改良所需经费仅为一般迹地造林的一半。在采伐迹地面积锐减条件下，林相改良可能将成为主要的造林方式。

根据第二次台湾森林资源调查，国有林天然林地约有 30 万公顷，蓄积量低。在易到达的中低海拔地区，坡度 30°以下的林木蓄积量每公顷不足 100 立方米，年生长量不到 2 立方米，约有 7.9 万公顷，天然林地是目前台湾亟待实施林相改良的对象。

战后大量营造木麻黄防风林，1971 年以后开始衰败。木麻黄防风林极难天然下种更新。木麻黄防风林受环境逆境的影响，落叶量大，枯枝落叶层中菌丝多，会引发斥水现象。斥水土层的形成，抑制了水分或养分进入根圈，对树木生育不利。林地斥水层形成会改变林地水分循环，减缓雨水的入渗与渗漏，增加地表径流及土壤侵蚀。落叶量大，再加上斥水的结果，旱季又提高了火灾危险。

台湾林业试验所杨政川所长认为，有必要借鉴日本琉球地区改造木麻黄防风林的经验，即老化的台湾木麻黄防风林应引进乡土树种加以改造。

3. 造纸原料林基地建设

台湾 20 世纪 60 年代初曾大力发展竹林，但以后并未形成纸浆原料林基地。嘉义农专谢经发先生曾参与决策讨论竹纤维浆造纸问题。因自动化造纸工业的原料供应、贮存等问题不易解决，竹浆造纸未能获得发展。

台湾林业试验所的一份研究报告认为，银合欢造林的年收入率高于泡桐、其他阔叶树种、竹和草。

到 1985 年为止，台湾全省已推广银合欢造林 12900 公顷。但 1985 年银合欢突然遭外来的银合欢木虱肆虐为害，一时未能防治，即停止了银合欢造林。1987 年改植桉树，至 1992 年已营造桉林 2350 公顷。中华纸浆公司进行了 5 年半桉树造林，根据抽样调查，每公顷年生长量为 14.5 立方米。现正采取选育种与造林技术等措施，计划将每公顷年均生长量提高到 25 立方米。

4. 造林与环境

根据台湾林务局设点观测调查，在枯水期每公顷林地每年约有 2300 立方米水流出，这对每年旱季遭受缺水威胁的台湾而言，造林的贡献是显而易见的。但是并非一切植树造林产生的都是正面效益。台大李国忠教授认为，在坡度 30% 的山地种植茶树，每年每公顷需付出社会成本 16 万元，种植杉木则可提供公益功能 11.5 万元。

为谋求高额利润植树造林破坏环境的现象，已确实令人触目惊心。槟榔每公顷一年的纯收益达 200 万元。现在的台湾槟榔园，已非昔日农民点缀式小面积种植，而是企业家大面积种植。

大面积种植槟榔已给台湾环境造成严重后果：土地发生深层风化，周围道路、边坡皆有严重塌陷、断裂现象；槟榔叶大，加速降雨蒸发，暴雨形成大量干流，助长地表径流流失，促成了槟榔园地下水流急速下降，水源涵养功能损失殆尽。

台湾林业试验所认为，凡种过槟榔树的土地，想要再种其他良好的植物，需要多年时间。周围种槟榔的水库，也受害严重。德基水库原计划使用 50 年，如今寿命却不过 20 年，就已成为"酱油湖"。

5. 主要造林树种与林副产品

台湾现有林地 186.4 万公顷，其中生产林地 178.6 万公顷，大部分为天然林；针叶人工林 15.86 万公顷，占 8.9%，阔叶人工林 27.86 万公顷，占 15.6%。全省实有人工林约 50 万公顷。

台湾种植柳杉已近一个世纪，总面积达 53000 公顷，其造林盛势一直到近年由于木材滞销才消退下来。

台湾泡桐原产本省，1950 年以来曾大力推广，泡桐林面积一度高达 19000 公顷。1977 年受泡桐丛枝病害，从此一蹶不振。

樟树是台湾阔叶造林的为首树种。钟永立等认为（1993），樟树病虫害日渐严重，作为庭院路树尚可，大面积造林实有待商榷。据称，日本九州也曾广植樟树，今因合成樟脑盛行，天然樟脑事业萎缩，以及木材用途有限不易加工而已很少种植。

全省 2000 ~ 3000 公顷人工松树林，因感染松材线虫枯死的树已达 40% 以上。

红豆杉树叶可提炼抗癌药，已在台湾列为国宝树。农委会 1992 年计划栽植 5 万株。

台湾林业试验所经多年努力，现已完成多种盛产香料树种，可供提炼精油，颇具商品及学术价值。香水树花含精油，甚香，可制高级香水。每公顷种 300 棵，每棵采花 10 公斤，含油量按 2% 计，每公顷可收香精 60 公斤。锡兰肉桂的枝叶及皮均含精油，白玉兰花精油可制高级香料。发展以上香料树种，均有可能获得丰厚的收入。

爱王子（*Ficns awkesfpamg*）桑科榕属，分布于台湾海拔 1000 ~ 1800 米的多雨湿润阔叶林。据 1978 ~ 1987 年统计，台湾爱王子年产值约为 12527603 元，占林副产品总值的 1.7%。5 ~ 7 花开，每公顷可获利近百万元。1987 年全省已栽植 229 公顷爱王子林。据估计，

1992 年已产 105.5 万公斤爱王子干果，为天然爱王子产量的 20 倍。

为弥补林业收入的不足，台湾近年积极推行森林特产物生产。浅山地带现广泛栽培灵芝，此为高价值的药品与健康食品。但对环境可能造成冲击。灵芝易使林木遭白腐病死亡。从经济上看，培养灵芝有利可图，对周围的经济作物、环境却有负面影响。

就中科院可持续发展研究谈点林业问题[①]

在 20 世纪 80 年代末，中国科学院国情分析小组就中国选择什么样的发展，才能使得整个社会持续快速健康地发展等问题，进行了较为系统的研究与探讨。最近（1999 年 5 月），路甬祥院长通过报刊又畅谈了"中国可持续发展的战略研究"。不论老院长周光召，还是新院长路甬祥，他们所主持的研究都不可能深入分析中国森林资源与林业发展战略，但确实提供了一些值得林业工作者应该咀嚼琢磨的数据。

（1）中国人均占有森林资源的世界水平，比人均耕地、草地、水资源的占有水平更低！周光召主编《中国资源态势与开发方略》一书（1997 年）指出，中国人均占有的耕地、草地、水资源非常少，远低于世界人均占有水平，三者分别为世界人均的 32.5%、54.1% 和 23.7%。根据同书，中国现有森林面积 1286 万公顷，人均占有 0.11 公顷，只相当于世界人均的 14.7%；林木总蓄积量 108.68 亿立方米，人均 9.27 立方米，仅为世界人均的 13.7%。由此可见，与世界人均占有水平相比，中国人均占有森林资源的水平，约只相当于耕地、草地、水资源的人均水平的一半。这表明，为保证满足农林牧的人均产品需求，中国的林业面临着比农牧业更为严峻的挑战。

（2）中国林地质量中等偏上，比耕地、草地质量高！据《中国 1∶100 万土地资源图》量算，中国现有乔木林和灌木林地合计毛面积约 1.67 亿公顷，其中质量好的一等林地占 65%。根据同一资料，中国现有耕地中，质量差、有严重限制因素的三等耕地占 20%，不宜农用的退耕地占 4%，质量中等和有各种限制因素的耕地约占 2/3；草地中，质量差的三等草地占 48%，下等草地占 85% 以上。

中国林地的平均质量高，为中国林业提供了有利的基础。《中国资源态势与开发方略》一书认为，因经营管理不善，林地利用不充分，生产力十分低下。中国有林地单位面积蓄积量平均为 86 立方米/公顷，用材林平均只有 179.2 立方米/公顷，都低于世界平均 110.7 立方米/公顷的水平。中国森林年均生长量只有 2.9 立方米/公顷，也低于世界水平。因此，中国林业的发展潜力是很大的。

（3）中国科学院的《中国可持续发展战略研究》与国务院《全国生态环境规划》存在着分歧。路甬祥院长 1999 年 5 月的报告认为，中国人口达到顶峰的时间大体是 2030 年，数量上限大概是 16 亿。中国人口大约在 2030 年时能实现零增长。近 30 年内，中国人口每年平均要增加近千万，在此期间，不论是农还是林，要实现人均占有土地面积增长，都是很困难的。

1998 年，国务院制定了《全国生态环境建设规划》，要求 2010 年森林覆盖率达到 19%，

①　本文系沈照仁同志撰写，发表于《林业科技管理》1999 年第 4 期。

2030 年达到 24% 以上，2050 年达到并稳定在 26% 以上。按照这一规划，2030 年中国人均占有森林约可达到 0.14 公顷以上。遵照中央领导人的愿望，"我们要下大力气琢磨如何把人多的优势发挥出来，努力形成千军万马齐心协力大搞绿化的局面"，中国也许能如期实现提高森林覆盖率的目标。这在世界发展中国家将是无与伦比的奇迹，30 年里人口增加 3 亿，森林面积还能扩大 8500 万公顷，使森林的增长速率超过人口增长。

中国科学院《中国可持续发展战略研究》认为，中国必须实现"三个零增长"：2030 年实现人口零增长；2040 年实现能源资源消耗的零增长；2050 年实现生态环境退化的零增长，才能可持续发展。

国务院制定的规划与科学院的研究，对中国生态环境发展前景，显然有着不同的看法。深究两者的差异，不是本文的目的。最后，只想在浏览以上文献之余，谈两点忧虑。

（1）低标准实现森林覆盖率目标的后患无穷！1999 年 1 月 7 日人民日报全文公布《全国生态环境建设规划》指出："40 多年来，全国累计人工造林保存面积 3425 万公顷，飞播造林 2533 万公顷，封山育林 3407 万公顷，森林覆盖率提高到 13.82%（按郁闭度大于 0.3 计算，如按国际通行的郁闭度大于 0.2 计算，相当于 15.25%）。"这是一句关于森林覆盖率的潜台词。我国现有人工林质量之低，已是触目惊心，如再搞与所谓的"国际通行"标准接轨，覆盖率很轻易地就上去了，质量必然会比现在的更糟！中国还有一套并不与"国际通行"标准接轨的做法，把果树、橡胶等经济林木，都计算入覆盖率。于是，天然林连续几十年遭到破坏的教训还来不及总结的地方，却能毫无内疚地自夸增加了覆盖率取得的成就。中国林科院已故吴中伦院士"缅怀侯学煜同志"一文，高度评价他对"三北"防护林建设的不同观点，并建议"决策者，认真广泛听取各种不同意见，力求避免决策上的失误，招致经济上和生产上的巨大损失"。

（2）覆盖率是舞台，蓄积量是演出效果，两者不能混淆！960 万平方公里土地必须养育 13 亿～16 亿人口，光、热、水分以及海拔地形条件等，都限制着林业的活动范围。历史地看，与世界相比，中国现有森林覆盖率显然偏低。为改善生态环境，无疑必须发展人工造林，提高森林覆盖率。但如果森林面积增多，覆盖率提高而单位面积的蓄积量持续下降，这能对改善全国生态环境有何补益？1977～1981 年全国森林清查结果，全国森林每公顷蓄积量为 83.44 立方米，用材林蓄积量为 85.35 立方米。1987～1993 年全国森林资源清查结果认为，全国林分每公顷平均蓄积量由 1984～1988 年清查的 75.84 立方米减少到 75.05 立方米，用材林由 72.59 立方米减少到 71.26 立方米。

森林覆盖率是林业的活动舞台，扩大舞台便于演戏，这是常理。单位面积蓄积量是演出效果，蓄积量下降即意味着林业失误，这也是常理。中国科学院的国情调查报告，把森林蓄积量与可耕地、淡水资源并列起来对比，这是混淆了人均的活动舞台和活动结果。按照报告，中国可耕地只有世界人均的 1/3，淡水资源占 1/4。中华民族在占世界耕地 7% 的狭小舞台上，已成功地养活着世界 22% 的人口。国情报告列举的中国森林蓄积量只及世界水平的 1/6，并非中国林业的活动舞台，而是演出水平低劣的结果。

与世界平均占有水平相比，中国人均占有森林水平虽比耕地、草地、水资源低，但按绝对占有面积看，中国现在占有的人均森林 0.11 公顷已比人均占有耕地 0.08 公顷为高，林地的平均质量又比耕地好，中国林业应该把森林当资产来经营，而不能单纯地当做自然去保护。

瑞士十分之一森林将划为保留地①

2001 年 3 月 21 日是瑞士森林日。在这一天，瑞士联邦主席 Moritz Leuenberqer 与联邦环境、森林和景观部以及各州林务局在选定保留林（wald reservate）这一长远目标上达成一致。到 2030 年，瑞士将有十分之一森林划为保留地，其中一半是禁止人类干预的天然保留地（Naturwaldreservate），另一半是促进稀有物种和森林类型繁衍的特殊林保留地（Sonderwaldreservale）。

保留林以外的森林属近自然育林经营，即按 1999 年通过的认证森林企业的国家标准加以经营；国家标准对保留林也有明确要求。

瑞士保留林的选定工作不是等着各州自行挑选十分之一森林面积。对 3 大类型森林：天然林、特殊林、近自然经营林的区分，要求充分考虑区域特点，多次讨论协调而定。相邻州应坚持两个目的共同开展工作；一是坚持森林群落、物种和遗传基因的多样性；二是保持大面积森林的自然动态，以显示其生态、自然知识普及与科研意义。

瑞士现预先确定要建 30 个大型保留地，每个面积在 500 公顷以上。目前瑞士只有百分之一的森林面积承担着长期保留地的功能，其中 35% 分布在国家公园里；现在仅有 4 个保留地，每个面积都在 300 公顷以上。

工程成材产品的崛起与资源利用的高增值战略②

1. 高增值战略方向

世界老龄天然林资源、优质大径材来源严重不足，而小径、质次木材及二次、三次甚至四次次生林资源又供过于求。森林资源的质量衰退，优质木材的数量如何才能朝着可持续的方向发展？不断开拓利用小径、质次木材资源是一个必要条件。

美国南部森林经济 2001 年研讨会论文集指出，美国森林资源统计足以充分显示，不论针叶、阔叶，小径木资源都非常充裕。有论文指出，世界 90% 的森林资源或是根本未加利用或是利用得很不充分。妨碍改善森林状况，促进可持续经营的主要因素，实乃市场有待开拓。

西欧、北美林产业现在常在议论发展战略转变，从商品战略转向增值战略。所谓增值战略就是要开发资源的增值利用。20 年前，北美桤木每考得（1Cord = 3.624 立方米）只卖 0.5 美元，以后因定向刨花板工业发展，小径桤木每考得已卖到 25 美元。

林学界一般仍认为，充分开发利用杂木小径资源，实在是健全森林、可持续发展林业的一个必要条件。林产界认为，探索高增值利用则是实现小径资源充分利用的关键。根据分析，现有间伐材中约 20%~30% 可以高增值利用，40%~50% 可纳入传统利用，其余可供

① 本文系沈照仁同志撰写，发表于《国土绿化》2001 年第 5 期。
② 本文系沈照仁同志撰写，发表于《人造板通讯》2003 年第 8 期。

作能源、改善土壤状况等利用。

2. 工程成材产品的崛起

工程木材产品(Engineered wood products)系列不断发展,适应了森林资源变化的形势。工程木材产品现已有定向刨花板、胶合板等,属结构材;有中密度纤维板、普通刨花板等,属非结构材。

近10~20余年来,工程木材产品系列又派生出工程成材产品(Engineered lumber products),一般都用做结构材料,取代实体的针叶成材。在美国统称其为结构复合成材(SCL:Structural Cornposite Lumber),包括单板层积材(LVL:Laminated Veneer Lumber)、平行单板条层积材(PSL:Parallel Strand Lumber)、定向刨花成材(OSL:Oriented Strarld Lumbder)。其他工程成材产品还有预制木质工字梁(Prefabrieated wood I-joist)、胶合木或集成材(Glulam:GIued Laminated Lumber)、机械应力分级成材(MSR:Machine Stress Rated Lumber)、金属件连接木材桁架、指接结构材等。

工程木材产品因其加工利用率高(单位木材的最终产品得率),成本低,在许多地方取代了实体木材产品。工程成材产品按纯体积或长度计,价格一般虽高于普通实体木材产品,但建筑部门却愿意使用工程成材产品,原因是其装配特性较好,易于使用,装配费用小;价格不会动荡不定。使用工程成材产品的建筑返修率低,在美国这样一个诉讼频繁的国家,对建筑商来说,这是一个莫大的优点。工程成材产品的最终得率显著高于实体木材产品,例如定向刨花成材(OSL)的得率为75%,平行单板条层积材(PSL)的得率为64%,而针叶成材的出材率仅为45%,针叶树种胶合板的得率仅为50%。

工程成材产品的特性,其设计值一般可以做到是预知的,便于建筑设计。这一因素为工程成材产品赢得了一定的市场份额,参与钢结构、混凝土结构的竞争。工程成材产品现在尚处于产品生命周期的初始阶段,而普通实体木材产品则已进入产品生命周期的成熟期,市场份额增长已呈停滞状态,或已处于衰退、损失期。工程成材产品的市场形势在工业发达国家现在普遍看好。

3. 工程成材产品市场

工程成材产品的生产与消费目前集中在工业发达地区。按消费总量来看,目前只占有很小的市场份额,在欧洲只相当于实体木材产品消耗的不足1%,在北美洲和日本也只相当于不足2%。但是,工程成材产品在20世纪90年代的消费增长势头,确是不容忽视的。根据美国胶合板协会(APA)2001年度调查,北美洲这一产品的消费份额在结构材供应量中已占5%。北美工程成材产品消费量是欧洲的3.5倍、日本的5.5倍。

表1　成材、木质人造板及工程成材产品1999年消耗量(亿 ft³)

地区	成材	木质人造板	工程成材产品
欧洲	36.7	18.3	0.5
北美洲	63.5	19.5	1.4
日本(1998年)	11.5	4.3	0.4

美国、加拿大比世界各地更倾向于木结构住宅建筑,主导着世界木质工字梁、单板层积材生产。胶合木生产分布范围很广。木质工字梁以单板层积材为主要原料。美国、加拿大的住宅工程地板系统广泛使用木质工字梁。欧洲胶合木1999年产量的12%、北美洲产量的8%销往日本。

表 2　1999 年工程成材产品产量

产品名	单位	北美	北美以外	北美占总量（%）
胶合木	百万板英尺	331	770	30
木质工字梁	百万 ft	895	61	95
单板层积材	百万 ft³	52	8	86

表 3　2000～2002 年北美工程成材产品产量

产品名	单位	2000 年（实际）	2001 年（实际）	2002 年预测
胶合木	百万板英尺	377	360	365
木质工字梁	百万 ft	866	926	980
单板层积材	百万 ft³	520	58.9	64.0

注：1. 1000 板英尺 = 2.360 立方米

　　2. 1ft³：0.0283 立方米

4. 美国缅因州开发先进的工程木材制品取得世人瞩目的成功

（1）用工程木材建成世界第一座大洋码头。缅因州立大学等单位在 20 世纪 90 年代进行的试验研究显示，先进的工程木材复合产品的前景很好，例如在工程木材中添加 2% 的纤维加固，可提高木梁强度 50% 以上。这一结构研究的成功，使缅因大学于 1995 年完成了世界第一座纤维强化聚合物木材大洋码头的建设。这座大洋码头坐落在缅因州巴尔港，码头长 124 英尺（约 37.8 米），使用本地木材，比钢质码头造价低 25%。

（2）先进的工程木材复合制品中心及其任务。缅因大学 1996 年受国家科学基金和有关工业企业的支持，建立了一个"先进的工程木材复合制品中心（Advanced Engineered Wood Composite Center]）"，国家科学基金要求缅因大学建立的是一个开发新一代木材复合材料的世界领先的研究中心。

该中心把多学科人才集中到一个系，建筑占地面积约 3066 平方米，设备投资 1200 万美元，开展基础性研究，以揭开工程木材产品系列的种种潜力。除受国家科学基金、个人与集团公司资助之外，中心还获得缅因州科技配套资金的保证。

中心肩负着三重任务：①培育学生，在缅因大学开办培养工程木材复合制品所需人才的班级，接受相关学科的系统教育，使之具有实验室环境下最新的全面知识；②开发、研究为生产低成本、高性能工程木材复合制品所必需的基础科学；③为现有工业和新开发部门及政府机关提供试验、工程以及咨询服务。

中心的任务不只是开发新的工程木材制品，更重要的是奠定这一新学科的知识基础，以滋养本州和美国林产品工业，孕育创新，不断推出把木材与其他原料相结合的新工艺和新产品，最终达到推动林产品经济更加繁荣的目的。

（3）先进的工程木材复合制品技术。材料复合技术产生的特性改善的新材料，将促进新千年基础设施建设和建筑贸易的创新。古时候，利用植物纤维与黏合物复合制成的砖，曾带来划时代的技术革新。19 世纪中期，钢筋混凝土技术显著改变了全世界的房屋建筑与桥梁建设。21 世纪刚刚开始，现在已经发现许多因素可以使混凝加固木材技术成功，纤维加强聚合物（FRPs：Fiber-Reinforced Polymers）即是其中之一。

木材与纤维加强聚合物结合形成一种新材料，称为复合强化木材（CRW：Composite-Reinforced Wood）。这种新型材料既有木材的优点，如性能成本比和强度重量比都高，又具有纤维加强聚合物的优点，如高强度、劲度和易变性。

纤维加强聚合物是一类易变材料系统，包括合成纤维、热塑聚合物等，与木材相结合制成结构木材复合产品，如胶合板、结构用成材等，均已通过经济、工程和环境的论证。纤维加强聚合物的开发，经济上可行，这一技术的推广可以促进在结构建设中更多地利用低价值木材，在降低组合件尺寸要求和重量的条件下，改善结构性能，使用非常便利，在一些应用中可以降低成本。

这种工程木材的复合制品在工程方面有强度和劲度优势；可塑性较好，保证材料断裂安全系数；改善材料的蠕变性；力学变异小，可保证高设计值；体积影响有所降低。

工程木材复合制品可使用工厂废料和小径木做原料，对环境是有利的。

中国黑龙江大兴安岭林区与美国缅因州林业战略思路对比[①]

1. 中国黑龙江大兴安岭林区奔小康的建设思路

2003年人民日报曾在第16版林业专页以"坚持生态林区发展定位，全力实施好'天保工程'"、"再造兴安秀美山川"、"绿色食品香飘海内外"为题，勾绘了黑龙江大兴安岭林区的发展战略思路。

黑龙江大兴安岭林区经营总面积835万公顷，有林地652.8万公顷。天保工程实施前森林覆盖率75%，现已上升到78%以上。活立木总蓄积量5.2亿立方米，占全国的4.2%。1964年以来累计提供商品材1.1亿立方米。

1998年实施天保工程以来，逐年不断下调木材产量，2002年已调减到220.7万立方米（1997年为339.1万立方米），2003年应调减到位，达到每年214.4万立方米。得益于森林面积扩大和采伐量调减，5年里森林蓄积净增2284万立方米。

全区人口53万，地广人稀，每平方公里不足7人。2002年国内生产总值48.9亿元人民币，其中非木材产业增加值占GDP的78.6%。在替代产业中，林木产品精深加工及多种经营产值2002年末突破20亿元，特色农业11.2亿元，个体私营经济14.5亿元，绿色食品产业3.5亿元，其中马铃薯产值近2亿元。

黑龙江大兴安岭林区通过积极培育生态产业体系，已初步建立起十大支柱产业，即：林木产品精深加工业、特色农业、绿色食品产业、北药开发业、森林旅游业、矿产采掘业、交通运输业、对外经贸业、商业和生活服务业。通过新兴产业的构建，保持林区经济持续发展，实现经济、社会和生态三大效益兼顾。

2. 美国缅因州依靠高科技、高增值促进林业发展的思路

美国缅因州总面积1700万英亩（约688万公顷），森林覆盖率达94%，约有森林647万公顷，与我黑龙江大兴安岭林区的有林地面积非常相近。缅因州开展商业性森林采伐已有

① 本文系沈照仁同志撰写，发表于《人造板通讯》2004年第5期。

350 年以上的历史。

根据美国林产品协会 2002 年 12 月报道：现在森林资源与其相关的工业仍是缅因州经济的支柱。全州现有人口 120 万，3 万人就业于林产品工业，年产值达 22 亿美元（折合人民币约 182 亿元）。

位于美国本土东北角的缅因州，地形主体是新英格兰高地，地面坡状起伏，海拔 600 米左右。1623 年英国开始移民定居，早期经济以伐木为主。20 世纪起随着水利资源的开发利用，工业发展较快。木材加工与造纸工业曾是本州的经济支柱，1980 年其产值约占制造业总产值的 1/3，纸与纸浆、木材、木制品等的生产在国内居领先地位。其他重要工业部门有食品、制革、纺织等。农场土地面积仅占全州的 7.5%，属"乳酪带"，广种燕麦、牧草与玉米等饲料作物，发展养禽与乳牛业，禽蛋、肉鸡、鲜奶和奶品约占农业现金收入的 2/3。还有阿鲁斯图克县，是全国著名的马铃薯集中产区。州内多天然游览胜地，最著名的是阿卡迪亚国家公园，旅游业颇盛。沿海渔业也发达。

但是，缅因州森林工业现在面临着经济全球化的挑战。1970～1999 年期间，缅因州劳动就业人口增加了 33.1417 万人，而同期森林工业就业人口只增加 2217 人。森林工业在全州就业人口结构中原占 7.9%，现降为 4.2%。由于缺乏技术创新和受教育程度低，缅因州劳动生产率只相当于全国的 80%。

缅因州林业必须在科研、工程创新、创造新工艺与新产品并开发新的生产过程的基础上响应挑战。缅因州为保持其森林产品的增值，保持其竞争优势以及实现可持续发展，必须大幅度提高工程木材产品产值。缅因州必须在短期内尽快把工程木材的新工艺开发为商业性生产。

根据 Loud 2002 年 8 月的预测，工程木材产品市场现在销售值为 1.13 亿美元，2010 年这项产品将剧增到 8.47 亿美元，为现在销售值的 750%。

缅因州大学建立了"先进的工程木材复合制品中心（Advanced Engineered Wood Composite Center）"，将大力开拓缅因州高科技林产品事业。

英国林业战略大转变[①]

英国总面积 2241 万公顷，全国拥有森林 246.9 万公顷，森林覆盖率为 10.2%，人均只有森林 0.04 公顷。

英国森林破坏一直持续到 1918 年。18 世纪到 19 世纪仍有大面积森林，因开辟农地、城市发展而不断消失，1908 年全国森林覆盖率降到只有 4.9%。1914～1918 年第一次世界大战时期，木材进口来源遭封锁，残留的一点森林也被迫砍伐利用。但也是从这时起，英国开始意识到木材是不可缺少的战略资源。1919 年英国建立了国家林业委员会，旨在扭转几百年森林覆盖率持续降低的局面，恢复重建森林资源，以备在国家危急时期采伐利用。

但 20 世纪形势不断变化，社会各界对林业给予更高期望。英国森林法几经修订，突出了造林的环境意义和美化游憩价值，以平衡土地利用的各种要求。

---

① 本文系沈照仁同志撰写，发表于《中国绿色时报》2004 年 12 月 15 日。

20 世纪：木材生产为主导

英国经历了第一次世界大战时期木材匮乏之苦，极想恢复并建设森林资源，但直到1939 年第二次世界大战爆发之前，成效甚微。1924 年全国森林覆盖率只有 5.3%，1947 年也只有 6.1%。

1919 年到 1939 年期间，英国土壤贫瘠的山区，虽有几百万公顷荒地宜林，但林业与农牧业争地处于非常不利的地位。第二次世界大战中，英国森林继续遭到破坏。林委会于1942 年到 1943 年相继提出建立 200 万公顷高生产力林，以确保满足未来 50 年国内木材35% 的需要，战时可以满足 4 年的紧急需要等林业指导思想。1945 年英国议会通过了上述计划。

但直到 1980 年，林委会仍开展非常单一的造林方式，以针叶树种为主，实施追求高生产力的集约经营，英国公有的森林资产获得很大发展。在这一时期，林委会内外有许多不同意见，要求重视森林的自然保护价值。一些著名科学家和地方的林业实际工作者开始在生态敏感区和具有科研意义的地方种植本地树种。随着这类挑战性实践增多，林业工作者和自然保护人士之间的争论频起。公有森林资产的景观游憩价值逐渐成为人们关切的重要内容。

世纪末：林业翻开了新篇章

随着民间环保意识的增浓，反对以木材生产为目标的造林运动迭起。20 世纪 80 年代，一系列自然保护法规在英国颁布，传统林业受到严重挑战。80 年代中期爆发为 Caithness 和sutherlandnitan 泥炭沼泽地大辩论，直接导致 1987 年废除税收奖励制，也即取消对私有林发展的奖励，从而进一步推动了自然保护运动。

1981 ~ 1990 年，英国林委会先后颁发野生动物和乡村法、颁布森林与野生动物修正法案、阔叶树种政策评论报告、水体与自然保护的环境指导原则等一系列法规法则，林委会内部发生深刻变化。

1992 年里约热内卢世界环发大会的森林原则以及紧跟着的一系列国际会议，对欧洲和英国林业都带来深刻的影响。所谓的多目标林业和多效益林业常带有标签性质，现让位给了与可持续发展概念紧密结合的可持续森林经营。生物多样性现被视为可持续经营的关键要素。

国家林委会森林企业局的官员 A·W·史蒂文森的论文(2000 年)指出，1992 年林委会内部发生了一次堪称是最大的变革，就是把国有林经营与一般林业的发展管理分离开来。1996 年在林委会内设立了森林企业局，更加深了这次变革的意义。森林企业局把生物多样性放在突出位置上。

当前：追求更高生态目标

到 1980 年为止，英国造林集中在人口稀少、偏僻荒凉的荒山荒地，以国家为主，目标是培育木材资源和解决乡村就业。1947 年到 1980 年，英国森林覆盖率从 6.1% 上升到 9.4%。

20 世纪 80 年代，造林与农牧争地的矛盾已经消失。私人牧场、农地腾出土地造林的增多，但造林追求的目标变了，突出环境意义和景观美化。以往造林为备战的目标可以说已经达到。

目前，英国森林现在每公顷平均蓄积量已达 141.8 立方米，每公顷森林平均年生长量 5.95 立方米，全国森林年净生长量 1460 万立方米。

而英国森林企业局则肩负着更多重任：通过森林规划设计，经营好主要立地与其相适的树种；管理好保护区和保持林委会资产地位的独特性；实施其他一系列措施，以改善生物多样性状况。

据悉，1996～2000 年国家林委会要求森林企业局通过编制林区的战略计划、森林设计计划和经营计划，以确保实现英国可持续的林业计划。

当前，英国为更好监测未来 5 年生物多样性保护新战略实施的进展情况，已制定了一套监测野生动物保护的指标，林地和林业的监测指标将在近期内陆续制定公布。

印度的森林药用植物业[1]

《印度森林工作者》杂志 2003 年发行了两期关于药用与香料植物专刊。专刊的社论指出"几乎 80% 的药用植物来源于森林。现在临床使用的药物原料一半以上为植物"。

印度以植物为原料的制药业发展迅速，已有大小成品药厂 7000 家。植物成品药的年产值为 400 亿～450 亿卢比。印度 2000～2001 年出口植物药 1400 吨(含生物碱、葡萄苷以及其他生理活性有机物等)。

印度另一个对草本植物需求很大的产业是植物提取物的生产。当前，其重心放在提取物生产标准化，以取代植物原料生产。提取物用于分离有治疗作用的化合物或配制促进健康的物质。印度药物工业现已派生出一个新的产业，称为植物提取物工业。印度现有 50 多家企业以药用植物为原料生产提取物。

印度现在是世界出口药用植物及其提取物的主要国家，2000～2001 年共出口药用植物 4.2 万吨。现在西方国家对药用植物的兴趣持续增长，国际药用植物贸易每年已达 600 亿美元，年增长 7%。

根据《当代科学》杂志 1998 年 Ved 的论文，现在地方和国际贸易中 90%～95% 的药用植物采自印度国有林。随着需求增长和森林的萎缩，保证药用植物的可持续供应，急需实施科学经营才有可能做到。以药用植物为目标的森林经营应建立自己的可持续经营模式。世界保护联盟认为，全球药用与芳香植物年贸易额约为 8000 亿美元，中国主导着国际药用植物市场，中国的年出口量是印度的 3.5 倍。

印度林业专家呼吁实施可持续经营以遏止森林衰退[2]

遏止原始森林继续衰退，是印度林业当前最关心的事情。有关材料显示，印度政府和民

---

① 本文系沈照仁同志撰写，发表于《国土绿化》2005 年第 1 期。
② 本文系沈照仁同志撰写，发表于《中国绿色时报》2005 年 8 月 3 日。

众正积极努力，使森林康复，把所有稀疏林转变为郁闭林。据悉，印度现有 2550 万公顷的稀疏林，有相当一部分能实现这种转化。

根据印度 1997 年森林调查，该国林业用地为 7650 万公顷，占国土面积的 23.27%；但实际森林面积为 6334 万公顷。

同时，印度还是世界人均占有森林最少的国家之一。在如此沉重的压力下，印度森林面积萎缩、质量下降。根据世界银行的最新评估报告，印度在 20 世纪 70 年代、80 年代每年约损失 100 万公顷的森林。该国自 1980 年颁布森林保护法以来，森林衰退现象虽稍有改变，但形势仍不容乐观。

在印度森林集中的地区，部落居民和乡村人口众多。因此，他们的生计高度依赖于森林资源。森林资源的衰退加重了乡村贫困，恢复森林资源对维持乡村居民的生计，其迫切性是显而易见的。印度森林经营研究所的研究人员比斯瓦斯认为，吸收社区参与森林经营，是恢复森林资源的可行途径。印度 1988 年实施的森林政策，就是要求社区参与森林经营与提高乡村居民生活水平相结合的政策。

印度的天然林满足不了该国对木材的需求。根据印度环境与森林部 1999 年制定的印度国家林业行动计划，估计从 2001~2006 年每年可消耗原木 7300 万立方米到 8180 万立方米。天然林供应缺口每年约 1200 万立方米。弥补缺口的途径不外乎人工造林、开展林外树木利用以及进口木材。目前，印度原木进口增速相当惊人。

印度土地衰退速度高于人们对土地的修复速度。因此，专家建议印度政府致力于遏止土地的进一步退化的工作，并修复已退化的土地。

芬兰总理论森林的永续利用[①]

2005 年 3 月 14 日召开的世界高层森林政策决策者会议上，芬兰总理发表演讲题为：芬兰是森林永续利用实践的活榜样。

Matti Vanhanen 总理指出，芬兰经济繁荣发展依靠的是森林。100 年前，芬兰曾是欧洲最贫穷的国家之一。因火烧垦荒和工业、城镇兴起，边远地区的森林大面积遭到蚕食。19 世纪后期森林消失的惨相与现代社会发生的非常相似。贫困与毁林，当时在芬兰也同样是紧密相关的。

今日的芬兰已是经济高度发展的示范性国家，芬兰的工业兴旺成为可能，很大程度上依赖于大规模森林采伐利用。芬兰木材工业群体还在继续成长，乃是芬兰经济的一个主要支柱。

与此同时，芬兰的森林覆盖率面积达到国土 70% 以上，已超过历史最佳水平，并且还在增长。芬兰森林精心地开展着商业利用。森林 60% 以上为私有，一代代为所有者带来丰厚收入。任何采伐作业必须严格遵循更新计划，现代的采伐必须做到对生物多样性的损伤程度最小。

芬兰是个实例，证明森林永续利用是可能的，林业的经济发展与环境保护相结合是做得

① 本文系沈照仁同志撰写，分别发表于《林业经济》2006 年第 1 期和《世界林业动态》2005 年第 36 期。

到的。世界只有少数几个国家，如芬兰那样，木材工业在经济发展中占据着非常重要的地位。芬兰又很早就开始后备林保护，芬兰保留林比率在增长。在欧盟地区，芬兰保留林比例最高。芬兰保护资源工作已经历一个漫长历史。根据 1923 年自然保护法，1956 年芬兰已建立 9 个国家公园和 14 个自然保护区。20 世纪 70 年代末，芬兰已有保护区 6700 平方公里，主要是林地。早期自然保护地还包括许多原始荒野景观。芬兰自然保护区的规划扩大工作仍在继续中。2005 年初，芬兰以森林为主的保护区网已占陆地面积的 10%，含 35 个国家公园、12 个原始荒野、407 个国有自然保留地和 4000 多个私有自然保留地。受保护的森林比欧盟任何一个国家都大。事实还表明，芬兰几十年来保护原始荒野的成果也是显而易见的。

芬兰总理指出，现在有人煽动舆论，也反对芬兰森林采伐，是不能令人认同的。但林业应继续抓住 4 大主题：森林的可持续经营；新千年的发展目标与森林为达到目标应发挥的作用；制定一个有效的全国性森林计划；以科研为基础的创新。

一、认真实践森林的可持续经营

森林对环境可持续性的保证有着关键作用。地球陆地的 1/3 覆盖着森林。在芬兰，森林就是一切，人们生活离不开它。芬兰人口一半住在纬度 60° 以北。在严酷的气候环境下，是森林为改善生存创造了条件。芬兰持续采伐木材保证工业利用所需，百姓迄今广泛采摘浆果和蘑菇。芬兰森林受到妥善保护，生物多样性处于改善恢复之中。

芬兰森林的可持续经营包含着经济的稳定增长和环境、社会文化的可持续性。经营好森林是一个复杂的挑战，既要平衡私人利益和公共利益，保证满足当代人和下一代人的需要，又要维持环境效益和经济效益一致，使林业的各种交叉影响达到和谐。林业必须面对森林需求者增多，面对各种复杂需求，加以协调。各种效益、需求的平衡，必须在基层水平上给予实现。否则真正的可持续性是难以达到的。

国际社会已经广泛讨论过森林的可持续性经营，现在迫切需要的是实践。

二、新千年发展目标

国际社会新千年发展目标要求在限期内战胜贫困饥饿、疾病、文盲、环境恶化、歧视妇女。今日的林业如何能为达到以上目的更好地发挥作用。森林的可持续经营能多方面促进达到新千年发展目标。保证环境的可持续性是森林最显而易见能发挥的作用。完善的自然资源经营能优化人们的生存条件，带来收入，保证安全与健康。提高水的质量可降低儿童死亡率。森林对消除贫困与饥饿，能发挥很大作用。

芬兰总理认为必须在联合国粮农组织的计划和各成员国的计划中，强调林业所能发挥的作用。

三、制定一个有效的全国性森林计划

近 10 年来，各种国际林业活动频繁，进步很大。但许多事是要由各国政府在国内做的，因为在国际上承诺的，都要在国家法规、政策上得到落实。制定国家森林计划，是把对国际的承诺落实到国家法规、政策的媒介。

芬兰是编制国家森林计划的发起国之一。森林是全体芬兰人民福祉的极其重要因素，是其经济发展至关重要的要素。森林又是芬兰自然的最重要因素，是芬兰人民生活方式和文化的基础。

芬兰现行的国家森林计划是 1999 年经政府批准颁布的。国家森林计划的核心思想：具有竞争力的森林工业群体，是与森林这一可更新资源相结合的，构成可持续发展非常良好的基础。国家森林计划详尽说明了森林受许多不同政策的影响，包括指导、控制工业、劳动力、土地利用、交通、能源、竞争、乡村发展、教育、社会事务以及环境政策的影响。妥善协调各部门，把林业的想法整合到各部门政策中，在森林计划中也考虑各部门前景，这是非常必要的。

如果各部门政策不协调互动，国家森林计划执行起来就会受挫。一个精心制定的国家森林计划是一种卓越的资源分配手段。国家森林计划从政府的视角，可以协助评价为分配资源的所需，并通过政府预算给予解决，也可以鼓励森林主和森林工业投资。

发展中国家更需要制定国家森林计划，援助国可以以计划为根据，与之谈判。

四、以科研为基础的创新是关键

现代社会里知识有着关键意义，人们对科学信息的需求在增长。芬兰为满足这一需求，对科研的投入不断提高。芬兰对科研的投入在国内生产总值中所占份额比居世界第二。

知识在林业部门同样具有关键意义。由于不可更新资源日趋匮乏，现在特别需要促进在国民经济中利用生物资源知识和技术。森林和木材利用在以生物为基础的资源利用中，享有优先地位。思维与技术的创新，都要求开展研究。因此，森林经营与保护，产品的开发与工艺发展，也必须以研究为基础。工业创新必须与之紧密互动。

森林资源的创新与可持续利用，要求一个有效的结构完整的研究体系。研究的结果如得不到推广利用，是无价值的。因此，研究工作应是各国与国际政策过程的组成部分。为促进推广成果，必须召开研讨会，把研究团体与决策者和成果利用者联系起来。

纳米技术可能引发林业和林产品制造利用的革命[①]

美国林学会 2005 年 8 月发表惠好公司纤维科学研发部科学顾问 P. Lancaster 的报道，认为纳米技术可能引来林业与林产品制造利用的革命。

美国现有 22 个全国机构，集中了一大批产学研的研究人员，参与全美纳米技术研究项目，2005 年的预算为 9.98 亿美元。可惜，此预算没有给林产品研究拨一分钱。

但是，2004 年 10 月在弗吉尼亚召开的林产品与纳米技术专题研讨会上，已使林产品工业纳入全美纳米技术计划，成为其组成部分。研讨会上研讨的核心内容是关于纳米技术对林产品工业的发展构思和路线图。有百余位科学家与会，讨论林产品工业纳米技术研发的战略目标。2008 年，林产品纳米技术研发经费每年可有 4000 万 ~ 6000 万美元。

纳米技术研发的总构思，是要把以石油为基础的经济转变成为以碳水化合物为基础的经济。Lancaster 指出，我们现在距离这个还很远，但朝着这个方向可以做许多事。这几乎触及林产品工业的所有方面。

---

① 本文系沈照仁同志撰写，分别发表于《中国人造板》2006 年第 8 期和《世界林业动态》2006 年第 5 期。

　　某些林产品已经在使用纳米技术。例如澳大利亚 Nanotec Pty 公司已为木材产品防腐生产了一种密封料。根据文献资料，这种密封料的作用并非在表面形成隔离层，而是在分子水平上改变表面的化学性质，形成防水层。这种疏水处理的效果，使纳米颗粒直接胶粘在基料分子上，排斥任何异物，不让任何尘埃颗粒进入表层内部。

　　美国林产品研究所副所长 T. H. Wegner 说，研究所正在研制一种复合材料，把木材与非木材纳米颗粒结合在一起，改变木材纳米颗粒的性质，显示出高强度性质。利用特种纤维素的纳米纤维有朝一日可能制成纳米传感器，并置于林产品中，可测强度、负荷、水分、温度、压力与化学释放。

　　Wegner 认为，这项突破性的技术，将大大改变加工、利用材料的途径，对林产品工业将产生巨大影响，包括对产品的制造工艺和使用方式。很显然，以木材为基础的材料将成为可持续的纳米材料的主要来源。

　　迄今为止，多项纳米技术的研发集中在无机物质，如利用硅纳米颗粒制造更佳的计算机芯片。但纳米级的生物质材料更具优越性，因为来源还很丰富，又是可再生的。

　　Wegner 指出，碳纳米管是迄今能生产的强度最高的纤维。木材中所含纤维素的纳米纤维的强度约为碳纳米管强度的25%，纤维素纳米纤维有可能取代陶瓷和金属，现在这些都是利用无机、不可再生材料制成的。

　　Wegner 说，我们现在经营森林，主要是为生产实质材料产品。但事情在发生变化，森林资源可能被视为化工原料，视为纳米颗粒的来源，使得人们制造更多的塑料和其他产品。森林所产原料可能取代现在广泛使用的石化原料。

　　如果科学家通过研究，能弄清楚纳米颗粒如何结合成树木的部分：木材、树皮、树叶等。科学家从而可能通过研究，搞明白如何引导纳米颗粒，经不同途径结合起来。这样的技术有可能成为把生物质变成能源的新途径。

　　Wegner 指出："我们因而可能培育出含纳米级催化剂的树木，从而使木材分解成组分的过程变得容易。人们因此可能更有效地将木材的组合成分生产成乙醇、生物柴油或碳氢化合物。"

沈照仁传略

沈照仁，又名沈在晨，笔名柴禾。

1929 年 5 月 17 日生于浙江省宁波市，自幼生活在外婆家。日本人占领宁波后不久，就到上海边打工边上学。1942 年从上海回到宁波，在器贞中学就读，期间得知新四军三五支队在当地活动，就与一位同学背着家人，到白鹤山庄找游击队。可惜部队已经转移，投身抗日没有如愿。1943 年又到上海，先后在百货店、茶场学徒(或称练习生)，生活一直处在最底层。

1945 年抗日战争胜利后，到青年会和同业工会夜校去学习英语。1947 年开始学习俄语，自此结识了进步青年李尚谦(首都师范大学外语系教授)和地下党员许佩熙(入党介绍人，北京外国语大学保卫处处长)等人，参加了读书会，阅读了《革命人生观》、《西行漫记》、《李有才板话》、《论联合政府》、《新民主主义论》等许多革命进步书籍。1949 年加入了中国新民主主义青年团，投入到保卫上海的活动。上海解放后，他报考北京俄语专科学校并被录取。

1949 年 8 月从上海到北京后，在华北人民革命大学(简称革大)二部第 12 班 9 组培训。期间学习了革命理论，懂得了什么是辩证唯物主义和历史唯物主义，坚定了自己的人生观和世界观，树立了人生追求的目标。1950 年 1 月加入了中国共产党。1950 年 3 月至 1952 年年初，在北京外国语学校(现北京外国语大学)俄专三部学习，并以优异的成绩完成了毕业考试，在同一届 8 个班里排名第一。1952 年年初北京外国语学校毕业后，在学校留苏预备部当助教。

1952 年 4 月，调到华南垦殖局工作。1953 年由华南垦殖局总政治部任命为翻译室副主任，负责 58 名苏联专家和 80 多名翻译人员业务、生活方面工作。华南垦殖局于 1951 年 11 月在广州成立，是为落实党中央快速发展我国橡胶事业、粉碎帝国主义对新中国的经济封锁而设立，由时任中共中央华南分局第一书记叶剑英兼任局长。

1954 年 1 月，调到中央林业部调查设计局航空测量调查大队，先后担任专家工作室副主任、主任，负责 139 名苏联专家和 50 多名翻译人员的管理和服务工作。专家工作室和各专业组的翻译通过与专家面谈，随时听取汇总专家建议，改进工作，使中方要求、意见和苏方的情况、意见得到及时沟通，增进了友谊，完成了各项任务，充分体现了在这里的翻译工作不是可有可无的。经过四个月的空中、地面紧张的外业工作，完成了大小兴安岭外业调查任务。翻译人员又跟着加班加点，做森林资源调查内业整理工作，很快地全部完毕，共完成了 500 多万字资料的印刷出版，第一次出版了详尽的大兴安岭森林资源调查报告，在第四届世界林业大会上震惊了各国代表。

1956 年从西南森林调查回到林业部后，被林业部派往苏联哈萨克斯坦森林调查设计局担任中国实习生组的翻译和党小组长。在此期间他边做翻译工作边学习各种知识，直到1957 年 4 月回国，圆满完成了在苏联的学习调查任务。

1957～1958 年，担任林业部造林设计局翻译室负责人、翻译。

1958～1970 年

1958 年，调到中国林业科学研究院技术科学情报室工作。

1959 年年初，在黑龙江省虎林县 850 农场二分场劳动；12 月回到中国林业科学研究院技术科学情报室，开始做林业科技情报工作，为《林业快报》、《林业参考资料》供稿。

1960 年年末，为响应林业部年初发出的为"缓解国民经济建设中木材不足问题"献计献策的号召，在广泛搜集俄文资料的基础上，撰写了第一篇详细介绍采取木材节约代用、合理利用以压缩木材消费量的综述性文章《节约代用是解决木材不足的重要途径》，经陈致生同志审改后发表在新华社内参上，为国务院决策木材节约工作发挥了重要作用。

1962 年 6 月至 1963 年 2 月，撰写的《斯堪的纳维亚三国的林业》作为中国林科院情报室为中央召开南方和北方林业工作会议编写的部分主要文件之一，非常形象地介绍了瑞典、芬兰几十年森林资源愈采愈多的经验以及北欧林业建设成就：连续几十年，年年采伐利用森林总蓄积量的 1/35，森林面积未见减少，林木总蓄积量、生长量还提高了 20%。提出了学北欧的主张。会后，谭震林副总理指示充实内容，把文件改写成书。在丁方同志主持下，经过充实改写于 1963 年 2 月出版了《国外林业和森林工业发展趋势》一书，受到时任国务院副总理谭震林的高度重视，并被指定为林业干部必读材料。在该书中，他除了具体执笔撰写北欧、苏联和第四类型（捷克斯洛伐克、德意志民主共和国、波兰、保加利亚及西德、法国等）国家的内容外，还摘选了马克思、恩格斯关于林业的论述，是该书的主要撰稿人之一。

1969 年至 1970 年 12 月，下放到中国林业科学研究院广西邕宁县砧板"五七"干校劳动。

1971～1977 年

1971 年至 1977 年，随中国林业科学研究院木材工业研究所下放到江西木材研究所，边劳动边在研究所情报资料室做研究工作，搜集翻译了拼版、单板干燥、饰面技术、剥皮机、胶合剂、水泥刨花板等调研资料，部分译稿发表在江西木材研究所《木材工业科学技术资料》和专集里。

1972 年，在陈致生同志领导下，为出席第七届世界林业大会代表团翻译编写了大量材料，其中《木片生产是一个新兴的工业部门》一文，经有关同志修改和推荐，受到农林部杨天放副部长重视，并确定为国务院三部一委木片会议的文件。

1973 年，应农林部造林处的要求，编写了《大面积营造人工林是解决木材不足的根本措施》，比较系统地介绍了世界各大洲不少国家靠人工林解决木材不足的情况，并提出了人工造林的几个结合；8～12 月编辑出版了《国外林业科技参考消息》14 期。

1975 年，根据周恩来总理在四届人大报告时发出 2000 年实现四化的号召，撰写了《林业现代化应当研究的几个问题》。这个材料后来为 1976 年粉碎"四人帮"后召开的第一个全国林业会议所采用，并由会议印发至地专以上干部参阅。应全国木材工业科技座谈会的要求，撰写了《国外饰面木质人造板生产的发展概况》。编译了几期国外对我国林业的反映，如实报道了对我国的评价。

1977年，为全国人造板会议提供了胶合板、刨花板和纤维板三个单项材料，明确提出了根据资源情况，我国胶合板工业还有很大的发展潜力；根据国外指标，指出我国2000吨设备是落后的，几套大型设备产量低主要是管理问题。

1978～1989年

1978年5月，回到中国林业科学研究院林业科技情报研究所，除了应林业部要求撰写提供科技情报外，主要负责编译每月两期的《国外林业动态》，每期约5520字。

1979年12月29日，根据林业部雍文涛副部长部署的林业经济体制改革工作，撰写提供了具有重要参考价值的调研报告《匈牙利1956年以来的木材价格改革》，明确指出了旧价格体制的缺点及价格改革的要点，强调改革的核心是提高木材价格构成中的立木价，也即育林费部分。林业部林业经济改革小组于1980年1月29日以《林业简报》形式刊出了全文，并在《有关林业经济结构的几个问题》一文中，肯定了"价格结构不合理"是问题之一，认为"过去制订的木材价格，很少考虑造林育林成本，木材价格不能体现它的价值"。

1980年，在《国外林业动态》以增刊形式，撰写发表了调研报告《发达国家近几十年来林价与木材价格变化》，用美国、瑞典、芬兰、日本等诸多国家在30～50年里林价与木材价格比变化(发达国家木材价格构成中林价、育林费一般均占50%～60%以上)，说明提高林价收入、立木价收入是集约经营森林的经济保证。

1980年4月，经林业部党组研究批准，任林业科技情报研究所副所长；10月，被林业部罗玉川部长聘为中华人民共和国林业部科学技术委员会委员；12月，撰写的《近二十年先集中力量抓好国土1%的速生丰产林》和《从世界角度看中国的林业》两个情报调研报告，经林业部雍文涛副部长批示作为1981年2月召开的全国林业工作会议的会议材料。

1982年3月，参加中国农业科技情报考察团赴日本访问。12月兼任中国林学会第五届理事会理事。

1983年3月，被林业部杨钟部长聘为中华人民共和国林业部第二届科学技术委员会委员；5月17日，被林业部杨钟部长任命为中国林业科学研究院林业科技情报研究所所长；7月8日至8月4日，参加由林业部杨钟部长率领的中国林业代表团赴加拿大、美国访问；10月，参加全国林业科技情报工作会议，并作了题为"林业科技情报工作探讨"的专题报告。

1984年4月，参加中国林业科学研究院第二届学术委员会第一次会议；10月，参加中国林学会第一次全国林业科技情报学术讨论会暨林业情报专业委员会成立大会，并当选第一届林业情报专业委员会主任。

1985年，被评聘为研究员。

1985年，参加林业部雍文涛部长主持的"中国林业发展道路研究"重大课题研究，并在雍文涛主编的《林业问题》杂志上几乎期期发表文章，很多是以资料形式提供的。雍文涛部长在看到他的情报调研资料后，曾欣喜地写到"他山之石可以攻玉跃然纸上"。尤其是《林业问题》1988年第4期发表的《在加工业带动下的世界林业》一文，得到了雍文涛的赞赏并亲自撰写了编者按："这组资料用大量的数据说明：林业的振兴不仅要以加速培育后备森林资源为基础，而且还必须有发达的木材利用工业为依托。没有工业利用的森林是森林遭受破坏的一个重要原因。所有这些不仅已为世界林业发展实践所证明，也值得中国林业产业、产品结构调整时所借鉴。"1992 年 6 月，该课题的重要研究成果《林业分工论——中国林业发展道路的研究》一书正式出版。沈照仁是该书的主要撰稿人之一，独立撰写了该书第三篇《国外经验》（他曾在 1980 年 12 月的调研报告《从世界角度看我国的林业》中明确提出"集约经营现有林潜力无穷"的观点，在该书中仍坚持了这一观点）。该书作为一项林业科技的重要成果，1993 年获林业部科技进步一等奖和国家科技进步二等奖。

1986 年 10 月，被评为全国科技情报系统先进工作者。

1989 年 9 月，在中国林业科学研究院林业科技情报研究所离休。

1990 ~ 2010 年

1990 年 6 月，在林业部主办的《林业工作研究》上发表《联邦德国净耗外材 2000 万立方米，但做到贸易基本平衡》一文，分析了德国木材及其产品进出口的大量数据所得出的结论，为国内木材进口中出现的官僚主义作风敲响了警钟。

1992 年 10 月，被评为《林业工作研究》优秀特约研究员。

1993 年 1 月至 1995 年，林业部政策法规司聘为特约研究员。

1993 年 5 月 9 ~ 22 日，与科信所张新萍同志一起赴印度考察竹木工业利用情况（本次考察是国际热带木材组织资助的课题"中国以竹材替代热带材作为原材料的研究"的科研任务，考察时间为 10 天）。

1993 年 10 月，中国林学会林业情报学会表彰沈照仁在任第一、第二届常务理事期间，为林业科技情报工作作出重大贡献。

1993 年 10 月起，享受国务院政府特殊津贴。

1994 年 1 月，与科信所陆文明同志一起赴印度尼西亚考察热带森林经营情况（本次考察是国际热带木材组织资助的项目"中国海南岛热带森林分类经营永续利用示范"第 5 子项目"情报调研"的科研任务）。

1995 年 3 月，与陆文明合作撰写了《中国印度尼西亚林业比较研究报告》，2001 年编入《世界热带林业研究》一书。

1995 年，完成了《适应新形势的德国林业改革》调研报告。

1996 年 4 月，《林业工作研究》发表的《从数字分析看我国的林业形势》，沈照仁搜集了大量数据阐明中国林业面临着严峻形势，即中国森林生产力继续下降，将无法满足日益增长的对木材的需求。

1997 年，主持翻译的（德国）赫尔曼·格拉夫·哈茨费尔德等著的《生态林业理论与实践》一书，由中国林业出版社出版发行。该书的出版，得到了林业部学术著作出版基金的资助。原林业部副部长、部科技委主任董智勇十分重视该书的出版，出版后亲自组织林业专家们在北京林业大学研讨了 3 天，充分肯定了翻译出版该书的重要意义。

1997 年 6 月，《世界林业动态》报道《1996 年台湾省贺伯台风灾情与山地林业》，突出说明山地开发利用不当，过多种植槟榔、茶叶、苹果等经济林木，加重了自然灾害。就是针对大陆造林偏重经济林木的严重倾向而言，提出台湾教训值得借鉴。

2001 年 2 月，调研报告《对热带森林问题的认识与其解决办法》编入《世界热带林业研究》一书(中国林业出版社出版)；12 月，撰写了《关于非洲绿色坝工程建设点滴》专题调研报告。

2005 年，发表在《世界林业动态》第 9 期的《美国心脏地带大草原的变迁及其复苏治理》的文章，客观地介绍了防护林工程与沙尘暴的关系，受到有关部门的高度重视。

2006 年 2 月，在《世界林业动态》第 5 期发表的《美国林学会认为纳米技术可能引发林业革命》一文，告诉人们，森林不仅是木材生产的原料基地，而且很可能成为可持续的纳米材料的原料基地。文章一经发表，立即引起了相关部门的极大兴趣。

2009 年 2 月，中国林业科学研究院"两优一先"评选中，被授予优秀共产党员称号。

2010 年 10 月 6 日，沈照仁同志因病医治无效，在北京逝世，享年 81 岁。10 月 10 日，在北京八宝山举行了遗体告别仪式，骨灰安放在八宝山革命公墓。

沈照仁发表文章总汇①

1 《人民日报》《科技日报》《瞭望》

*1.1 泰国发展植树护林村.《人民日报》1985 年 3 月 16 日.

*1.2 保护森林资源，造福人类.《人民日报》1985 年 4 月 11 日.

*1.3 橡胶树、椰树、油棕木材潜力不容忽视.《人民日报》1987 年 4 月 8 日.

*1.4 第三世界保护、扩大森林的途径.《人民日报》1987 年 6 月 2 日第 7 版.

*1.5 世界森林的增长与消耗.《科技日报》1987 年 8 月 18 日.

*1.6 维也纳森林的作用.《科技时报》1992 年 12 月 31 日.

*1.7 中国林业："双增长"背后的隐患. 浦树柔，沈照仁.《瞭望》新闻周刊 1996 年第 7 期.

2 《林业工作研究》

2.1 从中国已是世界第二进口原木大国想到的.《林业工作研究(资料专辑)》1986 年 2 月 15 日.

*2.2 苏联经济体制改革中关于林业实行经济核算的讨论. 吴国蓁，沈照仁合译.《林业工作研究(资料专辑)》1988 年 3 月 15 日.

*2.3 《消息报》提出苏联林业的四大问题. 吴国蓁，沈照仁合译.《林业工作研究(资料专辑)》1988 年 4 月 15 日.

*2.4 苏联国家林业政府官员谈苏联林业改革. 吴国蓁，沈照仁合译.《林业工作研究(资料专辑)》1988 年 5 月 15 日.

*2.5 苏联林业、森林工业建立新的管理体制. 吴国蓁，沈照仁合译.《林业工作研究(资料专辑)》1988 年 8 月 15 日.

*2.6 苏联森林租赁条例(草案). 吴国蓁，沈照仁合译.《林业工作研究(资料专辑)》1988 年 11 月 15 日.

*2.7 苏联林业 2005 年改革纲要. 吴国蓁，沈照仁合译.《林业工作研究(资料专辑)》1989 年 6 月 15 日.

*2.8 联邦德国年净耗外材 2000 万立方米，但做到贸易基本平衡.《林业工作研究(资料专辑)》1990 年 6 月 15 日.

*2.9 日本的林业治山防灾.《林业工作研究》1991 年第 12 期.

2.10 雅典为什么缺水?《林业工作研究(资料专辑 2)》1993 年.

*2.11 印度尼西亚集水区治理的发展.《林业工作研究(资料专辑 6)》1993 年.

*2.12 日本竹业的兴衰.《林业工作研究》1993 年第 3 期.

*2.13 对"永续利用"、"持续发展"和"持续经营"内涵的研究.《林业工作研究》1994 年第 5 期.

*2.14 克林顿总统处理美国国有林经营问题的前前后后.《林业工作研究》1994 年第 8 期.

*2.15 印度造林成就令世人瞩目.《林业工作研究》1994 年第 11 期.

*2.16 印度林业政策重点转向现有林.《林业工作研究》1994 年第 12 期.

*2.17 印尼政府对工业人工造林的扶持.《林业工作研究》1995 年第 3 期.

*2.18 台湾省的造林事业及其存在问题.《林业工作研究》1995 年第 6 期.

---

① 所有未署名文章均由沈照仁同志独立撰稿；标题前标有"＊"者均系本书中收录的文章。

2.19 台湾的森林自然保护区、防护林及森林游乐区.《林业工作研究》1995 年第 8 期.

∗2.20 从联合国粮农组织评估看中国森林的地位.《林业工作研究》1996 年第 2 期.

∗2.21 从数字分析看我的林业形势.《林业工作研究》1996 年第 4 期.

2.22 新形势下的缅甸林业.谢敏华,沈照仁译编.《林业工作研究》1996 年第 6 期.

∗2.23 印度探讨如何安置自然保护区的原住民问题.《林业工作研究》1996 年第 7 期.

∗2.24 林业不在集约经营上下功夫是没有出路的.《林业工作研究》1996 年第 9 期.

∗2.25 21 世纪时木材将重新成为瑞典主要能源.《林业工作研究》1996 年第 10 期.

∗2.26 俄森林法值得关注的两项内容.《林业工作研究》1997 年第 5 期.

3 《世界林业研究》

∗3.1 苏联林业改革的核心问题.吴国秦,沈照仁.《世界林业研究》1988 年第 4 期.

∗3.2 世界约 30 个国家、地区的森林资源是增长的.沈照仁,吴国秦.《世界林业研究》1989 年第 2 期.

∗3.3 走哪条路,能加速恢复发展我国的森林资源.《世界林业研究》1989 年第 3 期.

∗3.4 从苏联林业改革中我国可以借鉴什么.《世界林业研究》1989 年第 4 期.

∗3.5 奥地利经营国有林的成功经验.《世界林业研究》1990 年第 1 期.

∗3.6 苏联 2005 年林业发展纲要明确了改革方向.沈照仁,吴国秦.《世界林业研究》1990 年第 2 期.

∗3.7 兴林为什么必须依靠科技.《世界林业研究》1990 年第 3 期.

∗3.8 山区建设必须以林业为基础.《世界林业研究》1990 年第 4 期.

∗3.9 希望科技在决策中能发挥应有作用.《世界林业研究》1991 年第 1 期.

∗3.10 经济健全的林业是实现资源繁茂发展的基础.《世界林业研究》1991 年第 1 期.

∗3.11 应对以"外延扩大再生产"为主的林业发展道路展开讨论.《世界林业研究》1991 年第 2 期.

∗3.12 苏联自然保护区、自然保护狩猎区与自然国家公园.《世界林业研究》1991 年第 2 期.

3.13 我国台湾大力发展爱王子生产.《世界林业研究》1991 年第 2 期.

∗3.14 美国木材生产、自然保护之争与林业发展道路.《世界林业研究》1991 年第 3 期.

∗3.15 森林永续利用的原则不能动摇.《世界林业研究》1991 年第 4 期.

∗3.16 日本宣布建立森林生态系统保护区.柴禾,白秀萍.《世界林业研究》1991 年第 4 期.

∗3.17 林业科技的第一生产力是什么.《世界林业研究》1992 年第 1 期.

∗3.18 "维也纳森林的故事"新编.《世界林业研究》1992 年第 2 期.

∗3.19 日本对林业实施特别的纳税制.李星,柴禾.《世界林业研究》1992 年第 2 期.

∗3.20 自然保护与林业发展.《世界林业研究》1992 年第 3 期.

∗3.21 日本林业治山第八个五年计划.李星,柴禾.《世界林业研究》1992 年第 3 期.

∗3.22 日本林业高等教育改革要求重视林学特殊性.柴禾,白秀萍.《世界林业研究》1992 年第 3 期.

∗3.23 森林治水与奥地利荒溪治理.《世界林业研究》1994 年第 1 期.

∗3.24 瑞士森林生产,防灾,游憩之间的关系.《世界林业研究》1994 年第 2 期.

∗3.25 关于发展竹材造纸业的思考.《世界林业研究》1994 年第 3 期.

∗3.26 人工造林与持续经营.《世界林业研究》1994 年第 4 期.

∗3.27 国际贸易将迫使各国在近期内实施森林"持续经营".《世界林业研究》199 年第 5 期.

∗3.28 再谈美国木材生产、自然保护之争与林业发展道路.《世界林业研究》1994 年第 6 期.

∗3.29 世界热带人工造林及其存在的问题.《世界林业研究》1991 年第 2 期.

∗3.30 印度林业的成就,危困与新思路.《世界林业研究》1995 年第 1 期.

∗3.31 印尼白茅草荒地造林经验.《世界林业研究》1995 年第 1 期.

∗3.32 美国百年来林业十大进步.《世界林业研究》1995 年第 1 期.

* 3.33 关于森林供氧的新发现.《世界林业研究》1995 年第 1 期.
* 3.34 奥地利发展森林能源.《世界林业研究》1995 年第 1 期.
* 3.35 俄罗斯林业科研的困境.《世界林业研究》1995 年第 3 期.
* 3.36 向市场经济过渡的俄罗斯林业.《世界林业研究》1995 年第 3 期.
* 3.37 加拿大不愿意承认是"北部的巴西".《世界林业研究》1995 年第 3 期.
* 3.38 印尼毁林,殃及东南亚.《世界林业研究》1995 年第 3 期.
  3.39 台湾补贴私人造林的办法.《世界林业研究》1995 年第 4 期.
* 3.40 柏木油是重要的香精原料.《世界林业研究》1995 年第 4 期.
  3.41 美国迅速发展林副特产业.《世界林业研究》1995 年第 4 期.
  3.42 日本的木片工业与木片进口.《世界林业研究》1995 年第 4 期.
* 3.43 欧洲森林生长量出现过剩局面.《世界林业研究》1995 年第 5 期.
  3.44 并非一切植树造林对环境都具正面效应.《世界林业研究》1995 年第 5 期.
  3.45 日本松蘑进口来源.《世界林业研究》1995 年第 5 期.
  3.46 德国纪念"永续林业"的奠基人.《世界林业研究》1995 年第 5 期.
* 3.47 俄罗斯林学家在国际合作中感到的疑惑不解.《世界林业研究》1995 年第 5 期.
* 3.48 印度尼西亚衰退林地恢复途径的选择.沈照仁,陆文明.《世界林业研究》1995 年第 6 期.
* 3.49 美国单板层积材生产近期内可望高速增长.《世界林业研究》1995 年第 6 期.
* 3.50 中国森林在世界中的地位.《世界林业研究》1996 年第 1 期.
* 3.51 木材的可取代性在下降.《世界林业研究》1996 年第 1 期.
* 3.52 美国近 1/4 的生态系统处于濒危状态.《世界林业研究》1996 年第 1 期.
* 3.53 俄美两国林业在远东地区的合作.《世界林业研究》1996 年第 2 期.
* 3.54 从数字分析看我国的林业形势.《世界林业研究》1996 年第 4 期.
* 3.55 浅谈现代林业与传统林业、自然保护之间的关系.《世界林业研究》1998 年第 5 期.
* 3.56 木材生产与生态良好(上).《世界林业研究》2001 年第 6 期.
* 3.57 木材生产与生态良好(下).《世界林业研究》2002 年第 1 期.

4 《林业问题》

* 4.1 我们从世界林业中能借鉴到什么.《林业问题》1987 年第 3 期.
* 4.2 苏联的林价制度.《林业问题》1987 年第 4 期.
* 4.3 国外林外造林种种.《林业问题》1988 年第 1 期.
* 4.4 苏联林学权威论林业生产力(外 3 篇).《林业问题》1988 年第 2 期.
* 4.5 中国台湾探讨国有林成本计算(外 5 篇).《林业问题》1988 年第 3 期.
* 4.6 在加工业带动下的世界林业.《林业问题》1988 年第 4 期.
* 4.7 匈牙利林业的经济核算(外 2 篇).《林业问题》1989 年第 1 期.
* 4.8 从世界角度看我国的造林事业.《林业问题》1989 年第 2 期.
* 4.9 探索林业发展道路从国外可以借鉴什么.《林业问题》1991 年(增刊).

5 《国外林业动态》

1979 年

5.1 美国重视城市林业的发展.《国外林业动态》1979 年第 4 期.

5.2　美国开展三牌树调查登记活动已有近 40 年的历史.《国外林业动态》1979 年第 4 期.

5.3　美国林学家谈西柏林的森林.《国外林业动态》1979 年第 4 期.

5.4　美国集约经营森林的潜力.《国外林业动态》1979 年第 4 期.

5.5　苏联一门新兴学科 树木气候学召开第三次会议.《国外林业动态》1979 年第 4 期.

*5.6　通过树木年轮分析研究地球的气候变化.《国外林业动态》1979 年第 4 期.

1980 年

5.7　日本林业值得借鉴的六个方面.《国外林业动态》1980 年第 1 期.

5.8　美国爱达荷州一个矿山利用地下废坑道办苗圃.《国外林业动态》1980 年第 2 期.

5.9　简讯(4. 美国、5. 苏联、6. 菲报道、8. 锯屑).《国外林业动态》1980 年第 2 期.

5.10　美国林化产品发展动向. 柴禾，赫广森.《国外林业动态》1980 年第 3 期.

5.11　英刊评纤维板的发展动向.《国外林业动态》1980 年第 3 期.

5.12　美国开始成片种植西蒙得木.《国外林业动态》1980 年第 4 期.

5.13　澳大利亚试种西蒙得木(简讯).《国外林业动态》1980 年第 4 期.

5.14　人工降雨灭火.《国外林业动态》1980 年第 6 期.

5.15　美防治舞毒蛾取得进展.《国外林业动态》1980 年第 6 期.

5.16　1978 年是菲律宾更新跟上采伐的第一年.《国外林业动态》1980 年第 6 期.

5.17　联合国粮农组织资助菲律宾调查森林.《国外林业动态》1980 年第 6 期.

5.18　苏森工部 1976 ~ 1978 年轮训干部三万多人.《国外林业动态》1980 年第 7 期.

5.19　卡特命令增加木材上市量.《国外林业动态》1980 年第 7 期.

5.20　美加利福尼亚州重视迹地更新.《国外林业动态》1980 年第 7 期.

5.21　加发明空中球果采集耙.《国外林业动态》1980 年第 8 期.

5.22　苏培育"改良石松"成功.《国外林业动态》1980 年第 8 期.

5.23　日采用加热法测定树液运动.《国外林业动态》1980 年第 8 期.

5.24　山杨皮做配合饲料、肥皂等原料.《国外林业动态》1980 年第 8 期.

5.25　苏在沙漠试种桔类植物.《国外林业动态》1980 年第 8 期.

5.26　天山——绿色药物宝库.《国外林业动态》1980 年第 8 期.

5.27　苏联承认林业和森工机械与其他国家有差距.《国外林业动态》1980 年第 9 期.

5.28　美国能源部资助研究发展木材能源.《国外林业动态》1980 年第 9 期.

*5.29　发达国家近几十年来林价与木材价格变化.《国外林业动态》1980 年增刊.

5.30　西德自然公园面积占国土 15.8% 、占森林 29%.《国外林业动态》1980 年第 10 期.

5.31　马科斯总统发布指示信，划五类森林为自然保护区.《国外林业动态》1980 年第 10 期.

5.32　莫斯科每人绿地面积 44.5 平方米.《国外林业动态》1980 年第 10 期.

5.33　布鲁塞尔每人绿地面积 28 平方米.《国外林业动态》1980 年第 10 期.

5.34　阿尔及利亚防沙"绿带"进展情况.《国外林业动态》1980 年第 10 期.

5.35　西德巴登—符腾堡州对私有林的资助.《国外林业动态》1980 年第 12 期.

5.36　苏聂斯切洛夫教授程序造林理论的进展.《国外林业动态》1980 年第 12 期.

5.37　印尼对采伐的限制和利用外资造林.《国外林业动态》1980 年第 12 期.

5.38　美众议院通过对私有林贷款议案.《国外林业动态》1980 年第 13 期.

5.39　巴西用 11 年时间建成一打浆厂和原料基地.《国外林业动态》1980 年第 13 期.

5.40　南朝鲜的第一个化学木浆厂.《国外林业动态》1980 年第 13 期.

5.41　菲律宾探讨加强家具出口竞争力的问题.《国外林业动态》1980 年第 13 期.

5.42　新西兰向日本推销辐射松木材.《国外林业动态》1980 年第 13 期.

5.43 芬兰发展一种新的胶黏剂.《国外林业动态》1980 年第 13 期.

5.44 伐树三棵罚款 12000 西德马克.《国外林业动态》1980 年第 13 期.

5.45 国外纸浆造纸工业积极促进林业发展.《国外林业动态》1980 年第 15 期.

5.46 粮农组织介绍数十种速生阔叶树种可以造新闻纸.《国外林业动态》1980 年第 15 期.

5.47 苏列宁格勒林学院 1979 年科研成果.《国外林业动态》1980 年第 16 期.

5.48 苏在欧洲栽培人参获得成功.《国外林业动态》1980 年第 16 期.

5.49 菲律宾造纸厂利用银行贷款发展原料林基地.《国外林业动态》1980 年第 18 期.

5.50 西欧、北美对脲醛树脂胶的游离甲醛问题日益重视.《国外林业动态》1980 年第 20 期.

5.51 西德进一步严格限制游离甲醛量.《国外林业动态》1980 年第 20 期.

5.52 调查社会的实际消费,预测 2030 年对板材的需要.《国外林业动态》1980 年第 21 期.

5.53 菲律宾扩大胶合板用材树种的研究.《国外林业动态》1980 年第 21 期.

5.54 美洛杉矶林区开展森林利用与改善环境相结合的研究.《国外林业动态》1980 年第 21 期.

5.55 日本与九个国家合资经营 37 个林业项目.《国外林业动态》1980 年第 21 期.

5.56 台湾寻求新的木材来源.《国外林业动态》1980 年第 22 期.

5.57 美国林业的长远规划.《国外林业动态》1980 年第 23 期.

5.58 美国南部第三森林发展计划受挫.《国外林业动态》1980 年第 23 期.

5.59 泰国禁止私人采伐森林.《国外林业动态》1980 年第 23 期.

5.60 澳大利亚建立世界最大的自然保护区.《国外林业动态》1980 年第 24 期.

5.61 枯树是野生动物可贵的栖息之处.《国外林业动态》1980 年第 24 期.

5.62 巴西制止对亚马孙森林的继续破坏.《国外林业动态》1980 年第 24 期.

5.63 台湾 1979 年从东南亚国家进口木材的情况.《国外林业动态》1980 年第 25 期.

5.64 菲律宾召开森林择伐方式会议.《国外林业动态》1980 年第 26 期.

5.65 菲律宾处理乱砍滥伐森林几例.《国外林业动态》1980 年第 27 期.

5.66 匈牙利计划扩大针叶树种和杨树造林.《国外林业动态》1980 年第 27 期.

5.67 澳大利亚适宜于发展速生人工林.《国外林业动态》1980 年第 27 期.

5.68 西德对我 2000 年达到造林目标持怀疑态度.《国外林业动态》1980 年第 27 期.

5.69 菲律宾开展林业中间技术的研究.《国外林业动态》1980 年第 28 期.

5.70 1981 年 2 月将在印度召开亚太地区林业中间技术讨论会.《国外林业动态》1980 年第 28 期.

5.71 奥刊介绍新的世界森林资源数字.《国外林业动态》1980 年第 28 期.

5.72 印度向世界银行贷款发展林业.《国外林业动态》1980 年第 28 期.

1981 年

5.73 利用木材进口税建立更新造林信用基金.《国外林业动态》1981 年第 1 期.

5.74 西德政府 1969~1979 年对林业的财政资助.《国外林业动态》1981 年第 2 期.

5.75 泰国禁止私人采伐森林.《国外林业动态》1981 年第 2 期.

5.76 世界银行计划发展薪炭林.《国外林业动态》1981 年第 3 期.

5.77 菲律宾促进林业的几项措施.《国外林业动态》1981 年第 4 期.

5.78 菲律宾发电厂也要造林.《国外林业动态》1981 年第 4 期.

5.79 "美国树木市"运动发展情况.《国外林业动态》1981 年第 5 期.

5.80 解决烧柴问题已是发展中国家的当务之急.《国外林业动态》1981 年第 6 期.

* 5.81 能直接生产燃油的树.《国外林业动态》1981 年第 6 期.

5.82 新书介绍:《森林大火灾》.《国外林业动态》1981 年第 7 期.

5.83 人工林是智利外汇收入的第二大来源.《国外林业动态》1981 年第 7 期.

5.84　美国费城决定用木片沤肥处理城市污水.《国外林业动态》1981 年第 8 期.

5.85　英刊报道英林业代表团前年来我国考察的主要目的.《国外林业动态》1981 年第 8 期.

5.86　日本国有林事业的困境.《国外林业动态》1981 年第 9 期.

5.87　韦尔豪泽公司在密执安大学建立林业助学金.《国外林业动态》1981 年第 9 期.

5.88　日本大分县山国町资助青年出国进修林业.《国外林业动态》1981 年第 9 期.

5.89　加拿大不列颠哥伦比亚省宣布集约经营森林的计划.《国外林业动态》1981 年第 10 期.

5.90　美《世界木材》杂志报道国外造林动态.《国外林业动态》1981 年第 10 期.

5.91　印度运动器材业要发展桑树人工林.《国外林业动态》1981 年第 10 期.

5.92　印度中央帮建立森林发展公司营造柚木林.《国外林业动态》1981 年第 10 期.

5.93　日本降低国产材事业的贷款利率.《国外林业动态》1981 年第 11 期.

5.94　西德粮食农林部长埃特尔谈森林的多种作用.《国外林业动态》1981 年第 12 期.

5.95　西柏林实现森林多种效益的情况.《国外林业动态》1981 年第 12 期.

5.96　印尼限制原木出口的措施.《国外林业动态》1981 年第 12 期.

5.97　泡桐材在日本的供需形势.《国外林业动态》1981 年第 13 期.

5.98　单板层积成材比普通成材制法有许多优点.《国外林业动态》1981 年第 14 期.

5.99　英国对橡树木材进口规定了非常严格的检验条件.《国外林业动态》1981 年第 14 期.

5.100　苏联科研设计单位负责制定林业技术经济指标.《国外林业动态》1981 年第 17 期.

5.101　苏授予五位工人以"俄罗斯林业劳动世家"的光荣称号.《国外林业动态》1981 年第 18 期.

5.102　开发次生林，制造定向刨花板，可代替胶合板.《国外林业动态》1981 年第 19 期.

5.103　林副特产在日本林业收入中居重要地位.《国外林业动态》1981 年第 20 期.

5.104　乌克兰调整主、间伐比例扭转了长期过伐局面.《国外林业动态》1981 年第 21 期.

5.105　弹指三十年，印度绿化未实现.《国外林业动态》1981 年第 22 期.

5.106　外刊报道我台湾省人造板发展情况.《国外林业动态》1981 年第 23 期.

5.107　瑞典关于改变林业政策的一些设想.《国外林业动态》1981 年第 23 期.

5.108　森林更新仍是美国林业的一个主要问题.《国外林业动态》1981 年第 24 期.

5.109　西德农林部长指示森林防火.《国外林业动态》1981 年第 25 期.

5.110　西德仍发展倾水法扑灭林火.《国外林业动态》1981 年第 25 期.

5.111　日本的木片进口与木片工业情况.《国外林业动态》1981 年第 26 期.

5.112　世界木材生产形势.《国外林业动态》1981 年第 28 期.

*5.113　苏联在林区广泛建立中学生施业区.《国外林业动态》1981 年第 30 期.

5.114　我台湾省木材进口值相抵创汇 5 亿美元.《国外林业动态》1981 年第 31 期.

5.115　世界银行贷款进行的几个林业项目.《国外林业动态》1981 年第 31 期.

5.116　日本洪水灾害及防治.《国外林业动态》1981 年第 32 期.

*5.117　意大利波河平原造林为什么能发展起来.《国外林业动态》1981 年第 33 期.

5.118　瑞典鼓励采伐成过熟林.《国外林业动态》1981 年第 33 期.

5.119　英联邦林业大会各国发言摘登.《国外林业动态》1981 年第 34 期.

5.120　本刊讯：（有关洪水）.《国外林业动态》1981 年第 35 期.

5.121　西欧共同体森林面积扩大了 18%.《国外林业动态》1981 年第 35 期.

5.122　日本林野厅空前人事大变动.《国外林业动态》1981 年第 36 期.

5.123　菲律宾森林采伐面临抉择.《国外林业动态》1981 年第 36 期.

5.124　南斯拉夫新五年造林计划.《国外林业动态》1981 年第 36 期.

5.125　瑞典发放野生浆果后蘑菇准采证.《国外林业动态》1981 年第 36 期.

1982 年

5.126　印度造林得不偿失.《国外林业动态》1982 年第 1 期.

＊5.127　联合国报道我国藏南森林状况.《国外林业动态》1982 年第 1 期.

5.128　挖掘本国潜力增产木材.《国外林业动态》1982 年第 2 期.

5.129　西德改造针叶纯林提高对有害气体的抗性.《国外林业动态》1982 年第 4 期.

5.130　二氧化硫影响树木生长.《国外林业动态》1982 年第 4 期.

5.131　印度林业发展的两个阶段.《国外林业动态》1982 年第 6 期.

5.132　菲促进植树造林的四大措施.《国外林业动态》1982 年第 7 期.

5.133　美研究刨花板无胶胶合.《国外林业动态》1982 年第 7 期.

5.134　压贴透明漆膜将代替涂漆工艺.《国外林业动态》1982 年第 7 期.

5.135　用激光仪器测定森林面积蓄积.《国外林业动态》1982 年第 9 期.

5.136　日本森林灾害保险.《国外林业动态》1982 年第 11 期.

5.137　日本泡桐材市场值得注意的几个问题.《国外林业动态》1982 年第 14 期.

5.138　日不惜代价移植一棵古罗汉松.《国外林业动态》1982 年第 15 期.

5.139　森林采伐对土壤流失的影响.《国外林业动态》1982 年第 15 期.

5.140　苏联的林副特产利用.《国外林业动态》1982 年第 16 期.

5.141　从日本林业可以借鉴些什么.《国外林业动态》1982 年第 20 期至第 23 期连载.

5.142　新兴学科:"大地森林学".《国外林业动态》1982 年第 26 期.

＊5.143　飞播造林是发展中国家的适用技术.柴禾,徐春富.《国外林业动态》1982 年第 28 期.

5.144　每个科学家年发表论文数是衡量科研工作效率的重要指标.《国外林业动态》1982 年第 30 期.

5.145　斯大林改造自然计划造林目标没有达到.《国外林业动态》1982 年第 31 期.

5.146　美国科科尼诺国有林发展多种经营.《国外林业动态》1982 年第 36 期.

1983 年

5.147　瑞士林业发展新动向.《国外林业动态》1983 年第 3 期.

5.148　新西兰利用辐射松树皮年产干胶 8000 吨.《国外林业动态》1983 年第 3 期.

5.149　日本人工林间伐对策初见成效.《国外林业动态》1983 年第 4 期.

5.150　日本珍贵材与普通材差价日趋扩大.《国外林业动态》1983 年第 4 期.

5.151　日本"森林公益效能计量调查"新进展.柴禾,胡馨芝.《国外林业动态》1983 年第 9 期.

5.152　匈牙利林业的主要成就.《国外林业动态》1983 年增刊一、二合刊.

5.153　印度社会林业出现新问题.《国外林业动态》1983 年第 11 期.

5.154　巴西每用 1 立方米木材必须植树 4 棵.《国外林业动态》1983 年第 19 期.

5.155　西德依法查禁违章种苗.松杨,柴禾.《国外林业动态》1983 年第 30 期.

5.156　苏联以林促农力争稳产高产.吴国蓁,柴禾.《国外林业动态》1983 年增刊 4.

1984 年

5.157　与热电站建设相结合开展专业户造林.吴国蓁,柴禾.《国外林业动态》1984 年第 18 期.

5.158　南朝鲜正在实现第二个 10 年造林计划.《国外林业动态》1984 年第 27 期.

1985 年

5.159　苏联学者认为森林增加降水.《国外林业动态》1985 年第 4 期.

5.160　杨树伐根培植食用菌.《国外林业动态》1985 年第 4 期.

5.161　日本国有林困境十年.《国外林业动态》1985 年第 5 期.

5.162　日本国有林经营亏损的原因.《国外林业动态》1985 年第 6 期.

5.163　美拟限制使用传统的木材胶黏剂、防腐剂.《国外林业动态》1985 年第 6 期.

5.164　瑞典用军犬嗅察电杆腐朽.《国外林业动态》1985 年第 6 期.

5.165　日本国有林摆脱困境办法.《国外林业动态》1985 年第 7 期至第 9 期连载.

5.166　泰国的造林村落事业.《国外林业动态》1985 年第 7 期.

＊5.167　1985 年是国际森林年.《国外林业动态》1985 年第 8 期.

5.168　苏联重视冷杉油生产.《国外林业动态》1985 年第 9 期.

5.169　生物技术在林业中的应用.柴禾,胡馨芝.《国外林业动态》1985 年第 10 期.

5.170　速生树种短轮伐期问题——列为联邦德国国家课题.《国外林业动态》1985 年第 10 期.

5.171　日本重视林木遗传基因事业.《国外林业动态》1985 年第 11 期.

5.172　苏联林业部门自动化管理系统与电子计算机的开发应用.《国外林业动态》1985 年第 12 期.

5.173　日本林业应用电子计算机的一些情况.乜凡,柴禾.《国外林业动态》1985 年第 14 期.

5.174　日本漆价应引起我国注意什么?《国外林业动态》1985 年第 14 期.

5.175　电子计算机在日本治山工作中的应用.乜凡,柴禾.《国外林业动态》1985 年第 15 期.

5.176　联邦德国林主开始使用微型机.《国外林业动态》1985 年第 15 期.

5.177　电子计算机在林道建设中的应用.乜凡,柴禾.《国外林业动态》1985 年第 16 期.

5.178　借鉴国外经验,重振我国狩猎业.《国外林业动态》1985 年第 17 期.

5.179　名古屋营林局买进微型机一年半利用率近 100%.黎红旗,柴禾.《国外林业动态》1985 年第 18 期.

5.180　奥地利林业企业购买微型机进行抉择计算.《国外林业动态》1985 年第 18 期.

5.181　预防动物啃吃苗木的药片.《国外林业动态》1985 年第 18 期.

5.182　林业信息中心是第三产业.乜凡,柴禾.《国外林业动态》1985 年第 19 期.

5.183　林业引进微型机的有利与不利条件.黎红旗,柴禾.《国外林业动态》1985 年第 19 期.

5.184　美国妇女从事林业比例上升.《国外林业动态》1985 年第 19 期.

5.185　联邦德国一半森林遭大气污染.《国外林业动态》1985 年第 20 期.

5.186　电子计算机在联邦德国林业中的应用情况.《国外林业动态》1985 年第 21 期.

5.187　法庭审理电厂污染森林案.《国外林业动态》1985 年第 21 期.

5.188　日本间伐材源源运来当能促进我国开展间伐利用.《国外林业动态》1985 年第 22 期.

5.189　苏铁可能是最高产的食物能源作物.松杨,柴禾.《国外林业动态》1985 年第 22 期.

5.190　苏联大力进行林业技校的体制改革.《国外林业动态》1985 年第 22 期.

5.191　纽约新栽行道树一半活不到十年.《国外林业动态》1985 年第 22 期.

5.192　国际市场重视我国进口木材的动向.《国外林业动态》1985 年第 23 期.

5.193　竹子在印度造纸原料中占主导地位.《国外林业动态》1985 年第 23 期.

5.194　美日、美苏互换林木种子.《国外林业动态》1985 年第 23 期.

5.195　瑞典 1900~2000 年内森林蓄积量翻番.《国外林业动态》1985 年第 24 期.

5.196　微型电子计算机在苏联林业中的应用.《国外林业动态》1985 年第 25 期.

5.197　新西兰林务局筹建电子计算机网络.《国外林业动态》1985 年第 25 期.

5.198　苏联农田防护林增产效果总结.《国外林业动态》1985 年第 26 期.

5.199　日本某些国有林区对进山采摘野菜者开始收费.《国外林业动态》1985 年第 26 期.

5.200　印度围绕桉树造林展开激烈斗争.《国外林业动态》1985 年第 27 期.

5.201　美国官方报告认为:利用现行先进技术能提高成材出材率 30%.《国外林业动态》1985 年第 27 期.

5.202 北海道林业与一村一品运动．黎红旗，柴禾．《国外林业动态》1985 年第 28 期．

5.203 美国探索生物技术培育产优质燃油的植物．《国外林业动态》1985 年第 28 期．

5.204 匈牙利结合养蜂、用材要求营造杨槐林．《国外林业动态》1985 年第 29 期．

5.205 值得注意的变化：美国近 12 年内薪材增产 5 倍多．《国外林业动态》1985 年第 29 期．

5.206 为实现自动化管理必须建立科学的定额体系．《国外林业动态》1985 年第 30 期．

5.207 1984 年日本林业白皮书再论森林的社会效益．《国外林业动态》1985 年第 31 期．

5.208 阿尔及利亚义务兵役制与造林．《国外林业动态》1985 年第 31 期．

5.209 世界最大木材燃料发电厂投产．《国外林业动态》1985 年第 31 期．

5.210 大气污染危害森林已成为举世瞩目的大事．《国外林业动态》1985 年第 32 期．

* 5.211 热带森林是药物宝库．《国外林业动态》1985 年第 32 期．

5.212 联邦德国森林遭灾限制正常采伐量．《国外林业动态》1985 年第 32 期．

5.213 日本的森林资源信息管理的地图系统．黎红旗，柴禾．《国外林业动态》1985 年第 33 期．

5.214 苏森工部长谈技术进步问题．《国外林业动态》1985 年第 33 期．

5.215 为开辟林业财源创设水源税，在日本讨论趋于具体化．《国外林业动态》1985 年第 33 期．

5.216 苏联认定十一个方面为破坏森林行为．《国外林业动态》1985 年第 34 期．

5.217 巴基斯坦信德省林业财政独立．《国外林业动态》1985 年第 34 期．

5.218 苏联成倍提高了罚款额．《国外林业动态》1985 年第 34 期．

5.219 印度的森林破坏与自然灾害．《国外林业动态》1985 年第 35 期．

5.220 联合国环境规划署承认 2000 年终止沙漠蔓延的目标是不现实的．《国外林业动态》1985 年第 35 期．

5.221 森林与人类的未来．《国外林业动态》1985 年第 36 期．

5.222 美内政部追究濒危树种遭到破坏案件．《国外林业动态》1985 年第 36 期．

1986 年

5.223 关于世界林业资源减少速度的两个估计．《国外林业动态》1986 年第 1 期．

5.224 巴基斯坦俾路支省的麻黄业．《国外林业动态》1986 年第 1 期．

5.225 瑞士议会要求修改森林法挽救林业出困境．《国外林业动态》1986 年第 2 期．

5.226 现代农业离不开造林．《国外林业动态》1986 年第 3 期．

5.227 新加坡《亚洲木材》杂志评论台湾木材业上升势头．《国外林业动态》1986 年第 4 期．

5.228 联邦德国 1986 年开始全国森林清查．史玉玲，柴禾．《国外林业动态》1986 年第 4 期．

* 5.229 加里曼丹发生一起最大森林火灾．《国外林业动态》1986 年第 4 期．

5.230 为克服林业困境日本修订发展方针．黎红旗，柴禾．《国外林业动态》1986 年第 5 期．

5.231 欧洲认为木材能源前景远大．《国外林业动态》1986 年第 7 期．

5.232 朝鲜发展林业的措施．《国外林业动态》1986 年第 8 期．

5.233 阿拉伯联合酋长国的固沙造林．《国外林业动态》1986 年第 8 期．

5.234 苏联国家林委会主席谈当前林业应重视的问题．《国外林业动态》1986 年第 9 期．

5.235 美国学者纵论世界各国资助林业的办法．《国外林业动态》1986 年第 9 期．

5.236 我国已是世界第二个进口原木最多的国家．《国外林业动态》1986 年第 9 期．

5.237 新加坡实现花园城市的行动方针．《国外林业动态》1986 年第 10 期．

5.238 欧美酝酿着竹子热．《国外林业动态》1986 年第 11 期．

5.239 从奥地利森林资源增长看我国林业短在何处．《国外林业动态》1986 年第 13 期．

5.240 葡萄牙现有林每公顷创汇 200 多美元．《国外林业动态》1986 年第 13 期．

* 5.241 匈牙利从我国引进榆树种具抗性、速生、适生广等优点．《国外林业动态》1986 年第 13 期．

5.242　苏联山地森林采伐与直升飞机集材.《国外林业动态》1986 年第 14 期.

5.243　联邦德国中小林业企业使用电子计算机状况.《国外林业动态》1986 年第 14 期.

5.244　里根要求提高旅游门票.《国外林业动态》1986 年第 14 期.

5.245　西德巴登·符腾堡州对林业的补助.《国外林业动态》1986 年第 15 期.

5.246　日本造林每公顷补助 26 万～36 万日元.《国外林业动态》1986 年第 15 期.

5.247　日本的公社造林.《国外林业动态》1986 年第 16 期.

*5.248　木麻黄是世界一个主要造林树种.《国外林业动态》1986 年第 16 期.

5.249　苏联专家论林木种子采集、加工技术的发展方向.《国外林业动态》1986 年第 18 期.

5.250　芬兰林业是独立的商品经济部门.《国外林业动态》1986 年第 19 期.

5.251　台湾竹资源产品出口年创汇 1.3 亿美元.《国外林业动态》1986 年第 20 期.

5.252　国际藤资源与贸易简况.《国外林业动态》1986 年第 21 期.

5.253　匈牙利学者谈木材剩余物的综合利用.《国外林业动态》1986 年第 21 期.

5.254　圣诞树是林业的一项重要产品.《国外林业动态》1986 年第 23 期.

5.255　日本水源林基金的发展.《国外林业动态》1986 年第 25 期.

5.256　只木良也发现"基本叶量"得奖.《国外林业动态》1986 年第 25 期.

5.257　战后日本森林蓄积增加了 10 亿立方米.《国外林业动态》1986 年第 26 期.

5.258　巴伐利亚州林务局的信息管理.《国外林业动态》1986 年第 27 期.

5.259　日本的林业预算与收入.《国外林业动态》1986 年第 28 期.

5.260　日本的黄连生产.《国外林业动态》1986 年第 29 期.

5.261　印度总理要求每年造林 500 万公顷!《国外林业动态》1986 年第 30 期.

5.262　联邦德国、日本森林火灾.《国外林业动态》1986 年第 31 期.

5.263　橡胶树木材已由废变成了宝.《国外林业动态》1986 年第 32 期.

5.264　美国深入研究我国木材市场.《国外林业动态》1986 年第 34 期.

5.265　马来西亚速生造林近期内可望缓减天然林的木材生产.《国外林业动态》1986 年第 34 期.

1987 年

5.266　加强信息工作，减轻灾害损失.《国外林业动态》1987 年第 1 期.

5.267　台湾杉造林在台湾逐渐取代日本柳杉.《国外林业动态》1987 年第 3 期.

5.268　胶树、椰树、油棕木材的潜力不容忽视.《国外林业动态》1987 年第 3 期.

5.269　奥地利发展能源造林缓解农产过剩.《国外林业动态》1987 年第 3 期.

5.270　现代日本林业.《国外林业动态》1987 年第 4 期至第 5 期.

5.271　森林间伐、剩余物利用急需降低成本.《国外林业动态》1987 年第 9 期.

5.272　日本在森林利用与自然保护之间开始了激烈斗争.胡馨芝，沈照仁.《国外林业动态》1987 年第 26 期.

5.273　灾后夺木——记美国对火烧木的抢救.沈照仁，李维长.《国外林业动态》1987 年第 28 期.

5.274　日本新成立两个技术组合.胡馨芝，沈照仁.《国外林业动态》1987 年第 32 期.

5.275　美密执安州判一棵老柳树死刑.《国外林业动态》1987 年第 32 期.

5.276　发展中国家迫切需要解决烧柴问题.《国外林业动态》1987 年第 33 期.

5.277　联邦德国一林业局的资源成倍增长.徐元，沈照仁.《国外林业动态》1987 年第 35 期.

1988 年

5.278　苏联讨论林业改革.吴国蓁，沈照仁.《国外林业动态》1988 年第 1 期.

5.279　奥地利林业晋升高级职务的国家考试.《国外林业动态》1988 年第 1 期.

5.280 苏一造纸厂就近营造原料林.《国外林业动态》1988年第1期.

5.281 又一组关于苏联林业改革的信息.吴国蓁,沈照仁.《国外林业动态》1988年第2期.

5.282 从一个州看奥地利林业兴旺的原因.《国外林业动态》1988年第2期.

5.283 苏联森林大火与对策.《国外林业动态》1988年第3期.

5.284 采用激光技术调查森林.《国外林业动态》1988年第3期.

5.285 芬兰公司在苏联介绍林业经验.《国外林业动态》1988年第3期.

5.286 日本第七次治山事业五年计划的要点.《国外林业动态》1988年第4期.

5.287 联邦德国主要林区龄级分布已达到理想状态.李星,沈照仁.《国外林业动态》1988年第5期.

*5.288 欧洲森林火灾及对策.《国外林业动态》1988年第5期.

5.289 世界有记载的百万公顷以上森林大火.《国外林业动态》1988年第5期.

5.290 从制止沙漠计划到热带林行动计划.《国外林业动态》1988年第7期.

5.291 美国农地最大造林行动正在酝酿成熟.《国外林业动态》1988年第9期.

5.292 日本林业应如何发展,才能立足世界.李星,柴禾.《国外林业动态》1988年第9期.

5.293 联邦德国重视林木采种工作.《国外林业动态》1988年第9期.

5.294 苏联林业、森工改革不容拖延.《国外林业动态》1988年第10期.

5.295 苏联《森工报》关于林业和森工体制改革的报道.吴国蓁,沈照仁.《国外林业动态》1988年第10期.

5.296 台胡大维荣获固氮树种第一届国际杰出人员奖.《国外林业动态》1988年第10期.

5.297 总结40年经验教训,促进农田防护林发展.《国外林业动态》1988年第11期.

5.298 国际权威报告认为中国林业迫切需要行动起来.《国外林业动态》1988年第12期.

5.299 苏、日第一家合资木材加工厂投产.《国外林业动态》1988年第12期.

5.300 日本林业试验场改名.《国外林业动态》1988年第12期.

5.301 国际热带木材组织ITTO简介.《国外林业动态》1988年第14期.

*5.302 南朝鲜是第三世界中极少有的森林资源增长国家之一.《国外林业动态》1988年第15期.

5.303 我国台湾省林业动态.《国外林业动态》1988年第15期.

5.304 瑞典纤维素公司为缩短轮伐期而努力.《国外林业动态》1988年第15期.

5.305 日本研究森林火灾形成的原因.李星,柴禾.《国外林业动态》1988年第16期.

5.306 利用电子发现森林火灾.《国外林业动态》1988年第16期.

5.307 利用激光预测森林火灾.《国外林业动态》1988年第16期.

5.308 联邦德国城市森林及经营.《国外林业动态》1988年第17期.

5.309 苏联林场广泛发展畜牧业.《国外林业动态》1988年第17期.

5.310 日本国有林直升机集材量逐年上升.《国外林业动态》1988年第17期.

5.311 巴西造林重视科研与质量.《国外林业动态》1988年第18期.

5.312 西德要求低于平均覆盖率地区扩大造林.《国外林业动态》1988年第18期.

5.313 日本为振兴山村,要求充分利用资源.李星,柴禾.《国外林业动态》1988年第19期.

5.314 提高锯齿强度的新技术.《国外林业动态》1988年第20期.

5.315 西德学者计算出林木生态价值是木材价值的2000倍.《国外林业动态》1988年第21期.

5.316 菲律宾自然资源部一项保证森林更新的措施.《国外林业动态》1988年第21期.

5.317 外刊报道台湾木材业创汇突飞猛进.《国外林业动态》1988年第21期.

5.318 菲筹划对策,如何应付原始林7年告罄.《国外林业动态》1988年第23期.

5.319 泥炭有上百种用途.《国外林业动态》1988年第23期.

5.320 苏联人参栽培发展情况.《国外林业动态》1988年第23期.

5.321 东德森林战后40年为什么能每公顷年净增蓄积2~3立方米?《国外林业动态》1988年第24期.

5.322　日本竹笋生产与消费．李星，柴禾．《国外林业动态》1988 年第 24 期．

1989 年

5.323　日本林业应如何适应形势而变化．李星，柴禾．《国外林业动态》1989 年第 1 期．

5.324　日本林业新技术体系构思．李星，柴禾．《国外林业动态》1989 年第 1 期．

5.325　西德为大规模农地造林做广泛的可行性试验．《国外林业动态》1989 年第 2 期．

5.326　提高英国木材质量的研究．《国外林业动态》1989 年第 2 期．

5.327　苏联用锌处理种子效果好．《国外林业动态》1989 年第 2 期．

5.328　苏联科学家论木材生物质能源利用的前景．《国外林业动态》1989 年第 3 期．

5.329　蘑菇国际市场竞争激烈．《国外林业动态》1989 年第 3 期．

5.330　天山乌头根治疗心脏病．《国外林业动态》1989 年第 3 期．

5.331　美国纽约州森林覆盖率达到 61%．《国外林业动态》1989 年第 4 期．

5.332　旅游业不能寄生于林业而应与之共生互荣．《国外林业动态》1989 年第 5 期．

5.333　苏联预测 1989 年木材出口形势不佳．《国外林业动态》1989 年第 5 期．

5.334　意大利杨树造林动荡不定．徐春富，沈照仁．《国外林业动态》1989 年第 6 期．

5.335　苏联木材出口联合公司介绍．《国外林业动态》1989 年第 6 期．

5.336　美林协主席谈如何开展保护森林问题的讨论．《国外林业动态》1989 年第 8 期．

5.337　新加坡拥有世界最老的热带雨林保护区．《国外林业动态》1989 年第 8 期．

5.338　训练狗，及时发现林木腐病．《国外林业动态》1989 年第 8 期．

5.339　日本学术界讨论森林资源管理中的问题．李星，沈照仁．《国外林业动态》1989 年第 9 期．

5.340　台湾木材业 92% 用材靠进口，1987 年出口值近 23 亿美元．胡馨芝，沈照仁．《国外林业动态》1989 年第 9 期．

5.341　苏联森工部领导受到处分．《国外林业动态》1989 年第 10 期．

5.342　昆卡市民集资买林建立厄瓜多尔第一个森林保护区．《国外林业动态》1989 年第 10 期．

5.343　苏联木素利用研究进展迅速．《国外林业动态》1989 年第 11 期．

5.344　为何精油生产开发在日本重又受到重视？白秀萍，柴禾．《国外林业动态》1989 年第 11 期．

5.345　木材在美国能源结构中的地位发生了变化．《国外林业动态》1989 年第 12 期．

5.346　日本职工合理化建议积极性是苏联的 72 倍．《国外林业动态》1989 年第 12 期．

5.347　森林是地球最大的资源．《国外林业动态》1989 年第 13 期．

5.348　日本林业与自然保护之争的焦点．李星，柴禾．《国外林业动态》1989 年第 13 期．

5.349　奥地利经 10 年试验认为目前尚不具备发展短伐期林的条件．《国外林业动态》1989 年第 13 期．

5.350　苏联培育成功适于干旱沙漠培植的速生杨．《国外林业动态》1989 年第 14 期．

5.351　促农、增产食物是苏联林业近期改革的一个重要内容．《国外林业动态》1989 年第 15 期．

5.352　世界最大的能源林工程．《国外林业动态》1989 年第 15 期．

5.353　苏联木材防腐业气息奄奄．《国外林业动态》1989 年第 15 期．

5.354　日本现又把森林看做文化资源．《国外林业动态》1989 年第 15 期．

*5.355　日本国家林业科研新体制与其目标．白秀萍，柴禾．《国外林业动态》1989 年第 16 期．

5.356　东欧重视采伐方式的选择．《国外林业动态》1989 年第 17 期．

5.357　美国计算出一棵 50 年生的城市树木的累计值为 5.7 万美元．《国外林业动态》1989 年第 17 期．

5.358　苏最高苏维埃否决了森工部长，批准了森林委员会主任．《国外林业动态》1989 年第 18 期．

5.359　希腊学者论森林经营中的辩证关系．《国外林业动态》1989 年第 19 期．

5.360　日本学者认为对森林研究到了大转变时期．李星，柴禾．《国外林业动态》1989 年第 19 期．

5.361　苏专家认为林地营造杨树速生人工林是冒险行动．《国外林业动态》1989 年第 20 期．

＊5.362 苏联林业院校改革动向.《国外林业动态》1989 年第 20 期.

5.363 严格的技术普及制度，保证日本林业健康发展. 李星，沈照仁.《国外林业动态》1989 年第 21 期.

5.364 苏联承认油锯落后，职业病患者多.《国外林业动态》1989 年第 21 期.

5.365 联邦德国如何解决每年 3000 余万立方米木材缺口.《国外林业动态》1989 年第 22 期.

5.366 奥地利国有林独立经营 65 年实现了资源增长，不断摆脱经济危困.《国外林业动态》1989 年第 23 期.

5.367 台森林植物开发为风靡世界的观赏植物.《国外林业动态》1989 年第 24 期.

5.368 苏联成立了林业银行.《国外林业动态》1989 年第 24 期.

1990 年

5.369 面向 21 世纪的日本林业科研新格局. 沈照仁，白秀萍.《国外林业动态》1990 年第 1～2 期合刊.

5.370 苏联大力发展森工合资企业及其忧虑.《国外林业动态》1990 年第 3 期.

5.371 我国台湾制造业与林主合作造林及其发展前景.《国外林业动态》1990 年第 7 期.

＊5.372 联邦德国首都森林的各种效益.《国外林业动态》1990 年第 8 期.

5.373 巴西桉树虫害越来越严重.《国外林业动态》1990 年第 8 期.

5.374 造林可缓解气候变暖.《国外林业动态》1990 年第 9 期.

5.375 为培育林木具抗虫害特性的生物技术.《国外林业动态》1990 年第 9 期.

5.376 煤气管道漏气导致树木死亡.《国外林业动态》1990 年第 9 期.

5.377 美国 1/3 私有林已批准为标准林场.《国外林业动态》1990 年第 9 期.

5.378 日本充分利用废料生产纸和纸板.《国外林业动态》1990 年第 9 期.

5.379 联邦德国森林的各种公益机能分配.《国外林业动态》1990 年第 10 期.

5.380 泰群众不满意发展桉人工林.《国外林业动态》1990 年第 10 期.

5.381 森林在帮助西德摆脱被告地位.《国外林业动态》1990 年第 10 期.

5.382 联邦德国讨论林业与自然保护的关系.《国外林业动态》1990 年第 11 期.

5.383 喜马拉雅山脉的森林已遭到严重破坏.《国外林业动态》1990 年第 12 期.

5.384 国际权威刊物呼吁建立山地学.《国外林业动态》1990 年第 12 期.

5.385 日本"以林业立村"的诸塚村怎样由穷变富.《国外林业动态》1990 年第 13 期.

5.386 森林是稳定的生态系统吗?《国外林业动态》1990 年第 13 期.

5.387 台湾森林年涵养水源值为 7000 亿元新台币.《国外林业动态》1990 年第 13 期.

5.388 英国 30 年内可能由生物量供电 4%.《国外林业动态》1990 年第 14 期.

5.389 苏学者指明造林更新质量无保证的原因.《国外林业动态》1990 年第 15 期.

5.390 加在 10 年间育林投资额增加 4 倍.《国外林业动态》1990 年第 15 期.

5.391 苏联林场开展多种经营.《国外林业动态》1990 年第 15 期.

5.392 泰国造林遇到严重麻烦.《国外林业动态》1990 年第 16 期.

5.393 芬兰战后木材总产量超过了现有林木蓄积量.《国外林业动态》1990 年第 16 期.

＊5.394 智利工业人工林成功初析.《国外林业动态》1990 年第 17 期.

5.395 菲律宾全国造林计划.《国外林业动态》1990 年第 21 期.

5.396 苏林学权威肯定帝俄管理林业经验.《国外林业动态》1990 年第 21 期.

5.397 苏联在改革中突出林务工程师的地位.《国外林业动态》1990 年第 21 期.

5.398 苏联林业改革进入更深层次.《国外林业动态》1990 年第 23 期.

5.399 简讯.《国外林业动态》1990 年第 23 期.

5.400 联邦德国每公顷林木蓄积量是战后初期的 3 倍.《国外林业动态》1990 年第 24 期.

5.401　来自世界各地的林业信息.《国外林业动态》1990 年第 24 期.

5.402　印尼森林资源与保护.《国外林业动态》1990 年第 24 期.

6　《决策参考》

1992 年

6.1　科技是生产力与奥地利林学家的挑战.《决策参考》1992 年第 1 号.

6.2　日本林业高等教育的改革. 柴禾, 白秀萍.《决策参考》1992 年第 2 号.

6.3　日本森林法修订的背景与要点.《决策参考》1992 年第 20 号.

6.4　日本摆脱国有林经济危困新对策.《决策参考》1992 年第 21 号.

6.5　韩国林业情况与政策.《决策参考》1992 年第 26 号.

*6.6　美国研制陶木复合材成功.《决策参考》1992 年第 28 号.

1993 年

*6.7　从印度竹浆造纸业发展受挫中应借鉴什么(含印度竹业调查报告).《决策参考》1993 年第 16 号.

6.8　美国总统克林顿召开森林会议.《决策参考》1993 年第 22 号.

6.9　日本集成材生产发展迅速.《决策参考》1993 年第 23 号.

6.10　台湾的木材生产与造林.《决策参考》1993 年第 25 号.

6.11　俄联邦林业基本法摘要.《决策参考》1993 年第 27 号.

6.12　瑞士新森林法背景与特点.《决策参考》1993 年第 31 号.

6.13　俄罗斯森林经理的新任务.《决策参考》1993 年第 32 号.

6.14　法国投资俄国木材工业.《决策参考》1993 年第 32 号.

6.15　俄罗斯沙棘培育新进展.《决策参考》1993 年第 32 号.

6.16　美国为俄远东地区更新造林.《决策参考》1993 年第 36 号.

6.17　俄罗斯木材生产不堪重税.《决策参考》1993 年第 36 号.

6.18　治山为本：奥地利、瑞士、日本、印度尼西亚和我国台湾省林业治山治水述评.《决策参考》1993 年第 37 ～ 40 号.

1994 年

6.19　温带森林保护近期可能成为热门话题.《决策参考》1994 年第 1 号.

6.20　ITTO 主任关于世界林业设想.《决策参考》1994 年第 2 号.

6.21　加拿大的"林业分工论".《决策参考》1994 年第 3 号.

6.22　俄罗斯改变立木拍卖方式.《决策参考》1994 年第 3 号.

6.23　巴西毁林新说.《决策参考》1994 年第 3 号.

6.24　为培育出易于造纸的木材美探索木质素形成关键.《决策参考》1994 年第 3 号.

6.25　21 世纪初生物能源趋势.《决策参考》1994 年第 4 号.

6.26　原苏联林业决策者聚会莫斯科.《决策参考》1994 年第 4 号.

6.27　绿色和平组织对芬兰林业也持批评态度.《决策参考》1994 年第 6 号.

6.28　克林顿裁决西北地区森林经营纠纷.《决策参考》1994 年第 7 号.

6.29　美科学家的 CO_2 释放减控设想.《决策参考》1994 年第 7 号.

6.30　日本提出重新绿化地球 100 年计划.《决策参考》1994 年第 9 号.

6.31　北海道妇女造林拯救海洋.《决策参考》1994 年第 10 号.

6.32　美人工发展抗癌紫杉林.《决策参考》1994 年第 11 号.

6.33　中国大陆和台湾省因买卖野生动物产品将面临美国政府贸易制裁. 陆文明，柴禾.《决策参考》1994 年第 13 号.

6.34　欧洲已组建森林研究室.《决策参考》1994 年第 13 号.

6.35　瑞典新森林法规定生产、环境并重.《决策参考》1994 年第 13 号.

6.36　花椒代沙棘药用大有作为.《决策参考》1994 年第 13 号.

＊6.37　林区居民是森林生态的组成部分——印度林业政策新思路.《决策参考》1994 年第 14 号.

6.38　加拿大全球示范林网络计划.《决策参考》1994 年第 14 号.

6.39　印尼生产林的永续经营.《决策参考》1994 年第 17 号.

6.40　巴西大西洋沿岸森林的两个世界第二.《决策参考》1994 年第 17 号.

6.41　欧洲各国绿党谋求联合.《决策参考》1994 年第 17 号.

6.42　美国关于森林生态系统持续经营的讨论.《决策参考》1994 年第 19 号.

6.43　发达国家研讨森林持续经营方案.《决策参考》1994 年第 20 号.

6.44　阿尔及利亚政策导向更严重的毁林.《决策参考》1994 年第 25 号.

6.45　孟加拉国为减轻森林压力的乡村电气化计划.《决策参考》1994 年第 25 号.

6.46　关于热带森林争论的 4 条主线.《决策参考》1994 年第 28 号.

6.47　俄罗斯林业走上市场的第一步.《决策参考》1994 年第 29 号.

6.48　印尼开发苏里南原始林.《决策参考》1994 年第 29 号.

6.49　菲律宾 2000 年造林计划实施情况.《决策参考》1994 年第 29 号.

6.50　菲律宾木材界的担忧.《决策参考》1994 年第 29 号.

6.51　向市场经济过渡的俄罗斯林业.《决策参考》1994 年第 33 号.

6.52　荒地造林是否一定正确有待研究.《决策参考》1994 年第 33 号.

6.53　马来西亚雨林发现抗艾滋病毒的树种.《决策参考》1994 年第 33 号.

6.54　印尼环境组织状告总统动用林业资金.《决策参考》1994 年第 33 号.

1995 年

6.55　国际二氧化碳排放权"贸易"正在酝酿形成.《决策参考》1995 年第 6 期.

＊6.56　发电与造林合作治理温室气体.《决策参考》1995 年第 6 期.

6.57　俄国劝说德国在俄开展造林.《决策参考》1995 年第 8 期.

6.58　台湾 1992～1998 年造林计划预算总经费近 84.5 亿台币.《决策参考》1995 年第 8 期.

6.59　台湾第三次森林资源调查与林务局地理信息系统.《决策参考》1995 年第 8 期.

6.60　世界 1990 年森林资源评估与中国的地位.《决策参考》1995 年第 9 期.

6.61　科研、政策在发展巴西造林中的作用.《决策参考》1995 年第 9 期.

6.62　20 世纪 90 年代中国已稳居世界林产品 10 大进口国之一.《决策参考》1995 年第 10 期.

6.63　美国内政部设置国家生物局.《决策参考》1995 年第 10 期.

1996 年

＊6.64　处于不断改革的匈牙利林业.《决策参考》1996 年第 4 期.

6.65　德国林业与自然保护.《决策参考》1996 年第 10 期.

7 《世界林业动态》

1997 年

7.1 国际社会注视我国将如何解决木材不足.《世界林业动态》1997 年第 1 期.

7.2 美国造林的一些特点.《世界林业动态》1997 年第 1 期.

7.3 无性系造林已达到的规模估计.《世界林业动态》1997 年第 1 期.

7.4 美国最近颁发第一份林木培育技术专利.《世界林业动态》1997 年第 1 期.

7.5 英国 12 城市开展"社区森林"运动.《世界林业动态》1997 年第 1 期.

*7.6 土耳其林业的特点. 柴禾, 陆文明.《世界林业动态》1997 年第 2 期.

7.7 引种不当成祸害 经百年才找到防治方法.《世界林业动态》1997 年第 2 期.

7.8 新西兰利用锯末培育蘑菇和牛饲料.《世界林业动态》1997 年第 2 期.

7.9 南非依靠占国土 1% 的人工林跃变为木材出口国.《世界林业动态》1997 年第 3 期.

7.10 1996 年台湾省贺伯台风灾情与山地林业的关系.《世界林业动态》1997 年第 3 期.

7.11 新西兰认为日本制材出材率高.《世界林业动态》1997 年第 3 期.

7.12 英林学家就人工林连作导致地力衰退问题与我专家商榷.《世界林业动态》1997 年第 4 期.

7.13 德 1997 农业年鉴显示提高木材单产是摆脱经济危困的途径.《世界林业动态》1997 年第 4 期.

7.14 巴西阿拉克鲁斯公司桉树造林的生态后果.《世界林业动态》1997 年第 4 期.

*7.15 美每产一辆轿车已使用 9 ~ 13.6 公斤木材.《世界林业动态》1997 年第 4 期.

7.16 欧洲七国签约保护阿尔卑斯山地森林.《世界林业动态》1997 年第 5 期.

7.17 "生态系统经营"困惑着美国林学界.《世界林业动态》1997 年第 5 期.

7.18 美官员剖析林业陷入困境的原因.《世界林业动态》1997 年第 5 期.

7.19 瑞士阿尔高州林业与自然保护从对立走向合作.《世界林业动态》1997 年第 5 期.

7.20 林木的水泵与空调机作用.《世界林业动态》1997 年第 5 期.

7.21 菲为竹资源萎缩而担忧.《世界林业动态》1997 年第 5 期.

7.22 欧、亚成百家公司云集加蓬蚕食非洲最后一块雨林.《世界林业动态》1997 年第 5 期.

*7.23 联合国总部下设有森林火灾专家组.《世界林业动态》1997 年第 5 期.

7.24 森林美学国际会议在芬兰召开.《世界林业动态》1997 年第 6 期.

*7.25 匈牙利 1997 年实施新森林法、狩猎法和自然保护法.《世界林业动态》1997 年第 6 期.

7.26 西班牙利用木材热解产油发电.《世界林业动态》1997 年第 6 期.

7.27 粮农组织副总干事谈对"森林可持续经营"的认识.《世界林业动态》1997 年第 7 期.

*7.28 "适应自然的林业"、"近自然的林业"就是生态林业.《世界林业动态》1997 年第 7 期.

7.29 国际喜马拉雅山、西藏地区专题讨论会已举行十二次.《世界林业动态》1997 年第 7 期.

7.30 俄罗斯农地防护林建设陷入困境.《世界林业动态》1997 年第 7 期.

7.31 尼泊尔非木才林产品的生产与贸易.《世界林业动态》1997 年第 7 期.

7.32 日泰合资建设水泥竹纤维板厂.《世界林业动态》1997 年第 7 期.

7.33 瑞典森林工业面临新的挑战.《世界林业动态》1997 年第 8 期.

7.34 加拿大争当国际林业舞台主角的苦衷.《世界林业动态》1997 年第 8 期.

7.35 美国林产品研究所开发生物降解织物.《世界林业动态》1997 年第 8 期.

7.36 加拿大环境保护与林业的激化斗争.《世界林业动态》1997 年第 8 期.

7.37 台湾对林业有许多免税规定.《世界林业动态》1997 年第 8 期.

7.38 欧洲森林的稳定性与引种造林.《世界林业动态》1997 年第 9 期.

7.39 新西兰人工林优势.《世界林业动态》1997 年第 9 期.

7.40 莫斯科成立生态警察局.《世界林业动态》1997 年第 9 期.

7.41 "泰加林保护运动"对挪威老龄林采伐的抵制.《世界林业动态》1997 年第 9 期.

7.42 贺伯风灾后台湾林业的一系列行动.《世界林业动态》1997 年第 10 期.

7.43 芬兰国有林 2000 年前基本完成景观生态规划.《世界林业动态》1997 年第 10 期.

7.44 台湾决定动用巨资防治松材线虫.《世界林业动态》1997 年第 10 期.

7.45 美国克隆"大王树"计划.《世界林业动态》1997 年第 10 期.

7.46 台湾开始改造木麻黄海岸防风林.《世界林业动态》1997 年第 11 期.

7.47 美国大平原农田防风林建设.《世界林业动态》1997 年第 11 期.

7.48 欧美发展木材能源的动向.《世界林业动态》1997 年第 11 期.

7.49 印度森林的非木材收入.《世界林业动态》1997 年第 11 期.

7.50 台湾重视蝴蝶、萤火虫保护、复育.《世界林业动态》1997 年第 11 期.

7.51 木材粉尘已被认定为致癌物质.《世界林业动态》1997 年第 11 期.

7.52 奥地利国有林经营体制改革.《世界林业动态》1997 年第 12 期.

7.53 美国国有林经营亏损.《世界林业动态》1997 年第 12 期.

7.54 匈牙利林业与木材业 21 世纪发展轮廓.《世界林业动态》1997 年第 12 期.

7.55 北美、欧洲鼓励发展木质能源.《世界林业动态》1997 年第 12 期.

7.56 美国柳树造林发电计划在实施中.《世界林业动态》1997 年第 12 期.

7.57 以色列的野火监控飞行器.《世界林业动态》1997 年第 12 期.

1998 年

7.58 防止森林火灾已是印尼林业的一个主要问题.《世界林业动态》1998 年第 1 期.

7.59 新局长谈美国林务局的工作重点.《世界林业动态》1998 年第 1 期.

7.60 1995 年世界最大 50 家林产品公司.《世界林业动态》1998 年第 1 期.

7.61 泰国森林火灾率 1994 年仍达 6%.《世界林业动态》1998 年第 1 期.

7.62 坑木与德国永续林业和刨花板工业.《世界林业动态》1998 年第 2 期.

7.63 东南亚国家森林火灾对策.《世界林业动态》1998 年第 2 期.

7.64 菲律宾的森林火灾.《世界林业动态》1998 年第 2 期.

7.65 美国林务局决策程序已遭破坏.《世界林业动态》1998 年第 3 期.

7.66 维也纳森林的水源保护经营.《世界林业动态》1998 年第 3 期.

7.67 印度林学家重视巴西桉树造林中科研的作用.《世界林业动态》1998 年第 3 期.

7.68 耶鲁大学学者认为很难制定生态系统经营的模型.《世界林业动态》1998 年第 4 期.

7.69 欧洲近自然林业运动召开第二届国际大会.《世界林业动态》1998 年第 4 期.

7.70 世界野生虎现状与美国会酝酿对我施压.《世界林业动态》1998 年第 4 期.

7.71 俄林学界认为"森林生态系统经营"的要求太过分.《世界林业动态》1998 年第 5 期.

7.72 芬兰调查确定老龄林保护网.《世界林业动态》1998 年第 5 期.

7.73 德国林业阐明自己的立场.《世界林业动态》1998 年第 5 期.

7.74 关于物种多样性的重要意义的认识分歧.《世界林业动态》1998 年第 5 期.

7.75 欧盟发展生物量能源计划.《世界林业动态》1998 年第 5 期.

7.76 埃及"绿化"西部沙漠计划.《世界林业动态》1998 年第 5 期.

7.77 尼加拉瓜国际行动日反对南韩开发雨林.《世界林业动态》1998 年第 5 期.

7.78 国际社会对俄罗斯天然林的命运忧心忡忡.《世界林业动态》1998 年第 6 期.

7.79 瑞士起动促进更多地利用国产材事业.《世界林业动态》1998 年第 6 期.

7.80 森林的环境效益货币计量有可能成为现实.《世界林业动态》1998 年第 6 期.

7.81 印度森林火灾、放牧与天然更新的关系 .《世界林业动态》1998 年第 6 期 .

7.82 印度农户荒地合作造林进展缓慢 .《世界林业动态》1998 年第 6 期 .

7.83 中国将帮助俄国对重灾区森林进行拯救伐 .《世界林业动态》1998 年第 6 期 .

7.84 爱尔兰为保证木材自给造林已取得初步成功 .《世界林业动态》1998 年第 7 期 .

7.85 美国对木材生物量发电的环境成本估算 .《世界林业动态》1998 年第 7 期 .

7.86 丹麦禁止进口防腐木材 .《世界林业动态》1998 年第 7 期 .

7.87 瑞典一大森工公司为达到可持续经营水平而努力 .《世界林业动态》1998 年第 7 期 .

7.88 德国对木材能源采取扶持政策 .《世界林业动态》1998 年第 7 期 .

7.89 德国林业与自然保护的矛盾依然 .《世界林业动态》1998 年第 8 期 .

7.90 秘鲁总统宣布一项发展钩藤生产与出口计划 .《世界林业动态》1998 年第 8 期 .

7.91 俄美实施"碳信贷"合作造林 .《世界林业动态》1998 年第 8 期 .

7.92 印度对我国西藏达旺红豆杉的开发情况 .《世界林业动态》1998 年第 8 期 .

7.93 德国森林 1996 ~ 2020 年的木材生产潜力 .《世界林业动态》1998 年第 8 期 .

7.94 德国探索无胶纤维板制造方法初获成功 .《世界林业动态》1998 年第 8 期 .

* 7.95 美国药草业与中国的关系 .《世界林业动态》1998 年第 8 期 .

7.96 德国的天然林保留区 .《世界林业动态》1998 年第 9 期 .

7.97 沙漠之国土库曼的林业任务 .《世界林业动态》1998 年第 9 期 .

7.98 泰国大量进口木材对周边国家资源已构成威胁 .《世界林业动态》1998 年第 9 期 .

7.99 南非林业从听赞歌到受非难 .《世界林业动态》1998 年第 10 期 .

7.100 斯洛伐克对天然林的死亡木的态度变化 .《世界林业动态》1998 年第 10 期 .

7.101 美国国会 1997 年末终止国有林商业性采伐立案的背景 .《世界林业动态》1998 年第 10 期 .

7.102 德国生物量热力厂联合会注册成立 .《世界林业动态》1998 年第 10 期 .

7.103 台湾引种不慎酿成后果难测 .《世界林业动态》1998 年第 10 期 .

7.104 在激烈论争中,桉树已占居印度造林的主要地位 .《世界林业动态》1998 年第 11 期 .

7.105 美决定冻结国有林道路建设 .《世界林业动态》1998 年第 11 期 .

7.106 美国林务局长谈集水区恢复治理 .《世界林业动态》1998 年第 11 期 .

7.107 纽约市为保证水质达标与集水区签订协议 .《世界林业动态》1998 年第 11 期 .

7.108 德萨克森州有林生态森林 1994 ~ 2003 年发展计划 .《世界林业动态》1998 年第 12 期 .

7.109 印尼的竹藤业 .《世界林业动态》1998 年第 12 期 .

7.110 环保宣传中的商业竞争 .《世界林业动态》1998 年第 12 期 .

7.111 瑞典林业面临新的挑战与所采取的对策 .《世界林业动态》1998 年第 13 期 .

7.112 瑞典林业与环境保护从对立走上共同行动之路 .《世界林业动态》1998 年第 13 期 .

7.113 俄罗斯林学家要求重视引种造林 .《世界林业动态》1998 年第 13 期 .

7.114 德国为开拓小径木用途研制水玻璃板 .《世界林业动态》1998 年第 14 期 .

7.115 省林务局长谈台二氧化碳排放与造林 .《世界林业动态》1998 年第 14 期 .

7.116 美国林务局因对林副特产无知而遭批评 .《世界林业动态》1998 年第 14 期 .

7.117 台湾为恢复泡桐事业展开育种研究 .《世界林业动态》1998 年第 14 期 .

7.118 英林学家就杉木连作导致地力衰退问题与我专家再商榷 .《世界林业动态》1998 年第 15 期 .

7.119 奥地利要求多用木材 .《世界林业动态》1998 年第 15 期 .

7.120 德国研究发展木材能源中灰的出路 .《世界林业动态》1998 年第 15 期 .

7.121 俄罗斯出口木材遇到难题 .《世界林业动态》1998 年第 16 期 .

7.122 德"绿色和平"主张的近自然林业 .《世界林业动态》1998 年第 16 期 .

7.123 李约瑟论中国林业的四大历史成就 .《世界林业动态》1998 年第 16 期 .

7.124 墨西哥城 7 年造林计划.《世界林业动态》1998 年第 16 期.

7.125 俄林务局谈新森林法实施与林业危困.《世界林业动态》1998 年第 17 期.

7.126 英国保护、恢复扩大天然林计划在制定实施之中.《世界林业动态》1998 年第 17 期.

7.127 德农林部长坚持林业必须有经济效益.《世界林业动态》1998 年第 17 期.

7.128 英国牛津林业图书馆危在旦夕.《世界林业动态》1998 年第 17 期.

7.129 俄林业科研后继乏人.《世界林业动态》1998 年第 18 期.

7.130 俄罗斯森林火灾防治水平一落千丈.《世界林业动态》1998 年第 18 期.

7.131 "瑞典会议"对物种多样性价值的认识.《世界林业动态》1998 年第 18 期.

7.132 台湾人工林木材在竞争中明显处于劣势.《世界林业动态》1998 年第 18 期.

7.133 印度竹资源的新统计数字.《世界林业动态》1998 年第 18 期.

7.134 奇怪的催芽法.《世界林业动态》1998 年第 18 期.

7.135 瑞士近百年提高森林覆盖率行动与抗洪的关系.《世界林业动态》1998 年第 19 期.

7.136 奥地利林业抗洪治山.《世界林业动态》1998 年第 19 期.

7.137 美国恢复狼群计划及与农牧业的矛盾.《世界林业动态》1998 年第 19 期.

7.138 《美国森林》公布入选 1998~1999 年的"大王树"名录.《世界林业动态》1998 年第 19 期.

7.139 奥地利蒂罗尔州造林治山.《世界林业动态》1998 年第 20 期.

7.140 有人认为木材生产是瑞士森林多目标经营的"脊梁".《世界林业动态》1998 年第 20 期.

7.141 印度最大造纸企业推动全国桉无性系造林.《世界林业动态》1998 年第 20 期.

7.142 美国东南部松针采集业年产值 1.5 亿美元.《世界林业动态》1998 年第 20 期.

7.143 俄林业企业大部分面临生存危机.《世界林业动态》1998 年第 21 期.

7.144 委内瑞拉 30 年造林的成果.《世界林业动态》1998 年第 21 期.

7.145 市场导向、环境功能之间的矛盾给林业决策造成困难.《世界林业动态》1998 年第 21 期.

* 7.146 从奥地利林学家评中国天然林经营谈起.《世界林业动态》1998 年第 21 期.

7.147 《联合国育林》文章认为中国并非世界造林最多的国家.《世界林业动态》1998 年第 21 期.

7.148 经营条件下森林物种多样性研讨.《世界林业动态》1998 年第 21 期.

7.149 美国林学会论育林的发展方向.《世界林业动态》1998 年第 22 期.

7.150 芬学者谈近自然育林.《世界林业动态》1998 年第 22 期.

* 7.151 西班牙马略卡岛将开征生态税.《世界林业动态》1998 年第 22 期.

7.152 德国黑森州森林法修订发生争执.《世界林业动态》1998 年第 22 期.

7.153 奥、德投资智利造林.《世界林业动态》1998 年第 22 期.

7.154 韩国林业与木材进出口的变迁.《世界林业动态》1998 年第 23 期.

7.155 美前 4 任林务局长谈国有林的计划程序.《世界林业动态》1998 年第 23 期.

7.156 俄罗斯纪念《斯大林改造大自然计划》50 周年.《世界林业动态》1998 年第 23 期.

7.157 越南贷款造林以恢复集水区植被.《世界林业动态》1998 年第 23 期.

7.158 波兰 1997 年大洪水也给林业造成惨重损失.《世界林业动态》1998 年第 23 期.

7.159 俄救希腊森林大火显身手 对国内却束手无策.《世界林业动态》1998 年第 23 期.

7.160 法国的杨木利用广泛.《世界林业动态》1998 年第 23 期.

7.161 前任林务局长托马斯谈美急剧改变林业的两因素.《世界林业动态》1998 年第 24 期.

7.162 美国对森林的木材生产、游憩效益的不同评价.《世界林业动态》1998 年第 24 期.

1999 年

7.163 南非经营最后一片天然林的状况.《世界林业动态》1999 年第 1 期.

7.164 奥地利天然林状态调查.《世界林业动态》1999 年第 1 期.

7.165　世界林业大会报告认为中国森林火灾最频繁.《世界林业动态》1999 年第 1 期.

7.166　印度可能要大量进口木材.《世界林业动态》1999 年第 1 期.

7.167　突尼斯治荒必须重视水的综合平衡.《世界林业动态》1999 年第 2 期.

7.168　美国非木材森林产品的状况.《世界林业动态》1999 年第 3 期.

7.169　俄远东地区为木材外销不畅而困扰.《世界林业动态》1999 年第 3 期.

7.170　美佐治亚州缩短了人工林培育期.《世界林业动态》1999 年第 3 期.

7.171　山地可持续发展问题的世界意义.《世界林业动态》1999 年第 4 期.

7.172　俄讨论森林伐区资源由谁定价.《世界林业动态》1999 年第 4 期.

7.173　俄阿尔泰山被列为世界遗产.《世界林业动态》1999 年第 4 期.

7.174　草药在美国受到重视.《世界林业动态》1999 年第 4 期.

7.175　新西兰新一轮天然林保护与利用之争开始了.《世界林业动态》1999 年第 5 期.

7.176　菲律宾天然林禁伐引起的问题.《世界林业动态》1999 年第 5 期.

7.177　尼泊尔山地旅游业兴旺.《世界林业动态》1999 年第 5 期.

7.178　新西兰天然林两派各抒己见.《世界林业动态》1999 年第 6 期.

7.179　欧洲森林火灾毁林面积十几年里减少一半以上.《世界林业动态》1999 年第 6 期.

7.180　近自然经营森林与市场经济协调是今日社会的最高艺术.《世界林业动态》1999 年第 6 期.

7.181　欧洲正研究刺槐取代柚木的可能性.《世界林业动态》1999 年第 6 期.

7.182　美国私有林经营对业务咨询的需求激增.《世界林业动态》1999 年第 6 期.

7.183　德召开普及木材能源讨论会.《世界林业动态》1999 年第 6 期.

7.184　菲律宾 1991～2015 年林业发展总计划.《世界林业动态》1999 年第 7 期.

7.185　对 1998 年哈巴罗夫斯克森林火灾的专家报告.《世界林业动态》1999 年第 7 期.

7.186　俄远东森林火灾的适用技术.《世界林业动态》1999 年第 7 期.

7.187　俄向美推销 ИЛ－76 飞机用于森林灭火.《世界林业动态》1999 年第 7 期.

* 7.188　美国环境保护、自然保护的两派斗争.《世界林业动态》1999 年第 8 期.

7.189　奥地利为森林利用不充分而担忧.《世界林业动态》1999 年第 8 期.

7.190　加美俄协作研究高强树冠火.《世界林业动态》1999 年第 8 期.

7.191　混农林业正在美国中西部繁荣起来.《世界林业动态》1999 年第 9 期.

7.192　哈巴罗夫斯克林区实施地理信息系统管理情况.《世界林业动态》1999 年第 9 期.

7.193　毁林导致印度喜马拉雅山区灾害频起.《世界林业动态》1999 年第 9 期.

7.194　美承认国有林区毒品种植业非常兴旺.《世界林业动态》1999 年第 9 期.

7.195　黑风暴不久可能重新肆虐克里米亚草原.《世界林业动态》1999 年第 9 期.

7.196　每 8 种植物有 1 种处于濒危.《世界林业动态》1999 年第 9 期.

7.197　木材奇缺的英国兴建烧柴发电厂.《世界林业动态》1999 年第 9 期.

7.198　新西兰对森林分类经营的疑惑.《世界林业动态》1999 年第 10 期.

7.199　提高森林生产力是落实分类经营的基础.《世界林业动态》1999 年第 10 期.

7.200　英国对坚持了 50～60 年的造林进行"革命".《世界林业动态》1999 年第 10 期.

7.201　联合国粮农组织林政处长谈森林的可持续经营.《世界林业动态》1999 年第 11 期.

7.202　联合国粮农组织官员谈抑制森林破坏可采取的办法.《世界林业动态》1999 年第 11 期.

7.203　美国环保与国有林经营的一场官司又开场了!《世界林业动态》1999 年第 11 期.

7.204　林业 1997 年成为奥地利第一创汇大户.《世界林业动态》1999 年第 12 期.

* 7.205　德国最大林业州以经济为导向改革体制.《世界林业动态》1999 年第 12 期.

7.206　台湾森林学教授对跟着美国"生态系经营"起舞不以为然.《世界林业动态》1999 年第 13 期.

7.207　韩国林业的几个特点.《世界林业动态》1999 年第 13 期.

7.208 印度郁闭森林覆盖率已降到 11.17%！《世界林业动态》1999 年第 13 期.

7.209 美政府重金收购私有林以保护、恢复濒危物种.《世界林业动态》1999 年第 13 期.

7.210 德国已成为对我出口珍贵阔叶材的重要国家.《世界林业动态》1999 年第 13 期.

7.211 城市供水质量与森林经营引起的问题.《世界林业动态》1999 年第 14 期.

7.212 瑞典引种造林与自然保护之争.《世界林业动态》1999 年第 14 期.

7.213 台乌龙名茶品质下降起因于森林环境消失.《世界林业动态》1999 年第 14 期.

7.214 瑞士以资源清查为依据探讨森林的可持续经营.《世界林业动态》1999 年第 15 期.

7.215 德国天然林保留地事业的发展.《世界林业动态》1999 年第 15 期.

7.216 美国国有林区采摘野生蘑需持许可证.《世界林业动态》1999 年第 15 期.

7.217 日本关于森林分类经营的讨论与国有林政策变迁.《世界林业动态》1999 年第 16 期.

7.218 俄《林业报》为 2000 万 m^3 过火木前途心急火燎.《世界林业动态》1999 年第 16 期.

7.219 德国生态森林的面积在增长中.《世界林业动态》1999 年第 16 期.

7.220 芬兰 2010 年林业计划仍突出木材增产、增值.《世界林业动态》1999 年第 16 期.

7.221 世界约 10% 树种处于灭绝威胁.《世界林业动态》1999 年第 16 期.

7.222 台湾保育与林业之争一例.《世界林业动态》1999 年第 17 期.

7.223 国外报道：中国木材进口激增.《世界林业动态》1999 年第 17 期.

7.224 美国林业与自然保护之争的实质是什么？《世界林业动态》1999 年第 18 期.

7.225 俄罗斯森林灭火技术的进展.《世界林业动态》1999 年第 18 期.

7.226 粮农组织官员谈世界木材供求形势.《世界林业动态》1999 年第 18 期.

7.227 日本国有林特别会计制改革.《世界林业动态》1999 年第 19 期.

7.228 印度林业政策与森林覆盖率、森林分类.《世界林业动态》1999 年第 20 期.

7.229 发展中国家森林可持续经营的四大课题.《世界林业动态》1999 年第 20 期.

7.230 台湾发明有效防治松材线虫的药剂.《世界林业动态》1999 年第 20 期.

7.231 造林吸收重金属.《世界林业动态》1999 年第 20 期.

7.232 奥地利私有林经验初探.吴国蓁,沈照仁.《世界林业动态》1999 年第 21 期.

7.233 印度实施"现代森林火灾控制方法"计划的前后.《世界林业动态》1999 年第 21 期.

7.234 南非学者认为不能笼统地计量人工林的贡献.《世界林业动态》1999 年第 21 期.

7.235 俄罗斯松毛虫肆虐已导致 1300 万公顷森林死亡.《世界林业动态》1999 年第 21 期.

7.236 俄与世界银行商谈一项林业贷款.《世界林业动态》1999 年第 21 期.

7.237 瑞士森林的防护效益.《世界林业动态》1999 年第 22 期.

7.238 国际权威人士认为：肯尼亚人工造林已缓解了天然林压力.《世界林业动态》1999 年第 22 期.

7.239 草地平原造林会导致更加干旱化吗？《世界林业动态》1999 年第 22 期.

7.240 南非对木材与水的抉择争论已见分晓.《世界林业动态》1999 年第 22 期.

7.241 南非新水法认定造林为"减少水道流量事业".《世界林业动态》1999 年第 22 期.

7.242 德国保证饮用水质量改造农地为森林一例.《世界林业动态》1999 年第 22 期.

7.243 美国两地对造林处理污水持不同态度.《世界林业动态》1999 年第 22 期.

7.244 加拿大近期内 60% 森林将完成"可持续"认证.《世界林业动态》1999 年第 22 期.

7.245 捷克森林的盈利经营与分类经营.《世界林业动态》1999 年第 23 期.

7.246 日本国有林中的防护林和保护林.《世界林业动态》1999 年第 23 期.

7.247 互联网上已有 65000 个与森林、林业相关网址.《世界林业动态》1999 年第 23 期.

7.248 中国 1999 年初占德国山毛榉出口量的 33.9%.《世界林业动态》1999 年第 23 期.

7.249 德农林部长认为：森林作为原料源的意义更趋重要了！《世界林业动态》1999 年第 24 期.

7.250 长期的原材料决策必须进行周密分析研究.《世界林业动态》1999 年第 24 期.

7.251 粮农组织综述森林缓和气候变暖的三大途径.《世界林业动态》1999 年第 24 期.

7.252 改善经营是摆脱印度森林衰退的唯一途径.《世界林业动态》1999 年第 24 期.

7.253 以市场为基础测算森林碳交易的货币值.《世界林业动态》1999 年第 24 期.

2000 年

*7.254 "国际山地年"与"21 世纪的水塔".《世界林业动态》2000 年第 1 期.

7.255 长期依赖进口促使台湾林业衰退.《世界林业动态》2000 年第 1 期.

7.256 台湾决定森林游乐区事业民营化.《世界林业动态》2000 年第 2 期.

7.257 意大利阿布鲁佐国家公园的经营.《世界林业动态》2000 年第 2 期.

7.258 林务局长发誓治理台湾林业沉疴.《世界林业动态》2000 年第 2 期.

*7.259 森林贮碳单价几年里涨了 10 倍.《世界林业动态》2000 年第 2 期.

7.260 意大利胡桃树培育与利用.《世界林业动态》2000 年第 3 期.

7.261 阿里山森铁何以堪称国宝级文化遗产.《世界林业动态》2000 年第 3 期.

7.262 阿尔泰列为世界遗产后又入选世界自然重要保护对象.《世界林业动态》2000 年第 3 期.

7.263 美国国鸟已摆脱濒危境地.《世界林业动态》2000 年第 3 期.

7.264 台湾第一位获执照的树木医.《世界林业动态》2000 年第 3 期.

7.265 印度成为世界最大椰子生产国.《世界林业动态》2000 年第 3 期.

7.266 地中海国家森林火灾趋于严重及对策.《世界林业动态》2000 年第 4 期.

7.267 地中海南部森林经营视居民为生态系重要因子.《世界林业动态》2000 年第 4 期.

7.268 利用木材是对付温室效应的重要手段.《世界林业动态》2000 年第 4 期.

*7.269 美国国有林的经营方向辩论僵持不下.《世界林业动态》2000 年第 5 期.

7.270 美国林务局的存在成了问题.《世界林业动态》2000 年第 5 期.

7.271 尼泊尔实施有组织采集利用药用植物项目.《世界林业动态》2000 年第 5 期.

7.272 世界森林药用植物的年贸易额.《世界林业动态》2000 年第 5 期.

7.273 檀香木可能是现在世界最贵的木材.《世界林业动态》2000 年第 5 期.

7.274 世界 500 强中林业有 4 家.《世界林业动态》2000 年第 5 期.

7.275 菲律宾认为社区林业是实现可持续经营的战略途径.《世界林业动态》2000 年第 6 期.

7.276 美林务局促进白毛茛药草培育.《世界林业动态》2000 年第 6 期.

7.277 美私企投资林业生物技术开发.《世界林业动态》2000 年第 6 期.

7.278 利用退役战机,开展"飞栽"造林.《世界林业动态》2000 年第 6 期.

7.279 木片药茶滋补强壮剂、杀虫剂.《世界林业动态》2000 年第 6 期.

*7.280 瑞士山地森林的可持续利用.《世界林业动态》2000 年第 7 期.

7.281 德国林业界批评环境部.《世界林业动态》2000 年第 7 期.

7.282 美林学会批评法官裁决不当.《世界林业动态》2000 年第 7 期.

7.283 T55 型坦克改装为灭火机效果好.《世界林业动态》2000 年第 7 期.

7.284 实现国产材自给是日本林政的目标.《世界林业动态》2000 年第 8 期.

*7.285 美改革森林资源清查体系.《世界林业动态》2000 年第 8 期.

7.286 联合国环境规划署总干事谈世界森林问题.《世界林业动态》2000 年第 8 期.

7.287 现任林务局长谈美国森林经营哲学思想的变化.《世界林业动态》2000 年第 9 期.

7.288 林价定位过高可能制约着俄林业和森工发展.《世界林业动态》2000 年第 9 期.

7.289 乌克兰首都行道树改造.《世界林业动态》2000 年第 9 期.

7.290 谋求近自然林业的最佳化.《世界林业动态》2000 年第 9 期.

7.291 下萨克森州是德国近自然林业的样板实践地区.《世界林业动态》2000 年第 10 期.

7.292 再有 25 年，爱尔兰木材可以实现完全自给有余.《世界林业动态》2000 年第 10 期.

7.293 前任林务局长谈美国实施生态系统经营.《世界林业动态》2000 年第 11 期.

7.294 南非造林是用水大户，造纸木材是否可被取代.《世界林业动态》2000 年第 11 期.

7.295 印度近 20 年造林行动计划的两项具体措施.《世界林业动态》2000 年第 11 期.

7.296 日本处理国有林负债后又在谋划处理造林公社债务.《世界林业动态》2000 年第 11 期.

7.297 台北树医治病一例.《世界林业动态》2000 年第 11 期.

*7.298 以色列坚持造林 90 年，森林覆盖率已达约 6%.《世界林业动态》2000 年第 12 期.

7.299 加拿大桦树糖浆生产将上规模.《世界林业动态》2000 年第 12 期.

7.300 日本确保造林资金.《世界林业动态》2000 年第 12 期.

7.301 台颁布法案保护野生植物关键栖息地.《世界林业动态》2000 年第 12 期.

7.302 加认为木材生产不是物种多样性受损的原因.《世界林业动态》2000 年第 13 期.

7.303 德国成立木材促销基金会.《世界林业动态》2000 年第 13 期.

7.304 美自然保护团体步步紧逼，林务局负隅顽抗.《世界林业动态》2000 年第 13 期.

7.305 加拿大盗伐珍贵木材现象猖獗.《世界林业动态》2000 年第 13 期.

7.306 美环保与林业之间又起新风波.《世界林业动态》2000 年第 14 期.

7.307 英国人工林改造国际研讨会.《世界林业动态》2000 年第 14 期.

7.308 新西兰人工林增产面临的出口问题.《世界林业动态》2000 年第 14 期.

7.309 哥斯达黎加的无采伐森林经营方式.《世界林业动态》2000 年第 14 期.

7.310 芬兰总统谈森林的可持续经营.《世界林业动态》2000 年第 15 期.

7.311 尼日尔沙漠化治理 15 年.《世界林业动态》2000 年第 15 期.

7.312 新任林务局长感叹台湾林业面临的危机.《世界林业动态》2000 年第 15 期.

7.313 美全国推选"大王树"活动已 60 年.《世界林业动态》2000 年第 15 期.

7.314 奥地利农业部与环境部合并为一个部.《世界林业动态》2000 年第 15 期.

7.315 人工林产业已成为新西兰新的支柱产业.《世界林业动态》2000 年第 16 期.

7.316 意大利 21 世纪林业发展要点.《世界林业动态》2000 年第 16 期.

7.317 奥地利防护林经营中的问题.《世界林业动态》2000 年第 16 期.

7.318 普京撤消联邦林务局等总统令引起议论.《世界林业动态》2000 年第 17 期.

7.319 瑞士向德国出口饮用水.《世界林业动态》2000 年第 17 期.

7.320 印度林学家回顾历史，瞻望森林的可持续经营.《世界林业动态》2000 年第 18 期.

7.321 为构筑循环型社会，必须推进森林资源的循环利用.《世界林业动态》2000 年第 18 期.

7.322 麦克马洪线以南印度侵占区的森林资源.《世界林业动态》2000 年第 18 期.

7.323 一本介绍世界古老树木的书.《世界林业动态》2000 年第 18 期.

7.324 瑞士援助吉尔吉斯林业改革.《世界林业动态》2000 年第 19 期.

*7.325 世界第一次妇女与林业专题研讨会.《世界林业动态》2000 年第 19 期.

7.326 奥地利私有林经营仍有利可图.《世界林业动态》2000 年第 19 期.

7.327 奥地利国有林公司举起以用户为导向的旗帜.《世界林业动态》2000 年第 19 期.

7.328 瑞典针叶无性系造林进入实施阶段.《世界林业动态》2000 年第 19 期.

7.329 利用大豆开发新的木材防腐剂.《世界林业动态》2000 年第 19 期.

7.330 德国林业探讨挖潜以追赶瑞典.《世界林业动态》2000 年第 20 期.

7.331 俄林业体制改革频繁 世行冻结林业贷款.《世界林业动态》2000 年第 20 期.

7.332 提高生产流程质量，瑞典林业每年可增收 2.3 亿美元.《世界林业动态》2000 年第 20 期.

7.333 新西兰天然林问题两派之争在深入发展.《世界林业动态》2000 年第 21 期.

7.334 尼泊尔天然林改造工程.《世界林业动态》2000 年第 21 期.

7.335　美全国在为"生态恢复"而努力.《世界林业动态》2000 年第 21 期.

7.336　美林务局工作考核不合格.《世界林业动态》2000 年第 21 期.

7.337　越南杂交相思造林.《世界林业动态》2000 年第 21 期.

7.338　台刊介绍"中国大陆最大的合板产销中心".《世界林业动态》2000 年第 22 期.

7.339　尼泊尔自然保护区建设.《世界林业动态》2000 年第 22 期.

7.340　日本学者认为权衡木材进口利弊要考虑能源消耗.《世界林业动态》2000 年第 22 期.

7.341　印度专家论现有林恢复与木材进出口战略抉择.《世界林业动态》2000 年第 23 期.

7.342　俄罗斯木材产品出口形势.《世界林业动态》2000 年第 23 期.

7.343　法国对早期的水土保持造林进行生态恢复.《世界林业动态》2000 年第 23 期.

7.344　白俄罗斯派人到德国实习林业.《世界林业动态》2000 年第 23 期.

7.345　俄院士认为普京撤消林务局有理.《世界林业动态》2000 年第 24 期.

7.346　欧洲山地森林的可持续前景研讨会已开了 3 次.《世界林业动态》2000 年第 24 期.

7.347　生态恐怖活动在美频繁发生.《世界林业动态》2000 年第 24 期.

2001 年

*7.348　我国台湾林业试验所近况.《世界林业动态》2001 年第 1 期.

7.349　美公司林经营坚持传统方式.《世界林业动态》2001 年第 1 期.

7.350　中国企业对俄阿穆尔河沿岸伐区投标成功.《世界林业动态》2001 年第 1 期.

7.351　按利奥波德"土地道德论"经营国有林是不够的.《世界林业动态》2001 年第 2 期.

7.352　台 99 大地震灾后景观自然演替保留区.《世界林业动态》2001 年第 2 期.

7.353　俄对我和欧洲出口木材面临两难境地.《世界林业动态》2001 年第 2 期.

7.354　台研究开发竹材精致利用途径.《世界林业动态》2001 年第 2 期.

7.355　现在欧洲森林频遭风暴灾,林业该怎么办?《世界林业动态》2001 年第 3 期.

7.356　德国州有林力争削减经营成本.《世界林业动态》2001 年第 3 期.

7.357　台研究古代良纸再现.《世界林业动态》2001 年第 3 期.

7.358　世界已有 2800 万公倾转基因植物.《世界林业动态》2001 年第 3 期.

7.359　维也纳水源林经营.《世界林业动态》2001 年第 4 期.

*7.360　木材仍将是未来最重要的原材料.《世界林业动态》2001 年第 4 期.

7.361　欧洲专利署撤消给美国的苦楝树专利.《世界林业动态》2001 年第 4 期.

7.362　俄建立选择最有效合理自然保护工艺数据库.《世界林业动态》2001 年第 4 期.

7.363　加将建一能代替胶合板的树皮板厂.《世界林业动态》2001 年第 4 期.

7.364　台湾采取措施抑制猕猴猖獗.《世界林业动态》2001 年第 4 期.

*7.365　美从工业生态学观点探讨林业的可持续性.《世界林业动态》2001 年第 5 期.

7.366　FAO 认为,禁伐把天然林保护问题过于简单化了.《世界林业动态》2001 年第 5 期.

7.367　2002 年为"国际山地年".《世界林业动态》2001 年第 5 期.

7.368　美怀疑纽约林木天牛害的罪魁为中国包装材.《世界林业动态》2001 年第 5 期.

7.369　芬兰经济将继续依靠森林兴旺发达.《世界林业动态》2001 年第 6 期.

7.370　人工林的循环利用与建设循环型社会.《世界林业动态》2001 年第 6 期.

7.371　锡金重要的森林经济作物发展迅速.《世界林业动态》2001 年第 6 期.

7.372　意大利阿尔卑斯山地森林经营思考.《世界林业动态》2001 年第 7 期.

7.373　菲环境部长反对对天然林实施全面禁伐.《世界林业动态》2001 年第 7 期.

*7.374　国际林援 40 年的结果评估.《世界林业动态》2001 年第 7 期.

7.375　加拿大开始重视非木材林产品生产.《世界林业动态》2001 年第 8 期.

7.376 菲环境与自然资源部重申马科斯森林法规有效.《世界林业动态》2001年第8期.

7.377 印度大多数林业劳力处于无社会保障地位.《世界林业动态》2001年第8期.

7.378 马祖发现已消失多年的鸟种.《世界林业动态》2001年第8期.

7.379 克林顿与布什斗法.《世界林业动态》2001年第9期.

7.380 粮农组织调研认为中国天保工程已威胁邻国资源.《世界林业动态》2001年第9期.

7.381 俄对中国出口木材的双重担忧.《世界林业动态》2001年第9期.

7.382 台湾拘留日本学者查询昆虫走私案.《世界林业动态》2001年第9期.

7.383 瑞典每个私有车主须造林0.9公顷以抵消其排放的碳.《世界林业动态》2001年第9期.

*7.384 美国林学会通过新的《道德准则》.《世界林业动态》2001年第10期.

7.385 论世界与中国解决木材不足的途径.《世界林业动态》2001年第10期.

7.386 地下水质、量与土地利用方式的关系.《世界林业动态》2001年第10期.

7.387 美林学会年会投票认定林业面临的最重要问题.《世界林业动态》2001年第10期.

7.388 苏格兰人工林发展战略转折.《世界林业动态》2001年第11期.

7.389 瑞士十分之一森林将在30年内划为保留地.《世界林业动态》2001年第11期.

7.390 瑞士政府的促进木材利用计划.《世界林业动态》2001年第11期.

7.391 基因改性树木商业化展望.《世界林业动态》2001年第11期.

7.392 中国对美国家具出口值三年翻了一番.《世界林业动态》2001年第11期.

7.393 印度林学家告诫要从失败中学习造林.《世界林业动态》2001年第12期.

7.394 台湾近20年来木材消费下降.《世界林业动态》2001年第12期.

7.395 瑞典森林21世纪产材增长与生态保护.《世界林业动态》2001年第12期.

7.396 印度重视社区群众参与森林经营.《世界林业动态》2001年第12期.

7.397 50年内人工林将满足四分之三工业用材需要.《世界林业动态》2001年第13期.

7.398 俄对中国提高进口产品要求反响强烈.《世界林业动态》2001年第13期.

7.399 美调研认为俄森林目前无盈利开发前景.《世界林业动态》2001年第13期.

7.400 越南为保护天然林从老挝大量进口木材.《世界林业动态》2001年第13期.

7.401 欧盟对我国等出口包装材有新的要求.《世界林业动态》2001年第13期.

7.402 中国去年进口了阔叶原木721万m^3.《世界林业动态》2001年第13期.

*7.403 欧洲强调保护林网络建设与生产林自然经营相结合.《世界林业动态》2001年第14期.

7.404 奥地利重视林业对水资源经营的影响.《世界林业动态》2001年第14期.

7.405 奥地利为充分利用森林生长量大力推广木材燃料.《世界林业动态》2001年第14期.

7.406 欧洲森林模型预测:保护与利用双赢.《世界林业动态》2001年第14期.

7.407 沉香可能被列为世界濒危物种.《世界林业动态》2001年第14期.

7.408 俄森林工业改革面临的问题.《世界林业动态》2001年第15期.

7.409 南非对人工林开征水税.《世界林业动态》2001年第15期.

7.410 俄近期内已两次调高立木价.《世界林业动态》2001年第15期.

7.411 印度仍把解决木材不足定为林业主要任务.《世界林业动态》2001年第16期.

7.412 俄罗斯人羡慕芬兰森林私有化经营.《世界林业动态》2001年第16期.

7.413 克林顿时期的林务局长预言21世纪的北美林业.《世界林业动态》2001年第17期.

7.414 台造林奖励方式为何激励不起造林积极性.《世界林业动态》2001年第17期.

7.415 台新任林务局长谈台湾造林的优先项目.《世界林业动态》2001年第17期.

7.416 台湾林业改革动向.《世界林业动态》2001年第17期.

7.417 捷克森林非国有化过程中强调经营前景.《世界林业动态》2001年第18期.

7.418 日学者谈泰国禁伐与造林.《世界林业动态》2001年第18期.

7.419　瑞士山地森林经营趋势.《世界林业动态》2001 年第 18 期.

7.420　从"维也纳森林的故事"谈森林的综合经营.《世界林业动态》2001 年第 19 期.

*7.421　美学者认为天然林退出采伐是经济竞争的结果.《世界林业动态》2001 年第 20 期.

*7.422　水木之争危及南非林业生存.《世界林业动态》2001 年第 20 期.

7.423　台湾未雨绸缪研究人工林潜力.《世界林业动态》2001 年第 20 期.

7.424　俄林业改革迫切需要解决的四大难题.《世界林业动态》2001 年第 20 期.

7.425　退休林学家致全印同行的公开信.《世界林业动态》2001 年第 21 期.

7.426　印度首都绿色覆盖率 6 年里提高两倍多.《世界林业动态》2001 年第 21 期.

7.427　防治森林火灾新技术与林场的计划性和组织性.《世界林业动态》2001 年第 21 期.

7.428　台湾森林为何连续发生火灾.《世界林业动态》2001 年第 21 期.

7.429　美国修正防治森林火灾政策.《世界林业动态》2001 年第 22 期.

7.430　德国萨尔州州有林经营亏损的补偿.《世界林业动态》2001 年第 22 期.

7.431　巴基斯坦林业简况.《世界林业动态》2001 年第 22 期.

*7.432　中国台湾人士主张共同治理大陆的沙尘暴和酸雨.《世界林业动态》2001 年第 22 期.

7.433　越南和台湾在人工试验沉香培育.《世界林业动态》2001 年第 22 期.

7.434　中国准备帮助托木斯克发展木材深加工.《世界林业动态》2001 年第 22 期.

7.435　美国林业参与国家原材料政策探讨.《世界林业动态》2001 年第 23 期.

7.436　中国实施禁伐与缅甸采伐升温的关系.《世界林业动态》2001 年第 23 期.

7.437　日本林学会专题讨论中国森林恢复.《世界林业动态》2001 年第 24 期.

7.438　俄诺贝尔奖得主的悲哀与经济发展道路.《世界林业动态》2001 年第 24 期.

7.439　20 世纪末世界木材贸易中值得回味的一组数字.《世界林业动态》2001 年第 24 期.

7.440　维也纳森林经营的一个实例.《世界林业动态》2001 年第 24 期.

7.441　新西兰一块辐射松林年生长量近 38m³.《世界林业动态》2001 年第 24 期.

2002 年

7.442　中科院专家谈非洲防沙尘暴的绿色坝建设.《世界林业动态》2002 年第 1 期.

7.443　英国造林重点从边远区移向城镇及其四周.《世界林业动态》2002 年第 1 期.

7.444　芬兰森林越采越多.《世界林业动态》2002 年第 2 期.

7.445　芬兰将租借俄国森林生产木材.《世界林业动态》2002 年第 2 期.

7.446　俄罗斯木材面临禁止在欧洲上市的威胁.《世界林业动态》2002 年第 2 期.

7.447　俄破获偷猎走私隼 案犯可判刑 10 年.《世界林业动态》2002 年第 2 期.

7.448　一句话新闻.《世界林业动态》2002 年第 2 期.

7.449　南非国营人工林私有化在实施中.《世界林业动态》2002 年第 3 期.

7.450　欧洲重视中国的木材市场.《世界林业动态》2002 年第 3 期.

7.451　日本的山茶与山茶油.李星,柴禾.《世界林业动态》2002 年第 3 期.

7.452　缄口不言失败会把自然保护事业引上绝路.《世界林业动态》2002 年第 4 期.

7.453　我国台湾抗灾对策的不同思路.《世界林业动态》2002 年第 4 期.

*7.454　奥地利国有林体制改革的成就引人注意.《世界林业动态》2002 年第 5 期.

7.455　近自然林业研讨会认为分类经营风险大.《世界林业动态》2002 年第 5 期.

7.456　德国私有林重灾后经营一瞥.《世界林业动态》2002 年第 6 期.

7.457　瑞典认为:计划烧除有利于物种多样性.《世界林业动态》2002 年第 6 期.

7.458　新的木材化学工业技术体系已趋于成熟.李星,沈照仁.《世界林业动态》2002 年第 6 期.

7.459　印度吸收群众参与天然林复苏行动计划.《世界林业动态》2002 年第 7 期.

7.460　加拿大把高产列为分类经营的一个必要前提.《世界林业动态》2002 年第 7 期.

7.461　俄罗斯西伯利亚草原农田防护林营造.《世界林业动态》2002 年第 7 期.

7.462　芬兰政府给幼林抚育补贴.《世界林业动态》2002 年第 7 期.

7.463　奥一林户复苏森林有功，获国家示范林业奖.《世界林业动态》2002 年第 8 期.

7.464　瑞典已深入到从每立方米木材能耗研究林业.《世界林业动态》2002 年第 8 期.

7.465　日本奖励推广使用一次性木筷.《世界林业动态》2002 年第 8 期.

7.466　丹麦地下水保护造林与加收水费.《世界林业动态》2002 年第 8 期.

7.467　没有森林的国家——冰岛的造林.《世界林业动态》2002 年第 8 期.

* 7.468　美国天然林经营的不同想法.《世界林业动态》2002 年第 9 期.

7.469　日本实施分类经营突出覆层林育成.《世界林业动态》2002 年第 9 期.

7.470　英国"社区森林"建设思路的形成与发展.《世界林业动态》2002 年第 10 期.

7.471　美林主为采伐利用叫屈.《世界林业动态》2002 年第 10 期.

7.472　俄出口中国原木的消毒问题.《世界林业动态》2002 年第 11 期.

7.473　我国在库叶岛采伐森林.《世界林业动态》2002 年第 11 期.

7.474　俄罗斯林业 1～2 月发生的一些大事.《世界林业动态》2002 年第 11 期.

7.475　我国台湾构建"中央山脉保育廊道".《世界林业动态》2002 年第 12 期.

7.476　火炬松、湿地松、长叶松之间的抉择.《世界林业动态》2002 年第 12 期.

7.477　我国台湾关心与"沙尘暴作战".《世界林业动态》2002 年第 12 期.

7.478　美分析 1997～2000 年中国木材进口状况.《世界林业动态》2002 年第 13 期.

7.479　瑞典发展古生态学 以建立近自然森林培育学.《世界林业动态》2002 年第 13 期.

7.480　美国林主对认证疑惑重重.《世界林业动态》2002 年第 13 期.

7.481　美国日本研究植物净化室内空气.《世界林业动态》2002 年第 13 期.

7.482　巴西桉树短伐期人工林林业世界第一.《世界林业动态》2002 年第 14 期.

7.483　我国台湾开展人工林结构改造.《世界林业动态》2002 年第 14 期.

7.484　美林学会理事长呼吁林学家站出来.《世界林业动态》2002 年第 14 期.

7.485　美国密西西比州更新造林贷款.《世界林业动态》2002 年第 14 期.

7.486　蒸汽整地比机械整地好.《世界林业动态》2002 年第 14 期.

7.487　俄水陆两栖飞机应用于森林灭火.《世界林业动态》2002 年第 14 期.

7.488　我国台湾林学家呼吁对天然林开展生态育林.《世界林业动态》2002 年第 15 期.

7.489　世界转基因木本植物的发展.《世界林业动态》2002 年第 15 期.

7.490　苏格兰造林树种以本土阔叶为主已 15 年.《世界林业动态》2002 年第 15 期.

7.491　芬兰采伐迹地的更新方式.《世界林业动态》2002 年第 15 期.

7.492　印度半岛主体森林破坏加速.《世界林业动态》2002 年第 15 期.

7.493　萨赫勒地区烧柴与沙漠化的关系.《世界林业动态》2002 年第 15 期.

7.494　银杏花粉过敏反应调查.《世界林业动态》2002 年第 15 期.

7.495　森林管理委员会拒不认证遗传改性林木.《世界林业动态》2002 年第 16 期.

7.496　意大利阿尔卑斯山南侧森林在恢复中.《世界林业动态》2002 年第 16 期.

7.497　意大利大面积撂荒农地演替为森林.《世界林业动态》2002 年第 16 期.

7.498　我国台湾开展认养树木活动.《世界林业动态》2002 年第 16 期.

7.499　中国大量进口木材是喜也令人忧.《世界林业动态》2002 年第 17 期.

7.500　中国、亚洲造林面积为何常常不实!《世界林业动态》2002 年第 17 期.

7.501　发展遗传改性树木、作物要防不良后果.《世界林业动态》2002 年第 17 期.

7.502　工程成材产品的崛起与资源利用的高增值战略.《世界林业动态》2002 年第 18 期.

7.503　俄酝酿立法以制约中国木材进口引来的问题.《世界林业动态》2002 年第 18 期.

7.504　黑龙江与俄犹太州签订建厂意向书.《世界林业动态》2002 年第 18 期.

7.505　加拿大与我国合作研究碳吸贮能力.《世界林业动态》2002 年第 18 期.

*7.506　中国林产工业是否已实现跨越式发展.《世界林业动态》2002 年第 19 期.

7.507　毛里塔尼亚造林治沙护路.《世界林业动态》2002 年第 19 期.

7.508　印度官员承认造林数字不可信.《世界林业动态》2002 年第 19 期.

7.509　保护"山地云雾林"急需重视.《世界林业动态》2002 年第 20 期.

7.510　发展中国家山区人均每天生活费不足 1 美元.《世界林业动态》2002 年第 20 期.

7.511　俄论芬兰林业成功的基础.《世界林业动态》2002 年第 20 期.

7.512　WWF 要求八国首脑会议干与俄远东森林盗伐.《世界林业动态》2002 年第 20 期.

7.513　蝴蝶的创记录飞行.《世界林业动态》2002 年第 20 期.

7.514　加拿大林产业竞争力已降为世界二流.《世界林业动态》2002 年第 21 期.

7.515　欧洲 2000 年召开过农地造林研讨会.《世界林业动态》2002 年第 21 期.

7.516　以粮换工绿化印度在实施中.《世界林业动态》2002 年第 21 期.

7.517　丹麦的天然林工程.《世界林业动态》2002 年第 21 期.

7.518　美国承认森林防火政策走了弯路.《世界林业动态》2002 年第 22 期.

7.519　北欧诸国被评为世界环境最干净地区.《世界林业动态》2002 年第 22 期.

7.520　美国林务局认为环境立法失误导致森林大火.《世界林业动态》2002 年第 22 期.

7.521　奥地利国有林依法年年上缴利润.《世界林业动态》2002 年第 23 期.

7.522　台湾专家认为树种选择务必重视人文、生态素质.《世界林业动态》2002 年第 23 期.

7.523　新西兰大面积受保护天然林濒危.《世界林业动态》2002 年第 23 期.

*7.524　丹麦国小，林业经验多.《世界林业动态》2002 年第 24 期.

7.525　一封信烧掉了美国 4 万多公顷森林.《世界林业动态》2002 年第 24 期.

7.526　从"木材工程学"谈起.《世界林业动态》2002 年第 25 期.

7.527　我国"台湾生物资源资料库中心"已联网运作.《世界林业动态》2002 年第 25 期.

7.528　印度河、恒河水源区保护的核心问题.《世界林业动态》2002 年第 26 期.

7.529　中俄木材贸易信息.《世界林业动态》2002 年第 26 期.

*7.530　哈萨克明令禁止原木、成材出口.《世界林业动态》2002 年第 26 期.

7.531　蒙古禁止红松子出口中国.《世界林业动态》2002 年第 26 期.

7.532　从中国木材进口值居世界第一谈起.《世界林业动态》2002 年第 27 期.

7.533　学术界要求认真对待森林·林业史.《世界林业动态》2002 年第 28 期.

7.534　我国台湾《民生报》称：大陆沙尘暴二成以上对台有影响.《世界林业动态》2002 年第 28 期.

7.535　清除土壤氰化物的杨树造林.《世界林业动态》2002 年第 28 期.

7.536　亚洲主要河流的森林状况.《世界林业动态》2002 年第 29 期.

7.537　中国大量进口原木，陷德国制材业于困境.《世界林业动态》2002 年第 29 期.

7.538　世行官员谈山地森林的可持续发展.《世界林业动态》2002 年第 30 期.

7.539　热带毁林的原因分析.《世界林业动态》2002 年第 30 期.

7.540　FAO 官员论发展中国家人工林与木材供应.《世界林业动态》2002 年第 31 期.

7.541　世界山地森林分布研究.《世界林业动态》2002 年第 31 期.

7.542　中国胶合板市场走俏欧洲市场.《世界林业动态》2002 年第 31 期.

7.543　台湾省一场森林大火的抢救实录.《世界林业动态》2002 年第 31 期.

7.544　瑞典随时修订森林政策.《世界林业动态》2002 年第 31 期.

7.545　印度森林火灾现代化防治计划.《世界林业动态》2002 年第 32 期.

7.546 印度喜马拉雅山区旅游业的可持续性.《世界林业动态》2002 年第 32 期.

7.547 俄罗斯为恢复独立的林务局而努力.《世界林业动态》2002 年第 32 期.

7.548 我国台湾北部山地有成千棵树渴死.《世界林业动态》2002 年第 32 期.

7.549 德报呼吁中国应支持印尼禁止原木出口令.《世界林业动态》2002 年第 32 期.

*7.550 毁林、撂荒、森林演替与洪水的关系.《世界林业动态》2002 年第 33 期.

7.551 俄报称中国决定在远东建最大制浆造纸厂.《世界林业动态》2002 年第 33 期.

7.552 瑞士天然林经营的反思.《世界林业动态》2002 年第 34 期.

7.553 设想用 1000 万 hm² 人工林满足巴西 2 亿 m³ 木材需求.《世界林业动态》2002 年第 34 期.

7.554 俄记者称：中国老板认为西伯利亚正在变为原料附庸.《世界林业动态》2002 年第 34 期.

7.555 美国用 22 年解危一种森林濒危植物.《世界林业动态》2002 年第 34 期.

7.556 英植物的开花期已明显提早.《世界林业动态》2002 年第 34 期.

*7.557 南非每 3 年向议会报告森林状况.《世界林业动态》2002 年第 34 期.

7.558 美新版教科书论森林经营理念的发展.《世界林业动态》2002 年第 35 期.

7.559 南非造林用水问题需要深入调研.《世界林业动态》2002 年第 36 期.

7.560 加拿大教育系统协力为摆脱林业困境献策.《世界林业动态》2002 年第 36 期.

2003 年

*7.561 美学者论经济林业与生态林业的区别.《世界林业动态》2003 年第 1 期.

7.562 美国森林防火问题上显然存在着两派.《世界林业动态》2003 年第 1 期.

7.563 俄林学家承认森林经营落后美国百倍.《世界林业动态》2003 年第 1 期.

7.564 吉尔吉斯斯坦山地林业的转制改革.《世界林业动态》2003 年第 2 期.

7.565 学者认为：俄林业改革的根本出路是变亏欠为盈利.《世界林业动态》2003 年第 2 期.

7.566 俄罗斯林木拍卖销售已占总采伐量的 30%.《世界林业动态》2003 年第 2 期.

7.567 俄罗斯盗伐猖獗不局限于远东和西伯利亚.《世界林业动态》2003 年第 2 期.

7.568 俄罗斯官员对盗猎野生虎表示无可奈何.《世界林业动态》2003 年第 2 期.

*7.569 美国实践显示林业创新的艰难.《世界林业动态》2003 年第 3 期.

7.570 同是山地林业为何奥地利木材能出口日本.《世界林业动态》2003 年第 3 期.

7.571 德国巴伐利亚州的林业改革.《世界林业动态》2003 年第 4 期.

7.572 俄学者论市场经济下森林永续经营首要解决的问题.《世界林业动态》2003 年第 4 期.

7.573 奥议会批准关于"防护功能是山地森林的产品"的认识.《世界林业动态》2003 年第 4 期.

7.574 国外策划在中国促销木材的行动.《世界林业动态》2003 年第 4 期.

7.575 欧洲山地森林政策对比分析.《世界林业动态》2003 年第 5 期.

7.576 印度学界探讨摆脱森林衰退的途径.《世界林业动态》2003 年第 5 期.

7.577 意大利天然林在复苏，人工林已失去昔日光彩.《世界林业动态》2003 年第 6~7 期.

7.578 英媒体警告谨慎购买中国胶合板.《世界林业动态》2003 年第 6 期.

7.579 德国开展森林自然灾害损失规律研究.《世界林业动态》2003 年第 7 期.

7.580 美国缅因州开发先进的工程木材制品已取得世人注目的成功.《世界林业动态》2003 年第 8 期.

7.581 苏格兰的"新林业"或"永续林"改革思路.《世界林业动态》2003 年第 9 期.

7.582 德国表彰奖励山地林主.《世界林业动态》2003 年第 9 期.

7.583 世上有"已死亡而还活着"的植物种.《世界林业动态》2003 年第 9 期.

7.584 荷兰发展木材生物质制油.《世界林业动态》2003 年第 10 期.

7.585 斯洛文尼亚表彰示范林户.《世界林业动态》2003 年第 10 期.

7.586 日本长期培育木材资源 目标达到后该怎么办?《世界林业动态》2003 年第 11 期.

7.630 以林场为基地生产桦树汁.《世界林业动态》2003 年第 24 期.

7.631 俄严厉打击边境盗伐偷运木材.《世界林业动态》2003 年第 24 期.

7.632 台大教授论"永续利用"概念的发展.《世界林业动态》2003 年第 25 期.

7.633 印度决定建立国家森林委员会审视人与森林的关系.《世界林业动态》2003 年第 25 期.

7.634 适应人文自然变化,俄要求加强森林经理工作.《世界林业动态》2003 年第 25 期.

7.635 南非人工林的利弊.《世界林业动态》2003 年第 25 期.

7.636 智利造林 30 年为一支柱产业奠基.《世界林业动态》2003 年第 25 期.

7.637 小豆蔻是拯救森林的神奇植物.《世界林业动态》2003 年第 25 期.

7.638 日本对中国出口的柳杉每立方米约 1400 元人民币.《世界林业动态》2003 年第 25 期.

7.639 俄 90% 以上森林火灾发生在远东和西伯利亚.《世界林业动态》2003 年第 25 期.

7.640 常用的 CCA 防腐剂遭禁用.《世界林业动态》2003 年第 26 期.

7.641 2003 年美国城市森林大会主题:融绿于城建.《世界林业动态》2003 年第 26 期.

7.642 台学者认为"森林万能论"招祸!《世界林业动态》2003 年第 26 期.

7.643 台社区居民反对建立马高国家公园.《世界林业动态》2003 年第 26 期.

*7.644 瑞典国有林紧锣密鼓进行改革.《世界林业动态》2003 年第 27 期.

7.645 台高层人士论林业改革.《世界林业动态》2003 年第 27 期.

7.646 俄报称:中国林业也将成为赶超对象.《世界林业动态》2003 年第 27 期.

7.647 瑞士一高产林业州的经营改革.《世界林业动态》2003 年第 28 期.

7.648 天鹅也有攻击人的时候.《世界林业动态》2003 年第 28 期.

7.649 美国西部峰会讨论减轻森林火险的对策.《世界林业动态》2003 年第 29 期.

*7.650 大面积推广转基因树种后果堪忧.《世界林业动态》2003 年第 29 期.

*7.651 加拿大老龄林的经营问题.《世界林业动态》2003 年第 30 期.

7.652 印度林业与水利的宏伟设想.《世界林业动态》2003 年第 30 期.

7.653 北京一公司租得俄原始林,预计年产木材 5 万立方米.《世界林业动态》2003 年第 30 期.

7.654 瑞典森林也发生非法采伐.《世界林业动态》2003 年第 30 期.

7.655 俄重视森林经理工作.《世界林业动态》2003 年第 31 期.

7.656 印度国家领导人重视森林药用植物业.《世界林业动态》2003 年第 31 期.

7.657 俄罗斯森林的租赁采伐利用.《世界林业动态》2003 年第 31 期.

7.658 既多产木材又保护生物多样性是可以做到的.《世界林业动态》2003 年第 32 期.

7.659 美国南部为恢复长叶松生态系统而努力.《世界林业动态》2003 年第 32 期.

7.660 台湾培训林野巡视人员监控滥垦盗伐.《世界林业动态》2003 年第 32 期.

*7.661 美国林学会的核心价值观.《世界林业动态》2003 年第 33 期.

*7.662 日本木材能否稳定出口中国值得深思.《世界林业动态》2003 年第 33 期.

7.663 台湾学者谈严重水土流失和灾害地的生态工程法治理.《世界林业动态》2003 年第 33 期.

7.664 台湾省林务局将更名为"森林及自然保育署".《世界林业动态》2003 年第 33 期.

*7.665 法国政府发动促进多使用木材的行动.《世界林业动态》2003 年第 34 期.

7.666 美国林学会 2003 年大会表彰野外林业工作者.《世界林业动态》2003 年第 34 期.

7.667 古柯树为何愈砍愈多.《世界林业动态》2003 年第 34 期.

7.668 FAO 官员论实现森林收入的难处.《世界林业动态》2003 年第 35 期.

7.669 韩日开发木材陶瓷砖的研究.《世界林业动态》2003 年第 35 期.

7.670 到自然保护区看大猩猩的门票 250 美元.《世界林业动态》2003 年第 35 期.

*7.671 伊朗的森林概况.《世界林业动态》2003 年第 36 期.

7.672 印度大吉岭的森林经营.《世界林业动态》2003 年第 36 期.

7.673 台湾从"经济造林"转向"生态造林".《世界林业动态》2003 年第 36 期.

7.674 与出口中国木材牵连的盗伐依然不断.《世界林业动态》2003 年第 36 期.

2004 年

7.675 天然分布最广的耐旱针叶树种刺柏的经营面临挑战.《世界林业动态》2004 年第 1 期.

7.676 不以木材生产为主不等于不要以培育优质蓄积为基础.《世界林业动态》2004 年第 1 期.

7.677 台湾东部发现三千年原生林.《世界林业动态》2004 年第 1 期.

7.678 台湾举办赏鸟、赏蝶、赏萤旅游活动.《世界林业动态》2004 年第 1 期.

7.679 木材应尽可能"节约代用"还是应尽量多利用些?《世界林业动态》2004 年第 2 期.

7.680 美国林业从北欧借鉴什么.《世界林业动态》2004 年第 3 期.

7.681 韩国现行林业发展战略仍突出木材基地建设.《世界林业动态》2004 年第 3～4 期.

7.682 把城市森林当作经营森林的实验室.《世界林业动态》2004 年第 3 期.

7.683 美国阿拉斯加桦树液糖浆业的兴起.《世界林业动态》2004 年第 3 期.

7.684 奥地利重视森林的灾后经营.《世界林业动态》2004 年第 4 期.

7.685 俄 21 世纪森工论坛重视中国的投资.《世界林业动态》2004 年第 4 期.

7.686 欧盟拟采用处罚盗窃的法律制止非法来源的木材进口.《世界林业动态》2004 年第 4 期.

7.687 印度的恢复红树林行动.《世界林业动态》2004 年第 4 期.

7.688 印度大力发展森林植物茶藨子.《世界林业动态》2004 年第 4 期.

7.689 有人认为俄罗斯私有化缺乏条件.《世界林业动态》2004 年第 5 期.

7.690 印度德里领导要求市民参加树木成活审计.《世界林业动态》2004 年第 5 期.

7.691 德国非常重视向我国出口山毛榉原木问题.《世界林业动态》2004 年第 5 期.

7.692 瑞典林业优势百年不衰得益于对科研教育的重视.《世界林业动态》2004 年第 6～7 期.

7.693 美国西部百年前造林不当引来麻烦.《世界林业动态》2004 年第 6 期.

7.694 瑞典巨额投资阔叶林研究.《世界林业动态》2004 年第 6 期.

7.695 台湾开展老树巨木调查保护.《世界林业动态》2004 年第 6 期.

7.696 美国对赏鸟爱好者的第一次统计.《世界林业动态》2004 年第 6 期.

7.697 俄罗斯《林业报》对我国木材商的强烈反应.《世界林业动态》2004 年第 7 期.

7.698 日本研究瑞士森林经营.《世界林业动态》2004 年第 8 期.

7.699 10 天里死亡了三头阿穆尔虎.《世界林业动态》2004 年第 8 期.

7.700 俄将修改实施了 60 年的森林分类方法.《世界林业动态》2004 年第 9 期、第 11 期.

7.701 一部有利于森林私有化的森林法在俄面世.《世界林业动态》2004 年第 9 期.

7.702 俄罗斯与芬兰国有林经营的差距.《世界林业动态》2004 年第 10 期.

7.703 俄《林业报》明确认为中国对俄森林非法采伐应承担责任.《世界林业动态》2004 年第 10 期.

7.704 美国 2003 年木桥设计竞赛揭晓.《世界林业动态》2004 年第 10 期.

7.705 一头虎在乌苏里密林被枪杀.《世界林业动态》2004 年第 10 期.

7.706 生物经济将逐步取代信息经济.《世界林业动态》2004 年第 11 期.

7.707 日本策划开拓中国木材市场为其委靡的林业谋一生路.《世界林业动态》2004 年第 11 期.

7.708 俄发明一种强化低质材的方法.《世界林业动态》2004 年第 11 期.

7.709 波兰曾发动百万人签名反对森林私有化.《世界林业动态》2004 年第 11 期.

7.710 论草原地区建设生态骨架.《世界林业动态》2004 年第 12～13 期.

7.711 葡巨额投资更新恢复森林火烧迹地.《世界林业动态》2004 年第 12 期.

7.712 关于前苏联农田防护林的成败.《世界林业动态》2004 年第 13～14 期.

7.713 俄罗斯叹息对偷猎老虎者无可奈何.《世界林业动态》2004 年第 13 期.

7.714 俄新森林法定稿讨论.《世界林业动态》2004 年第 14 期.

7.715 台湾成立森林暨自然保育警察队.《世界林业动态》2004 年第 14 期.

7.716 英国研究减轻人工林风灾损失的途径.《世界林业动态》2004 年第 14 期.

7.717 巴西 Aracraz 纸浆公司原料基地.《世界林业动态》2004 年第 14 期.

7.718 美学者认为：台湾对天然林实施单纯保护是不够的.《世界林业动态》2004 年第 15 期.

7.719 英国实施改造人工林为荒野的行动计划.《世界林业动态》2004 年第 15 期.

7.720 智利因法律上的漏洞未能禁止封禁林的采伐.《世界林业动态》2004 年第 16 期.

7.721 美国打击偷猎黑熊、盗挖野人参及其非法贸易.《世界林业动态》2004 年第 16 期.

7.722 美国对野生人参的生产和出口实施严格管理.《世界林业动态》2004 年第 16 期.

7.723 德报报道中国原木进口量 2003 年是 1998 年的 5 倍.《世界林业动态》2004 年第 16 期.

7.724 一则振聋发聩的新闻.《世界林业动态》2004 年第 17 期.

7.725 美采用红外映像对比查获湿地森林非法采伐.《世界林业动态》2004 年第 17 期.

* 7.726 斯大林防护林工程：该歌颂，还是该检讨.《世界林业动态》2004 年第 18 期.

7.727 俄棕熊狩猎许可证收费增加.《世界林业动态》2004 年第 18 期.

7.728 芬大使对俄承诺：其森工企业只与守法俄商合作.《世界林业动态》2004 年第 18 期.

7.729 俄森林私有化问题将通过其他立法途径解决.《世界林业动态》2004 年第 19 期.

7.730 芬兰把森林自然价值推上市场试点销售.《世界林业动态》2004 年第 19 期.

7.731 瑞典森林今后 20 年木材增产途径.《世界林业动态》2004 年第 19 期.

7.732 印度一学者主张依靠自然恢复扩大森林.《世界林业动态》2004 年第 20 期.

7.733 德国一家长期盈利的森林企业.《世界林业动态》2004 年第 20 期.

7.734 印度专家要求开展森林的经营采伐.《世界林业动态》2004 年第 20 期.

* 7.735 智利挑战天然林经营.《世界林业动态》2004 年第 21 期.

7.736 为减轻火灾威胁内华达山脉森林采伐量将成倍增长.《世界林业动态》2004 年第 21 期.

* 7.737 中国台湾林务局政策目标："林业走出去，民众走进来".《世界林业动态》2004 年第 21 期.

7.738 美国国立博物馆馆长买个头饰被判刑.《世界林业动态》2004 年第 21 期.

7.739 关于俄罗斯森林法难产的综合报道.《世界林业动态》2004 年第 22 期.

7.740 智利天然林应在经济中发挥作用还是永远休眠起来?《世界林业动态》2004 年第 22 期.

7.741 台湾学者论中国林业不振之原因.《世界林业动态》2004 年第 22 期.

7.742 芬兰人告诉印度是私有化促进森林复苏发展.《世界林业动态》2004 年第 22 期.

7.743 俄罗斯国家防护林带的命运难测.《世界林业动态》2004 年第 23 期.

7.744 中国台湾推动"竹产业转型及振兴计划".《世界林业动态》2004 年第 23 期.

7.745 俄远东频发人虎冲突悲剧.《世界林业动态》2004 年第 23 期.

7.746 俄《林业报》重弹与华木材贸易吃亏论.《世界林业动态》2004 年第 24 期.

7.747 美林业界权威人士要求放宽对老龄林的经营利用.《世界林业动态》2004 年第 24 期.

7.748 丹麦木材价低而森林地产价上扬.《世界林业动态》2004 年第 24 期.

7.749 斯大林防护林工程功不可没.《世界林业动态》2004 年第 25 期.

* 7.750 选择林业发展道路要谨慎.《世界林业动态》2004 年第 26 期.

7.751 亚洲新的木材替代资源前景无量.《世界林业动态》2004 年第 27 期.

7.752 马来西亚谋求从农业经济林中增产木材.《世界林业动态》2004 年第 27 期.

7.753 德国森林因干旱虫害 2003 年采伐量大增.《世界林业动态》2004 年第 27 期.

* 7.754 从美国大草原防护林工程应借鉴什么.《世界林业动态》2004 年第 28~30 期.

* 7.755 俄罗斯十余年 3 次重写《森林法》及林业问题.《世界林业动态》2004 年第 31 期.

7.756 向芬兰林业可以学些什么?《世界林业动态》2004 年第 32 期.

*7.757 英国林业的战略转变.《世界林业动态》2004 年第 33 期.

7.758 一位因林业在美国史上赢得重要地位的总统.《世界林业动态》2004 年第 34 期.

7.759 美国学界认为森林政策形成过程难以实现科学化.《世界林业动态》2004 年第 34 期.

7.760 德国的生态林业与木材生产.《世界林业动态》2004 年第 35 期.

7.761 瑞士林业在亏损中增加采伐量.《世界林业动态》2004 年第 35 期.

7.762 苏格兰林业转向以培育优质硬阔材为核心.《世界林业动态》2004 年第 36 期.

7.763 圣诞树培育是美国林业的重要产业.《世界林业动态》2004 年第 36 期.

2005 年

7.764 我国的转基因杨计划已引起国际反感!《世界林业动态》2005 年第 3 期.

7.765 俄院士论俄新森林法应重视的几个问题.《世界林业动态》2005 年第 5～7 期.

7.766 美一评估报告:俄出口中国的原木 40% 属非法采伐.《世界林业动态》2005 年第 6 期.

7.767 俄罗斯肯定造林能有效防治沙尘暴.《世界林业动态》2005 年第 8 期.

7.768 俄新森林法要推迟到 2006 年才可能颁布实施.《世界林业动态》2005 年第 8 期.

7.769 恢复衰退天然林是亚太地区林业的迫切问题.《世界林业动态》2005 年第 10 期.

7.770 俄对中国出口木材的忧与喜.《世界林业动态》2005 年第 10 期.

*7.771 我国天然林保护潜伏着什么危险吗.《世界林业动态》2005 年第 11 期.

7.772 俄森工企业家遇害质疑森林采伐合法与非法之争.《世界林业动态》2005 年第 11 期.

7.773 俄政府总理与森工高官商讨对我出口木材整顿措施.《世界林业动态》2005 年第 12 期.

7.774 丹麦林业寻找摆脱亏损的出路.《世界林业动态》2005 年第 13 期.

7.775 中国向瑞典林业可以学什么?《世界林业动态》2005 年第 14 期.

7.776 实施可持续经营是印度遏止森林衰退的关键.《世界林业动态》2005 年第 14 期.

7.777 森林覆盖率高保证不了德国的生态良好.《世界林业动态》2005 年第 15 期.

7.778 俄三院士反对通过新森林法.《世界林业动态》2005 年第 16 期.

7.779 俄报:中国老板控制着克拉斯诺亚尔斯克的非法采伐.《世界林业动态》2005 年第 16 期.

7.780 中国林地流失与发展中国家森林消失的问题性质相似否?《世界林业动态》2005 年第 18 期.

*7.781 值得注意的美国林业决策动向.《世界林业动态》2005 年第 19 期.

7.782 俄新森林法修订稿通过头读.《世界林业动态》2005 年第 20 期.

7.783 美国是世界违法采伐木材的最大消费国.《世界林业动态》2005 年第 21 期.

7.784 印度每年出口大量芒果树木浆.《世界林业动态》2005 年第 22 期.

7.785 林业在建设资源节约型社会中的地位和作用.《世界林业动态》2005 年第 24 期.

7.786 普京总统反对森林私有化.《世界林业动态》2005 年第 25 期.

7.787 森林生态系统经营仍应非常重视木材生产.《世界林业动态》2005 年第 26 期.

7.788 欧洲对木材业和林业有贡献的科学家颁奖.《世界林业动态》2005 年第 27 期.

7.789 德国大力发展生物质能源.《世界林业动态》2005 年第 27 期.

7.790 FAO 专家认为:推广树木转基因无甚经济意义.《世界林业动态》2005 年第 28 期.

7.791 俄报认为中国不会受俄罗斯木材出口的制约.《世界林业动态》2005 年第 29 期.

7.792 印度林学界关于如何满足木材需求的思考.《世界林业动态》2005 年第 29 期.

7.793 印度充分利用林地自然力恢复森林生产潜力.《世界林业动态》2005 年第 30 期.

7.794 林产品价格近数十年将处于跌势.《世界林业动态》2005 年第 31 期.

7.795 俄罗斯林业赶上西方国家的要害问题.《世界林业动态》2005 年第 32 期.

7.796 葡萄牙:因所有权过于分散,森林火灾严重.《世界林业动态》2005 年第 32 期.

7.797 乌克兰研制成功扑灭森林火灾的水炸弹.《世界林业动态》2005 年第 32 期.

7.798 土耳其正实施世界最大规模的造林计划.《世界林业动态》2005 年第 33 期.

7.799 俄罗斯林业体制改革中的难题与核心问题.《世界林业动态》2005 年第 34 期.

7.800 俄罗斯造林计划完成的苦涩.《世界林业动态》2005 年第 34 期.

7.801 印度造林列入吉尼斯世界记录.《世界林业动态》2005 年第 34 期.

7.802 印度如此提高森林覆盖率肯定是要失败的.《世界林业动态》2005 年第 35 期.

*7.803 芬兰总理论森林的永续利用.《林业经济》2006 年第 1 期和《世界林业动态》2005 年第 36 期.

2006 年

*7.804 印度的柚木造林.《世界林业动态》2006 年第 1 期.

7.805 俄公布新森林法草案定稿,但正式颁布实施尚需时日.《世界林业动态》2006 年第 2 期.

7.806 美国林业重视针叶采集.《世界林业动态》2006 年第 4 期.

7.807 朝鲜工人在俄居住期限可能从 2 年延长至 4 年.《世界林业动态》2006 年第 4 期.

7.808 生物质利用事业将成为美国经济的支柱产业.《世界林业动态》2006 年第 5 期.

7.809 马来西亚在俄建烧制木炭企业.《世界林业动态》2006 年第 6 期.

7.810 1.2kg 鲜蘑可卖 9.5 万欧元.《世界林业动态》2006 年第 6 期.

7.811 对某些世界第一要慎重.《世界林业动态》2006 年第 8 期.

*7.812 波兰森林没有随着政改而改变管理体制.《世界林业动态》2006 年第 10 期.

7.813 所有制并不是林业经营优劣的关键因素.《世界林业动态》2006 年第 10 期.

7.814 印度总统认为必须培养林业官员提高森林覆盖率的能力.《世界林业动态》2006 年第 11 期.

7.815 中国林业需要向日本学习.《世界林业动态》2006 年第 14 期.

7.816 英国为复苏后工业败相景观启动社区森林建设.《世界林业动态》2006 年第 15 期.

7.817 美国森林经营动向.《世界林业动态》2006 年第 18 期.

7.818 英学报质疑森林的作用.《世界林业动态》2006 年第 19 期.

7.819 瑞典努力扩大现有森林资源.《世界林业动态》2006 年第 19 期.

7.820 俄罗斯向中国出口林产品的矛盾心理.《世界林业动态》2006 年第 20 期.

7.821 俄依法拘留、驱逐中国木材商.《世界林业动态》2006 年第 20 期.

7.822 俄报认为中国依靠进口材成为林产品出口大国.《世界林业动态》2006 年第 21 期.

7.823 美、加林区设模拟野生动物机器诱捕偷猎者.《世界林业动态》2006 年第 21 期.

7.824 俄将源源不断供应中国筷子.《世界林业动态》2006 年第 21 期.

7.825 普京总统关于林业、森林工业发展的一些意见.《世界林业动态》2006 年第 22 期.

7.826 莫斯科林业大学授予国家第二号人物博士学位.《世界林业动态》2006 年第 23 期.

7.827 加拿大森林灾区建燃料颗粒厂.《世界林业动态》2006 年第 24 期.

7.828 伊朗总统为扩大造林出新招.《世界林业动态》2006 年第 25 期.

7.829 阿穆尔州请朝鲜工人采伐森林.《世界林业动态》2006 年第 25 期.

7.830 希腊现尚有一半土地为森林生态系统所覆盖.《世界林业动态》2006 年第 26 期.

7.831 绿色和平组织指责中国是热带森林采伐的领头者.《世界林业动态》2006 年第 26 期.

7.832 芬兰为发展能源开始大力收购伐区剩余物.《世界林业动态》2006 年第 27 期.

7.833 乌克兰旅游胜地克里米亚也起沙尘暴.《世界林业动态》2006 年第 27 期.

7.834 俄《林业报》论普京总统要求立法禁止原木出口.《世界林业动态》2006 年第 28 期.

*7.835 捷克森林平均每公顷产材 6 立方米.《世界林业动态》2006 年第 28 期.

7.836 印度努力恢复衰退土地的物种多样性.《世界林业动态》2006 年第 29 期.

7.837 俄林学家号召民众集会示威反对通过新森林法.《世界林业动态》2006 年第 30 期.

7.838 澳专家论如何缩小造林对水供应的影响.《世界林业动态》2006 年第 31 期.

7.839　纳米技术将给美国林产工业带来无穷创新．《世界林业动态》2006 年第 32 期．

7.840　印度麻风树造林与绿色燃料革命．《世界林业动态》2006 年第 32 期．

7.841　俄新森林法的审定估计又将拖延．《世界林业动态》2006 年第 32 期．

7.842　俄罗斯森林经理企业在年内不会私有化．《世界林业动态》2006 年第 32 期．

7.843　哈巴罗夫斯克不同意联邦禁止原木出口建议．《世界林业动态》2006 年第 32 期．

7.844　对森林与水的关系期待着科学论证．《世界林业动态》2006 年第 33 期．

7.845　俄一海关认为原木盗伐严重．《世界林业动态》2006 年第 33 期．

7.846　俄森林经理经费有限，应追求什么？《世界林业动态》2006 年第 34 期．

7.847　美国认为中国是进口非法采伐木材最多的国家．《世界林业动态》2006 年第 34 期．

7.848　俄城市造林：杨树将让位于其他树种．《世界林业动态》2006 年第 34 期．

7.849　拉脱维亚举行夜间采摘蘑菇比赛．《世界林业动态》2006 年第 34 期．

7.850　短伐期林业是对传统林业的补充．《世界林业动态》2006 年第 35 期．

7.851　俄专题报道中国公民违法私运木材被捕．《世界林业动态》2006 年第 35 期．

7.852　面对竞争压力美国要求加强林业科研．《世界林业动态》2006 年第 36 期．

7.853　俄新森林法终获通过，但留下许多悬念．《世界林业动态》2006 年第 36 期．

7.854　俄批评中国进口原木的掠夺性质．《世界林业动态》2006 年第 36 期．

7.855　一个新的国际非政府组织"国际家庭林业联盟"成立．《世界林业动态》2006 年第 36 期．

2007 年

7.856　德公有林经营仍以木材生产为主．《世界林业动态》2007 年第 1 期．

7.857　中国出口家具把木材返销给俄罗斯．《世界林业动态》2007 年第 1 期．

7.858　南非确定工业人工林林业为降低河流水量的部门．《世界林业动态》2007 年第 3 期．

＊7.859　森林认证工作在发展中国家进展缓慢．《世界林业动态》2007 年第 3 期．

7.860　美国重视林业的木材生产能力及生产成本．《世界林业动态》2007 年第 4 期．

7.861　美家具企业成批倒闭归咎于中国家具出口．《世界林业动态》2007 年第 4 期．

7.862　俄《林业报》全文发表《俄罗斯联邦森林法》．《世界林业动态》2007 年第 10 期．

7.863　俄森林法的森林私有化倾向．《世界林业动态》2007 年第 10 期．

7.864　中国林业已成为俄、美批评的重要对象．《世界林业动态》2007 年第 12 期．

7.865　俄学者认为：新森林法坚持向私有化发展的方向．《世界林业动态》2007 年第 13 期．

7.866　瑞士、奥地利努力充分利用森林资源．《世界林业动态》2007 年第 15 期．

7.867　奥地利经营改革成绩显著．《世界林业动态》2007 年第 16 期．

7.868　巴伐利亚州为何必须采伐自己的森林．《世界林业动态》2007 年第 16 期．

7.869　如何改变我国森林资源短缺的国情．《世界林业动态》2007 年第 17 期．

7.870　利用好森林资源是最佳的减贫途径．《世界林业动态》2007 年第 17 期．

7.871　拉丁美洲的人工林发展迅速．《世界林业动态》2007 年第 17 期．

7.872　国外报道对我国林产业发展做了补充说明．《世界林业动态》2007 年第 18 期．

7.873　美俄无端指责中国是世界森林的破坏者．《世界林业动态》2007 年第 19 期．

7.874　美专家论森林业的可持续经营．《世界林业动态》2007 年第 21 期．

7.875　俄罗斯发生一桩向中国走私木材的刑事案件．《世界林业动态》2007 年第 23 期．

7.876　世界竹林面积分布状况．《世界林业动态》2007 年第 24 期．

7.877　珍惜林地资源利用必须提高我国森林单位面积蓄积量．《世界林业动态》2007 年第 25 期．

7.878　欧洲山地退耕还林成绩显著．《世界林业动态》2007 年第 27 期．

7.879　从德国巴伐利亚州森林 250 年变迁看现代林业的发展轨迹．《世界林业动态》2007 年第 28 期．

7.880 美国新兴的木塑复合材料工业.《世界林业动态》2007 年第 29 期.

7.881 海牙会议要求禁止人工饲养虎产品的销售.《世界林业动态》2007 年第 29 期.

7.882 世界第一份书面报告认定越来越多的国家森林增加.《世界林业动态》2007 年第 30 期.

* 7.883 美国林产品研究所近期研究集中在 4 个方面.《世界林业动态》2007 年第 30 期.

7.884 俄罗斯预期发展木材加工业、大力削减原木出口.《世界林业动态》2007 年第 31 期.

7.885 俄海滨地区要求禁止采伐珍贵树种.《世界林业动态》2007 年第 32 期.

7.886 伊朗的森林资源与保护利用.《世界林业动态》2007 年第 33 期.

7.887 缅甸是世界毁林最严重的五国之一.《世界林业动态》2007 年第 34 期.

7.888 俄罗斯掀起严打林区犯罪浪潮.《世界林业动态》2007 年第 36 期.

2008 年

7.889 维也纳森林正朝着更加集约化经营的方向迈进.《世界林业动态》2008 年第 1 期.

7.890 德国学术界志愿帮助绿化奥林匹克森林.《世界林业动态》2008 年第 1 期.

7.891 美国林务局开通树叶变黄的信息服务热线.《世界林业动态》2008 年第 2 期.

7.892 俄日召开保护西伯利亚和远东森林工作会议.《世界林业动态》2008 年第 3 期.

7.893 俄报称：中国承诺将注意进口木材来源的合法性.《世界林业动态》2008 年第 3 期.

7.894 人工林能否缓解天然林供应木材的压力.《世界林业动态》2008 年第 4 期.

7.895 俄德开展生态现代化潜力研究.《世界林业动态》2008 年第 6 期.

7.896 美国计划采用无性繁殖恢复巨杉.《世界林业动态》2008 年第 6 期.

7.897 美国：木材科学家获得 2007 年绿色化学奖.《世界林业动态》2008 年第 7 期.

7.898 奥地利森林遭风灾后的对策.《世界林业动态》2008 年第 7 期.

7.899 印度开展马枫树造林，以减少柴油消费.《世界林业动态》2008 年第 8 期.

7.900 俄美对落叶松老林进行联合调查.《世界林业动态》2008 年第 8 期.

7.901 为打击盗伐私有林美国各州纷纷立法.《世界林业动态》2008 年第 9 期.

7.902 奥地利国有林三企业灾后的对策措施.《世界林业动态》2008 年第 10 期.

7.903 德巴伐利亚州森林遭灾后经营利润翻番.《世界林业动态》2008 年第 10 期.

7.904 印度探讨林业脱贫的潜力.《世界林业动态》2008 年第 11 期.

7.905 德国尽力开发现有森林的木材生产潜力.《世界林业动态》2008 年第 13 期.

7.906 第五届欧洲林业高峰会议在华沙召开.《世界林业动态》2008 年第 14 期.

7.907 印度促进农区造林力求木材自给.《世界林业动态》2008 年第 15 期.

7.908 瑞典对私有林主普及现代林业教育.《世界林业动态》2008 年第 15 期.

7.909 维也纳森林的由来及经营情况.《世界林业动态》2008 年第 16 期.

7.910 造林地争议可能是造成南非森林火灾惨重之原因.《世界林业动态》2008 年第 16 期.

7.911 俄权威人士承认很难改变远东地区原木出口局面.《世界林业动态》2008 年第 17 期.

7.912 美国为降低森林火险开展森林可燃物利用.《世界林业动态》2008 年第 18 期.

7.913 俄罗斯 2007 年向中国出口原木 2500 万立方米.《世界林业动态》2008 年第 19 期.

7.914 英国第一座完全以木材为燃料的发电厂投产.《世界林业动态》2008 年第 20 期.

7.915 俄罗斯走私野生动物的新动向.《世界林业动态》2008 年第 20 期.

7.916 英国为缓解气候变暖期望森林提供更多薪材和木材.《世界林业动态》2008 年第 21 期.

7.917 意大利用苹果渣造纸.《世界林业动态》2008 年第 21 期.

7.918 芬兰抵制俄罗斯提高原木出口税.《世界林业动态》2008 年第 22 期.

7.919 奥地利全国森林遭风暴灾害损失惨重.《世界林业动态》2008 年第 22 期.

7.920 伦敦一棵悬铃木价值 150 万美元.《世界林业动态》2008 年第 22 期.

7.921　中国杨树人工林的生产力为何这样低.《世界林业动态》2008 年第 23 期.

＊7.922　印度大力发展生物质能源林.《世界林业动态》2008 年第 24 期.

7.923　俄联邦林业局归属农业部.《世界林业动态》2008 年第 25 期.

7.924　越南依靠非法采伐木材发展家具工业.《世界林业动态》2008 年第 26 期.

7.925　瑞典制成抗断裂强度胜过钢的纳米纸.《世界林业动态》2008 年第 27 期.

7.926　美国科学家对美南部造林成功经验的总结.《世界林业动态》2008 年第 30 期.

7.927　瑞士林业非常重视木材生产.《世界林业动态》2008 年第 31 期.

7.928　英国政府决定发展短伐期能源人工林.《世界林业动态》2008 年第 32 期.

7.929　世界桉树林的发展情况.《世界林业动态》2008 年第 33 期.

＊7.930　印度重视竹林发展.《世界林业动态》2008 年第 34 期.

7.931　俄罗斯对违法采伐实施严厉惩罚.《世界林业动态》2008 年第 36 期.

7.932　北京大学新开发的生物燃料生产工艺受到好评.《世界林业动态》2008 年第 36 期.

2009 年

7.933　日本对俄罗斯雅库特森林火灾忧心忡忡.《世界林业动态》2009 年第 1 期.

7.934　俄罗斯林务官竟成为俄罗斯巨贪.《世界林业动态》2009 年第 1 期.

7.935　俄哈巴罗夫斯克边疆区林业高官对原木出口税改形势不乐观.《世界林业动态》2009 年第 4 期.

7.936　波兰至今仍保持以国有林为主的林业管理制度.《世界林业动态》2009 年第 5 期.

7.937　俄罗斯寡头推动森林私有化引发社会抵制.侯元兆,沈照仁.《世界林业动态》2009 年(内部参阅专刊 7).

7.938　原南斯拉夫 6 个共和国森林仍以国有为主.《世界林业动态》2009 年第 7 期.

7.939　加拿大指责中国是非法采伐木材的最大消费国.《世界林业动态》2009 年第 9 期.

7.940　保加利亚国有林仍保持优势地位.《世界林业动态》2009 年第 10 期.

7.941　所有制并非高水平林业的决定因素.沈照仁,吴水荣.《世界林业动态》2009 年第 11 期.

7.942　滑坡诱发森林火灾.《世界林业动态》2009 年第 13 期.

7.943　因害怕失业俄罗斯采运企业职工人心惶惶.《世界林业动态》2009 年第 14 期.

7.944　俄罗斯对猎杀虎豹的罚款上调 25 倍.《世界林业动态》2009 年第 16 期.

7.945　保加利亚成为欧共体成员国后仍坚持以国有林为主.《世界林业动态》2009 年第 20 期.

8　《中国绿色时报》①

8.1　实现十三大经济发展战略林业应怎么办.《中国林业报》1987 年 12 月 5 日.

8.2　从一些国家和地区的森林资源增长想到的.《中国林业报》1988 年 4 月 30 日.

8.3　造林,让你获得二氧化碳排放权.《中国绿色时报》1998 年 3 月 10 日.

8.4　说假话,当心葬送了自然保护事业.《中国绿色时报》2002 年 3 月 6 日.

8.5　俄讨论新森林法修定稿.《中国绿色时报》2004 年 6 月 9 日.

8.6　普京否决森林法有关私有化条款.《中国绿色时报》2004 年 7 月 14 日和《世界林业动态》2004 年第 18 期.

8.7　国际交流取长补短.《中国绿色时报》2004 年 7 月 14 日.

8.8　俄罗斯森林法难产.《中国绿色时报》2004 年 9 月 1 日.

8.9　非法偷猎危及俄蒙两国林麝种群.《中国绿色时报》2004 年 9 月 8 日.

---

①　《中国绿色时报》是于 1997 年由《中国林业报》改名.——编者注.

8.10 罗斯福防护林工程回眸.《中国绿色时报》2004 年 11 月 17 日.

8.11 俄十余年三订《森林法》.《中国绿色时报》2004 年 12 月 1 日.

*8.12 英国林业战略大转变.《中国绿色时报》2004 年 12 月 15 日.

8.13 欧洲发现创记录的巨菌.《中国绿色时报》2005 年 1 月 5 日和《世界林业动态》2004 年第 35 期.

8.14 知名院士给俄森林法开药方(上).《中国绿色时报》2005 年 3 月 16 日.

8.15 知名院士给俄森林法开药方(下).《中国绿色时报》2005 年 3 月 23 日.

8.16 俄新森林法欲推迟到明年颁布.《中国绿色时报》2005 年 4 月 6 日.

*8.17 "大草原的兴衰悲歌——美国心脏地带大草原的变迁及复苏治理".《中国绿色时报》2005 年 4 月 13 日和《世界林业动态》2005 年第 9 期.

8.18 亚太天然林保护迫在眉睫.《中国绿色时报》2005 年 4 月 20 日.

8.19 俄提前实施新森林法中关于延长租赁期的规定.《中国绿色时报》2005 年 4 月 20 日和《世界林业动态》2005 年第 9 期.

*8.20 印度林业专家呼吁实施可持续经营以遏止森林衰退.《中国绿色时报》2005 年 8 月 3 日.

8.21 葡萄牙林权分散,森林火灾严重.《中国绿色时报》2006 年 1 月 4 日.

8.22 俄公布新森林法草案正式颁布实施尚需时日.《中国绿色时报》2006 年 3 月 29 日.

8.23 波兰森林没有随着政改而改变管理体制.《中国绿色时报》2006 年 4 月 26 日.

8.24 所有制并不是林业经营好坏的关键.《中国绿色时报》2006 年 4 月 26 日.

9 《林业快报》

9.1 匈牙利调整木材价格.《林业快报》1962 年度 1 期.

9.2 关于水陆运经济效果的探讨.《林业快报》1962 年度 3 期.

9.3 苏联外喀尔巴阡山区的木材采运机械化.《林业快报》1962 年第 4 期.

9.4 节省钢索的集材套索.《林业快报》1962 年第 6 期.

9.5 介绍苏联的一个伐木场.《林业快报》1962 年第 7 期.

9.6 消除落后,提高木材采运劳动生产率.《林业快报》1962 年第 7 期.

9.7 西德和法国修建运材道的经验.《林业快报》1962 年第 11 期.

9.8 关于运材汽车的行驶速度定额的讨论.《林业快报》1962 年第 12 期.

9.9 绞盘机的多用钢索滑轮.《林业快报》1962 年第 16 期.

9.10 芬兰的林业.《林业快报》1962 年第 19 期.

9.11 马来亚引种南洋杉.《林业快报》1965 年第 8 期.

*9.12 国外引种速生南洋楹的一些情况.《林业快报》1965 年第 9 期.

*9.13 美国促进核桃林生长的四项措施.《林业快报》1965 年第 9 期.

*9.14 苏联试用几种药剂处理红松种子防止鼠、鸟害.《林业快报》1965 年第 9 期.

9.15 瑞典一公司的植树造林局部机械化试验.《林业快报》1965 年第 14 期.

*9.16 瑞典森林苗圃播种防止鸟害的办法.《林业快报》1965 年第 15 期.

10 《林业参考消息》

10.1 中国极度贫乏木材.《林业参考消息》1980 年第 2 期.

10.2 台湾 1987 年家具与胶合板出口值 8.8 亿美元.《林业参考消息》1980 年第 2 期.

10.3 法国 150 年森林面积翻了一番.沈照仁,冯子坚,侯元兆.《林业参考消息》1980 年第 3 期.

10.4 南朝鲜林业发展的一些情况.《林业参考消息》1980 年第 4 期.

10.5　利用外资、发展林业、是发展中国家扶植林业的一项措施.《林业参考消息》1980 年第 5 期.

10.6　荷兰林研所、农业文献中心用电子计算机查找林业文献的试验结果.《林业参考消息》1980 年第 9 期.

10.7　发展人造板工业值得注意的几个问题.《林业参考消息》1980 年第 10 期.

10.8　印度阿默达巴德市规定栽树才发给建房竣工证明.《林业参考消息》1981 年第 12 期.

10.9　印尼爪哇岛西冷的义务造林.《林业参考消息》1981 年第 12 期.

10.10　就"如何消灭林业赤字"问题提几点意见.《林业参考消息》1982 年 10 月 8 日.

*10.11　情报工作应如何配合林业科技规划与中长期规划.《林业参考消息》1983 年 2 月 7 日.

10.12　加拿大林业概况.《林业参考消息》1983 年 4 月 25 日.

10.13　加拿大林业战略报告.《林业参考消息》1983 年 5 月 9 日.

10.14　加拿大不列颠哥伦比亚省的森林经营制度.沈照仁,郝萍.《林业参考消息》1983 年 5 月 11 日.

10.15　国外解决林业发展资金来源的一些办法.《林业参考消息》1983 年第 5 期.

11　《国土绿化》

11.1　瑞士林业与旅游业的关系.沈照仁,吴国榛.《国土绿化》1990 年第 3 期.

*11.2　新西兰天然林的保护与利用.《国土绿化》1999 年第 2 期和《世界林业动态》1999 年第 4 期.

*11.3　瑞士十分之一森林将划为保留地.《国土绿化》2001 年第 5 期.

*11.4　日本森林的公益机能评定值为 75 万亿日元.《国土绿化》2001 年第 5 期和《世界林业动态》2001 年第 5 期.

11.5　海湾富国造林治沙点滴.《国土绿化》2004 年第 1 期.

11.6　印度、越南等国广泛培育小豆蔻.《国土绿化》2004 年第 6 期.

*11.7　印度的森林药用植物业.《国土绿化》2005 年第 1 期.

12　其他媒体

12.1　在极端严酷条件下生长旺盛的树种——木麻黄.《农民日报》1987 年 8 月 8 日.

12.2　大面积营造人工林是解决木材不足的根本措施.《木材工业科学技术资料》1975 年(1).

12.3　匈牙利的木材价格.《林业经济改革专刊(5)》1980 年 1 月 29 日.

*12.4　匈牙利 1956 年以来的木材价格改革.《国外林业管理体制参考资料》1980 年第 2 期.

12.5　匈牙利林业发展概况.《国外林业管理体制参考资料》1980 年第 7 期.

12.6　苏联等国调高立木价及其原因.《国外林业管理体制参考资料》1980 年第 9 期.

12.7　谈谈"森林赤字".《农业经济丛刊》1983 年第 1 期.

12.8　发达的林业需要有发达的木材利用工业.《中国林业》1987 年第 12 期.

12.9　从情报角度谈开创林业新局面的三个问题.《中国林学会通讯》1983 年第 4 期.

12.10　要发展林业,必须发展木材利用工业.《木材工业》1988 年第 1 期.

12.11　土耳其为恢复森林而努力.《林业经济参考资料》1989 年第 5 期.

12.12　国外森林资源管理动向.《国外自然资源管理》1992 年 6 月.

12.13　关于振兴我国大陆竹业的几点思考.《竹类及其工业利用》1992 年 12 月.

12.14　谈谈我国林业发展道路问题.《国内科技简报》1983 年第 13 期.

12.15　印度竹材工业利用考察报告.沈照仁,张新萍.《热带林业信息》1994 №3.

12.16　ITTO 为实现森林永续经营,在拉美利用速生树种破布木的两项试验.《热带林业信息》1994 №3.

12.17　恢复东加里曼丹火灾林区示范区.《热带林业信息》1994 №3.

12.18 从美国关心我国木材问题谈起.《中国人能否自己解决需要的木材问题研讨会论文集》1997 年 10 月.

12.19 世界上有 5 亿人口依靠森林谋生.《森林与人类》2002 年第 6 期和《世界林业动态》2002 年第 15 期.

* 12.20 台湾省造林事业.《林业科技通讯》1995 年第 7 期.

* 12.21 就中科院可持续发展研究谈点林业问题.《林业科技管理》1999 年第 4 期.

12.22 从"木材工程学"谈起.《人造板通讯》2003 年第 7 期.

* 12.23 工程成材产品的崛起与资源利用的高增长值战略.《人造板通讯》2003 年第 8 期.

* 12.24 中国黑龙江大兴安岭林区与美国缅因州林业战略思路对比.《人造板通讯》2004 年第 5 期和《世界林业动态》2003 年第 8 期.

* 12.25 纳米技术可能引发林业和林产品制造利用的革命.《中国人造板》2006 年第 8 期和《世界林业动态》2006 年第 5 期.

* 12.26 现代林业发展前景.《林业科学技术新发展讲习班讲稿》(中国林科院(离)退休科技工作者协会). 1992 年 10 月.

后　记

照仁离开我们已经四年多了，面对他留下的文稿，我总想做些什么，让他生前辛勤劳动的结晶发挥更多的光和热，但我又不知道如何去做。他走后我曾多次踟蹰在他大量遗稿前，难以作为。在他生前我曾建议由女儿沈江帮他整理，但他总是推脱说，林业情报价值在于新和快，不要炒冷饭。他驾鹤西去，留下几百万字的文稿，我和孩子动手一点点地整理。当我得知，林业科技信息研究所领导决定出版他的作品文集时，我悬着的心终于落下了。感谢科信所的决定。

我知道整理文稿的工作量很大，是一件加深痛苦和怀念的事，但我不能逃避。看着那些熟悉的字体，时而奋笔疾书，时而慎重思考，字字珠玑地坚定落笔的劲头，眼泪不停地流下来，总会浮现出他不畏风雨顽强的身影。

他的勤劳和艰苦卓绝奋斗的一生，是异乎寻常的。他一生都在十倍百倍地吮吸着多方面的知识。在外语学院学习时，学习一直都是名列前茅，并以优秀的成绩毕业；在翻译工作中得到外国专家和中国领导及同志们的赞扬；在林业情报工作中得到各级领导和同志们的举荐、鼓励。给他不断注入精神活力，使他勇往直前地飞奔，激发出更大的能量，做出了突出的贡献。

他生前，我曾有机会跟他深谈从事林业情报工作的各阶段思路、经历和许多细节。他的奋斗精神是基于他坚定的理想和信念。他认为人的一生就是要为国家、为社会做贡献，无论做什么工作都要心无旁骛地做好。他以自己的实际行动体现他的爱国、爱党情操，他延续了一代人的精神追求和文化梦想。表面看来，照仁是个学者，文质彬彬，其实他的内心深处，始终蕴藏着一种对党、对国家强烈的责任感。1978 年党落实了甄别政策，使他在生命的最后三十余年不背任何政治包袱，心情愉悦地工作。

他的一生，实现了他追求的人生价值。他经常以奥斯特洛夫斯基名言激励自己："人最宝贵的东西是生命，生命属于人只有一次，一个人的生命是应该这样度过的：当他回首往事的时候 他不会因虚度年华而悔恨，也不会因碌碌无为而羞耻，这样在临死的时候他才能够说，我的生命和全部的精力都献给世界上最壮丽的事业——为人类的解放而斗争。"斯人仙去，风范长存。

他曾说准备写一篇大文章，未能实现。病魔剥夺了他再次贡献的机会，令人十分惋惜。我争取把他所写的有价值、有启发的资料陆续出版，服务于我们的社会。

　　我的全家十分看重出版他的作品。女儿沈江投入了大量精力整理和分类纷繁的文稿，使得读者能够清晰地看到照仁的工作成果、工作方法和工作思路。她默默埋头细致的工作，体现了对父亲的挚爱，我也深为感动。

　　特别感谢原林业部老领导董智勇同志对本书编写出版的支持；原林业部外事司巡视员李禄康同志在编写全过程提出很好的建议；感谢科信所党政领导为组织出版本书所投入大量的精力；感谢编委会全体成员对本书出版所付出的辛劳；感谢侯元兆同志自始至终对本书出版给予的关注和帮助。

吴国蓁
2015 年 5 月